水工程全周期安全监测技术

蒋剑　郭法旺　陈娟　李运良　周以林　等　著

中国水利水电出版社
www.waterpub.com.cn
·北京·

内 容 提 要

  本书以中国电建集团贵阳勘测设计研究院有限公司在混凝土坝、土石坝、水工隧洞、厂房建筑物、边坡等工程三十余年的监测实践为基础，系统总结了在水工程设计、施工、运行及维护的全生命周期监测工程经验，并对一些新出现的问题开展了研究和讨论。本书既有设计经验的总结，又有施工关键技术的深入研讨，还有工程实例的展现，体现了当前国内监测技术的发展水平。

  本书可供从事水利水电工程建设、设计、施工和管理工作的技术人员参考，也可供水电站和水库的安全管理人员借鉴。

图书在版编目（CIP）数据

  水工程全周期安全监测技术 / 蒋剑等著. -- 北京：中国水利水电出版社，2021.9
  ISBN 978-7-5170-9929-1

  Ⅰ．①水… Ⅱ．①蒋… Ⅲ．①水利工程－安全监测－研究 Ⅳ．①TV5

  中国版本图书馆CIP数据核字(2021)第185259号

书　　名	**水工程全周期安全监测技术** SHUIGONGCHENG QUANZHOUQI ANQUAN JIANCE JISHU
作　　者	蒋剑　郭法旺　陈娟　李运良　周以林　等 著
出版发行	中国水利水电出版社 （北京市海淀区玉渊潭南路1号D座　100038） 网址：www.waterpub.com.cn E-mail：sales@waterpub.com.cn 电话：(010) 68367658（营销中心）
经　　售	北京科水图书销售中心（零售） 电话：(010) 88383994、63202643、68545874 全国各地新华书店和相关出版物销售网点
排　　版	中国水利水电出版社微机排版中心
印　　刷	北京印匠彩色印刷有限公司
规　　格	184mm×260mm　16开本　28.5印张　694千字
版　　次	2021年9月第1版　2021年9月第1次印刷
印　　数	0001—1000 册
定　　价	**258.00元**

《水工程全周期安全监测技术》编委会

序　一

　　我在参与《水工设计手册（第2版）》第十一卷《安全监测》编撰时，与编制组一道将水工建筑物安全监测的原理概括为"通过仪器监测和现场巡视检查，全面捕捉水工建筑物施工期和运行期的性态反映，分析评判建筑物的安全性状及其发展趋势"。对于水利水电工程，除要确保标准安全、结构安全、建造安全、质量安全、运维安全等系统性工程安全外，还要布设完善先进的安全监测系统、高质量埋设监测设施、及时数据采集和整编分析、进行成果反馈和安全评判，来确保工程安全建设和顺利运行。进入后水电时代，在对运行期间的水电站进行安全评价时，同样要求提供长期、连续的安全监测资料，从建筑物、地下洞室、边坡等的变形、渗压渗流和应力应变以及专项监测等多方面论证工程的运行安全。

　　我与蒋剑及其团队结缘于洪家渡水电站工程建设期间。那是"西电东送"工程启动初期，他们团队承担了洪家渡工程安全监测施工及资料分析工作，我是工程的设计项目经理兼设总。他们团队刚完成天生桥一级水电站工程安全监测任务，为洪家渡工程带来了国内最高面板堆石坝枢纽工程的监测技术与经验。洪家渡业主非常重视安全监测工作及其作用的发挥，每季度都要召开安全监测专题会议，听取他们团队关于工程安全监测实施及其监测的主要成果介绍。正是那个时候，一旦有关于安全监测的问题我就向蒋剑总请教，逐渐对水工程安全监测有了较为系统的了解。

　　洪家渡工程之后，正是我国水电工程大规模开发的黄金时期，他们团队承担了大量水电工程安全监测任务，经验也更为丰富，积累更为雄厚。我和同事也经常邀请蒋剑及其团队成员作为特邀专家参与项目审查、技术咨询、安全鉴定、工程验收等工作，为相关监测技术把关。他们团队非常注重工程经验的收集和总结，积少成多，滴水穿石，这部凝聚作者团队心血和汗水的《水工程全周期安全监测技术》专著即将与读者见面。作为作者的好朋友，我有幸先睹为快。

　　《水工程全周期安全监测技术》首先概述了安全监测的意义及国内外发展，接着讲述了混凝土坝和土石坝等挡水建筑物、隧洞与泄水等过水建筑物、发电和通航建筑物、工程边坡、专项、运行期等安全监测，以及自动化及信息管理系统、新仪器、新技术应用，最后做了总结与展望。基于长期监测工作的实践经验总结，在书中许多章节中列举了包括光照、溪洛渡、洪家渡、阿尔塔什等不同类型大坝，以及去学长引水隧洞、长龙山地下厂房、思林升船机、毛家河边坡等在内的大量代表性工程安全监测实例，从工程监测设计、监测系统实施、监测成果分析及监测反馈分析等方面进行了较为详细的说明，直接或间接地向参建各方及时回答了所关心的关键技术问题、发挥的积极指导作用及关注的工程安全风险。与监测专业教材或规程规范不同，本书通过"问题与讨论"章节，提出了许多与安全监测直接或间接的技术问题，供读者思考与讨论，很有益处。站在技术发展前缘，著作几乎覆盖水工程安全监测所有内容和环节，有理论，有实践，有总结，有讨论，体现了水工程全生命周期安全监测的价值，内容全面、结构合理、条理清晰，是一本难得的技术专著。

在短短几十年时间里，我国水工程安全监测工作从无到有，日益受到广泛重视。特别是近 20 年，水工程安全监测技术取得快速进步，在 300m 级高混凝土拱坝、200m 级高碾压混凝土重力坝、200m 级高混凝土面板堆石坝、250m 级高土心墙堆石坝、高水头大流量泄洪消能、复杂巨型地下洞室群、高土石坝复杂地基处理、大型高陡边坡加固处理等安全监测方面积累了丰富的工程经验，达到国际领先水平，但也存在一些有待突破的技术难题，也有不少的监测新技术、新仪器正处于不断实践和发展之中，本书不一定能全数囊括，但本书一定能给予广大水工程安全监测技术人员、科技工作者最真切的启迪。

衷心期望本书能对广大水利水电工作者有所帮助，推动水工程安全监测技术持续发展，推动行业工程技术进步并做出更大成绩。期待作者团队不断把最新的技术心得分享给广大同行。

全国工程勘察设计大师 杨泽艳

2020 年 10 月 6 日

序　二

　　安全监测是一个较为独立的、专业性较强的专业，涉及水利水电、公路桥梁、市政、尾矿库等多个行业，有着强大的生命力、广阔的应用空间和良好的发展前景。在大数据、物联网、人工智能等新技术新理念方面，安全监测有着显著的感知、融合等特点，是智慧工程、智能建造等重要的组成部分。

　　在工程施工期，安全监测对控制施工质量、指导设计与施工、评价工程安全状态等有着积极的作用；在工程投运后，它是工程运行的"听诊器"，时刻反馈监控对象的工作性态，为安全运行及投资效益发挥提供重要支撑。监测成果也为提高工程认识和理论研究水平起着积极的促进作用。因此，从事工程安全的工程技术人员肩负着重大的责任。

　　贵阳院工程安全监测工作始于 20 世纪 80 年代，30 多年来，监测团队以山为伴、以水为邻，行走在山水之间，伴随着贵阳院的发展而建功立业。通过天生桥二级厂房高边坡（高 380m）和长引水隧洞（单洞长 9.8km），以及普定碾压混凝土拱坝（坝高 75.0m）和东风超薄拱坝（坝高 162.3m）的工程实践，团队掌握了监测设计的特点、仪器选型要点，以及仪器设备安装调试的重点等工作内涵。天生桥一级（坝高 178.0m）和洪家渡（坝高 179.5m）两座高面板堆石坝安全监测工作的顺利实施，让业界进一步意识到获取的坝体变形效应、面板挠度与脱空、面板竖直缝与周边缝变化态势，以及渗流量大小等监测参数的重要意义；光照（坝高 200.5m）碾压混凝土重力坝斜层碾压施工工艺条件下的坝体温控、诱导缝开合、间歇层结合程度和蓄水后扬压力等监测成果均备受工程建设者关注；溪洛渡（坝高 285.5m）高拱坝的应力应变、坝体温控、横缝开合、坝体变形等监测数据对工程施工过程温控、封拱及分期蓄水，乃至运行期都十分的重要和敏感。由此，工程安全监测的作用愈加重要，其贡献也愈加显著。

　　目前，贵阳院监测团队承担着中国拟建最高土石坝——如美；承担着在建的中国第四大水电站——乌东德，世界规模最大的库盆填筑工程——句容抽水蓄能水电站，亚洲最高水头的抽水蓄能电站——长龙山，国内单机容量最大的抽水蓄能电站——阳江，新疆最大水利枢纽——阿尔塔什，内蒙古自治区最大水利工程——引绰济辽，贵州省最大水利工程——夹岩等多个有挑战、有影响力的水工程安全监测工作，相信他们会一如既往地秉承"责任、务实、创新、进取"的理念，做好全周期服务。

业精于勤而荒于嬉，行成于思而毁于随。本书通过对大量的工作实践进行梳理、归纳和总结，介绍成功经验，正视失败教训，无论对行业、对企业、对技术人员的能力提高均为有益，书中对工程应用技术中的不同见解提出讨论也是必要的。

本书既是一个团队的工作业绩，也是国内监测专业相互交流与促进的成果体现，是共同努力推进我国工程安全监测工作的一个剪影。希望工程安全监测团队再接再厉、勇于拼搏，通过持续不断地学习、实践和总结，将安全监测技术推向一个新的高度，为贵阳院可持续发展助力，为保障工程施工和运行安全发挥更大作用。

中国电建集团贵阳勘测设计研究院有限公司总经理

2020 年 10 月 12 日

前　言

在江河、湖泊和地下水源上开发、利用、控制、调配和保护水资源的各类工程，统称为水工程。

水工程有多种类型的建筑物，包括挡水建筑物、泄水建筑物、取水建筑物、输水建筑物和其他专用建筑物等，它们有一个共同点，就是必须承受水的各种作用，如静水压力、动水压力、渗流压力和水流冲刷等，加上在其建造和运行过程中本身存在的地质缺陷、结构缺陷、施工质量、运行年限延长等不利因素，安全度逐步降低，风险日益增高，需要进行动态而持续的安全监测，及时分析了解建筑物的实际性态并对其安全程度作出评价。

20 世纪 60—70 年代，法国马尔帕塞拱坝、意大利瓦依昂拱坝和美国提堂黏土心墙坝等大坝的失事，引起了各国政府对大坝安全的高度重视。我国在 1991 年由国务院颁布《水库大坝安全管理条例》之后，有关部委陆续发布了一系列管理规定和技术规范，促进了我国水工程安全管理和监测工作的不断提升。2002 年修订颁布的《中华人民共和国水法》从国家立法的角度进一步强调了保障水工程安全的重要性。

中国电建集团贵阳勘测设计研究院有限公司（以下简称贵阳院）从 20 世纪 80 年代开始，就重视水工程的安全监测，通过设计或参与的几十座大型水利水电工程的实践，在安全监测系统的设计、施工、观测及资料整编分析、监测软件开发及运行期监测管理等方面积累了丰富的经验，有很多创新性成果。本书主要总结贵阳院在工程实践方面的经验，反映当前水工程安全监测可达到的技术水平，为促进水工程安全监测技术发展贡献一份力量。

全书共 12 章。第 1 章概论，明确了水工程安全监测的意义和任务，阐述了国内外的技术发展，并介绍了贵阳院的主要技术成果。

第 2 章至第 7 章，结合已建水工程监测技术特点及经验，根据重要程度、常见形式和应用范围，划分为混凝土坝、土石坝、水工隧洞、厂房建筑物、泄水与通航建筑物、边坡等共 6 章。每章均先介绍结构或建筑特点，然后从监测设计到施工进行了较为系统的总结，并辅以工程实例，最后再对部分问题和观点进行了讨论。

第 8 章至第 10 章，对专项监测、监测自动化及信息管理系统、新技术、新仪器的应用展开讨论，根据监测技术的共性，按照发展历程、组成结构、技术原理和特点、应用前景等顺序进行阐述，并辅以部分实例。

第 11 章运行期监测，从大坝注册及定检、监测系统综合评价、系统改造设计、监测设施运行及维护等运行期经常性的管理和技术工作进行了总结。

第 12 章总结与展望，分析了安全监测的特征与本质，对现状及面临的形势做出了判断，并对未来做出了展望。

本书前言由蒋剑编写；第 1 章由蒋剑、彭浩编写；第 2 章由毛鹏、程淑芬、郭法旺、李运良编写；第 3 章由顾太欧、彭浩、陈娟、卞晓卫、张秋实、何平、史鹏飞编写；第 4 章由朱宝强、祁伟强、夏遵全、李映编写；第 5 章由夏遵全、毛鹏编写；第 6 章由夏遵全、朱宝强、毛鹏编写；第 7 章由徐博、易伟、周以林、顾太欧、夏遵全、余德平编写；第 8 章由吴伟、朱宝强、顾太欧、李帅军编写；第 9 章由毛鹏、王敏吉、王飞、祁伟强、郭法旺编写；第 10 章由朱宝强、彭浩编写；第 11 章由毛鹏、王敏吉、夏遵全编写；第 12 章由郭法旺编写。

本书校审责任人：第 2 章、第 3 章、第 7 章、第 11 章、第 12 章——蒋剑；前言、第 1 章、第 9 章——郭法旺；第 4 章、第 5 章、第 6 章——陈娟和李运良；第 8 章、第 10 章——周以林和彭浩。全书由蒋剑主持定稿。

本书在编写过程中得到了主编单位贵阳院原董事长潘继录、现任总经理许朝政、总工程师范福平、副总工程师曾正宾等领导的关心支持和指导；中国水利水电出版社首席策划王照瑜和编辑郝英为本书的编撰、出版做了大量指导工作；本书的插图清样由吴帮丽和顾太欧完成。本书引用和参考了为贵阳院安全监测专业的发展做出贡献的多位同志的论文和技术报告，还参考了国内兄弟单位及专家学者的论文和研究成果。在本书付梓之际，对为本书提供指导和帮助的各位领导、专家，表示衷心的感谢！

本书的愿望是为水工程安全监测技术人员的日常工作提供一个参考，借鉴经验，警惕教训，避免再走弯路。由于水平和经验有限，难免挂一漏万，不足之处敬请读者批评指正。

作者

2020 年 9 月

目 录

第 1 章
概 论

1.1 水工程安全监测意义

水工程，是指在江河、湖泊和地下水源上开发、利用、控制、调配和保护水资源的各类工程，最具代表性的包括水库大坝、水闸和堤防工程。不同于一般的土木工程，水工程规模庞大，地形地质条件各异，结构形式多样，运行条件特殊，承受荷载复杂，加之水工程建成后将长期处于有水的环境下工作，其必须承担诸如静水压力、动水压力、渗透及冲刷等水的各种作用，因此需解决的工程问题更多，工程安全所面临的挑战更为艰巨。

据不完全统计，目前我国已建有各类水库 9.8 万余座，总库容达 9035 亿 m^3，居世界首位。这些水库在防洪、灌溉、发电、供水、航运，以及改善生态环境等方面发挥着巨大作用，是我国防洪工程体系最重要组成部分，为国家带来了巨大的经济与社会效益。由于这些工程大部分修建于 20 世纪 50～70 年代，建设标准偏低，加之多年运行，年久失修，约有 33% 的大坝存在老化病害，尤其是中小型水库病坝更为严重，直接影响着水库效益的正常发挥，甚至威胁下游人民的生命财产安全。另外，随着水能资源的深入开发，一些新建或待建的大坝坝址的地质条件越来越复杂，大坝的规模也越来越大，增加了大坝安全的风险。在水工程的建设或运行过程中一旦出现失误，便会产生巨大的安全风险，甚至造成灾难性事故。因此，水工程的安全始终被人们普遍关注。

据资料统计，失事的大坝中有 60% 左右是在水库蓄水后头几年内发生的。大坝最严重的失事就是溃坝，典型案例如下：

（1）美国圣弗朗西斯重力坝，最大坝高 62.5m。大坝坐落在云母片岩（左岸约占坝基 2/3）和红色砾岩（右岸约占坝基 1/3）的坝基上，两种岩层的接触部分为一断层，大坝跨在断层上，而且未设齿墙，也未进行基础灌浆。由于坝基严重地质缺陷，水库蓄水不到 2 年时间，于 1928 年 3 月 12 日午夜突然失稳溃决。

（2）法国马尔帕塞双曲薄拱坝，最大坝高 66m。坝基为片麻岩，坝址范围内有两条主要断层：一条为近东西向的 F1 断层，倾角 45°，倾向上游，断层带内充填含黏土的角砾岩，宽 80cm；另一条为近南北向的 F2 断层，倾角 70°～80°，倾向左岸。考虑地质条件较差，在左岸设有带翼墙的重力推力墩。因不良地质构造和长期运行的渗透水压力对坝肩稳定的不利影响，该大坝于 1959 年在其投运 5 年并第一次蓄水至设计正常蓄水位时轰然垮塌。

（3）意大利瓦依昂高薄拱坝，最大坝高262m。由于勘察设计阶段未查明库区岸坡稳定性，没有对水库蓄水后库区地质条件的改变做出评估；在工程施工期和蓄水后，也未对库岸边坡开展位移、地下水位等全面监测，导致1963年10月在水库蓄水近3年时，上游近坝左岸约2.5亿m³巨大岩体突然发生高速滑坡，以25m/s的速度冲入水库，翻坝水流在右岸超出坝顶高度达250m，左岸达150m。虽主坝体经受住了远超过设计标准的巨大推力考验，但石碴掩埋水库，堆石高度超过坝顶百余米，使大坝、电站、水库完全报废。

（4）美国提堂黏土心墙坝，最大坝高93m，坝基为火山灰流凝灰岩，存在叶理和节理，张开节理使熔结凝灰岩透水性增大，上部覆盖30m厚的冲击土和风化层。坝基设有3道防渗帷幕，深度达100m。由于施工质量问题，1975年10月大坝建成并开始蓄水后，渗流击穿帷幕，从靠近坝脚处的坝坡上逸出，产生管涌，并于1976年6月5日溃决。

（5）美国奥罗维尔斜心墙堆石坝，最大坝高235m，工程于1967年完建。该工程除有闸控制的主溢洪道之外，还设置了无闸门控制的非常溢洪道。2017年在主溢洪道开始泄洪过程中流态异常，经检查发现泄槽底板混凝土遭渗流冲蚀破坏，破损的坑洞不断扩大。由于主溢洪道破损，无法充分泄洪，非常溢洪道开始自由溢流。在非常溢洪道溢流后，水流对山坡的覆土造成了一定的冲刷，大量泥沙入河。为确保下游受影响区域人员安全，当地政府紧急疏散18.8万居民，以预防可能出现的大流量库水下泄风险。

（6）我国板桥、石漫滩水库位于河南省舞阳县洪汝河上游，板桥为黏土心墙砂壳坝，坝高24.5m，长2020m，水库最大库容为4.92亿m³；石漫滩为均质土坝，最大坝高25m，长500m，水库最大库容0.47亿m³。1975年8月，板桥水库上游累计3天降雨量达1030mm，加上其上游的元门水库溃坝，最大入库流量达13000m³/s，超过水库最大泄洪能力8倍，导致板桥、石漫滩、田岗水库相继漫顶溃坝。

（7）我国青海共和县沟后水库为砂砾石面板坝，从1990年10月竣工至1993年8月27日溃坝前，先后蓄水运行四次。施工过程中存在以下问题：混凝土面板有贯穿性蜂窝；面板分缝之间止水与混凝土连接不好，甚至脱落；防浪墙与混凝土面板之间仅有一道水平止水，有的部位未嵌入混凝土中；对防浪墙上游水平防渗板在施工中已发现的裂缝，仅采用抹水泥砂浆处理，达不到堵漏效果。水库蓄水后面板漏水浸润坝体，加之坝体填料渗水性不好，致使坝体排水不畅、浸润线抬高并逐步饱和，最终造成坝体失稳。

为了水工程全周期安全，要求在工程开工建设前应运用多种技术手段，结合多种理论及经验开展大量的工程勘察与试验研究，制订多套设计方案进行反复比选论证，择优确定最终方案。鉴于工程条件的复杂性，设计理论与设计方案的边界条件、经验参数设定与实际情况会产生一定的偏差；工程建设施工过程中，受施工条件或管理规范程度影响，施工质量与设计要求也会出现些许的偏离；另外，在工程投运后，又会面临材料老化，混凝土受冷热交替、气候变化影响，地下水浸蚀，泥沙作用，逐步丧失结构强度和稳定，附属设施等也会出现老化现象，发生事故乃至失事的风险始终存在，所以有必要通过建立完善、先进的安全监测系统，安装埋设稳定、可靠监测设施获取时效变化信息，并对监测成果及时进行整编分析和反馈，为工程安全提供科学保障。

1.2　水工程安全监测作用与任务

工程安全监测是一项综合性工程应用技术，涉及地质、结构、施工、仪器和数理分析等比较广泛的知识领域，面向所有土木工程运用，涉及重大公共安全。工程安全监测是借助各类传感、量测技术，感知监测对象的微小变化过程，通过对时效数据的整理整编、分析并结合人工巡视探查，了解和掌握建筑物本身及相关岩体特性，评判从施工前期、施工过程、初期蓄水期及运行期整个过程中的工作性态，分析预测后期发展趋势，为工程各阶段安全评估提供依据。通过各类监测信息反馈，可检验设计方案的合理性，验证设计计算参数取值、计算模型及方法的准确性，评判工程特定条件下设计处理措施的合适程度，为下一步优化设计提供支撑。重视使用施工期监测成果，可及时发现工程安全隐患，及时了解、掌握和评价施工质量，保障工程施工安全推进，提高施工质量，减少施工缺陷。完整、可靠的施工期监测成果，以及所显示的工程性态，可为工程后期运行预警机制的建立提供参考，保障工程运行安全。通过对监测成果总结、分析，可进一步提高人们对工程的认知水平，为科学研究提供服务。

水工程安全监测服务于复杂条件、不确定性强和风险度高的工程对象。为满足对工程全周期安全性做出适时诊断、及时预警要求，工程安全监测技术涉及构筑物、边坡、洞室的变形监测、渗流监测、应力应变与温度监测、环境量监测，以及结合工程特点开展的地震监测、水力学监测等。当前监测工作的主要任务是不断丰富监测理论，充分发挥监测的重要作用，其主要内容如下：

（1）以科学理论为基础，应用各类相关技术解决工程安全问题。例如：在构造地质、工程地质、工程力学、结构力学、材料力学、土力学、统计学等理论应用基础上，应用神经网络、模糊数学等现代数值计算方法解决实际工程问题。

（2）依据大量工程应用成果，总结经验，并结合不同工程特点，使监测设计水平更进一步提高。例如：使不同坝型主要的监测断面、监测部位和监测重点设置更为合理，设计冗余更为恰当，掌握好设计方案中的"永临结合"运用原则。

（3）在常规监测仪器仪表广泛应用基础上，努力研究、探寻经济、实用、长效的新型监测设备。例如：光纤光栅类仪器、分布式光纤量测系统、光纤陀螺、阵列式位移计、GNSS变形测量系统的应用与完善；声发射、地基合成孔径雷达、管道机器人和微芯系列智能传感探索。

（4）在持续规范仪器安装、调试、埋设、维护等现有实施工艺基础上，着重研究、应用更有效的监测仪器设备装配方案。例如：提高超长管线水管式沉降仪、超长液压式沉降仪、超高电磁沉降暨测斜管、大量程杆式位移计等监测仪器的应用效果。

（5）应用新的技术手段，提高监测数据信息收集效果。例如：更便捷、更稳定、更可靠和更安全的监测自动化系统。

（6）构建更完善的监测数据处理、分析智慧平台，努力打造工程安全专家诊断系统，实现流域、区域安全管控，实现信息共享与价值提升。例如：为满足流域水调电调、水利工程综合管理等建立的各类信息管理系统提供数据支持。

1.3　水工程安全监测技术的发展

1.3.1　国际发展情况

安全监测技术始于 20 世纪初，经历了一个较快的发展过程。随着世界各国水力资源的不断开发和利用，大坝及其他类型的水工建筑物的数量在不断增加，水库大坝及其他水工建筑物的安全问题也越来越引起社会公众的关心。国际大坝委员会（ICOLD）在第 8、13、14、15、17 届大会上都讨论了大坝及基础安全监测问题，并先后发表了第 21、23、41、60、68 号公报，对水库大坝监测提出了一系列的要求。一些发达国家如美、意、法、日等国都设立了专门负责大坝安全的管理机构，建立了法规、法令和制度，大坝监测工作得到很大发展。总体来看，国外大坝监测技术的发展（以意大利为代表）主要表现为：

（1）提出了对大坝进行实时定量安全监控的概念和方法，促使安全监测各个环节，包括系统的设计、仪器布设、数据采集、资料处理和解释以及预报等必须进行全面的变革。

（2）对实际建筑物提出了比较确切的安全度概念，即要看其在外部荷载作用下所产生的反应变化幅度是否在其材料弹性性能变化幅度所允许的范围之内。

（3）强调安全监测的成果并不意味着收集多少数据，关键是如何及时地解释这些数据。这种解释并不纯粹是根据经验，而是依据理论模型对大坝及基础的性状做出定量的评价，进而对其安全状态做出正常或非正常的判断。基本方法是对大坝及基础关键部位关键监测项目的监测数据建立理论模型，然后使用这一模型预测此后某一时刻在某一环境条件（如水位、温度）下该效应量的值。当在同样条件下取得的该效应量实测值与模型预报值之差（离差）处于一个弹性允许范围之内时，认为大坝处于正常范围之内，否则认为不正常。

（4）认为确定性模型能从本质上反映大坝及基础在正常运行状态下效应量的变化规律，可对大坝及基础效应量的产生机理做出定量的分析和解释，因此，对大坝进行安全监控主要使用确定性模型。意大利国家电力局（ENEL）下属结构及模型试验所（ISMES）和水力及结构研究中心（CRIS），对建立确定性模型的理论和方法做了很多研究工作，有一套独创的方法和计算机程序，并在若干混凝土坝上成功地建立和应用了位移量的确定性模型，如 Pontecola 坝、Talvacchia 坝、Ridracli 坝、Babelina 坝等。

（5）研制并在工程上实现了全自动化安全监控系统，其功能包括坝及基础主要原因量和效应量数据的自动巡检、量测、采集、存储、制表、随机检索，使用数值模型作安全监控等。

（6）监测数据可以通过电缆线远距离从坝址传输到 ISMES 计算中心，使用大坝安全资料管理系统 MIDAS 和 P 型三维有限元计算程序 FIESTA 进行脱机处理或建立数值模型。另外，实现了无线电遥测遥传。

1.3.2　国内发展情况

在引进吸收再开发的基础上，我国安全监测技术的发展大致可以分为三个阶段。

　　第一个阶段：20 世纪 50 年代，随着国内水电站的建设，中国水利水电科学研究院开始引进、学习国外监测技术，研制差动电阻式仪器，开展了应变计组资料分析，并出版了《混凝土坝的内部观测》，举办了多个培训班，开始在部分大坝中埋设监测仪器。同时期，我国政府也开始对大坝安全问题重视起来，20 世纪 60 年代由原水电部主管部门编制出版了《水工建筑物观测技术手册》，此阶段的监测工作普遍称为"原型观测"。

　　第二个阶段：自 20 世纪 70 年代，随着国外一些大坝的失事，水工建筑物的安全监测工作被提高到一个重要的地位。我国政府对大坝安全高度重视，20 世纪 80 年代颁发了《水库工程管理通则》，之后水利部、国家电力公司先后成立了大坝安全监测中心和大坝安全监察中心，各流域机构、各大电网公司、各大水利设计院和各省市的水利部门都设立了专门从事大坝安全管理和监测的机构，并配置专业技术人员。继《中华人民共和国水法》颁布之后，水利部、原能源部在 1989 年制定颁发了《混凝土坝安全监测技术规范（试行）》，1990 年水利部编写印发了《土石坝安全监测技术要点》。同期，监测数据的分析方法和理论也得到了深入的发展，储海宁、李珍照、吴中如等学习并引进了监测数据分析的新理论，经过国内工程的实践，创建了以统计模型、确定性模型、混合模型为基础的正分析和大坝结构性态的反分析，形成了较为系统的大坝安全监测理论体系。该阶段监测工作的主要目的是获取观测数据，对结构性态进行评价，发现工程存在的安全隐患。这些工作使我国的大坝安全监测工作逐步走上了正规的道路。

　　第三个阶段：20 世纪 90 年代末至今，为安全监测的成熟阶段，各种新型监测仪器研制并投入使用，监测技术已在大坝、边坡、地下洞室得到了广泛的应用，国内已发布较为系统的监测技术规范，安全监测已成为人们的共识。在三峡枢纽、小浪底、二滩、天生桥一级、洪家渡、水布垭、龙滩、锦屏一级、锦屏二级、小湾、糯扎渡、溪洛渡、白鹤滩、乌东德、南水北调等一大批技术复杂、规模宏大的水利水电工程建设过程中，均十分注重工程安全监测工作。在工程前期，就对大、中型工程的安全监测设计、投资进行专项审查。在大量工程建设过程，尤其在不断克服复杂地质构造、高坝大库、大型地下洞室（群）、深埋长隧洞、高陡边坡、高地震烈度等各种不利工程条件和技术难题中，安全监测发挥了非常积极的重要作用。同时，随着监测设计理念的不断完善、监测仪器选型更为合理、监测系统精细化施工工艺不断提高，安全监测技术得到很大程度的发展。在《水工设计手册》中水工安全监测独立成为一个重要章节，陆续新编或修编了《混凝土坝安全监测技术规范》（DL/T 5178）、《土石坝安全监测技术规范》（DL/T 5259）、《大坝安全监测自动化技术规范》（DL/T 5211）、《水工建筑物强震动安全监测技术规范》（DL/T 5416）、《大坝安全监测系统施工监理规范》（DL/T 5385）等大量规程规范，形成了一个较为完整的工程技术分支。

　　近年来，根据国家颁布和行业发布的《水库大坝安全管理条例》《水库大坝安全鉴定办法》《水电站大坝安全监测工作管理办法》，我国已建立了全国性的大坝安全监测机构。截至 2020 年 1 月，在国家能源局大坝安全监察中心已注册登记的大坝 545 座，备案大坝 55 座；在水利部大坝管理中心注册登记的大坝 95631 座，并完成了 3800 多座病险水库安全鉴定成果的核查工作。通过水库大坝注册或备案，对工程安全监测信息的定期报送，以及监测系统升级改造与维护提出了更高要求，工程安全监测信息服务于工程的积极性和重

要性也愈加彰显。

当前，安全监测技术已形成以下几方面的特点：

（1）监测系统设计方面。更加重视所布设的监测项目能够全过程跟踪掌握大坝及重点建筑物的安全，力求尽早发现异常问题并及时应对处理，避免发生事故，其次才是验证设计和指导施工。注重采用仪器监测和巡视检查相结合的方式开展监测工作，强调监测设计应包括数据采集系统和资料管理分析系统，同时还应对现场巡视检查所需的条件做出设计和安排。要求监测系统必须有快速反应能力和应变能力，能适应不同阶段不同条件下监测工作的需要。

（2）仪器选型和埋设安装方面。选用的仪器量程和精度必须满足监测要求，同时应具备良好的耐久性、稳定性和可靠性，能适应恶劣环境。更多地选用在空间上和时间上能连续量测的仪器，如可沿深度连续测量位移的滑动测微仪、测渗压的钻孔滑动测渗仪、坝体和基岩的声波层析造影，以及能在时间上跟踪量测的自动化仪器。强调仪器的安装或埋设必须严格按照正确的方法进行，以保证运行可靠。

（3）监测自动化方面。随着科学技术的发展，传统的仅依靠人工观测方式，存在监测人员工作量大、观测精度和观测频次均受到一定的限制、观测数据进行人工处理分析周期较长等缺点，难以保证数据的可靠、实用和分析的时效性，特别是在汛期或紧急情况下难以实时采集到大坝安全所关心的数据和进行分析处理。同时，进入运行期后，工程运行管理单位往往人力资源有限，使得上述问题表现得更为突出。监测自动化则可以很好地解决上述问题，其不但能够实时采集到大坝安全所关心的数据，保证测读精度和频次，而且能够实现高频次或多项目同步监测，实时对采集到的数据进行分析处理，及时了解大坝的运行状态，如发现异常问题可以及时采取相应的处理措施，防患于未然。同时可以大大减少运行管理人员的工作量，改善工作条件，并为打造智慧电厂奠定基础，满足现代企业"无人值班，少人值守"的运行管理模式的需要。

（4）资料的整编分析和综合评价方面。强调对大坝在整个施工期、初蓄期和运行期全过程的监测，要求分别对各个阶段提出监测任务和安全监控指标，以指导工程施工和管理。以及时定量为目标，使资料处理及时迅速，资料解释定量化。发展反馈分析技术，利用实测资料，通过计算模型对设计参数进行反演和检验。进一步从监测系统的设计、组成整体监测系统的各单项监测项目、所取得的实测资料、监测自动化系统以及监测管理等方面，建立评价指标体系，然后依据相关监测技术规范、仪器技术标准，以及工程实践经验提出部分定量评价标准；依据相关规范的定性描述、相关技术报告和工程实践经验提出定性评价标准，最终得到大坝安全监测系统的综合评价结论。

总体来看，安全监测已逐渐向健康监测与诊断、综合评价与评估的方向发展，更加强调为水工程全生命周期提供安全保障。鉴于对工程"经济、实用、先进"的不断追求，工程安全监测工作任重道远，从监测理论提升、数学模型建立、设计方案与手段优化、仪器仪表适应性与长期可靠性保障、监测设施免维护、远程通信方式、信息平台搭建、线上数据采集整理、线下数据"洗涤"与分析、支撑智慧工程安全评价体系等大量的监测技术还有待探索与研究。

1.4 贵阳院安全监测技术特点

贵阳院安全监测专业经历 30 多年的发展，先后完成或正在实施近 100 余座大、中型水利水电工程安全监测项目，通过不断的工程实践历练和经验总结，已经具备了为工程提供安全监测系统设计、监测施工、观测及资料整编分析、工程安全评价，以及监测应用技术研发和监测软件开发等全过程解决方案的能力。

1.4.1 安全监测设计方面

从 20 世纪 80 年代末至 90 年代初期，贵阳院便开展了普定水电站碾压混凝土拱坝、天生桥二级水电站碾压混凝土重力坝、长引水隧洞及高边坡、东风水电站超薄常态混凝土拱坝及高边坡等多类工程安全监测设计工作探索。除常规设计项目外，重点解决了碾压混凝土内仪器、电缆选型与布置方案；深埋长埋地下洞室仪器埋设可靠性研究及电缆敷设技术；300m 高边坡测斜系统技术应用研究，为提高监测设计技术奠定了良好基础。"西电东送"期间，随着乌江流域洪家渡、引子渡、索风营、思林、沙沱水电站，以及北盘江流域光照、董箐、马马崖一级、善泥坡等水电站开工建设，经历了 200m 级高面板堆石坝、高碾压混凝土重力坝、大型地下洞群、大坝软弱基础、危岩体等多种特殊条件下的监测设计工作，解决了大量工作中的难点，在监测项目选择、断面布置、监测手段及仪器类别选型上均积累了大量经验。300m 级高心墙堆石坝如美水电站、深厚覆盖层上的班达水电站等监测设计项目将在已有技术基础上，研究更优的监测解决方案，从设计的源头充分发挥其积极作用。除通用监测技术外，在监测设计方面的创新或关键技术主要包括：

（1）300m 级高陡边坡变形监测技术。

（2）高面板堆石坝渗流量分区量测技术。

（3）不对称河谷堆石坝纵向位移监测方法。

（4）高碾压混凝土坝分布式光纤测温系统全面应用。

（5）采用光纤陀螺技术监测面板挠度变形。

（6）应用柔性测斜系统监测大变形边坡深层滑动。

（7）GNSS 测量系统应用与工程表面变形监测自动化。

1.4.2 安全监测施工方面

安全监测施工经历了三个代表性的技术发展阶段：第一阶段是代表性地完成了普定水电站碾压混凝土拱坝，天生桥二级水电站碾压混凝土重力坝、长引水隧洞及高边坡、东风水电站超薄常态混凝土拱坝及高边坡，天生桥一级高面板堆石坝及溢洪道等工程安全监测项目实施，在监测仪器技术指标控制、性能检验、安装调试、埋设维护，以及监测频次、初始值选取、资料整编分析等方面得到切身体验；第二阶段是"西电东送"期间，贵州省内十余座水电站安全监测现场实施工作连续开展、形成技术不断提升、经验逐渐丰富的格局；第三阶段是通过大量工程实践，在各监测项目实施过程中就仪器仪表应用上，对各类型仪器、同类型不同品牌仪器的优劣有了更深的认识，对仪器设备安装埋设技术重点、难点认识与解决方案把握更加准确，对监测数据采集完整性、整编及时性、分析方法及深度，以及与工程的结合等多方面技术水平持续提高，并在溪洛渡 285.50m 高拱坝、白鹤滩右岸 250.0m 高边坡、乌东德 270m 高拱坝和围堰基础 91m 深混凝土防渗墙、阿尔塔什 90m 深厚覆盖层上 164.8m 的面板堆石坝、单洞 285km 的超长引水隧洞，以及多座抽水蓄能电站大型地下厂房洞室群等安全监测技术运用方面持续提升。形成的主要技术特点包括：

（1）碾压混凝土坝应变计组安装埋设工艺。

（2）高应力混凝土坝无应力计安装埋设工艺。

（3）电平器在面板挠度监测中的应用。

（4）高大洞室收敛监测关键技术。

（5）不利地质条件多点位移计、测斜管等回填灌浆工艺。

（6）碾压混凝土中正垂管预埋设安装控制工艺。

（7）深埋长隧洞光纤光栅类监测仪器应用。

（8）面板堆石坝 560m 超长水管式沉降仪及钢丝水平位移计安装埋设关键工艺。

（9）柔性测斜系统在边坡及面板挠度监测关键技术。

1.4.3　安全监测数据处理分析及工程安全评价方面

始终以监测理论为基础，以各相关规程、规范、条例、法规为依据，以信息收集齐全、数据准确、数据可靠、数据完整、统计计算及时、图表完整统一为基本条件，在运用比较法、作图法、特征值统计法等常规方法基础上，针对工程规模、特点，选择性采用数学模型法建立统计模型、确定性模型及混合模型进行定量分析。通过分析效应量在时间与空间上的分布、变化，以及相关因子分析，预测效应量发展趋势，为工程安全做出及时判断与评价提供有力支撑，为工程长期安全稳定运行提供了科学依据。主要技术特点包括：

（1）混凝土坝全周期监测分析技术。

（2）土石坝全周期监测分析技术。

（3）边坡监测预警技术。

（4）大坝安全监测系统综合评价系统。

1.4.4　监测自动化与软件研发方面

大坝安全自动监控系统是利用计算机实现大坝观测数据的自动采集和自动处理，对大坝性态正常与否做出初步判断和分级报警的观测系统。由监测仪器、数据采集装置、通信和电源线路、计算机系统及相关的系统软件和应用软件组成的自动化系统，用以实现大坝安全监测数据的自动采集、自动处理、在线监控、离线分析、信息管理、安全评判和辅助决策，以便采取正确合理的措施，保证大坝安全。为此，在集成监测项目自动化硬件的同时，贵阳院开发了工程安全监测数据处理分析软件（V2.0）、安全监测网络化数据处理及坝体变形动态三维仿真系统、工程安全监测信息管理系统等多套监测专业应用软件，并得到有效运用。主要技术特点包括：

（1）监测数据回归分析软件开发应用。

（2）应变计组计算分析软件开发应用。

（3）大坝安全监测三维仿真及虚拟现实技术应用。

（4）工程安全监测云平台开发与技术应用。

（5）GIS＋BIM 的大坝安全智能监控系统开发与技术应用。

本书旨在通过贵阳院大量水利水电工程安全监测工作实践，参考国内典型工程相关特点，从监测设计、施工、资料分析及新技术应用等方面进行梳理、提炼与总结，并提出一些技术问题进行研讨，为监测技术的持续发展和不断进步贡献微薄之力。

第 2 章
混凝土坝监测

2.1 概述

2.1.1 混凝土坝类型

混凝土坝是挡水建筑物的一种类别，是用混凝土浇筑（或碾压）或用预制混凝土块装配而成的坝。按结构特点可分为重力坝、拱坝和支墩坝；按施工方法可分为常态混凝土坝、浆砌石坝、装配式混凝土坝和碾压混凝土坝；按是否通过坝顶溢流可分为非溢流混凝土坝和溢流混凝土坝。

在混凝土坝的坝型方面，通过开展大量方案研究比较、计算分析论证和可靠性经济性权衡，我国在不同时期兴建了各种类型的混凝土坝，包括连拱坝、平板坝、大头坝、宽缝（或空腹）重力坝、实体重力坝、坝内厂房重力坝和各种河谷形态下的拱坝，对各种坝型的设计、施工和运行管理也都积累了丰富的实践经验，对后来混凝土坝坝型的选择具有重要指导意义。

20 世纪 50 年代初期，由于建设资金缺乏、水泥供应紧张，我国修建了一批支墩坝和宽缝重力坝。在当时条件下，选用这些坝型是合适的。

以支墩坝为例，在 20 世纪 50 年代，国外已建造过不少支墩坝。据当时文献介绍，支墩坝具有散热容易、温度控制简单的优点，国外在支墩坝设计和施工中采用的分缝分块和温度控制措施在我国早期建造的支墩坝中都采用了，施工质量也很好，但这些工程竣工后实际产生了不少裂缝。据分析，支墩坝容易散热是事实，但支墩坝结构单薄，对外界气温的变化非常敏感，气温变化在支墩坝内可引起较大的拉应力，进而引起较多裂缝。从实践经验来看，结构单薄、容易裂缝是支墩坝的一个主要缺点。

与实体重力坝相比，大头坝和宽缝重力坝的暴露面积也较大，因而更容易产生裂缝。我国建坝的实际经验表明：实体重力坝由于暴露面积最小，在各种型式的混凝土坝中，实际上是最容易防止裂缝的。这一结论对坝型选择具有较大影响，后期我国实际上不再建造支墩坝和宽缝重力坝。

碾压混凝土筑坝是近 30 年世界筑坝技术的一项重要进展。在引进技术、消化吸收和再创新的基础上，形成了中国特色的碾压混凝土筑坝技术，包括碾压混凝土坝体型结构优化、材料优选和施工技术革新等，成为引领世界碾压混凝土筑坝技术发展的一支重要力量。我国建成了一批具有世界影响力的碾压混凝土高坝，包括最大规模的龙滩碾压混凝土重力坝（设计坝高 216m）、光照碾压混凝土重力坝（坝高 200.5m）、大花水双曲拱坝（坝高 134m）和沙牌拱坝（坝高 132m）。沙牌拱坝还经受了汶川特大地震的考验。

近年来混凝土坝的发展趋势表明，随着国家经济实力增强和大型施工机械的普及应用，已经很难见到空腹坝和支墩坝等体型复杂、不便使用大型施工机械的坝型，而基本上都采用了体型简单便于机械化施工的实体重力坝和拱坝。因此，本章主要对重力坝、拱坝进行阐述。

2.1.2　混凝土重力坝

2.1.2.1　结构特点

重力坝是依靠自身重量，通过在地基上产生的摩擦力和凝聚力来抵抗坝前水推力而保持稳定的挡水建筑物。

结构形式：它的基本断面一般为三角形，通常上游面铅直或稍倾斜。在平面上，坝轴线通常呈直线，有时为了适应地形地质条件，或有利于枢纽建筑物布置，也可布置成折线或曲线，沿坝轴线用横缝分成独立工作的若干坝段，类似于以地基为固定端的悬臂梁。

其结构形式决定了重力坝承受的主要荷载有：坝体及坝上永久设备的自重，上、下游坝面上的静水压力，基础扬压力。另外还有：①溢流坝反弧段上的动水压力；②冰压力；③泥沙压力；④浪压力；⑤地震荷载，包括地震惯性力、地震动水压力和地震动土压力；⑥由于建筑材料的体积变形（由温度和干湿所引起的伸缩变形）受到约束所引起的荷载；⑦其他荷载，包括风压力、雪压力、船舶的缆绳拉力和靠船撞击力、运输车辆、货物、起重机和人群等的临时荷载以及爆炸引起的气浪力等。

2.1.2.2　可能出现的工程安全问题

受客观条件影响，在重力坝设计阶段会考虑到地质条件、筑坝材料特点，并对施工质量控制提出明确的要求。在施工尤其是运行期，会持续关注以下可能存在的安全隐患和问题。

（1）深层滑动问题。重力坝坝基内若存在不利的软弱结构面，特别是倾向下游的缓倾角软弱结构面，对坝体稳定十分不利，大坝容易在这些薄弱环节出问题。由此引发的坝工事故不在少数。

（2）基础不均匀变形问题。天然地基中往往存在构造软弱破碎带，即使对于完整新鲜的基岩，岩体也往往呈现各向异性性质，或具有非线性性质，在某种荷载组合的作用下，有可能发生不均匀沉降。这种不均匀变形可能发生在顺坝轴线方向，也可能发生在顺水流方向，会对坝体的稳定和应力状态造成不利影响。

（3）渗流问题。天然地基不可能是完整无缺的，会存在不同程度的缺陷，即使是较完整的岩体也会有节理裂隙。况且由于构造作用，基岩中还会存在断层、破碎带、剪切面和泥化夹层等软面。在水库水位作用下，地基发生渗流是不可避免的。为了把渗流引起的扬压力控制在允许范围内，对于实体重力坝，一般在岩基内靠近坝的上游面都设有防渗帷幕和排水孔幕，但并不能完全阻止渗漏，久而久之还会发生老化。当帷幕灌浆或排水系统出现故障时，会对坝的安全稳定造成严重威胁。

（4）坝体应力问题。重力坝的坝身内有很多孔洞和廊道，加上承受的荷载复杂，坝体内会产生复杂应力问题。重力坝可能承受不同的荷载组合，包括基本荷载和特殊荷载的组合。设计规范对重力坝在不同荷载（基本组合和特殊组合）情况下坝体的应力都有不同的规定。基本要求是坝体应力值不应超过规定的容许应力。如果坝体的某些部位强度达不到要求或应力超过允许应力，就可能发生开裂或损坏，当这些裂缝属贯穿性裂缝时，就可能发生渗漏，引起更严重的应力恶化。应该关注坝踵、坝趾、孔口周边、廊道顶拱等处的应力状态，以及坝基中某些应力集中部位。

（5）高速水流冲刷问题。下泄水流在通过溢流坝面、泄洪孔洞时形成高速水流，可能发生空蚀现象，加上水流沙石的冲刷磨损会对其表面造成损伤。另外，流激振动会对控制水流的闸门、轨道等金属构件造成冲击，影响大坝安全运行。

（6）工程材料问题。混凝土重力坝由大体积混凝土浇筑而成，对不同部位的混凝土骨料、水泥及其配合比都有不同的要求，选择不当或施工控制不严会使混凝土容易发生开裂、磨损或出现碱骨料反应等问题，危及大坝安全。

2.1.2.3　监测重点

1. 重点监测部位

监测范围包括坝体、坝基，以及对重力坝安全有重大影响的近坝边坡和其他与大坝安全有直接关系的建筑物。一般选择典型的或代表性的横断面、纵断面（或测线）、结构薄弱点、运行中暴露出问题的部位进行监测。

（1）监测横断面。设在监控安全的重要坝段，横断面布置在地质条件或坝体结构复杂的坝段或最高坝段及其他有代表性的坝段。断面间距可根据坝高、坝顶长度类比拟定，特别重要和复杂的工程可适当加密监测断面。

（2）监测纵断面。重力坝的纵向测线是指平行于坝轴线的测线，需根据工程规模选择有代表性的纵向测线。一般应尽量设置在坝顶和基础廊道，高坝还需在中间高程设置纵向测线。

（3）结构薄弱点。除了选择有代表性的监测横断面、纵断面进行监测，应结合水工设计计算成果，选择结构薄弱部位进行重点监测，监控建筑物安全。

（4）运行中暴露出问题的部位。由于地质条件复杂多变、勘察的详略程度不同、设计计算理论缺陷等原因，监测设计仅选择有代表性的部位进行监测，不可能面面俱到，在建筑物运行过程中，难免会暴露出一些缺陷等，应结合长期监测资料、水工建筑物运行资料对监测系统进行改造升级，选择暴露出问题的部位补充监测设施，进行重点监测。

2. 重点监测项目

在不同时期，结构的受力特点、监测目的不一致，重点监测项目也不一致。

（1）施工期。施工期重力坝主要承受坝体自重、温度应力；监测目的主要为施工安全及建筑物安全监测，同时兼顾设计、科研等。因此，施工期重力坝重点监测项目主要为坝基变形、混凝土温度、应力应变等。

（2）初蓄期及运行期。蓄水后，大坝、坝基以及附近的各种建筑物受力状况发生巨大变化，承受的主要荷载为坝体自重、静水压力、动水压力、扬压力及其他荷载；监测目的主要为安全监测，同时兼顾设计、科研、运行等。因此，初蓄期及运行期重力坝重点监测项目主要为坝基变形、坝体变形、扬压力、渗漏量等。

总之，监测重点应根据坝体受力特点，结合具体工程特点，以及运行中暴露的问题考虑，统筹安排，其指导思想是以安全监测为主，兼顾设计、施工、科研和运行的需要，并在施工及运行过程中进行动态调整和优化。监测项目宜以"目的明确、重点突出、兼顾全面、反馈及时、便于实现自动化"为基本原则，监测项目间应考虑相互配合、相互补充、相互校验的功能，主要监测项目具备适度冗余，确保资料的完整性、准确性和可靠性。监测仪器布置除了需要控制关键部位外，还需兼顾全局，并结合工程建设进度统一规划、分项、分期实施。监测方法和仪器类型选择应与计算分析成果相匹配，并遵循"可靠、简单、经济、便于实现自动化"的原则。施工方法应简单、可靠、易于标准化作业，应根据施工特点选择仪器、设备、电缆等的保护措施。

2.1.3　混凝土拱坝

2.1.3.1　结构特点

拱坝是一个空间壳体结构，在平面上呈凸向上游的拱形，其拱冠剖面呈竖直的或向上游凸出的曲线形。坝体结构既有拱的作用又有梁的作用，其承受的荷载一部分通过拱的作用压向两岸，另一部分通过竖直梁的作用传到坝底基岩。

按拱圈线型拱坝可分为单心圆拱坝、双心圆拱坝、三心圆拱坝、抛物线拱坝、对数螺旋线拱坝、椭圆拱坝。按悬臂梁曲率拱坝可分为单曲拱坝（悬臂梁上游面铅直）、双曲拱坝（悬臂梁上游面有曲率）。

坝体的稳定主要依靠两岸拱端的反力作用，不像重力坝那样依靠自重来维持稳定。因此拱坝对坝址的地形、地质条件要求较高，对地基处理的要求也较严格。

拱坝是整体空间结构，坝体轻韧，弹性较好，属于高次超静定结构，超载能力强，安全度高。由于拱是一种主要承受轴向压力的推力结构，拱内弯矩较小，应力分布较为均匀，有利于发挥材料的强度。拱的作用利用得越充分，混凝土或砌石材料抗压强度高的特点就越能充分发挥，从而可以减薄坝体厚度，节省工程量。

拱坝承受的荷载包括：自重、静水压力、动水压力、扬压力、泥沙压力、冰压力、浪压力、温度作用以及地震作用等，基本上与重力坝相同。但由于拱坝本身的结构特点，有些荷载的计算及其对坝体应力的影响与重力坝不尽相同。

自重：混凝土拱坝在施工时常采用分段浇筑，最后进行灌浆封拱，形成整体。在封拱灌浆以前，全部自重应由悬臂梁承担，灌浆后浇筑的混凝土自重参照拱梁分载法中的变位调整。

扬压力：由扬压力引起的应力在总应力中约占 5%。由于所占比重很小，设计中对于薄拱坝可以忽略不计，对于重力拱坝和中厚拱坝则应予以考虑。在对坝肩岩体进行抗滑稳定分析时，必须计入渗流水压力的不利影响。

温度荷载：拱坝系分块浇筑，经充分冷却，待温度趋于相对稳定后，再灌浆封拱，形成整体。封拱灌浆以后坝体温度随外界温度作周期性变化，由于拱座嵌固在基岩中，限制坝体随温度变化而自由伸缩，于是就在坝体内产生了温度应力。在一般情况下，温降对坝体应力不利，可能产生拉应力；温升将使拱端推力加大，对坝肩岩体稳定不利。实测资料分析表明，在由水压力和温度变化共同引起的径向总变位中，后者占 1/3～1/2，在靠近

坝顶部分，温度变化的影响更为显著。

2.1.3.2 可能出现的工程安全问题

根据拱坝结构及受力条件，坝肩和坝基必须满足长期稳定和受力状态良好的要求，坝体施工质量也必须加以严格控制，否则会造成坝体失稳或功能失效。因此，必须重点考虑以下问题。

（1）坝肩稳定问题。拱坝把大部分水平荷载传递给两岸坝肩岩体，为了确保坝肩稳定可靠，一般都进行加固处理，关键是地质勘探工作必须查清所有的重要地质缺陷，工程加固处理设计措施得当，才能做到安全可靠。坝工界曾有因地质勘探工作失误或加固处理不当而导致坝肩失稳使坝体滑动的先例。

（2）坝基破坏问题。拱坝把一部分荷载通过悬臂梁作用传给坝基，会使坝基处产生较大的拉应变，在该处出现较大的竖向拉应力，若处理不当，水库蓄水后将会引起渗漏破坏坝基。另外，基岩中的断层节理未被发现或处理不当，以及基础岩体产生不均匀垂直变形都会破坏坝基稳定。

（3）温度应力问题。拱坝坝体相对单薄，在温度变化较大的运行环境中，坝体温度应力较大，若设计时对运行期的温度变化考虑不足，容易使坝体产生裂缝，影响拱坝的安全。

（4）施工质量问题。拱坝坝体轻薄，对工程材料和施工工艺要求都比较高。常见的施工质量问题有混凝土强度低、碱骨料反应、浇筑混凝土温度控制不严、灌浆质量差等，其后果可能导致坝体混凝土开裂、膨胀、剥蚀或防渗帷幕破坏造成漏水，使坝基承受过大的扬压力，影响坝体安全。另外，对拱坝收缩缝、水平施工缝的处理不当也会使坝体应力恶化，特别是坝底周边缝张开对坝体安全威胁很大。

（5）其他问题。高拱坝泄洪时水流流速较高，若消能防冲设施不当，将会冲刷河床和下游岸坡，危及坝基和坝肩岸坡的稳定。另外，高速水流通过泄洪道进出口、闸门槽、溢流面、泄洪孔、弯曲段等处时容易发生空蚀和磨损。拱坝一般修建在高山峡谷中，常常位于地震区，若抗震性能不好也易发生问题。

2.1.3.3 监测重点

1. 重点监测部位

从拱坝受力特点来看，应把"拱坝+地基"作为一个统一体来对待，其监测范围应包括坝体、坝基及坝肩，以及对拱坝安全有重大影响的近坝区岸坡和其他与大坝安全有直接关系的建筑物。

拱坝坝体重点监测部位应结合计算成果、拱坝体型等因素，以坝段为梁向监测断面，以高程为拱向监测基面，构成空间的拱梁监测体系，其水平拱圈及竖直悬臂梁的选择应与拱梁分载法的拱系、梁系划分相同，测点布置于拱梁交点处。

（1）梁向监测断面。梁向监测断面应设在监控安全的重要坝段，其数量与工程等别、地质条件、坝高和坝顶弧线长度有关，可类比工程经验拟定。特别重要和复杂的工程，可根据工程的重要性和复杂程度适当加密。一般情况下，按顶拱中心线弧长均匀布置，其中，拱冠梁坝段是坝体最具代表性的部位，且该部位的各项指标很多是控制性极值出现处；左、右岸1/4拱坝段一般可同时兼顾坝体、坝肩变形，在坝段空间分布上具有代表

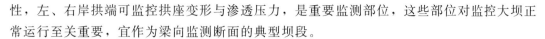

性，左、右岸拱端可监控拱座变形与渗透压力，是重要监测部位，这些部位对监控大坝正常运行至关重要，宜作为梁向监测断面的典型坝段。

（2）水平拱圈监测断面。水平拱圈监测断面应与拱向推力、廊道布置等因素结合考虑，一般应设在最大平面变形高程（通常为坝顶以下某一高程范围）、拱推力最大高程和基础廊道，高坝还应在中间高程设置。拱坝监测点宜布置于拱向监测基面和梁向监测断面交汇的节点处，以便与拱梁分载法和有限元法的计算成果予以对比分析。

（3）拱坝坝基与坝肩。拱坝坝基、坝肩是拱坝设计最重要、最复杂的部位，不仅因为它是隐蔽工程，地质条件难以准确掌握，更主要的是岩体结构面纵横切割，地应力、裂隙渗流与拱坝推力产生的应力场及坝肩的动力反应等问题相互交织影响，使坝基、坝肩的变位、应力和稳定等问题变得异常复杂。故对于拱坝来说，坝基、坝肩部位的相关监测非常重要，坝基监测重点部位原则上以与坝体拱梁监测体系和坝基交汇处一致，但开挖体型变化处、分布有地质缺陷部位的坝基应加强监测。坝肩应重点关注近坝拱座部位和地质缺陷处理部位。由于拱坝对基础要求很高，所以其基础开挖一般较深，地质赋存条件较好，但一般地应力较高，在拱端推力作用下坝基岩体中传力较深，并动用了较多的侧向约束。坝基、坝肩监测深度原则上可取坝体高度的 $1/4 \sim 1/2$ 或拱端基础宽度的 $1 \sim 3$ 倍。

2. 重点监测项目

与重力坝一样，在不同的监测时期，结构所受的作用力不同，监测目的也不同，重点监测项目也不一致。

（1）施工期。施工期封拱前，各坝段独立作用，主要承受坝体自重；监测目的主要为施工安全及建筑物安全监测，同时为封拱灌浆提供监测数据，兼顾设计、科研等。因此，施工期重力坝重点监测项目主要为坝基变形、接缝变形、混凝土温度、应力、应变等。

（2）初蓄期及运行期。蓄水后，大坝、坝基以及附近的各种建筑物受力状况发生巨大变化，承受的主要荷载为坝体自重、温度应力、静水压力、动水压力、扬压力及其他荷载；监测目的主要为安全监测，同时兼顾设计、科研、运行等。因此，初蓄期及运行期重力坝重点监测项目主要为坝基坝肩变形、坝体变形、扬压力、渗漏量、温度、应力、应变等。

2.2　混凝土重力坝监测设计

2.2.1　监测项目

监测项目的设置，一方面是为了避免求大求全，实现少而精；另一方面，是为了把监测目的、监测重点与监测项目结合起来，根据不同时期、不同坝高，突出相应的监测重点。

针对具体工程，目前开展实际工程监测设计时，大都是根据重力坝工程等级、工程特性，按照规范推荐选定重力坝的监测项目，详见表 2.2.1。

表 2.2.1   混凝土重力坝安全监测项目分类表

序号	监测类别	监测项目	大坝级别		
			1	2	3
1	巡视检查	坝体、坝基、坝肩及近坝库岸	●	●	●
2	变形	坝体位移	●	●	●
		坝肩位移	○	○	○
		倾斜	●	○	○
		接缝变形	●	●	○
		裂缝变形	●	●	●
		坝基位移	●	●	○
		近坝岸坡位移	●	○	○
3	渗流	渗流量	●	●	●
		扬压力或坝基渗透压力	●	●	●
		坝体渗透压力	○	○	○
		绕坝渗流（地下水位）	●	●	○
		水质分析	○	○	○
4	应力、应变及温度	坝体应力、应变	●	○	○
		坝基应力、应变	○	○	○
		混凝土温度	●	○	○
		坝基温度	○	○	○
5	环境量	上下游水位	●	●	●
		气温	●	●	●
		降水量	●	●	●
		库水温	●	○	○
		坝前淤积	○	○	○
		下游冲刷	○	○	○
		冰冻	○	○	○
		大气压力	○	○	○

注 1. 有●者为必设项目；有○者为可选项目，可根据需要选设。
    2. 坝高 70m 以下的 1 级坝，应力、应变为可选项。

　　规范推荐的监测项目，实际上是参考了国际大坝委员会第 41 期会刊推荐的大坝风险度方法，并参考了国外有关大型水坝的安全管理经验。国际大坝委员会推荐的监测项目的选定方法取决于风险指数和坝高，把巡视检查和渗漏量放在首位。规范编制时为了使用方便，采用了统一的表格，设计人员在选定监测项目时，应该了解这一过程，不应受规范附表的限制。

　　对于重力坝来说，埋设仪器数量较多的通常为应力、应变、温度及接缝监测仪器，其中一部分是由于施工期温控和接缝灌浆的需要，一部分为设计反馈和科学研究的需要。在达到监测目的以后，非重点监测部位的监测项目可封存停测，必要时再启用。

2.2.2　变形监测

重力坝变形监测主要有坝体和坝基水平位移、垂直位移，以及坝体接缝和裂缝监测等。

重力坝变形监测纵断面是指平行于坝轴线的断面。纵断面上的测线一般应尽量设在坝顶下游处和基础廊道，坝高大于100m的高坝还应在中间高程设置。一般纵断面上测点布置应兼顾全局，每个坝段至少均应设一个监测点。

重力坝变形监测横断面布置在地质或结构复杂的坝段或最高坝段，以及其他有代表性的坝段。横断面的数量视地质情况、坝体结构和坝顶轴线长度而定，一般设1～3个，对于坝顶长度大于800m的，可设3～5个。

2.2.2.1　水平位移

水平位移监测的主要方法有准直线法、交会法、极坐标法、垂线法、GNSS法等。重力坝大多采用引张线法、真空激光准直系统和垂线法进行监测。

根据实际工程多年使用效果，对重力坝坝体和坝顶水平位移监测方法进行分析评价，详见表2.2.2。

表2.2.2　　　　　　　　　重力坝水平位移监测方法对比表

序号	监测方法	说　明	优　点	缺　点	工程使用效果	推荐指数
1	视准线法	视准线法是平行于坝轴线建立一条固定不变的光学视线，定期观测坝顶各测点偏离该视线测值的测量方法，是众多水平位移监测方法中最古老的方法	工作原理简单，结构简单，投资小，便于布置实施与维护，测值直观可靠	易受大气折光和库水蒸发的影响，人工观测不便利，观测频次低，数据较少，对自动化监测不利	施工期早期便能投入使用，较为便利，但运行期依然为人工观测，不利于电站管理，多年后必然面临改造或取消	★
2	真空激光准直系统	真空激光准直系统是在视准线法基础上开发的，采用抽真空管道对激光发射点、测点、接收端点进行保护，观测各测点与激光准直线之间的偏差，可避免空气等因素的影响	能同时具备监测坝顶和坝体的水平位移和垂直位移，测量精度高，可实现自动化监测，观测便捷	价格较贵，施工工艺和运行维护要求高；常发生真空管道漏气，管道内锈蚀产生的锈蚀粉尘影响正常观测	可自动化监测，十分便捷，数据丰富，对施工质量要求极高，后期维修频率较高，导致观测数据不连贯	★★
3	引张线法	引张线法是在坝顶或廊道内选定的两端点之间一端固定、一端挂重，张拉一根高强度钢丝作为基准线，用以测量坝体上各测点相对于该钢丝水平位移的装置	能兼测坝顶和坝体的水平位移，结构装置较简单、直观、经济实惠，可实现自动化监测	相应配件的维护工作量大，尽管后期实现自动化监测后仍不能免除对线体工作状态的日常检查和维护	可自动化监测，数据丰富，但仍需人工日常检修维护	★★

续表

序号	监测方法	说 明	优 点	缺 点	工程使用效果	推荐指数
4	交会法	区别于上述三种准直线法,当重力坝为折线、弧线布置时可采用交会法对坝顶水平位移进行监测	工作原理简单,结构简单,投资小,便于布置、实施与维护,测值直观可靠	人工观测工作量大,观测频次较低,数据较少,对自动化监测不利	施工期早期便能投入使用,较为便利,但运行期依然为人工观测,不利于电站管理,多年后面临改造或取消	★
5	垂线法	垂线法是在坝体内钻孔布置一根准直线(钢钢丝),定期观测坝体内不同高程各测点偏离该准直线的测量方法,是一种技术十分成熟、稳定的测量方法	能同时监测坝顶和坝体的水平位移,测量精度高、可实现自动化监测,观测便捷	在坝体施工期间安装垂线会极大影响坝体施工,一般选择在坝体全部或部分施工完成后才进行垂线钻孔安装,导致不能较早投入使用垂线系统,数据存在一定的滞后	系统性能稳定,数据连贯、数量多,使用效果好,可实现自动化监测,便于电站管理	★★★★
6	GNSS 法	利用卫星,在全球范围内实时进行定位、导航的系统	全天候无人值守连续自动监测;提供位移数据的限差检核和报警;提供实时数据分析和图形化报表等;是大坝表面变形自动化监测的发展趋势	精度相对偏低,费用相对较高,受地形条件影响较大,在地形较陡的山区信号弱;系统只是表面位移监测手段,不能进行坝体内部位移监测	系统稳定可靠,监测十分便利,数据丰富,可实现电站现代化管理	★★★

由表 2.2.2 可知,在重力坝水平位移的多种监测手段中,垂线法无疑是最好的一种监测方法。首先,垂线法可同时对重力坝的坝顶、坝体的水平位移进行监测,还可以通过竖直传高系统,传递垂直位移基点的监测功能;其次,相对于投资小、结构简单的视准线法和交会法,垂线法后期可实现自动化监测,实现电站现代化管理;第三,对于同是电测手段的引张线法和真空激光准直系统法,垂线法安装操作和维护更为简便,系统运行更稳定、持久;第四,相对自动化监测功能更全面的 GNSS 法,垂线法投资费用较为适中,性价比较高,而且还具备 GNSS 法所没有的坝体内部位移监测的功能。

但是,从发展趋势来看,GNSS 法可在重力坝表面布置更多的测点、获得更全面的信息,而且具有全天候、无人值守、24 小时连续观测,以及提供实时数据分析和图形化报表等功能,是符合水库大坝自动化运行管理较为合适的方法。

总而言之,重力坝水平位移应该根据工程整体定位、投资水平、工程具体地形地质条件选用合适的方法进行监测。例如,可根据观测时段的不同选用几种监测方法进行监测,在施工期时可利用视准线法和交会法的简单快速形成的特点采用该方法进行监测;在运行期可采用更为系统的电测手段进行监测,甚至可采用几种监测方法同时进行监测,相互校核,避免一旦一种方法出现问题导致项目停测的情况。

2.2.2.2 垂直位移

重力坝垂直位移监测一般采用几何水准法、静力水准法、真空激光准直系统法等进行监测，垂直位移测点应尽量与水平位移测点结合布置。

根据实际工程多年使用效果，对重力坝垂直位移监测方法进行分析评价，详见表 2.2.3。

表 2.2.3   重力坝垂直位移监测方法对比表

序号	监测方法	说 明	优 点	缺 点	工程使用效果	推荐指数
1	几何水准法	使用水准仪进行水准测量，对坝体表面和廊道内测点垂直位移进行监测	结构简单、布置灵活、测值直观可靠、投资小	观测工作量大，不便实现自动化监测	观测成果较为稳定，规律性好	★★
2	静力水准法	采用连通管原理，初期将所有不同坝段位置的测点都布置在同一高程，并通过连通管相互连接，后期各测点高程一旦发生变化，各测点之间的高差便体现为液面差，从而测得测点垂直位移变化	可实现自动化监测，方便运行管理	维护工作量大，需经常性更换液体、清理管路、修复静力水准仪	大部分工程使用较好，个别工程维护不好，会出现监测数据中断、缺失的情况	★★★
3	真空激光准直系统法	真空激光准直系统是在视准线法基础上开发的，采用抽真空管道对激光发射点、测点、接收端点进行保护，观测各测点与激光准直线之间的偏差，可避免空气等因素的影响	能同时监测坝顶和坝体的水平位移和垂直位移，测量精度高、可实现自动化监测，观测便捷	价格较贵，施工工艺和运行维护要求高；常发生真空管道严重漏气，管道内锈蚀产生的锈蚀粉尘影响正常观测	可自动化监测，十分便捷，数据丰富，对施工质量要求极高，后期维护维修频率较高，导致观测数据不连贯	★★

由表 2.2.3 可知，重力坝垂直位移的几种监测手段中，无明显最优方法，通常情况下还需要将几种方法结合使用。例如，采用静力水准法或真空激光准直系统法进行重力坝测点垂直位移监测时，这两种方法的基准点多采用双金属标进行校核。

2.2.2.3 接缝

重力坝的接缝主要指坝体与基础的结合缝、各坝段间的横向分缝、施工期纵向分缝和碾压混凝土坝的诱导缝。对于重力坝不同的接缝，根据其重要程度进行分析，详见表 2.2.4。

由表 2.2.4 可知，在重力坝坝体接缝有四种类型，建基面与坝体之间的接缝为重力坝结构必然存在和主要的监测重点，其余三种接缝类型则根据重力坝结构布置特点、相应的基础地质条件及工程需要，有选择性地进行监测。

表 2.2.4　　　　　　　　　　重力坝坝体接缝开合度关注重要程度

序号	重力坝接缝类型	监 测 原 因 分 析	监 测 部 位 描 述	关注程度
1	建基面与坝体之间的接缝	坝与基础的结合部位是坝工的一个薄弱环节，也是大坝性态反应敏感的区域，是接缝监测的重点部位。重力坝受水压力的作用，其坝踵一般处于受拉状态、坝趾处于受压状态，为了解坝体混凝土与基岩面之间的结合情况，可布置测缝计进行监测	典型断面的坝踵和坝趾部位	★★★
2	横向分缝	由于重力坝各个坝段一般是相互独立的，横向分缝监测的主要目的是监测相邻两坝段之间的不均匀变形，主要包括上、下游方向的错动和竖直方向的不均匀沉降，同时可检测接缝的开合度，以了解各坝段间是否存在相互传力	基础地质或坝体结构型式差异较大的相邻两坝段的接缝处	★★
3	纵向分缝	对一些施工期设纵向分缝的重力坝，采用分缝浇筑，为了选择纵缝灌浆时间或了解不灌浆纵缝的状态以及纵缝对坝体应力的影响，可布置测缝计进行监测。纵向分缝一般来说使用较少	选择几条代表性纵缝，在不同高程处布置测缝计	★
4	诱导缝	碾压混凝土坝通仓浇筑，为适应混凝土的温度变形，有些碾压混凝土重力坝会设有横向诱导缝调整温度变形情况	选择几条代表性诱导缝在不同高程处布置测缝计	★★

2.2.3　渗流监测

渗流主要由重力坝建成蓄水后造成，是在上下游水头压力差的作用下，对坝体、坝基及两岸坝肩产生的渗透压力，是影响大坝安全的重要物理量。渗流监测包括扬压力、坝体渗压、渗流量、绕坝渗流及水质分析等。

坝基扬压力是坝体外荷载之一，是影响大坝稳定的重要因素，是评价大坝是否安全的重要指标之一。坝体渗透压力主要是指重力坝混凝土水平施工缝上的孔隙压力，如孔隙压力过大，说明施工缝面上结合不良。坝基渗流量突然增大，说明坝基破碎带处理和灌浆效果不佳，坝基混凝土与基岩接触不良。若坝体渗流量突然增大，可能是坝体混凝土产生裂缝所致。总之，渗流监测是重力坝安全监测的重点，必不可少。渗流监测项目及设计重点详见表 2.2.5。

表 2.2.5　　　　　　　　　　重力坝渗流监测项目分析总结表

序号	监测项目	设 置 的 必 要 性	设 计 重 点	重要程度
1	坝基扬压力	不论工程等级大小、不同筑坝材料均需考虑设置坝基扬压力监测	设置纵、横向监测断面，纵向监测断面需兼顾每个坝段，横向断面需选择性布置	★★★
2	坝体渗透压力	常态混凝土重力坝很少设置，碾压混凝土重力坝根据工程等别、工程需要进行设置	在高程向和顺河向平面上，测点布置均为由密到疏。最上游面的测点与坝面间距不应小于 0.2m，最靠下游侧的测点宜不超过坝体排水管	★

序号	监测项目	设　置　的　必　要　性	设　计　重　点	重要程度
3	绕坝渗流	根据工程等别、地质条件进行设置，2 级及以上的重力坝必须设置绕坝渗流监测	测点布置以观测成果能绘出绕流等水位线为原则	★★
4	渗流量	渗流量基本上不分坝型类别、不论工程等级均需设置	渗流量需要分区、分段进行监测。坝体渗流量一般在上游侧排水沟内监测，坝基渗流量一般在下游侧排水沟内监测。通常在坝基集水井处设置量水堰监测总渗流量	★★★

2.2.3.1　扬压力

扬压力是指库水对坝基或坝体上游面产生的渗透压力及尾水对坝基面产生的浮托力。坝基扬压力的大小和分布情况，主要与基岩地质特性、裂隙程度、帷幕灌浆质量、排水系统的效果，以及坝基轮廓线和扬压力的作用面积等因素有关。扬压力减少了坝体的有效重量，降低了重力坝的抗滑稳定性，在重力坝的稳定计算中，扬压力的大小直接关系到重力坝的安全性。

1．监测断面

扬压力监测断面一般应设纵向和横向监测断面。

纵向监测断面一般应设 1～2 个。第一道排水幕线上布置一排纵向监测断面。对于低矮闸坝，不设排水幕时，可在防渗灌浆帷幕后布置。在纵向监测断面通过的每一个坝段至少应设一个测点，若地质条件复杂时，如遇大断层或软弱夹层或强透水带，可增加测点数。

横向监测断面的选择要考虑坝基地质条件、坝体结构型式、计算和试验成果以及工程的重要程度等。一般选择在最高坝段、地质构造复杂的谷岸台地坝段及灌浆帷幕转折的坝段。横断面间距一般为 50～100m，如坝体较长，坝体结构和地质条件大体相同，则可加大横断面间距，但对于 1 级、2 级坝，横向监测断面应不少于 3 个。

2．测点布置

在岩基上的重力坝，坝基横断面上、下游边缘的扬压力接近上下游水位，一般可不设测点。而软基上的重力闸坝，横断面靠上、下游面两点的扬压力的大小会受到上游铺盖和下游护坦的影响，测点布置应考虑坝基的地质特性、防渗、排水等因素，应在坝基面上下游边缘设测点。

每个横断面上测点的数量一般为 3～4 个。第 1 个测点最好布置在帷幕、防渗墙或板桩后，以了解帷幕或防渗墙对扬压力的影响，其余各测点宜布置在各排水幕线上两个排水管中间，以了解排水对扬压力的影响。若坝基只设 1～2 道排水、或排水幕线间距较大、或坝基地质条件复杂时，测点可适当加密，测点间距一般为 5～20m。为了了解泥沙淤积、人工铺盖、齿墙对扬压力的影响等，也可在灌浆帷幕前增设 1～2 个测点。下游设帷幕时，应在其上游侧布置测点。

当对坝基某些部位有特殊监测要求，如需专门了解排水管的效果时，可在距排水管上、下游 2m 的部位各设一个扬压力测点；如需了解断层或软弱带的处理效果，可在混凝土塞下方布设测点。

3. 测点布置深度

坝基扬压力可采用测压管钻孔或在坝基面上坑埋渗压计的方式进行监测。扬压力监测孔钻孔至建基面以下深度不宜大于 1m，与排水孔不应互换或代用。若坝基深部存在有影响大坝稳定的软弱带（或称滑动面），有必要设深层扬压力监测。若采用渗压计，则可埋设在软弱带内（滑动面上）；若采用测压管，测压管的底部应埋设在软弱带以下 0.5～1m 的基岩中，进水管段长度应与软弱带宽度相匹配，同时做好软弱带处导水管外围的止水，防止上、下层潜水互相干扰。

2.2.3.2 坝体渗透压力

坝体渗透压力大小能反映筑坝混凝土的防渗性能及施工质量。随着常态混凝土质量和施工水平的提高，已很少在常态混凝土内设渗透压力监测。而对于碾压混凝土坝，因其采用的是一种无坍落度、少胶凝材料的干硬性混凝土，薄层摊铺，通仓连续浇筑，坝体水平施工缝未经特殊处理，可能结合不好。因此，一般需要在碾压混凝土坝体水平施工缝上埋设渗压计，监测其渗透压力。

1. 监测断面

埋设断面可选择基础扬压力横向监测断面。

2. 测点布置

测点宜设在死水位以下，布置高程由低到高时测点布置由密到疏。在顺河向平面上，测点应布设在上游坝面至坝体排水管之间，测点间距自上游面起，由密渐稀，靠近上游面的测点，与坝面的距离不应小于 0.2m。

2.2.3.3 绕坝渗流

绕坝渗流是指库水绕过与大坝两坝肩连接的岸坡产生的流向下游的渗透水流。在一般情况下绕坝渗流是一种正常现象，但如果大坝与岸坡连接不好，岸坡过陡产生裂缝或岸坡中有强透水层，就有可能造成集中渗流，引起变形和漏水，威胁坝的安全和蓄水效益。因此，需要进行绕坝渗流观测，以了解坝肩与岸坡或与副坝接触处的渗流变化，判明这些部位的防渗与排水效果。

1. 断面布置

通常是在两岸的帷幕端、帷幕后沿着绕渗流线和沿着渗流可能较集中的透水层布设，至少要布置两排监测断面。

2. 测点布置

测点布置以观测成果能绘出绕流等水位线为原则。在每排监测断面上应布置不少于 3 个观测孔，靠坝肩附近较密，帷幕前可布置少量观测孔。

3. 测点钻孔深度

孔底应深入到强透水层及深入筑坝前的地下水位以下 1～2m，埋设测压管或安装渗压计进行监测。

2.2.3.4 渗流量

渗流量是指库水穿过大坝地基介质和坝体孔隙产生的渗透水量。一般当渗流处于稳定状态时，其渗流量将与水头的大小保持稳定的相应变化，在同样的水头及环境温度下，渗

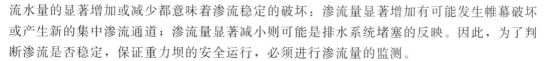

流水量的显著增加或减少都意味着渗流稳定的破坏：渗流量显著增加有可能发生帷幕破坏或产生新的集中渗流通道；渗流量显著减小则可能是排水系统堵塞的反映。因此，为了判断渗流是否稳定，保证重力坝的安全运行，必须进行渗流量的监测。

结合工程渗流水的流向、集流和排水设施，布置渗流量监测。坝体和坝基渗水应分区监测，河床坝段和两岸坝段的渗水宜分段监测。

坝体靠上游面排水管渗漏水，以及坝体混凝土缺陷、冷缝和裂缝的漏水为坝体渗流，大多流入基础廊道上游侧排水沟内，可根据排水沟设计的渗流水流向分段集中量测，也可对单处渗漏水采用容积法量测；坝基排水孔排出的渗漏水为坝基渗流，一般流入基础廊道下游侧排水沟，河床和两岸的坝基渗漏水宜分段量测，也可对每个排水孔单独采用容积法量测渗流量。同时还可在坝体廊道或坝基的排水井集中观测总渗流量。

排水孔的渗漏水可用容积法量测；廊道或平洞排水沟内的渗漏水，一般用量水堰量测。

2.2.3.5 水质分析

在渗流量监测的同时，还要注意观测渗水是否透明清澈，发现渗水浑浊或有可疑成分时，应进行透明度鉴定或水质分析。渗水浑浊不清、水中带有泥沙颗粒或某种析出物，可能是坝基、坝体或两岸接头受到溶蚀后，沿途被渗流水带出，这些现象往往是内部冲刷或化学侵蚀等渗流破坏的先兆。

在监测渗流量的同时，还应选择有代表性的排水孔或绕坝渗流监测孔，定期进行水质分析。若发现有析出物或有侵蚀性的水流出时，应取样进行全分析。

2.2.4 应力、应变及温度监测

应力、应变及温度监测项目包括混凝土应力、应变、温度及支护结构受力监测等。

监测混凝土应力、应变的目的是为了解坝体应力的实际分布和变化情况，寻求最大应力的位置、大小和方向，以便估计大坝的安全程度，为检验设计和科学研究提供资料，为大坝的运行和加固维修提供依据。

温度监测的目的是为了解混凝土在水化热、水文、气温和太阳辐射等因素影响下坝体内部温度分布和变化情况，以研究温度对坝体应力及体积变化的影响，分析坝体的运行状态，随时掌握施工中混凝土的散热情况，借以研究改进施工方法，进行施工过程中的温度控制，防止产生温度裂缝，确定灌浆时间并为科研、设计积累资料。

应力、应变及温度监测布置应与变形监测和渗流监测项目相结合，在重要部位可布设相互验证的监测仪器。

2.2.4.1 应力、应变

一般建筑物等级为 2 级以上、坝高超过 70m 的重力坝应设置应力、应变及温度监测项目，但一些结构状态特殊的低于 70m 或 2 级以下的重力闸坝，也可以根据结构受力状态设置应力、应变监测项目。

对需要进行应力监测的重力坝，应先根据坝高、结构特点及地质条件选定监测坝段。如可以选择高度最大或基岩最差的坝段作为监测坝段，也可以在非溢流坝段和溢流坝段中各选一个坝段作为监测坝段。一般选 1~4 个应力、应变监测坝段，坝段的中心部位作为

监测横剖面。

在监测横断面上，可在不同高程布置 1～4 个水平监测截面。由于重力坝距坝底越近，水荷载和自重引起的应力越大，因此基础监测截面的应力状态在坝体强度和稳定控制方面起关键作用，是重点监测部位。为了避开基坑不平和边界变化等基础约束导致的应力集中，水平监测截面宜距坝底 3m 以上。

对通仓浇筑的重力坝，基础监测截面一般布置 5 个测点，测点（应变计组）与上、下游坝面的距离应大于 1.5m，在严寒地区还应大于冰冻深度。表面应力梯度较大时，应在距坝面不同距离处布置测点。对于柱状分缝浇筑的重力坝，应力分布不连续，坝底正应力和按整体断面计算的应力很不相同，随着纵缝的开合，坝体应力随之变化。在这种情况下，同一浇筑块内的测点应不少于 2 个，在纵缝两侧应有对应的测点，距纵缝 1.0～1.5m；采用分期施工蓄水的一期截面内可以布置 3～5 个测点，在后期断面内布置 2～3 个测点。

重力坝的上游坝踵不允许出现拉应力，但分期施工的重力坝、空腹坝等坝型有可能在上游坝踵出现拉应力，因此上游坝踵部位除了用应变计组监测应力外，还应配合布置其他监测仪器，如测缝计、基岩变位计、渗压计等。

重力坝的下游坝趾通常是外荷载引起最大压应力的部位，在距下游坝面 1m 处布置应变计组外，还可在其附近布置压应力计直接监测压应力，其测值直接可与同方向的应变计相互校核，压应力计和其他仪器之间应保持 0.6～1m 的距离。

重力坝的岸坡坝段，如边坡较陡，坝体应力是空间分布的，应根据设计计算的应力状态布置应变计组。

在重力坝溢流闸墩、穿过坝体的压力钢管或泄流孔等可能产生局部拉应力并配置钢筋的部位，应根据计算应力分布情况，除布置应变计组外，还可布置钢筋应力测点。对预应力闸墩可按需要进行预应力监测。

测点应变计组的应变计支数和方向应根据应力状态而定。空间应力状态宜布置 7～9 向应变计，平面应力状态宜布置 4～5 向应变计，主应力方向明确的部位可布置单向或两向应变计。每一应变计组旁 1.0～1.5m 处宜布置 1 支无应力计。

2.2.4.2 温度

温度是影响重力坝位移和应力的重要因素，也是施工期间混凝土浇筑和进行坝缝灌浆的主要控制参数。温度监测坝段可与应力监测坝段结合，也可根据坝体结合和施工方案另行选择。

重力坝大体积混凝土内部温度有一个十分复杂的变化过程，混凝土浇筑以后，由于水泥水化热而引起温度急剧上升，到最高温度后，随着热量的发散而逐渐冷却。由于分层浇筑，新浇混凝土的水化热将对下层老混凝土产生影响，新老混凝土之间的热量交换和老混凝土内强迫冷却都使混凝土内部温度分布复杂化。由于混凝土温度的不均匀性以及混凝土内部约束和边界约束，导致混凝土产生温度应力。混凝土大坝建成后，内部温度将逐渐趋于稳定。坝上游迎水面受库水温度的影响，水温日变幅的影响在表面附近约 0.8m 之内，年变幅的影响深入 15m 左右。混凝土的下游面受气温和日照的影响，其影响深度大体与水温相似。

1. 坝体温度

坝体温度监测应与应力监测统筹考虑，温度监测点布置应根据混凝土结构的特点和施工方法及计算分析的温度场状态进行布置。一般按网格布置温度测点，网格间距为8～15m。若坝高150m以上，间距可适当增加到20m，在温度梯度较大的坝面或孔口附近测点宜适当加密，以能绘制坝体等温线为原则。在纵缝每个灌浆区宜布设温度计。一般情况下，应变计、测缝计等都能监测温度，在这些仪器布设部位，可不再布置温度计。

2. 坝面温度

可在距上游5～10cm的坝体混凝土内沿高程布置坝面温度计，间距一般为坝高的1/15～1/10，死水位以下的测点间距可加大一倍。多泥沙河流的库底水温受异重流影响，该处测点间距不宜加大。表面温度计在蓄水后可作为水库温度计使用。在受日照影响的下游坝面可适当布置若干坝面温度测点。

3. 基岩温度

为了解基岩温度的变化对坝体基岩和坝体应力的影响，可在温度监测断面的底部，靠上、下游附近设置一个深10～20m的钻孔，在孔内不同深度处布置温度测点，温度计到位后可用砂浆回填孔洞。

2.2.4.3 支护结构

重力坝支护结构主要指坝肩边坡岩体采用锚杆、预应力锚索等加固措施，以及溢流表孔闸墩牛腿采用预应力锚索等加固措施，因此支护结构监测主要就是针对边坡岩体或溢流表孔闸墩牛腿采用的加固措施进行监测。

锚杆应力监测宜选择有代表性的部位和各种形式的锚杆抽样进行。每根监测锚杆宜布置1～3个测点，监测仪器采用锚杆应力计。监测数量应根据实际需要确定，宜不低于总量的3‰。

预应力锚索监测宜对各种吨位、长度的锚索抽样进行。监测仪器宜采用锚索测力计。监测数量宜不低于总量的5%，且不少于3根。

2.3 混凝土拱坝监测设计

2.3.1 监测项目

拱坝监测项目的选择应根据坝体受力特点，将"拱坝＋地基"作为一个统一体来对待，其监测项目包括以下内容：

（1）坝体、坝基及坝肩变形。这是直接反映拱坝在荷载作用下工作状态的指标。

（2）扬压力、渗流量及绕坝渗流。坝基及两岸坝肩在渗漏水的作用下会改变岩体力学性质，影响坝基、坝肩岩体稳定，从而威胁大坝安全。

（3）坝体应力及温度。拱坝的失事实质上都是因坝基或坝体的应力超过材料或基岩强度造成的，因此，应力、应变监测对大坝安全的评估十分重要。对于拱坝来说，因其结构是固结于基岩的空间壳体结构，属于高次超静定结构，温度荷载对坝体应力影响显著。

针对具体工程，根据拱坝工程等级、工程特性，选定拱坝安全监测项目，详见表2.3.1。

表2.3.1   混凝土拱坝安全监测项目分类及选择表

序号	监测类别	监测项目	大坝级别		
			1	2	3
1	巡视检查	坝体、坝基、坝肩及近坝库岸	●	●	●
2	变形	坝体位移	●	●	●
		坝肩位移	●	●	●
		倾斜	●	○	○
		接缝变形	●	●	●
		裂缝变形	●	●	●
		坝基位移	●	●	●
		近坝岸坡位移	●	●	○
3	渗流	渗流量	●	●	●
		扬压力或坝基渗透压力	●	●	●
		坝体渗透压力	○	○	○
		绕坝渗流（地下水位）	●	●	●
		水质分析	○	○	○
4	应力、应变及温度	坝体应力、应变	●	○	○
		坝基应力、应变	●	○	○
		混凝土温度	●	●	●
		坝基温度	●	●	●
5	环境量	上、下游水位	●	●	●
		气温	●	●	●
		降水量	●	●	●
		库水温	●	○	○
		坝前淤积	○	○	○
		下游冲刷	○	○	○
		冰冻	○	○	○
		大气压力	○	○	○

注　1. 有●者为必设项目；有○者为可选项目，可根据需要选设。
　　2. 裂缝监测可在出现裂缝时监测。
　　3. 上、下游水位监测可与水情自动测报系统相结合。

2.3.2 变形监测

变形监测包括水平位移监测、垂直位移监测、岩体深部变形监测、坝体接缝及裂缝监测、谷幅变形监测、库盘沉降监测。

2.3.2.1 水平位移

水平位移监测选择典型坝段为梁向监测断面，一般选择拱冠梁、左右岸1/4拱坝段、左右岸拱端等重要坝段作为监测坝段，其数量与工程等别、地质条件、坝高和坝顶弧线长度有关，可类比工程经验拟定，小型工程可选择拱冠梁坝段监测；200m 以下的拱坝可选择拱冠梁、左右岸 1/4 拱坝段监测；对坝高 200m 以上的特高拱坝或坝顶弧线长度超过 500m 的拱坝，宜选择拱冠梁、左右岸 1/4 拱坝段、左右岸拱端布置 5 个以上监测断面。

选择高程为拱向监测基面，水平拱圈监测断面应与拱向推力、廊道布置等因素结合考虑，一般应设在最大平面变形高程（通常为坝顶以下某一高程范围）、拱推力最大高程和基础廊道。

坝肩抗力体变形监测通常结合坝肩抗力体内平洞布置形式，在不同高程平洞布置仪器进行监测。

如白鹤滩拱坝，沿拱向分布设置 5 组正、倒垂线系统，具体布置位置为：6 号坝段中部偏左、12 号坝段中部（约左 1/4 拱圈）、18 号坝段中部（拱冠梁）、24 号坝段中部（约右 1/4 拱圈）、28 号坝段中部偏右。为保证垂线系统的监测精度及稳定性，垂线在坝顶，高程为 796.00m、753.00m、704.00m、654.00m 的检查廊道，高程为 600.00m 的交通廊道及基础灌浆廊道间分段。为保证分段垂线在上述各层廊道高程能够正常衔接，根据需要可设置与各层纵向主廊道相接的垂线支廊道作为观测房。

在坝顶下游侧及各层水平廊道高程下游坝面布置一系列水平位移测点，利用设在两岸的工作基点，采用三角交会法进行观测，与对应的垂线观测成果相互校核。位于同高程左右拱端对称布置的一组水平位移测点同时可作为坝体该高程的弦长监测点。

坝肩抗力体变形监测结合坝肩抗力体内平洞布置形式，采用垂线、引张线及杆式位移计进行监测。垂线系统布置于两岸各层灌浆平洞内。在左、右坝肩坝顶高程以下、帷幕下游侧各设 1 组正、倒垂线系统，对垂线测点处的横河向和顺河向两个方向上的位移量进行监测。引张线系统布置于两岸各层灌浆平洞内，用于监测垂直于引张线方向的水平位移（即顺河向水平位移）。引张线两端布置有垂线测点，以便取得位移基准。杆式位移计布置于两岸各层灌浆平硐及下游排水平洞内，用于监测沿测杆轴向的水平位移。布置于两岸灌浆平洞内的杆式位移计传感器端紧邻垂线测点设置，以取得位移基准，各锚固点与引张线测点同部位设置，以修正由于洞室发生横向位移而引起的杆式位移计测值误差。布置于下游排水平硐内的杆式位移计因难以取得位移基准，仅用于监测传感器端与各锚固点间的相对位移。

对于规模较大或地质条件复杂的拱坝，可在重要坝段布置多条平行倒垂线对不同深度基岩变形进行监测。如白鹤滩拱坝，在 12 号坝段、18 号坝段、24 号坝段基础灌浆廊道内设置 3 条平行倒垂线，对不同深度基岩变形进行监测。

2.3.2.2 垂直位移

拱坝垂直位移监测一般分高程布设，在各层廊道、坝顶沿纵向布置测点。在每个坝段基础上布置测点，监测坝基沉降；在每个坝段的坝顶布置测点，监测坝顶垂直位移。高坝应在中间廊道布置测点，监测坝体浇筑及蓄水过程中，坝体是否有不均匀沉降；在重要坝段的支廊道内，沿径向布置测点，可监测坝体、坝基倾斜。

坝体垂直位移测点一般延伸至两岸坝肩平洞，监测坝肩垂直位移，并在两岸平洞较深处设置垂直位移基准，不同高程廊道之间，采用竖直传高系统传递高程基准。

如白鹤滩拱坝，在坝顶，高程为 796.00m、753.00m、704.00m 和 654.00m 的检查廊道，高程为 600.00m 的交通廊道下游侧，每隔 1 个坝段（2 号、4 号、……、28 号、30 号）布置 1 个几何水准测点（坝顶的几何水准测点与同坝段的水平位移观测墩结合布置），用于监测坝体垂直位移。在每个坝段的基础灌浆廊道、基础排水廊道和坝趾排水廊道的下游侧各布置 1 个几何水准测点，用于监测坝基垂直位移。坝顶各测点的垂直位移由临近的枢纽区水准监测控制网点引测。坝顶以下各层廊道内的高程基准可由高程传递仪和双金属标共同获得。

在高程为 796.00m、753.00m、704.00m 和 654.00m 的检查廊道及高程为 600.00m 的交通廊道内各布置一条静力水准，静力水准测点与同高程同坝段的几何水准测点相邻设置，以便进行比测。为同时监测两岸坝肩抗力体的垂直位移，静力水准沿各层纵向廊道适当向两岸抗力体灌浆平洞内延伸布置，其中左岸向各层灌浆平洞内分别延伸 50m（高程为 794.00m，增加测点 2 个）、90m（高程为 754.00m，增加测点 3 个）、40m（高程为 704.00m，增加测点 2 个）、170m（高程为 654.00m，增加测点 5 个）、40m（高程为 604.00m，增加测点 2 个）；右岸向各层灌浆平洞内分别延伸 25m（高程为 704.00m，增加测点 1 个）、125m（高程为 654.00m，增加测点 5 个）。各高程静力水准基准的基准值由高程传递仪和双金属标共同获得。

高程传递仪共计 5 套，安装于 24 号坝段坝顶以下各层廊道间，高程传递仪的上下端临近廊道内的几何水准测点布置，以便进行人工比测；双金属标共计 2 套，分别安装于左右岸灌浆排水平洞 WML2 和 WMR2 的深部，钻孔深度约为 120m，以保证孔底高程基准的稳定。

2.3.2.3　岩体深部变形

岩体深部变形应根据工程地质条件、拱梁分载情况、理论计算成果、基础受力方向进行监测布置。基岩变位计、多点位移计在低高程，以梁向布置为主；在中高高程，以拱向布置为主；在拱梁作用均较强的突出部位，宜竖向和沿水平拱推力方向平行布置或沿拱梁作用合力方向布置；在有地质缺陷的地方，应着重监测。

在河床部位，施工期坝体倒悬，坝踵压应力较大，蓄水后向下游变形，坝踵有开裂风险，坝趾受压增大，因此，应在河床部位选择典型坝段，沿坝踵至坝趾布置多套基岩变位计和多点位移计，监测坝踵、坝趾在施工期及蓄水期岩体变形情况。

滑动测微计主要根据岩体卸荷回弹方向布置，探测卸荷裂隙的分布和卸荷变形规律。

白鹤滩拱坝岩体深部变形监测设计方案如下。

1. 坝踵区基岩张拉变形监测

为监测拱坝在实际运行中坝踵区基岩的变形情况，同时兼顾坝基范围内出露的层内及层间错动带对基岩变形的影响，在左、右岸基岩内布设若干多点位移计，具体布置方案如下：

（1）在左岸高程为 735.00m、650.00m、610.00m、560.00m 的坝踵部位各钻孔埋设 2 套五点式位移计，单套长度为 40～70m。其中一套竖直向下埋设，另一套水平伸向左岸山体，与帷幕线平行。其中，高程 735.00m 两套五点式位移计穿过 C3、C3-1 层间错动带；高程 650.00m 水平埋设的一套五点式位移计穿过 LS337 层内错动带和 F17 构造断层，竖直埋设的一套五点式位移计穿过 LS331 和 LS3318 层内错动带；高程 610.00m 两套五点式位移计穿过 LS331 和 LS3318 层内错动带。

（2）在 18 号拱冠梁坝段坝踵部位（高程为 545.00m）竖直钻孔埋设一套五点式位移计。长度为 50m，穿过 RS331 层内错动带。在坝基拱冠梁坝段及左岸 13 号坝段的坝基，沿上下游方向布置 3~4 套竖直向下的多点位移计，形成坝基岩体深部变形监测断面，监测在水推力作用下坝基岩体沿顺水流向不同部位岩体变形情况。

（3）在右岸高程为 570.00m、625.00m、730.00m 的坝踵部位各钻孔埋设 1~2 套五点式位移计，单套长度为 50~60m。其中，高程 570.00m 埋设 2 套，一套竖直向下埋设，另一套水平伸向右岸山体，与帷幕线平行；高程 625.00m 埋设 2 套，一套竖直向下埋设，另一套水平下倾 10°伸向右岸山体，与帷幕线平行，穿过 C3、C3-1 层间错动带；高程 730.00m 仅埋设 1 套，方向水平下倾 5°伸向右岸山体，与帷幕线平行，穿过 C4 层间错动带。

2. 坝趾区基岩压缩变形监测

为监测坝趾区基岩的变形情况，在上述坝踵区布设有多点位移计的 8 个典型高程（左岸高程 735.00m、650.00m、610.00m、560.00m，18 号坝段高程 545.00m；右岸高程 570.00m、625.00m、730.00m）的下游坝址部位各布置一套五点式位移计，单套长度约 50m，方向垂直于建基面。

3. 坝基开挖后的岩体卸荷松弛监测

为了解卸荷松弛在空间及时间上的分布规律，参考类似工程经验，在建基面上钻设若干滑动测微孔，采用滑动测微计对沿钻孔轴向的岩体应变及位移分布进行测量。在坝基开挖阶段，选择建基面布设有多点位移计的 8 个典型高程（左岸高程 735.00m、650.00m、610.00m、560.00m，18 号坝段高程 545.00m，右岸高程 570.00m、625.00m、730.00m），充分利用两岸已有勘探平洞、灌浆平洞和排水平洞，从洞内向基岩钻设滑动测微孔，每孔深约 50m，钻孔方向垂直于所在部位建基面，钻孔位置位于帷幕下游侧（距坝踵约 20~25m）。在坝体浇筑后，将滑动测微孔以预埋管形式引入基础灌浆廊道内，以形成对坝基开挖、坝体浇筑及蓄水运行的全过程监测。

2.3.2.4 坝体接缝及裂缝

拱坝接缝及裂缝监测包括建基面接缝监测、横缝监测、裂缝监测。

1. 建基面接缝监测

拱坝建基面接缝监测的重点在坝踵和坝趾。由于双曲拱坝拱冠剖面呈向上游凸出的曲线型，在施工过程中各坝段独立工作，受坝体倒悬影响，坝踵压应力较大，坝趾与建基面之间存在开裂可能。而蓄水后，在水推力作用下，坝体向下游变形，坝踵受拉，可能出现拉应力，建基面有开裂风险，如裂缝延伸至帷幕后，对坝基扬压力不利，威胁大坝安全。

如白鹤滩拱坝，为监测拱坝在实际运行工况下坝踵拉应力区的工作性态，在上游坝踵与基岩面之间埋设测缝计，以了解建基面接缝的开合情况。其中，建基面位于高程 600.00m 以下的 11~25 号坝段，以及建基面位于高程 600.00m 以上的 2 号、4 号、6 号、8 号、10 号、26 号、28 号、30 号坝段作为建基面坝踵接缝重点监测坝段，每坝段沿水流方向布置3支测缝计：1支距离上游坝面2m，用于监测坝踵部位是否发生开裂；1支位于帷幕前，用于监测裂缝是否扩展至帷幕；1支位于帷幕后，用于监测帷幕因裂缝开展而破坏。此外，由于拱坝倒悬体型，在施工期和低水位运行等工况下，拱坝下游坝趾与建基面之间同样存在开裂可能。为此，在上述重点监测坝段的下游坝趾与基岩面之间各埋设1支测缝计。

2. 横缝监测

拱坝在结构上是固结于基岩的空间壳体结构，在施工过程中，通过设置横缝减小坝轴向温度应力，待坝体温度降至稳定温度后，再封拱灌浆形成整体，并可降低地基不均匀沉降的影响，满足施工能力。

施工期通过大体积混凝土温控措施使横缝张开，且张开量满足要求时对横缝进行接缝灌浆，使独立坝块形成整体共同工作。可见，横缝工作性态对项目施工进度和施工期、运行期安全均有重要影响。因此，准确把握和评价分析拱坝横缝工作性态，对于拱坝全生命周期施工建设、安全运行有重要的意义和工程价值。

横缝的张开过程如图2.3.1所示，大致可分为压缩、张开、稳定三个阶段：第一阶段为横缝压缩阶段，包括两部分，第一部分为混凝土浇筑后由温度上升至最高温度时横缝面的挤压阶段，第二部分为从最高温度到横缝临近张开的阶段；第二阶段为张开阶段，当温度由最高温度下降至某一温度时，横缝黏结强度恰好等于收缩拉应力，横缝张开，此后坝体混凝土继续降温收缩，横缝张开量增加；第三阶段为稳定阶段，当温度降至封拱温度时，横缝张开量达到最大，一般横缝张开0.5mm以上才具备可灌性。根据监测数据分析温度稳定时刻至灌浆前横缝开度变化量基本不变，这也进一步说明了温度为控制横缝开度的决定性因素。对于确定的工程，外界环境的改变对于横缝开度的影响较小。

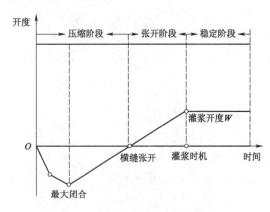

图2.3.1　横缝张开过程示意图

横缝监测采用测缝计，一般选择典型断面横缝作为主要监测对象，在每个灌区中间高程、上下游坝面中间位置各布置1支测缝计，其他横缝作为次要监测对象，适当简化仪器布置。

如白鹤滩拱坝，选择4～5号、8～9号、12～13号、18～19号、24～25号、28～29号坝段间共6条横缝作为主要监测对象，在主要监测横缝上每15～20m高差布置1层测缝计，其中高程760.00m以上每层在上下游坝面中间位置布置1支测缝计，高程760.00m以下每层分别距离上下游面2m、1.5m及上下游坝面中间位置各设1支测缝计。其余坝段间横缝原则上在每个横缝灌浆区中间高程、上下游坝面中间位置布置1支测缝计。

3. 裂缝监测

混凝土浇筑后，由于胶凝材料水化热作用，使内部温度升高，如表面保温措施不到位，使内外温差过大，表面产生拉应力，形成裂缝。大部分混凝土裂缝都是由于温度应力引起的，如不采取措施降低内外温差，就会使表面裂缝发展为深层裂缝、贯穿裂缝。

如混凝土坝存在深层裂缝或贯穿裂缝，特别是上游面裂缝，会形成渗水通道，增加坝体内部渗透压力，降低大坝的安全度和耐久性，加剧坝体冻胀和冻融破坏，还有可能直接危及大坝安全。因此，对危害较大的裂缝进行监测是必要的，裂缝监测一般使用测缝计，表面裂缝还可采用金属标点、三向板式测缝标点进行观测。

如溪洛渡拱坝，由于坝基固结灌浆，仓面混凝土暴露时间较长，且气温低，造成表面产生裂缝，为检验大坝混凝土仓面裂缝处理后在施工期及运行期的发展情况，保障大坝的运行安全，在 LA 区、11～20 号坝段混凝土仓面裂缝布置 99 支测缝计。溪洛渡大坝 18 号坝段高程 353.00m 裂缝监测布置如图 2.3.2 所示。

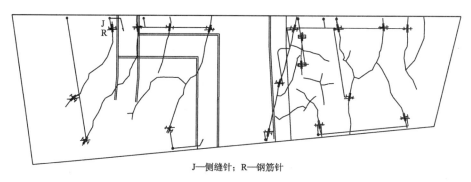

J—侧缝针；R—钢筋针

图 2.3.2　溪洛渡大坝 18 号坝段高程 353.00m 裂缝监测布置图

2.3.2.5　谷幅变形

随着高拱坝的建设，蓄水后监测到明显的谷幅变形，并且有持续变形的趋势，在以前拱坝建设规模较小时并未遇到过，超出了一般的工程经验和规律认识。谷幅变形是高拱坝面临的共同问题，由于坝址区地形地质条件复杂，天然山体地应力量值和梯度大，且工程规模大、水位高、库容大，在各种因素综合作用下，可能导致库盆岩体持续变形，影响高拱坝工作状态和长期运行安全状况。

谷幅是水库两岸山体的相对距离，是山体变形监测的重要指标，由于高拱坝谷幅变化对大坝的变形可能带来影响，因此需监测大坝上、下游近坝区河谷两岸高边坡在施工期及水库蓄水后边坡的谷幅变形情况。谷幅变形测量采用全站仪，对向观测测线的边长变化。谷幅测量观测墩结合具体地质情况布置，一般布置于坝体上下游一定距离内的山体两岸，分高程对向观测距离。

白鹤滩拱坝谷幅变形监测设计方案如下。

1. 拱坝上游侧谷幅监测

在拱坝上游库盆区布置 5 个谷幅监测断面，断面位置分别位于距拱坝约 10km（棉纱湾附近）边坡、距拱坝约 5km（上村梁子附近）边坡、距拱坝约 600m 的导流洞进口边坡、距拱坝约 400m 的进水口边坡、拱坝附近。考虑到水库下闸蓄水后，坝身导流底孔封堵期间，汛前控制水位低于高程 800.00m 时间较长，兼顾高程 785.00m 防洪限制水位，故选择在正常蓄水位以下高程 804.00m 和正常蓄水位以上高程 834.00m 布置谷幅测点。

2. 拱坝下游侧谷幅监测

表面谷幅变形监测：在拱坝下游侧设置 6 个谷幅监测断面，断面位置分别取紧邻坝趾、拱冠坝趾下游约 166m 抗力体边坡、拱冠坝趾下游约 197m 抗力体边坡、拱冠坝趾下游约 280m 水垫塘边坡、拱坝下游侧靠近二道坝边坡、拱冠坝趾下游约 660m 水垫塘边坡开口线附近位置。各断面上谷幅测点结合左岸边坡主要的层间错动带 C3、C3-1 和层内错动带 LS337、LS331 等出露部位而布置。

深部谷幅变形监测：深部谷幅变形采用设置于抗力体横河向排水支洞内的杆式位移计配合激光测距仪进行监测。为增加变形监测深度，将左岸 PSL6-2 排水支洞以及右岸 PSR7-2 排水支洞向两岸山体内分别延伸至 500m，分别作为 1 号、2 号谷幅变形观测洞；另沿二道坝轴线在左、右岸坡高程 652.00m 分别向两岸山体内设长 500m 的谷幅变形观测洞，编号为 3 号、4 号。

边坡深部变形监测应首先考虑利用这些专门的谷幅变形监测洞，并在其基础上形成深部变形监测断面。在监测断面内的横河向排水支洞及观测洞内，沿洞轴向以串联方式布置杆式位移计，每段位移计长度约为 50m。此外，在杆式位移计的每个锚固墩上同时设置强制对中底盘并安装观测棱镜，采用激光测距仪对各段测杆间距离进行观测，并与杆式位移计监测成果相互校验。

2.3.2.6 库盘沉降

国内兴建了一批 200～300m 级的高拱坝，水库库容均达百亿立方米规模。监测成果显示，由于巨大的水荷载作用致使库盘产生一定的变形，坝体在库盘变形作用下有向上游倾倒变形的现象。

由于高拱坝库盘沉降对大坝的变形可能带来影响，因此，需要研究高拱坝库盘变形对大坝变形的作用效应，以评价大坝的工作性态。一般采用坝区水准控制网延伸到库区进行库盘沉降观测。

如白鹤滩拱坝库盆沉降采用几何水准法进行观测。为监测库盘蓄水期间沉降变形情况，在拱坝上游左右岸的高程 834.00m 及 804.00m 边坡各布置 1 条水准线路，其中左岸高程 804.00m 水准线路分布在左岸进水口上游侧边坡至上游库岸边坡约 600m 范围，约有 8 个测点，左岸高程 834.00m 水准线路分布在左岸进水口上游侧边坡至上游库岸边坡约 5km 范围，有 11 个测点；右岸高程 804.00m 水准线路分布在马脖子临大寨沟侧至上游库岸边坡约 800m 范围，有 10 个测点，右岸高程 834.00m 水准线路分布在马脖子临大寨沟侧至上游库岸边坡约 5km 范围，约有 15 个测点；运行期具备观测条件后，将左右岸高程 834.00m 水准线路延伸至距拱坝约 10km（棉纱湾附近）边坡。

如溪洛渡拱坝库盆沉降也是采用几何水准法进行观测。为了解庞大水体所形成的变形漏斗及近坝区基岩的垂直位移情况，上至马家河坝、下至溪洛渡沟的沿河两岸共布置 18 个垂直位移监测点，其中左岸布设 11 个（KP01～KP11），右岸布设 7 个（KP12～KP18）。

2.3.3 渗流监测

渗流监测包括坝基扬压力、坝体渗透压力、绕坝渗流、渗流量等监测。

2.3.3.1　坝基扬压力

扬压力是指库水对坝基或坝体上游面产生的渗透压力及尾水对坝基面产生的浮托力，扬压力＝浮托力＋渗透压力，对于拱坝来说由扬压力引起的应力在总应力中约占5%。由于所占比重很小，设计中对于薄拱坝可以忽略不计，对于重力拱坝和中厚拱坝则应予以考虑。在对坝肩岩体进行抗滑稳定分析时，必须计入渗流水压力的不利影响。

坝基扬压力的大小和分布情况，主要与基岩地质特性、裂隙程度、帷幕灌浆质量、排水系统的效果，以及坝基轮廓线和扬压力的作用面积等因素有关。一般在建基面埋设渗压计或在坝基灌浆排水廊道钻孔埋设测压管进行观测。根据坝基帷幕、排水幕布置情况，至少在帷幕或排水幕后布置一个纵向监测断面，如高拱坝同时布置有灌浆帷幕和排水幕，则可在灌浆帷幕后、排水幕前后布置2～3个纵向监测断面。横断面设置与变形监测断面相同，选择典型断面自帷幕前至坝趾布设多个测点，监测扬压力折减情况，评价帷幕效果。

如白鹤滩拱坝，为判断运行期内坝基扬压力对拱坝稳定和安全的影响，并检验拱坝帷幕灌浆和排水的效果，在拱坝基础灌浆廊道、基础排水廊道、坝趾排水廊道，以及连接三者的横向通道内布设若干测压管，形成以防渗帷幕和主、次排水幕组成的三排坝基扬压力纵向监测断面，以及分布于各典型高程的若干坝基扬压力横向监测断面。具体布置方案如下：

（1）防渗帷幕纵向监测断面中，在1～30号坝段的基础灌浆廊道下游侧钻设测压管，每个坝段设置一孔，在31号坝段高程796.00m检查廊道下游侧向坝基钻设测压管。

（2）主排水纵向监测断面中，在11～25号坝段的基础排水廊道内钻设测压管，每个坝段设置一孔。

（3）坝趾排水廊道纵向监测断面中，在7～25号坝段的坝趾排水廊道内钻设测压管，每隔一个坝段设置一孔。

（4）上述各纵向监测断面中，7～25号坝段每隔一个坝段布设1个测压管，从上下游方向来看，即形成若干横向监测断面。

（5）利用坝内高程796.00m、753.00m、704.00m、656.00m、600.00m连接基础灌浆廊道和基础（坝趾）排水廊道的横向通道，通过在横向通道内增设测压管，形成对7号、11号、17号、20号、22号、25号等坝段坝基扬压力横向监测断面的加强（每断面设置4～5个监测点），达到重点监测的目的。

此外，对于建基面位于高程600.00m以下的坝段，因其坝高相对较高、坝前水压相对较大，为考察帷幕前实际作用水头，在14号、16号、18号、20号、22号坝段帷幕前的建基面上（距坝踵1m）各埋设1支渗压计，监测成果可以为计算分析帷幕折减效应提供实测数据资料。

2.3.3.2　坝体渗透压力

同重力坝的坝体渗透压力一样，拱坝主要采用在水平缝埋设渗压计监测碾压混凝土坝的层间渗透压力。

2.3.3.3　绕坝渗流

绕坝渗流是指库水环绕与大坝两坝肩连接的岸坡产生的流向下游的渗透水流。在一般情况下，绕坝渗流是一种正常现象。当大坝坝肩岩体的节理裂隙发育，或者存在透水性强的断层、岩溶和堆积层时，会产生较大的绕坝渗流，引起变形和漏水，影响坝的安全和蓄水效益。

绕坝渗流不仅影响坝肩岩体的稳定，而且对坝体和坝基的渗流状况也会产生不利影响。因此，对绕坝渗流进行监测是十分必要的。

拱坝绕坝渗流监测应根据坝区水文地质构造及三维有限元渗流场计算成果，布置于两岸坝肩帷幕沿线及幕后排水洞沿线，高坝应适当延伸至下游近坝边坡区域。

如白鹤滩拱坝，根据坝区水文地质构造及三维有限元渗流场计算成果，坝肩抗力体及绕坝渗流监测重点为两岸坝肩帷幕沿线及幕后排水洞沿线，并适当延伸至下游近坝边坡区域；左右岸监测范围扩展至厂坝帷幕分界线，与泄洪洞、厂区帷幕防渗监测系统形成完整的厂坝区帷幕防渗监测体系。断层或层间错动带等位置虽然已采取专门截渗措施，主要通过若干监测断面布置测压管实现渗流监测，但仍可能形成连接上下游的渗漏通道，对防渗效果构成潜在威胁，故作为重点监测部分。下游抗力体近坝边坡的水位监测孔（测压管）利用各层排水平洞布置，并利用延伸的左岸 PSL6-2、PSL5-2 排水支洞以及右岸 PSR7-2、PSR6-2 排水支洞将绕坝渗流监测范围向两岸深部扩展。测孔深入地下水位线以下或断层、错动带等构造发育部位。布置于两岸下游各层排水平洞内的水位监测孔在平面上形成 3～4 个顺流向监测断面以及 2～3 个垂直于流向的监测断面，结合帷幕后沿线的测压管监测数据，可以对拱坝抗力体的地下水位、绕渗情况以及坝区渗流场进行全面分析和掌握。

2.3.3.4 渗流量

渗流量监测一般分为点渗流量监测和面渗流量监测。

（1）点渗流量也称单孔渗流量，流量一般不大，主要指坝基（或坝体）排水管或排水孔所排出的渗流水的流量，常采用容积法进行监测。

（2）面渗流量主要指一定渗流区域内的渗流量，也称区域渗流量。当渗流量小于 1L/s 时，可用容积法进行量测；当渗流量为 1～30L/s 时，宜选用直角三角形薄壁堰；当渗流量大于等于 30L/s 时，宜用矩形薄壁堰或梯形薄壁堰，矩形薄壁堰宜采用无侧向收缩型；当渗流量大于 300L/s 时，宜采用测流速法。

量水堰的布置位置应能明确其截汇水范围，并将各部位渗流量区分开，一般在各高程灌浆、排水平洞渗水汇入大坝前应布置量水堰监测，集水井前应布置量水堰监测总渗流量。

如白鹤滩拱坝，对坝基及坝肩渗流量分区域（坝肩、下游抗力体、LS337 排水洞）、分高程进行监测，利用两岸排水洞，在排水沟内设置量水堰。

坝体高程 794.00m、754.00m、704.00m 检查廊道内排水经位于相应高程两岸拱肩的横向交通廊道排向坝后，坝体高程 656.00m 和 600.00m 检查廊道内排水经基础灌浆廊道汇入集水井，坝趾排水廊道、基础排水廊道及基础灌浆廊道内排水经横向基础廊道也汇入集水井，通过集水泵房抽排至坝后。

为此，在高程 794.00m、754.00m、704.00m、656.00m、600.00m 检查廊道的两端各设置 1 座量水堰，分别监测各高程坝体廊道内流量；在横向基础廊道与坝趾排水廊

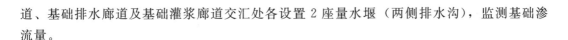

道、基础排水廊道及基础灌浆廊道交汇处各设置 2 座量水堰（两侧排水沟），监测基础渗流量。

2.3.4 应力、应变及温度监测

拱坝应力应变及温度监测包括混凝土应力应变监测，以及压应力、钢筋应力、锚索荷载、温度监测等。

2.3.4.1 混凝土应力应变

混凝土应力应变通常采用应变计组配合无应力计进行监测。

混凝土拱坝的应力实际上是空间应力状态，为简化和方便，通常将其看成拱和梁两种体系的合成，应变计组的布置也按这样的方式考虑，其布置原则是按拱梁分载模型选择典型拱、梁进行监测，并考虑其他重点关注部位，如坝踵及坝趾、坝体孔口周边、基础地形复杂或地质缺陷部位。国内典型拱坝的拱、梁监测数量统计见表 2.3.2。对于体型对称的拱坝，拱冠梁的应变计组可以按重力坝方式布置五向应变计组，这样可通过实测应变算出梁水平截面上垂直方向的正应力和水平方向的剪应力，还可以算出径向正应力，施工期间可以算出浇筑块的温度应力。拱座附近的测点一般采用九向应变计组或七向应变计组，以便能测算切向应力和垂直拱轴线的径向剪应力，从而求出拱推力和剪力，校核拱座稳定性。某些工程也对应变计组合方式进行改进，采用正四面体形式布置六向应变计组，同样可以测到空间应力的全部 6 个应力成分，但没有冗余应变计，不能进行平衡校正，万一有仪器损坏，无仪器可以代替。

表 2.3.2　　　　　　　　　典型拱坝应力应变监测布置统计表

序号	坝名	坝高/m	坝顶弧长/m	拱向监测断面数量	梁向监测断面数量	拱向监测断面平均间距/m	梁向监测断面平均间距/m
1	锦屏一级	305	552	5	5	50.8	92
2	小湾	294.5	893	5	5	49.1	148.8
3	白鹤滩	289	708.7	8	5	32.1	118.1
4	溪洛渡	285.5	681	6	3	40.8	170.3
5	拉西瓦	250	467	6	5	35.7	77.8
6	二滩	240	745	1	3	120	186.3
7	构皮滩	230.5	552	5	3	38.4	138
8	龙羊峡	178	393	4	3	35.6	98.3
9	东风	162	254	5	3	27	63.5
10	东江	157	443	5	5	26.2	73.8
11	李家峡	155	457	4	3	31	114.3
12	重庆江口	140	394	2	3	46.7	98.5
13	洞坪	135	249.6	6	3	19.3	62.4

2.3.4.2　压应力

计算时通常将拱坝看成拱和梁两种体系的合成，为监测拱坝高高程拱端推力、低高程河床部位梁向压应力，通常在高高程布置有应变计组的拱圈两端建基面设置压应力计，低高程河床部位建基面设置压应力计，监测成果可与坝体应力计算成果进行比较，验证设计。

如白鹤滩拱坝，为监测受力较大的典型高程拱圈的拱端推力，在布置有坝体应变计组高程832.00m、760.00m、680.00m、610.00m及580.00m拱圈的左右拱端建基面上，从上游至下游各埋设3支压应力计，压应力计布设位置分别与4号、5号、9号、12号、24号、26号、28号、30号坝段的坝基扬压力监测点相邻，可为坝肩抗滑稳定的分析及复核提供数据参考。

另在拱冠基础的坝踵、坝趾和中间部位埋设3支压应力计，监测拱冠梁向断面从上游至下游的压应力分布情况。

此外，在上述4个典型高程拱圈的左右拱端，从上游至下游分别沿拱圈切向向坝肩基岩内钻孔埋设3组两向基岩变位计（水平向和铅直向），基岩变位计孔口位置与拱端压应力计相对应，两者监测成果相互验证，用以对坝肩稳定进行综合分析和评价。

2.3.4.3　温度

拱坝结构属于一个整体，施工时划分为多个独立坝段浇筑，待坝体温度降至稳定温度、横缝张开后，再封拱灌浆形成整体。形成整体后，温度的变化对拱坝及坝肩工作状态影响很大，温降对坝体应力不利，可能出现拉应力，如接缝灌浆时尚未降至稳定温度，则可能使已灌浆横缝重新张开，威胁大坝安全；温升增加拱端推力，对坝肩不利。因此，拱坝温度变化引起的温度荷载对大坝工作状态影响巨大，温度监测对于拱坝接缝灌浆时机选择、温度应力计算、温度变形计算等至关重要。

拱坝温度监测以满足拱坝温度荷载及温度应力分析为原则，兼顾施工期温控，一般在坝体内呈网格状布置，其他应变计、测缝计等也可兼测温度。

如白鹤滩拱坝，考虑到坝体内部埋设的应变计及测缝计等监测仪器可兼做温度传感器，故选择没有埋设内部（应变及测缝）观测仪器的4号、9号、15号、18号、21号、26号坝段作为专门的温度监测断面，以每15~20m高差布置一层温度计，每层沿径向分布布置3~4排温度计为原则（距上、下游坝面5cm处各埋设一支，上、下游坝面中间位置埋设一支，下游设置有扩大基础的部位需另设一支）。此外，对于应力应变监测重点关注的"三梁六拱"断面，按照上述温度计布置原则，在应变监测仪器的空缺位置补充埋设温度计，以保证在应力应变重点监测断面可同时进行温度场分析。

为兼测库水温，应适当加密布置位于坝体上游侧的温度计，其中高程760.00m以上每5m高差增设一支，高程760.00~640.00m每10m高差增设一支，高程640.00m以下不进行加密布置，从而形成5个上游库水温监测断面。

为监测基岩温度，应在9号、15号、21号、26号坝段建基面帷幕后竖直钻孔埋设4组基岩温度计，孔深50m，每孔以10m为间距安装6支温度计。

白鹤滩拱坝首次全坝采用低热混凝土，对于其应用经验较少，鉴于拱座混凝土同为低热混凝土，且先于坝体施工，因此在拱座混凝土内按重要监测断面原则布置温度测点，以指导大坝混凝土施工。

2.4 监测施工要点与关键技术

2.4.1 主体工程施工对监测工作的影响

混凝土坝根据施工特点可分为常态混凝土坝和碾压混凝土坝。常态混凝土坝的施工工艺流程包括浇筑前的准备作业、入仓铺料、平仓振捣、浇筑后的养护；碾压混凝土坝是采用土石坝碾压设备和技术施工的一种坝型，施工工艺流程包括浇筑前的准备作业、入仓铺料、平仓机平仓、振动压实机压实、振动切缝机切缝、沿缝无振碾压、浇筑后的养护。

大坝施工时，一般都把监测仪器作为一种预埋件。在现场组织和调度时，大部分有经验的施工人员都知道监测仪器埋设的重要性，并给予积极协助。这些经验和共识已在相应的规范中予以体现。

例如，在《水工碾压混凝土施工规范》（DL/T 5112—2009）中，第 7.14.1 条提出：碾压混凝土内部观测仪器和电缆的埋设，宜采用后埋法。对没有方向性要求的仪器和电缆，坑槽深度应保证上部有大于 200mm 的回填保护层，对有方向性要求的仪器，上部不少于 500mm 的回填保护层。回填料应为原混凝土配合比剔除大于 40mm 粒径骨料的新鲜混凝土。第 7.14.2 条规定：坑槽回填混凝土应采取措施保证与周围混凝土结合良好，除电缆外，均应采用人工分层回填，并用木槌等工具捣实，确保回填混凝土的密实性。对电缆或电缆束宜在槽内回填砂浆，以避免形成渗漏通道。观测电缆在埋设点附近应预留一定的富余长度。第 7.14.3 条明确：应根据仪器埋设的高程合理安排施工计划，坑槽开挖层面宜位于施工间歇的水平施工缝面，并应保证埋设工作与混凝土铺筑施工之间的良好配合与协调。第 7.14.4 条提醒：仪器埋设后，应予标识和保护。当埋设区的回填混凝土未初凝或上层混凝土尚未摊铺时，各种施工设备不得在上面行驶。

《水工混凝土施工规范》（DL/T 5144—2015）明确了：①监测仪器安装，应符合设计图纸、仪器说明书和《混凝土坝安全监测技术规范》（DL/T 5178—2016）要求；②监测仪器应按图在电缆上编号，每个仪器的电缆编号不得少于 3 处，再根据电缆长度每 20m 标识 1 个编号，埋设前应逐个查对，准确无误；③电缆的走向应在平面上按平行和垂直于坝轴线直线埋设。上游面电缆应分散埋设，并应距上游面 5m 以上和施工缝面 15cm 以上垂直埋设。电缆过缝、进监测站时，应进行过缝、防剪切和防渗处理；监测仪器和电缆在埋设中应有专人看护，做好施工记录，提供仪器编号、坐标和方向、电缆走向、埋设日期、埋设前后监测数据及环境情况等信息，及时绘制竣工图。

但是这些规定或要求大多是对仪器施工细节及保护的提醒，对于主体施工可能对监测仪器有何影响缺乏指导。同样的，在大多数大坝安全监测方面的技术规范、专著、手册或者监测仪器使用说明书中，强调的也都是仪器安装的过程、步骤等，对仪器施工需考虑的外部影响因素也分析总结不够。因此，应从大坝主体的施工全过程与监测工作关联性进行逐一分析并提出要求。

1. 坝肩及坝基开挖

重力坝和拱坝的受力特点决定了它们对基岩的要求较高，因此，绝大多数混凝土坝均需对原坝址区进行较大范围的开挖，以保证坝基、拱座等坐落在新鲜完整的岩石上。从坝肩开口线以下至坝顶的边坡将会作为永久边坡，伴随大坝长期存在，而从坝顶至坝基的边坡则会随着大坝的填筑随之被覆盖。

对于边坡稳定性较差，或施工工期较长且边坡危险性较大的工程，一般会在两岸边坡设置监测设施，常见的有表面变形监测点、多点位移计、测斜孔、锚杆或锚索测力计等。这些仪器一般都会随着开挖的进度依次安装，并按设计要求将电缆牵引至某一临时集中点。但随着坝高的不断提升，会存在以下问题：①由于入仓方式的变化，部分仪器被上坝公路的填渣覆盖或破坏；②缆机料罐或其他送料设备滴落的水泥浆液覆盖仪器或电缆集中点；③清基或清理浮渣，将造成测斜孔、表面变形监测点等破坏；④上部落石将电缆砸断。

2. 基础或垫层混凝土浇筑

基础或垫层首仓混凝土的浇筑是大坝的重要节点，这意味着大坝已正式进入混凝土施工阶段。在这之前，会有坝基地质描述及评价、声波测试确定松动圈、不良地质体的清除、明确固结灌浆方式、备仓、清洗等各种技术或管理工作；在这之后，就会有固结灌浆、混凝土缺陷缝处理、温控措施实时调整、预制廊道吊装及拼接、大体积大规模混凝土浇筑等一系列正常施工。

此时，埋设在这个区域的仪器，会有测缝计、温度计、渗压计、基岩变位计（多点位移计）等。渗压计可能会受固结灌浆或帷幕灌浆影响，出现浆液堵塞透水石导致仪器失效的现象。基岩变位计如直接将传感器安装在基岩面上，则可能会被后期排水孔、灌浆孔打坏。埋设在混凝土中的温度计、测缝计等可能会被振捣设备或振动碾直接损坏，电缆同样会被施工损坏。

因此，对于混凝土覆盖后仍可以通过钻孔等方式进行安装的仪器，可不必在此紧锣密鼓的阶段给土建单位造成不必要的麻烦，对于测缝计、温度计等不适宜钻孔或此时不安装不能发挥其作用的仪器，则应积极准备。

3. 大体积混凝土施工

无论是常态混凝土，还是碾压混凝土，我国的施工能力都已达到了世界领先水平，例如，乌东德常态混凝土月浇筑强度达到 10 万 m^3，光照碾压混凝土月浇筑强度达到了 22 万 m^3。可以想象，在仓面准备、混凝土生产、运输、摊铺、浇筑（碾压）、养护、拆装模板等整个混凝土施工的流水作业中，人、材、机的组织和调配是非常高效的。

这个阶段，埋设在混凝土中的仪器大部分为常规的温度计、测缝计、应变计、渗压计等，也有预埋的垂线管，或者用于科研试验的测温光纤等其他仪器。常态混凝土坝一般采用相邻坝段分仓跳块的方式，便于监测电缆的保护，但是如果同时开盘的混凝土仓号较多，就需要监测人员全程跟踪，投入最大资源，否则容易出现漏埋或保护不足仪器损坏的现象。碾压混凝土坝大多采用全断面斜层碾压的方式，因监测仪器大多是按高程间距 10~15m 布置，对监测人员来说便于组织，但碾压设备对仪器及电缆均会造成严重损害，埋设后需看护至相应仓面混凝土浇筑完成。

4. 帷幕灌浆及坝基排水孔施工

帷幕灌浆是通过高压作用将水泥浆液填充至岩石裂隙中，沿坝基至两岸在库首形成一道防渗帷幕，提高坝基及两岸山体的防渗能力，减少坝基和绕坝渗漏量，防止渗透水流对坝基及两岸边坡稳定产生不利影响，防止在坝基软弱结构面、断层破碎带、岩体裂隙充填物，以及抗渗性能差的岩层中产生渗透破坏。而排水孔则是通过在坝基帷幕后钻孔，将渗压水排出，减轻坝基承受的扬压力。总体来讲，帷幕灌浆及排水孔施工的工艺、参数、方法等，与坝型、混凝土施工方式关系不大，主要受坝址区地质条件影响。

一般在防渗帷幕后布置一定数量的测压管或钻孔渗压计，用以监测帷幕后渗压水位，而防渗帷幕的施工及质量检验有着严格的规定和方法，如在帷幕没有施工完就安装仪器，极有可能会被浆液损坏，但如果延后过多，则可能在造孔时需准备的工作较多，因此，动态跟踪、合理选择时机是非常重要的。

排水孔孔距大多在 3m 左右，且在坝体底层廊道内施工，会对埋设在垫层或基础混凝土中的仪器及电缆造成较大的风险。

5. 下闸蓄水前面貌要求

下闸蓄水不是主体施工的工作内容，而是一个重要的节点，此时，大多数主体工作已经完成，挡水建筑物具备挡水条件，闸门、启闭机等金属结构安装已基本完成，然而监测仪器，特别是垂线、静力水准、真空激光系统、量水堰等仪器大多都没有完成。主要原因是土建单位按照节点倒排工期、抢工期、赶工期，使得主体面貌能达到要求，但留给监测施工的时间实在是太少，且用于变形、渗流监测的外部安装的仪器对于作业条件、运行环境、供电系统等有较高的要求，所以，如果为了完成任务去安装的仪器，往往使用寿命不长，或者不能发挥有效的作用。

6. 尾工阶段

尾工是指土建单位清理场地、查漏补缺至撤场，这个阶段按照正常程序，应该不会对监测施工有影响，但事实往往与人们的推断相反。

由于尾工阶段主体施工单位大多都撤离了施工作业人员，仅保留少量管理人员，会出现本应由土建单位承担的沟槽清理、观测房整修、电源布设等零星工作，迟迟得不到解决，而监测施工单位一方面没有施工力量，另一方面忙于观测、资料分析、数据报送，几种因素的叠加，会造成本应很快收尾的监测工作往往旷日持久无法完工验收。

2.4.2 监测进度计划编制

随着监测仪器施工的综合性越来越强，仪器数量日益庞大，且涉及的协调、组织、资源配置等工作要求越来越高，传统的局限于少量仪器安装的班组式作业已不能适应大型混凝土坝的监测施工，需要以施工组织设计的方式来对监测施工进行控制。

针对监测进度计划的编制取决于主体工程节点工期，更需要对各类仪器的埋设安装方法了如指掌。进度计划编制也只是对总体工程的高峰期、关键点有了较为全面的认识，仍需对各阶段的施工强度进行分析，对人力投入做出全面计划。以下就以某常态混凝土高拱坝为例，进行进度计划编制的演示。

2.4.2.1 主体工程节点

大坝主体工程关键项目（或节点）控制性进度要求见表 2.4.1。

表2.4.1 大坝主体工程关键项目（或节点）控制性进度要求

序 号	工 程 项 目	完工或移交日期
1	**大坝工程**	
1.1	大坝基坑开挖及基础处理完成	2016 年 11 月 30 日
1.2	大坝混凝土开始浇筑	2016 年 12 月 1 日
1.3	拱坝上游基坑充水	2019 年 6 月 30 日
1.4	1号、5号导流洞封堵完成	2020 年 5 月 31 日
1.5	大坝上、下游围堰拆除完成	2020 年 5 月 31 日
1.6	大坝最低坝段浇筑至高程 562.00m	2017 年 6 月 30 日
1.7	大坝最低坝段浇筑至高程 631.00m	2018 年 6 月 30 日
1.8	拱坝接缝灌浆至高程 588.00m	2018 年 6 月 30 日
1.9	左岸坝顶垫座完成	2018 年 6 月 30 日
1.10	大坝最低坝段浇筑至高程 692.00m	2019 年 6 月 30 日
1.11	拱坝接缝灌浆至高程 654.00m	2019 年 6 月 30 日
1.12	大坝最低坝段浇筑至高程 765.00m	2020 年 6 月 30 日
1.13	拱坝接缝灌浆至高程 717.00m	2020 年 6 月 30 日
1.14	大坝混凝土浇筑完成	2021 年 6 月 30 日
1.15	拱坝接缝灌浆至高程 798.00m	2021 年 6 月 30 日
1.16	高程 790.00m 以下渗控工程完成	2021 年 6 月 30 日
1.17	1～5号导流底孔挡水闸门以及6号导流底孔工作弧门安装完成	2019 年 6 月 30 日
1.18	6号导流底孔挡水闸门安装完成	2020 年 9 月 30 日
1.19	泄洪深孔弧门及启闭设备安装、调试完成	2021 年 4 月 30 日
1.20	坝顶门机安装完成	2021 年 4 月 30 日
1.21	深孔事故闸门安装完成	2021 年 10 月 31 日
1.22	表孔闸门及启闭设备安装、调试完成	2021 年 10 月 31 日
1.23	导流底孔封堵完成	2022 年 5 月 31 日
2	**水垫塘工程**	
2.1	水垫塘基础开挖完成	2017 年 8 月 31 日
2.2	水垫塘护坡混凝土浇筑完成	2019 年 10 月 31 日
2.3	水垫塘施工支洞封堵完成	2019 年 12 月 31 日
2.4	水垫塘首次充水完成	2020 年 5 月 31 日
3	**二道坝工程**	
3.1	二道坝基础开挖完成	2017 年 8 月 31 日
3.2	二道坝混凝土开始浇筑	2017 年 9 月 1 日
3.3	二道坝混凝土浇筑至坝顶	2019 年 10 月 31 日
3.4	二道坝工程完工	2020 年 5 月 31 日
4	**合同工程完工**	2022 年 6 月 30 日

2.4.2.2 监测施工进度计划编制

编制原则：监测项目的控制性施工进度应与相应土建项目的实际施工进度相匹配，各个部位监测仪器设备埋设应与土建工期一致，并随土建工期调整而调整。大坝等主要部位的监测进度横道图见图2.4.1。

标识号	任务名称	开始时间	完成时间
1	施工准备	2016年9月1日	2016年11月7日
2	人员设备进场	2016年9月1日	2016年9月7日
3	临时设施修筑	2016年9月8日	2016年11月7日
4	大坝变形监测控制网	2017年10月1日	2017年12月31日
5	控制网点	2017年11月21日	2017年12月31日
6	倒垂线	2017年10月1日	2017年12月31日
7	大坝监测	2016年11月20日	2021年12月31日
8	表面位移观测点	2018年7月1日	2021年7月21日
9	几何水准测点	2018年10月1日	2021年7月31日
10	垂线	2018年1月1日	2021年7月28日
11	垂线（600m以下）	2018年1月1日	2018年7月1日
12	垂线（600~656m）	2018年10月1日	2018年12月31日
13	垂线（656~704m）	2019年7月1日	2019年9月10日
14	垂线（704~753m）	2020年7月1日	2020年8月4日
15	垂线（753~796m）	2020年10月1日	2020年10月28日
16	垂线（769~834m）	2021年7月1日	2021年7月28日
17	引张线	2021年1月1日	2021年2月26日
18	杆式位移计	2021年1月1日	2021年3月26日
19	静力水准	2021年1月1日	2021年6月30日
20	双金属标	2018年10月1日	2019年1月1日
21	坝基长观孔埋管	2016年12月1日	2019年10月1日
22	测压管高程654.00m以下	2019年1月1日	2019年6月30日
23	测压管高程654.00m以上	2021年4月8日	2021年6月30日
24	绕渗孔	2018年1月1日	2019年8月26日
25	渗压计	2016年12月1日	2019年9月1日
26	量水堰	2020年10月1日	2021年5月11日
27	地下水位长观孔	2017年1月1日	2019年12月29日
28	应力应变监测	2016年11月20日	2021年6月30日
29	强展仪	2021年3月25日	2021年5月11日
30	谷幅监测	2016年9月8日	2017年3月15日
31	谷幅测点	2016年9月8日	2017年3月15日
32	库盆沉降点	2017年1月1日	2019年12月24日
33	水垫塘及二道坝监测	2019年10月1日	2019年12月31日
34	测压管	2019年10月1日	2019年12月24日
35	渗压计	2019年9月1日	2019年9月30日
36	锚杆应力计	2017年8月1日	2017年11月30日
37	锚索测力计	2017年7月1日	2017年7月31日
38	导流底孔封堵段监测	2019年7月1日	2019年8月12日
39			

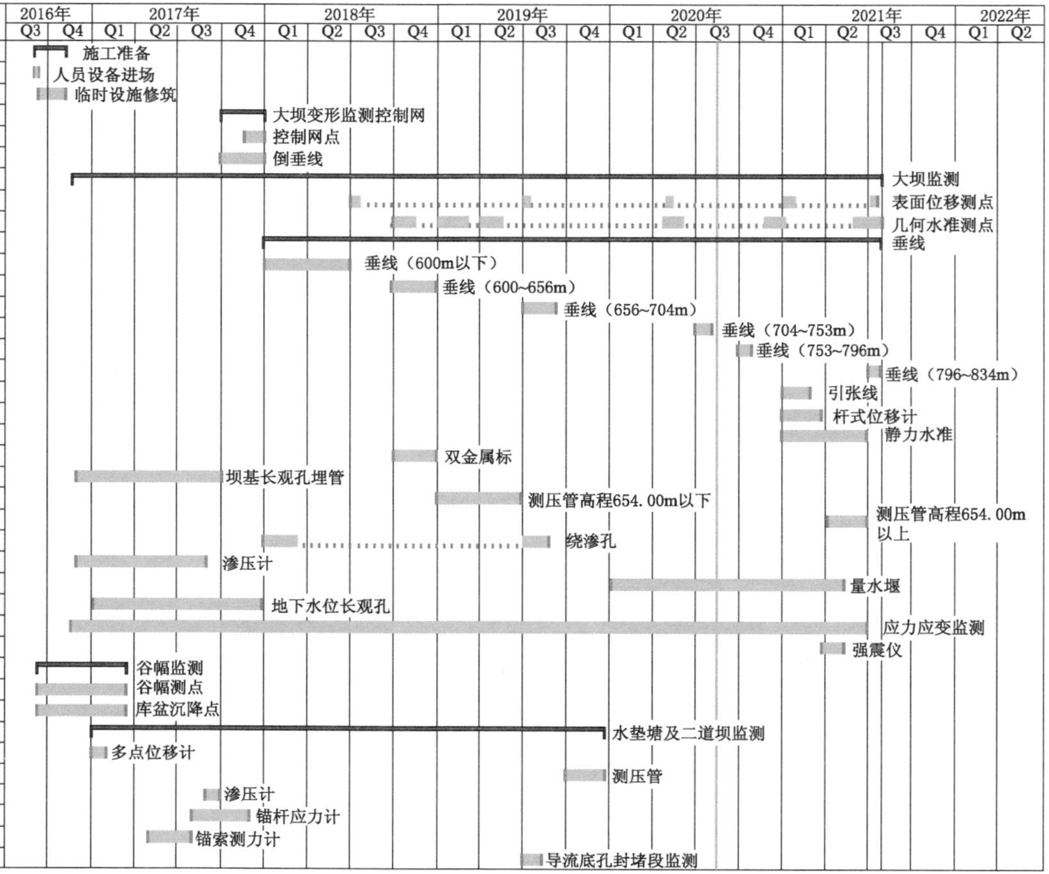

图 2.4.1　主要部位监测进度横道图

2.4.2.3 施工强度分析

按照进度计划编制成果，结合各部位设计图纸计算工程量，并按季度或月分解到详细的时间内，可形成仪器埋设工程量分布图和钻孔工程量分布图，详见图 2.4.2 和图 2.4.3。

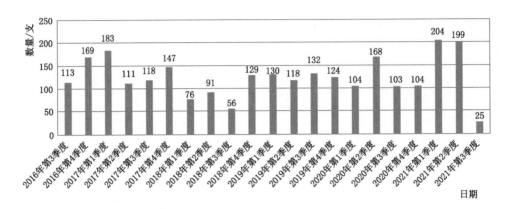

图 2.4.2 仪器埋设工程量分布图

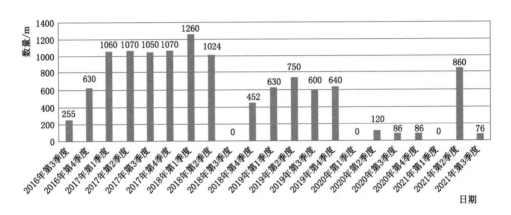

图 2.4.3 钻孔工程量分布图

2.4.3 主要仪器实施关键技术控制

2.4.3.1 混凝土内埋设仪器

为监测混凝土性能、温度、接缝、钢筋应力等，需要在混凝土内埋设应变计、温度计、测缝计、钢筋计等埋入式仪器，这类仪器一般随混凝土的浇筑埋入，实施特点相似，需与混凝土同步实施，如混凝土浇筑完成后，仪器无法补埋。因此，需要监测单位与土建单位之间充分配合，共同完成仪器的埋设、保护。

监测单位应主动了解主体施工进度，土建单位亦应提供相关施工组织措施，监测单位、土建单位应在业主、监理统一领导下，制定与监测仪器相关的土建、仪器安装措施，明确双方责任及需要配合的事项，方便现场实施。

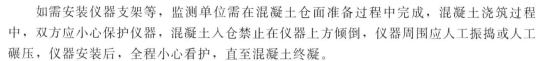

如需安装仪器支架等，监测单位需在混凝土仓面准备过程中完成，混凝土浇筑过程中，双方应小心保护仪器，混凝土入仓禁止在仪器上方倾倒，仪器周围应人工振捣或人工碾压，仪器安装后，全程小心看护，直至混凝土终凝。

安装埋设过程中的常见问题如下。

1. 温度计

（1）《混凝土坝安全监测技术规范》（DL/T 5178—2016）中提出，"在能兼测温度的其他仪器处，不宜再布置温度计。"在实际工程实践中，发现温度计的稳定性和可靠性远大于其他仪器，因此，为保证施工期能够准确监测到混凝土温度，以便指导施工，在运行期有效地绘制温度场，了解温度分布情况，有必要网格化布置温度计。

（2）碾压混凝土普遍存在二次温升，因此，在实际观测过程中，除了埋设初期加密观测频次外，在二次温升的过程中，也应提高观测频次。

2. 应变计及配套无应力计

（1）混凝土应力、应变监测主要是为了了解大坝应力的具体分布情况，计算最大应力的位置、大小及方向。但是直到现在人们还没有研制出一种能直接有效监测混凝土应力的仪器，主要还是利用应变计监测混凝土应变，然后计算应力。要取得准确的分析数据，前期监测仪器的埋设是最为重要的一个环节。由于内观仪器是无法补埋的，所以如何埋设好仪器、保证后续观测数据的准确性至关重要。

（2）确定基准值是观测资料计算的重要前提条件，过早或过晚选取基准值都会造成较大计算误差。仪器埋设后 48h 内应每 2～4h 进行一次观测，在此阶段，混凝土逐渐终凝，终凝后混凝土开始具有一定弹性模量，能够带动仪器共同变形，通常将基准值时间选择在混凝土入仓后终凝的时间段，同时还应参考实验室的试验资料，基准时间尽可能提前。同一浇筑层仪器基准时间应相同。无应力计应和应变计组的基准时间应一致。

3. 测缝计

测缝计在安装过程中，为防止由于缝的闭合造成仪器失效，通常需要预拉满量程的1/3，所以，在仪器选型时，应对其量程做足够储备。

2.4.3.2 钻孔埋设仪器

混凝土坝变形监测、渗压监测等需要在建基面、仓面和廊道内钻孔埋设多点位移计、渗压计、测压管、基岩变位计等，钻孔埋设仪器需要的工作面相对较大、占用时间较长，因此，土建单位及监测单位应在业主、监理的统一协调下，确定施工时间，预留钻孔及埋设仪器需要的时间，以及钻孔需要的风、水、电等。

钻孔过程中，监测单位应做好仪器埋设前准备，避免钻孔完成后占用工作面。

安装埋设过程中的常见问题如下。

1. 测压管

（1）测压管的埋设和观测都比较简单，具有造价低、观测方便的优点，但测压管测到的是进水段的平均水头，又有一定的滞后时间，而且管口暴露在地面，容易遭受破坏。进水段的深度确定非常关键，浅了测不到水位，深了所测得的水位往往低于实际浸润线，适合在强透水层中埋设。

（2）坝基测压管观测时，如果扬压力水头未能上升至孔口压力表，则无法读数，且在运行期无法接入自动化观测，埋设时在孔底安装一支渗压计，两者同时观测，是一个较好的解决办法。

（3）坝肩测压管或水位孔多采用平尺水位计测量水位，正常情况下精度较高，但如果测点较多，水位计数量有限的情况下，平尺水位计就会由于使用太过频繁而出现尺子多处破损的现象，对观测影响较大。解决办法一是配备足够的水位计，二是改造测压管、水位孔，实施自动观测。

2. 渗压计

（1）根据多年的使用经验，进口渗压计精度较高，仪器的稳定性和可靠性也较好，国产的差动电阻式渗压计也能满足工程需要。

（2）测压管内的渗压计安装时，将渗压计包裹后，直接悬挂在孔内，会造成传感器出口部位电缆直接承受拉力，使电缆横截面因长期受拉而变小，造成传感器电缆出口部位止水效果下降。传感器一旦进水，就会使绝缘性下降，出现测值不稳甚至无测值现象，或因测量信号干扰导致测量出负温度值。测压管内安装时，如果仪器包裹较重，可以采用钢绳悬挂固定的方式。如果采用电缆直接悬挂的方式，应当注意将仪器电缆在仪器上回绕一个来回绑好后再放入孔内，使传感器电缆出口部位不直接承受拉力，避免传感器电缆线因长期受拉而变细，造成传感器电缆出口部位止水效果下降。在电缆接头处也应做同样的处理，以免接头处直接受力。

（3）初始值取值是否准确、合理会直接影响后期观测成果的计算和误差的大小。一般在安装后需经过 $10\sim20min$ 再读数，这是因为安装前后温度平衡需要一定的时间。虽然初始值的取值对成果影响不是很大，但在实际工程中往往是初始值取值不准确导致测值出现负值，难以解释该部位的实际渗压情况。另外，仪器安装后，经过 $10\sim20min$ 的温度平衡后的读数，仍然不能作为初始值使用。因为仪器安装后会使孔内的水位发生变化（测压管直径越小，水位变化就越大，主要是受仪器体积和电缆的影响）。虽然水位变化引起的测值不影响其作为计算基准，但需要注意的是，这样的测值是作为成果使用的。

3. 多点位移计

（1）混凝土坝通常在坝基布设多点位移计，以监测基岩变形，应尽量将仪器的基座布设在廊道内，无论是差阻式传感器，还是振弦式传感器，长时间工作后，都可能会出现少量仪器失效问题，倘若埋入在混凝土中，就无法更换了。

（2）关于数据计算时是否应该考虑温度影响，有人提出过这个问题。实际上，振弦式位移传感器的工作元件主要是由钢和不锈钢制造的，在一定的可测量范围内，温度变化对它们的影响很小，可以忽略不计；差阻式位移计的传感部件就是差阻式测缝计，在变形计算公式中已考虑了温度的影响，加入了温度系数和温度修正系数，故也可以将温度的影响消除。因此，多点位移计的成果是可靠的，不需要加入温度因素。

（3）根据仪器安装部位和埋设方法的不同，处理数据时，通常有两种方法：①假设仪器的最深测点不动，计算其余测点相对于最深测点的位移量，这也是计算岩体位移量的主要方法；②假设仪器的孔口不动，计算其余测点相对于孔口的位移量。但在特殊情况下（如因施工或地质缺陷等原因，使最深测点发生移动），找出相对稳定的测点作为不动点，再以不动点为基准，计算各测点相对位移量，也可以反映岩体的位移情况。

4. 测斜仪

（1）由于固定式测斜仪的价格相对昂贵，一般工程都使用活动式测斜仪。对于活动式测斜仪，现场采集数据的质量决定了分析成果的质量。如果测斜孔内积水较多，或者测斜孔较深（60m 以上），观测时要耐心等待，当读数仪上的数字持续稳定后，方可记录。

（2）由于测斜管管径普遍较小（80mm 以内），当某个孔内局部变形较大时，可能会造成探头卡在管内，既取不出来又放不下去的局面，故当发现测斜孔变形逐渐增大时，应该先用模拟探头放进去测试一遍，如果可以很顺利地以 50cm 的间隔从孔底移出孔口，则表明该孔是通畅的。

（3）关于测斜仪数据的处理：绘制累计位移-深度曲线和位移-时间过程曲线是反映被监测对象整体分布、发展趋势和影响因素的较好方式，而孔口累计位移对正确评价变形情况的影响有限，大多时候累计位移可能会很大，但被监测的对象仍然是稳定的。

2.4.3.3 锚杆应力计、锚索测力计

锚杆应力计、锚索测力计的锚杆、锚索一般是由土建单位负责安装施工，监测单位按设计要求选择锚杆、锚索安装仪器。因此，仪器的安装、保护等都需要土建单位的配合。

1. 安装注意事宜

仪器安装前，土建单位需提供锚杆尺寸、锚索吨位、锚板尺寸等信息，以便监测单位采购相应尺寸、量程的锚杆应力计、锚索测力计，加工锚垫板。土建单位张拉锚索的液压千斤顶应与锚索测力计进行联合标定。

锚杆应力计安装过程中，土建单位应按设计要求的测点位置将仪器焊接在锚杆上，焊接过程中注意给仪器降温，禁止在焊缝上浇水冷却。锚杆安装不管是采用先注浆后插杆或先插杆后注浆，土建单位均应在插杆、注浆过程中注意保护仪器。

锚索测力计的安装也需要双方密切配合，土建单位对锚墩孔口板表面处理应平整光洁，经处理后的板面应与锚孔轴线垂直。测力计垫板应采用上下 2 块垫板，在很多工程发现测力计偏心、锁定过程中荷载损失过大，二次张拉仍达不到要求，测力计只使用 1 块垫板或直接用锚板锁定测力计。贵阳院经过多个工程实践，在溪洛渡水电站、长龙山抽水蓄能电站中使用 2 块垫板，将测力计置于 2 块垫板中间，孔口垫板焊接固定在锚墩孔口板上，保证锚索测力计安装定位，张拉效果良好，锁定过程中损失较小，一次性达到设计吨位。锚垫板加工示意图见图 2.4.4，具体尺寸根据测力计尺寸及锚板尺寸确定。

2. 安装埋设过程中的常见问题

（1）锚索测力计实测锚固力往往与千斤顶出力及锚索真实的受力存在差别，究其原因，主要有锚垫板厚度、钢绞线张拉方式、锚具居中等方面的影响，具体到某台仪器，应该综合分析。

（2）用于锚索张拉的千斤顶因其采用的是油压传力，通过压力表读数计算出千斤顶总出力，同样压力情况下，其出力测值基本不因受力方式不同而改变，也就是说，与测力计相比，千斤顶出力测值更加稳定并更加接近于锚索

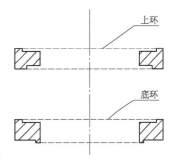

图 2.4.4 锚垫板加工示意图

实际所受预应力。

（3）钢筋计观测的直接成果为钢筋计综合应力，如果要计算出钢筋与混凝土接触面的实际应力，必须考虑混凝土与钢筋的共同作用以及混凝土徐变等因素的影响。

（4）通过工程实践证明，国产差动电阻式钢筋计的长期稳定性和可靠性较好。

（5）钢筋计的连接方式有电焊、对焊、套筒连接等几种，实际工程证明，套筒连接对仪器的影响最小。

2.4.3.4　真空激光准直系统

真空激光准直法是采用三点法准直的原理，整个光路置于真空管道中，将管道内真空度抽至低真空状态，气体在管道内为层流状态，光束漂移、光斑抖动现象将消失，折射也大大减弱，使系统运行更加稳定，精度更高。该方法一般用于直线型混凝土坝的变形监测，可同时监测水流向水平位移及垂直位移，布置于坝内廊道及坝顶，在重要坝段设置测点。

布置于坝内廊道时，应充分考虑管道及两端观测房尺寸，布置于坝顶时，一般在坝顶设专门的沟槽，将管道置于沟槽内，

根据系统运行要求，真空激光准直系统由发射端设备、接收端设备、测点设备、真空管道和抽真空设备组成。

真空激光准直系统成功与否的关键是管道的升压率。为了使真空管道是一个真空干燥的装置，保证管道内壁和测点设备不易锈蚀和有灵活性，必须使管道内真空度常年处于20kPa以下。根据《真空激光准直位移测量装置》（DL/T 328—2010）规定，系统测量真空度在66Pa以下，测量状态下，关闭真空泵168h后的真空度值应小于保持真空度，因此要求管道升压率必须小于120Pa/h。

同时，管道的升压率还要根据测量真空度及测量时间确定，即管道从极限真空度升至测量真空度的时间要求小于观测时间，如测点过多，观测时间长，无法满足要求，则需要在测量过程中加抽真空。

因此，真空管道的焊接质量、密封性的好坏至关重要，是整套系统能否成功最重要的因素。枫树坝真空激光准直系统就是因为管道施工质量问题，升压率无法满足要求，导致系统无法运行，遂改用引张线法。且因为坝体其他结构的影响，测点以外的部分真空管道难免会浇筑在坝体内。因此，一旦施工完成，真空管道不可更换。

1. 激光系统所有支墩及其底板的放样与浇筑安装

首先用高精度经纬仪对真空管道轴线及测点墩、支墩、发射端支端、接收端支墩的中心轴线进行放样，并标记相应的记号。用钢尺丈量各个测点墩和支墩之间的距离，使其桩号符合设计要求。然后，根据设计方提供的所有支墩和测点墩的理论高程，用精密水准仪对所有支墩、测点墩处的安装面高程（各支墩和测点墩高程要含底板）进行测量，同时，在各个支墩、测点墩处用钢筋将所有支墩底板、测点墩底板进行固定，固定时，底板的中心线应与光轴线一致。所有测点墩的桩号及高程误差不得大于5mm，所有支墩的中心线与高程误差不得大于5mm。

所有底板固定完毕后，根据设计的混凝土墩大小做相应的模板，进行混凝土浇筑，24小时内拆模，凝固7天后，所有混凝土墩浇筑完毕。钢管及支墩典型断面见图2.4.5。

支墩高程＝光轴线高程－钢管半径－滚柱直径＋曲率修正值。

对于长距离准直，必须考虑地球曲率对各墩高程要求的影响，分别给予修正，修正值按式（2.4.1）计算：

$$\Delta h = \frac{D^2}{2R} \tag{2.4.1}$$

式中：Δh 为高程修正值；D 为距离；R 为地球半径，取 $R=6371.11$km。

一般以激光准直系统中间部位的测墩中心线为基准，计算距测墩不同距离的各墩高程修正值 Δh。

所有混凝土墩浇筑完毕后，用精密水准仪对各个混凝土支墩高程再进行测量，将测值与理论值进行比较，所得的误差值在滚柱直径中补偿。

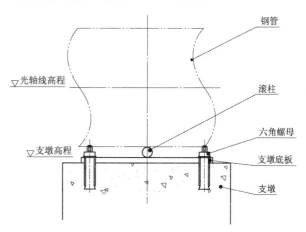

图 2.4.5 钢管及支墩典型断面图

2. 真空管道的制作与安装

（1）每两个测点间尽量选用少于 3 根整段钢管焊接，钢管对焊端应在焊接前打 30°坡口。

（2）每段钢管焊成后，应单独进行充气（气压为 0.12MPa），用肥皂水或其他方法检漏。不得有渗漏（注：用肥皂水检漏时，把肥皂水刷到焊接处要观察两三分钟，因漏气很小时不能立刻看到肥皂泡）。

（3）钢管内壁必须进行除锈清洁处理。要特别注意将除掉的铁锈或粉尘彻底排出管外，同时注意对清洁处理过的管子要临时密封（可用塑料袋或其他）管口，防止管子在焊接前受潮重新生锈或有其他杂物进入管道。钢管焊接完成并检查确定不漏气后也要临时密封管口，直到安装测点箱及波纹管时候方可打开。

（4）在高精度全站仪的检测下，进行钢管、测点箱的安装定位，及钢管与测点箱、波纹管的对接。

（5）根据真空泵的容量选用真空截止阀及相应口径的抽气钢管。确保钢管与真空管道对接处的焊接质量。

（6）按照设计图纸进行真空管道安装，可以先在钢管下各支墩上安放相应尺寸（每个支墩上辊柱尺寸与设计尺寸一致）的辊柱，钢管便可以在人工推动下沿轴向移动，便于钢管的安装，或者采用手工滑轮组起重机等工具进行安装。对组成的真空管道进行密封试验。用压缩空气或气泵将管道充气至 0.12MPa，涂抹肥皂水进行检漏（包括密封圈部分），涂肥皂水检查漏气时，环境风速不能过大，防止由漏气引起的肥皂泡被风吹破，而检查人员看不到肥皂泡。确保管道测箱密封达到要求后再进行测点仪器的安装（真空管道的放样、除锈、检漏是保证真空激光系统成功运行的关键工艺，必须确保施工质量）。

3. 测点箱的安装

将测点箱对称地放置到测点墩底板上，用六角螺栓将测点箱固定牢固。安装期间注意将箱盖盖好，将未安装好的管口封好，防止雨水或杂物进入管道。必要时（如防雨、防偷盗等）将盖子上螺丝全部拧紧。测点箱安装示意见图 2.4.6。

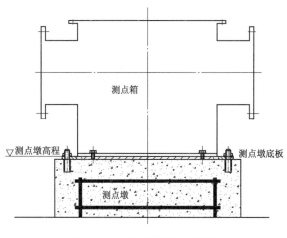

图 2.4.6　测点箱安装示意图

4. 波纹管的安装

（1）与测点箱的连接：

1）安装前认真检查波纹管，查看在运输过程中波纹管伸缩节和安装面有没有损伤，如有损伤则必须更换。

2）对波纹管端口截面进行清洁处理（用干净的纸或布擦净）并查看波纹管安装方向（管内有箭头指向），使每个波纹管的安装方向一致。

3）选择相应型号的 O 形圈，先在 O 形圈上涂抹真空硅脂，放入 O 形槽后再用螺栓固定，固定时应对角紧固，保证 O 形圈完好，不能压破。所有测点箱安装完后应对连接处进行检漏检查，不得漏气。对于测点箱较多的管道，可以分段进行检查。

（2）与钢管的连接：

1）波纹管与测点箱连接完成后，再与钢管连接。在钢管端口上先安装卡箍和松套法兰及 O 形圈，O 形圈应涂抹真空硅脂。

2）将波纹管的连接杆螺母松开，缓缓与真空管道的松套法兰对接，对接过程中要特别注意调整钢管的高低和位置，对接理想时，用连接螺杆插入法兰孔中，这时法兰接触面应平整、密实。对接完成后再均匀拧紧连接螺丝。完全拧紧后完成安装。安装时，波纹管的伸缩节的压缩或拉伸量不得超过 20mm。

5. 真空室的检漏

真空管道、测点箱、波纹管安装好后，用法兰、密封垫分别将真空管道的发射端、接收端密封，进行检漏。检漏分两步，方法如下：

（1）正压检漏。首先采用正压检漏法对真空管道进行检漏，用盲法兰将真空泵抽气处密封，用空气压缩机往管道内充气，充气压力为 0.12MPa。用肥皂水刷至各个焊缝及密封连接处，查看是否有气泡冒出，如果有气泡冒出则说明该处有漏点，必须重新处理。

检漏是一个非常仔细的工作，工作人员必须细心、耐心。肥皂水不能有太多的泡沫，肥皂水涂抹后，对于较大的漏点，马上会有气泡冒出，而对于较小的漏点，往往需要经过 3～10min 的时间才会有较小的气泡，这些气泡很小，但很多，这类漏点必须处理掉。

（2）负压检漏。在经过正压检漏后，必须进行负压检漏，只有在负压检漏合格后才能说真空管道的密封合格。负压检漏时将真空泵与真空管道连接起来，用真空泵对真空管道进行抽真空。一般情况下，对长度为 300m 左右的真空管道，抽气时间为 40～50min。

真空度可以抽到 30Pa 以上, 如果抽不到, 说明管道还有漏点; 如果能抽到, 还应将真空管道进行保压试验。一般要求真空管道的升压速率不得大于 20Pa/h。如果升压速率大于 20Pa/h, 则应对真空管道重新进行检漏。如此反复, 直到满足要求。

真空激光准直系统安装现场如图 2.4.7~图 2.4.10 所示。

图 2.4.7 测点箱安装现场

图 2.4.8 管道安装检测

图 2.4.9 发射端安装现场

图 2.4.10 翻转装置

6. 安装埋设过程中的常见问题

(1) 管道的焊接、安装决定了系统的稳定性, 如果管道密闭性不好, 漏气率过高, 则真空泵就会长期处在一个经常性启动、关闭的不利工作条件下, 对整个系统影响较大。

(2) 系统安装较为复杂, 周期较长, 和坝顶结构施工直接冲突, 可能会有较长时间无法投入正常观测, 故在各测点对应位置布设外部变形观测点, 及时进行观测, 是一种有效可行的解决办法, 同时也可以将外部变形数据与系统测得的数据相互校核, 在系统维护期间可保证持续地观测。

(3) 受真空激光准直系统工作原理及仪器结构的影响, 目前成熟应用的系统仅能测到沉降和上下游方向位移, 无法获得左右岸方向变形, 如何将真空激光准直系统开发成可测得三维变形的系统, 需相关仪器厂商进一步研究。

2.4.3.5 正倒垂线

正倒垂线是混凝土坝水平位移监测最常用的设备，倒垂线一般钻孔安装，正垂线可采用钻孔或在混凝土浇筑过程中预留孔进行安装，因垂线安装对孔的垂直度要求很高，其成孔后的有效孔径不小于100mm，倾斜度小于0.1%。因此，钻孔及预留孔施工难度大，是正倒垂线能否成功应用的关键。

如采用钻孔安装，垂线孔一般在混凝土坝的支廊道观测房内，施工时对土建一般不造成影响。如采用预留孔安装，则每一仓混凝土浇筑或碾压时，均需要接长管道，并保证管道垂直度，管道周围振捣或碾压需小心。

1. 造孔法

（1）钻机平台浇筑。钻机安装牢固平稳是钻孔保持垂直的重要环节，安装质量的好坏直接关系钻孔质量，为此先在拟钻孔位置浇筑厚20cm的水平混凝土平台，混凝土平台上预埋螺栓并固定钻机底座槽钢，钻孔位置预留孔口管。浇筑混凝土平台时利用水平管测量，必须保证水平。此平台同时作为观测房的底板。

（2）设备选用。根据工程钻孔深度，100m以上深倒垂施工选用1000型（37kW），100m以内选用600型，机上人员配备5人/台班。

（3）钻机及钻塔安装。钻机安装于混凝土平台上预先浇筑的槽钢底座上，钻机与底座采用螺栓连接牢固，底座上的螺栓孔需有一定间隙，以便钻机可以在小范围内任意平移，调节钻机水平的底垫采用不同厚度的钢片。钻机的水平度采用水准仪等仪器测定，尤其立柱钻杆需保持铅直，并利用仪器定时矫正。

钻塔采用稳固的钢制塔架，安装平稳，起重时不会移动，并能保证钻塔天车的钢丝绳能够铅垂对准钻孔中心。

根据选用机型需要的场地尺寸也不同，因此，观测房设计时应考虑施工场地的需要。

（4）钻进。钻进过程的防斜、纠斜是最主要的，时刻监测钻孔跑斜情况，采用各种措施防止孔斜和采取切实有效的办法纠正孔斜。

1）防斜。整个钻进过程保持低转速、轻加压、勤提钻。钻具应随钻孔逐渐加深而加长，使得钻进时尽量形成满眼，减少因地层不均匀或钻具、钻杆局部弯曲而引起钻孔偏斜。但孔深超过10m后，受钻塔高度限制，钻具不能超过5m，此时应在钻杆上每隔3m加装一个扶正器，以保持钻杆钻具通直，扶正器外径小于钻头外径2～3mm，且外壁光滑便于钻进和提钻。

对于易跑斜的地层应判断岩层走向，确定跑偏方位，钻进时注意防斜。一般是将钻机稍微移向钻孔易偏斜的相反方向，使得形成顶斜钻进。

每钻进2m，利用倒垂测斜（浮标测斜仪）法进行1次钻孔测斜（每点至少测读2个数据，取平均值），及时掌握钻孔偏斜情况，钻孔偏斜超出要求范围或预计要超出偏斜范围时，及时采取纠斜措施，使孔斜恢复到可控范围。

2）纠斜。①对于有掉块、坍塌、漏水情况的钻孔，采用灌注水泥浆封孔的办法处理。每当钻进困难、漏水严重时，及时进行封孔处理，待凝后重新扫孔钻进，这样易于孔壁稳定，方便控制孔斜。钻孔深度较深时，纠斜比较困难，宜采用混凝土回填斜孔段钻孔，混凝土强度与围岩强度相近时重新钻进，可达到纠斜目的。拌制混凝土时注意使用高标号混凝土，并添加速凝剂，一定使混凝土强度与围岩强度差不多或略高于围岩强度时重新钻进才能达到预期目的。②对于孔深不大（10m内）且跑斜不大（钻孔轴线偏斜不超过10mm）的钻孔纠斜，可采用将钻机稍移向与孔斜相反的方向，使钻头稍偏向与钻孔偏斜相反方向钻进，起到纠斜目的。注意及时测斜，发现钻孔轴线有返回迹象时即可将钻机调回标准位置，进行钻进。③对于较深钻孔纠斜，采用钟摆原理钻进，即使用短钻具、同径合金钻头、去掉扶正器等，将钻具提到斜孔段上部，开钻以较高转速钻进，缓慢给力，使得整个钻具形成钟摆形，利用重力铅垂钻进，达到纠斜目的。此种操作易出钻孔事故，需要有一定经验的人员操作钻机，且孔壁必须光滑稳固，钻具间连接牢固结实。钻进1～2m后测斜，发现有纠斜作用后方可继续钻进，否则采用其他办法。

（5）保护套管及观测墩施工。钻孔工作完成后安装保护套管，安装前检查套管的垂直情况和连接丝扣的完好度，保证套管安装后铅直。保护管安装至孔底后提离孔底5cm，在孔口固定，并进行测斜，测斜合格后，灌注一定量的水泥浆，使得套管低端没入水泥浆10cm左右，然后待凝，待凝24h后，再次测斜，测斜合格后，从保护管外注入水泥浆，使得水泥浆充分填筑管外间隙，并保持保护管与岩体连成一体。

保护套管安装完成后，浇筑观测平台。预留倒垂孔和观测仪器基座孔等，平台采用水泥砂浆浇筑，并预埋倒垂孔和各种观测仪器底座。

（6）倒垂孔垂线安装。在倒垂钻孔完成及保护套管施工完成并经验收合格后，才进行倒垂观测设备的安装工作。倒垂观测设备由浮体组、垂线、锚块（锚固点）和观测台组成。为了使垂线设置在倒垂孔中的最佳位置处，发挥倒垂的最大效用，埋设好倒垂线锚块是十分重要的工作。埋设前应认真做好以下准备工作。

1）根据垂线保护管各高程的偏心值作图。作图步骤如下：①取一页白纸，确定x轴和y轴，坐标原点为保护管孔口高程处的中心位置；②把保护管中心各高程测点的坐标标在该白纸上。按同样的比例尺（如1∶1）以各高程的中心位置为同心、保护管相应的半径值为半径作圆。

2）有效孔段的确定。各圆共同组成的部分（阴影部分）即为有效孔段。根据此阴影部分即可确定倒垂线锚块埋设的最佳位置。为了保证必要的测量范围，要求垂线钢丝距保护管壁任何一点的距离均应大于30mm。

3）锚块安装准备工作。在埋设施工时，按保护管口大小制作一木圆板。过圆心划x轴、y轴，并把设计的锚块位置在木板上标出，钻一小孔，以备安装时应用。

4）锚块安装标准。根据选定的最优位置，将钢丝在圆形木板上的小孔中穿过。

将锚块试放一次，检查锚块位置是否符合要求。当锚块放至孔底时，需在不锈钢丝上相应于孔口标记处做出记号，以便埋设时判断锚块是否达到孔底。

5）锚块安装方法。埋设锚块时采用放浆筒法。水泥砂浆用1∶1，水泥标号用525号，其稠度以能顺利放浆为准，数量以将块埋入为限。

6）锚块安装过程的注意事项。锚块埋设时，依据保护管的内径及锚杆的长度准确计算所需的砂浆量，使锚块沉入砂浆以下3～5cm，严格按设计规定的砂浆混合比拌浆，控制好砂浆量，用灌浆桶快速将砂浆送入孔底。用垂线将锚块送入孔底，沉入砂浆后再提起，距孔底10cm，并用专用夹具将钢丝固定在孔口标识出的有效孔心的位置使锚块归心，并保护孔口以防杂物掉入。终凝7d以上后，拆除专用夹具，并用1/3的浮力张拉倒垂线，线体稳定自由后检查测试线体的位置，确认是否满足设计要求。终凝21d以上后安装好倒垂浮体组。

7）浮体组的安装。倒垂锚块埋设5d后，可进行浮体组的安装。浮体安装时主要注意以下几点：①油箱应水平，浮体位于油箱正中，并保持平衡；②将浮体移动后，能恢复到原来的位置；③油箱加盖后，浮体能自由移动，并满足测试精度要求；④油箱内加透平油，数量以浮体能完全浮起并拉直垂线为止。

2. 预留孔法

（1）施工准备。在正垂线孔施工前应熟悉当前混凝土坝的施工进度，在正垂孔作业前做好相关的准备工作，包括：安装作业面是否出现；由于首节垂线管安装埋设需要全站仪进行定位，现场是否具备放样条件；为了减少对混凝土浇筑作业面的干扰，预埋管不宜设置过长，选用合适长度的钢管或波纹管。

（2）底层垂线孔坐标放样。安装首节管前，应根据设计图纸中正垂线孔的设计坐标及现场已知坐标点，采用全站仪放样出正垂线孔的中心点位置，用钢钉打上标记。为避免后期施工破坏，也可在不影响现场其他工作面的情况下在正垂线孔中心点标记位置，修筑混凝土观测墩，作为后续垂线管安装的基准点。

（3）现场检查。检查搬运到现场的预埋管在搬运过程中是否受到损坏，检查已放样正垂线基准点是否保护完好，检查现场是否具备埋设安装条件以及其他干扰预埋实施的工作等。

（4）激光垂线仪就位。根据已经确认的正垂孔的中心位置，将激光垂线仪安装在三角架上，三脚架架设稳定并调平，调节垂线仪下出光并准确对准标记的钢钉位置后精平（如设有观测墩，则将垂线仪安置于强制对中基座上），打开垂线仪出射光束，检查激光是否有抖动现象，如抖动较大须排除干扰因素，保证垂线仪安装稳定。

（5）保护管安装。预埋管安装前在预埋管上下口安装管口校核装置。将预埋管竖直放入预埋位置并粗调至铅垂。参照激光垂线仪的出射光束，调节预埋管上下口中心点落在激光垂线仪的出射光束上，从而确保波纹管铅垂。

用准备好的拉筋（$>\Phi10mm$）在预埋管距下口30cm处绑扎斜拉在牢靠位置上，调节预埋管上口中心点与上出光重合；同样采用拉筋在距预埋管上口1/3～2/3处进行绑扎斜拉固定，固定后的预埋管上、下口中心线与激光垂线仪上出光的水平距离均应小于0.1%h_1（注：h_1为该段及已预埋正垂线保护管总长度）。

（6）接口作业。接口作业是在进行非首节管安装过程中，对上下两节管进行连接固定的工序。下层混凝土中的保护管安装牢固后，如采用波纹管，将准备好的预埋管直插接头接在已埋设预埋管上端，采用铸铁马鞍型管件进行固定，在连接处用PVC专用胶水进行粘接，保证保护管接头粘接牢固。如采用钢管，两端对接后采用焊接固定。

（7）预埋管保护。由于混凝土浇筑过程中施工机械的冲击、振动较大，为避免预埋管受其他施工作业面影响造成预埋管倾斜，因此除了采用钢筋绑扎斜拉固定外，需采用模板对已埋设保护管周围50cm处进行封闭保护，从而减小混凝土的摊铺压实对埋设保护管的影响。模板内采用变态混凝土浇筑；采用人工或小型机械均衡振捣，为避免产生过大的侧

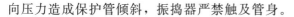

向压力造成保护管倾斜，振捣器严禁触及管身。

（8）保护管浇固、铅垂度检验。待该层混凝土浇筑至顶部，混凝土仍未初凝时，在模板内倒入变态混凝土，小心振捣密实。同时利用激光垂线仪检验预埋管上、下口中心点偏离激光垂线仪出射光束距离是否小于 $0.1\%h_1$，如预埋管偏斜过大则迅速纠偏并固定。

3. 正垂线安装

（1）正垂线所在坝段浇筑混凝土时，在主体施工单位进行预埋 $\Phi630mm$、管壁厚度大于 7mm 的钢管作为保护管作业时，派测量人员对其安装就位的钢管进行校核，确保实测坐标与设计坐标误差不超过 2cm。

（2）正垂线测线采用直径 1.2mm 高强度不锈钢瓦钢丝。确保极限拉力大于重锤重量的两倍。

（3）在坝顶安装垂线悬挂装置和铟钢带尺的部件，待预埋件固定后，用夹线装置将垂线固定在悬挂装置上。

（4）垂线穿过各层廊道观测间，在观测间内衔接，垂线下端吊重锤，并将重锤放入油桶内，油桶上侧的垂线上安装挡尘罩并使其与油桶保持 5cm 间距；铟钢带尺平时处于自由状态，观测时下端吊重锤。

（5）根据垂线位置进行观测墩的放样、立模、浇筑，在顶部安装强制对中底盘用于人工观测，底盘对中误差不大于 0.1mm。

（6）在条件具备时安装垂线坐标仪，坐标仪用支架固定在观测墩上。

4. 安装埋设过程中的常见问题

（1）光学 CCD 式坐标仪主要利用光电耦合器件 CCD 作为位移的检测单元，没有感应式坐标仪的"零飘"问题，仪器结构简单，不影响垂线自由变化，属非接触测量，但 CCD 镜头在潮湿环境下存在水雾凝结现象，影响观测成果。电容感应式坐标仪技术先进、结构简单、测量精度高、长期稳定性好、成本低、防水性能优越，适用于环境较恶劣的建筑物。

（2）对于正倒垂孔，是预留孔合适还是后期造孔恰当，目前没有标准的答案。预留孔主要的优点就是节省土建费用（正倒垂钻孔单价较高），而后期造孔除了增加费用外，还需要在设计时考虑施工场地的大小，以满足钻机的工作。但是，预留孔可能会在大坝施工时对现场混凝土的摊铺、碾压等造成影响，同时，在大仓面高强度的施工过程中，如何保证预留孔的垂直度满足要求，对监测施工队伍也是一种考验。比较常用的一种做法是，对于仓面狭窄的工程，一律选择后期造孔；对于有足够空间的混凝土坝，采用预埋钢管做护壁管的方法，后期再安装垂线。

（3）前文已叙述，坝基的滑动失稳是重力坝可能出现的安全问题，而正倒垂，特别是倒垂正是监测基础变形最有效的手段。所以，保证正倒垂的稳定性和可靠性，以及监测数据的及时性，是非常关键的。

2.4.3.6 静力水准系统

1. 仪器概况

静力水准系统所依据的基本原理是连通管内液面相等，因此也称为连通管法。在两个内径相等、相互连通的容器中充满液体，仪器安装后，当液体完全静止时，两个连通器内的液面处在同一大地水准面上，观测两容器内液体的位置，作为初始基准值。当容器的基墩下沉或上升时，两连通容器内液面达到新的水准面，观测此时新水准面相对于基墩面的高程，分别测出两个液面的变化量，即可求得两测点之间的相对高差，从而获得各测点的垂直位移。

根据上述原理，不仅可以观测两测点之间的相对垂直位移，也可以布置多个测点并练成系统来观测多个测点之间的相对垂直位移。

静力水准仪有如下几种：

（1）国产的电容感应式静力水准仪是与连通管配合用于测量各测点的垂直位移的仪器。当仪器位置发生垂直位移时，通过采用屏蔽管接地改变电容的感应长度，以达测量的目的，仅能监测垂直位移。

（2）国产的浮子式静力水准仪是利用差动变压器式位移传感器对垂直位移进行测量的，它在国内使用较多，是一种测量精度和稳定性均较好的仪器。该仪器通过浮子上的铁芯在传感器的线圈中上下相对移动而测出垂直位移，但仅能监测垂直位移。

（3）步进马达式静力水准仪的工作原理是通过步进马达驱动丝杆垂直的上下运动，测出步进马达转动脉冲数以得知仪器垂直位移的大小。该型仪器由步进马达测针跟踪液面，精度较高；不足之处是存在长期高湿度环境下机械传动部件防潮的问题，以及探针探测液位精度和探针腐蚀的问题。

（4）意大利 SIS 公司高精度水管式静力水准仪是通过涡流传感器非接触测量浮子的上下移动来实现垂直位移测量的。但由于测量范围小、价格高而未在国内运用。国外还有水管式静力水准仪，是一种利用超声传感器自动测量液位高度变化的仪器。

（5）钢弦式静力水准仪的原理是当发生垂直位移时，圆柱形浮体上下移动，通过圆柱体的弦式测力传感器测出浮体上下移动引起的浮力大小的变化来感知测点垂直位移的变化。该仪器测量范围大、测量精度较高、长期稳定性好，但仅能监测垂直位移。

2. 埋设安装过程及方法

（1）各测点所提供的仪器安装平面高差控制在 ±5mm 范围内。按各测点之间的管线路径长度顺序铺放连通管，并与各钵体串接起来。连通管材料为纤维增强型 PVC 软管，用热水泡胀后接入钵体液嘴，冷却后即可保证液体不漏。连通管内液体工作介质采用蒸馏水甲醛溶液，达到防腐效果。如果在高寒地区工作，则应按当地工作环境下的最低温度配入防冻液。

（2）将组装好的仪器浮子单元和传感器单元的仪器板装在钵体上。调整初始测值为传感器量程中点。

（3）为防止钵体内液体的蒸发，需要在液体内加入硅油，入口在仪器安装板上，平时用橡胶堵住，采用注射器加导管加入硅油。

（4）安装仪器的扫尾工作是将连通管和电缆线加以包装保护后放入沟槽或桥架中。

3. 安装埋设过程中的常见问题

（1）静力水准法精度较高、测量方便，特别适用于光学测量困难的部位，但如连通管

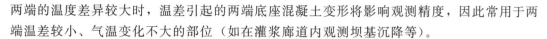

两端的温度差异较大时，温差引起的两端底座混凝土变形将影响观测精度，因此常用于两端温差较小、气温变化不大的部位（如在灌浆廊道内观测坝基沉降等）。

（2）静力水准观测到的垂直位移是相对于基点的相对位移，一般都需要获得各测点的绝对位移，所以应该将工作基点布置在相对不动点。当无法布置在相对不动点时，宜在工作基点处布置一个几何水准测点，在每次观测静力水准时，同时观测几何水准测点。目前较为常用的方法是，在静力水准工作基点处布置双金属标来获取基点的绝对位移。

（3）在后期运行时，为避免堵塞管道，应及时更换钵体及管道内的液体。

2.5 工程实例

2.5.1 光照碾压混凝土重力坝

2.5.1.1 工程概况

光照水电站位于贵州省关岭县和晴隆县交界的北盘江中游，电站总装机容量为1040MW，枢纽工程为Ⅰ等大（1）型工程，由碾压混凝土重力坝，坝身溢流表孔、放空底孔及下游消能防冲设施，右岸引水系统及地面厂房、开关站等组成。水库正常高水位为745m，相应库容达 31.35 亿 m^3，坝址多年平均径流量为 81.1 亿 m^3，水库死水位为691m，调节库容达 20.37 亿 m^3，为不完全多年调节水库。

大坝为全断面碾压混凝土重力坝，坐落在三叠系永宁镇组灰岩、泥质灰岩地层上，工程区地震基本烈度为Ⅵ度。大坝由河床溢流坝段和两岸挡水坝段组成，坝顶全长410m，最大坝高 200.5m，坝体上游面从坝顶至高程 615.00m 为垂直面，高程615.00m 至坝基为 1∶0.25 斜坡，下游坝坡为 1∶0.75。大坝分 20 个坝段，由左右岸非溢流坝和河床溢流坝组成，其中左右岸非溢流坝段分别长 163m 和 156m。河床溢流坝和底孔坝段长 91m。非溢流坝段坝顶宽度为 12m，溢流坝段坝顶平台宽度为 33m，坝体最大底宽为 159.05m。

光照工程于 2004 年 10 月开工建设，2007 年 12 月下闸蓄水，2008 年 8 月首台机组发电，2011 年 10 月枢纽工程竣工。

2.5.1.2 大坝监测设计

1. 总体设计

作为 2005 年左右建设的国内 200m 级碾压混凝土重力坝，无类似工程经验，且当时刚刚发布的规范《混凝土坝安全监测技术规范》（DL/T 5178—2005）对于 200m 级大坝并无特殊要求，无论是建设单位，还是设计单位都是在摸索着开展相应的工作，包括监测设计。总体来讲，监测以大坝为主要对象，并对其周边相应的边坡、堵头、环境、控制网等进行了全面考虑，设置的主要监测项目如下：

（1）碾压混凝土大坝。

变形：水平位移、垂直位移、倾斜、诱导缝和接缝、坝基位移。

渗流、渗压：扬压力、渗透压力、渗流量、绕坝渗流、帷幕渗流渗压。

应力、应变及温度：坝体混凝土应力、应变、坝体温度、坝基温度、钢筋应力、钢板应力、锚索荷载。

（2）导流洞堵头：设置 3 个断面监测堵头的渗透压力、接缝开合度和温度。

（3）边坡：包括坝肩开挖边坡、电站进水口开挖边坡、厂房和调压井开挖边坡等。

（4）渗控工程：在 5 层灌浆隧洞和相关施工支洞监测帷幕渗透压力及绕坝渗流。左岸重点监测 F1 断层带和 1 号岩溶管道渗流场分布和渗流量；右岸主要监测 F2 断层带和 2 号、3 号岩溶管道渗流场分布和渗流量。

（5）枢纽区变形控制网包括平面变形控制网和精密水准控制网。

2. 变形监测

变形监测包括大坝变形、倾斜、裂缝和接触缝开合度监测等。

光照大坝坝址处两岸陡峭，枢纽布置比较紧凑，根据有限元计算结果，河床坝段变形最大，左岸 5 号坝段和右岸 16 号坝段附近的安全系数最低，所以监测仪器主要布置在 5 号、16 号岸坡坝段和 9～12 号河床坝段等大坝变形重点观测坝段；同时为了能够系统地掌握大坝的变形规律，在其他坝段上也布置了适量的观测设备。

（1）水平位移。光照水电站大坝的水平变形监测系统主要由垂线、真空激光准直系统和综合观测墩组成。其中，垂线系统和综合观测墩可以同时监测坝轴线方向和顺河向的水平位移；真空激光准直系统只能观测顺河向水平位移。

1）光照水电站大坝上共布置了 6 条垂线，分别布置在左、右坝肩，以及安全系数稍低的 5 号和 16 号坝段、变形较大的 10 号坝段（2 条垂线，其中一条只有 1 节倒垂线）。

2）坝顶和坝体中部（高程 658.00m 廊道）水平位移监测采用真空激光准直系统。

坝顶真空激光准直系统根据坝顶结构布置和大坝变形计算成果，设置 11 个测点，发射端和接收端的变形由两坝肩倒垂线修正。

高程 658.00m 廊道真空激光系统设置 8 个测点，发射端和接收端的变形由 2 号和 4 号垂线在高程 650.00m 测点修正。

3）坝顶真空激光准直系统的施工受表孔施工的制约，安装时间滞后，大坝浇筑到坝顶后较长一段时间内无法投入监测坝体的变形情况，所以在坝顶布置了 1 排综合观测墩，采用视准线法或交会法观测坝顶水平位移。共布置了 11 个观测墩，测点的布置与坝顶真空激光准直系统测点布置基本一致。运行期它们的观测成果互相校核检验。

（2）竖向位移。大坝竖向位移监测设备有静力水准系统、真空激光准直系统和综合观测墩。

1）静力水准系统主要布置在基础廊道和高程 702.00m 廊道。

2）竖向位移监测用的真空激光准直系统和综合观测墩与水平位移监测共用。高程 658.00m 真空激光准直系统的基点变形由水准网修正，坝顶真空激光准直系统基点变形由两坝肩双金属标倒垂修正。坝顶综合观测墩竖向位移采用精密水准线路测量。光照大坝变形监测布置如图 2.5.1 所示。

（3）基础变形。光照水电站大坝在坝基上有 F1 和 F2 两条断层穿过，其中 F1 断层对大坝的变形有一定的影响，需要准确监控 F1 断层的变化情况。为掌握 F1 断层错动，

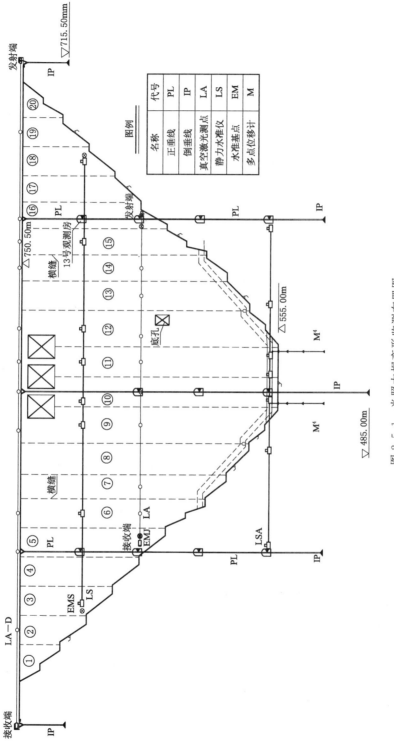

图 2.5.1 光照大坝变形监测布置图

图例		
名称		代号
正垂线		PL
倒垂线		IP
真空激光测点		LA
静力水准仪		LS
水准基点		EM
多点位移计		M

在 10 号坝段断层的上盘布置 1 条倒垂线 IP3-2，与监控坝体变形的 3-1 号垂线的倒垂线 IP3-1 组成倒垂组。坝基断层承受荷载后除了有水平错动外，还有压缩变化，为掌握压缩量，在倒垂孔内布置了双金属标。

为掌握坝基的深部变形情况，准确判断坝基是否出现塑性屈服区，在 10 号和 11 号河床坝段的基础廊道上各布置了 1 排多点位移计，每排 4 套，布置在三维非线性数值分析计算成果中易出现塑性破坏的部位。

（4）诱导缝和接触缝开合度。诱导缝和接触缝开合度监测结合应力应变监测进行，大坝共分 19 条诱导缝，选取 7 号、10 号、13 号诱导缝作为监测的重点，接触缝监测重点主要有坝踵与基岩面接触缝和坝体与两岸基岩接触缝，在诱导缝和接触缝的上、中、下各布置测缝计或裂缝计，共布置 30 支测缝计、30 支裂缝计。

3. 应力应变及温度监测

大坝应力应变监测包括坝体应力应变、坝体温度、水温、表面温度、基础温度、局部应力集中监测等项目。

（1）应力应变。光照水电站大坝应力应变监测重点是对大坝局部拉、压应力较大部位进行监测。

在坝踵部位，设 6 支竖向单向应变计监测坝踵集中应力；在坝趾部位，设 3 支单向应力计监测坝趾集中应力，坝踵和坝趾各配 1 支无应力计。

在高程 574.80m、615.30m、645.00m 和 690.00m，坝体的左、中、右侧的上下游各布置 1 组五向应变计，4 支五向应变计组组成一个平面，在竖直向和水平向之间加 45°向，另外 1 支垂直该平面，每组应变计组均配上无应力计。共布置 24 组五向应力计，24 支无应力计。

（2）温度监测。①基岩温度：在大坝基础中部和靠下游部位各钻深 15m 的孔，每孔埋设 4 支基岩温度计，观测基岩在混凝土水化热温升时对基础的温度传递和基础不同深度下的温度分布。②坝体温度：光照大坝温度测量同时采用了温度计和分布式光纤测温系统。③库水温度：在坝横 0+000.00m 处设一条光缆测坝体上游表面温度，蓄水后为库水温。光纤铺设在拆模后直接固定在坝体表面。

4. 渗流渗压

渗流渗压监测包括大坝坝基扬压力、坝基渗透压力、坝体混凝土渗透压力，以及大坝和坝基渗漏量监测。

（1）坝体混凝土层间渗透压力。选取中间最大剖面 5 个高程，在碾压施工缝面布设渗压计，距上游表面 1.0m、3.5m、7.5m 处各布置设 1 支渗压计。由各高程表面的第一支渗压计，可得到坝体混凝土在高程向渗透压力分布，各层渗压计可得到混凝土沿水平向的渗压分布。共布置 15 支渗压计。

（2）坝基扬压力。选取 5 个纵向监测断面和两个横向监测断面，监测坝基纵横向扬压力分布。测压管安装在固结和帷幕灌浆之后进行，以免管内堵塞。

（3）渗漏量。在 559.50m 廊道的大坝左、右岸各布置 1 个量水堰监测左、右岸基础渗漏量，在 559.50m 廊道坝基集水井前设 1 个量水堰，监测坝基渗漏总量。总量水堰的流量减去两岸的量水堰流量即为坝基渗漏量。

（4）帷幕监测。左岸防渗帷幕渗流监测主要在 F1 断层带和 1 号岩溶（管道）系统等部位布置渗压计；在灌浆隧洞渗流排水出口和各泉点出口部位布置渗水流量量水堰。在612 施工支洞及山坡上布置水位孔（内置渗压计）监测渗流场分布。

右岸渗流监测主要在 F2 断层带和 2 号、3 号岩溶（管道）系统等部位布置渗压计；在灌浆隧洞渗流排水出口部位布置渗水流量量水堰。在 612.00m 和 658.00m 施工支洞布置水位孔（内置渗压计）监测渗流场分布。

共布置 30 支渗压计、10 个量水堰、9 个水位孔（内置渗压计）。

5. 水力学监测

选取中孔作为水力学监测的重点监测断面，左孔作为辅助监测断面，在溢流面上共布置了 6 个脉动压力仪底座、13 个时均压力计底座、5 个流速仪底座和 6 个掺气仪底座。

6. 地震反应监测

选取溢流坝段坝左 0+010.25m 断面作为大坝地震反应监测主断面，在监测断面上坝体内每层廊道及坝顶各布置 1 台强震仪，此外在坝顶 1 号坝段坝顶上也布置 1 台强震仪，共 6 台强震仪。

7. 安全监控设计参考值

根据大坝稳定及强度承载力极限状态计算成果、典型坝段非线性三维静力数值分析成果、渗流计算成果以及温控计算成果，提出了施工、初蓄期及蓄水期的安全监控设计参考值。

（1）坝体变形设计参考值见表 2.5.1～表 2.5.3。

表 2.5.1　　　　　　　　　坝体水平变形设计参考值

位　置	初　蓄　期		运　行　期	
	640.00m	691.00m	正常	地震
坝顶变形/mm	≤15	15～30	30～60	60～110
坝基变形/mm	≤2.5	2.5～5	5～10	10～50

表 2.5.2　　　　　　　　　坝体竖向变形设计参考值

位　置	初　蓄　期		运　行　期	
	640.00m	691.00m	正常	地震
坝顶变形/mm	≤5	5～10	10～20	20～60
坝基变形/mm	≤2.5	2.5～5	5～10	10～30

表 2.5.3　　　　　　　　　坝体倾斜设计参考值

位　置	初　蓄　期		运　行　期	
	640.00m	691.00m	正常	地震
坝顶				
坝基	≤2″	2″～4″	4″～8″	8″～12″

（2）大坝渗流设计参考值。量水堰流量：左、右岸量水堰 WE_{bj-1}、WE_{bj-3} 的流量 $Q_1 \leqslant$ 50～70L/s；总量水堰 WE_{bj-2} 的流量 $Q_2 \leqslant 100～120L/s$。

帷幕观测孔：$h \leqslant (0.4～0.5)H$

其中，h 为观测孔内水位变化值（观测值－下闸蓄水基准值）；ΔH 为库水位变化值（库水位－渗压计埋设高程）。

（3）坝体混凝土应力设计参考值见表 2.5.4。

表 2.5.4　　　　　　　　坝体混凝土应力设计参考值表

位置	高程/m	仪器编号	初蓄期应力/MPa	运行期应力/MPa
上游	556.5～559.5	SB2－1～3、SB2－7～9	$\geqslant 0$	$\geqslant 0$
下游	555.75	SB2－4～6	0.8～3.0	3.0～6.0

（4）大坝温控指标。

1）基础温差。基础混凝土 28 天龄期的极限拉伸值不低于 0.7×10^{-4}（碾压混凝土）和 0.85×10^{-4}（常态混凝土），根据《混凝土重力坝设计规范》（SL 319—2018）的规定，并参照国内碾压混凝土坝的施工经验，基础允许温差见表 2.5.5。

表 2.5.5　　　　　　混凝土坝基础约束范围内温控标准　　　　　　　　单位：℃

基础约束范围		基础允许温差	稳定温度	允许最高温度
（0～0.2）L	常态垫层混凝土	20	15	35
	碾压混凝土	16	15	31
（0.2～0.4）L	碾压混凝土	18	15	33

注：L 为浇筑块的最大长度。

2）上、下层温差。当浇筑块上层混凝土短间隙均匀上升的浇筑高度大于 $0.5L$ 时，上、下层的允许温差取 18℃，当浇筑块侧面长期暴露时，上、下层允许温差取 16℃。

3）内外温差。坝体内外温差不大于 15℃，为了便于施工管理，以控制混凝土的最高温度不超过允许值，并对脱离基础约束区（坝高大于 $0.4L$）的上部混凝土，限制其允许最高温度不超过 38℃。经计算，坝体混凝土各月允许最高温度见表 2.5.6。

表 2.5.6　　　　　　　满足内外温差的混凝土允许最高温度

月份	1月	2月	3月	4月	5月	6月	7月	8月	9月	10月	11月	12月
允许最高温度/℃	26.8	28.5	33	37.5	38.0	38.0	38.0	38.0	38.0	36.5	32.4	28

8. 经验及教训

（1）作为 200m 高的碾压混凝土重力坝，在规范涵盖不全面、国内无其他同规模工程可参考的情况下，监测设计思路明确，重点突出，以变形、渗流为大坝蓄水及运行期的主要指标，采用垂线、静力水准、真空激光、层间渗压计等多种可靠的仪器，并考虑到施工期较长，混凝土温控要求较高，在国内首次全面采用了分布式测温光纤以期获取更多的温度数据，使得无论在施工期，还是首次蓄水、竣工验收、定检、运行等各阶段和重要节点，均能获取全面、足够的数据，为判断大坝安全发挥了积极的作用。

（2）针对施工、蓄水等主要节点的不同需求，结合可研、温控等阶段或专题的数值计算成果，适时提出安全监控设计参考值，为各方对于监测数据的判断提出了一定的依据。参考值的定义，一方面解决了监测数据大部分由专家经验判断，但不同的人主观上有较大的差异；另一方面避免了警戒、预警、监控等对于风险等级的判断，明确地表达了只是作为一种判断、决策的参考。因此，提出安全监控设计参考值可以作为大型工程监测设计的一个要求。

（3）在可研阶段，如仅按规范要求，设置 3 条正倒垂即可满足要求，但因单体坝段的应力变形分析成果与三维整体模型的非线性分析成果有所不同，为验证大坝三维整体变形的实际运行情况，在大坝设置了 5 条正倒垂线。但可研批复后，建设单位自行组织了监测专题评审，与会专家从节约成本的角度出发，优化了岸坡较陡的左右岸挡水坝段的 2 条，最终只保留 3 条正倒垂（不含两岸倒垂）。在首次蓄水、竣工验收等阶段，坝顶布置的变形点以及 3 条正倒垂系统的监测数据均显示，大坝三维整体变形、应力的影响较为明显，特别是左岸挡水坝段，但没有更多的监测数据来确定影响范围、分布，甚为遗憾。同样的，原设计考虑的大坝层间渗压布置了整个断面的渗压计，为节约成本，优化成了仅在大坝上游面选择低高程，且每个层面只布置 3~4 个测点，当实测数据发现最后一个测点渗压仍很大时，无法判断其影响范围有多大，后期又通过钻孔等方式补埋了一些仪器，反而增加了不少成本。

这说明了对于监测设计的优化，不能只考虑节约直接成本，还应考虑可能造成的影响。对于高坝大库，应谨慎优化，适当冗余。

（4）设计提出的温控指标基于温控计算成果，如允许温差是取混凝土的最高温度为基准减去稳定温度得出的。实际执行过程中，稳定温度在运行很多年后仍未达到计算的 15℃，说明实际工程与设计计算有较大的差异。因此，温控等指标的提出，应综合计算成果和广泛调研后确定。

（5）地震反应监测是根据相关规范要求设立的，但《混凝土坝安全监测技术规范》（DL/T 5178—2003）对于强震的监测仅有 9.2.14 一条，且规范编制人员可能当时对于强震仪也不够了解，仅提出了简单的布置原则和安装方法。所以，大坝强震监测设计也照搬了规范的要求，在一些坝段设立相应的测点，对于供电、通信、运行维护等考虑不足，导致蓄水及初期运行过程中，没有发挥相应的作用。

2.5.1.3 监测成果分析

因光照大坝施工、运行期较长，为便于分析、参考，选择施工期及初蓄期的大坝监测成果单独分析（从 2006 年至 2010 年 6 月）。

1. 环境量

（1）上游水位。光照水电站于 2007 年 12 月 31 日开始下闸蓄水，水位逐步上升，2008 年 3 月初水位上升至高程 650.00m 时发现导流洞堵头有渗水现象，于是通过大坝底孔泄流将上游水位控制在高程 645.00m 左右；2008 年 5 月 16 日堵头处理完成，大坝底孔闸门关闭，上游水位继续上升；至 2008 年 8 月，上游水位达到高程 720.00m，并开始发电，此后受上游来水量及发电流量的影响，水位呈周期性变化，汛期 6—10 月水位较高，为高程 723.00m 左右，枯水期 11 月至次年 3 月水位逐步下降至高程 700.00m 左右，3—6

月水位逐步上升至高程723.00m左右。

蓄水后至2010年6月，最高水位为738.59m，发生在2010年8月2日，最低水位为蓄水初的590.98m。2008—2010年的年平均水位分别为674.94m、717.13m和716.82m。2008—2010年年内水位变幅分别为121.84m、34.39m和35.01m。上游水位变化过程线如图2.5.2所示。

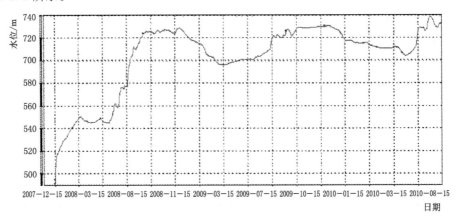

图2.5.2 上游水位变化过程线

（2）降雨量。光照水电站处于亚热带湿润季风气候区，雨量充沛。降雨大部分集中在5—10月。其中尤以6—8月最为集中且降雨强度大，是暴雨的多发季节，最大日降雨量为139mm，发生在2010年6月28日。2005—2010年的年平均降雨量分别为1350mm、1204mm、1201.7mm、1171mm、881mm和1067mm，平均降雨量为1145.78mm。降雨量柱状图见图2.5.3。

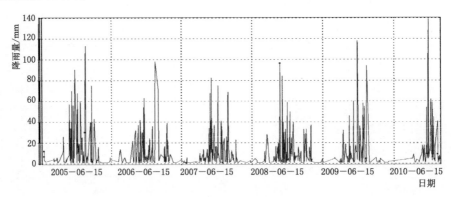

图2.5.3 降雨量柱状图

2. 变形

（1）水平位移。

1）垂线。10号坝段3号垂线坝基倒垂线主要朝上游变形，位移介于0.84～2.05mm，左右岸方向主要朝左岸变形，位移为－0.17～0.2mm；正垂线主要朝上游变形，位移介于1.23～8.1mm，左右岸方向位移介于－1.10～1.06mm。10号坝段正垂线PL3-1实测位移过程线见图2.5.4。

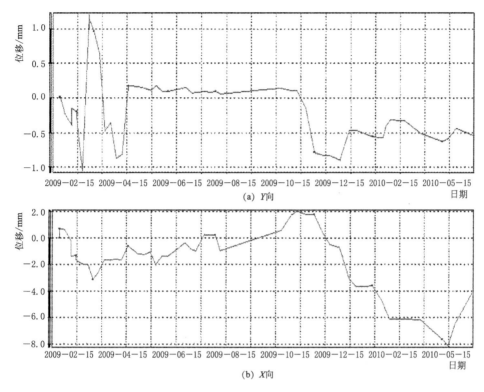

图 2.5.4 10 号坝段正垂线 PL3-1 实测位移过程线（Y 向左为 "+"，X 向下游为 "+"）

从监测资料来看，大坝垂线水平位移受上游库水位变化的影响较小，蓄水后，5 号、16 号坝段发生向下游的顺河向位移，10 号坝段发生向上游的顺河向位移，但各垂线水平位移均较小，上、下游方向位移最大为 8.17mm，远小于典型坝段三维非线性计算值 93.1mm（正常蓄水位工况）。左、右岸方向位移除 16 号坝段为 6.39mm 略大外，其余测点位移均小于 1mm。

2）真空激光准直系统。截至 2010 年 3 月 10 日，水平位移测值介于 0.50～10.98mm，变形方向偏向下游，沿左、右岸方向分布规律为测值由河床中心部位向两岸岸坡方向递减。

（2）竖向位移。

1）静力水准。从大坝基础廊道（高程 560.00m）静力水准系统测值分布来看，下游侧沉降略大于上游侧沉降，符合一般变形规律。

高程 702.00m 坝体廊道静力水准系统的测值以沉降变形为主，测值介于 -1.86～3.31mm，从测值分布看，越靠近河床部位沉降值越大。

2）真空激光准直系统。高程 658.00m 廊道真空激光准直系统测值介于 -0.7～1.2mm，垂直位移较小。2010 年 3 月 10 日前各测点最大沉降位移介于 0.59～2.24mm，从测值分布看，河床部位沉降位移比岸坡部位大。

综上所述，大坝最大沉降量为 3.31mm，小于正常工况下的设计参考值；下闸蓄水后受水推力的影响，下游侧沉降位移略大于上游沉降位移，符合一般变形规律。

（3）基础深部变形。通过蓄水前后监测资料的对比发现，蓄水后大坝基础基岩被压缩了 1～4mm，小于正常工况下设计参考值。下闸蓄水前，坝基坝踵部位沉降大于坝址，蓄水后坝基坝趾部位沉降大于坝踵，多点位移计与静力水准监测规律一致。

（4）横缝和接缝开度。

1）横缝开度。除在高程 721.00m 下游个别部位横缝开度达到 5mm 相对较大，其余测缝计测值介于 -0.2～1.32mm，绝大部分呈张开状态，目前均已趋于稳定。上述监测结果表明坝段间横缝整体上呈张开状态。

2）岸坡接触缝。除 K18-3（位于 18 号坝段上游侧）测值受温度变化影响较大外（最大为 2.77mm），其余裂缝计测值介于 -0.6～1.0mm。低高程接触缝多呈闭合或受压状态，部分高高程接触缝呈微张状态，但张开值均很小，且张开过程发生于仪器埋设初期，现阶段处于稳定状态，说明坝体与两岸坡基岩以及齿槽混凝土与基岩的接合状态良好。

3. 应力、应变及温度

（1）无应力计。无应力计实测混凝土线膨胀系数 79% 的测点介于 4.6×10^{-6}～$8 \times 10^{-6}/℃$，各测点的平均值为 $6.35 \times 10^{-6}/℃$。从实测资料的计算结果来看，与现场材料试验结果差别不大，总体上反映了大坝的实际情况。

（2）单向应变计。目前单向应变计实测大坝混凝土竖直向应变均处于受压状态（应变计已扣除混凝土自生体积变形），其中最大压应变为 $-268.00\mu\varepsilon$。坝踵部位由应变计实测混凝土应力介于 -0.33～-2.13MPa，均表现为压应力。单向应变计实测应力见表 2.5.7。

表 2.5.7   单向应变计实测应力统计表

仪器编号	埋设桩号/m	高程/m	实际应力极大值/MPa
SB2-1	坝纵 0-013.50 坝右 0+010.25	556.5	-0.33
SB2-2	坝纵 0-011.50 坝右 0+010.25	556.5	-1.50
SB2-3	坝纵 0+000.25 坝右 0+010.25	556.5	-1.37
SB2-7	坝纵 0-012.00 坝右 0+010.25	559.5	-2.13
SB2-8	坝纵 0-010.00 坝右 0+010.25	559.5	-2.11
SB2-9	坝纵 0-005.00 坝右 0+010.25	559.5	-1.47

（3）五向混凝土应变计。2017 年 12 月应变值介于 -369.67～$62.27\mu\varepsilon$，绝大部分为压应变。从空间分布来看，普遍规律为高程越低，应变计组受压越大、受拉越小，高程越高则相反。蓄水后，受水位上升影响，坝踵受压趋势减弱，坝趾受压趋势增强，符合一般规律。从时间分布来看，普遍规律为埋设初期受拉，后随时间推移，拉应变有不同程度的减小，压应变有不同程度的增大。

11 号坝段拉应力主要发生在上下游方向，最大值为 0.35MPa；垂直方向大部分为压应力，测值介于 -3.52～-0.08MPa，应力随测点埋设高程的增加而减小。

（4）温度。①下闸蓄水后，水库温度计测值主要受环境温度的影响，呈明显的年周期变化，越深处水温年内变幅越小；②坝体混凝土温度经过施工期最大温升后，随着坝体胶凝材料水化热的减弱及坝体散热，高温区范围及最大温度缓慢减小，2017 年 12 月，坝体

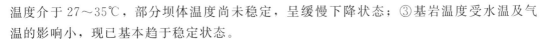

温度介于 27~35℃，部分坝体温度尚未稳定，呈缓慢下降状态；③基岩温度受水温及气温的影响小，现已基本趋于稳定状态。

4. 渗流

(1) 坝基扬压力。上游帷幕后渗压计测值受上游水位影响明显，渗压折减系数 α_1 除 PB1-1 (7 号坝段坝基帷幕后) 为 0.28 略大 (注意监测)，其余测值介于 0.04~0.13，满足现行规范要求，说明大坝上游防渗帷幕和排水孔的效果良好。

坝基下游侧渗压计渗压折减系数 α_2 介于 0.03~0.21，满足现行规范要求，说明大坝下游防渗帷幕和排水孔的效果良好。

(2) 坝体层间渗压。11 号坝段层间渗压分布规律如下：①渗压计距上游面越近，测值与库水位相关性越明显，距上游面越远，测值受上游水位影响越小；②高程 571.00m、高程 582.00m 坝体排水孔幕前混凝土层间接合面上实测水头介于 -0.25~135.78m，渗压折减系数介于 0~0.93，实测水头与库水位相关性好，沿顺河向呈递减趋势，在距上游面 7.5m 处水头降到 2.0m 以下，表明高程 571.00m、高程 582.00m 排水孔幕前层间接合面存在施工缺陷，但未与坝体排水孔幕贯通；③高程 597.00m 坝体排水孔幕前混凝土层间接合面上实测水头介于 64.59~113.18m，渗压折减系数介于 0.49~0.86，实测水头与库水位相关性好，沿顺河向呈递减趋势，由于高程 597.00m 排水管后无渗压计监测，因此不能判断该高程层间渗水量是否到上游坝体排水孔幕处已消减至 0，后期应加强对该部位的检查与监测；④高程 614.00m、640.00m 实测水头介于 -1.68~-0.13m，表明未出现层间渗透压水。

(3) 渗流量。大坝蓄水后，各量水堰测值均增大，但后期与库水位相关性不明显。右岸 WEBJ-1 量水堰测值介于 0.06~1.22L/s，左岸 WEBJ-3 量水堰测值介于 0.17~2.34L/s，量水堰 WEBJ-2 测得的坝体坝基总渗流量介于 8.15~21.10L/s。

2.5.1.4 分布式测温光纤试验

1. 试验目的

利用 2005 年 7 月在光照水电站现场进行碾压混凝土试验的机会，进行了分布式测温光纤专题试验研究工作。

混凝土温度监测采用常规温度计和光缆进行对比，研究光缆测温的可行性和施工方法、测试资料整编关键技术。分布式测温光纤采用了基于拉曼散射和基于布里渊散射的两种系统，以选择可靠的测温系统。

2. 光缆布置

本次试验采用的光缆为多模光纤。四个碾压区内各布置两层光缆，每层同温度计布置高程相同，每区均留出进出口端头，各区回路采用独立回路。共设光缆 8 个回路，总长 500m。

3. 光缆的室内比测

规范中没有光缆检验的要求，为检验光缆的完好性，同时考查其测温精度，进行光缆室内比测试验。

试验设备为恒温水箱 (精度为 ±0.2℃)。

试验方法：将监控机连接到光缆上，随机选取一段光缆放入充满水的恒温水箱内；分别将水温加热到 40℃ 和 60℃，测试光缆温度。试验结果见表 2.5.8。

表 2.5.8   光纤检验数据

恒温箱温度/℃	布里渊光缆温度/℃	拉曼光缆温度/℃
40	40.3	40.2
60	60.1	60.1

结论：通过以上数据比较，得出分布式光纤测温系统满足±0.5℃的精度要求。

4．光缆定位

为了保证光纤伸缩性，通常在生产光缆时都会使光纤的长度比光缆的长度要长，即光缆在出厂时就已存在光纤的余长。本次试验使用的布里渊光缆长 1000m，光纤长 1006m；拉曼光缆长 1009m，光纤长 1027m。

不同结构的光缆，其余长不相同，即使同一种结构的光缆，余长也不一定是平均分配的；实际埋设过程中，沟槽不可能是一条绝对直线，光缆放入沟中后也不是笔直的。

测试机读到的某一位置的温度，是指光缆中光纤的温度，而埋设过程中记录的只能是光缆标的刻度，两者不是同一个位置。为此，技术人员做了光缆的定位试验。

试验方法：随机选取一段 100m 的光缆，按照光缆上的刻度每隔 10m 加热一次，读出测试机测得的光纤的长度。

试验结果：布里渊光缆光纤实际长度与光缆长度的误差小于 0.1m，拉曼光缆光纤实际长度与光缆实际长度的误差小于 1m，误差均在各自 DTS 的最小空间分辨率范围以内（布里渊光纤空间分辨率为 0.5m，拉曼光纤的空间分辨率为 1m）。

由此可看出，在实际埋设过程中，当单个光缆回路长度不大于 100m 时，直接记录光缆上的尺寸刻度即可定位；当光缆回路长度大于 100m 时，在 DTS 中读取光缆刻度（N）上的温度时，读取位置（S）应为：

$S=(N+N×K)+$主机参考光纤长度$+$尾纤长度。其中，K 为余长系数。

5．光缆铺设

在室内将光缆熔接到接线盒中，然后用尾纤将带有接线盒的光缆连接到监控机上，对于布里渊光缆，由于其温度测量系统需要从光纤的一端输入脉冲激光光源，另一端输入连续激光光源，所以至少需要选取设计光缆埋设长度的两倍，并且需要在一盘光缆（1000m）的两端都接上接线盒。

在模板上标记光缆回路埋设的位置，待混凝土浇至埋设高程，将准备好的细线放在仓面两边的模板上并拉紧，沿细线在碾压好的混凝土上划出铺设光缆的轨迹，沿此轨迹挖沟（宽 5～10cm，深 5～8cm），将光缆摊平放入沟槽内；对于布里渊光纤，放缆时应注意保证光缆不存在扭曲，或者其扭曲程度不会产生应力，同时对于拉曼光纤，注意在拐角点保证光缆的弯曲半径大于 15cm。

由于光照混凝土采取自下游往上游的斜层碾压施工方式，而光缆的布置也是上下游方向的，因此，对于光缆的埋设，存在两种情况：①光缆处于新老混凝土之间，沿斜层碾压混凝土的坡脚牵引，在 3m 升层的浇筑过程中，混凝土按照 1∶12～1∶15 的坡比自下游往上游浇筑，光缆依照混凝土浇筑进度牵引；②光缆处于新浇筑的混凝土上部，待斜层碾压的混凝土浇筑至仓顶高程后，在混凝土上部挖槽敷设光缆，由于每一仓混凝土的浇筑均要历时 5~7 天，光缆也需要按照混凝土浇筑进度牵引。

这两种情况都依赖于混凝土施工的进度，同时，由于埋设情况不同，对于光缆的保护和后期温度监测也存在着不同的影响。对于第一种情况，由于未埋设的测温光缆放置在车辆频繁的浇筑仓面内，需要有专人 24 小时守护；由于上游侧混凝土比下游侧混凝土浇筑时间晚，光缆回路测值出现上下侧混凝土温度不一致的现象。对于第二种情况，由于挖槽深度有限，在混凝土未达到一定强度时，存在被车辆压轧进而破坏的危险；由于光缆在混凝土表面，埋设后至其上部混凝土浇筑前的时间内，观测到的数据基本为环境温度。

6. 测温机选择

从实测数据看，布里渊光缆测试数据与温度计测值有所出入，拉曼光缆测试数据与温度计测值吻合较好。具体分析如下：

光缆的埋设是在混凝土仓面碾压好进行的，挖沟最大深度为 10cm，光缆铺设完毕后，开始浇铸下一层，而此时光缆所在仓面的混凝土强度很低，车辆频繁压轧将会使整个回路的光缆变形。由于本次使用的布里渊光纤周围包裹有纤膏，光纤在光缆中不是自由的，光缆的受力带动光纤局部受力。

（1）布里渊光缆。由于布里渊光缆测试机显示的读数是应力和温度的叠加，需要采取如下方法分离应力：测出已知温度下温度+应力综合曲线后，以此作为基准（如 26℃），将应力作为一常量，以后的测试曲线是在此基础上的测试结果，通过测试光缆各点温度变化的相对值，计算出温度变化值再加上基准温度（如 26℃），系统自动计算出各点的绝对温度。

混凝土温度升高时，混凝土表现为膨胀变形，光缆轴向不可避免地受压，埋设时受压的光缆应力增加，测得温度值偏高，埋设时受拉的光缆应力释放，测得温度值偏高；混凝土温度降低时，混凝土表现为相对收缩变形，光缆轴向不可避免地受拉，埋设时受压的光缆应力释放，测得温度值偏低，埋设时受拉的光缆应力增加，测得温度值偏高。温度计 T2－3 与光缆对应变化曲线见图 2.5.5。

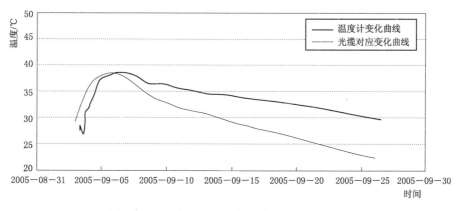

图 2.5.5　温度计 T2－3 与光缆对应变化曲线图

图 2.5.5 所示的与温度计 T2－3 对应的光缆埋设时受压，因此，所测温度的变化实际是温度和应力同时的变化，和温度计相比，上升速度和下降速度都快。

（2）拉曼光缆。由于测试机测得的只是温度，不受应力影响，因此，拉曼光缆所测数据与温度计测值吻合较好（图 2.5.6）。

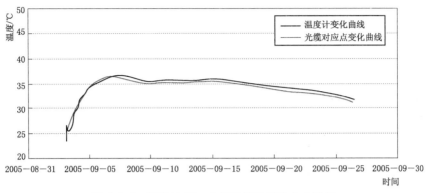

图 2.5.6 温度计 T4-3 与光缆对应变化曲线图

其测试精度为 0.5℃，取同一时段测得的 5 组数据，经统计分析，最大误差为 0.6℃，出现概率为 0.002，精度满足要求。

7. 试验结论

（1）分布式光纤测温系统可以在碾压混凝土中应用，仪器存活率高，埋设工艺可控，观测成果能够真实反映混凝土温度。

（2）基于布里渊散射的测温系统受测温原理的影响，暂时无法应用于大体积混凝土的温度监测。

（3）受拉曼散射测温原理的影响，在光缆回路拐弯处、混凝土与空气交界处温度测值不理想，为此，应采用以下办法解决。

在 S 形铺设或改变仓面时一定要保证光缆的弯曲半径不小于厂家要求，不得直接弯折成 90°直角弯，在拐弯处可加压板固定，以避免在碾压时光缆发生扭曲或错位。

分布式测温系统是对某一段区域进行采样，作为该点的温度。这个区域为 2 倍的空间分辨率加取样间隔。碾压混凝土大坝与外界为两个不同的温度场，分布式光纤测温系统在测得的温度曲线中，光缆在大坝与外界的临界位置会有一个温度突变，这是必然的。那么要使大坝边沿处的温度达到最准确，需采用如下解决办法：①由于大坝内的温度为渐变性温度场，在光缆由外界进入大坝内时，在大坝与外界的临界处多安装一段光缆（3～5m），这样就保证了坝体边缘处的温度更为准确；②对于坝体表面温度不是重点监测的部分，光缆不做处理，对于坝体表面温度是重点监测的部分，应布置温度计；③光缆生产时余长需要加以控制，控制指标为：光缆余长系数应小于 0.01。余长应均匀分布，同一盘光缆中任意两段 100m 光缆的余长差值应小于测试机的定位精度。

2.5.1.5 大坝渗水水质分析

1. 可研阶段水质检测成果

光照可研阶段 1987—1995 年进行了 61 组水样检测，坝址区河水汛期浑浊，枯期受上游洗煤影响呈褐黑色，总硬度为 7.63～9.42（德国度），为微硬水，pH 值为 7.2～8.0，具弱碱性。水化学类型为 HCO_3-Ca 或 HCO_3-SO_4-Ca 型水，对混凝土无腐蚀。地下水为透明、无色、无味，从水化学类型看，T_1f^{2-3} 及 T_1yn^1 中的地下水化学类型以 HCO_3-SO_4-Ca（$K+Na$）为主；其余地层地下水 SO_4^{2-} 与（Na^++K^+）尤其是（Na^++K^+）明显减少，水化学类型以 HCO_3-Ca、$HCO_3+SO_4-Ca+Mg$ 等为主，地表水无明

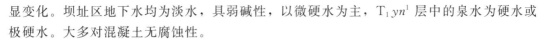

显变化。坝址区地下水均为淡水，具弱碱性，以微硬水为主，T_1yn^1 层中的泉水为硬水或极硬水。大多对混凝土无腐蚀性。

2. 大坝基础渗水取样检测

2017 年 12 月 14 日，在光照水电站大坝基础斜坡廊道现场取 8 组水样，按《水电工程地质勘察水质分析规程》（NB/T 35052—2015）进行水质检测，统计分析表明：

（1）根据《水利水电工程水质分析规程》（SL 396—2011），检测水对混凝土的腐蚀评判标准包括分解类：一般酸性型 pH＞6.5，碳酸性 CO_2 含量小于 15mg/L；分解结晶复合类：阳离子小于 1000mg/L，阴离子小于 1000mg/L；结晶类：硫酸盐型 SO_4^{2-} 含量小于 250mg/L。各项指标显示检测水样对混凝土无腐蚀性。

（2）大坝各部位水样 pH 值在 7.58～8.11，均呈弱碱性。库水 pH 值为 8.13，与可研阶段河水检测成果（7～8）相比相差不大；左岸 612 施工支洞下游出口溶洞位置水样 pH 值为 7.73，与可研阶段 S6 泉水检测成果（7.1）相比略高。

（3）大坝各部位水样中的 Na^+、K^+ 及 HCO_3^- 含量与可研阶段相比明显增大；SiO_4^{2-} 检测成果与可研阶段溶洞水质检测成果较为接近；Ca^{2+} 含量变化不大。喀斯特地区的地下水中 K^+ 和 Na^+ 离子含量一般较低，主要来源有水体对氯化物盐类或含钠、钾的铝硅酸盐矿物（如长石、云母等）的溶滤作用。硅酸盐矿物的溶解可以使水中的 Na^+ 和 K^+ 离子含量增加，同时增加的有 HCO_3^- 和 SiO_4^{2-}。枯水期地表水中的 SiO_4^{2-} 和 Na^+、K^+ 和 HCO_3^- 具有较好的相关性，说明硅酸盐矿物的化学风化作用对水化学组成的贡献也是显著的。另外水的蒸发或与黏土矿物进行离子交换也可增加水中的 Na^+ 和 K^+ 离子含量。

光照大坝采用普通硅酸盐水泥，主要成分为硅酸三钙、硅酸二钙、铝酸三钙、铁铝酸四钙，结合大坝近期的水质检测成果表明，坝体内水样主要为硅酸盐矿物溶解经坝体坝基排水孔排出。

（4）左岸斜坡廊道、右岸斜坡廊道及地层廊道水样的总矿化度比较接近，为 427.4～447.64；左岸高程 612.00m 施工支洞溶洞水样的总矿化度为 505.33，相对较高；库内水样的总矿化度为 351.68，相对较低。因此从总矿化度上看，坝体内水样指标总体接近，介于溶洞与库内水样之间。

3. 对比分析及结果

大坝各部位水样中的 Na^+、K^+ 及 HCO_3^- 含量与可研阶段相比明显有所增大，SO_4^{2-} 检测成果与可研阶段溶洞水质检测成果较为接近，Ca^{2+} 含量变化不大，这说明补给水与地层岩石及大坝建筑材料相互作用，硅酸盐矿物溶解经坝体坝基排水孔排出。从总矿化度上看，坝体内水样指标总体接近，介于溶洞与库内水样之间，说明补给水与地层岩石及大坝建筑材料相互作用导致的水溶液化学成分变化并不显著。

2.5.1.6 坝体廊道观测房环境改善措施

混凝土坝的大多数仪器电缆集中点均位于廊道内，大坝廊道内部为半封闭环境，在环境温度、渗漏水、结露等因素的相互作用下，经常处于非常潮湿的状态，对坝内观测设施可靠运行极为不利。

光照水电站 2007 年进入运行期，大坝上游汛期水位最高为高程 745.00m，坝体承受较高水头，同时内外温差大，坝内渗漏明显，夏季墙体、垂线井结露现象严重，空气湿度大，致使垂线坐标仪等观测仪器无法正常读数，真空激光准直系统设备运行故障频发、可靠性降低。针对坝内渗水问题曾多次采用化学注浆方法进行处理，但始终无法彻底解决内部墙面潮湿、环境湿度较大的难题。经多方调研、实际应用，设计了垂线竖井排水系统和多脉冲电渗透防水技术（MPS），辅助以除湿设备，彻底解决了坝内潮湿问题，为监测设施运行环境创造了较好的条件。

1. 垂线竖井排水系统

垂线井通常采用钢管埋设于混凝土内部，内部易产生结露现象，凝结水顺钢管内壁流下，直接落到下方的垂线坐标仪上，影响该设备的运行，同时也是环境潮湿水分的重要来源。

根据垂线对垂线井内径的要求及结露水处于钢管内壁情况，经过不断地分析和实践，最后对家禽饮水器进行改造，根据垂线井内壁及垂线变化量的大小，将家禽饮水器中间凸起部分进行切割，形成满足垂线变化所需的空间，同时在集水槽底部开孔安装排水软管，以排除收集到的积水。将改装好的排水器安装于垂线井下端，这样就可顺利将井内壁产生的水完整收集并及时排除，同时由于集水器内孔的大小通过切割调整比较容易，因而能够很好地满足垂线在不同状态下的运行需要，该装置制作简单，既经济又实用。

2. 多脉冲电渗透防水技术

（1）电渗透防水原理。多脉冲电渗透防水（Multi Pulse Sequencing，MPS）系统也称多脉冲电渗透主动防渗除湿技术，它是根据液体的电渗透原理，在结构墙体内侧渗水表面安装正极，在墙体的外侧土壤或水中（迎水面或潮湿一侧）安装负极。采用一系列正、负脉冲电流形成的低压电磁场，将结构（如混凝土、砖石结构）内毛细管中的水分子电离，并将其引向墙体的外侧，即安装负极的一侧，从而阻止了水分子侵入结构内，并能够抵抗 600m 以上高压水的侵入。只要 MPS 系统连续工作，水分子就朝向负极方向移动，使墙体长期保持干燥状态。MPS 系统原理见图 2.5.7。

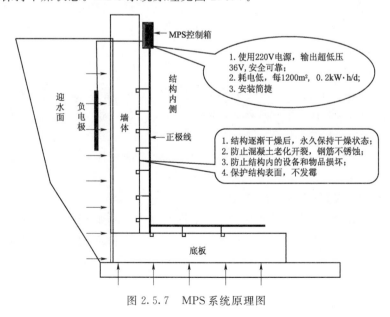

图 2.5.7　MPS 系统原理图

（2）施工过程。MPS 系统主要工艺过程有材料准备、基面处理、安装正极线、安装负极棒和系统调试，主要安装过程见图 2.5.8。

（a）切割正极线槽

（b）安装正极线

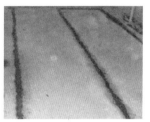
（c）覆盖正极线

（d）安装负极棒

（e）安装MPS控制箱

图 2.5.8　MPS 系统主要安装过程

（3）应用效果。MPS 系统在光照水电站经过 10 年的运行，防渗效果良好。

1）解决了混凝土墙面面式渗水导致墙面潮湿的问题。运行中经过连续观察，大坝观测房内墙面湿度明显降低，内壁没有明显渗水，墙面没有结露现象。

2）运行维护工作量小。采用钛金属丝作为正极，铜棒作为负极并与钛丝相连，13 个观测房连续运行 10 年以上，未发生故障。

3）相对于化学灌浆、电加热等处理，没有出现复发渗漏，系统经济效益更优。

2.5.1.7　小结

（1）光照大坝从开工至竣工历时 7 年，已安全运行近 10 年，具有典型的建设周期长、运行时间更长的特征。大坝安全监测作为一种重要的手段，在光照建设和初期运行阶段发挥了较好的作用，根据国家相关法律法规要求，以及人们对安全需求的不断提升，仍将会作为大坝的重要组成部分，伴随着大坝的整个寿命周期。

（2）在施工及初蓄水期间，通过对大坝主要坝段埋设的温度计、分布式测温光纤，为混凝土浇筑温度控制提供了可靠的数据，指导了施工方案的改进；在混凝土浇筑初期出现缺陷缝时，及时埋设测缝计，并根据裂缝处理情况实时观测，为随后的裂缝处理发挥了积极的作用；通过对个别坝基扬压力测点、层间渗压测点的分析，联合各区域渗漏量的变化，解决了蓄水后坝工专家对大坝稳定的疑虑。

（3）在运行阶段，通过持续的巡视检查及记录，及时发现了少量缺陷；多种手段共同研究，解决了观测房潮湿的问题；通过对可研阶段与运行阶段水质、析出物的对比分析，打消了专家对渗漏水及析出物的担忧；针对运行后出现的 3 号坝段裂缝，以及表、底孔锚索预应力、个别高程层面稳定等问题，也结合地质、设计、施工等资料，以监测数据为主要手段进行了综合性分析，得出了可靠的结论。

（4）光照大坝能够积极使用新仪器新技术，在施工期大范围使用了分布式测温光纤系统，在运行使用了多脉冲电渗透防水技术，发挥了相应的作用。但相比国内同时期建设的其他类似规模工程，在大坝安全监测方面，使用的新仪器不多，监测方法总体偏保守。

（5）随着 BIM、GIS、物联网、人工智能等技术的不断进步，可尝试在光照大坝中率先使用。

2.5.2 溪洛渡混凝土双曲拱坝

2.5.2.1 工程概况

溪洛渡水电站位于四川省雷波县和云南省永善县境内的金沙江干流上，是金沙江下游梯级开发的第三级水电站，上接白鹤滩水电站尾水，下与向家坝水库相连。水库正常蓄水位为 600m，总库容达 126.7 亿 m^3，调节库容为 64.6 亿 m^3，水库回水长度约 199km。电站左、右岸各装 9 台单机容量为 770MW 的水轮发电机组，总装机容量为 13860MW。多年平均发电量达 571.2 亿 kW·h（远景 640.6 亿 kW·h）。

溪洛渡工程由拦河大坝、泄洪建筑物、引水发电建筑物及导流建筑物组成，坝址区枢纽布置集中，导流隧洞进水口、电站及泄洪洞进水口、大坝坝肩等形成高低立体布置，工程具有高拱坝、高水头、大泄量、窄河谷的特点。

混凝土双曲拱坝最大坝高为 285.5m，在高地震烈度区，基本烈度为Ⅷ度，100 年超越概率为 0.02 时，基岩水平峰值加速度达 0.32g。

2.5.2.2 拱坝监测设计

混凝土双曲拱坝是整个工程安全监测的核心，其主要监测内容包括：坝体变位监测、坝基变位监测、渗流渗压监测、坝体横缝监测、坝基接缝监测、温度观测、坝体应力应变观测、拱端压应力、上下游水位、气温、降雨环境量观测等，其中以变位、渗流渗压和温度为重点。

根据工程特点和相关规范要求，溪洛渡工程大坝监测项目还包括：大坝强震反应、孔口及闸墩钢筋应力、闸墩锚索应力、闸墩混凝土应变、孔口水力学和动力学、临时导流底孔磨蚀等特殊监测内容。

1. 坝基水平位移

采用倒垂、引张线对坝体、坝基和左右岸坝肩重要位置的水平位移进行监测，并辅以多点位移计进行坝基位移监测。

（1）倒垂线。布置在 7 条正垂线对应的坝基，其中 15 号拱冠坝段采用倒垂线组（2条），其中一条锚固深度为另一条的 1/2，用于监测拱冠坝基挠度，共 8 条 9 个测点。

（2）多点变位计。为监测左右岸应力及稳定敏感位置的水平位移，坝基及坝肩各坝段布置 1～3 套多点位移计。

（3）引张线。为监测左右岸高程 347.00m、395.00m、470.00m、527.00m 坝肩抗力体（基础置换部位）的顺河向水平位移，在相应高程灌浆平硐内各布置 1 套引张线，共 8 套。

2. 坝体水平位移

选择拱冠 5 号、15 号、10 号、22 号和 27 号坝段 5 个断面和两岸坝肩灌浆廊道布置共 7 条分段的正垂线（29 个测点），以较全面地观测坝体水平位移。

在正垂线坝段以及 1 号、31 号两个边坝段的坝顶各布置一个观测墩，共计 7 个，用大地测量方式观测坝体水平位移和坝顶弦长。观测墩标构成正垂线坝体水平位移监测的校核和补充的手段。

此外，在坝后高程 564.50m 和高程 527.00m 的 5 号、10 号、15 号、22 号、27 号、30 号坝段，在高程 470.00m 和高程 431.00m 的 10 号、15 号、22 号坝段布置观测墩标，共计 16 个，用大地测量方式观测下游谷幅变化。同时该观测墩作为该高程坝体垂直位移的节点连接大地网。

3. 坝体和坝基垂直位移及倾斜

在坝内廊道设置水准点和静力水准仪，进行坝体竖向位移和倾斜监测。

水准点。在高程 465.00m、395.00m、347.00m 廊道中，选择满足廊道内通视条件的坝段。原则上高程 465.00m、395.00m 廊道中，每个坝段布置一个水准点；高程 347.00m 廊道间隔一个坝段布置一个水准点，以配合静力水准仪的观测。

静力水准仪。在高程 347.00m、395.25m、527.25m 中布置 4 条竖向位移和倾斜观测遥测静力水准仪，共计 92 个测点。

4. 接缝

监测施工期及运行期横缝的工作情况以及坝体可能出现裂缝的部位，并为施工期横缝灌浆提供监测数据。

布置原则：在大坝的 1 号、3 号、5 号、9 号、12 号、15 号、18 号、21 号、26 号和 29 号坝段横缝，按每个横缝灌浆区布置一组（3 支）测缝计。坝体横缝测缝计距上游坝面 4.2m，距下游坝面 4.2m 埋设，横缝中部测缝计布置于上、下游坝面中间位置。

为监测横缝与基础交接部位和坝踵等可能出现裂缝的部位，在横缝坝基位置，按沿顺河向上游侧 1 支、中部 1 支，下游侧 1 支的原则，布置振弦式测缝计。

5. 坝基渗流渗压

沿坝基选择横剖面，通过布置测压管和内置振弦式渗压计（兼有测温功能）进行坝基渗压的监测，以期在运行期判断渗透压对大坝稳定和安全的影响，并检验大坝灌浆帷幕和排水的效果。

在 12 号、14 号、15 号、16 号、17 号、18 号、19 号坝段坝基部位，共计布置 48 支振弦式渗压计。

6. 抗力体渗流渗压

大坝两岸坝肩下游排水平洞内布置水位观测孔，进行绕坝渗透水流水位的监测，左右岸各布置 24 个绕渗观测孔，共计 48 个。

7. 应力应变

坝体应力、应变监测主要是对坝体拉、压应力较大，应力情况比较复杂的部位进行监测，同时监测仪器的布置兼顾拱梁分载法的拱梁的布置，为反馈分析提供关键部位的应力成果。为求得混凝土自身体积变形，在应变计组附近埋设无应力计。

在拱坝 15 号、16 号、17 号坝段坝基高程 326.20m 分别各布置 3 套无应力计。

按照从上游到下游的原则，10 号、22 号坝段高程 376.20m 拱端处各布置 3 组应变计组和无应力计，11 号坝段高程 355.40m 拱端处布置 5 组应变计组和无应力计，14 号、18 号坝段高程 334.40m、372.00m、387.00m 分别各布置 5 组应变计组和无应力计，16 号坝段高程 334.40m、372.00m 分别各布置 5 组和 4 组应变计组和无应力计，21 号坝段高程 355.40m 拱端处布置 5 组应变计组和无应力计。其中三向应变计组共计 10 组，六向应变计组共计 45 组，无应力计共计 55 支。高程 442.20m 的 5 号、7 号、10 号、12 号、14号、16 号、18 号、20 号、22 号、25 号坝段布置应变计组和无应力计，其中五向应变计组 20 组，六向应变计组 10 组，无应力计 30 组。高程 481.30m 的 4 号、7 号、10 号、12号、14 号、16 号、18 号、20 号、22 号、26 号坝段布置应变计组和无应力计，其中五向应变计组 16 组，六向应变计组 14 组，无应力计 30 组。高程 520.20m 的 7 号、22 号坝段各布置 2 组五向应变计组和 2 支无应力计。高程 562.20m、604.20m 的 3 号、7 号、16号、22 号、29 号坝段各布置 2 组五向应变计组和 2 支无应力计。

在 4 号、10 号、12 号、15 号、16 号、22 号和 26 号坝段坝基共布置 24 支岩石压应力计。

8. 温度

坝基温度：拱坝 15 号、16 号、17 号坝段坝基高程 327.50m 分别各布置 6 支温度计，共计 18 支。此外，渗压计及多点变位计的测温仪器兼作坝基温度监测。

坝体混凝土温度：温度监测断面选取与变形监测断面对应。在 14 号、15 号、16 号、17号、18 号、19 号坝段自坝基往上至高程 345.50m 每 3m 布置 1 支坝体温度计，共计 54 支。高程 345.50m 以上温度计主要布置在 6 号、10 号、16 号、22 号、27 号、29 号坝段，选取有代表性的高程，靠近上游侧和下游侧各布置 1 支温度计，混凝土温度观测共计 108 个测点。

除了布设温度传感器，利用大坝横缝内埋设的测缝计、应变计测点的测温传感器兼作坝体混凝土温度监测。

9. 坝体强震监测

溪洛渡工程规模巨大，坝址区地震基本烈度为Ⅷ度。为保证大坝及电站的安全，依据相关规程须开展大坝地震反应监测，以期为验证设计烈度和抗震分析提供重要数据。

在拱坝坝顶 1 号、5 号、10 号、15 号、22 号、27 号及 31 号坝段各布置 1 台强震仪。共布置 7 台强震仪。563.25m 上检查廊道布置 2 台强震仪，527.25m 中检查廊道布置 5 台强震仪，470.25m 下检查廊道布置 5 台强震仪，395.25m 交通廊道布置 5 台强震仪，347.25m 基础廊道布置 2 台强震仪，此外还在坝下游左岸约 300m 处布置 1 台强震仪，共计 27 台强震仪。

10. 大坝临时导流底孔监测

大坝临时导流底孔部位的观测主要包括：孔口局部混凝土钢筋应力、闸墩混凝土和钢筋应力、闸墩等结构的预应力锚索等。导流底孔过流时间长、流速大、洞身采用抗冲磨混凝土的特点，故需布设混凝土磨蚀计进行监测，以达到反馈洞身混凝土磨损情况及为导流底孔运行提供安全保障的目的。

3 号导流底孔布置有 3 个横向监测断面，沿底孔中心线方向布置 1 个监测断面，每个监测断面布置 6 支磨蚀计，共计 24 支磨蚀计。3 号导流底孔出口闸门段布置有锚索测力计，以监测底孔闸墩等结构的预应力锚索工作状态，共计 16 支，分别在高程 426.40m、422.00m、410.00m，出口支撑大梁，出口闸墩扇形等处共布置 40 支钢筋计。

4 号导流底孔沿底孔中心线方向布置 1 个监测断面，共布置 6 支磨蚀计。出口闸门段布置锚索测力计 10 支。拱坝坝体坝基变形监测布置见图 2.5.9。

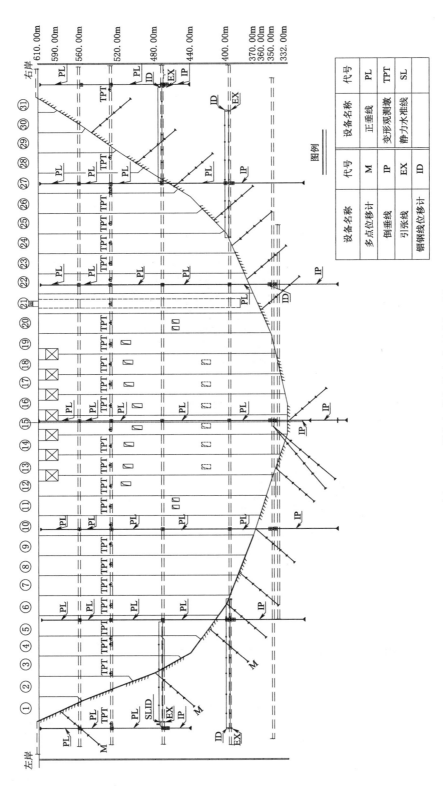

图 2.5.9 拱坝坝体坝基变形监测布置图

设备名称	代号	设备名称	代号
多点位移计	M	正垂线	PL
倒垂线	IP	变形观测墩	TPT
引张线	EX	静力水准线	SL
钢钢线位移计	ID		

图例

2.5.2.3 监测成果分析

本小节选择大坝 2009—2014 年蓄水至 580.00m 高程的监测成果进行分析。

1. 水平位移

（1）正垂线。

1）坝体水平位移分布规律。坝体径向位移由拱冠梁 15 号坝段向两岸递减，对称性好；同一坝段高程 470.25m 测点位移大于其他高程测点；最大径向位移发生在 15 号坝段高程 470.25m。

坝体切向位移总体较小，右岸大于左岸，最大切向位移发生在 22 号坝段，15 号坝段最大切向位移为 -2.16mm。大坝垂线测点径向位移等值线见图 2.5.10；大坝垂线测点切向位移等值线见图 2.5.11；15 号坝段径向和切向位移沿高程分布见图 2.5.12。

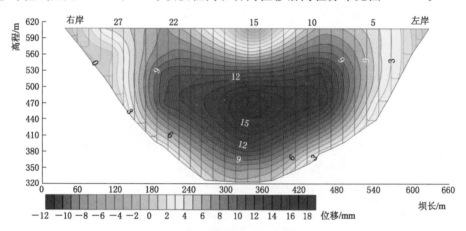

图 2.5.10　大坝垂线测点径向位移等值线图

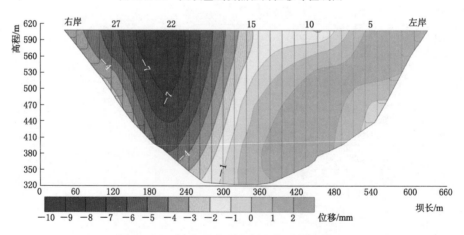

图 2.5.11　大坝垂线测点切向位移等值线图

2）坝体水平位移变化过程分析。拱坝水平位移与库水位关系密切，大致可分为以下几个变形阶段：①蓄水前（截至 2013 年 5 月 4 日），受拱坝倒悬影响，河床坝段径向表现为向上游方向位移，最大位移量为 -7.36mm；切向位移总体较小，位移变化规律不明显。②蓄水至高程 540.00m（2013 年 5 月 4 日至 6 月 23 日）期间，径向表现为向下游变形，

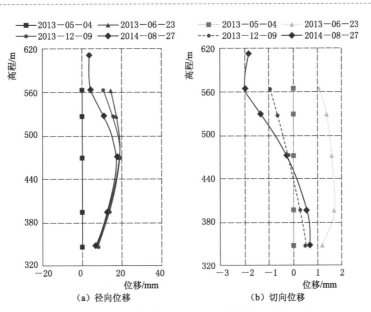

图 2.5.12 15 号坝段径向和切向位移沿高程分布图

径向位移在 0.85~18.85mm。切向为向左岸坝段向左岸变形，右岸坝段向右岸方向变形，切向位移在 -3.21~2.95mm。③蓄水至高程 560.00m（2013 年 6 月 23 日至 12 月 9 日）期间，径向总体表现为向下游变形（27 坝段高程 470.00m、15 坝段高程 527.00m 及 563.00m 向上游变形），径向位移在 -3.80~1.76mm。切向总体上表现为向右岸变形，切向位移在 -2.15~0.13mm。④蓄水间歇期（2013 年 12 月 9 日至 2014 年 7 月 12 日），径向位移在 -12.45~1.89mm，切向位移在 -4.86~1.06mm。⑤蓄水至 580m（2014 年 7 月 12 日至 8 月 27 日），径向位移在 -0.52~6.73mm，切向位移在 -3.45~2.9mm。15 号坝段径向变形过程线见图 2.5.13。

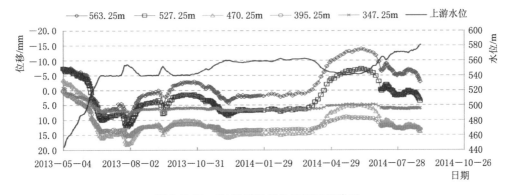

图 2.5.13 15 号坝段径向变形过程线图

3）坝体垂线成果与设计预测值对比。2014 年 8 月 27 日，上游水位为 580.87m，最大径向累计位移为 17.35mm，位于拱冠梁高程 470.25m；设计预测上游水位高程 580.00m 时，最大径向位移为（35.03±5）mm，位于拱冠梁高程 470.25m。目前坝体位移均小于设计预测值，位移量级处于可控范围内。高程 563.25m 实测径向位移与设计预测值对比见图 2.5.14。

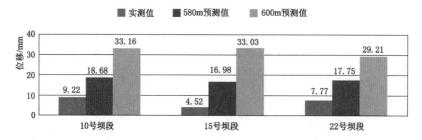

图 2.5.14 高程 563.25m 实测径向位移与设计预测值对比图

（2）坝基位移。坝基水平位移量级较小，除 15 号坝段径向位移 6.8mm 外，其余部位径向位移在 ±1mm 内，切向位移在 -3.52～1.14mm。坝基径向水平位移分布见图 2.5.15。

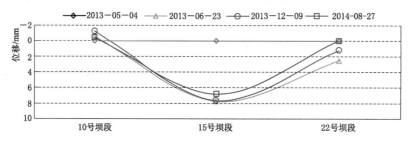

图 2.5.15 坝基径向水平位移分布图

（3）左、右岸坝肩位移。左、右岸坝肩抗力体受到拱端推力后，径向方向均向上游变形，切向方向左岸坝肩向左岸变形，右岸坝肩向右岸变形。

因左、右岸坝肩垂线布置于离拱端距离较远的山体，（在 58～130m），受拱端推力影响相对较小，所以变形量级均较小，累计变形在 ±3mm 内。径向位移变形量级两岸基本相当，切向位移变形量级右岸略大于左岸。位移沿高程分布曲线无明显拐点，说明不同高程位移差异不大。

（4）坝后桥变形测点。坝后桥变形测点上下游方向的累计位移量为 0.00～15.49mm，左右岸方向的累计位移量为 -11.58～17.80mm。蓄水后，变形测点均表现为向下游和河谷中心线方向变形，变形趋势与垂线变化趋势一致。

坝后桥表面变形监测点径向位移（X 方向）：蓄水至 540.00m 期间，受上游水位影响，测点向下游位移，最大位移为 18.26mm；蓄水从 540.00m 至 560.00m 期间，测点向上游位移，最大位移为 7.50mm；蓄水调整期，上游水位在高程 540.00m 到 560.00m 之间变化，测点主要表现为向上游位移，最大位移为 12.47mm；蓄水从高程 560.00m 到 580.00m 期间，测点向下游位移，最大位移为 5.16mm。

坝后桥表面变形监测点切向位移（Y 方向）：蓄水至高程 540.00m 期间，除 10 号坝段向右岸位移 3.14mm 外，其余坝段基本向左岸位移，最大位移为 3.81mm；蓄水从高程 540.00m 至 560.00m 期间，左岸测点向右岸位移，最大位移为 7.54mm，右岸测点向左岸位移，最大位移为 6.24mm；蓄水调整期，上游水位在高程 540.00m 到 560.00m 之间变化，左岸测点向右岸位移，最大位移为 6.38mm，右岸测点向左岸位移，最大位移为 10.79mm；蓄水从高程 560.00m 到 580.00m 期间，左岸测点向右岸位移，最大位移为 2.51mm，右岸测点向左岸位移，最大位移为2.73mm。

2. **垂直位移**

高程347.25～563.25m廊道的垂直位移变形规律基本一致，均表现为沉降变形。高程470.00m以下廊道河床坝段测点沉降大于两岸灌浆平洞内测点，总体呈对称分布；高程470.00m以上廊道右岸坝段测点沉降大于左岸坝段测点，总体呈从左到右递增趋势。低层廊道和高层廊道的首次观测时间跨度较大，累计垂直位移相差也较大，但蓄水后变化量基本处于同一量级。拱坝高程470.00m廊道沉降量分布见图2.5.16。

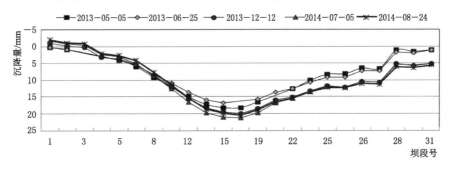

图 2.5.16　拱坝高程470.00m廊道沉降量分布图

3. **坝肩抗力体变形**

(1) 左岸抗力体。

1) 表面变形。截至2014年8月，变形测点主要表现为向上游、河谷方向位移，表面变形监测点X向（向下游为正）累计位移在-26.88～-17.37mm，最大位移发生于高程517.00m马道OP02-SE测点；Y向（向河谷方向为正）累计位移在22.38～29.13mm，最大位移发生于高程559.00m马道OP01-SE测点；Z向（竖直向下为正）累计位移在-3.80～2.28mm，最大位移发生于高程463.00m马道OP12-SE测点。

2) 深部变形。截至2014年8月，测斜孔A向累计位移量在-6.33～17.64mm（在IN06-SE的13.5m处），B向累计位移量在-26.07mm（在IN06-SE的21.0m处）～5.23mm，4孔测斜管沿孔深方向均无明显滑移面。

蓄水期间变化不大。河谷（A）方向、上下游（B）方向蓄水至540m期间，位移变化量在±2.0mm以内；水位从540m蓄水至560m期间，位移变化量在±10.3mm内；蓄水间歇期，水位稳定在560m期间，位移变化量在±5.7mm内。位移主要发生在水位从540m蓄水至560m期间，测点表现为向河谷、上游位移趋势。

3) 边坡岩体松弛变形。截至2014年8月，多点位移计实测深部变形在-0.68mm（M416-15.0m）～2.19mm（M415-5.0m），变形量值总体较小，测值变化总体平稳。蓄水后变化不大。

4) 支护荷载。截至2014年8月，大部分锚索测力计实测荷载为4134.68～4336.02kN，锁定后损失率为7.72%～8.34%，测值变化平稳。蓄水后，荷载主要表现为减小，变化量在-277.88～-9.80kN。

(2) 右岸抗力体。

1) 表面变形。截至2014年8月，变形测点主要表现为向上游、河谷方向位移，X向

（向下游为正）累计位移在－18.75～－10.95mm，最大位移发生于高程463.00m马道OP08－SE测点；Y向（向河谷方向为正）累计位移在33.551～43.20mm，最大位移发生于高程490.00m马道OP15－SE测点；Z向（竖直向下为正）累计位移在3.52～14.79mm，最大位移发生于高程463.00m马道OP08－SE测点。

2）深部变形。截至2014年8月底，多点位移计实测深部变形在－0.51mm（M422－SE）～2.25mm（M421－SE）。蓄水后变化不大，位移量变化主要发生在蓄水初期。

右岸抗力体边坡共布设4个测斜孔，截至2014年8月，测斜孔实测A向（向临空面位移为正）累计孔口位移在－12.47～22.91mm（IN08－SE）。蓄水以来变化较小，主要表现为向河谷、下游位移，河谷（A）方向最大变化6.87mm，上下游（B）方向最大变化7.85mm，均发生于蓄水间歇期（2013年12月至2014年7月）。各测斜孔测值变化总体平稳，沿孔深无明显滑移面。

3）支护荷载。截至2014年8月，位于高程495.00m、515.00m的监测锚索当前荷载分别为3550.20kN、3899.12kN。锁定后至2014年8月，最大损失率为11.65%（DP02－KR，位于高程495.00m）。

4）基岩深部变形。坝基多点位移计反映出的坝基变形主要分为三个阶段：第一阶段在坝基固结灌浆前，由于岩体松弛变形以及在灌浆过程中上抬变形，多点位移计普遍受到向上抬动位移，一般在灌浆结束时达到最大位移值；第二阶段在灌浆结束后，随坝体浇筑高度增加，坝基呈现压缩变形；第三阶段蓄水期间，由于受上游库水位重力影响，坝基基本呈现压缩变形，但量级不大。截至2014年8月，各测点位移量在－19.67mm（M16－1）～4.66mm（M18－1）。

14号坝段从多点位移计M514－1各测点的结果可知，位移变化主要在早期受固结灌浆影响有所抬升，其中深度49.5～36m段上抬了1.19mm；灌浆结束后受坝体浇筑上升影响有所压缩，当浇筑高程超过420.00m后，受坝体倒悬影响，深度36m段上抬了1.90mm。2013年5月至2014年8月，蓄水至580m高程期间，孔口至19m浅表层岩体最大压缩1.08m，累计位移－0.16～1.83mm。

16号坝段坝基有多条错动带，并伴有缓倾角裂隙，岩体完整性较差，因此在坝体浇筑上升后出现明显压缩。坝基多点位移计各测点的位移变化规律为：随着坝体浇筑上升，坝基浅层岩体压缩明显，2012年11月后各深度段压缩变形未随浇筑进度进一步增加；截至2014年8月，各测点累计位移在－19.70～－2.91mm，并逐渐趋于稳定。最大抬升1.14mm。16号坝段坝基多点位移计测值变化过程线见图2.5.17。

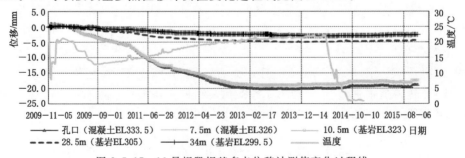

图2.5.17 16号坝段坝基多点位移计测值变化过程线

18号坝段坝基在灌浆期间上抬1.09mm，主要发生在层内错动带，灌浆后，测点位移变化较小。2011年6月其他区灌浆导致整体出现变化，之后各测点测值稳定。截至2014年8月，蓄水至580m高程期间，浅表层10m范围内岩体压缩明显，最大压缩2.41mm，各深度测点累计位移在−2.94～4.66mm，变化相对稳定。

5）坝基接缝。拱坝建基面3～29号坝段及RE混凝土置换区共埋设50支基岩测缝计，基岩测缝计端头锚筋垂直植入岩体5m，可监测建基面及浅表层岩体的变形，截至2014年8月，累计变形在−3.83～2.37mm范围，固结灌浆后变化量为−4.50～0.16mm，除陡坡坝段3号、27号、29号呈微量增开，总体呈压缩变形，河床坝段建基面压缩富余量较大。

分布上，河床坝段压缩变形量大于岸坡坝段，最大压缩变形位于17号坝段上游侧。蓄水后，上游水推力增大，上游侧压缩量呈减少趋势，期间最大减少量为0.32mm。位于14号坝段上游侧；下游侧压缩量呈增长趋势，期间最大增量为0.92mm，位于10号坝段下游侧。

蓄水后，上游水作用力增大，上游侧坝基接缝表现为张开变形，中部和下游侧坝基接缝表现为压缩变形，且下游侧压缩量大于中部，并与上游水位相关性较好。10号坝段坝基接缝开合度变化过程线见图2.5.18。

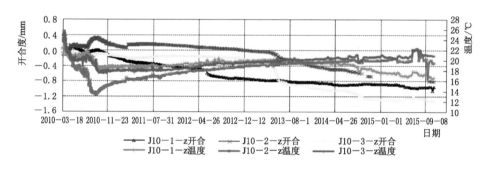

图2.5.18　10号坝段坝基接缝开合度变化过程线

6）坝体横缝。①已灌区横缝：拱坝1～31灌区（高程324.50～604.70m）已完成接缝灌浆。横缝灌浆完成后开合度较为稳定，灌后开合度变化量为−0.71～0.91mm。蓄水后横缝呈闭合趋势变化，蓄水后横缝开合度变化量在−0.73～0.03mm。②已灌区L形横缝监测：拱坝已灌区L形横缝测缝计主要布置在2号、3号、4号、25号、26号、27号、28号、29号L形横缝上，灌后至2014年8月，开合度变化在−0.71～0.30mm，蓄水至580m高程期间，开合度变化在−0.87～0.00mm，全部呈闭合变化趋势。

7）谷幅和弦长。①谷幅：监测成果显示，蓄水后大坝上、下游谷幅均表现为缩短变形。截至2014年8月25日，上、下游最大累计缩短量分别为29.94mm和41.02mm。2013年5月4日蓄水以来，上、下游谷幅分别缩短25.14mm和36.44mm。蓄水水位560m至580m期间谷幅缩短在3.21～5.57mm。谷幅变形表现为收缩，与库水位无明显相关，初期变形速率相对较大，目前已逐渐趋于平缓。②拱坝弦长：拱坝在高程431.00m、470.00m、526.00m坝后桥和高程610.00m拱圈端头各布置1个测点用于观测弦长，并于2013年4

月 25 日取得初始值。截至 2014 年 8 月 11 日，高程 470.00m、526.00m、610.00m 弦长分别缩短 22.30mm、24.43mm 和 5.65mm。从监测资料来看，谷幅变形和弦长变形关系对应良好。

8）库盘沉降。①边坡沉降测点：440m 至 540m 蓄水期间，受上游库水压重影响，上游库盘整体表现为沉降变形，最大沉降均出现库水位 540m 期间，左岸最大沉降变形 18.81mm，位于左岸 3 号公路旁 KP08；右岸最大沉降变形为 16.62mm，位于右岸马家河坝公路旁 KP12。库盘平均沉降变形量为 11.5mm。纳入库盘沉降观测线路的基准网点 B7、B8、LS5 沉降变形分别为 3.35mm、13.65mm、9.99mm。540～560m 蓄水期间，库盘沉降变化很小（个别点测值异常除外）。②拱坝上游测点：560～580m 蓄水期间，左岸 11 个测点沉降量为 −1.2～5.5mm，平均为 1.8mm，累计沉降量在 0.1～23.5mm；右岸 7 个测点沉降量为 3.6～4.3mm，平均为 3.9mm，累计沉降量在 15.6～21.3mm。拱坝下游，10 个测点大多数表现为抬升变形，变形量为 −12.9～2.4mm，平均为 −4.1mm。580～600m 蓄水期间，拱坝上游测点，左岸 11 个测点沉降量为 −1.2～5.5mm，平均为 1.8mm，累计沉降量在 0.1～23.5mm；右岸 7 个测点本次沉降量在 3.6～4.3mm，平均为 3.9mm，累计沉降量在 15.6～21.3mm。拱坝下游测点，10 个测点大多数表现为抬升变形，本次变形量在 −12.9～2.4mm，平均为 −4.1mm。

9）坝基扬压力。截至 2014 年 8 月，帷幕后渗压计测值换算成相对于建基面的水头在 9.61～54.57m，排水幕后渗压计换算成相对于建基面的水头在 0.00～19.08m。蓄水后，帷幕后测点渗压水位绝大多数变化小于 5m，帷幕后测点 P10 − 2、P15 − 2、P24 − 5、P12 − 1 的渗压水位分别增加 28.23m、17.93m、24.06m、8.07m，个别测点水位有所下降，如排水幕后的 P5 − 6 渗压水位下降 9.11m。

13～19 号坝段灌浆廊道（高程 347.25m）测压管钻孔至建基面（高程 324.5m 以下 1.5m 左右），截至 2014 年 8 月，水位在 347.49～382.32m，最大测值位于 14 号坝段。

14～18 号排水廊道（高程 341.25m）测压管钻孔至建基面（高程 324.50m 以下 1.5m 左右），截至 2014 年 8 月，水位在 341.67～347.23m，最大测值位于 14 号坝段。

蓄水后测压管水位基本呈增长趋势，但量级不大，蓄水至 540m 期间测压管水位变化在 0.28～3.83m；蓄水至 560m 期间测压管水位变化在 −0.39～6.63m；蓄水至 580m 期间测压管水位变化在 −1.12～2.04m。

根据坝基河床坝段渗压计实测数据，对河床坝段坝基部位的渗压系数进行计算，帷幕线后渗压系数为 0.05～0.22，排水中心线附近渗压系数为 0.00～0.06，均低于设计要求值，帷幕防渗效果良好。河床坝段渗压系数分布见图 2.5.19。

10）帷幕渗压。①灌浆平洞：截至 2014 年 8 月，灌浆平洞测压管水位在蓄水 580m 期间变化量为 −0.31m（UP29 − RG，563.25m 高程廊道）～10.99m（UP08 − LG，395.25m 高程廊道），大部分测压管蓄水后水位变化小于 5m。②排水平洞：截至 2014 年 8 月，排水平洞测压管水位在蓄水 580m 期间变化量为 −2.2～1.14m，大部分是微小变化，少数孔内水位有所下降。

11）渗流量。截至 2014 年 8 月，大坝坝肩灌排廊道累计渗漏水量为 12.76L/s，其中 341m 排水洞渗流量为 8.97L/s（约占大坝总渗流量的 71%），347m 灌浆平洞渗流量为

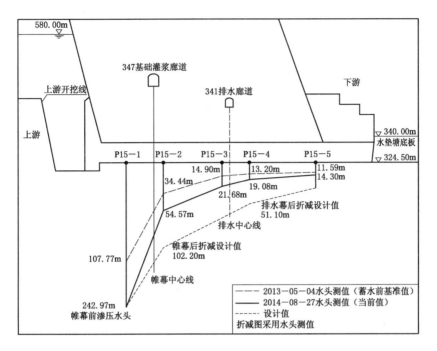

图 2.5.19 河床坝段渗压系数分布图

0.91L/s，395m 灌浆平洞渗流量为 2.11L/s，470m 灌浆平洞渗流量为 0.78L/s。左岸渗流量为 7.20L/s，右岸渗流量为 5.56L/s。大坝渗控系统总渗流量变化过程线见图 2.5.20。

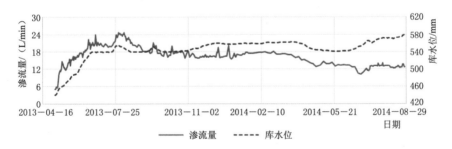

图 2.5.20 大坝渗控系统总渗流量变化过程线

12）绕坝渗流。从左右岸水位分布情况看，右岸不同高程各断面的绕渗孔水位总体上高于左岸水位；相同高程绕渗孔水位在顺河向分布上无明显规律。

对比枯汛期观测水位发现，降雨未对层间水位造成影响，说明抗力体排水效果比较显著。2013 年 5 月蓄水至 2014 年 8 月，抗力体排水洞测压管水位变化量在 -2.57～2.31m，水位较为稳定。

13）混凝土应力、应变。溪洛渡拱坝共安装埋设应变计组 145 组，其中 3 向应变计组 10 组，5 向应变计组 66 组，6 向应变计组 69 组。根据应变计组的组装方式，X 向指拱圈切向，Y 向指拱圈径向，Z 向指垂直方向。溪洛渡拱坝应变计组组装方式见图 2.5.21。

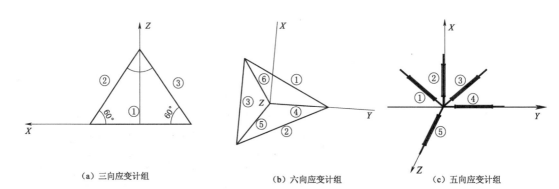

（a）三向应变计组　　　　　　（b）六向应变计组　　　　　　（c）五向应变计组

图 2.5.21　溪洛渡拱坝应变计组组装方式示意图

拱坝应力分布：①Z 向应力（垂直向），拱坝 Z 向应力在 $-8.34 \sim 0.26$ MPa（受压为负，受拉为正），垂直向基本处于受压状态，拉应力出现在高程 604.00m 测点，量级很小。2013 年 5 月 4 日蓄水至 2014 年 8 月，Z 向应力变化量在 $-2.61 \sim 1.77$ MPa，其中上游坝踵 Z 向应力变化在 $-0.1 \sim 1.77$ MPa，表现为压应力减小；下游坝趾 Z 向应力变化在 $-1.13 \sim 0.49$ MPa。应力分布上，蓄水后 Z 向应力变化量基本呈对称分布。上游侧高程 442.00m、480.00m 从 11～22 号坝段压应力变化呈增长趋势，最大变化了 -2.61 MPa（14 号坝段高程 442.00m）；下游测高程 442.00m、480.00m 的 11～22 号坝段压应力变化呈减小趋势，最大变化了 1.62MPa（14 号坝段高程 442.00m）。拱坝上游侧 Z 向应力蓄水后变化量分布见图 2.5.22；拱坝下游侧 Z 向应力蓄水后变化量分布见图 2.5.23。②X 向应力（拱圈切向）：拱坝 X 向应力在 $-5.67 \sim 0.20$ MPa（受压为负，受拉为正），拱圈切向应力基本处于受压状态。2013 年 5 月 4 日蓄水至 2014 年 8 月，X 向应力变化量在 $-4.54 \sim 0.66$ MPa。分布上，拱圈切向应力增量基本呈对称分布，应力增长显著的区域主要集中在河床坝段高程 395.00m 至 470.00m 之间。③Y 向应力（拱圈径向），拱坝 Y 向应力在 $-5.94 \sim 1.25$ MPa（22 号坝段 481.00m 高程中部），2013 年 5 月 4 日蓄水至

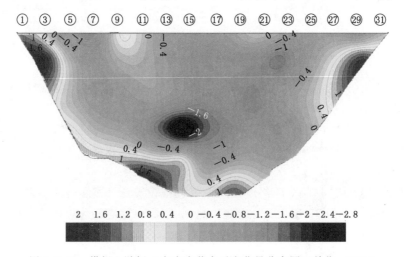

图 2.5.22　拱坝上游侧 Z 向应力蓄水后变化量分布图（单位：MPa）

2014 年 8 月，Y 向应力变化量在－1.93～1.75MPa（受压为负，受拉为正）。蓄水后，拱圈径向应力基本呈受压趋势变化，部分点位呈受拉趋势，总体量级不大。

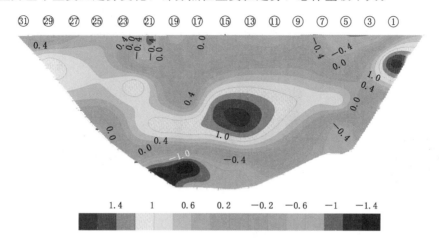

图 2.5.23　拱坝下游侧 Z 向应力蓄水后变化量分布图（单位：MPa）

典型坝段应力分析：①16 号坝段应力：16 号坝段垂直向应力和拱圈切向应力均表现为压应力，坝踵部位垂直向应力为－3.53MPa，蓄水后减小 0.60MPa。16 号坝段应力计算成果见表 2.5.9。②18 号坝段应力：18 号坝段垂直向应力和拱圈切向应力均表现为压应力，坝踵部位垂直向应力为－8.34MPa，蓄水后减小 1.29MPa。拱坝 18 号径向、切向、垂直向应力分布见图 2.5.24。

表 2.5.9　　　　　　　　　16 号坝段应力计算成果表　　　　　　　　单位：MPa

仪器编号	高程/m	埋设部位	蓄水前		2014－08－25		变化量	
			σ_x	σ_z	σ_x	σ_z	σ_x	σ_z
S6－16－4	334.40	上游	－1.28	－4.13	－3.60	－3.53	－2.32	0.60
S6－16－5		中上游	－1.59	－2.47	－4.24	－2.55	－2.64	－0.08
S3－16－1	372.00	上游	－0.01	－4.76	－2.38	－4.96	－2.37	－0.20
S6－16－10		下游	－0.18	－1.89	－3.21	－2.37	－3.03	－0.48
S3－16－2		下游	－1.75	－1.33	－5.17	－2.74	－3.42	－1.41
S6－16－11	442.20	中部	－0.47	－2.89	－5.00	－3.38	－4.53	－0.49
S6－16－12		中部	－0.52	－2.09	－4.01	－2.33	－3.49	－0.24
S5－16－3	481.20	上游	0.56	－1.24	－2.45	－2.49	－3.01	－1.25
S6－16－13		中部	－0.62	－2.28	－3.67	－3.13	－3.05	－0.85
S6－16－14		中部	－0.27	－2.24	－4.50	－2.27	－4.23	－0.02
S5－16－4		下游	－1.16	－3.94	－4.67	－2.60	－3.51	1.34
S5－16－5	562.20	上游	－0.33	－0.46	0.20	－1.44	0.66	－0.99
S5－16－6		下游	－0.99	－1.22	－3.33	－1.23	－2.34	－0.01

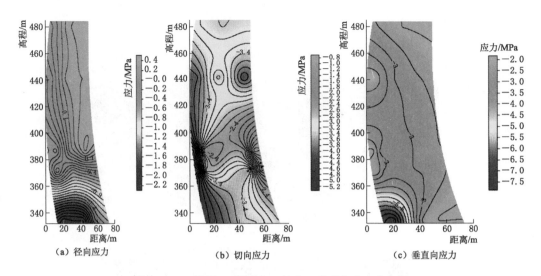

图 2.5.24 拱坝 18 号径向、切向、垂直向应力分布图

14) 坝基压应力。截至 2014 年 8 月,压应力计实测坝基应力在 0.84MPa(26 号坝段下游)~7.34MPa(12 号坝段中部),压应力较大的还有 10 号坝段、12 号坝段上游测点,分别为 7.37MPa 和 6.84MPa,其余部位应力均小于 3.7MPa。下游侧应力均小于 2.7MPa。压应力沿坝基分布基本呈上游侧和中部大、下游侧相对较小的特征。

河床坝段压应力变化主要经历两个阶段:①蓄水前,主要受坝体浇筑影响,坝基中、上游侧受坝体倒悬影响,应力随坝体混凝土浇筑同步增加,下游侧应力维持初始值状态;②蓄水后,随上游水推力增加,上游侧应力先有所减小后又缓慢增加至 2014 年 8 月,中部应力仍在持续增加,下游侧应力缓慢增加。12 号坝段基岩压应力计测值变化过程线见图 2.5.25。

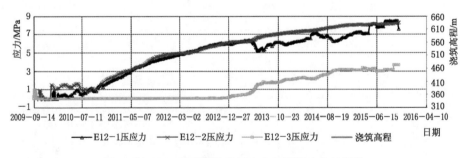

图 2.5.25 12 号坝段基岩压应力计测值变化过程线

陡坡坝段坝基压应力主要与蓄水过程相关,随水位上升,拱向荷载增加,坝基压应力增加,详见图 2.5.26。

15) 温度监测。

a. 坝面温度。上游坝面温度计的最高温度范围为 21.55~31.4℃,平均为 25.43℃;最低温度范围为 8.0~14.35℃,平均为 10.96℃;当前温度范围为 14.35~24.05℃,平均为 20.32℃。下游坝面温度计的最高温度的范围为 23.25~33.4℃,平均为 26.59℃,最低温度

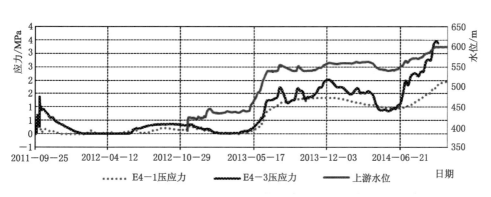

图 2.5.26　4 号坝段基岩压应力计测值变化过程线

的范围为 6.65～14.85℃，平均为 10.25℃；截至 2014 年 8 月温度的范围为 12.05～24.30℃，平均为 21.27℃。表面温度计安装后，受混凝土水化热影响，3～4 天达到最高温升，之后主要受气温影响呈周期性变化。各高程拱圈左右岸温度分布、不同高程拱圈温度分布规律不明显。上游坝面温度较下游面温度波动小。蓄水后下游坝面温度主要受气温、日照等因素影响，随气温周期性变化。6 号坝段上、下游坝面温度变化过程线见图 2.5.27。

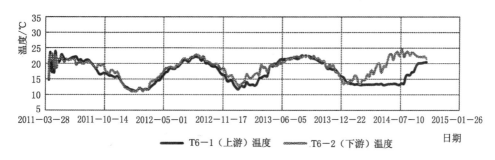

图 2.5.27　6 号坝段上、下游坝面温度变化过程线

b. 坝体温度。高程 328.50m 坝体温度计。在 14 号、15 号、16 号坝段高程 328.50m 各安装埋设了 3 支温度计，分别布置在各坝段的上游侧、中部、下游侧，用于观测坝体混凝土温度的变化规律。大坝高程 328.50m 混凝土温度计观测成果见表 2.5.10。

表 2.5.10　　　　　　　大坝高程 328.50m 混凝土温度计观测成果　　　　　　单位：℃

项目坝段	水化热最高温升	一期冷却后温度	中期冷却后温度	二期冷却后温度	接缝灌浆后温度	温度	日　　　期
14 号坝段	25.15	20.95	16.45	13.10	12.40	21.38	2014—10—08
15 号坝段	27.15	20.15	16.60	13.50	12.70	21.08	
16 号坝段	26.95	20.75	16.20	13.20	12.30	20.83	

由表 2.5.10 可见，坝体混凝土浇筑后 3～4 天达到最高温升，14～16 号坝段高程 328.50m 中部混凝土最高温度为 25.15～27.15℃，基本满足最高温度控制要求。

经过一期冷却后，各坝段温度降至 20～21℃，基本达到河床基础约束区混凝土一期冷却目标温度 20℃，一期控温期间温度无明显变化。

2010 年 4 月初开始进行中期冷却，时间持续一个月左右，中期冷却结束混凝土温度均降至 16～17℃，基本满足中期冷却目标温度 16℃，中期控温期间温度无明显变化。

2010 年 6 月中旬开始进行二期冷却，冷却时间同样持续一个月左右。二期冷却结束，14～16 号坝段高程 328.50m 中部混凝土温度为 13.1～13.5℃，基本满足 14～16 号坝段高程 467.00m 以下封拱温度控制要求的 13.0℃。

冷却水管封堵后，混凝土温度有所回升，截至 2014 年 8 月，各坝段平均温度在 20.48～21.12℃。15 号坝段坝体温度计温度变化过程线见图 2.5.28。

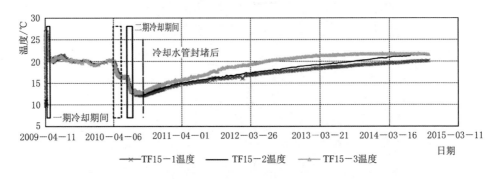

图 2.5.28　15 号坝段坝体温度计温度变化过程线

c. 测缝计温度。1～31 号灌区已完成通水冷却，监测到的最高温度范围为 23.6～33.9℃，平均为 27.73℃；冷却水管封堵后，混凝土温度逐渐上升，自坝基向上温度逐渐降低，最低温度范围为 8.7～12.1℃，平均为 10.78℃；截至 2014 年 8 月，温度范围为 16.42～20.67℃，平均为 17.43℃。

靠近上游和下游的测点受季节性气温影响，温度呈周期性波动，同时逐波走高，位于坝段中部的测点周期性不强，但温度亦缓慢上升。

d. 应变计组温度。应变计组在不同坝段监测到的最高温度范围为 22.16～33.52℃，平均为 27.41℃；最低温度范围为 9.2～13.92℃，平均为 11.51℃；截至 2014 年 8 月，温度范围为 16.9～20.97℃，平均为 18.26℃。

e. 建基面温度。建基面温度主要采用在 3～5 号、8 号、10 号、11 号、14 号、15 号、17～20 号、22 号、25 号、27 号等坝段布设的测缝计进行监测。监测成果显示，截至 2014 年 8 月，建基面温度在 17～22.6℃，其中 3 号、5 号、8 号、22 号、29 号坝段建基面有 10 个测点最高温度高于 27℃，主要出现于混凝土水化热温升阶段，11 号、15 号、19 号坝段有 2 个测点最低温度低于 12℃。建基面温度与坝体温度变化规律基本一致，部分测点水化热最高温度高于设计要求，其埋设时段均在夏季 6—9 月期间高温季节，至 2014 年 8 月，测值变化已基本平稳。建基面温度等值线见图 2.5.29。

2.5.2.4　小结

混凝土拱坝坝体坝基变形、渗流、应力、应变和温度等监测仪器已取得的施工期和水库蓄水后的资料显示，坝体坝基工作性态正常。具体表现如下：

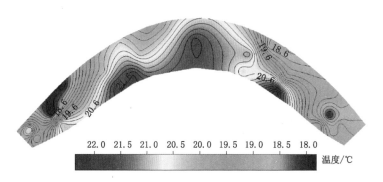

图 2.5.29 建基面温度等值线（观测时间：2014 年 10 月）

（1）坝基水平径向、切向在蓄水前均无明显位移。初期蓄水至 540m、560m 期间，坝基径向位移基本向下游位移，最大位移在 15 号坝段为 6.48mm，水位下降期间微向上游位移。坝基切向位移最大在 10 号、22 号坝段分别向两岸位移较小，为 0.50mm。坝基岩体深部变化量在±0.35mm 以内。坝基接缝开度介于−3.82mm（上游）～2.38mm（下游），蓄水后，上游侧压缩量略有减少，下游侧压缩量最大增量为 0.69mm。整体上河床坝段岩体压缩量大于岸坡坝段，岸坡坝段受地形条件影响，右岸压缩量略大于左岸。

（2）蓄水过程中，拱坝拱座稳定，坝体主要表现径向位移，切向变形较小。蓄水期间拱坝最大径向变形量为 15.57mm［2013 年 7 月 29 日 15 号坝段（拱冠）高程 470.25m］，最大切向位移变形量为−5.81mm（22 号坝段高程 563.00m 向右岸方向位移）。两岸坝肩径向、切向变形约 2mm，拱冠切向变形在 2mm 以内。坝段径向变形与库水位涨落正相关，量值较小。坝肩径向累计位移为−2.26～−0.63mm，蓄水期间两岸坝肩均表现为向上游变形，位移为−2.43～−0.77mm；切向累计位移为−2.29～1.26mm，蓄水期间均向岸坡位移为−1.84～0.60mm。坝体变形基本对称，右岸略大于左岸。

坝体垂直变形总体为下沉趋势，河床坝段沉降大于两岸灌浆平洞，总体呈对称分布，最大沉降位于 15 号坝段高程 347.25m 廊道，为 31.23mm，蓄水后廊道内测点最大变化 7.97mm，沉降趋势受水位影响不明显。

（3）大坝横缝完成接缝灌浆后，大部分横缝测缝计的开合度变化趋于稳定，开合度变化在−0.71～0.91mm，近 90%呈闭合状态。蓄水后，95.7%呈闭合趋势。坝体混凝土仓面裂缝基本呈闭合状态。

（4）坝基渗压水头沿拱向分布呈岸坡坝段小、河床坝段大的特征，最大渗压发生在河床 14～18 号最高坝段，坝基渗压沿顺河向分布由上游至下游呈逐步递减趋势，测值分布符合一般规律。蓄水后，帷幕后测点渗压水位绝大多数变化小于 5m，坝基扬压力折减系数帷幕线后为 0.05～0.22，排水中心线附近为 0.00～0.06，满足规范和设计要求。帷幕防渗效果良好。

大坝坝肩灌排廊道渗漏水量为 12.76L/s，其中 341m 排水洞渗流量为 8.97L/s（约占大坝总渗流量的 71%），347m 灌浆平洞渗流量为 0.91L/s，395m 灌浆平洞渗流量为 2.11L/s，470m 灌浆平洞渗流量为 0.78L/s。左岸渗流量为 7.20L/s，右岸渗流量为 5.56L/s。

蓄水后累计增量为 3.58L/s，坝肩各条灌排平洞渗流量随上游水位上升均有不同程度的增加，低高程部位的渗流量大于高高程部位。

绕坝渗流孔水位基本无异常变化，孔内水位基本稳定，尚无明显的绕坝渗流现象。

（5）无应力计监测资料表明，混凝土的线膨胀系数 A 区、B 区和 C 区平均值分别为 5.90με/℃、6.26με/℃、7.40με/℃，相差不大，与实验室结果 6.5με/℃较接近；个别测点的时效变形表现为不胀不缩或略有膨胀，多数总体的时效变形为收缩变形，目前 A 区最大收缩应变 −64με 左右，B 区最大收缩应变 −57με 左右，C 区最大收缩应变 −43με 左右。

（6）各坝段垂直向应力对称性尚好，基本均为压应力，除 14 号、16 号坝段 372m 高程上游侧压应力大于坝踵部位外，一般随高程增加而逐渐减小；受坝体倒悬影响，在高程低于 442m 部位，上游侧垂直向压应力大于下游侧，而高程大于 442m 时，下游侧压大于上游侧。截至 2014 年 8 月，14 号、16 号、18 号坝段坝踵最大压应力分别为 −3.81MPa、−3.53MPa 和 −8.34MPa。拱圈切向应力为 −5.67～0.2MPa。拱圈径向应力为 −5.94～1.20MPa。

（7）大坝各灌区实测平均封拱温度为 12.4～12.54℃，大部分灌区实测封拱温度低于设计封拱温度（13℃），最高温度、封拱温度等总体满足设计要求。坝体温度封拱后有升高趋势，近坝基础受地温影响，4 灌区（359m）以下测点实测封拱温度温升较大（5～9℃），4 灌区以上各灌区仅个别点温升较大。

（8）坝体仓面裂缝开合度及裂缝钢筋应力与温度变化呈负相关关系，化灌结束后裂缝开合度变化相对稳定，裂缝钢筋计测值在 ±15MPa 以内；13 号坝段高程 342.50m 裂缝上游侧渗压计表明基本无渗透水压力。13 号和 19 号坝段上游坝面横缝附近竖向裂缝在处理后未出现明显变化。

（9）坝基压应力分布呈上游侧大、中部及下游侧相对较小的特征，最大压应力为 7.34MPa。坝趾锚索锁定后荷载损失率绝大部分在 0.17%～10.0%，测值基本稳定。

（10）蓄水过程中左右岸抗力体稳定。抗力体及水垫塘高程 430.00m 以上边坡表面变形以水平向河谷位移为主，左、右岸最大位移为 29.13mm（高程 559.00m）、43.20mm（高程 490.00m），蓄水后位移增量为 14.93mm（高程 463.00m）、20.24mm（高程 517.00m）。岩体深部变形量值较小，锚索荷载锁定后损失率大部分在 7.72%～8.34%，蓄水后部分荷载有所减小。

（11）蓄水后大坝上、下游 7 条谷幅观测标均表现为缩短变形。蓄水以来，上、下游最大缩短量分别为 36.44mm 和 36.22mm。谷幅变形测值符合一般规律，其变形趋势为相对收缩，初期位移速率相对较大，目前已有所减缓，下阶段库水位抬升过程要恢复已有测线，密切监测谷幅变化趋势。拱坝弦长高程 526.00m 的测值显示，弦长缩短 24.76mm，与谷幅变形量级基本相当，所揭示的变形规律一致。

（12）库盘沉降进行了两期观测，整体表现为下沉的趋势，且右岸测点沉降量整体略大于左岸。2013 年 8 月沉降量为 −0.81～18.81mm，2013 年 12 月沉降量为 −7.39～17.99mm。

（13）大坝临时导流底孔、深孔、表孔的钢筋应力均不大，主要呈季节性变化，且在左、右闸墩各方向上受力均匀；闸墩预应力锚索锁定后锚固荷载变化趋于平稳，荷载损失率小于 12.55%，工作性态正常。

2.6 问题与讨论

2.6.1 碾压混凝土坝监测特点

2.6.1.1 碾压混凝土坝的特性

碾压混凝土是一种低水泥用量、高掺粉煤灰的干硬性混凝土，通过振动碾压实。用移动式振动碾代替插入式振捣器振实混凝土，虽然不改变混凝土的基本性质，却改变了混凝土的施工工艺和工序。采用碾压混凝土修筑的坝为碾压混凝土坝。

碾压混凝土坝的主要特点归纳如下：

（1）混凝土为干硬性混凝土，单位水泥用量小。

（2）上游设置专门的防渗层作为坝体防渗主体。

（3）通常坝体不设纵缝，而横缝采用切缝机切割。

（4）采用通仓薄层浇筑，设备利用率高，施工速度快。

（5）采用振动碾压实，碾压效果与碾压层厚有关。

（6）大仓面施工，可以减少模板用量，提高施工安全性。

（7）施工强度高，工期较短，经济性相对较好。

碾压混凝土坝与常态混凝土坝在设计上对地形、地质等方面的要求基本相同，坝工设计时，大坝抗滑稳定安全标准与强度安全标准亦基本相同。

2.6.1.2 碾压混凝土坝的监测特点

因为大坝安全监测主要是结合结构受力特点、坝型特征和潜在的安全问题，明确其监测重点，并在此基础上布置仪器，所以，在坝型、结构无本质性变化的情况下，碾压混凝土坝的安全监测与常态混凝土坝并无大的区别。但是，因为碾压混凝土坝的材料特征和施工工艺，应对以下几个方面进行重点关注：

（1）碾压层（缝）面是碾压混凝土坝防渗的薄弱环节，渗压计一般布置在碾压层（缝）上。目前大都在碾压混凝土坝上游面设置二级配碾压混凝土防渗层，而防渗层的防渗效果是碾压混凝土坝的监测重点，渗透压力监测点主要设置在防渗层内和坝体排水孔前后。从已实施的碾压混凝土坝实测数据发现，碾压层面的渗压监测是除了扬压力监测以外的另一个重点，应增加足够的监测设施。

（2）碾压混凝土的水化温升较慢，降温过程较长，普遍存在二次温升现象。为了有效监测坝内温度场的变化及所产生的温度应力是否对大坝产生不利影响，设置温度监测时应考虑上下层温度传递的影响，对于温控要求较严格的大坝，应加密上下层温度计布置的间距。

（3）由于碾压混凝土坝具有薄层摊铺、分层碾压、快速施工的特点，使得坝内监测设施安装埋设和电缆牵引的施工干扰问题和其自身的保护要求相对常态混凝土坝更为突出。其中测缝计、温度计、渗压计等安装埋设方法与常态混凝土坝中仪器安装方法差异性不大，但应变计（组）和无应力计的安装埋设方法应做专门的工艺性试验。坝内监测仪器电缆尽量集中牵引，水平牵引的电缆可采用挖槽保护，竖向牵引的电缆可在变态混凝土中进行。坝体正垂孔可采用预埋和钻孔两种方式，施工过程中要及时调整其垂直度，保证其有效孔径满足规范或设计要求。

2.6.2 对采用点超温率评价混凝土温控合理性的讨论

2.6.2.1 点超温率的来源

大体积混凝土浇筑时，一般会把温度作为一项工作内容和质量控制指标，例如，在《水利水电工程单元工程施工质量验收评定标准——混凝土工程》（SL 632—2012）中，就提出了有温控要求的混凝土浇筑温度属于混凝土浇筑施工质量标准的一项主控项目，质量要求是满足设计要求，检验方法是温度计测量。

由于大坝混凝土体积庞大，浇筑仓块众多，特别是有些工程几乎每仓混凝土都埋设了用于温控的温度计，总是会有超过设计温控指标的点，大量数据整理起来并不是很方便，于是，就有人使用百分比这个较为容易计算和理解的概念，以超过控制温度的测温点除以总的测温点，作为大坝整体温度控制的评价标准。

某工程认为其温控较好，描述为"应用综合温控技术，实现了高温多雨条件下全年连续施工，混凝土浇筑温度及最高温度总体满足设计要求，高温季节混凝土浇筑温度及最高温度的点超温率为 0.4%～19.3%。"

而另一工程在某一阶段评价时，认为"混凝土入仓与浇筑温度超温现象较为普遍。超温率小于 30% 的有 15 个月，占检测时段的 53.6%，其中小于 10% 的有 11 个月，占检测时段的 39.3%；超温率大于 30% 的有 13 个月，占检测时段的 46.4%，其中超温率大于等于 80% 的有 5 个月，占检测时段的 17.9%。"由此，得出的结论就是混凝土浇筑温度控制有所欠缺。

某科研机构在开发混凝土坝温控防裂智能监控系统时，也把超温率作为一项统计指标列入评价表。

从统计学的角度来说，用比例或者比率来评价某一项指标，是比较合理的方法。但是，超温就一定是温度控制不严的原因吗？设计提出的混凝土温度控制标准从何而来，又有什么用呢？

2.6.2.2 温控的作用及意义

混凝土重力坝、混凝土拱坝及碾压混凝土坝等都属于大体积混凝土结构。浇筑混凝土后，由于水泥在凝固过程中产生大量的水化热，温度急剧上升，使混凝土体积膨胀，此时混凝土的弹性模量较小，徐变较大，升温引起的压应力不大；当混凝土温度达到最高温度后，随着热量向外散发，温度开始下降，混凝土体积收缩，此时，混凝土的弹性模量较大，徐变较小，在边界约束下会产生相当大的拉应力。另外，大体积混凝土常年暴露于大气或置于水中，年气温和水位的变化都会在混凝土结构中产生较大的拉应力。由于混凝土是脆性材料，抗拉强度只有抗压强度的 1/10 左右，当温度变化引起的拉应力超过混凝土的抗拉强度时，就会产生裂缝，影响到结构的整体性和耐久性。

温度控制的目的是防止危害性裂缝的产生，即通过采取合适的温度控制措施，控制温度变化的过程，使混凝土的拉应力小于材料的抗拉强度，并留有一定的安全裕度。由于施工和管理、现场监测和检测、计算能力和材料特性等条件的限制，世界各国的设计规范大多提出控制温度变化过程的一些指标，而不是直接控制温度应力。因此，温度控制主要通过多个温度控制标准来实现，主要包括最高温度、基础温差、内外温差及上下层温差等。

《混凝土重力坝设计规范》（SL 319—2018）、《混凝土拱坝设计规范》（SL 282—2018）等规范中，均对温度控制进行了详细的要求，对各项控制标准也提出了指导性意见。

稳定温度是确定各项指标的基础数据。稳定温度场的计算受气温、水温、地温、水库运行条件等多种因素影响。一般认为，比较厚的实体混凝土坝，内部温度不受外界气温和水温变化的影响，处于稳定状态；但薄拱坝由于受气温和水温的周期性变化影响，不存在稳定温度场，只存在准稳定温度场。

实测数据表明，重力坝的内部温度经过很多年后，依然保持在较高的温度，如光照大坝经过 10 多年的降温，内部温度仍保持在 35℃ 左右，离设计计算的稳定温度 15℃ 仍有较大的距离，但大坝除施工期有少量的温度裂缝外，运行期总体运行正常。

2.6.2.3 如何看待点超温率

大坝混凝土的温度控制和裂缝防治是十分复杂的问题。导致混凝土开裂的因素很多，包括混凝土的热学性能、力学性能、环境条件、结构型式、分缝分块、施工工艺、约束情况及运行条件等，往往需要因地制宜采用综合措施来解决。可以采取的防裂措施有：合理选择结构型式合理分缝分块；合理选择混凝土原材料、优化混凝土配合比；严格控制混凝土温度，减小基础温差、内外温差及上下层温差；加强混凝土施工质量控制。

目前的温控防裂已经从单纯地分析温度场、温度应力和研究选定降温措施，转而开始注意混凝土材料变形性能的研究，如提高混凝土极限拉伸值、选择热膨胀系数低的骨料，以及利用混凝土自生体积变形补偿温度收缩等。

因此，点超温率仅仅是施工质量过程控制的一个延伸指标，不能评价温控措施是否落实到位，也不能用来评价混凝土坝是否会产生裂缝。

2.6.3 渗压系数的来历

2.6.3.1 渗压系数的定义

从最早的《混凝土大坝安全监测技术规范（试行）》（SDJ 336—89）开始，就有一个渗压系数的概念，其公式为

$$\alpha_i = \frac{H_i - H_2}{H_1 - H_2} \qquad\qquad (2.6.1)$$

式中：α_i 为第 i 测点渗压系数；H_1 为上游水位，m；H_2 为下游水位，m；H_i 为第 i 测点实测水位，m。

随后，在《混凝土坝安全监测资料整编规程》（DL/T 5209—2005），以及《混凝土坝安全监测技术规范》（SL 601—2013）中，又区分为坝体渗压系数和坝基渗压系数。

坝体渗压系数为

下游水位高于测点高程时，$\alpha_i = \dfrac{H_i - H_2}{H_1 - H_2}$ \qquad\qquad (2.6.2)

下游水位低于测点高程时，$\alpha_i = \dfrac{H_i - H_3}{H_1 - H_3}$ \qquad\qquad (2.6.3)

式中：α_i 为第 i 测点渗压系数；H_1 为上游水位，m；H_2 为下游水位，m；H_i 为第 i 测点实测水位，m；H_3 为测点高程，m。

坝基渗压系数为

下游水位高于基岩高程时，$\alpha_i = \dfrac{H_i - H_2}{H_1 - H_2}$ （2.6.4）

下游水位低于基岩高程时，$\alpha_i = \dfrac{H_i - H_4}{H_1 - H_4}$ （2.6.5）

式中：H_4 为测点处基岩高程。

根据《水工建筑荷载设计规范》（DL 5077—1997），由于扬压力是在上、下游静水头作用下形成的渗流场产生的，是静水压力派生出来的荷载，故其计算水位应与静水压力的计算水位一致。为便于对岩基上各类混凝土坝坝底面的扬压力分布图形进行分类，设定了渗透压力系数 α、扬压力强度系数 α_1、残余扬压力强度系数 α_2，在计算坝体内部截面上的扬压力分布图形时，又引入了坝体内部渗透压力强度系数 α_3，根据不同的坝型、是否设置帷幕及排水孔，对 3 个系数的取值给出了范围。

对坝基设有防渗帷幕和排水孔时，统计分析排水孔处的渗透压力强度系数 α，定义为

$$\alpha = \frac{h_i - H_2}{H_1 - H_2}$$ （2.6.6）

式中：h_i 为排水孔处的实测水头；H_1、H_2 为坝底面上的上、下游计算水头。

对坝体内部上游面附近设有排水孔时，统计分析排水孔处的渗透压力强度系数 α_3，并定义为

$$\alpha_3 = \frac{h_i - H_2}{H_1 - H_2}$$ （2.6.7）

将相关监测规范中的渗压系数与荷载设计规范中的渗透压力强度系数进行对比，发现它们是完全一样的。也就是说，用监测数据计算的渗压系数，其实就是混凝土坝结构计算过程中，计算扬压力的渗透压力强度系数。

2.6.3.2 渗压系数的作用

混凝土坝施工时通常采用分层浇筑混凝土，浇筑层面及混凝土与基岩接触面常是可能渗水的通道。由于渗流观测采取的都是选择性、点式布置仪器，监测资料不多，估算层面或接触面可能脱开部分面积占总面积的百分比往往有困难，出于安全考虑，我国现行混凝土坝设计规范均假定计算截面上扬压力的作用面积系数为 1.0。这与美国、日本的有关设计规范中关于"坝体内部和坝基面上的扬压力均作用于计算截面全部截面积上"的规定是相同的。

在扬压力计算时，相关规范对于不同情况的渗透压力强度系数规定了取值，如重力坝设置了防渗帷幕及排水孔时，坝基渗透压力强度系数取 0.25，坝体取 0.2，拱坝根据不同渗控方案，渗透压力强度系数取值可为 0.25～0.6。由此，混凝土坝扬压力是按垂直作用于计算截面全部截面积上的分布力进行计算的。

而渗压计、测压管等测点计算得到的水位，仅仅能代表此处扬压力或渗透压力，无法代表整个截面积的全部力。

实践中，往往有很多工程师按照由实测值计算得到的渗压系数，与设计规范中的相应强度系数进行对比，以此来判断防渗系统的优劣，其方式值得商榷。

对大坝监测数据的分析，应重视特征值、分布情况以及变化过程，更要联合变形、渗流、应力应变及温度等多个监测项目综合分析，没有必要附会一个本来是用来计算扬压力的系数。

2.6.4 对应变计（组）的认识

2.6.4.1 混凝土应力的观测

为了保证大坝安全，混凝土坝设计时必须遵循两条原则：一是坝体和坝基保持稳定；二是坝体应力控制在材料强度允许的范围之内。混凝土应力、应变观测就是为了了解坝体应力的实际分布，寻求最大应力（拉、压应力和剪应力）的位置、大小和方向，以便估计大坝的强度安全程度，为大坝的运行和加固维修提供依据。通过应力观测成果还可以检验设计计算方法的合理性，以便有所改进，从而提高科技水平。

怎样观测混凝土应力呢？这是一个复杂的技术问题，直到现在人们还没有研制成功一种能够直接观测混凝土应力的有效而实用的仪器，虽然早在1952年卡尔逊就宣布制成了一种应力计，但是该仪器只能测量混凝土的压应力，不能测量拉应力，而且埋设工艺复杂，适用条件较窄。因此，直到现在，人们主要还是利用应变计观测混凝土应变，然后计算混凝土应力。由于混凝土的力学性能很复杂，经过几十年的实践和研究，应力、应变观测技术才趋于完善，达到实用程度。

2.6.4.2 实际应力的计算方法

实际应力的计算要从分析计算应变计开始，具体步骤如下：

（1）原始数据误差检验。检查电阻比曲线和温度曲线，它们是负相关的关系，过程线中不符合这一规律的数据属于误差。

检查测值的误差，对过失误差或粗差的测值，分析误差原因加以修正，初步进行修匀。

（2）基准值选择。在确定埋设在混凝土中的应变计的基准时间和基准值时，基本是从以下几个原则考虑的：

1）埋设应变计的混凝土或砂浆已从流态固化为具有一定弹性模量和强度的弹性体，能带动应变计正常工作。由于国产应变计的弹性模量大约为294～490MPa，混凝土或砂浆弹模发展到弹性与之匹配时就能带动仪器工作了。

2）埋设仪器的混凝土层上部已有1m以上的混凝土覆盖，混凝土已有一定强度和刚度，这样足以保护仪器不受外界气温急骤变化的影响和机械性的振动干扰。仪器观测值已从无规律跳动变化到比较平滑有规律，这时的测值具有代表性，能够正确反映实际状态。

3）一般而言，基准时间大多选择在混凝土入仓24h以后，同一浇筑层埋设的仪器的基准时间应相同，无应力计和相应的应变计组应具有共同的基准时间。

4）由于施工进度不同，同一座大坝不同部位监测仪器的埋设时间不尽相同，因此各坝段、各浇筑层埋设的监测仪器的基准时间并不一定相同，但同一层面、特别是同一仓位埋设的同类监测仪器一般应取相同的基准时间。

（3）应变计及无应力计计算。

（4）平衡校验。根据材料力学理论，假定混凝土为连续均匀介质，则混凝土内任意一点三个垂直方向的应变之和为不变量。

而实际上应变计组的各支应变计并不是在一个几何点上，因此存在一个应变不平衡量。将此不平衡值平均分配至各支应变计。

对于五向应变计组：$\varepsilon_1 + \varepsilon_2 + \varepsilon_4 = \varepsilon_1 + \varepsilon_3 + \varepsilon_5$，则$(\varepsilon_2 + \varepsilon_4) - (\varepsilon_3 + \varepsilon_5) = \Delta$，将$\Delta$按 1/4 分配给各向应变计。

当应变计组处于应力梯度或温度梯度很大的部位中时，存在有一向或多向应变计受到骨料、裂缝或其他因素影响使应变计组的温度和应变都不成为"点"状态。应变计组实际上是在一个直径 0.8m 的球形之内，而并非一个点，因此温度、应力梯度都很大的部位或混凝土不均匀的部位都有可能形成很大的应变不平衡量Δ，因为这些客观的原因形成的Δ无法用修正观测误差的方法加以去除，这种应变计组的各向应变计只能分别按单支仪器计算。

（5）计算单轴应变。根据广义胡克定律，考虑泊松效应，单轴应力引起的三个正应变ε_1'、ε_2'、ε_3'按下式计算：

$$\begin{cases} \varepsilon_1' = \dfrac{1}{1+\mu}\varepsilon_1 + \dfrac{\mu}{(1+\mu)(1-2\mu)}(\varepsilon_1 + \varepsilon_2 + \varepsilon_3) \\ \varepsilon_2' = \dfrac{1}{1+\mu}\varepsilon_2 + \dfrac{\mu}{(1+\mu)(1-2\mu)}(\varepsilon_1 + \varepsilon_2 + \varepsilon_3) \\ \varepsilon_3' = \dfrac{1}{1+\mu}\varepsilon_3 + \dfrac{\mu}{(1+\mu)(1-2\mu)}(\varepsilon_1 + \varepsilon_2 + \varepsilon_3) \end{cases} \qquad (2.6.8)$$

式中：ε_1、ε_2、ε_3 为相互垂直的三个方向上的应变；μ 为泊松比，取 0.167。

剪应变按下式计算：

$$\begin{cases} \gamma_{xy} = 2\varepsilon_{xy} - (\varepsilon_x + \varepsilon_y) \\ \gamma_{yz} = 2\varepsilon_{yz} - (\varepsilon_y + \varepsilon_z) \\ \gamma_{zx} = 2\varepsilon_{zx} - (\varepsilon_z + \varepsilon_x) \end{cases} \qquad (2.6.9)$$

式中：ε_{xy}、ε_{yz}、ε_{zx} 为布置在 xy、yz、zx 三个坐标轴平面上与坐标轴成 45°的应变计测量的应变。

剪应力按下式计算：

$$\begin{cases} \tau_{xy} = G\gamma_{xy} \\ \tau_{yz} = G\gamma_{yz} \\ \tau_{zx} = G\gamma_{zx} \end{cases} \qquad (2.6.10)$$

其中，G 并不是一个独立弹性常数，$G = \dfrac{E}{2(1+\mu)}$。考虑徐变后剪应力的计算步骤同正应力，其中，剪切模量 $G(\tau) = \dfrac{E(\tau)}{2(1+\mu)}$，徐变用剪切徐变量 $\omega(t, \tau) = 2(1+\mu)c(t, \tau)$ 代替。

（6）计算混凝土实际应力。如果混凝土是完全弹性体，其弹性模量为 E，则混凝土轴

向应力 σ 为

$$\sigma = \varepsilon' E \tag{2.6.11}$$

由于混凝土并非完全弹性体，在长期荷载持续作用下，其变形会不断增长，这种随加荷时间持续增长的变形称为徐变变形。所以，混凝土在应力作用下的变形包括加载瞬时立刻产生的弹性变形和持续加载后发生的徐变变形两部分，两者均与混凝土的龄期有关。龄期越早，弹性变形越小，徐变变形越大。徐变变形还具有如下特点：与荷载持续时间有关，持续时间越长，徐变变形越大；徐变变形的速率随龄期增长而减小，最后趋于稳定。

混凝土单轴应变包括弹性变形和徐变变形，在应力计算时，必须考虑徐变的影响。考虑徐变影响的应力计算方法主要有变形法、松弛系数法和有效弹模法等。

1) 变形法。将计算过后的单轴应变过程线划分成若干个时段，根据徐变试验资料，计算每一时段的 τ_0，τ_1，…，τ_{n-1} 为加荷龄期的总变形过程线。

由于徐变变形为随加荷时间持续增长的变形，因此某一时刻的实测应变，不仅有该时刻弹性应力增量引起的弹性应变，而且包括在此以前的所有应力引起的总变形。

在计算时段之前的总变形影响值，称之为承前应变，用 ε 表示，其值为

$$\varepsilon = \int_{t_0}^{t} \frac{d\sigma(\tau)}{d\tau}\left[\frac{1}{E(\tau)} + \delta(t,\tau)\right] \tag{2.6.12}$$

上述是计算承前应变的数学表达式，实际上用下面的近似公式计算：

$$\varepsilon = \sum_{i=0}^{n-1} \Delta\sigma_i\left[\frac{1}{E(\tau)} + C(\overline{\tau_n},\tau_i)\right] \tag{2.6.13}$$

其中，$\overline{\tau_n} = \dfrac{\tau_{n-1} + \tau_n}{2}$，为时段中点的龄期。

在 $\overline{\tau_n}$ 的应力增量为

$$\Delta\sigma_n = E_s(\overline{\tau_n},\tau_{n-1}) \times \varepsilon_i' \text{（当 } n=1 \text{ 时）} \tag{2.6.14}$$

$$\Delta\sigma_n = E_s(\overline{\tau_n},\tau_{n-1}) \times \left[\varepsilon_n'(\overline{\tau_n}) - \sum_{i=1}^{n-1}\Delta\sigma_i\left(\frac{1}{E(\tau_i)} + C(\overline{\tau_n},\tau_i)\right)\right] \text{（当 } n>1 \text{ 时）} \tag{2.6.15}$$

式中：$E_s(\overline{\tau_n},\tau_{n-1})$ 为以 τ_{n-1} 为龄期加载单位应力持续到 $\overline{\tau_n}$ 时的总变形的倒数，即 $\overline{\tau_n}$ 时刻 $\Delta\sigma_n$ 的有效弹性模量；$\varepsilon_n'(\overline{\tau_n})$ 为单轴应变过程线上，$t = \overline{\tau_n}$ 时刻的单轴应变值。

在 τ 时刻混凝土实际应力为

$$\sigma_n = \sum_{i=0}^{n-1}\Delta\sigma_i + \Delta\sigma_n = \sum_{i=0}^{n}\Delta\sigma_i \tag{2.6.16}$$

根据上述步骤，编制计算程序，代码如下：

```
private double[] SingleStress(double[] strain)
        {double[] stress= new double[strain.Length-1];
        double[] increment= new double[strain.Length-1];
        effect= new double[midT.Length];
        midS= new double[strain.Length-1];
        for(int i= 0; i < strain.Length-1; i++)
        { midS[i]= (strain[i]+ strain[i+1])/2;//计算中点应变
```

```
         effect[i]= 1/(1/弹模(spanT[i],type)+徐变度(spanT[i],midT[i]-
spanT[i],type));//计算有效效弹模
                    if(i= = 0)
                    {increment[i]= effect[i] * midS[i]}
                    double sum= 0;
                    for(int j= 0; j < i; j+ + )
                    {//计算承前应变
                        sum+ = (increment[j] * (1 /弹模(spanT[j],type)+徐变度(spanT
[j],midT[i]- spanT[j],type)))/100;}
                    increment[i]= effect[i] * (midS[i]- sum);
                    for(int k= 0; k < i+ 1; k+ + )
                    {stress[i]+ = increment[k];}
                    stress[i]= stress[i] / 1000;}
         return stress}
```

2）松弛系数法。在 τ_n 时刻的应力为

$$\sigma(\tau_n) = \sum_{i=1}^{n} \Delta \varepsilon_i' E(\overline{\tau_i}) K_p(\tau_n,\overline{\tau_i}) \tag{2.6.17}$$

式中：$E(\overline{\tau_i})$ 为 $\overline{\tau_i}$ 时刻混凝土的瞬时弹性模量；$K_p(\tau_n,\overline{\tau_i})$ 为龄期 $\overline{\tau_i}$ 时的松弛曲线在 τ_n 时刻的值。

3）有效弹模法。有效弹模法为最简单的一种计算方法，就是利用有效弹性模量代替瞬时弹性模量来计算实际应力，即

$$\sigma_x=E_s\varepsilon_x', \quad \sigma_y=E_s\varepsilon_y', \quad \sigma_z=E_s\varepsilon_z' \tag{2.6.18}$$

式中：E_s 为有效弹性模量，计算式如下：

$$E_s(t,\tau_1)=\frac{E(\tau_1)}{1+\varphi(t,\tau_1)} \tag{2.6.19}$$

$$\varphi(t,\tau_1)=c(t,\tau_1)E(\tau_1) \tag{2.6.20}$$

用有效弹性模量法计算实际应力，可以对混凝土的徐变影响有所考虑，但和实际徐变相差较大，计算结果存在较大误差，只有在混凝土的龄期已很长时，采取有效弹模法计算实际应力才比较准确。

4）三种方法的比较。变形法和松弛系数法是国内外常用来计算混凝土坝实际实测应力的方法，都是以叠加原理为基础。变形法和松弛系数法虽然在计算过程上有差别，但其实质是一样的，而且都必须具备各个龄期完整的徐变试验资料。实际工作中不可能进行与计算时段相应的所有龄期的徐变试验，通常只进行五个龄期的徐变试验，再用内插外延方法推算其他龄期的徐变资料。

二者的区别在于：变形法是直接利用徐变试验求得总变形资料进行计算；松弛系数法是首先利用徐变试验资料计算松弛系数，用松弛系数来计算应力。从利用徐变资料的角度考虑，变形法的精度更高一些。

有效弹性模量法计算简单，而且在计算过程中不需要用到徐变试验资料。因此，在缺乏混凝土徐变试验资料的情况下，对运行时间已经很长的水坝观测资料的计算则可以应用

该方法，对施工期的应变观测资料计算是不宜应用的，因为这时混凝土的龄期不长，混凝土的徐变度和龄期有关，用有效弹模法计算应变资料将导致较大误差。

2.6.5 库盘变形与谷幅变形

2.6.5.1 库盘变形与谷幅变形的区别

库盘指河谷左右库缘之间及其向两侧延伸一定距离的区域。两侧延伸的距离范围定义为库肩，大致等于左右库缘之间的距离。这样库盘从河谷地貌学上包括河床、河漫滩、谷坡及谷肩外侧部分区域，从水库横剖面结构上包括库盆、库岸和库肩组成的区间范围。谷幅是指河流左右岸谷坡相同高程点之间的（最短）水平距离。河谷-水库横剖面结构见图2.6.1。

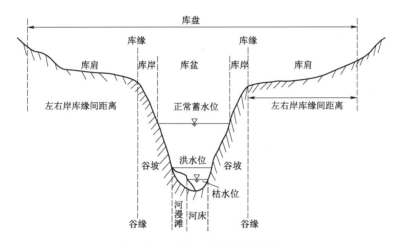

图 2.6.1　河谷-水库横剖面结构

库盘变形是指特定地质条件下由于水库蓄水引起的大坝上游库盘和下游河岸较大范围的变形（位移）现象，目前主要是指垂向变形。谷幅变形只是区域变形在水平方向上的变形表现，是指特定地质条件下由于水库蓄水引起的大坝上下游较大范围（区域尺度）库岸（河流谷坡）水平变形（位移）现象，它等于水库（河流）左、右岸谷坡相同高程点之间水平距离的变化量。

库盘变形、谷幅变形应该属于一种特殊的库岸变形，它不同于一般的库岸变形（谷坡变形）。一般的库岸变形是水库蓄水后在库水作用下引起的岸壁坍落（或滑坡）、岸边淤积和岸坡变形等现象，库岸变形破坏的基本模式是侵蚀型、崩塌型、滑移型。一般的库岸变形只是局部的，而且存在明显的岩体变形破坏。

2.6.5.2 库盘变形与谷幅变形的特点

水库兴建都会改变水库周边岩体的原始应力状态，产生库盘和谷幅变形，当水库蓄水的水头不是很高或者水库蓄水对原有水库周边岩体地下水位影响不大时，由于水库周边岩体渗流场改变而引起的应力场变化也就不会很大，而由应力场变化导致的库盘和谷幅变形也就很小，自然对工程的影响也就很小，常常被忽略。但当水库蓄水的水头很高或者水库蓄水对原有水库周边岩体地下水位影响较大时，由于水库周边岩体渗流场改变而引起的应力场变化也较大，而由应力场变化导致的库盘和谷幅变形也就较大。

库盘变形、谷幅变形的特点是变形量与库水变化有密切关系，库岸变形范围大，大坝上下游变形具有同步性，库岸山体大范围内不存在挤压、拉裂破坏现象，它主要是由于水库蓄水引起的区域尺度水文地质条件改变导致应力场调整相伴产生的地质体弹性变形现象。

库盘变形、谷幅变形的变形量、变形主体方向和变形速率与库区区域地质、水文地质条件和水库蓄水位、水库蓄水过程等密切相关。根据变形的方向不同，库盘变形类型可分为抬升变形、下沉变形，谷幅变形类型有收缩变形、扩张变形两种。库盘、谷幅变形综合变形类型有抬升-收缩变形、下沉-收缩变形、抬升-扩张变形、下沉-扩张变形等。通过对11座典型高混凝土坝蓄水运行后河谷与库岸的变形分析，可以得出以下结论：

（1）水库蓄水一般引起库盘沉降，并产生坝基与下游基岩的牵连下沉，随距库区距离增大，下沉量逐渐衰减。库盘与下游的下沉量在左右岸可能有差异，如小湾拱坝，主要由于水库库型造成两岸水体重量差异所致。如遇坝基下游存在承压岩溶层并在库区出露，如江垭、铜街子工程，则有可能引起承压层渗压增大而产生坝基与下游上抬的现象。

（2）李家峡、锦屏一级、溪洛渡工程蓄水后产生了较为明显的谷幅变形。锦屏一级和李家峡拱坝谷幅收缩高高程测线大于低高程测线，若干蓄水周期后基本收敛。溪洛渡拱坝谷幅收缩变形表现为量大、面广、均匀，上下游、不同高程及不同基岩深度（河谷表面和150m深度）的谷幅测线变形量基本相当；坝区和水垫塘谷幅变形渐趋平缓，但尚未完全收敛。当工程谷幅收缩不明显时，拱坝弦长的增加（谷幅张开）主要反映的是拱肩推力的作用，如大岗山拱坝。

工程蓄水后产生谷幅收缩变形的原因较为复杂，与特定的工程水文地质条件相关。相比于李家峡和锦屏一级工程的高高程边坡蠕滑变形，溪洛渡大范围谷幅变形的机理更为复杂，除了库盘变形、库水对库区岩体的降温冷却、库岸岩体有效应力下降与时效特性等因素，有学者认为坝基深部灰岩承压与地热层在蓄水后导致的渗压及温降可能是主要原因。

（3）一般高拱坝蓄水后累计径向变形均指向下游，其量值与坝高、弧高比和厚高比密切相关，坝体变形的对称性与河谷地形条件有关。由于坝肩岩体非连续结构面受力后残余变形的调整和积累，坝体变位一般要经历5~7个蓄水与消落周期才趋于稳定。部分高混凝土坝蓄水后河谷-库岸变形见表2.6.1。

表 2.6.1　　　　　部分高混凝土坝蓄水后河谷-库岸变形统计

序号	电站	坝型	坝顶径向位移/mm	竖向变形/mm（上抬为正，下沉为负）			谷幅变形/mm（张开为正，收缩为负）		变形与水位相关性	变形收敛情况	注释
				库盘	坝基	下游基岩	上游	下游			
1	二滩	双曲拱坝	135	—	坝踵上抬，坝趾下沉	—	无测线	6.59（拱肩高高程1085.00m），3.55（拱肩低高程1050.00m）	良好	1999年蓄水，2008年趋于收敛	谷幅张开主要为拱座推力引起

续表

序号	电站	坝型	坝顶径向位移/mm	竖向变形/mm（上抬为正，下沉为负）			谷幅变形/mm（张开为正，收缩为负）		变形与水位相关性	变形收敛情况	注 释
				库盘	坝基	下游基岩	上游	下游			
2	龙羊峡	重力拱坝	16.28	−54（上游2km左岸）	蓄水至1993年，向上游倾斜偏转角最大约13″	−5（下游4km左岸）−39.04～−22.39（下游右岸）	变化不明显	−11.99（高高程2611.00m）−7.5（低高程2585.00m）	—	多年调节水库，1990年蓄水，2008年趋于收敛	库水对上游库盘下沉影响显著，对下游坝基下沉亦明显
3	李家峡	双曲拱坝	22	—	—	—	无测线	−34.4（高高程2185.00m），−15（低高程2130.00m）	良好	1997年蓄水，2002年收敛	谷幅变形疑似与左岸高边坡蠕滑相关
4	小湾	双曲拱坝	124	−25.23（左岸），−35（右岸）	向上游倾斜，偏转3″以内	−9.37（下游3km左岸），−2.05（下游3km右岸）	2.75	−4.56	谷幅变形不明显	2009年蓄水	库盘下沉，右岸大于左岸，是右岸水体大于左岸水体导致
5	锦屏一级	双曲拱坝	41.4	−13.18～−4.45（左岸下沉），−1.69～0.69（右岸不明显）	−2.42	—	−17	−6～14.19（弦长）	良好	2013年蓄水	两岸岩体在蓄水过程中饱水，导致有效应力下降，可能是变形的原因
6	大岗山	双曲拱坝	89.4	−2.84～1.22（不明显）	施工期，坝踵−40.77，坝趾−21.69蓄水后，坝踵−33.95，坝趾−24.86	—	12.38	8	良好	2015年蓄水	下游谷幅张开主要为拱座推力引起
7	溪洛渡	双曲拱坝	−21.54	左岸累计沉降−5.3～−2.85，右岸累计沉降−16.7～−11.5	左岸累计上抬10～15，河床累计上抬10～15，右岸累计上抬−7～2	左岸河谷测点均上抬10～38，右岸下游测点也基本表现为抬升，最大58.30	−67.27（高程611.00m）～−87（高程722.00m）	−75.4（高程707.00m）～78.88（高程611.00m）	良好	2014年蓄水	受谷幅收缩变形影响，坝体径向位移向上游

续表

序号	电站	坝型	坝顶径向位移/mm	竖向变形/mm（上抬为正，下沉为负）			谷幅变形/mm（张开为正，收缩为负）		变形与水位相关性	变形收敛情况	注　释
				库盘	坝基	下游基岩	上游	下游			
8	胡佛（美）	重力拱坝	10（计算）	−170～−120（右岸20km处）	向上游倾斜0.788″～2.176″	−100～−80	—	—	—	1949—1963 年	库盘与下游基岩大规模沉降原因：岩体压缩、断层错动和河床冲积体压实等
9	三峡	重力坝	30（蓄水后），−2（蓄水前）	−53（水位175m计算成果），−20（水位135m）	−29.3～−6.5～−7.96（水位135m）	—	—	—	良好	—	
10	江垭	重力坝	—	—	34	—	—	—	良好	1998 年蓄水，2002 年收敛	坝基上抬由坝下承压层蓄水后渗压增大引起
11	铜街子	重力坝	—	—	−15.5（左岸），26（右岸）（左沉右抬）	—	—	—	良好	1992 年蓄水，2010 年上抬收敛	坝基深层地下承压水蓄水后渗压增加，且坝基断层对含水层造成了切割，导致左岸下沉，右岸上抬

2.6.5.3　引发的思考

（1）许多学者采用数值分析和工程类比方法，分析了水库蓄水后渗流场、温度场、应力场以及水文地质条件的变化等对库盘及谷幅变形的影响，也有分析温度-渗流的耦合作用影响，也有工程发现在施工期已经开始出现谷幅变形。应该说，渗流、温度、应力及特定的水文地质条件，甚至施工带来的爆破、扰动均是影响因素，那么，问题来了，难道只有已经发现有库盘变形和谷幅变形的大坝才存在这种影响吗？肯定不是，应该是所有的水库大坝都会受此影响出现一定程度的库盘及谷幅变形，只是很多工程因规模不大，或者在设计阶段就没有考虑到这个问题。

（2）个别混凝土坝曾出现过坝顶右岸垂直位移变化规律不符合一般工程的受气温、库水位共同影响的现象，专家质疑时，仅考虑是否观测有误，但经多次检查排除观测影响后，后期的观测数据反映出来的变化规律仍与之前一致，整个过程历时两年，但无人提出是否受库盘变形影响，这说明了，经过多个工程总结的大坝变形规律，并不是一成不变的，还是有很多地方是没有认识到的。

（3）某面板堆石坝布置在枢纽两岸山体上的平面变形控制网，经过 7 年的观测，发现其在蓄水的前 2 年出现有明显的边长缩短现象，当时，大家普遍认为这是网点的稳定性不够，需要重新建网，但是，如果从库盘变形或谷幅变形的角度分析，这其实是很正常的现象。

（4）自国内大范围随大坝建设开展安全监测以来，设立变形监测基准的方法一直都是：在枢纽区设立平面变形控制网，在坝下游 1.5～3km 设置水准基点网，在坝基或两岸设置倒垂（或双标倒垂）。由这些基准点或网观测到的大坝变形量和变形规律，指导着设计、施工和科研等工作。如果考虑到库盘变形，可以说，大部分大坝的实际变形量都是偏小的，以后不宜用类似工程的变形量来评估新建工程。

（5）鉴于库盘变形的重要性，对于大型工程，无论是混凝土坝还是土石坝，均应在施工期就开展库盘变形监测，掌握更多的数据，了解其规律。

（6）应进一步研究变形监测基准的设立方法，在远离库盘变形影响区设立基点是比较稳妥的方法，如有其他因素影响，也可考虑在平面变形控制网点的周边设立倒垂，并应加大在坝基或两岸倒垂的深度。

第 3 章
土石坝监测

3.1 概述

3.1.1 土石坝的类型

土石坝历史悠久，因其具有可就地就近取材，能够适应各种不同的地形、地质和气候条件等优点，而被广泛应用。随着筑坝技术的发展，几乎任何土石料、任何不良地基经处理后均可修建土石坝，特别是在气候恶劣、工程地质条件复杂和高烈度地震区的情况下，土石坝实际上是最适宜的坝型。

土石坝分类方法很多，一般按照施工方法和防渗体类型进行划分。按施工方法可分为碾压式土石坝、充填式土石坝、水中填土坝和定向爆破土石坝等，其中碾压式土石坝应用最广泛。按照土料在坝身内的配置和防渗体所用材料的种类，碾压式土石坝可分为土质防渗体坝、均质坝、非土质材料防渗体坝。

土质防渗体坝由相对不透水或弱透水土料构成坝的防渗体，以透水性较强的土石料组成坝壳或下游支撑体。均质坝坝体由一种土料组成，同时起防渗和稳定作用。非土质材料防渗体坝以混凝土、沥青混凝土或土工膜作防渗体，坝的其余部分则用土石料进行填筑。

在 20 世纪 80 年代以前，土质防渗体坝主要为中、低坝，100m 以上的高坝仅有碧口水电站（坝高 101.8m）、石头河水库（坝高 104.0m）。20 世纪 80 年代以后，特别是进入 21 世纪，随着国家经济实力的不断增强和科学技术的快速发展，我国在土石坝筑坝材料、大型机械设备制造使用和基础理论等方面开展了大量研究并取得丰富的成果，如将防渗体土料由黏土、壤土等改变为高坝采用砾石土等粗粒土，坝壳料从必须使用坚硬、新鲜的岩石发展到可利用软岩、风化岩及开挖料；大范围使用大型土石方施工机械设备，以及推广应用 GPS 自动化筑坝施工技术，实现了土石方施工机械化、自动化、智能化，大大提高了施工效率和施工质量；充分利用土石坝抗震性能优越的特点，在强震区建设了一批土石坝工程，推动了强震区高坝建设技术的进步。这些技术的研究应用，使得我国在土质防渗体高土石坝的理论研究、科学试验、设计和筑坝技术方面取得了巨大发展，处于国际领先水平。

非土质材料防渗体坝，以混凝土面板堆石坝为代表。面板堆石坝最早出现在 19 世纪50 年代，采用木面板防渗。早期，面板堆石坝以抛填堆石筑坝为特征，坝高一般低于100m，坝体变形较大，面板开裂渗漏问题严重。1965 年以后，逐步采用堆石薄层碾压筑坝，并迅速发展，成为建设的主流坝型之一。我国于1985年开始引进现代面板堆石坝筑坝技术，经过30多年的研究探索与建设总结，解决了一系列重大技术难题，建立了面板堆石坝筑坝技术标准化体系，基本积累了应对各种复杂条件的经验和教训，形成了一套具有自主知识产权的面板堆石坝筑坝技术。由于这种坝型在实践中体现出来的安全性、经济性、良好的地质地形适应性，深受坝工界的青睐，成为富有竞争力的首选坝型之一，得到了广泛应用和迅速发展。

我国堆石坝在数量、坝高、规模、难度等方面都居世界前列，这些面板堆石坝、心墙堆石坝遍布全国，覆盖了各种不利的气候、地形、地质条件，在设计理念、科学研究和施工技术方面均取得了很大的进展和积累了丰富的经验。国内首座坝高178m的天生桥一级水电站面板堆石坝的建成，开创了我国150～200m级面板堆石坝建设的新局面。正式开工建设的新疆大石峡水利枢纽工程，其面板砂砾石坝最大坝高247m，标志着已向更高面板堆石坝筑坝技术迈进。随着糯扎渡水电站（261.5m）、长河坝水电站（240.0m）二座砾石心墙坝的建成，以及两河口水电站（295.0m）、双江口水电站（314.0m）开工建设，我国在300m级砾石心墙坝筑坝技术上已日趋成熟。随着我国西部水电开发进程的加快，特别是在交通运输不便、经济不发达地区，如金沙江、澜沧江、怒江、雅砻江、大渡河、黄河上游以及西藏的雅鲁藏布江等，许多河谷具有适宜修建高堆石坝的地形地质条件，如岗托、如美、古水、马吉等水电站。

此外，沥青混凝土作为非土质防渗材料，在面板坝、心墙坝、蓄水池和渠道中均有应用。我国水工沥青混凝土技术起步较晚，20世纪70—80年代，相继建成面板坝30多座、心墙坝10多座，但由于该时期的国产沥青品质较差，加之施工机械化水平低、施工技术落后等原因，造成面板出现开裂渗漏、坡面流淌等问题，使得该技术发展停滞。进入21世纪后，沥青混凝土面板防渗技术在国内抽水蓄能电站中得到了较多应用，我国现代碾压式沥青混凝土心墙坝也得到了较快发展。

近年来，随着筑坝技术的快速发展、科学认知的不断提高，混凝土面板堆石坝、沥青混凝土面板堆石坝、沥青混凝土心墙堆石坝的发展空间广阔。而对于冲填式土石坝、水中填土坝和定向爆破土石坝等施工质量较难控制的筑坝形式，其在传统水利水电行业中的应用范围或将逐渐收窄。

3.1.2　面板堆石坝

3.1.2.1　结构特点

面板堆石坝在土石坝结构设计中具有断面小、安全性能好、施工快捷、工期短、造价低、基础适应性好等优点。特别是近二十年来，越来越多的面板堆石坝的设计和建成，各种新技术、新材料、新设备得到了不断开发应用，设计与施工也越趋成熟，经过多年运行，表现出良好稳定的运行状态。

面板堆石坝是以堆石为主体材料，以混凝土面板（趾板）为防渗体的一种土石坝型式。目前除钢筋混凝土面板外，也有采用沥青混凝土、钢纤维混凝土、土工膜等作为防渗体的土石坝，结构主要由上游铺盖、面板、垫层料、过渡料、主次堆石料、下游排水区和护坡等组成。面板堆石坝的荷载传递比较简单，水荷载通过面板依次传递给垫层区、过渡区和主堆石区，主堆石区是承受水荷载的主要支撑体。面板堆石坝结构见图 3.1.1。

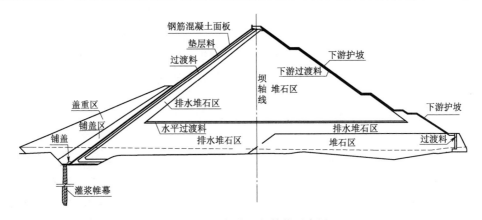

图 3.1.1　面板堆石坝结构示意图

3.1.2.2　可能出现的工程安全问题

（1）面板裂缝及脱空。由于混凝土面板是一个超大型的薄板结构，混凝土约束底面积尺寸远远大于板厚尺寸，对薄板混凝土沿厚度方向的约束影响十分突出。约束限制了混凝土的变形，而薄板混凝土温度沿板的厚度产生拉应力的变化很快，从而使得薄板混凝土表面产生的裂缝很快向下延展，形成贯穿性裂缝。设计填筑标准的选择、填筑质量的控制、坝体填筑分期等对面板开裂的影响显著。当坝址处于左右岸不对称地形时，坝体变形的不对称，在坝体沉降过程中不利于坝体整体变形协调，易导致面板裂缝的产生。同时，挤压边墙表面不平整，混凝土内外温差和均匀温降所引起的温度应力，滑模提升速度过快、混凝土振捣质量较差、滑模提升后收面、后期养护不当等，也可能使得面板产生裂缝。

在分期进行面板混凝土浇筑时，面板顶部坝体填筑超高太少，可能引起裂缝；在下一期坝体填筑时，上一期面板下部坝料沉降未收敛，导致面板下部脱空，易出现裂缝；另外，部分面板堆石坝分期填筑到设计高程后，坝体预沉降时间较短，坝体变形未收敛，会导致面板脱空及裂缝的产生。

（2）面板侧向挤压破坏。由于大坝沉降变形的不协调，坝体横向位移带动面板由两岸向中部的位移趋势，在靠近中部的压性面板则产生不均匀集中力的作用，当侧向压力超过了面板的极限承载能力时，面板发生破坏变形。

（3）止水损坏。由于大坝沉降量过大，或大坝上游两岸特殊垫层料碾压不密实受外力沉降塌陷，导致铜止水的伸长量过大而被撕裂。

（4）渗流破坏。坝体渗漏主要来源于接缝和接触部位止水，以及面板脱空、裂缝、断裂、挤压破坏等部位。坝基渗漏及绕坝渗流主要由地质缺陷造成，也应高度重视。

3.1.2.3　监测重点

中小型面板堆石坝安全监测技术已非常成熟，但对高坝，特别是在不对称的峡谷地区或深厚覆盖层上修筑的面板堆石坝，还存在众多技术问题需要研究和解决。

（1）重点监测部位。监测范围应包括坝体、坝基以及对面板堆石坝安全有重大影响的近坝区边坡和其他与大坝安全有直接关系的建筑物。为使安全监测能更好地为工程服务，布置监测测点时应充分结合工程结构特点、坝区地形地质条件、坝体施工填筑进度安排及监测本身施工干扰等因素进行设计布置。监测设计断面选择、各监测测线或测点的布置间距应考虑施工分层与监测高程的关系，以及临时断面与面板施工时机控制和监测项目之间的相互呼应验证。在临时断面处设置临时观测站，一旦仪器埋设就位后均能投入监测。

面板堆石坝的横向监测断面宜选在最大坝高处、地形突变处、地质条件复杂处、坝内埋管处等。典型监测横断面的选择一般不宜少于 3 个；对于坝顶轴线长度大于 1000m 的，宜设置 3~5 个；特别重要和复杂的工程，还可根据工程的重要和复杂程度适当增加。

监测横断面的选取应兼顾面板变形的拉、压性缝区域。以往较多地关注面板拉性缝的监测，在已建工程发生过面板挤压性破坏后，高坝压性缝变形也成为监测重点。对压性缝的监测，一是监测压性缝的变形规律；二是监测嵌入料的变形适应能力。

面板堆石坝的纵向监测断面可由横向监测断面上的测点构成，必要时可根据坝体结构、地形地质情况增设纵向监测断面。

面板施工时机是高面板堆石坝筑坝技术的关键。高面板坝面板一般需要分期施工，每一期面板施工时，堆石体均应有预沉降期和沉降变形量的控制标准，因此，堆石体变形监测断面的选取不仅仅要满足运行期的要求，还应为面板分期施工提供依据。

（2）重点监测项目。以堆石体变形、面板挠曲变形、面板周边缝三维变形和竖直缝开合度的变化、大坝及基础渗流量等监测为重点。其中，对堆石体变形的监测包括横向水平位移、纵向水平位移和垂直位移，表面变形与内部变形监测要能相互印证；对面板挠曲变形的监测包括面板挠度、最大位移和面板脱空的监测；当遇到基础深覆盖层采用防渗墙与趾板连接设计时，应监测防渗墙与连接板、连接板与趾板各连接部位的变形；对渗流量的监测可判断面板、两岸基础的防渗效果，如果将面板及基础的渗流量分开，可找出渗流量增加的原因和部位。对堆石体内部变形的监测也是整个工程安全监测的重点，它主要的作用在于检查堆石体填筑质量、寻找面板施工时机、设计计算对比等，也是大坝安全评价的重要依据。

坝高在 70m 以内的 2 级、3 级及以下的面板坝，监测项目的布置一般仅对面板表面和堆石体表面变形、面板垂直缝及周边缝变形、渗流及渗流量等进行监测。

现阶段堆石坝内部变形监测布置常用竖向测点布置和水平分层测点布置两种方式，应结合施工的临时断面、填筑方式、填料上坝交通、面板分期施工预沉降期等要求进行综合比较选择。为减少施工干扰，一般采用水平分层布置方式。

3.1.3　心墙堆石坝

3.1.3.1　结构特点

心墙堆石坝主要由坝体、心墙、排水系统和护坡四个部分组成，按材料不同，分为黏土心墙坝、沥青混凝土心墙坝、钢筋混凝土心墙坝、土工膜心墙坝等。

心墙堆石坝的上下游坡比均质坝小，填筑工程量相对较少，心墙施工坡度较陡时，心墙与两侧坝壳可能出现不均匀沉降，易产生拱效应；整体施工受季节影响较小，但过程中要求心墙和其上下游侧的坝壳料平起填筑，在多雨地区，施工较为麻烦。心墙受两侧坝体的支承保护，其抗震性能较好。因坝壳为透水性大的土石料，当运用要求库水位骤升骤降或库水位变幅大时，利于坝的稳定，但蓄水后上游堆石体内部会在库水位以下，水下堆石体黏滞力、内摩擦角低，可能产生湿陷变形。心墙堆石坝结构见图 3.1.2。

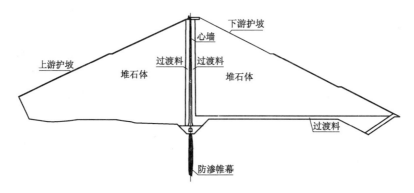

图 3.1.2　心墙堆石坝结构示意图

3.1.3.2　可能出现的工程安全问题

（1）含砾心墙土水力破坏问题。从心墙坝在首次蓄水阶段出现突然渗漏情况中，人们开始认识到心墙中可能存在水力劈裂现象，导致心墙被水力破坏形成渗漏通道。譬如历史上的挪威 Hyttejuvet 心墙堆石坝和 Viddalsvatn 心墙堆石坝，都在首次蓄水过程中出现突然渗漏，早期即被认为是水力劈裂所致。

水力劈裂是通过向岩土介质中注水，当注水压力接近岩土体中小主应力时，将在与小主应力面正交的面上产生破坏，形成劈裂面。由于砾石特别是砾石与土结合部位渗透弱面的存在，心墙土的水力破坏路径由小主应力的正交面转变为不规则路径，突破了原水力劈裂准则对"面"和小主应力方向的要求，也更易于发生。另外，砾石与黏土结合面尖端的应力集中可能会导致周边黏土随注水压力增加发生，加之砾石与黏土结合面渗透性较高，在高压水渗入砾石土后可能形成"短接"效应，导致砾石土的实际渗径会大大缩短，从而大幅增大黏土承担的水力比降，进一步诱发渗透破坏。

（2）心墙与坝壳间的拱效应问题。由于心墙的变形模量低于坝壳堆石料，两者变形特性的差异而产生约束作用，形成拱效应。当拱效应发展到一定程度，在水库蓄水时就会导致心墙水力劈裂。

在运行初期，拱效应往往易被忽视，但在工程运行一段时间后，堆石体变形量增速与心墙累计固结变形量增速的差异性缓慢放大，当心墙累计变形量超过坝壳的变形时，心墙变形会受到坝壳的阻碍，诱发新的拱效应，在高水头作用下，增加了发生水力破坏的风险，对于这种可能出现的拱效应，在工程实践中必须引起高度关注和重视。

（3）岸坡对坝体变形的约束作用。岸坡对坝体变形的约束作用是影响心墙堆石坝变形协调的一个突出问题，是威胁坝体安全的重要因素之一。

以往对高心墙坝水力破坏风险的评价多集中在坝壳与心墙的拱效应上，对岸坡的约束作用则关注得相对较少。心墙坝建设历史上引起较多关注的几座疑似水力劈裂的典型工程如 Teton、Hyttejuvet、Viddalsvatn 等，无论是工程监测结果还是各种模拟分析成果均无法说明或再现心墙内出现了竖向应力小于库水压力、发生水力劈裂的情况，但能确定的是各个工程出现水力破坏的位置均不在河床附近最大断面上（坝高最大断面，心墙与坝壳相互作用最为强烈），而一般都位于岸坡上部、距坝顶较近的位置，特别是岸坡陡缓交界点附近。这种破坏发生位置的一致性，说明心墙水力破坏与岸坡对坝体变形的约束作用存在联系。

现有研究发现，在水库蓄水后，在岸坡陡缓交界处可能出现有效小主应力小于零的区域，在该区域内部库水可能沿与小主应力成正交的面进入心墙，而区域外沿则成为一个库水入渗的锋面。对于厚心墙，这种情况可能仅会造成心墙部分区域出现软化、疏松等现象。对于薄心墙，水力破坏面将会贯穿心墙，导致水力破坏，发生大量渗漏。此外，在心墙与岸坡接触面附近，竣工、蓄水过程中有效小主应力数值均较低，方向平行于坝轴线，其正交面则沿上下游方向，易出现水力劈裂破坏。

3.1.3.3　监测重点

根据心墙坝的结构特点及筑坝形式，其主要依靠各种类型的防渗材料构建其防渗体系，以降低浸润线，保证大坝稳定。由于心墙坝的筑坝材料抗冲刷能力较弱，且可能存在基础不均匀沉降、渗漏和渗透破坏、砂层液化等问题，对大坝运行安全构成威胁，因此心墙坝应重点监测心墙防渗体、坝体及坝基的变形、渗流。

对于心墙坝来说，坝体的填筑规模都比较大，为了对心墙坝的工作状态和运行状况进行有效全面的监测，应确定合理的监测部位及监测断面。例如：①长河坝坝高240m，坝体高大雄厚，坝基河床覆盖层深厚（76.5m），具多层结构且结构不均一，透水性强，坝基防渗采用混凝土防渗墙。设计时重点考虑了大坝基础和防渗墙、河床基础廊道、砾石土心墙等部位，根据坝基覆盖层深厚分布情况设置典型监测断面和重点监测项目。②两河口砾石土心墙堆石坝最大坝高295m，心墙底部横河向宽41.71m，顺河向宽140.00m，据河床钻孔揭示，河床覆盖层厚0～12.4m，平均厚度约3.3m，为冲积漂卵砾石夹砂层，结构单一，分布不均，两岸心墙底部设置1m厚混凝土盖板，两岸坝肩山体内设置多层灌浆平洞。设计时重点考虑了大坝建基面基础、坝基混凝土垫层与岸边坡盖板、砾石土心墙堆石坝等部位，根据结构布置及地质情况设置典型监测断面和重点监测项目。

3.2　面板堆石坝监测设计

3.2.1　监测项目

通常可根据工程的等级、规模、结构型式、地质地形条件及监测目的来确定面板堆石坝监测项目和监测规模。根据工程地质条件和大坝结构计算成果，结合坝体分区分期施工措施和进度安排等因素，选取有针对性、代表性的监测断面，并综合考虑施工期、首次蓄水、运行期的全过程，选定各部位不同时期的监测项目，做到各监测项目相互兼顾，能反映出不同时期的监测重点。另外，应选择耐久、可靠、实用、有效的监测仪器设施，并力求先进、便于管理。

面板堆石坝监测项目主要包括堆石体变形、接缝变形、面板变形、大坝及基础渗流、大坝土压力、面板应力应变、巡视检查等。面板堆石坝安全监测项目分类详见表3.2.1。

表 3.2.1　　　　　　　　　　面板堆石坝安全监测项目分类表

序号	监测类别	监测项目	大坝级别		
			1	2	3
1	巡视检查	坝体、坝基、坝肩及近坝库岸等	●	●	●
2	变形	1. 坝体表面垂直位移	●	●	●
		2. 坝体表面水平位移	●	●	●
		3. 堆石体内部垂直位移	●	●	○
		4. 堆石体内部水平位移	●	○	○
		5. 接缝变形	●	●	○
		6. 坝基变形	○	○	○
		7. 坝体防渗体变形	●	○	○
		8. 坝基防渗墙变形	○	○	○
		9. 界面位移	●	○	○
3	渗流	1. 渗流量	●	●	●
		2. 坝体渗透压力	●	○	○
		3. 坝基渗透压力	●	●	●
		4. 防渗体渗透压力	●	●	○
		5. 绕坝渗流（地下水位）	●	●	○
		6. 水质分析	○	○	○
4	压力 （应力）	1. 孔隙水压力	/	/	/
		2. 坝体压应力	○	○	/
		3. 坝基压应力	○	○	○
		4. 界面压应力	●	○	○
		5. 坝体防渗体应力、应变及温度	●	○	○
		6. 坝基防渗墙应力、应变及温度	○	○	○
5	环境量	1. 上、下游水位	●	●	●
		2. 气温	●	●	●
		3. 降水量	●	●	●
		4. 库水温	○	○	/
		5. 坝前淤积	○	○	○
		6. 下游冲淤	○	○	○
		7. 冰压力	○	/	/

注：有"●"者为必设项目；有"○"者为可选项目；有"/"者为可不设项目，可根据需要选设。

3.2.2　变形监测

变形监测包括堆石体表面变形及内部变形，含纵、横向水平位移和沉降位移。它的主要作用为检验堆石体的填筑质量，确定面板、防浪墙的施工时机，对比设计计算成果，评

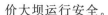

价大坝运行安全。

3.2.2.1 堆石体表面变形

堆石体表面变形纵、横向水平位移和沉降位移监测点布置应结合大坝内部变形、大坝面板变形等情况来进行设计，一般按工程部位分为面板（施工期为堆石垫层料坡面）、坝顶、下游坡面布置；对高面板堆石坝面板是分期施工的，在坝体后期填筑过程中堆石沉降将使已浇筑的面板会发生较大的变形，或顶部产生较大的脱空、底部鼓翘等现象，因此在浇筑面板、防浪墙前需要对堆石变形速率和变形量进行监测。

堆石体表面变形主要在分期顶部高程处布设横向水平位移和沉降监测点。一般按以下原则进行：①表面观测横断面通常选择在最大坝高或原河床处、合龙处、地形突变处、地质条件复杂处以及运行有异常反应处，一般不少于 3 个断面。②观测纵断面一般不少于 4个，通常在坝顶的上、下游两侧布置 1～2 个；在上游坝坡正常蓄水位以上 1 个，正常蓄水位以下可视需要设临时测点；下游坝坡 1/2 坡高以上布置 1～3 个，以下布置 1～2 个。③对 V 形河谷中的高坝和两坝端以及坝基地形变化坝段，坝顶测点应适当加密，并宜加测纵向水平位移。④测点的间距，一般坝长大于 300m 时，宜取 50～100m。

堆石体表面变形多采用表面观测墩及水准标志，水平位移和沉降位移测点尽量在同一位置上；高程分布主要依据面板分期，一般每一期面板设置一组测点，桩号、断面尽量与坝体变形一致；竖向位移（即沉降，Z 方向）用水准测点观测，水平位移（横向 X、纵向 Y）用视准线小角度法或前方交会法观测。面板的水平位移监测，对于高面板坝因面板分期，在各期面板顶部设视准线，观测各期面板顶部水平位移和竖向位移，从横向和竖向位移可分析各块面板之间的错动，从纵向水平位移可分析面板是否脱空，并与面板底部布置的测缝计测值进行对比。

3.2.2.2 堆石体内部变形

堆石体内部变形监测包括分层水平位移、分层竖向位移监测。变形监测点布置应结合大坝三维有限元计算结果寻找最大变形断面，并按以下原则进行：①根据不同坝料分区及分层填筑厚度来选择布置监测断面，监测断面应布置在最大横断面及其他特征断面上，如原河床、合龙段、地质及地形复杂段、结构和施工薄弱段、近岸坡坝段受拉区，一般可设 1～3 个断面；②监测断面选择在坝体可能出现的最大位移量的位置，其中一条观测断面宜布置在坝轴线附近，沉降测点的分布应尽量形成观测垂线；③测点按网格布置，间距应根据坝高、结构形式、坝料特性及施工方法来确定，水平位移和竖向位移测点尽量在同一位置上；④各高程上、下游测点桩号位置按坝坡滑弧控制；⑤纵向水平位移监测点尽可能少，以减小施工干扰，并以能监测最大位移量值和位移趋势为准。

大坝内部分层水平位移监测主要采用引张线水平位移计、杆式纵向水平位移计；分层竖向位移宜采用水管式沉降仪、电磁式沉降仪、深式测点组等。由于电磁式沉降测斜仪、深式测点组均为竖向埋设，与大坝填筑施工相互干扰大，仪器成功率偏低，所以目前较多采用水平埋设的引张线水平位移计结合水管式沉降仪测量面板堆石坝的水平位移及竖向位移。

引张线式水平位移计宜与水管式沉降仪组合埋设，在各高程的各条观测线，为避免水管式沉降仪的水管形成倒坡，需预先考虑一定坡度进行沟槽开挖，其坡度是根据结构计算成果（堆石体位移分布）来确定，一般取 1‰～3‰，对有临时观测断面的，后期安装依据第一期的变形量来确定。

每条测线的测量端均设在下游坡面观测房内，由于施工中有分区填筑，为保证监测资料完整性，必要时在界面上设临时观测房。各观测房高度的确定，根据仪器设备的安装最小净空、测量量程（即坝体最大沉降量）来确定，一般沉降观测的量程选用设计计算值的2～3倍来考虑。

布置在大坝与岸坡连接处或不同坝料交界面的位移测点作为界面位移点，测定界面上两种介质相对的法向及切向位移。

对于坝顶较长的大坝，结合对面板堆石坝纵向水平位移变形特点的新认识，沿纵向不同高程可以布设纵向水平位移监测点，采用杆式水平位移计进行监测。

3.2.2.3 接缝（裂缝）变形

面板接缝包括面板间垂直缝、面板与趾板间周边缝，以及在施工或运行期间产生的裂缝（非干缩性裂缝）。面板接缝变形监测断面是根据面板的结构和应力计算，结合堆石体内部监测断面、面板应力应变监测来设置的，布置原则为：①监测点一般布置于正常蓄水位以下；②面板垂直缝多在受拉区布置，高程分布最好与周边缝相同，宜与周边缝测点组成纵横观测线，同时不应忽视对受压区的监测；③接缝位移监测点的布置宜与坝体竖向位移、水平位移及面板内应力、应变监测结合布置；④周边缝监测点一般在岸坡较陡或突变、岸坡地质条件差等部位布置。

垂直缝的监测主要为开合度，采用单向测缝计监测。周边缝的监测包括剪切位移、沉降位移、开合度，监测成果可与堆石体的纵横向水平位移、沉降监测资料进行综合分析。周边缝采用三向测缝计进行监测，布置高程与垂直缝监测相同，并在趾板转角部位应增加布设。

3.2.2.4 防渗体变形

防渗体变形在施工期主要受堆石体变形影响，蓄水后除受上游水荷载、上游黏土铺盖的影响外，还会受到下游堆石反作用力的影响。变形监测的主要内容包括面板的挠度变形、面板与垫层料间的脱空变形。

防渗体变形监测断面是根据面板的结构和应力计算成果，结合堆石体内部监测断面、面板应力应变监测来设置的。测点依据应力变形计算成果、面板在竣工期和蓄水期的变形状态来布置，根据《土石坝安全监测技术规范》（SL 551—2012）规定，挠度观测的布置一般可设 1～3 个横断面，测点间距布置是按斜坡测斜仪来规定的，现已不适用。现采取以监控面板在各时期挠度分布规律为依据来布置测点，测点间距在每期面板顶部及水位变幅区加密，高程约 5m，其他为 10m，特别是对面板挠度曲线反弯点附近和挠度曲线最大值附近加密测点，获取挠度曲线的特征值。由于坝体变形、沉降，可能导致分期面板顶部垫层料沉降，面板与垫层间出现脱空，因此，应对其脱空现象沿坝轴线和竖直向的分布进行系统监测，面板与垫层料间脱空主要采用脱空仪进行监测。

面板挠度变形在 20 世纪 70—80 年代，普遍采用改进的伺服加速度计式测斜仪进行监测，但面板斜长超过 100m 后，则出现诸多问题。部分工程采用固定式测斜仪，计算时以最下端测点为起算点，根据测斜仪测得的面板相应位置的转角变化来推算面板测点处的挠度，要想得到面板较为完整的挠度曲线，测点间距不宜过大，需设置的测点较多，成本很高，加之每支仪器必须引出一根电缆，导致仪器电缆不易布置，因此存在几方面的问题：①监测数据是间断的；②若中间一个测点出故障，监测数据的传递对监测结果将产生严重的影响；③容易导致监测结果的累计误差大；④抗电磁和雷击能力较差；⑤监测设备成本高；⑥稳定性和可靠性差。

对于 100m 及以上的高面板坝，面板挠度变形观测是一项重要工作，而鉴于测斜仪法存在一定的局限和问题，在 20 世纪 90 年代天生桥一级面板坝建设时，尝试使用进口的电解液电平器来观测面板的挠度，得到了一些有益经验，之后在洪家渡面板坝也采用了相同手段对面板挠度进行了观测，并逐步在类似工程得到推广应用。电平器法主要是在面板表面安装电平器，施工较为方便，但从多年运行的经验来看，由于面板前一般均有回填铺盖，铺盖在施工或蓄水过程中出现滑移将会对面板表面的电平器造成致命的破坏，导致整条测线拟合效果欠佳，甚至无法进行计算。

随着科学技术的发展，许多学者和工程技术人员在面板挠度变形监测技术方面进行了一些积极探索。例如，在水布垭、董箐面板堆石坝中尝试采用了光纤陀螺（FOG）技术，其是基于光的 Sagnac 效应测量角速度的光纤传感器，不用寻找参照系，只要已知陀螺的行走速度，就可应用于运动轨迹测量，测量轨迹只与它的起点有关。因此，通过增加辅助的牵引或行走设备，使光纤陀螺仪在面板挠曲平面或堆石体内部所布设的管道内以均匀速度运行，即可求得其运动轨迹并最终确定面板挠曲变形或坝体的变形量。和传统的测量方法相比，光纤陀螺（FOG）技术具有以下优点：①可以获得高精度连续测读的位移观测资料；②埋入部分仅为仪器运行轨道，结构简单易维护，且减少了与大坝施工的相互干扰；③测量仪器为活动式，即能做到"一机多用"，同时还可以根据技术进步不断改进其性能；④抗电磁和雷击干扰，稳定性、可靠性较高。

基于工程技术人员对准确监测面板挠度变形的迫切愿望，以及 MEMS 传感器技术进步，一种采用阵列式位移计监测面板挠度的方法已开始应用，期待通过实用性研究成功以补充传统监测方法中的不足或缺陷，使面板挠度监测技术进一步丰富和发展。

3.2.3 渗流监测

渗流监测在土石坝工程中是一项非常重要的监测内容，是检验大坝防渗结构的防渗效果和地基处理是否满足要求的一项重要指标，是判断大坝安全的重要依据。

坝体及坝基渗流渗压监测分为坝体渗透压力、坝基渗透压力、绕坝渗流及渗流量监测，坝体渗透压力包括监测断面上的压力分布和浸润线位置的确定；坝基渗透压力包括坝基帷幕前后的渗压、趾板幕后渗压等；绕坝渗流包括两岸坝端及部分山体、坝与岸坡或混凝土建筑物接触面、帷幕灌浆与坝体或两岸接合等关键部位的渗流；渗流量包括面板、岸坡、基础渗流水的流量及其水质分析。

3.2.3.1 坝基渗透压力

坝基渗透压力包括坝基帷幕前后的渗压、趾板幕后渗压等。根据坝基地层结构、地质构造情况选择观测断面，顺水流线方向布置或与坝体观测断面相吻合。选择河床中心线断面（即最大坝高断面）进行坝基渗压计布置，在幕前设置 1 支渗压计监测幕前水头，在幕后设 1 支渗压计监测最大坝高水平趾板处帷幕后渗压,然后沿坝基河床中心线依次布置渗压计,监测坝基滞留水深或渗压情况,并在坝趾下游截水墙区域布置 1 支渗压计,用于复核量水堰水位高程变化。

岸坡趾板区渗压:在趾板区基础帷幕后,采用坑式埋设方式埋设渗压计,监测趾板帷幕后的渗透压力。

3.2.3.2 坝体渗透压力

坝体渗透压力包括监测断面上的压力分布和浸润线位置的确定,根据面板坝坝体断面各材料的渗流特性,将坝体分为面板、垫层区、过渡区、排水堆石区、堆石区。通常面板坝的渗流分析包括未浇筑面板前利用垫层挡水度汛的堆石体渗流分析和面板坝投入运行后通过面板裂缝产生的渗漏计算。

例如,董箐混凝土面板堆石坝采用有限元单元法对面板完好(渗透系数为 1.0×10^{-10} cm/s)、面板严重破坏(渗透系数为 1.0×10^{-4} cm/s)、面板局部破坏(渗透系数介于 $1.0 \times 10^{-10} \sim 1.0 \times 10^{-3}$ cm/s)三种情况下坝体的渗流情况做了计算,结果表明:面板完好时渗透坡降主要由面板来承担,浸润线在面板处迅速下降,在堆石区渗透坡降很小,浸润线基本与下游水位齐平。面板严重破坏时,面板只承担一半的渗透坡降,其余部分由垫层、过渡层和堆石体来共同承担,浸润线与下游水位平面成一定倾角,但堆石区渗透坡降很小,鉴于堆石区浸润面较高,特别是在大坝上采用溢洪道开挖爆破砂泥岩料,泥岩含量偏高,应重点关注水对坝料的软化问题。由此,在堆石坝最大剖面浸润面高程附近设一组渗压计,分别设在垫层区、过渡区、竖向排水堆石区、砂泥岩堆石区。

3.2.3.3 绕坝渗流

绕坝渗流监测主要包括两岸坝端及部分山体、坝与岸坡或混凝土建筑物接触面、帷幕灌浆与坝体或两岸接合处等关键部位的渗流监测。

根据近坝区地形地貌和地质情况推测可能的地下水流线,沿流线方向或渗流较集中的部位设 2~3 个观测断面,观测大坝下游坡经帷幕后近坝区岸坡的地下水位的变化,绘制水位等势线。

在布置时还应考虑观测孔与施工交通洞、地下洞室之间的关系和干扰。每个水位观测孔用地质钻机钻孔,孔径为 Φ89mm,并作地质素描图,供后续资料分析之用。钻孔深度以穿过原地下水位线以下 5m 左右为宜。在钻孔内全孔段安装花管,放入渗压计进行自动化观测,也避免后期观测孔塌孔和减少后期更换的工作量。

依据所观测部位的测值估计数来确定仪器量程,在坝基幕前渗压按 0.9 倍最大水头估算,幕后按 0.5 倍最大水头估算。

另外,结合坝体帷幕布置,进行大坝帷幕渗流监测。帷幕监测的作用是:①检验帷幕的防渗效果,计算帷幕的渗透系数;②对不良地质情况帷幕段的渗压监测;③对帷幕后洞段处的渗压监测,找出在水库蓄水前或蓄水后的渗压变化规律和量值大小,验证隧洞设计外水压力取值的合理性;④监测帷幕的渗流量。

例如,根据董箐混凝土面板堆石坝地质资料,坝址区地层为边阳组上段砂岩夹泥岩 (T_2b^1) 和下段泥岩夹砂岩 (T_2b^2),其岩层均为较弱透水层。因此两岸防渗帷幕分别伸入相对隔水层 3~5Lu 内。河床帷幕灌浆沿趾板进行,左岸由左坝头以 S82°E 穿过溢洪道沿

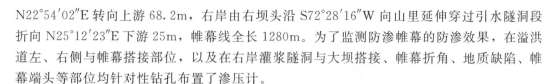

N22°54′02″E 转向上游 68.2m，右岸由右坝头沿 S72°28′16″W 向山里延伸穿过引水隧洞段折向 N25°12′23″E 下游 25m，帷幕线全长 1280m。为了监测防渗帷幕的防渗效果，在溢洪道左、右侧与帷幕搭接部位，以及在右岸灌浆隧洞与大坝搭接、帷幕折角、地质缺陷、帷幕端头等部位均针对性钻孔布置了渗压计。

3.2.3.4 渗流量

渗流量监测主要包括面板混凝土裂缝引起的渗漏、面板间垂直缝渗漏、两岸周边缝渗漏、两岸坡绕坝渗漏等，以及渗漏水温度、透明度、化学分析等水质观测。

根据《土石坝安全监测技术规范》（SL 551—2012）规定，渗流量观测系统的布置应根据坝的结构情况、坝基地质条件、渗漏水的出流和汇集条件以及所采用的测量方法等确定，对坝体、坝基、绕渗的渗流量应分区、分段进行，所有集水和量水设施均应避免其他来水的干扰。目前，大坝渗流量监测一般是在下游坝趾附近修建导渗沟，在导渗沟出口设置量水堰以监测出流量，监测的出流量均为渗漏总量，对于分区监测方面考虑不足。

如董箐混凝土面板堆石坝，由于下游水位较高，水位变幅较大，根据实际的地形及建筑物的结构布置情况，充分考虑分期渗流监测，将坝体渗流量分成左右坝肩岸坡渗流量和基础渗流量三部分，主要做法为：在两岸坡坡面上设置坝内截水沟，截水沟从上游面板底处起，按 2‰坡度放坡，在下游坝趾处出露，坝内截水沟建在清理干净的基础上，沟体盖板上设置塑料排水盲沟材料。左、右岸坝内截水沟末端分别布设 1 座直角三角堰，监测两岸基础的渗流量。在大坝坝脚中部设混凝土挡墙，将大坝、坝基渗漏水截住并沿指定的缺口位置流出，在缺口处设置 1 座梯形堰，监测总渗流量。均用量水堰仪进行观测，并设置人工观测通道。严禁两岸岸坡外排水沟内的水流入坡内截水沟的量水堰内，对雨季观测时更应作好详细记录，如雨季时间、雨量等参数。在观测渗漏量的同时，必须测记相应渗漏水的温度，观测渗漏水的透明度，嗅渗漏水是否有异味，对气温也应该做记录。同时应取水库水样和渗漏水样作相同项目的化学成分分析，以利比对。

3.2.4 压力（应力）

土压力为非必测项目，但在筑坝材料强度较低或采用特殊材料、坝高较大时，可考虑设置，以了解坝体应力与坝体变形、密实度、库水位等的关系。对于堆石体与混凝土、岩石面或圬工建筑物接触面，由于二者材料差异性较大，可布置界面土压力以了解刚性物体与土体或过渡料的结合情况。

面板坝结构设计时，将面板考虑为柔性结构，其作为防渗体仅起到传递水荷载作用，理论上其与过渡料紧密接触时，竖向和横向不出现弯矩。但是由于堆石体的纵向变形，会使得面板逐渐表现为向河床中部的挤压变形，加之面板与堆石体变形的不协调所产生的脱空，都会对面板结构受力产生影响。因此，对于中、高混凝土面板堆石坝，有必要进行面板应力、应变和施工期温度监测。

3.2.4.1 坝基、坝体压应力

压力（应力）监测主要是对堆石体的总应力、垂直和水平土压力等进行监测，其布置应与堆石体变形和渗流监测项目相结合。通常选择 1～2 个断面作为监测断面，其中

最大坝高处应设置 1 个主监测断面，具体参照 3.2.2 节的选择标准进行设置。根据坝高，每个监测断面选取 3~5 个高程布置单向土压力计或多向土压力计组。对于高面板堆石坝，测点布置位置宜选择在过渡料和坝轴线附近，且宜与内部变形监测仪器一致。

3.2.4.2 界面压应力

对于土压力最大、受力情况复杂、工程地质条件差或结构薄弱等部位，一般可沿刚性界面布置土压力计。对于高面板堆石坝，为了解面板与垫层料之间的应力状况，在面板内部应力监测所在高程的面板和垫层料之间布置 1 支界面土压力计，坝高超过 100m 的Ⅰ级坝可在每期面板的顶部 5m 范围内增设界面土压力计，以便与面板脱空计对应分析。

3.2.4.3 防渗体应力、应变及温度

面板应力应变监测包括混凝土应变及温度、钢筋应力监测。监测条块的选择应综合考虑河谷地形、地质情况和计算分析成果。通常，根据工程规模和坝体结构，选择 1~5 块面板进行监测，其中最长面板上应设置 1 个监测断面。对于高面板坝，若面板存在挤压破坏的风险，则应在相应的面板条块上增设 1~2 个监测断面。另外，应力应变监测断面宜结合堆石体变形监测断面进行设置。

考虑面板为平面应力状态，依据应力计算成果，选取面板应力分布典型部位布置应变计组及无应力计。一般沿面板坡向，按顺河向和平行轴线方向布置两向应变计组，两支应变计互成 90°。对于面板底部周边缝附近应力应变较为复杂的部位，宜布置三向应变计组，即在两向应变计组的基础上，增加一支 45°方向的应变计。为剔除混凝土自身体积变形对应变的影响，在每套两向（三向）应变计组附近，应配套布置 1 套无应力计。相较于传统大体积混凝土内埋设的无应力计，由于无应力计桶尺寸较大而面板厚度较薄，为了不影响面板结构，可在垫层料内挖坑放置无应力计桶（大口朝向面板）。面板钢筋应力测点布置位置应选择在应变测点附近，便于对比分析。

在面板混凝土内布置温度计，施工阶段可为浇筑面板混凝土的温控提供科学依据；在运行阶段，面板上的温度计可兼具观测库水温。对于坝高在 30m 以下的低坝，应在正常蓄水位以下 20cm、1/2 水深以及库底处各布置一个测点；对于坝高在 30m 以上的中高坝，从正常蓄水位到死水位以下 10cm 处的范围内，每隔 3~5m 宜布置一个测点，死水位以下每隔 10~15m 布置一个测点。在库水位升降范围、正常蓄水位以上等区域，面板温度变化可能会较大，因此在正常蓄水位上至少布置 1 支温度计，在库水位变动区适当加密布置。

3.3 心墙堆石坝监测设计

3.3.1 监测项目

由于心墙堆石坝的结构特点和筑坝形式不同于面板堆石坝，两种坝型的防渗体系差异很大，监测的重点也有很大区别，心墙坝应重点关注心墙防渗体、坝体及坝基的变形和渗

流稳定。

　　心墙坝监测项目主要包括坝体及心墙变形、接缝及接触面变形、大坝及基础渗流渗压监测、界面土压力、心墙应力应变、巡视检查等。心墙堆石坝安全监测项目分类详见表 3.3.1。

表 3.3.1　　　　　　　　　心墙堆石坝安全监测项目分类表

序号	监测类别	监测项目	大坝级别		
			1	2	3
1	巡视检查	坝体、坝基、坝肩及近坝库岸等	●	●	●
2	变形	1. 坝体表面垂直位移	●	●	●
		2. 坝体表面水平位移	●	●	●
		3. 堆石体内部垂直位移	●	●	○
		4. 堆石体内部水平位移	●	○	○
		5. 接缝变形	○	○	○
		6. 坝基变形	○	○	○
		7. 坝体防渗体变形	●	○	○
		8. 坝基防渗墙变形	○	○	○
		9. 界面位移	●	●	○
3	渗流	1. 渗流量	●	●	●
		2. 坝体渗透压力	●	○	○
		3. 坝基渗透压力	●	●	○
		4. 防渗体渗透压力	●	●	●
		5. 绕坝渗流（地下水位）	●	●	○
		6. 水质分析	○	○	○
4	压力（应力）	1. 孔隙水压力	○	○	○
		2. 坝体压应力	○	○	/
		3. 坝基压应力	○	○	○
		4. 界面压应力	●	●	○
		5. 坝体防渗体应力、应变及温度	●	○	○
		6. 坝基防渗墙应力、应变及温度	○	○	○
5	环境量	1. 上、下游水位	●	●	●
		2. 气温	●	●	●
		3. 降水量	●	●	●
		4. 库水温	○	○	/
		5. 坝前淤积	○	○	○
		6. 下游冲淤	○	○	○
		7. 冰压力	/	/	/

注：有"●"者为必设项目；有"○"者为可选项目；有"/"者为可不设项目，可根据需要选设。

3.3.2 变形监测

变形监测项目主要包括坝体（基）的表面变形和内部变形、防渗体变形、界面、接（裂）缝等变形。

3.3.2.1 表面变形

坝体表面变形监测内容包括坝面的垂直位移和水平位移，应设置横断面和纵断面。典型横向监测断面宜选在最大坝高处、地形突变处、地质条件复杂处。典型纵断面可由横向监测断面上的测点构成，必要时可根据坝体结构、地形地质情况设置纵向监测断面。应在纵横监测断面交点部位布设监测点，对 V 形河谷中的高坝和坝基地形变化陡峻坝段，靠近两岸部位的纵向测点应适当加密。

对于高心墙坝，一般平行坝轴线的测线不少于 4 条，其中坝顶上、下游侧各布设 1~2 条；在上游坝坡正常蓄水位以上设 1 条，正常蓄水位以下可视需要设临时测线；下游坝坡 1/2 坝高以上设 1~3 条，以下设 1~2 条。对于中小型心墙坝，可酌情减少。坝轴线长度小于 300m 时，测点间距一般取 20~50m；坝轴线长度大于 300m 时，宜取 50~100m。除应在上述监测断面上布设测点外，还需根据坝体结构、材料分区和地形、地质情况增设测点。各测点的布置应形成纵横断面，水平位移和沉降位移测点尽量在同一位置上，以便于进行对比分析。

坝体表面变形多采用表面观测墩及水准标，利用监测控制网进行观测。水平位移（横向 X、纵向 Y）监测可采用视准线法、前方交会法、极坐标法和 GPS 法进行；垂直位移监测可采用水准测量、三角高程测量及 GPS 法。

某坝高为 240m 的砾石心墙坝坝轴线附近河谷相对开阔，呈较宽的 V 形，两岸自然边坡陡峻，临江坡高 700m 左右，坝基河床覆盖层层次结构复杂，根据地形地质特点和设计计算成果，蓄水期坝体最大沉降为 383.6cm，上、下游最大位移分别为 45.6cm 和 93.8cm，左、右岸最大位移分别为 57.8cm 和 58.6cm。大坝表面位移测点按间距 30~80m 左右，共布置 11 个监测横断面、10 个监测纵断面，由于坝高较高，在上游正常蓄水位以下坝坡布置 1 个临时沉降监测纵断面，水平位移测点与垂直位移测点同墩布置，监测断面及测点布置见图 3.3.1。

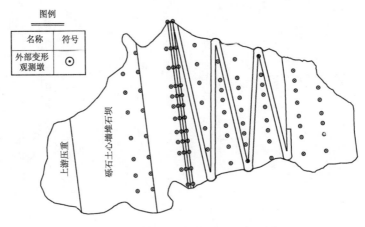

图 3.3.1　表面变形监测平面布置图

3.3.2.2 内部变形

坝体内部变形监测又可分为垂直位移（沉降）监测、水平位移监测、界面位移监测。一般内部垂直位移监测和水平位移监测都是相对某一点的位移，而这一点的高程或平面坐标需要采用外部监测的方法来确定，两者结合才能确定坝体内部各测点绝对位移的变化。界面位移则是坝体与边坡、坝体不同料区接触面之间的相对位移，可直接由监测仪器设施获取的数据计算得出。

坝体内部变形监测断面主要考虑设置在典型部位，一般应布置在最大坝高处、合龙段、地质及地形复杂段、结构及施工薄弱部位。可设 2~3 个监测横断面，每个横断面设置的测线及测点数量由布置方式而定。坝基垂直位移和水平位移监测，宜结合坝体监测断面布置。可由坝体监测测线向下延伸设置，也可在大坝建基面附近单独设置测点。心墙上游堆石体布置的测点应统筹考虑施工期和运行期监测的需要，具备条件时，应将相关监测设施引到坝顶以上，以便监测施工期和蓄水期堆石体的变形。

坝体垂直位移和水平位移监测有垂向和水平分层布置方式，这两种方式可结合布置，也可单独布置。对于垂向布置方式，每个监测横断面可布置 3~5 条监测测线，其中一条应布设在坝轴线附近。测线末端应深入到坝基相对稳定部位，坝基面附近应设一个测点，顶端应设表面变形监测点。坝体内每条测线的测点间距视监测手段而有所不同，但测点总数不宜少于 5 个。监测测线的布置，应尽可能形成纵向监测断面。对于水平分层布置方式，通常将垂向、水平位移测点布置在同一部位，水平分层布设。同一断面不同高程测点位置在垂向应尽量保持一致，以形成垂向测线。

垂直位移可采用电磁式或干簧管式沉降仪、水管式沉降仪、水平固定式测斜仪、横梁式沉降仪、坝基沉降计；水平位移可采用引张线式水平位移计、测斜仪。

某坝高为 240m 的砾石心墙坝，下部覆盖层深度最高达 76.5m，属 300m 级深覆盖层上的高土石坝。大坝坝基覆盖层的沉降采用大量程的电位器式位移计进行监测。心墙区内部沉降监测采用弦式沉降仪、电位器式位移计、电磁式沉降仪三种仪器进行监测，其中弦式沉降仪为单测点分层布设，多测点组合后形成沉降观测系统；电磁式沉降仪为多测点垂直布设，并与测斜管配套安装使用。心墙区水平位移采用活动式测斜仪和固定式测斜仪进行监测，其中活动式测斜仪与电磁式沉降仪可同孔布置。下游堆石区沉降和水平位移采用水管式沉降仪和引张线式水平位移计监测，二者同部位布置。另外，为监测心墙土体沿坝轴线方向拱效应引起的水平变形，在坝轴线左、右岸心墙基础混凝土板各布设一套土体位移计串，内部变形监测布置见图 3.3.2 和图 3.3.3。

3.3.2.3 防渗体变形

防渗体变形监测应重点关注心墙的压缩变形、挠曲变形，以及坝体与岸坡结合处、不同坝料交界处、土石坝心墙与过渡料接触区、土石坝与混凝土建筑物连接处、窄心墙及窄河谷拱效应突出处的界面位移。设置的监测断面及测点布置应与坝体变形监测相结合，形成整体的变形监测系统，以利于综合分析。

当坝址区为深覆盖层时，应对基础覆盖层变形和防渗墙变形进行监测，重点监测基础防渗墙与坝体防渗体的结合部位。对于大型心墙坝，应在最大断面的基础部位布设测点，以监测基础的沉降量，当下游水位较高时，宜采用竖向布置方式。

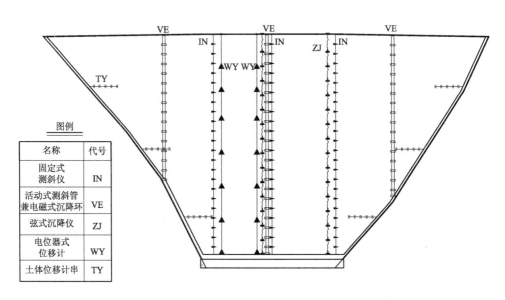

图 3.3.2　内部变形（立面）监测布置图

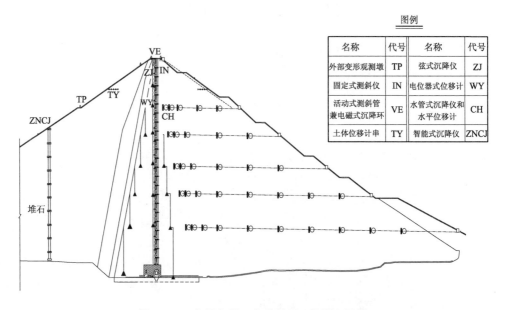

图 3.3.3　内部变形（典型断面）监测布置图

心墙作为最重要的防渗体，应对其挠曲变形进行监测。当心墙采用柔性的土质和沥青混凝土时，还应监测其压缩变形。一般采用测斜管加沉降环的方式进行监测，也可采用阵列式位移计或其他方式进行监测，但布设时应尽量减少监测设施对心墙造成的损害。

界面变形监测设施一般布设在不同坝料交界及土石坝与混凝土建筑物、岸坡连接处，监测界面上两种介质相对的法向及切向位移，一般采用界面变位计进行监测。譬如，在心墙的上游、下游宜设置心墙与过渡料的剪错位移和接触位移监测；在土体与混凝土建筑物及岸坡岩石结合处易产生裂缝的部位、峡谷坝址拱效应突出的部位，应设置接触位移测点。在混凝土及沥青心墙与基础防渗墙结合处，宜在结合部位的上游、下游布置接缝开合度监测，若为不对称河谷坝址，还应设置接缝水平剪切和错动位移监测。

对于出现的表面裂缝，一般可用钢尺、对标点、裂缝计等进行观测。采用钢尺测量裂缝的长度及可见深度时，应精确到 5mm。裂缝的延伸走向应精确到 10mm。对于裂缝的宽度变化，宜采用在裂缝两端设置对标点进行测量，应精确到 0.5mm。

某心墙坝的心墙与基础之间通过混凝土垫层连接，为了掌握垫层混凝土与坝基基岩面间接触缝、垫层混凝土与心墙、心墙与过渡料之间的工作状态，在上述接触部位布设测缝计来监测其变形情况。接缝及界面位移监测布置见图 3.3.4。

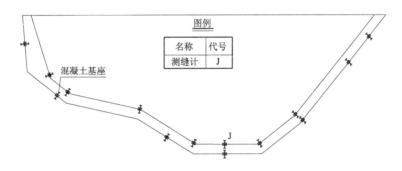

图 3.3.4　接缝及界面位移监测布置图

3.3.3　渗流监测

心墙坝材料为土散粒体，坝体渗透压力过大及渗漏问题将严重影响坝体的稳定。为全面了解土石坝坝基透水层和相对不透水层中渗压沿程分布情况，分析大坝防渗和排水设施的作用，检验有无管涌、流土及接触冲刷等渗透破坏，需要进行坝基岩土体、防渗体和排水设施等关键部位的渗流监测。

对于修建在深厚覆盖层上的心墙坝，为确保深厚覆盖层上土石坝防渗系统的完整性和连续性，坝基混凝土防渗墙与坝体防渗体的连接处理是关键，防渗墙上部与心墙下部的防渗接头部位是大坝渗流监测关注的重点。由于材料间差异性较大所产生的接触不良问题可能引起渗流破坏，因此应重点关注两岸坝肩及部分山体、土石坝与岸坡或混凝土建筑物接触面，以及防渗墙或灌浆帷幕与坝体或两岸接合部等部位的渗流情况。

渗流监测主要包括坝体浸润线监测、坝体和坝基渗透压力监测、土心墙的孔隙水压力监测、防渗和排水效果监测、绕坝渗流监测、渗流量监测等。

3.3.3.1　坝基渗流

坝基渗流监测断面应根据坝基岩土特性、地质结构及其渗透性确定，同时应与坝体渗透压力监测断面相结合。监测横断面上的测点布置，应根据地形轮廓形状、坝基地质结构、防渗和排水型式等确定。坝基若有防渗体，可在横断面之间防渗体前后增设测点。

坝基渗透压力包括坝基天然岩土层、人工防渗和排水设施等部位的渗透压力。坝基渗透压力横向监测断面数一般不少于3个，并宜顺流线方向布置，每个断面上不宜少于3个测点。同时，应在防渗体下游侧布设一条纵向监测断面，大型工程可适当增加一条。

当坝基为均质透水时，渗流出口内侧应布置1个测点，其余部位酌情考虑；当坝基为层状透水时，应在强透水层中设置不少于3个测点，一般测点布置在横断面的中下游段和渗流出口附近；当坝基为岩石时，应重点关注存在贯穿上下游的断层、破碎带、软弱带等地质薄弱部位的渗流情况，一般应沿其走向，在其与坝体或其他重要防渗建筑物的接触面布置3～5个测点。

坝基渗透压力监测可以选用测压管和渗压计两种方式，一般采用测压管较多，当测压管难以实现时，则采用渗压计。若选用测压管，则应控制其透水段在回填反滤料中的长度，通常采用0.5～2.0m。

某砾石土心墙坝坝高87m，坝基地质条件复杂，心墙底部为混凝土防渗墙。为监测坝基渗流，在上游堆石区、防渗墙前后、帷幕灌浆下游侧、下游堆石区分别布置渗流监测点，与坝体渗流监测组成渗流监测系统，监测布置见图3.3.5。

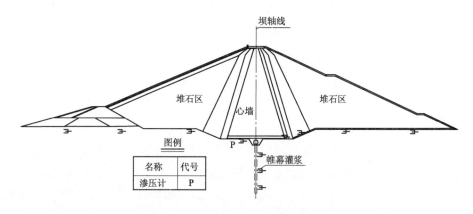

图3.3.5 坝基渗流监测布置图

3.3.3.2 坝体渗流（孔隙水压力）

土石坝建成蓄水后，在库水压力作用下，坝体内必然产生渗流现象。坝体内浸润线的高低变化，与土石坝的稳定有密切关系。对坝体渗流进行监测，掌握浸润线以及坝体渗压分布和变化规律，可分析判断土石坝的渗流状况和坝坡稳定。

坝体渗流监测横断面宜选在最大坝高处、合龙段、地形地质条件复杂坝段、坝体与穿坝建筑物接触部位，一般不少于3个，并尽量与变形、应力监测断面相结合。监测断面上的测点布置，应根据坝型结构、断面大小和渗流场特征布设，一般在土心墙内布设1～3个测点，心墙下游侧和排水体前缘各布设1个测点，坝肩与下游排水体之间布设1～3个测点。对于刚性心墙和窄心墙坝，心墙内无法布设测点时可在心墙上下游各布设1个测点。对于已建大坝渗流异常部位，可视现场条件增设部分测点。

通常选用测压管或渗压计（或孔隙水压力计）对浸润线及坝体渗压进行监测，具体应根据不同的监测目的、土体透水性、渗流场特征以及埋设条件等合理选择。一般情况下，在上下游水头差较小（小于 20m）、渗透系数大于或等于 10^{-4} cm/s 的土层中，以及渗透压力变幅较小、防渗体出现裂缝等部位，宜采用测压管。在上下游水头差较大、渗透系数较小的土层中，观测不稳定渗流过程、观测超静孔隙水压力消散过程，以及不适宜埋设测压管的部位（如铺盖或斜墙底部、接触面、堆石体等），宜采用渗压计。

某建在深覆盖层上 240m 高的砾石心墙堆石坝，渗流计算结果为主防渗墙和副防渗墙的上、下游侧最高水头差分别为 95m、77m。设计时在上游反滤层与心墙交界部位、心墙轴线、心墙轴线与上下游反滤层之间、心墙与下游反滤层交界部位均布设测点。同时，考虑到心墙上部较薄，为监测心墙上部挡水效果，在心墙高高程的反滤层内增加一个监测断面，并与变形监测断面相结合布置。

3.3.3.3 绕坝渗流

绕坝渗流监测内容包括两岸坝肩及部分山体、土石坝与岸坡或混凝土建筑物接触面，以及防渗墙或灌浆帷幕与坝体或两岸接合部等关键部位的渗流情况。

绕坝渗流监测布置，应根据左右岸坝肩结构及水文地质条件布设，宜沿流线方向或渗流较集中的透水层布设 2～3 个监测断面，每个断面上设 3～4 测孔（含渗流出口），帷幕前可设置少量测点。对于层状渗流，应将监测孔钻入各层透水带，一般为该层天然地下水位以下 1m 深度。坝体与刚性建筑物接合部的绕渗监测，应在接触轮廓线的控制处设置监测线，沿接触面不同高程布设测点。对于岸坡防渗齿槽和灌浆帷幕的上、下游侧，应布设测点。绕坝渗流一般采用钻孔埋设测压管方式进行监测，当采用自动化监测时，可在测压管内安装渗压计。

3.3.3.4 渗流量

监测渗流量可掌握大坝防渗和排水设施的工作状态是否正常，分析判断大坝渗流稳定性。当渗流量出现显著的增加和减少时，反映出坝体或坝基可能存在渗透破坏或出现集中渗漏通道、或者是排水体堵塞不畅等问题，应及时予以查明，避免大坝发生渗流破坏。

对坝体、坝基、绕渗及导渗（含减压井和减压沟）的渗流量，应分区、分段进行监测（有条件的工程宜建截水墙或监测廊道），所有集水设施均应避免混杂外来水。渗流量一般采用量水堰观测，当渗流量较小时，宜采用容积法观测。当下游有渗漏水逸出时，应在下游坝趾附近分区、分段设置导流沟，在导流沟的出口设量水堰观测出流量；当透水层深厚、渗流水位低于地面时，可在坝下游河床中布设测压管（或渗压计），通过监测渗流压力计算渗透坡降和渗流量。

3.3.4 压力（应力）监测

对于心墙坝来说，应力、应变监测项目主要有土压力、接触土压力、混凝土防渗墙的应力、应变及温度等监测。压力（应力）监测应与变形监测和渗流监测项目相结合布置。

3.3.4.1 土压力

土压力监测主要包括土石坝基座应力、土坝内的土压力、大坝上游面泥沙淤积压力、防渗心墙两侧的土压力等监测，宜布置在土压力最大、工程地质条件复杂或结构薄弱部位。

土体压力监测，测定的是土体或堆石体内部的总土压力。根据需要可进行垂直土压力、水平土压力及大、小主应力等的监测。

接触土压力监测，包括坝体与混凝土、岩面或水工建筑物接触面上的土压力监测。

某 240m 高的砾石心墙坝，坝体分为砾石土心墙、反滤层、过渡层、坝壳堆石 4 大区，经设计计算，竣工期及蓄水期最大主应力为从心墙向上下游堆石区扩散，最大主应力出现在心墙底部，因此土压力测点主要布设于心墙区，监测布置见图 3.3.6。

3.3.4.2 应力、应变及温度

沥青混凝土心墙或斜墙的应力、应变及温度监测宜布设 2～3 个监测横断面，每一断面设 3～4 个监测高程，每一高程设 1～3 个测点。所有监测仪器及电缆均应满足耐沥青高温要求。

防渗墙混凝土应变宜设 2～3 个监测横断面，每一断面根据墙高设 3～5 个监测高程。在同一高程的距上下游面约 10cm 处沿铅直方向各布置 1 支应变计，在防渗墙的中心线处布置 1 支无应力计。

某砾石心墙坝，坝基防渗处理采用钢筋混凝土防渗墙，设主副防渗墙，主防渗墙布置于坝轴线平面内，通过顶部设置的灌浆廊道与防渗心墙连接，副防渗墙布置于坝轴线上游，与心墙间采用插入式连接。为监测防渗墙内混凝土应力变化情况，在主副防渗墙上均布置钢筋计。

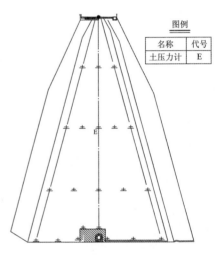

图例	
名称	代号
土压力计	E

图 3.3.6　土压力（典型断面）
监测布置图

3.4　监测施工要点与关键技术

3.4.1　主体工程施工对监测工作的影响

3.4.1.1　坝基处理

土石坝的坝基处理主要是为了满足渗流控制、静动力稳定、沉降等方面的要求，保证大坝的安全运行。堆石体基础一般全部挖除坝体轮廓范围的覆盖层，并清除表面松动石块、凹槽内积土和突出的岩石，以及树根、草皮。对于覆盖层较深的工程，经勘察论证不存在连续沙层或可能液化沙层时，堆石体基础一般挖除一定范围的覆盖层，对保留的覆盖层，清除表层松软层，经压实和反滤处理，然后直接填筑堆石体。

处理后的坝基应满足渗流稳定和渗流量控制要求，因此应在坝基布置渗流监测测线，采用渗压计对基础渗流情况进行永久监测。另外，遇部分基础覆盖层深厚或其他特殊情况

时，还应监测基础变形和不均匀沉降情况，即在典型断面布置适量的基岩变位计（多点位移计）。相较于混凝土坝，土石坝的横向断面尺寸要大得多，基础处理需分段分区进行施工，具备仪器安装条件的部位较为分散，电缆水平牵引的距离长，存在埋设后的仪器在按照设计线路进行电缆牵引时，线路中的某一段开挖或者回填施工尚未完成的情况，导致电缆牵引过程中与施工之间的干扰较大，已牵引的电缆得不到及时有效的保护。另外，处理后的坝基高低起伏明显，电缆易被剪切破坏，保护的难度大。

3.4.1.2　大坝填筑

坝体填筑分期主要满足坝体施工安全、坝体度汛方式、坝体均匀上升、提前发电等因素。部分150～200m级面板堆石坝工程，坝体施工分期模式为"一枯度汛抢拦洪、后期度汛抢发电"，即截流后第一个枯期将坝体填筑到安全度汛水位，汛期坝体不过流，靠坝体临时断面挡水；在施工后期，将坝体填筑到导流洞封堵后的度汛水位以上，同时满足首台机发电水位要求。此种分期模式既减小了上游围堰工程量和难度，又争取了一枯宝贵的大坝施工时间，降低了坝体度汛的难度，可实现提前发电的目标，是一种既经济又可争取工期的模式，为面板堆石坝建设提供了宝贵的经验。另外，高坝建设吸取了天生桥一级大坝的经验教训，要求坝体尽可能采取全断面填筑上升，坝体填筑分期尽量做到上下游和左右岸平衡上升，条件许可时下游坝体填筑还可高于上游坝体，但高差一般应控制在40m以内；每期面板施工前，坝体分期填筑面超高在20m左右，以减少面板顶部脱空和结构性裂缝现象的发生。

无论是为了满足度汛、提前发电或是减少面板裂缝发生的需求，分期填筑施工与大坝内部监测的水管式沉降仪和引张线式水平位移计的埋设安装之间存在明显的交叉施工，对其埋设安装后的质量影响很大。虽然一般要求坝体尽可能全断面填筑上升，条件许可时下游坝体填筑可高于上游坝体，但是有时因填筑方量大、工期紧张，为满足度汛要求，仅具备将坝前填筑至度汛高程的临时断面条件，若此高程附近又正好有监测内部变形的水管式沉降仪和引张线式水平位移计条带，则需分段埋设安装。对于水管式沉降仪，为保证管路的完整性和长期稳定性，管路一般是不应出现连接接头的（条件实在不允许的情况下，可采用专用接头进行连接），但此时由于坝后尚未填筑到仪器布置的设计高程，水管式沉降仪的管路无法埋设，导致大量的管路需临时堆放在坝体上，主体施工过程中极易被碰撞、碾压，甚至损坏。同时，水管式沉降仪的管路安装沟槽应控制1‰～3‰的坡比朝向下游观测房，分段埋设加大了沟槽开挖坡比控制难度，可能在后期埋设其他测点时，在沟槽局部形成倒坡，对后期观测数据的可靠性造成无法逆转的影响。另外，有时为了抢工期，坝体下游侧靠近坝坡的局部并未填筑到设计位置，使得永久观测房不具备修建的条件，导致坝体内部沉降和水平位移监测系统难以及时形成，丢失了部分监测数据。因此，监测单位应在坝体填筑到监测仪器埋设安装高程的1个月前，提前组织各方进行监测技术交底，要求施工单位能够及时提供修建观测房的工作面，若现场实在存在困难，则可根据实际情况，修建临时观测房，以保证及早取得监测成果。

对于沉降测斜管，由于其是垂直方向埋设，且需与大坝填筑上升同步，时刻都有被施工机械车辆碰撞、碾压，甚至损坏的风险，因此需要监测人员全程跟踪。

坝体内监测仪器电缆的牵引要特别考虑坝体填筑分期、填筑分区和施工进度安排等因素，避免不均匀沉降（变形）可能对电缆造成的不利影响。坝体内部监测仪器的电缆应优先采用水平方式牵引，减少竖向牵引，严禁交叉牵引，力求一次进入观测房，某些区段需穿管保护，确保仪器设备正常工作。

3.4.1.3 面板浇筑

混凝土面板的施工主要包括混凝土面板的分块、垂直缝砂浆条铺设、钢筋架立、面板混凝土浇筑、面板养护等作业内容。一般选择 11 月至次年 3 月的低温季节浇筑施工。采用无轨滑模、溜槽输送入仓，跳块浇筑，滑模由坝顶卷扬机牵引，面板滑模滑升速度控制在 1.8m/h 以内，在滑升过程中，对出模的混凝土表面及时进行抹光处理，注意保温保湿和长流水养护。

面板混凝土浇筑阶段，面板内埋设的仪器主要为钢筋计、应变计、无应力计和温度计等常规仪器，以及挠度监测电平器、垂直缝和周边缝开合度监测的测缝计等的预埋电缆线。由于面板浇筑混凝土方量小，施工周期较短，因此浇筑期间需安排专人跟踪值守，确保仪器及电缆不被施工损坏，同时应在混凝土浇筑完成且二次抹面处理好前，及时将预埋的仪器电缆头露出面板表面并做好标记，以便于后期安装测缝计、电平器等仪器时，快速定位和接线。

3.4.1.4 止水施工

面板周边缝一般在底部设置铜片止水，这一道止水是关键，因此必不可少；除非认为很有必要，周边缝中部一般可不设置止水，加强顶部止水也能达到要求。顶部止水是第一道防线，保证该道防线的功能，是周边缝止水系统成功运行的基础。对顶部止水来说，塑性填料＋防渗盖片是必须的。由于周边缝顶部止水质量控制相对较难，故需在塑性填料的外部再包一层粉煤灰等无黏性填料，这是为了使周边缝止水具有自愈性能。在大坝运行期间，一旦止水系统出现问题，无黏性填料将在库水压力的作用下进入周边缝中，这样垫层料对渗入的无黏性填料有反渗功能，从而保证了坝体的渗流稳定。垂直缝一般在底部设一道铜片止水。顶部塑料填料，缝内填塞 8～15mm 厚的闭孔塑料板、橡胶片或沥青杉木板，使面板不致受挤压破坏，保证垂直缝止水系统的功能。

对于面板周边缝和垂直缝，在面板表面跨缝安装三向测缝计和单向测缝计，同时为有效保护仪器，在仪器外部安装不锈钢保护罩，铺盖以下周边缝上的三向测缝计外围还应进行钢筋混凝土保护，故上述仪器均是在相应部位的止水施工完成后再进行安装。虽然应重点关注面板接缝在水库蓄水期间及运行阶段开合度情况，但是由于施工期的堆石体变形尚未完全收敛，此时的面板接缝仍有发生变形的可能，而止水施工一般时间较晚，周期较长，使得很多工程的垂直缝和周边缝监测仪器埋设安装的时间较为滞后，导致这一阶段的接缝变形数据缺失。因此，对于监测单位，可在面板施工完成后，应提前安装垂直缝和周边缝的监测仪器并及时取得初始值，当止水施工到该仪器部位后，将仪器从支架上拆除，待止水通过后，再重新安装仪器并重新取得初始值，然后及时封闭，对仪器进行保护。对于施工单位，其施工进度主要是根据自己的资源投入和计划安排来控制的，监测仪器埋设安装在什么位置、时间的早晚，与其相关性不大，也无法真正认识到监测仪器的作用和意义，因此，可建议施工单位，优先从布置有监测断面的接缝开始施工止水，以利于监测仪器及时投入使用，发挥作用。

3.4.1.5　铺盖回填

坝前回填黏土铺盖是坝基水平防渗的一种有效措施，主要作用是为了增加渗径，保证坝基渗流稳定和渗流量可控。铺盖以下区域的监测仪器主要是安装在面板表面的三向测缝计、两向测缝计、电平器等，回填铺盖时应避免将回填土料直接倾倒在有监测仪器的部位，并严格控制碾压施工，避免对仪器造成直接破坏。

3.4.1.6　下游坝坡施工

下游坝坡一般采用干砌石、堆石、草皮、钢筋混凝土框格或其他形式。坝后坡通常会结合坝体内部监测仪器的布置情况，设置多条视准线监测断面，以监测坝体表面变形。通常，坝后坡开始施工的时机比较晚，施工的进度缓慢、周期很长，坡面的永久步梯和观测道路迟迟无法形成，导致有不少坝的视准线是在水库蓄水后很久才建成使用，错失了重要的监测数据。因此，监测单位应合理选择仪器埋设的时机，严格按图纸上规定的高程和位置，在坝体填筑到该高程和位置时埋设并开始观测，避免因施工滞后而错过了施工期和蓄水初期坝体表面变形监测的关键阶段。

另外，在进行坡面修整时，会存在石块滚落的现象，可能会对坝后永久观测房造成破坏或威胁到观测人员的人身安全，施工单位在有观测房的部位施工时，应谨慎操作；在有观测人员作业时，应及时避让或提醒，以确保安全。

3.4.2　监测施工进度控制

安全监测是一项专业性很强的工作，它贯穿于工程始终，其既与工程总体不可分割，又是独立实施和运行的。安全监测工程主要包括以下几大部分：仪器的采购、运输和保管；仪器的检验、埋设安装以及与之相关的主体工作；仪器及电缆的保护维护；观测及巡视检查；资料整编分析、信息反馈以及其他有关工作。因此，为保证监测系统的有效实施，做好施工组织安排、合理控制施工进度是十分必要的。

监测施工进度应符合工程施工总进度的要求，并针对各项监测工作制定合理的工作方案。应在理解和掌握监测系统设计布置和技术要求基础上，结合工程施工特点，对监测施工进度进行总体安排。监测施工程序应能够与工程总体施工相协调平衡，避免互相干扰、冲突。以下以某高心墙堆石坝为例，对监测工作进度计划的编制进行简要说明。

3.4.2.1　主体工程节点

1. 导流工程控制性进度计划

2017 年 4 月至 2021 年 10 月，1 号导流洞过流。

2021 年 11 月初，1 号导流洞下闸，2 号导流洞过流，3 号导流洞于 2022 年汛期参与度汛。

2022 年 10 月初，2 号导流洞下闸，3 号导流洞过流，放空洞、深孔泄洪洞于 2023 年汛期参与度汛。

2023 年 11 月，3 号导流洞下闸，放空洞、深孔泄洪洞过流。

2. 大坝工程控制性进度计划

大坝工程控制性进度见表 3.4.1。

表 3.4.1　　　　　　　　　　　　大坝工程控制性进度表

序号	形 象 节 点	完 成 时 间
1	河床以上左右岸坝肩开挖完成（左岸高程 2360.00～2265.00m，右岸高程 2340.00～2265.00m）	2017 年 1 月 31 日
2	坝下堆存场平整完成	2017 年 1 月 31 日
3	围堰填筑完成	2017 年 4 月 30 日
4	根扎大桥上游右岸场地	2017 年 6 月 30 日
5	基坑开挖完成	2017 年 9 月 30 日
6	大坝标施工营地完成	2017 年 12 月 31 日
7	基础处理完成，并开始心墙填筑	2018 年 2 月 1 日
8	大坝填筑至高程 2213.00m	2018 年 5 月 31 日
9	大坝填筑至高程 2253.00m	2018 年 12 月 31 日
10	大坝填筑至高程 2283.00m	2019 年 5 月 31 日
11	大坝填筑至高程 2297.00m	2019 年 12 月 31 日
12	大坝填筑至高程 2327.00m	2020 年 5 月 31 日
13	大坝填筑至高程 2355.00m	2020 年 12 月 31 日
14	大坝填筑至高程 2374.00m	2021 年 5 月 31 日
15	大坝填筑至高程 2400.00m	2021 年 12 月 31 日
16	大坝填筑至高程 2418.00m	2022 年 5 月 31 日
17	大坝填筑至高程 2445.00m	2022 年 12 月 31 日
18	大坝填筑至高程 2475.00m	2023 年 5 月 31 日
19	大坝填筑完成	2024 年 1 月 31 日
20	坝顶临时结构施工完成	2024 年 5 月 31 日

3.4.2.2　监测施工进度计划编制

由于监测仪器安装埋设工作的实施计划与主体工程进度密切相关，受主体施工的严格制约和期限控制，因此监测仪器设备的安装埋设进度需紧随主体工程施工进度调整而调整，投入的各项资源必须随时满足工作量需求，即资源优化弹性较小。

施工进度网络图见图 3.4.1。

3.4.2.3　监测施工强度分析

各季度埋设安装工作量见图 3.4.2，各季度钻孔工作量见图 3.4.3。

标识号	任务名称	开始时间	完成时间
0	安全监测施工进度		
1	施工准备	2017-04-01	2024-12-31
2	前期移交部位监测仪器、设施的接收工作	2017-04-01	2017-04-10
3	环境量监测	2017-04-11	2024-03-31
4	简易气象站	2017-04-11	2017-05-31
5	人工观测水尺	2023-01-01	2024-03-31
6	库水温	2020-06-01	2024-05-31
7	大坝监测	2017-04-11	2017-06-10
8	围堰监测	2017-04-11	2017-09-30
9	坝基廊道监测	2017-09-01	2024-01-31
10	坝体监测	2024-02-01	2024-05-31
11	坝顶监测	2021-01-01	2021-09-30
12	导流洞端墙头监测	2021-01-01	2021-09-30
13	1号导流洞堵头监测	2021-01-01	2021-09-30
14	施工期生态流量供水洞堵头监测	2017-07-01	2017-12-31
15	坝肩边坡监测	2017-07-01	2017-12-31
16	左坝肩2340m高程以下边坡	2017-07-01	2017-12-31
17	右坝肩2360m高程以下边坡	2017-05-01	2022-12-31
18	料场边坡监测	2017-05-01	2022-12-31
19	当卡土料场边坡、河口料场边坡和飞水岩料场边坡监测	2017-05-01	2022-12-31
20	危岩体和近坝库岸边坡监测	2017-07-01	2022-12-31
21	危岩体	2017-07-01	2018-12-31
22	近坝库岸堆积体监测	2017-07-01	2022-12-31
23	前期移交部位的补充监测施工	2017-07-01	2018-03-31
24	巡视检查、仪器设施维护、观测和资料整编	2017-04-11	2024-12-31
25	巡视检查	2017-04-11	2024-12-31
26	仪器设施维护	2017-04-11	2024-12-31
27	观测和资料整编	2017-04-11	2024-12-31
28	监测仪器设施移交	2024-07-01	2024-12-31
29	完工验收	2024-10-01	2024-12-31

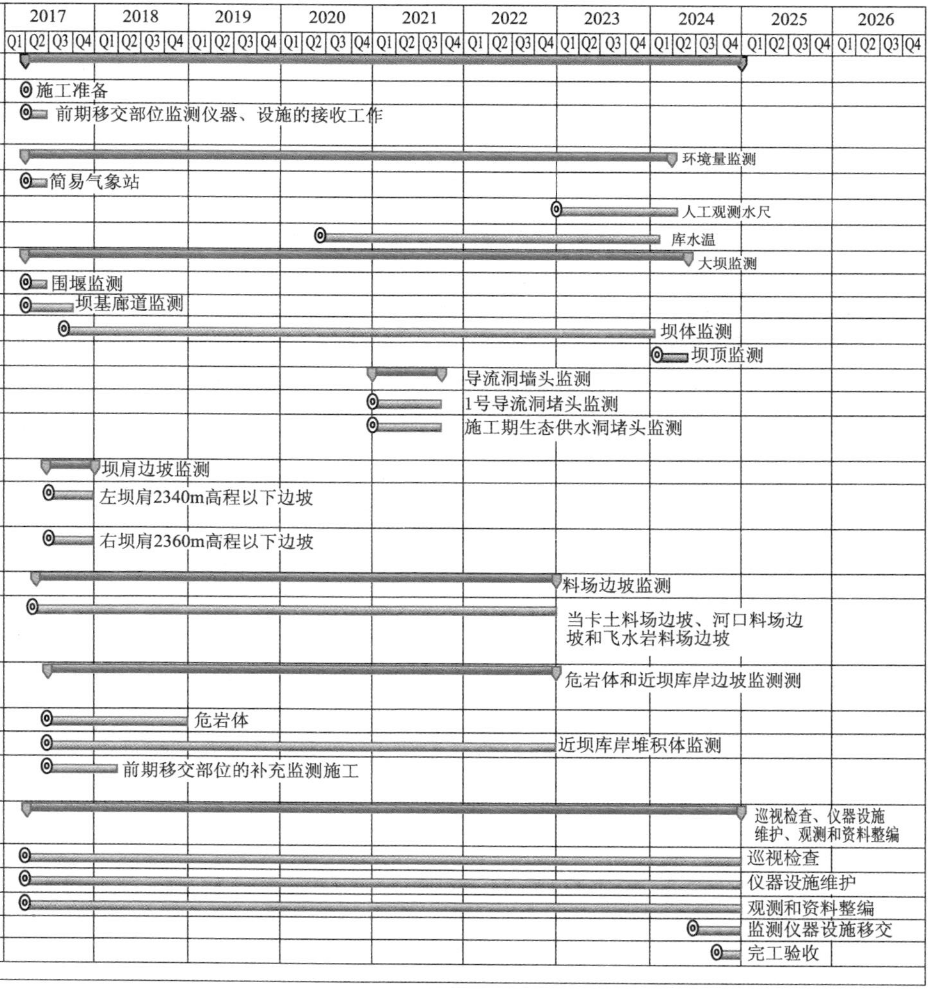

图 3.4.1 大坝安全监测施工进度网络图

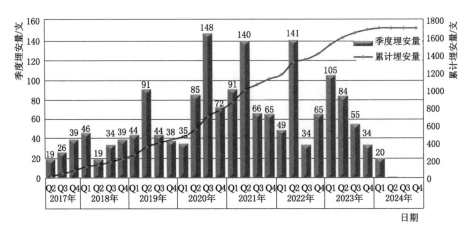

图 3.4.2　季度埋设安装工作量分配图

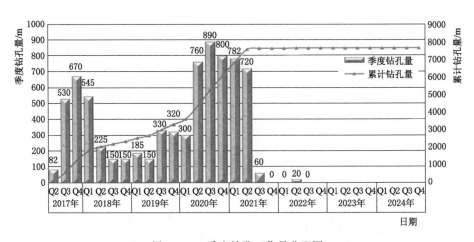

图 3.4.3　季度钻孔工作量分配图

3.4.3　主要仪器实施关键技术

　　土石坝的监测仪器实施主要与建基面地质条件，坝料填筑分段、分区、分期，混凝土面板浇筑工艺，心墙结构类型及施工工艺等有关。在监测仪器埋设安装前，应密切关注测点埋设部位的主体施工工艺及进度，提前编制埋设安装施工组织措施，做好仪器埋设安装的人员、材料、机械等方面的准备工作，协调明确土建施工单位的配合任务，尽量减少对主体工程直线工期的影响。应重点关注仪器埋设安装的工艺总结和技术改进，确保仪器埋设安装的质量，提高仪器完好率。

3.4.3.1　引张线水平位移计和水管式沉降仪

　　目前，堆石体内部变形主要采用引张线水平位移计和水管式沉降仪进行监测，二者同部位同时埋设。相对来说，水管式沉降仪和引张线水平位移计的安装工序多、工艺复杂，且沟槽开挖将直接影响坝体填筑的直线工期，在施工时应做好以下几方面工作。

　　首先，应密切跟踪填筑施工进度，掌握坝体填筑分区情况，编制详细的仪器埋设安装施工计划，提请监理单位组织建设单位、土建单位、监测单位对仪器安装工作进行统一部署，协调好现场沟槽开挖、回填所需的机械设备，明确各单位现场协调配合负责人，制定切实可行的施工措施和道路交通安排，减少仪器安装过程中对坝体填筑的影响。

其次，由于水管式沉降仪和引张线水平位移计的安装需要大量人力资源，应提前配置好测量人员、机械指挥人员、仪器安装人员、临时工人等，并进行技术交底、人员工作分工，确保安装过程有序进行。在施工现场沟槽开挖前，需提前做好管线的丈量下料、绑扎、密封性检测等工作，组织安装人员进行仪器预装配，备足安装所需的零配件及工器具，预备好测点墩修建所需的钢筋、水泥、块石和回填料。对于水管式沉降仪在坝后坡观测房内的量测管水位应严格控制，若管内水位过高，会导致后期观测时加水后与测头内的水位差过小，致使后期观测时水位稳定过慢；若管内水位过低，会导致后期测点跟随填筑体沉降后水位低于量测管底部高程致使无法观测。因此，应提前计算沟槽开挖坡比，并计算各测点的安装高程和测点墩高度，使测点的水位基本保持一致，并预留出足够的沉降余量，防止后期观测房内量测管水位过低或过高。

另外，为及早取得坝体的沉降和水平位移监测成果、防止丢失填筑前期的位移量，下游坝坡观测房应提前修建，确保仪器安装后即可投入使用。

引张线水平位移计和水管式沉降仪的常用埋设方法为坑埋，主要工序的施工要点如下：

1. 基床放线及开挖平整

（1）在坝体填筑高程超过仪器埋设高程 120cm 后开挖一条自上游第一个测点至观测房的条带沟，上游第一个测点处的沟深 200cm，沟底以 1‰～3‰坡比朝向观测房，沟底宽 400cm。

（2）开挖平整后，在沟底左半幅回填最大粒径不大于 300mm 的过渡料，厚 40cm，用振动碾碾压密实，再回填最大粒径不大于 20mm 的垫层料，厚 40cm，找平并剔除铺层表面粒径大于 5mm 的粗料，以振动碾碾压密实。碾压后的压实密度应与原坝料相同。基床纵坡平整，表面起伏差小于等于 5mm。

（3）在水平位移计右侧开挖一条宽 100～150cm（根据管线数量确定）的沟，沟底以 1‰～3‰坡度朝向观测房，开挖平整后，在沟底回填最大粒径不大于 300mm 的过渡料，厚 40cm，用振动碾碾压密实，再回填最大粒径不大于 20mm 的垫层料，厚 20cm，找平并剔除铺层表面粒径大于 5mm 的粗料，以振动碾碾压密实。碾压后的压实密度应与原坝料相同。基床纵坡平整，表面起伏差小于等于 5mm。

2. 仪器安装埋设

（1）引张线水平位移计位于基床左侧，水管式沉降仪位于基床右侧，均按直线排列。

（2）安装前完成监测仪器设备的准备工作，各类管路和线体必须预留足够长度，每根管路的实际长度比放样长度长 15m。

（3）安装前先预制 50cm×50cm×20cm（长×宽×高）的 C25 混凝土基座，其不平整度应小于 2mm。沉降测头安装在引张线水平位移计测线基床的预制基座上。

（4）钢钢丝安装前，检查其是否有交叉或弯折，有弯折的钢钢丝禁止使用。沉降管路安装前，进行管路气密性试验，检查管路的完好性。

（5）引张线式水平位移计。

1）根据测点位置以及测点间的距离，合理配置保护管、伸缩接头、铟钢丝，且将每个测点的铟钢丝分别盘绕，在每根铟钢丝上粘贴标牌，并注明测点号。

2）将保护钢管、伸缩接头沿仪器埋设轴线布设完毕后，从观测房一端的保护管开始装配铟钢丝，通过孔口装置→保护管→伸缩接头→架线板轴承→将铟钢丝用专用接头固定在锚固板上→将伸缩接头夹紧→将伸缩接头套在保护钢管外部。

3）测量确定锚固测点位置，安装测头，并用水平尺校准测头的水平度。测头周围浇筑 C25 混凝土保护墩。

4）仪器管线安装结束且仪器周围坝料回填完毕后，按厂家说明书将各个测点的铟钢丝对号连接在测量系统上。确认无误后，在每个测点的钢丝上预挂砝码，对铟钢丝进行预拉。铟钢丝预拉荷载为正常测量荷载的 1.2 倍，预拉荷载的加荷时间为 60min。

（6）水管式沉降仪。

1）各测点 PE 保护管（进水管、出水管和排气管用胶带缠紧成一束后穿入保护管）沿沟从左至右、从外至内依次排序编号排放，上覆厚度超过 200m 段在 PE 保护管外加穿保护钢管。依次将各测点进水管、出水管和排气管管端连接到沉降测头。

2）管路不允许出现接头。若必须接头连接时，需经专门论证后使用专用接头。在安装过程中对各管路连接接头编号，并记录接头与从沉降测头至下游方向的保护管之间的位置关系，以便发现密封性不符合质量要求时，重新处理连接接头等。

3）管路与沉降测头底部连接后，确保两者间充分松弛，并预留一定长度以适应变形。安装及穿管完成后，确保管路在保护管内处于完全松弛状态以适应土体的变形。对于 100m 以上的长管线，每隔 10～30m 设置一个伸缩盒以适应变形。

4）保护管的下游端穿入观测房。各测点从左至右、从外至内依次排列。然后将各自测点引出的进水管与测量系统上的测量管连接。

5）各测点经打气保压稳定后，采用二等水准法从工作基点引测，分别测得各测点的准确高程，并做好记录，然后完成各沉降测头混凝土保护墩浇筑。

3. 坝料回填

在引张线铟钢丝的牵引和沉降测头与管路的充水调试合格后，方可进行坝料回填。

沿基床带铺一层包裹管线的细砂料，厚度为 30cm，人工均匀夯实，夯实后的压实密度应与原坝料相同。在测头混凝土墩处需加厚，必须包裹住混凝土测头。

在细砂料上回填垫层料，每层厚 30cm，填至高出测头上端面 20cm，以静碾碾压密实，然后在垫层料上回填 40cm 厚的过渡料，以静碾碾压密实。碾压后的压实密度应与原坝料相同。之后恢复坝体正常填筑。

3.4.3.2 电磁沉降系统

电磁沉降系统采用沿竖直方向埋设的沉降管和沉降环来监测大坝的分层沉降，常用的埋设方法有钻孔埋设法、坑式和非坑式埋设法（预留坑槽法）。其中，钻孔埋设法应严格控制钻进和回填质量，应采用干钻法钻进以免破坏坝体，回填料与周围介质应符合反滤及干密度要求。坑式埋法需在沉降管周边挖坑，费时费力且容易破坏管壁，并对管下部已碾压部位造成扰动，致使管周围填筑松动不密实，影响测值的真实性。工程上常采用非坑式埋设法。

非坑式埋设法主要工序的施工要点如下：

（1）大坝填筑之前，在建基面钻孔，钻孔深入基岩 1.5～2.0m，孔径大于沉降管外径 20mm。在首节沉降管底部设置密封盖，将底部封闭的沉降管放入钻孔中，并保持沉降管垂直，在坝基建基面部位设置一个沉降环。当沉降管位于岸坡位置时，为了防止因坝体变形将沉降管剪断，接近岸坡的 1m 范围内，宜在沉降管外侧套一根壁厚大于 4mm 的镀锌钢管。

（2）心墙中的沉降管周围填筑坝料时，安排专人保护沉降管，沉降管周围 50cm 范围内人工夯实，不断修正沉降管铅直度，确保沉降管倾斜不大于 1°。沉降管周围 50cm 以外可以由机械碾压施工。如在堆石中埋设沉降管时，沉降管周围使用细粒料回填夯实。

（3）当填筑面接近沉降管顶端约 10cm 时，可将上面一节沉降管接上，沉降管之间的连接部位按设计要求预留间隙，连接处外部包扎无纺布。埋设过程中对沉降管道和沉降环仔细保护，杜绝脚踏、挤压和撞击等情况的发生。沉降管口设置明显的标志且有专门的保护装置，沉降管口保护装置加盖加锁。

（4）当沉降管埋设到大坝表面后，管口设永久保护墩，孔口加盖板且加锁。沉降管埋设过程中及埋设完成后均认真保护，防止杂物掉入管内。

（5）沉降环随坝体填筑同步安装埋设，具体安装埋设方法为：待坝体填筑至沉降环安装埋设高程处，在沉降环位置用粒径小于 5mm 的细料找平后人工夯实，夯实后的压实密度应与原坝料相同，在导管外部套上加装沉降横梁的沉降环。过程中确保沉降环与导管垂直，且采用二等水准从工作基点引测，测量沉降环的准确埋设高程，作为该环沉降计算的初始高程。最后用粒径小于 5mm 的细料覆盖沉降环，人工均匀夯实，确保夯实后的压实密度与原坝料相同或接近。

3.4.3.3　测斜管

测斜管主要工序的施工要点如下。

1. 坝基测斜管安装埋设

（1）根据图纸进行测量定位，做好标识，并确保测斜管导槽方向与坝轴线平行或垂直。

（2）测斜管位于河床（非混凝土盖板部位），直接在建基面钻孔，测斜管底部深入建基面 200cm，钻孔孔径为 Φ110mm。测斜管位于岸坡或河床混凝土盖板，在混凝土内预留 Φ130mm、深 50cm 的孔。

（3）安装前，检查所有测斜管及伸缩节内壁平直性，确保管接头能与测斜管连接，管内导槽通畅，导槽不得有裂纹结瘤。测斜管管底部密封。在安装过程中，确保放入孔内的测斜管导槽始终保持平行和垂直于坝轴线。

（4）测斜管与钻孔之间用 M20 水泥砂浆回填密实。待水泥砂浆终凝后，测量测斜管孔口的坐标、导槽的方位，并做好记录。对埋设过程中发生的问题，应作详细记录。

2. 坝体内测斜管安装埋设

（1）在坝体填筑时，在测斜管的外部套上直径 100cm 的保护桶，先在桶的周边堆放坝料。人工对桶内环状空间进行回填，测斜管周边 20cm 范围内回填粒径小于 5mm 的细料，在黏土心墙内的测斜管用心墙料回填，均匀人工夯实；20～50cm 范围内回填剔除 5cm 以上粒径的原填筑料，以静碾碾压密实，夯实或碾压时提升保护桶（提升过程中不能触碰测斜管），夯实或碾压后的压实密度应与原坝料相同；50cm 以外可由机械正常碾压，但应注意机械碾压尽量在测斜管周围交替进行。土料回填及压实应在测斜管周围对称进行，过程中严格控制测斜管的方位。

（2）之后随坝体向上填筑，重复工序（1）。

（3）当填筑面接近测斜管顶端 50cm 时，小心将管盖取下，勿使土块或杂物落入管中。采用垂直变形量为 15cm 的伸缩接头进行测斜管的连接，连接时注意对准上下管的导槽，接头段作好专门的防水及保护处理。

（4）每节测斜管安装前和埋设后均立即进行控制测量，以保持测斜管垂直度，并控制好管内导槽分别平行和垂直于坝轴线。测斜管导槽偏差全长范围内不超过 5°。

（5）当测斜管埋设到设计高程后，在管口建 C20 混凝土保护装置。

3.4.3.4　阵列式位移计

阵列式位移计（Shape Acceleration Array，SAA）为近几年新引进的技术，目前在心墙挠度、心墙及堆石体水平位移、面板挠度等监测方面均有使用。其相较于传统测斜仪，有较为明显的优势，未来发展空间较大，因此有必要掌握其埋设安装工艺特点，主要工序的施工要点如下。

1. 竖向安装

竖向安装的柔性测斜仪技术要求同测斜管。

2. 水平安装

（1）当坝体填筑高程超过仪器安装埋设高程 120cm 时，在填筑面开挖沟槽。

（2）整平沟槽基床带，控制其不平整度小于 5mm。

（3）将柔性测斜仪连同保护管一起放入槽内。

（4）采用剔除 5cm 以上粒径的原填筑料回填沟槽，均匀人工夯实，夯实后的压实密度应与原坝料相同。超过位移计顶面 120cm 以上才能进行坝体正常填筑碾压。

3.4.3.5　三向测缝计

目前，面板三向测缝计一般选用刚性拉杆位移计或柔性钢丝位移计，其埋设安装主要工序的施工要点如下：

（1）根据选用的位移计类型，提前对安装人员进行技术交底。由于大部分厂家提供的安装支架和底座的尺寸比较单一，不一定适用现场安装需求，因此需结合面板止水外护罩尺寸，提前研判有无必要自行加工，以保证现场安装质量。在设计布置位置的面板止水施工完毕后，采用全站仪准确定位仪器的安装位置坐标，确保各向传感器方向符合设计要求，并记录好各传感器之间的球头距或弦长，以保证计算结果的正确性。若现场条件不能保证各传感器的安装角度与设计或与厂家要求的完全一致，可对安装角度进行适当调整，此时不仅应测量各传感器之间的球头距或弦长，还应测量各传感器投影在支架及面板上的距离，并按照投影理论重新推导计算公式。

（2）通常，三向测缝计外安装钢保护罩，罩内充填粉煤灰或细砂，并在保护罩外砌筑钢筋混凝土保护墩，但是根据已有工程应用效果来看，铺盖以下三向测缝计在蓄水后仍然极易损坏失效，究其原因，主要为蓄水后铺盖填土发生滑移所造成的。因此，应对传统方式砌筑的钢筋混凝土保护墩的结构进行调整，对其结构受力进行优化。实际效果较好的方式是沿面板坡向，将钢筋混凝土保护墩做成梯形或棱形，可明显提高铺盖以下三向测缝计成活率，当然这种方式一定程度上会增加模板数量和施工难度。

3.4.3.6 位错计

土石坝内位错计主要布置于过渡料与堆石料或心墙接合面、填筑料与岸坡接合面等处，不同部位的位错计安装方法大致相同，主要需注意以下几点。

1. 盖板混凝土与心墙之间的位错计

（1）在仪器安装部位的盖板混凝土内预留一个 170cm×40cm×20cm（长×宽×深）的坑槽，在坑槽内钻孔，钻孔孔径为 $\Phi76mm$，孔深 100cm，然后插入 $\Phi20mm$、长 100cm 的带铰接头的锚固钢筋，并用 M20 水泥砂浆回填。

（2）坝体填筑面达到仪器安装高程时，在坑槽底部浇筑 5cm 厚的 M20 水泥砂浆垫层。

（3）位移计套上保护钢管（罩），端头用涂黄油的棉纱或麻丝塞满，并按设计要求对位移计进行组装，预拉传感器量程的 1/10，位移计底部坑槽内填充丝绵，引出电缆。

（4）仪器埋设时要求位错计轴线与所监测盖板混凝土面平行，铰转动中心与位移计中心线在同一个面上，回填料不应制约仪器自由伸缩和铰支转动，仪器下部拉杆深入心墙 100cm。

（5）电缆在接头处以 U 形放松，留有沉降余度以适应坝体变形。各铰接点处均涂黄油，并用涂油棉纱或麻丝包裹。

（6）仪器周边 100cm 范围内回填剔除 5cm 以上粒径的原填筑料，人工均匀夯实，夯实后的压实密度应与原坝料相同，超过仪器安装高程 120cm 以上才能进行坝体正常填筑。

2. 心墙与反滤之间的位错计

（1）在设计锚固高程预埋 $\Phi20mm$、长 100cm 的带铰接头的锚固钢筋，待心墙填筑 2～3 层后，在心墙与反滤界面位置开挖沟槽，沟槽大小应便于仪器安装埋设。

（2）位移计套上保护钢管（罩），端头用涂黄油的棉纱或麻丝塞满，并按设计要求对位移计进行组装，预拉传感器量程的 1/10，引出电缆。

（3）仪器埋设时要求位错计轴线与所监测心墙面平行，铰转动中心与位移计中心线在同一个面上，回填料不应制约仪器自由伸缩和铰支转动，仪器下部拉杆深入心墙 100cm。

（4）电缆在交接面以 U 形放松，留有沉降余度以适应坝体变形。各铰接点处均涂黄油，并用涂油棉纱或麻丝包裹。

（5）仪器周边 100cm 范围内回填剔除 5cm 以上粒径的原填筑料，人工均匀夯实，夯实后的压实密度应与原坝料相同，超过仪器安装高程 120cm 以上才能进行坝体正常填筑。

3.4.3.7 土压力计

土中土压力计的埋设，应特别注意减小埋设效应的影响。必须做好仪器基床面的制备、受压面及连接电缆的保护、回填及碾压的控制。埋设时，一般在埋设点附近适当取样，进行干密度、级配等土的物理性质试验，必要时应适当取样进行有关土的力学性质的试验。

土压力计（组）一般采用坑式埋法，当填方高程超过埋设高程至预计高度（土方为 1.0～1.2m，石方为 1.2～1.5m）时，在测点位置挖坑至埋设高程，坑底面积约 1m²（以便于埋设操作为度）；仪器埋设完成后，周围用细砂料、垫层料、过渡料、堆石料依次回填，人工夯实保护，当其上部填筑体高度在 2m 以内时，应采用静碾压实、严禁使用振动碾。其埋设要点主要是仪器埋设平面的处理和安装方向的定位，仪器埋设平面必须剔除粒径较大的粗粒料，并利用水平尺找平，安装定位主要采用地质罗盘确保土压力计组各传感器的安装方位。

1. 界面土压力计

（1）在仪器埋设位置的盖板混凝土表面制作一个 80cm×80cm×10cm（长×宽×高）的 M20 水泥砂浆承台。

（2）将界面式土压力计压入砂浆，使承压盒面朝上并高出承台表面 1cm，并校准土压力计的中心点。电缆从砂浆内引出并与预埋在混凝土盖板内电缆接头连接，接头做好防水处理。

（3）土压力计埋设 100cm 范围内回填剔除 5mm 以上粒径的原填筑料，人工均匀夯实，夯实后的压实密度应与原坝料相同。

（4）之后回填剔除 5cm 以上粒径的原填筑料，以静碾碾压密实，碾压后的压实密度应与原坝料相同。超过仪器埋设高程 120cm 以上才能进行坝体正常填筑。

2. 坑埋式土压力计

（1）当填筑高程超过仪器埋设高程 60cm 时，在已碾压密实并经验收的填筑料内挖一个 50cm×50cm×60cm（长×宽×深）的坑槽。

（2）平整坑槽基床，底部铺 5cm 厚的细砂垫层，将土压力计放置在细砂垫层上，校准土压力计的中心点，再填 5cm 厚的细砂，并注入清水使其密实。然后回填 50cm 厚剔除 5mm 以上粒径的原填筑料，人工均匀夯实，夯实后的压实密度应与原坝料相同。

（3）继续回填剔除 5cm 以上粒径的原填筑料，以静碾碾压密实，碾压后的压实密度应与原坝料相同，超过仪器埋设高程 120cm 以上才能进行坝体正常填筑。

3.5 工程实例

3.5.1 洪家渡面板堆石坝

3.5.1.1 工程概况

洪家渡水电站位于贵州省黔西县与织金县交界的乌江干流北源六冲河下游，距省会贵阳市 158km，距下游东风水电站 65km，是整个乌江梯级电站中唯一具有多年调节能力的龙头电站。电站以发电为主，兼具发挥防洪、供水、养殖及改善生态环境和航运等综合效益。水库正常蓄水位高程 1140m，总库容达 49.47 亿 m³，调节库容为 33.61 亿 m³，属多年调节水库。电站总装机容量为 600MW（3×200MW），保证出力为 159.1MW，多年平均发电量达 15.59 亿 kW·h。电站可改善东风和乌江渡的运行条件，提高死水位，减少乌江渡受阻容量，提高水轮发电机组运行稳定性。

洪家渡水电站工程规模为一等大（1）型，枢纽工程由混凝土面板堆石坝、洞式溢洪道、泄洪洞、引水发电洞和坝后地面厂房等建筑物组成。拦河坝和泄洪建筑物为 1 级建筑物，引水发电建筑物为 2 级建筑物，各次要水工建筑物为 3 级建筑物。钢筋混凝土面板堆石坝最大坝高 179.50m，坝顶长 427.79m，长高比仅为 2.38。坝顶高程为 1147.50m，坝顶宽 10.95m，上游边坡为 1：1.4，下游局部边坡为 1：1.25，平均边坡为 1：1.4。坝体填筑方量为 900 万 m³。

洪家渡水电站坝址位于长约 1.5km 的峡谷河段内。河流走向由 S45°W 转为 S45°E，形成向西凸出的直角河弯。转弯点以上，左岸为 25° 的顺向坡，过水建筑物的进水口均位于此缓坡地带，右岸为高约 190m 的高陡壁。转弯以下河谷呈不对称 V 形，由于岩层软硬相间，左岸形成两层高达 100m 以上的灰岩陡壁，右岸为缓坡。

坝址河段从上游到下游依次分布有永宁镇灰岩（$T_1yn^{1-1}\sim T_1yn^{1-6}$）、九级滩泥页岩（$T_1y^{3-1}\sim T_1y^{3-2}$）和玉龙山灰岩（$T_1y^{2-2}\sim T_1y^{2-5}$）。永宁镇灰岩和玉龙山灰岩为含水层，湿抗压强度均在 60～80MPa，岩石坚硬完整，多为厚层和中厚层灰岩。九级滩泥页岩为隔水层，湿抗压强度约 20～40MPa，岩性相对较软，厚度约 75～85m，隔水性能良好，为洪家渡水电站的防渗依托。河段内河床及岸边附近还分布有冲积层（Q^{al}），残积、坡积层（$Q^{el}+Q^{dl}$），崩塌堆积层（Q^{col}），右岸有 1 号、2 号塌滑体。坝区内共有断层 20 余条，不存在顺河断层。

坝区岩层为单斜构造，岩层产状为走向 N40°～70°E，倾向 N∠25°～55°W，大部分河段岩层倾向上游偏左岸。

洪家渡水电站地震基本烈度为Ⅵ度，工程大坝设计地震烈度为Ⅶ度，工程场地基岩峰值加速度取 0.066g。水库诱发地震烈度低于Ⅴ度。

工程于 1998 年 12 月开始筹建，2000 年 11 月正式开工，2001 年 10 月 15 日截流，2004 年 7 月 18 日首台机组并网发电，2005 年 12 月工程竣工。

3.5.1.2 大坝监测设计

1. 总体设计

洪家渡水电站大坝监测的目的主要是监测大坝在施工期和运行期的实际工作状态，对大坝运行状况进行评估，保证工程安全，同时为改进和提高设计、施工和管理水平提供科学依据。

洪家渡面板堆石坝修建时期较早，根据当时的规范要求及工程认识，设计的监测项目有：坝体内部变形监测、坝体应力监测、面板应力应变监测、面板挠度及周边缝和垂直缝变形监测、坝体表面变形监测、大坝渗流渗压及渗漏量监测等。在此基础上，还结合地形地质特点和结构计算成果，开展了监测专题研究，以做到工程各部位、不同时期的监测重点突出，确保监测系统的完备性。

洪家渡坝区河谷宽高比为 2.38，属狭窄河谷。左岸岸坡为平均坡度 70° 的陡坡，右岸岸坡为平均坡度 40° 的较缓坡，地形左陡右缓，属不对称河谷。大坝有其自身的应力变形特点，坝体变形不对称和拱效应显著。因此，考虑到洪家渡面板坝存在变形和应力不对称、渗漏不对称的特点，开展了以下研究：①针对不对称河谷，研究高混凝土面板堆石坝纵向变位及变化规律；②针对不对称的峡谷地区高面板坝，研究趾板、周边缝、面板垂直缝等可能产生的异常变形，引起渗漏的突变；③研究由于大坝堆石体的变形，可能引起大坝防渗面板与垫层料之间脱空，使面板产生较大拉应力，进而产生裂缝。根据上述研究成果，进一步开展坝体纵向位移监测、大坝渗漏分区监测和大坝脱空监测等方面的研究。

（1）大坝纵向位移监测。对洪家渡面板堆石坝应力变形用二、三维有限元法进行动静力应力应变分析，二、三维成果规律是一致的，但三维结果数值普遍较二维小 30%～50%，只有面板法向位移略高于二维成果。仿真计算得出坝体最大垂直位移为 81.4cm，占最大坝高的 0.45%。面板最大法向位移为 45.5cm，约在高程 1103.00m，竣工期位移拐点约在高程 990.00m。周边缝最大张开度为 1.39cm，最大剪切位移为 3.48cm，最大沉降为 2.66cm。计算成果表明：坝体与面板应力变形规律与已建坝监测成果相类似；坝址河谷峡窄，受岸坡约束，三维效应对坝体应力变形影响较明显。

经调研，我国已建的面板坝多在河谷较开阔或者在两岸较对称的峡谷地区，从获得的观测资料来看，在正常的施工情况下，大坝变形及其分布多为左右对称的，对面板的支撑和周边缝的空间位移是均衡的。《土石坝安全监测技术规范》（SL 551—2012）中要求，变形监测测线的布置应尽可能形成纵向观测断面，而未明确提出纵向位移观测。国内外也均未有过对大坝堆石体的纵向位移观测。为此，洪家渡工程针对峡谷地区不对称河谷的面板坝可能存在不均衡变形，除常规监测项目外，在监测设计时，认为有必要监测大坝纵向位移。由于纵向水平位移测线的安装埋设施工对坝体填筑施工干扰较大，影响主体工程施工进度，初步拟定在大坝可能出现最大纵向水平位移的 2/3 高度附近及上部高程，选择两个高程来设置纵向变形观测断面，以监测沿坝轴线方向坝体的变形分布情况。

（2）大坝渗漏分区监测。大坝渗漏主要分为坝体及坝基两大部分。可能产生渗漏的来源有：面板混凝土垂直缝、周边缝、坝基基础、趾板帷幕绕渗、两岸绕渗等。对工程安全而言，最关心的是面板混凝土是否存在裂缝和垂直缝漏水、趾板基础渗透、周边缝由于变形过大引起的渗水等，并且也关心在众多的渗水途径中，到底是哪个部位渗水或渗水较大，以便采取工程处理措施。因此，在土石坝工程中，掌握渗漏量的来源对评价大坝的安全具有特别重要的意义。

1）坝体渗漏主要由通过周边缝、垂直缝等接缝和面板裂缝的渗漏组成。根据一般工程经验，推算渗漏量在 10～1000L/s 左右。

2）坝基渗漏主要由通过趾板及其下部帷幕、两岸山体及基础的绕坝渗漏组成，根据工程地质条件及防渗帷幕布置情况，估计渗漏量在 10～1000L/s 左右。

3）下游坝面、两岸地表积水下渗，根据坝址地区降雨强度，估计渗水量在 10～800L/s 左右。由于两岸地形及岩溶水文地质条件不一致，其渗漏也呈不对称性。

由于洪家渡水电站面板坝不对称变形，渗漏来源比较复杂，左、右岸和坝基渗漏量各部位的大小也备受关注。本研究在两岸坝基设了两条渗流截水沟，在国内率先将面板及基础的渗漏量分开监测。将洪家渡大坝渗漏量大致分为三块，即左岸绕渗流量、基础渗流量、右岸渗流量。

量水堰分区监测方案布置研究，根据洪家渡面板堆石坝筑坝材料的特性，垫层区料和主堆石区料为全透水性材料，当面板部位的面混凝土出现裂缝渗水和垂直缝渗水在垫层料区有一定压力后，经过渡料后绝大部分渗入河床内，当周边缝及趾板基础渗水，由于垫层料的作用，渗水会沿岸坡后再进入河床内。因此，根据该思路，洪家渡面板堆石坝渗漏监测，采用多个量水堰进行分区监测，重点在于使各部位渗漏水沿规定的路径渗流即可。

同时，清除两岸的覆盖层，并确保大坝下游坡排水设施不要进入渗流汇集系统内也是渗漏量分区监测的关键。

（3）面板脱空监测。从洪家渡面板堆石坝计算成果来看，在施工期完建和蓄水期，大坝垫层料和堆石体仍有较大位移，可能使面板产生脱空。

因此，结合坝体内部监测布置和面板浇筑分期，在面板和垫层料之间布置脱空计。在测点布置上，考虑监测最大断面面板法线方向的脱空和每期面板沿坝轴线方向脱空位移的分布，以形成面板脱空现象的系统监测。

2. 主要监测仪器布置

（1）坝体表面变形监测。根据洪家渡的地质地形特点和位移计算成果，堆石体表面变形监测布置按平面网格控制。选择布置 9 个横断面，布置 9 条视准线。测点间距为15～60m，靠岸边的密些，靠河床的疏些。视准线的布置为：①混凝土面板，每期面板顶设置一条视准线，共 3 条，分别为高程 1030.00m、1100.00m、1143.00m，其中高程 1030.00m、1100.00m 视准线为施工期监测，蓄水后水库水位上升至相应高程后即可停止监测；②坝顶及下游坡，在坝顶高程 1147.50m 及坝后坡高程 1110.00m、1080.00m、1055.00m、1025.00m、1002.00m 处分别设置一条视准线，共 6 条。下游坡视准线高程均以堆石体内部变形监测观测房高程作为控制，每条视准线通过下游相应高程处的永久监测房。

每个测点均设置综合标点，安装强制对中基座和水准标点。因施工期位移量较大采用前方交会进行观测，考虑不对称性，各测点应按三维观测。各条视准线的工作基点建立在视准线的端点，由平面控制网校测。

各高程测值可与坝内垂直水平位移测线的测值对应分析。

（2）坝体内部变形监测。根据坝址区地形地貌、应力变形分析成果、施工填筑的临时断面等，确定监测的纵、横断面布置，其中横向分为 3 个横断面，纵向测点间距为 20～60m，测点布置高程为 1000.00m、1023.00m、1055.00m、1080.00m、1105.00m，坝体内部变形监测布置详见图 3.5.1 和图 3.5.2。

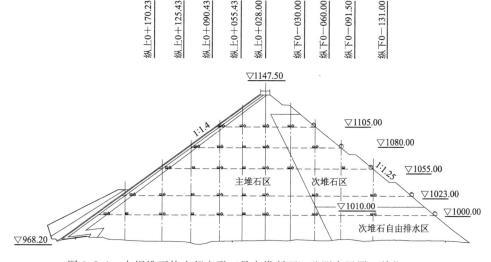

图 3.5.1 大坝堆石体内部变形（最大横断面）监测布置图（单位：m）

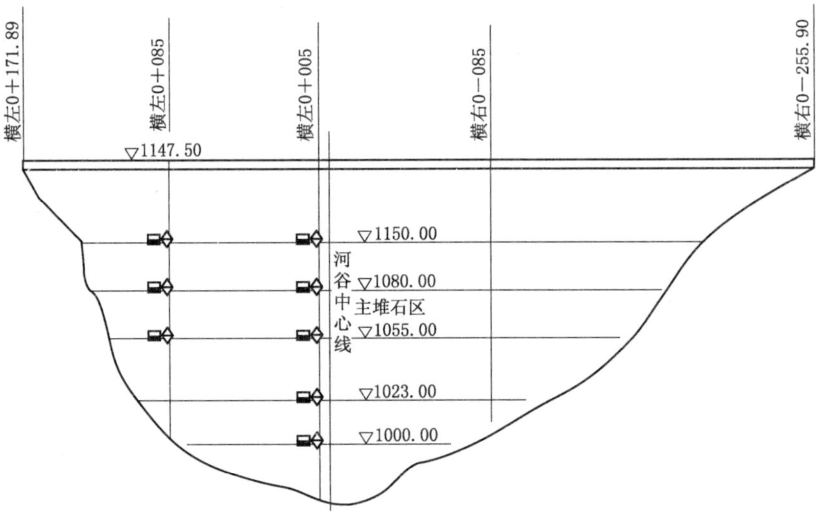

图 3.5.2　大坝堆石体内部变形（最大纵断面）监测布置图（单位：m）

为避免各测线高程的水管式沉降仪的水管形成倒坡，并优化控制测站高度。根据变形计算成果（堆石体位移分布）确定其坡度为 $1\%\sim2\%$。对有临时监测断面的，后期安装时，则主要依据第一期的变形量来确定。设计兼顾临时断面需要，共有 7 个临时监测站、11 个永久测站。各监测房高度根据仪器设备的安装最小净空、测量量程（即坝体最大沉降量）来确定。工程计算的坝体最大沉降量为 81.4cm，但据已建类似工程的实测值来看，实测沉降量均远超过设计值，因此，工程的沉降监测仪器的量程按设计值的 $2\sim3$ 倍选择。

洪家渡水电站河谷极不对称，受岸坡约束，三维效应将较为明显，周边缝面板法向位移可能存在沿坝轴线方向的纵向位移，对面板及周边缝不利。考虑到纵向水平位移测线的埋设安装施工与坝体填筑施工之间的干扰较大，可能影响主体工程施工进度，因此仅在可能出现最大纵向水平位移高程 1080.00m 和 1105.00m，距坝轴线上游 15m 处分别设置纵向水平位移监测测线，测点位置和数量以能获取纵向水平位移的最大值和分布规律为准，故布置了 7 个水平位移测点，监测线的两端锚固于山体内，监测布置见图 3.5.3。因沉降引起的水平位移差值，用相近桩号的各高程沉降测点进行修正。

根据纵向位移与表面位移测点的监测结果进行综合分析，可得出大坝堆石体是否存在纵向位移，以及纵向位移的大小和分布规律。

（3）面板变形及接缝开合度监测。面板接缝开合度监测包括周边缝的剪切、沉降、开合度三向位移监测，以及面板底部脱空两向位移监测及垂直缝单向位移监测。各监测成果应同堆石体的纵横向水平位移、沉降监测资料进行综合分析。

周边缝的监测，根据设计计算成果，在左岸布设 4 组，在河床布设 1 组，在右岸布设 5 组。面板底部脱空监测主要根据已建类似工程所发现的脱空现象和脱空部位设定，所以根据工程面板分三期施工安排，在各分期面板顶部高程均增设双向测缝计，以监测面板在施工期和运行期的脱空现象。在高程 1028.00m、1097.00m、1140.00m 上，应力应变监测断面附近的垂直缝上布置单向测缝计，监测垂直缝的开合度。在设计时，考虑各向变形

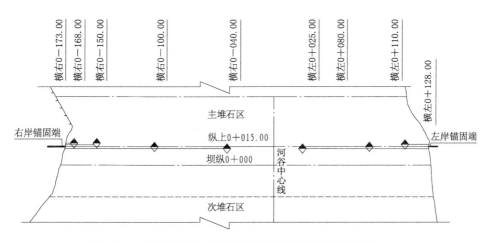

图 3.5.3　大坝堆石体内部变形纵向位移监测断面（单位：m）

特点，有针对性地选择合适的测缝计量程。

面板挠度监测，采取以监控面板在各时期挠度分布规律为依据来布置测点，对面板挠度曲线反弯点附近和挠度曲线最大值附近加密测点，寻找挠度曲线的特征值。测点布置，根据面板的结构和应力计算、堆石体内部观测断面、面板应力应变观测设置，选取 4 条面板作为观测断面，即最长面板的坝横左 0+035.00m（与应变观测吻合），坝左、右岸侧面板的坝横左 0+085.00m、右 0−085.00m（与应变、内部变形观测吻合），坝右岸侧面板的坝横右 0−175.00m，测点间距在加密区相距高程约 5m，其他为 10m。4 条测线共 56 个测点。

（4）坝体及坝基渗流渗压监测。坝体及坝基渗流渗压监测分为渗透压力及渗漏量监测。渗透压力监测包括坝基通过帷幕前后的渗压、趾板幕后渗压、两岸坡渗压；渗漏量监测包括面板、两岸坡、基础渗漏量。

坝基趾板渗压：结构上，在坝基处趾板下进行帷幕灌浆，面板前还有黏土、石碴覆盖，在蓄水后还有泥沙淤积，因此，在幕前不是全水头。在幕前设置 1 支渗压计监测幕前水头。在幕后依据地质情况设两条渗压监测孔，第一条距帷幕中心线向下 12m，第二条距帷幕为 37m。采用一孔 3 支渗压计，间距分别为 5m、15m，用膨润土、河砂、水泥砂浆隔离，监测最大坝高处帷幕后渗压分布和趾板渗压折减系数。在坝轴线的坝纵 0+040.00m、坝纵 0−040.00m 处各布置 1 支渗压计，监测坝基滞留水深或渗压情况。所有帷幕前后渗压计的安装埋设均在帷幕灌浆结束后进行，因工期安排冲突需在灌浆前埋设的均采取保护措施，避免渗压计因灌浆而堵塞。

岸坡趾板区渗压：在趾板区基础帷幕后，采用坑式埋设方式埋设渗压计，监测趾板区帷幕后的渗透压力，在左右岸趾板区各布置 3 支渗压计。

下游岸坡渗压：在左右下游岸坡各选取 3 个断面布置 3 个渗压监测孔（共 9 孔），由各监测孔绘制等势线，监测大坝下游坡经帷幕后近坝区岸坡地下水位的变化。钻孔深度以穿过原地下水位线以下 5m 左右为准。

所有渗压计的量程依据所监测部位的测值估计数来确定，在坝基幕前渗压按 0.9 倍最大水头估算，幕后按 0.5 倍最大水头估算。

坝基渗漏量监测：面板堆石坝产生渗漏的部位有面板（面板混凝土渗漏及可能出现裂缝部位、竖直缝等）、两岸周边缝、两岸坡绕坝渗漏等，在本工程渗漏量监测设计时，考虑采取左右岸及河床中部分测渗漏量。参见已建工程的渗流量观测成果，结合洪家渡工程地质结构特点，大坝渗流总量按 1.0m³/s 估算，按 0.3/0.3/0.4 的系数分配，即左右岸分别按 0.3m³/s 计，坝基按 0.4m³/s 计。坝基渗漏监测布置见图 3.5.4。

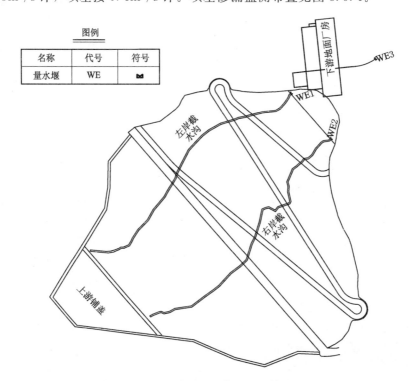

图 3.5.4　坝基渗漏监测布置图（单位：m）

根据坝体结构、趾板及周边缝渗水途径等要求，截水沟的起点确定在与趾板下游垫层料区相接，下游末端出露于坝脚回填平台上，汇集于量水堰。起点高程按截水沟的坡度以出口高程控制，反推确定。根据渗漏量的估算，确定截水沟断面净尺寸为 80cm×60cm（宽×高）。

根据实际的地形和建筑物布置情况，在两岸坡坡脚处设置截水沟，将两岸的渗流量集中引入下游设置的量水堰，在坝趾处设总量水堰，将坝体渗流量分成坝肩岸坡渗流、面板渗流和基础渗流三部分，左右两个量水堰 EW1、EW2 的渗流量主要为坝肩两岸坡渗流水，EW3 的渗流量为面板、基础及 EW1、EW2 渗流量。

（5）坝体压力（应力）监测。坝体应力包括堆石应力和面板应力应变监测。堆石应力包括堆石区界面接触土压力和堆石压应力，监测布置以坝体应力计算成果为依据，选取最大横断面、坝轴线纵断面作为监测断面。最大横断面分三个高程，在过渡料与主堆石结合面、主堆石坝轴线位置、主堆石与次堆石结合面布置土压力计。坝轴线纵断面分三个高程，在两岸岸坡、横 0+005.00m 断面布置土压力计。土压力计一般成组布置，每组 2~3

支。在过渡料与主堆石体之间、堆石料和岸坡接触面上为接触土压力计，单支埋设。

（6）面板应力应变监测。混凝土面板是保证大坝安全运行的重要构件。面板应力应变监测包括面板混凝土应变、自身体积变形、钢筋应力和温度等项目，一般依据坝体应力计算、面板的设计布置和应力应变计算等进行监测仪器布置。

面板混凝土应力监测，即在混凝土内埋设应变计组和无应力计，将应变计测量的总应变扣除由温度、湿度及化学因素共同作用产生的应变。将钢筋计连接在受力钢筋上以监测面板的钢筋应力，钢筋计的截面积（或等效直径）应等于或略大于钢筋的截面积（或直径）。

结合洪家渡工程左右岸不对称、左岸较陡可能引起面板应力及周边缝变形不同的特点，选取 L0＋085.00m、L0＋035.00m、R0－085.00m、R0－175.00m 这 4 个断面为面板应力应变的监测断面，布置应变、温度、钢筋应力、无应力等监测测点。各测点的监测仪器应成组布置，成组仪器的各支仪器应处于同一平面且与面板坡面平行。靠近周边缝附近采用平面三向应变计组，其余为双向应变计组，除在面板顶部不设无应力计外其余每组应变计组附近均配置无应力计。各监测断面的仪器均布置在高程 980.00m、1028.00m、1097.00m、1137.00m 上。由于面板钢筋由单层钢筋改为双层钢筋，钢筋计相应作了直径调整和数量调整，布置在上下层钢筋上，以监测面板钢筋的上下部受力情况。

（7）地震反应监测。洪家渡大坝设计地震烈度为Ⅶ度，蓄水后可能发生诱发地震，需对大坝的地震反应进行监测。施工图阶段分别在坝体最大横断面部位的下游坝顶、坝脚及坝的中间部位各布置 1 台强震仪，在右坝肩也布置 1 台强震仪。共布置 4 台强震仪对大坝地震反应进行监测。

3. 设计创新点

在充分总结已建工程的经验教训基础上，结合洪家渡面板堆石坝的特点，在监测设计上进行了大胆的尝试，突破了当时的规范，取得以下的成果：

（1）首次有针对性地对坝体纵向变形进行监测。针对洪家渡水电站河谷极不对称，受岸坡约束，三维效应明显，分析出周边缝面板法向位移可能存在沿坝轴线方向的纵向位移，该位移出现会对面板及周边缝不利，所以增加了坝体纵向变形监测。

（2）首次设置了大坝渗漏分区监测。由于不对称变形，各部位的位移将会不规则，大坝渗漏影响因素和渗漏部位比较复杂，为关注左、右岸和坝基各部位渗漏量的大小，首次在两岸岸坡基础面设置了两条截水沟，对坝体及坝基的渗漏量实施分测。

（3）重视对面板脱空进行完整的监测。分析不对称岸坡对面板约束的影响，估计面板脱空现象将会较突出，在面板脱空测点布置时不仅监测最大面板的脱空，还监测每期面板在沿坝轴线方向脱空位移的分布，对面板脱空这一现象进行系统监测。

3.5.1.3 监测成果分析

1. 坝体内部变形

（1）高程 1002.00m 坝体位移。

1）垂直位移。该高程坝体的沉降普遍较小，上、下游侧相对较大，最大沉降速率发生在 2002 年 9 月至 10 月底大坝进行高强度填筑期间，各测点观测到的沉降量为 80～150mm。2003 年 3 月上游 0＋060.00m 到下游端填筑到高程 1055.00m，随后转入上游部分填筑，随着坝体填筑高程不断上升，各测点则呈规律性沉降。至 2004 年年底，该断面最大沉降位于下游侧 VM1-8 测点，累计沉降量为 579.54mm，之后各测点沉降增量较小。

2007 年 10 月底，库水位从 1080.00m 上升到 1134.27m 期间，上游侧 VM1-1～VM1-5 测点沉降量明显增加（其中 VM1-2 测点在同年 5 月后损坏），最大增量出现在 VM1-4 测点，从 5—12 月增量达到 275.40mm，累计沉降量为 780.2mm，为该断面最大沉降量。2007 年库水位 1080～1134m 期间高程 1002.00m 坝体沉降增量见图 3.5.5。

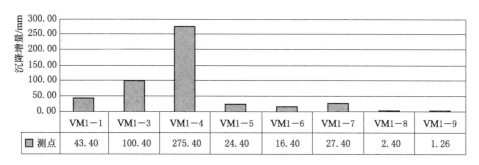

图 3.5.5　2007 年库水位 1080～1134m 期间高程 1002.00m 坝体沉降增量

2008 年库水位从 1082.00m 上升并达到历史最大水位 1139.98m，上游侧 VM1-1～VM1-5 测点沉降量仍有一定增加，最大增量出现在 VM1-3 测点，增量为 62.88mm，坝轴线以下测点变化相对较小。至 2008 年 12 月底，该断面最大累计沉降量为 804.97mm，位于 VM1-4 测点。2009 年至今，该断面各测点沉降均趋于稳定，无明显沉降出现。2008 年库水位 1082～1139m 期间高程 1002.00m 坝体沉降增量见图 3.5.6。

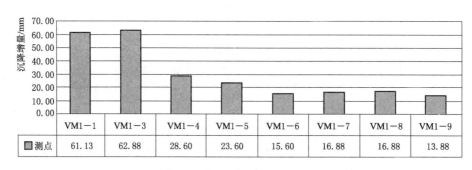

图 3.5.6　2008 年库水位 1082～1139m 期间高程 1002.00m 坝体沉降增量

2）横向水平位移。大坝填筑初期各测点位移量值均较小，2003 年 10 月后，随着坝体填筑高程的增加，以坝轴线为分界线，上游侧测点逐步趋于向上游位移，下游侧测点则向下游侧位移，至 2005 年 12 月大坝全部施工完成后，下游侧测点逐渐趋于稳定，最大位移量位于 HM1-6 测点，累计位移量为 67.2mm；上游侧各测点则在 2008 年 12 月才逐渐趋于稳定，最大位移量出现在 HM1-3 测点，累计位移量为 -67.5mm；之后各测点均无明显位移发生。

（2）高程 1030.00m 坝体位移。

1）垂直位移。该高程随着坝体填筑高程不断上升，各测点则呈规律性沉降；至大坝填筑完成时，最大沉降量为1024.90mm，位于下游侧次堆石区的VM2-7测点。2007年库水位上升至1134.27m期间，上游侧VM2-1～VM2-4测点受水荷载影响沉降量明显增加，最大增量为75.52mm，位于VM2-2测点；2008年水位再次上升至1139.98m期间，VM2-1～VM2-4测点沉降略有增加，但量值不大，之后各测点趋于稳定。

2008年12月以后至2019年12月的11年期间，各测点基本无沉降，处于稳定状态，目前该断面最大沉降量为1077.07mm，仍位于下游侧次堆石区的VM2-7测点。

2）横向水平位移。坝体因填筑部位不同其位移方向略有变化，2003年9月由于大坝填筑主要集中在下游面次堆石区，上游部分测点受填筑影响趋向下游位移，次堆石区测点在坝体自重的影响下也趋向下游位移。2004年蓄水期间，受水位上升和大坝填筑影响，各测点均表现向下游位移，次堆石区尤为明显，在2004年10月大坝填筑完成后，各点逐渐趋于平稳；2005年汛期，水位上升时靠上游侧的测点受其影响向下游产生小幅位移，但量值均不大。至2019年12月，该断面最大位移量为186.79mm，位于下游侧HM2-6测点；变化量与2005年年底相比仅增加15mm，可见该高程在2005年后横向水平位移已基本处于稳定状态。

（3）高程1055.00m坝体位移。

1）垂直位移。该高程面在初期左岸和右岸的沉降量以及最大沉降部位都基本相同，2003年6月份仪器安装之后的7个月时间，左岸和右岸的最大沉降量都在320～350mm左右（右岸略大于左岸）。随着坝体的不断上升，左岸沉降逐渐超过右岸，这主要是由于大坝左右岸为不对称河谷所导致。到2005年12月，该高程左岸最大沉降量为1038mm，右岸为886mm。高程1055.00m最大沉降出现在L0+005.00m断面。与高程1002.00m、1030.00m沉降相比，高程1055.00m的沉降速率较快，在仪器埋设后的第一个月L0+005.00m断面的最大沉降就达到68mm。自2003年11月坝体上游端填筑到1106.00m高程后，上游部分停止填筑，下游次堆石区开始恢复填筑，该高程面的沉降速率有所减缓，只有处于次堆石区的测点沉降速率有所增加。2004年5月，当坝体从高程1106.00m全断面填筑开始，各点沉降速率迅速增加，最大沉降速率为5.4mm/d。至2004年10月大坝填筑完成后，该高程沉降逐渐稳定，2005年汛期水位上升对沉降无明显影响。到2005年12月竣工时，该断面最大累计沉降1325mm，约占整个坝高的0.74%。

2007年库水位上升至1134.27m期间，坝体中部L0+005.00m断面上游侧VM3-1～VM3-3测点受水荷载影响沉降量明显增加，最大增量为81.99mm，位于VM3-2测点；右岸R0-85断面VR1-1～VR1-3测点增量为中部的1/2左右，最大增量为37mm，位于上游侧VR1-1测点；左岸L0+85.00m断面上游测点变化最小，最大增量仅26mm。

2008年水位再次上升至1139.98m期间，各断面上游测点沉降略有增加，但量值均不大，之后各测点趋于稳定。

2008年12月以后至2019年12月的11年期间，各测点基本无沉降，处于稳定状态，目前该断面最大沉降量为1384.34mm，约占整个坝高的0.77%，为大坝的最大沉降量。

2）横向水平位移。2003年10月前水平位移量值都比较小，2003年10月后下游端开始恢复填筑，位移逐渐有所增加。同年12月，各断面位移趋势有较为明显的差异，其中L0+005.00m断面呈整体向下游位移趋势，L0+085.00m断面和R0-85.00m断面上游侧的测点在坝体自重不断增加的情况下表现为向上游位移趋势，由于两岸边坡陡缓程度不同，左岸位移量值明显大于右岸，下游侧的测点受填筑影响均趋向下游位移。在 2004 年大坝完成填筑后，整体位移趋于稳定，只有左岸上游侧测点仍然小幅向上游位移。到 2005 年 12 月，该断面最大位移量为 125.38mm，位于坝体中部下游侧 HM3-4 测点，左右岸下游侧测点位移量值相当，均在 110mm 左右。

2007 年汛期水位上升至 1134.27m 期间，3 个断面上游侧测点受水荷载影响明显趋向下游位移，其中上游侧靠近中部的测点 HM3-1 位移增量最大，整个汛期位移增量为 37.7mm，左右岸上游侧其余测点位移增量相当，均在 18mm 左右。

2008 年汛期水位再次从 1082m 上升并达到历史最大水位 1139.98m 期间，左右岸位移变化较小，仅中部上游测点位移有小幅增加，但量值较小。之后 10 年左右的时期内，3 个断面均无明显位移，处于稳定状态。

(4) 高程 1080.00m 坝体位移。

1) 垂直位移。到 2004 年 12 月大坝填筑完成时，高程 1080.00m 坝体最大沉降量为 1234.43mm，位于 L0+005.00m 断面 VM4-4 测点处，左右岸最大沉降量均在 920mm 左右。从沉降过程来看，从 2003 年 11 月至 2004 年 2 月，由于坝轴线以上部分未进行填筑，填筑主要集中在次堆石区，所以三个断面的沉降速率都逐渐减小。在 2004 年 2 月以后，大坝开始全断面填筑，其沉降速率迅速增加，最大沉降速率达到 7.3mm/d，大坝完成填筑的同时，沉降也进入稳定状态。从此可以看出坝体沉降与坝体填筑区域的相关性较强，且规律性较好。

2007 年库水位上升至 1134.27m 期间，坝体中部 L0+005.00m 断面上游侧测点受水荷载影响沉降量明显增加，最大增量为 103.28mm，位于 VM4-1 测点；右岸 R0-85.00m 断面上游侧测点增量次之，最大增量为 79.19mm，位于上游侧 VR2-2 测点；左岸 L0+85.00m 断面上游侧测点变化最小，最大增量为 38.26mm。

2008 年水位再次上升至 1139.98m 期间，各断面上游测点沉降略有增加，但量值均不大，之后各测点趋于稳定。

2008 年 12 月以后至 2019 年 12 月的 11 年期间，各测点基本无沉降，处于稳定状态。2019 年 12 月该断面最大沉降量为 1362.87mm，位于坝体中部 VM4-4 测点。

2) 横向水平位移。高程 1080.00m 3 条水平位移计位移规律与大坝填筑相关性较强，上下游位移趋势也比较一致。在坝体填筑期间，均表现向下游位移，在大坝填筑完成后趋于稳定状态。2005 年汛期水位上升期间，位移量略有增加，但量值较小。到 2005 年 12 月为止，高程 1080.00m 坝体向下游最大位移 218.01mm，位于左岸下游侧 HL2-4 测点处。

2007 年汛期水位上升至 1134.27m 期间，3 个断面上游侧测点受水荷载影响明显趋向下游位移，其中中部上游侧测点位移增量最大，左岸次之，右岸最小。坝体中部 HM4-1 测点整个汛期位移增量为 43.84mm，左岸上游侧测点位移增量为 30.77mm，右岸为 23.32mm。

2008 年汛期水位再次从 1082m 上升并达到历史最大水位 1139.98m 期间，左右岸位移变化较小，仅中部上游测点位移有小幅增加，最大增量为 18mm。之后 3 个断面均除中部各测点在 2016 年汛期有 15mm 左右的位移增量外，其余测点无明显位移，处于稳定状态。

（5）高程 1105.00m 坝体位移。

1）垂直位移。该高程上仪器于 2003 年 6 月中旬全断面一次性埋设安装，仪器埋设后，大坝填筑区域在 0－060.00m 至上游段，2003 年 10 月底达到高程 1106.00m，11 月初下游段恢复填筑。

初期，该高程面左岸和右岸的沉降量以及最大沉降部位都基本相同，随着坝体的不断上升，左岸沉降逐渐超过右岸，这主要是由于大坝左右岸为不对称河谷所导致。到 2005 年 12 月，该高程左岸最大沉降量为 103.8cm，右岸为 88.6cm。高程 1055.00m 坝体最大沉降出现在 L0＋005.00m 断面。与高程 1002.00m、1030.00m 坝体沉降相比，高程 1055.00m 的坝体沉降速率较快，在仪器埋设后的第一个月 L0＋005.00m 断面的最大沉降就达到 68mm。自 2003 年 11 月下游次堆石区开始恢复填筑后，该断面上游侧测点的沉降速率有所减缓，而处于次堆石区测点的沉降速率开始增加。

2004 年 5 月，当坝体从高程 1106.00m 全断面填筑开始，各点沉降速率迅速增加，最大沉降速率为 5.4mm/d。至 2004 年 10 月大坝填筑完成后，该高程沉降逐渐稳定，坝体填筑完成时，该断面中部最大沉降量为 954.14mm，左岸最大沉降量为 930.23mm，右岸最大沉降量为 765.50mm。

在 2007 年和 2008 年汛期两次达到高水位期间，高程 1105.00m 坝体沉降与下部各高程埋设的仪器变形规律一致，沉降均有不同程度增加，最大增量位于坝体中部上游侧 VM5-1 测点，沉降增量为 81.81mm。

2008 年后该高程沉降变化较小，至 2019 年年底，最大沉降量为 1086.77mm，位于坝体中部下游侧 VM5-4 测点。

2）横向水平位移。3 个断面水平位移计反映出相同的位移趋势，随着大坝的填筑，整体趋向下游位移，各断面上下游测点间位移量较为接近，且该高程位移量均大于下部高程的水平位移计。位移量值上左岸最大，中部次之，右岸最小。至 2004 年 10 月大坝完成填筑后，位移均逐渐趋于稳定状态，最大位移量为 276.35mm，位于左岸上游侧 HL3-1 测点。

2005—2008 年期间 3 个断面仍有小幅位移，之后趋于稳定。至 2019 年 12 月，最大位移量为 295.75mm，同样位于左岸上游侧 HL3-1 测点。

（6）坝体纵向水平位移。

纵向水平位移监测主要是为了分析在不对称河谷中的堆石体在平行于坝轴线方向上的变形规律，并在洪家渡面板堆石坝中首次运用，这也是当时国内正式投入使用的纵向水平位移计。2003 年 9 月初，高程 1080.00m 的纵向水平位移计埋设安装完成；2004 年 4 月，高程 1105.00m 的纵向水平位移计埋设完成。

高程 1080.00m 和 1105.00m 的纵向水平位移从两岸向河床中部逐渐减小，2004 年 10 月大坝填筑完成后，纵向位移也逐渐趋于稳定状态，无继续发展的趋势。到 2005 年 12 月工程竣工时，左岸最大位移量为 16.5mm（高程 1080.00m 的 HZ-1 测点），右岸为 10.4mm（高程 1080.00m 仪器于 2004 年 9 月损坏，该值为高程 1105.00m 最大位移值）。

从纵向水平位移计所监测到的资料来看，两岸填筑体向河床中部位移，靠近坝肩部位的填筑体位移最大，受不对称河谷影响，左岸位移量值大于右岸，此现象真实反映了不对称河谷中面板堆石坝纵向水平位移的实际情况。

2. 面板接缝变形

(1) 面板垂直缝。

1) 一期面板垂直缝蓄水以来一直处于闭合状态，最大压缩量为-0.55mm。

2) 二期面板在蓄水后呈中部压缩，左右岸张开状态。中部最大压缩量为-4.21mm，右岸最大开度为8.86mm，左岸垂直缝变形较大，主要集中在面板左7号和左8号块间垂直缝（J2-1和JB2-1），2005年3月该部位开度达34mm。经现场检查，在左7块面板上出现贯穿性裂缝。经凿除修补后，同年5月重新安装仪器并恢复观测，后期面板开合度随库水位而变化，变化幅度在10mm左右。

3) 三期面板在蓄水初期基本无变化，到2005年枯水期间，随着水位的下降，左右岸开合度有所增加，最大开度4mm左右。2007年和2008年两次高水位期间，右岸开合度增加比较明显，尤其是最右岸的坝横R0-225.00m，开度变化在10mm左右。后期面板开合度随库水位而变化，但量值较小，均在±4mm以内。

(2) 面板周边缝。

1) 左岸周边缝变形主要集中在高程1070.00～1090.00m，随着库水位的上升，面板在水荷载作用下沉降、开合度和剪切也逐渐增大，初期蓄水时最大沉降为9.4mm，在库水位达到1092m时最大开度6mm。后期沉降有所增加，但开合度变化不明显。面板左岸周边缝三向测缝计典型测值的变化过程线见图3.5.7。

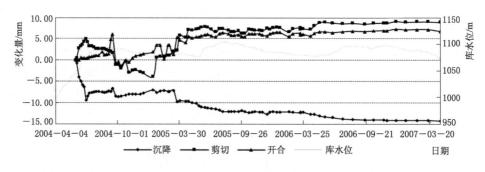

图3.5.7 面板左岸周边缝三向测缝计典型测值变化过程线

2) 右岸周边缝最大变形集中在高程1050.00～1070.00m，位移量值与左岸相比基本上只有其一半。周边缝的开合度不大，最大值在3mm左右。

3. 面板挠度及脱空变形

一期面板在高程1023.00m附近，面板与垫层料之间初期产生一定脱空，随着黄土铺盖填筑后，变形逐步稳定，垫层料与面板一直处于贴合状态。

二期面板在2005年汛期库水位上升到高程1100.00m后，受面板变形影响，出现一定脱空和剪切，最大脱空4.5mm，随着枯水期水位的下降，脱空逐渐减小至1mm左右。后期在水位变幅较大情况下，脱空和剪切随之变化，但量值均不大，无明显脱空出现。

三期面板左岸受约束脱空和剪切变化较小,量值均在 5mm 以内。河床中部和右岸受面板变形影响,脱空和剪切量值变化较大,2008 年 6 月水位下降至 1086.00m 时,脱空变形明显,其中中部最大脱空 54.90mm,右岸最大脱空 58.20mm。面板相对垫层料的剪切变形从 2008 年以来一直有所增加,中部最大时达到-400mm 左右,右岸在 250mm 左右,2013 年后无明显增长趋势,仅随库水位变化而变化。三期面板脱空(中部)测值变化过程线见图 3.5.8。

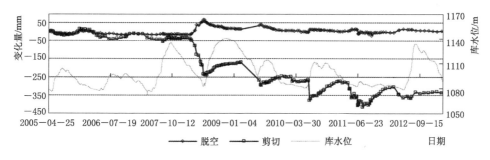

图 3.5.8 三期面板脱空(中部)测值变化过程线

4. 渗流

(1) 坝基渗压。主要监测上游库水位通过基础的渗流,用以检验帷幕灌浆阻渗效果,仪器于 2002 年 12 月安装。从观测资料分析,2004 年大坝蓄水后,埋设于帷幕前的 PB1 渗压计实测水头随库水位变化明显,帷幕后 PB2~PB4(钻孔式埋设)埋设后实测水位高程均在 970.00m 左右,在蓄水前,水位仅受坝前基坑淤水影响。

2004 年 6 月开始蓄水后,实测水位随库水位上升均有小幅增长,但增长幅度较小。2008 年库水位达到最高 1139.98m 时,PB2~PB4 实测水位高程分别为 982.18m、1001.87m、1006.15m,与库水位相比水头折减分别为 92.83%、81.25%、78.73%。后期基础实测水位变化与库水位密切相关,但无明显突变出现。

(2) 坝体渗压。2002 年埋设初期,坝体内部水位主要受降雨量大小影响,到 2003 年初,坝体内部水位高程基本保持在 973.00m 以下,主要为大坝填筑过程中施工洒水和降雨的共同作用。2003 年汛期到来,坝体内部水位略有抬高,但坝前水位与坝体内部水位没有明显的相关关系,说明面板周边缝止水良好。2004 年 6 月蓄水后,坝体内部水位高程有所上升,但量值不大;之后坝体水位高程一直稳定,无继续上升的趋势,从上游侧至下游,水位高程基本保持在 981.00m 左右。

(3) 趾板渗压。趾板后渗压计自埋设以来,实测水位一直表现平稳,未出现渗流现象。

(4) 渗流量。左右岸量水堰实测渗流量不大,最大渗流量出现在 2007 年汛期库水位从 1080.00m 上升到 1134.27m 期间,最大渗流量为 17.61L/s。右岸量水堰在 2004 年 10 月由于截水沟堵塞,无法进行观测,但与前期观测数据对比分析,同时间段实测渗流量与左岸相比基本相同。2008 年以后,左岸实测渗流量均在 10L/s 以下,量值较小。

量水总堰在 2005 年 12 月竣工时,实测达到的最大渗流量仅为 58.78L/s。2007 年和 2008 年两次高水位期间,渗流量增长较为明显,2007 年最大渗流量为 135.03L/s,2008

年达到 191.07L/s。从 2009 年到 2018 年期间，渗流量基本在 40L/s 以下。除去左右岸渗流量后，大坝基础渗流量很小，基本维持在 30L/s 左右，结合前述坝体和趾板渗压计实测数据分析来看，大坝整个防渗体系运行状态良好，无异常渗漏出现。量水总堰实测流量-库水位变化过程线见图 3.5.9；量水总堰实测流量-降雨量变化过程线见图 3.5.10。

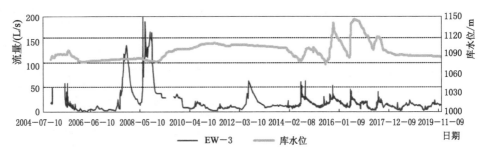

图 3.5.9　量水总堰实测流量-库水位变化过程线

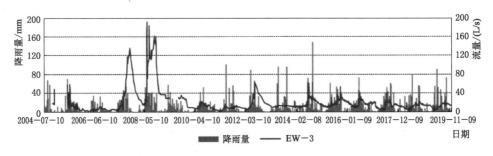

图 3.5.10　量水总堰实测流量-降雨量变化过程线

5. 应力应变

面板在 L0＋005.00m、L0＋085.00m、R0－085.00m、R0－175.00m 断面高程 990.00m、1055.00m、1090.00m 及 1138.00m 上、下层顺坡及水平向钢筋上均埋设安装有钢筋计，以监测面板钢筋的受力情况；各高程的上、下层钢筋中间埋设安装有应变计和配套无应力计，以监测面板混凝土的应变及自身体积变形。

（1）坝体应力。根据坝体填筑的进度及坝址区地理条件分析，在不对称河谷中坝体内部应力增长及应力分布正常，坝体应力为中部大于右岸大于左岸。至 2008 年 3 月 30 日，实测最大铅垂应力为 3.17MPa（在坝轴线附近），上下游最大应力为 1.75MPa，斜坡法向最大为 2.44MPa，坝体应力变形稳定。

（2）面板钢筋应力。钢筋应力变化与库水位相关性明显，应力随水位变化而变化。压应力最大出现在面板中部，水平向压应力大于顺坡向压应力，目前最大压应力为 126MPa。左右岸高程 1090.00m 以上呈拉应力状态，但量值不大，最大拉应力均在 20MPa 左右。

（3）面板混凝土应变。应变计实测混凝土应变蓄水前受气温影响变化较大；蓄水后随着库水位上升，温度应变逐渐减小，荷载应变增加。在水荷载影响下，面板中部呈压应变状态，量值上水平向压应变大于顺向坡压应变，最大压应变为 －650με 左右。左右岸高程 1090.00～1138.00m 区域的面板呈拉应变状态，量值上左岸小于右岸，左岸最大拉应变

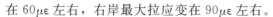

在 $60\mu\varepsilon$ 左右，右岸最大拉应变在 $90\mu\varepsilon$ 左右。

3.5.1.4 综合评价

综合大坝及面板观测资料来看，大坝经过 15 年的运行，一直处于稳定状态，各项监测成果如下。

1. 坝体沉降变形

（1）大坝于 2004 年 10 月填筑完成，到 2005 年 12 月竣工时，最大沉降量为 1325mm（位于高程 1055.00m L0+005.00m 断面 VM3-6 测点），约占整个坝高的 0.74%。至 2018 年 12 月大坝最大沉降量为 1384.34mm，约占整个坝高的 0.77%。经过合理的填筑分区设计和施工手段，从监测资料可以看出，坝体的沉降与填筑区域密切相关，至大坝在竣工时已完成近 96% 的沉降，后期除上游测点在高水位期间略有沉降外，变形均不大，从而也保证了大坝后期运行的稳定性。

（2）在国内堆石坝填筑中首次在次堆石区采用振动碾+冲击碾联合碾压技术，使得次堆石区在施工期间就能完成大部分沉降。施工过程中充分借鉴了天生桥一级水电站大坝施工过程中的不足之处，在每期面板浇筑前，上游面均预留 3 个月以上的自然沉降期，辅以人工洒水等方式，加快坝体沉降。通过等时段沉降分析，呈现主堆石区沉降小于次堆石区、中部沉降大于左右岸的规律。

2. 坝体横向水平位移

（1）高程 1055.00m 以上坝体横向水平位移规律与大坝填筑相关性较强；上下游位移趋势也比较一致，主要表现为向下游位移。大坝填筑完成后位移趋势逐渐减缓，只在 2007 年和 2008 年汛期高水位期间，上游测点向下游的位移略有增加，之后变化比较平稳。

（2）大坝水平位移大体上有如下规律：随坝体填筑高度上升，坝体低高程坝轴上游区域测点向上游位移，下游区域测点向下游位移。水库蓄水后，靠近上游面的测点受水压力影响，向上游的位移值略有减小。

3. 坝体纵向位移

左右岸均表现为向坝体中部位移趋势，位移量值上从两岸岸坡至坝体中部逐步减小。至 2005 年 12 月竣工时，左岸向右岸最大位移量为 16.5mm，右岸向左岸最大位移量为 10.4mm。总体上，左岸纵向位移大于右岸。至大坝填筑完成后，纵向位移也逐渐趋于稳定状态，无继续发展的趋势。

4. 面板接缝变形及脱空

（1）面板接缝变形。一期面板垂直缝从蓄水以来一直保持闭合状态；二期面板在蓄水后呈中部压缩，左右岸张开状态；左右岸周边缝实测开合度、剪切、沉降量值均比较小。面板接缝变形无异常，处于合理范围内。

（2）面板脱空。面板脱空主要发生在高高程的三期面板上，并呈现与库水位升降正相关变化。

另外，三期面板左岸受地形条件约束，脱空和剪切量值均在 5mm 以内；而河床中部和右岸面板脱空和剪切量值变化较大，其中历史最大脱空分别为中部 54.90mm、右岸 58.20mm，发生在 2008 年 6 月，水位下降至 1086m 期间，后期逐步减小并趋于稳定；面板相对垫层料的剪切变形从 2008 年至 2013 年一直有所增加，中部最大时达到－400mm 左右，右岸在 250mm 左右，2013 年后虽无明显增长趋势，但仍需重点关注。

5. 渗流渗压

（1）帷幕后基础渗透水位高程随库水位上升均有小幅增长。2008 年库水位达到最高水位 1139.98m 时，帷幕后基础渗透水位高程与库水位相比，折减分别为 92.83%、81.25%、78.73%，表明帷幕处于良好工作状态。

（2）坝体内部渗透水位仅在蓄水初期随库水位上升有小幅增加，量值仅 1m 左右；之后坝体渗透水位一直稳定，无继续上升的趋势，从上游侧至下游，渗透水位高程终保持在 981.00m 左右，表明坝体透水性良好。

（3）岸坡趾板后各高程渗压水位测值稳定，未出现渗漏现象。

（4）施工期，左右岸实测渗流量均不大，最大渗流量为 17.61L/s。大坝基础渗流量基本维持在 30L/s 左右，小于设计指标值。

（5）综合前述坝体和趾板渗压计实测数据分析，大坝整个防渗体系效果非常好，无异常渗漏出现。

6. 应力应变

（1）坝体应力分布为中部＞右岸＞左岸，符合工程不对称河谷中坝体内部应力增长及应力分布正常规律。

（2）面板钢筋应力、混凝土应变均与库水位有明显的相关性，其中面板中部处于受压状态，钢筋最大压应力为 126MPa，混凝土最大压应变为－650$\mu\varepsilon$，且该部位钢筋应力和混凝土应变表现为水平向量值大于顺坡向；左右岸高程 1090.00m 以上面板处于受拉状态，钢筋最大拉应力均在 20MPa 左右，混凝土最大拉应变为 90$\mu\varepsilon$。面板钢筋应力及混凝土应变均处于合理范围内，分布规律正常。

3.5.1.5　小结

（1）由于大坝的纵向位移观测在本工程运用时尚属首例，无经验可借鉴，对其观测设备也应有特殊要求。设计阶段首次有针对性地对坝体纵向变形进行了监测，在实施纵向位移观测测线过程中，还对以下几个方面进行专门研究：监测实施专项方案，充分考虑和解决观测施工与主体施工的矛盾关系，以及观测本身的可靠性；同科研单位和设备厂家共同研究该仪器的特殊要求、观测方式和测站布置；研究观测线端部的锚固方式、深度、施工的可能性等。

（2）设计时首次考虑对大坝渗漏进行分区监测。分区监测渗漏量可掌握各部位的渗漏量，给监控安全运行提供可靠的保障；渗漏量发生突变时，可缩小事故查找范围，避免盲目性；可检验左右岸防渗效果、周边缝的止水效果、面板的工作状况。因此，设计阶段，应重视分区监测，并合理布置监测设施，以达到预计目的。

为保证分区渗漏量观测的准确性、有效性，应做好以下几方面的研究工作：截水沟的断面形式，要有利于施工，减小与堆石体施工的干扰，保证截水沟的形成；截水沟起始点的位置及坡度，要有利于所要截住的水流能顺利汇集到量水堰系统，而不溢出进入基坑；截水沟在基础上的嵌深，要避免和尽量减小岸坡水流沿截水沟的底部进入基坑；截水沟的材料应能防止截水沟的淤堵让水流畅通渗入。

（3）在当时，普遍认为面板为柔性结构，与垫层料的变形是一致的。面板与垫层料之间脱空观测在 20 世纪 90 年代末曾有过，认为面板与垫层料之间不存在或只存在较小脱离，因此相关规范也未做相应的规定。但通过调研当时的类似工程发现，部分工程中尝试在面板与垫层料之间设置观测仪器对二者之间的脱空进行观测，结果显示存在着较大的脱空现象，特别是天生桥一级工程的面板脱空达 30cm 左右。因此，设计阶段，应根据大坝地形条件和结构计算成果，重视对可能存在脱空的部位进行重点监测，以利于在运行阶段及时发现脱空问题并进行有效处理，避免面板运行工况的进一步恶化。

3.5.2 阿尔塔什面板堆石坝

3.5.2.1 工程概况

阿尔塔什水利枢纽工程是叶尔羌河干流山区下游河段的控制性水利枢纽工程，是叶尔羌河干流梯级规划中"两库十四级"的第十一个梯级，位于新疆维吾尔自治区南疆喀什地区莎车县霍什拉甫乡和克孜勒苏柯尔克孜自治州阿克陶县的库斯拉甫乡交界处，距喀什地区的莎车县约 120km。工程规模为一等大（1）型，主要任务为向塔里木河生态供水，同时承担防洪、灌溉、发电等综合利用任务，水库总库容为 22.49 亿 m³，正常蓄水位高程 1820.00m，电站装机容量为 755MW，是新疆维吾尔自治区最大的水利工程，由于在设计、施工等方面面临诸多技术难点，被业内专家称为"新疆的三峡工程"。

挡水坝为混凝土面板砂砾石-堆石坝，最大坝高为 164.8m，坝顶宽度为 12m，坝长 795m。坝顶上游侧设置 L 形 C25 钢筋混凝土防浪墙，防浪墙顶高程为 1827.00m，墙高 5.2m，墙顶高出坝面 1.2m。上游坝坡坡度为 1:1.7，下游坝坡坡度为 1:1.6，在下游坡设宽 15m、纵坡为 8% 的"之"字形上坝公路，最大断面处下游平均坝坡坡度为 1:1.89。

坝址区位于中山峡谷区，河谷呈不对称宽 U 形，两岸基岩裸露，坝址长约 2.0km 的河段为横向谷，河床覆盖层厚度为 50～94m，河床深槽位于河床中部偏右侧。左岸发育有 2 号冲沟，右岸发育有 1 号、3 号和 5 号冲沟。坝址区发育有 Ⅰ～Ⅳ 级阶地，其中 Ⅰ 级阶地为堆积阶地，表部为冲洪积物覆盖；Ⅱ 级阶地为基座阶地，在坝址左岸分布连续，阶面多为洪积、坡积物覆盖，砂卵砾石层厚 4～7m；Ⅲ 级、Ⅳ 级阶地零星分布于 2 号冲沟口上、下游，阶地面覆盖洪积和坡积层，Ⅲ 级阶地砂砾石具微～弱胶结，Ⅳ 级阶地砂砾石层胶结较好。

坝址区地震基本烈度为 Ⅷ 度，大坝设防类别为甲类，抗震设计烈度为 Ⅸ 度；泄洪建筑物抗震设防类别为乙类，抗震设计烈度为 Ⅷ 度；发电引水系统和电站厂房抗震设防类别为丙类，抗震设计烈度为 Ⅷ 度。

本工程多年平均气温为 11.7℃，1 月平均为 −5.8℃，7 月平均为 25.3℃，极端最高气温 39.8℃，极端最低气温 −23.5℃，多年平均降水量为 54.4mm，多年平均蒸发量为 1767.0mm，最大风速为 22m/s，全年平均风速为 1.6m/s，多年平均最大风速为 16m/s；最大冻土深 98cm，最大积雪厚度为 14cm。大风日数平均为 7.4 天，最多为 24 天，多发生在 4—6 月；沙尘暴日数平均为 14.6 天，最多为 33 天，最少为 2 天，多发生在 4—6 月。

3.5.2.2　大坝监测设计

1. 总体设计

(1) 大坝变形监测控制网：包括平面位移监测控制网和垂直位移监测控制网，为整个坝址区的变形监测提供基准。

(2) 坝体变形监测：包括坝顶及下游坝坡的水平和垂直位移监测，以及砂砾石填筑体内部变形及坝基变形监测：包括施工期和运行期填筑体内部的水平和垂直位移监测；以及砂砾石基础的沉降变形监测。

(3) 面板变形监测：包括面板挠度、面板与垫层间脱空、面板接缝（周边缝、板间缝等）开合度及剪切变形。

(4) 应力监测：面板应力监测、坝基混凝土防渗墙应力监测、连接板下土压力监测。

(5) 渗流监测：绕坝渗流监测、坝基础面渗透压力监测及渗漏量监测。

(6) 大坝强震监测：布置强震仪监测。

主要布置 4 个断面监测坝体安全，分别为最大坝高剖面 0+475.00m、河床断面 0+305.00m 剖面、左岸 0+160.00m 剖面、右岸 0+590.00m 剖面。

2. 主要监测仪器布置

(1) 表面变形。共布置 5 条测线观测坝体表面变形，布置高程分别为 1780.00m、1740.00m、1711.00m、1671.00m 及坝顶 1825.80m，测点间距约 50～100m，共设置 45 个垂直水平位移综合观测墩。

(2) 坝体内部位移。分别在 0+160.00m、0+475.00m、0+590.00m、0+305.00m 这 4 个断面约 1/3、1/2、2/3 坝高处，高程为 1711.00m、1751.00m、1791.00m，布置水管式沉降仪和引张线水平位移计，监测坝体内部沉降和横向水平位移。本工程覆盖层较厚，故在河床部位的 0+475.00m 和 0+305.00m 监测断面的建基面高程 1671.0m 处增加一层水管式沉降仪和引张线水平位移计，以监测基础的沉降。共计设置沉降监测点 62 个，水平位移监测点 48 个。同时，为了与水管式沉降仪的测值相互校核比对，确保沉降监测成果的准确性和有效性，在 0+475.00m 断面每一水管式沉降仪旁设置一个液压式沉降仪（各点为独立测点，有独立管路），共 19 个测点。各测点埋设管路引至下游坝面观测室内进行监测。

(3) 基础沉降。由于本工程拦河坝建基面下原河床覆盖层厚度为 50～94m，深厚覆盖层的沉降压缩变形可能会对后期建筑物的运行造成不利影响，在监测单位的建议下，选取覆盖层最深处坝 0+420.00m 断面的连接板基础，布置 2 套大量程位移计，用于监测原河床覆盖层的沉降压缩变形。

(4) 面板挠度。原设计思路为利用布置在面板下游垫层料内的沉降测点同时监测面板挠度。但是，为更为全面地掌握面板连续挠曲变形情况，根据调研成果和专家评审意见，选择在最大坝高的坝 0+420.00m 断面面板混凝土内布置 1 条阵列式位移计（SAA）监测面板挠度。

(5) 面板脱空。为监测面板脱空情况，在 0+160.00m、0+305.00m、0+475.00m、0+590.00m 断面的面板和垫层之间设置脱空计，布置高程为 1820.00m、1808.00m 和 1795.00m，共布置 12 个测点。

（6）接缝变形。周边缝监测：在左、右岸及河床部位设置三向测缝计进行监测混凝土面板与趾板间的开合度、相对沉降和沿缝方向的剪切位移。共布置 18 个测点。

垂直缝监测：在混凝土面板坝靠近两坝肩上部位的为受拉区，布置单向测缝计，在高程 1798.00m 的垂直缝处，左坝肩布置 8 个测点，右坝肩布置 8 个测点。

（7）应力应变。为监测面板的应力应变及钢筋应力情况，在面板上选择 4 个断面，即最大坝高断面坝 0＋475.00m、河床断面坝 0＋305.00m、拉应力最大断面（左岸 0＋160.00m、右岸 0＋583.00m 断面）作为典型监测断面，依次在高程 1666.00m、1691.00m、1729.00m、1761.00m 和 1796.00m 布置二向应变计组、无应力和钢筋计，共布置 18 组/个。

在坝 0＋475.00m 断面、坝 0＋305.00m 断面连接板下，分别设置 1 支土压力计，监测界面压力变化情况。

（8）渗流渗压。基础渗流监测：河床监测断面在建基面设置 15 支渗压计，监测基础渗流。

周边缝止水渗漏监测：在周边缝三向测缝计位置的趾板下游垫层料中对应部位埋设渗压计，监测周边缝变形与止水防渗及缝后渗水压力关系，共布置 12 支渗压计。

绕坝渗流监测：沿流线方向，在两坝肩及坝下游坡线之外的山体上钻孔布置 6 个测压管，钻孔深入枯水期地下水位线下 5m 深度。

渗漏量监测：在主河床坝 0＋475.00m 断面的下游围堰上，高程 1663.2.0m 处设置 1 座梯形堰。

（9）防渗墙监测。

1）根据防渗墙应力计算的结果，选择两个断面防 0＋185.00m（坝 0＋423.2.60m）及防 0＋230.00m（坝 0＋467.55m）作为典型监测断面，各断面监测布置如下：

在防 0＋185.00m（坝 0＋423.2.60m）断面混凝土防渗墙高程 1635.00m、1610.00m、1585.00m 距防渗墙上下游面 10cm 处混凝土内各埋设一支单向应变计，同高程防渗墙轴线处埋设一支无应力计。

防 0＋230.00m（坝 0＋467.55m）断面混凝土防渗墙高程 1635.00m、1610.00m 距防渗墙上下游面 10cm 处各埋设一支单向应变计，同高程防渗墙轴线处埋设一支无应力计。

2）考虑到防渗墙岩石面变化处的应力偏大，故选择应力最大的防 0＋160.00m（坝 0＋397.71m）和防 0＋200.00m（坝 0＋437.55m）断面作为典型监测断面，设置单向应变计及无应力计，测点埋设高程为墙体入岩处，距防渗墙上下游面 10cm 处混凝土内各埋设一支单向应变计，同高程防渗墙轴线处埋设一支无应力计。

（10）大坝强震。在 0＋475.00m 断面坝顶高程 1825.80m、1/2 坝高处高程 1740.00m 及坝脚处各设置 1 台强震仪，坝顶左右坝肩各 1 台，在岸边稳定岩石处设置自由场。共布置 6 台强震仪，构成强震监测网。

3.5.2.3 监测施工特点

1. 超长管路水管式沉降仪

拦河坝的沉降变形主要依靠布置在坝体内部的 14 条水管式沉降仪管路系统进行监测，

其中高程 1671.00m 布置的 2 条水管式沉降仪管路长度达 560m，为目前国内在建工程中使用的管路最长的水管式沉降仪（表 3.5.1），是控制堆石坝填筑进度、确定一期面板浇筑时间、评估筑坝质量、保证工程安全运行的重要手段。

表 3.5.1　　　　　　　　　　国内部分水管式沉降仪统计表

序号	工程名称	大坝类型	最大坝高/m	最长管路/m	备　注
1	两河口	心墙堆石坝	295	360	受地形条件限制
2	双江口	心墙堆石坝	314	440	
3	长河坝	心墙堆石坝	240	400	
4	糯扎渡	心墙堆石坝	261.5	355	
5	天生桥一级	面板堆石坝	178	350	
6	三板溪	面板堆石坝	185.5	370	
7	董箐	面板堆石坝	150	385	
8	洪家渡	面板堆石坝	179.5	402	
9	水布垭	面板堆石坝	233	520	国家"十五"科技攻关项目
10	阿尔塔什	面板堆石坝	164.8	560	

针对超长管路水管式沉降仪埋设后可能发生的受水管管路进气、管路随坝体不均匀沉降而发生曲折、管路路线长等因素影响使其在使用过程中经常会遇到回水困难、观测稳定时间过长等问题，在监测仪器选择、观测液体选择、施工工序控制、坡度分区域调整及控制、安装细节等方面进行了一定的改进，具体如下。

（1）测头选用。最常用的沉降测头为三管式，即进水管、通气管和排水管。其中进水管是获取观测数据的主要部分，其也是最容易出现管路堵塞、淤塞的部分，本工程选用四管式测头能够很好地解决这个问题，即增加一根进水管，采用双进水管，不仅能够为系统增加一根备用进水管，还可以改变观测方法，不必再经过漫长的等待，只要同一组的两根测量管的水位高差与水杯溢流高差相等时，就可以读数，具体结构如图 3.5.11 所示。

（2）进水管直径选择。相关规范规定，一般进水管的内径应大于等于 6mm。但是管线较长时会导致液体的沿程阻力增大，观测耗时费力，维护困难，仪器管路内环境适宜微生物生存，易产生影响管道畅通的物质，淤塞后导致观测数据不准确、测量系统失效。经试验，$\Phi 10mm$ 尼龙管和 $\Phi 12mm$ 尼龙管的测量精度较好，且充水时间可以接受。如果只有一个进水管，应选择 $\Phi 10mm$ 尼龙管。对于两个进水管，决定 $\Phi 10mm$ 和

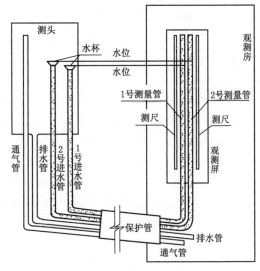

图 3.5.11　四管式测头组成及测量示意图

Φ12mm 各选择一个。

（3）观测液体选择。由于本工程所在地极端最低气温为—23.5℃，为保证全年观测，避免靠近大坝上下游区域的管路液体凝冻，需要选择有一定抗冻性的液体。经试验，在相同管径、不同填充液体的情况下，系统测量精度几乎没有变化。但是，纯蒸馏水的测量稳定时间为 5～10min，纯防冻液液体的黏性大，测量稳定时间明显增加，比蒸馏水稳定时间增加 20～30min。

将蒸馏水和防冻液按一定比例掺和，先在室内逐级试验，使其达到既能够抗冻也有足够流动性的程度，然后在冬季观测时全部采用掺和液。

（4）施工工序控制。由于相关规范对水管式沉降仪的埋设安装要求仅仅局限在管路的安装、保护和调试，对观测房并未做要求，大部分工程都是在施工期仅仅安装了仪器，但未修建观测房。这样会造成施工期没有稳定的观测场地，至少会带来 2～3 个月的数据损失。

因此，为尽量缩短实施安装埋设的时间，减少对主体工程的施工干扰，同时又能及时投入正常观测，及时获取到前期变形数据，故决定在坝体填筑临近监测基床带底部高程时，提前并快速构筑占用时段较长的永久观测房。

（5）坡度分区域调整及控制。根据一般工程经验，均采用 1% 的坡度来布设条带。由于本工程最长管线达 560m，如果完全按照 1% 的坡度控制，则最上游测点与观测房的高差将达 5.6m，对管路的铺设、保护以及工作墩的高度均带来更多的困难。

分析大坝静动力计算成果中沉降量及分布情况，可以得出坝基附近的大坝计算沉降量较小。1% 坡比的提出，一方面是为了防止在调试时管路内部出现气泡；另一方面，兼顾坝体沉降后，下游区域会出现倒坡，可以避免管路内存在气泡，导致无法正常观测。

因此，为不影响调试，根据沉降的基本分布规律，决定对坝轴线以下的区域按 1% 的坡比控制，对坝轴线以上区域按 0.5% 的坡比控制，使最上游测点与观测房的高程差为 4.5m，可一定程度地降低安装难度。

（6）安装工艺。结合已实施的众多堆石坝的经验，在每一测头处修建浆砌石墩台，墩台朝向观测房一侧为接近 60° 的斜坡，测头固定在该墩台上，管路沿墩台斜坡固定，各测点墩台顶部高程基本处于同一平面上，坡度同基床坡度控制，既可以保证测头稳固，同时可避免测头处沉降偏大而无法继续观测。

2. 阵列式位移计（SAA）

面板为堆石坝重要的防渗结构之一，其与堆石体之间变形的不协调，往往会引起面板开裂、脱空、挠度过大而断裂等不利情况发生，从而导致大坝的防渗体系出现问题，对大坝的安全构成威胁。因此，在大坝的整个生命周期内对面板的变形进行监测，掌握面板的工作状态，是一项必不可少的工作。

从监测实施经验来看，现有面板挠度监测的实际效果大多数不理想，研究一种适合面板坝面板变形监测的新方法，使之在满足精度的前提下，具有长期稳定性、可靠性、易于安装和可实现自动化等优点，是很有必要的。

（1）常规手段技术经济性对比。目前，堆石坝面板挠度变形监测手段主要有活动式测斜仪、固定式测斜仪、电平器、光纤陀螺仪、光纤传感技术等，各类仪器的对比如下。

1) 活动式测斜仪。沿测斜管牵引探头即可进行观测，能够直接测到面板连续的挠度曲线。但是当变形较大时，测斜管弯曲较大，导致探头无法在管内自由通过，观测即无法进行。而且，测斜管需要一段一段接长，过程中必须保证导向槽对正，导向槽的最终安装方向要确保与所测方向平行或垂直。因此，施工繁琐，安装质量不易保证，且难以实现自动化观测，需要花费大量的人力物力。另外，用于面板监测的活动式测斜仪通常是经过改造的斜测斜仪，以适应斜坡面的倾角（即将其内置的加速度计旋转了一定角度），这样就导致其在大角度测量时不能进行正反测自校，需要进一步通过现场标定消除误差，增加工作任务。采用高精度测斜仪低精度使用来代替斜测斜仪虽然可行，但在大角度工作时，受探头精度限制，亦存在上述同样问题。

2) 固定式测斜仪。较活动式测斜仪而言，易于实现自动化观测，而且可以根据计算成果，将传感器布置在预计变形位置，即能够用于活动式测斜仪难以观测的测点。但是由于测点固定，一套测斜管需要安装多个传感器才能够较为完整地反映被测结构的变形，造价高，而且无法实现挠度线的连续性监测，传感器损坏后难以维修。

3) 电平器。灵敏度高，仪器体积小，可通过支架直接固定在被测结构内部或表面，施工简单快捷，仪器不受角度限制，运行期易于实现全自动化监测，目前应用最为广泛，但是实际使用效果不佳。主要原因为电平器是反映角度点位移，是一种间接观测，若测点间距过大，拟合效果就会很差，即整体精度很大程度上取决于仪器布置的疏密，成本高。而且蓄水后，铺盖以下测点极易损坏，损坏后相应的计算无法进行且测点仪器无法修复，导致整套系统失效。

4) 光纤陀螺仪。灵敏度高，受干扰小，可实现挠度线的连续性监测。但是该仪器可动部件多，每次测量时陀螺仪小车在圆形钢管通道中上下拖动距离长（水布垭拖动 800 余米，且小车轨道缺乏唯一性），对测量精度的重复性、稳定性的不利影响因素较多，而且整套系统的成本较高，使用率低。另外，施工过程中需要在坝坡面上吊装钢管，存在一定安全隐患。

5) 光纤传感技术。由四川大学开发的高土石坝变形监测的光纤传感技术与系统（专利号 CN105910545A），主要利用光纤传感技术，通过布设与面板正交的板形梁，并以两岸岩基为固端，沿程用钢构件夹牢板顶部，钢构件埋入面板混凝土中，使其顶面与面板混凝土连结为一体，形成混凝土面板挠度-应变-接缝一体化监测。该系统可兼具面板挠度监测的作用。但是该系统构建复杂，且光纤技术应用于大坝监测虽说已经较为常见，但根据实际情况来看，光纤本身的稳定性不易保证，应变测量受干扰因素较多且不易剔除，影响结果计算的准确性。同时在土石坝施工过程中，对光缆的保护较为困难，易被破坏。

（2）设备选型。面板堆石坝防渗面板挠曲变形监测，多年来一直是技术难题之一，约 10 年前，加拿大 MeasurandInc 工程科技公司首先研制出的高精度阵列式位移计变形监测系统（SAA）在国外多个工程中成功应用，并于 2010 年进入国内市场；此后 2015 年韩国仿研的 3DGBMS 三维连续型变形监测系统进入国内市场；2016 年北京基康公司推出了 BGK-6150SI 型多维度变形测量装置产品。

加拿大 SAA、韩国 3DGBMS 三维连续型变形监测系统、BGK-6150SI 型多维度变形测量装置的工作原理（微电子机械式）基本一致，其技术性能、可靠性、国内成功应用工程实例等有一定的差异，总体上加拿大 SAA 在国内同类工程成功应用实例相对较多。

经过反复对比论证，认为 SAA 应用于阿尔塔什大坝混凝土面板挠度监测的施工方案是可行的，并最终确定在河床最深覆盖层坝 0＋420.00m 断面处的面板混凝土内布置 1 条加拿大 Measurand 公司生产的 SAA 以监测面板挠度。

（3）安装要点。在面板混凝土施工浇筑前，将全段 SAA 外套高强度 PVC/PE 管沿面板底层钢筋上部牵引至面板顶部，考虑到外水压力影响和后期可能发生的混凝土裂缝处理化学灌浆施工影响及挤压边墙与面板底部产生剪切变形影响，将 SAA 安装在底层钢筋上部。

为防止混凝土面板发生变形后拉断 SAA，在 SAA 终端预留 3～4m 长度做临时自由端，以保证 SAA 在保护管能有一定的自由伸缩量。

在面板混凝土浇筑期间，全程安排专人对 SAA 进行实时看护，防止混凝土浇筑时损坏仪器。

由于本工程面板分三期浇筑，施工工期较长，为防止未埋入混凝土的仪器长期放置在现场发生损坏，在各期面板之间采用搭接的方式埋设，搭接采用厂家生产的专用接头以保证搭接段的牢固性、连续性。

电缆埋设前，先做检查，确保电缆芯线无折断，外皮无破损。观测电缆采用热缩材料连接。连接时先套以电缆护套热缩管及芯线热缩管，对芯线采用 $\Phi4～6mm$ 的热缩套管，连接时接头相互错开，连接后接头用焊锡搪锡处理，将热缩套管加热收缩；对电缆护套采用 $\Phi14～18mm$ 热缩缩管，在热缩管与电缆护套搭接段间缠裹热熔胶片，然后用加热设备从中部向两端均匀地加热，排出管内空气，使热缩管均匀地收缩，热缩管紧密地与芯线结合。电缆连接后进行测试，如发现异常，立即检查原因，如果达不到要求应重新连接。

（4）数据采集。施工期监测数据可通过传感器通信电缆连接笔记本电脑进行现场采集；运行期接入自动采集设备，可通过远程通信方式（RS485、3G 或 4G 通信网络、LAN 等方式）或通信电缆连接的通信方式将观测数据定期采集至监测中心站。

安装于笔记本电脑的采集软件可用于实时处理从 CDS 获取的变形测量数据、可视化变形曲线，可以 ASCII 或 MATLAB 格式文件取得变形物理量（X、Y、Z、角度、加速度等）。

3. 大量程位移计

（1）坝基深厚覆盖层常用监测仪器对比。目前水利水电行业应用于坝基沉降压缩变形的常规仪器主要有振弦式位移计、电磁沉降环、弦式沉降仪等，各类仪器对比如下：

1）振弦式位移计。蓄水后阿尔塔什坝深达 94m 的坝基覆盖层最大沉降压缩量可能超过 1m，由于振弦式传感器工作原理限制，量程普遍较小，在 300mm 以内，无法满足本工程监测要求。

2）电磁沉降环。量程基本无限制，但沉降管需在覆盖层内钻孔埋设，并在坝体内随填筑上升预埋，施工过程中对大坝填筑、碾压等影响较大，保护困难，在坝体变形中极易发生剪切破坏，蓄水后管内极易积水导致探头下放至底部基础环，在高坝中埋设时无法保证仪器长期运行完好。

3）弦式沉降仪。埋设时，需在坝基覆盖层内钻孔，且由于仪器工作原理的限制，钻孔过程中不能跟管。而阿尔塔什坝基覆盖层深达 50～94m，不跟管钻孔施工成孔难度较大，仪器埋设可靠性无法保障，故该监测仪器不适用于本工程。

（2）设备选型。结合本工程坝高 164m、基础覆盖层深达 50～94m 的特点，并从仪器量程、坝基覆盖层钻孔施工工艺、仪器保护等多方面综合考虑，常规监测仪器无法满足监测要求，经监测单位大量调研论证，决定选用南京蓉水水电自动化技术研究所有限公司定制生产的 TSV 型电位器式大量程位移计。

（3）安装细节。根据前期勘探地质资料，基础覆盖层内主要包含漂石层、卵石层、砾石层等，经技术经济综合分析后，采用 600 型地质回旋钻机，黏土粉制泥浆护壁并同时套管（无缝钢管）跟进防止塌孔，钻进过程中根据揭示的地质情况采用直径 150mm、127mm、108mm、89mm、75mm 金刚石钻头逐步减小孔径分级钻进，保证终孔直径 75mm 以上、孔底深入弱风化基岩内 1m 以上。

钻孔完成后，逐段组装传递杆、护管及锚头并吊装入钻孔内，直至锚头深入孔底。护管与孔壁之间每隔 3m 采用橡胶环扶正，保证测杆在孔内居中，吊装完成后灌注水泥砂浆，待初凝后方可根据仪器厂家说明书组装传感器。

由于位移计竖向安装，故组装完毕后需将传感器预拉 1240mm，并同时在传感器保护罩外浇筑钢筋混凝土保护墩，防止其被破坏。

（4）数据采集。施工期数据采集利用厂家配套提供的专用电位器式读数仪人工测读，运行期可将观测电缆接入自动化采集设备，实现远程自动采集。

3.5.2.4 监测成果分析

阿尔塔什水利枢纽工程于 2016 年 3 月开始坝体填筑，2019 年 7 月坝体填筑封顶，2019 年 11 月底导流洞下闸开始第一阶段蓄水（高程 1721.00m），截至 2020 年 5 月底，库水位保持在高程 1721.00m 已有 4 个月，各项监测数据基本达到阶段性稳定状态。本节主要简述已取得的坝体沉降、连接板基础深厚覆盖层变形、面板挠度变形等成果。

1. 坝体沉降

坝体内部共计布置 62 个水管式沉降仪测点，其中两个河床监测断面（坝 0+305.00m、坝 0+475.00m）高程 1671.00m 处各布置 7 个测点主要用以监测坝基沉降，其余测点主要用于监测坝体沉降。各测点紧随坝体填筑进度安装后，均取得了完整连续的监测数据。

坝基最大沉降测点（TC1-5）在坝轴线位置（3B 区、填筑料为砂砾石料），累计沉降量为 544.0mm，占该测点下部堆石体与覆盖层总厚度 65m（覆盖层厚度为 55m、坝体填筑厚度为 10m）的 0.83%。坝体最大沉降测点（TC2-5）在坝 0+475.00m 断面的坝下 0-081.00m 位置（3C 区、填筑料为利用料），累计沉降量为 725.7mm，占坝体与覆盖层之和 216.3m 的 0.33%；若扣除该测点下部坝基沉降测点同期的沉降量 370.3mm（视为覆盖层沉降量），则坝体实际最大沉降量 355.4mm 仅占实际填筑坝高 151.3m 的 0.23%。

各测点累计沉降量变化过程线表明累计沉降量与坝体填筑高度呈明显的正相关；同一高程各沉降测点比较，中部河床监测断面处沉降量较大，两侧岸坡监测断面处沉降量较小；比较同一横断面不同高程测点发现，1/3 坝高处（高程 1711.00m）测点累计沉降量最大，近建基面（高程 1671.00m 处）次之，2/3 坝高处（高程 1791.00m）最小。总体来看，坝体内部沉降呈连续渐变变化，纵、横向分布基本协调，各测点沉降量与上覆堆石体厚度有关，坝基、坝体各测点沉降量分布规律性较好，符合土石坝沉降变形分布的一般规律。坝 0＋475.00m 水管式沉降仪沉降量分布见图 3.5.12；坝 0＋475.00m、高程 1671.00m 水管式沉降仪沉降量变化过程线见图 3.5.13；坝 0＋475.00m、高程 1711.00m 水管式沉降仪沉降量变化过程线见图 3.5.14。

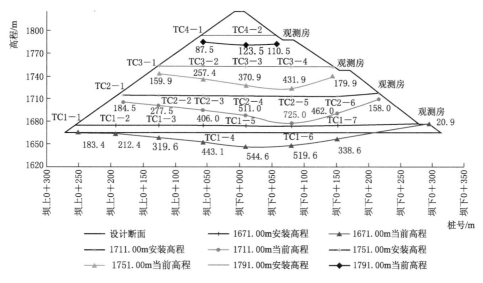

图 3.5.12　坝 0＋475.00m 水管式沉降仪沉降量分布示意图

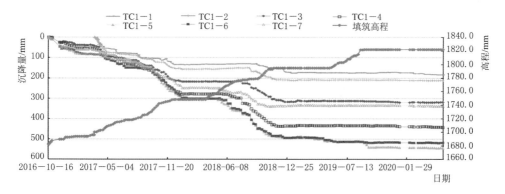

图 3.5.13　坝 0＋475.00m、高程 1671.00m 水管式沉降仪沉降量变化过程线

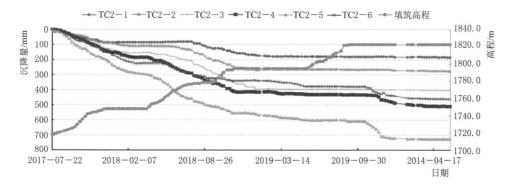

图 3.5.14　坝 0＋475.00m、高程 1711.00m 水管式沉降仪沉降量变化过程线

2. 面板挠度

阿尔塔什大坝混凝土面板设计坡比为 1∶1.7，分三期完成浇筑，其中一期面板顶部高程为 1715.00m，于 2018 年 5 月底完成浇筑；二期面板顶部高程为 1776.00m，于 2019 年 5 月底完成浇筑；三期面板顶部高程为 1821.80m，于 2020 年 5 月底完成浇筑。面板挠度主要依靠坝 0+420.00m 断面面板混凝土内布置的 1 条 SAA 阵列式位移计监测，并同时在面板顶部布置 1 个临时表面变形观测墩进行校核。

一期面板浇筑完成取得观测基准值至坝前盖重填筑前（2018 年 6 月至 2019 年 1 月），由于底部趾板及其下部覆盖层未施加荷载、而上部坝体尚在继续填筑，实测挠度呈自一期面板底部至顶部逐渐增大分布，该阶段面板挠度主要受坝体自身沉降影响，顶部挠度实测最大值为 37mm；同期，面板顶部布置的临时外部变形观测墩所测的沉降量为 32.6mm。2018 年 7 月，实测面板挠度分布示意图反映在面板中下部（距离面板底部 48m）位置相邻 2 个测点出现了 2mm 错动变形，经现场查看，发现距离面板底部 48m 位置有一条水平方向的混凝土裂缝。大坝一期面板挠度分布（2018 年 6 月至 2019 年 1 月）见图 3.5.15。

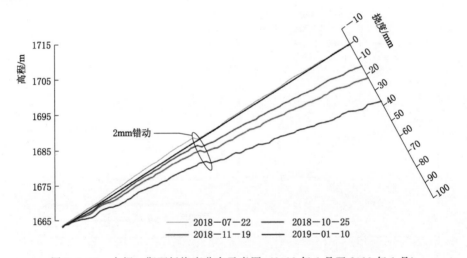

图 3.5.15　大坝一期面板挠度分布示意图（2018 年 6 月至 2019 年 1 月）

2019 年 1 月至 2019 年 9 月坝前盖重的填筑过程中，一期面板顶部布置的临时外部变形观测墩所测的沉降量为 8.9mm，利用 SAA 阵列式位移计以顶部为基准计算出的底部相对沉降量为 33.9mm。挠度分布从面板顶部至底部呈渐变式沉降变形，顶部最小、底部最大，挠度变形趋势与盖重填筑高程有较好的相关性。大坝一期面板挠度分布（2019 年 1 月至 2019 年 6 月）见图 3.5.16。

2019 年 5 月底，二期面板浇筑完毕后，在一、二期面板接缝位置对 SAA 阵列式位移计以搭接方式加长至二期面板顶部，并重新选取观测基准值，利用二期面板顶部的表面变形观测墩所测得的沉降数据叠加到 SAA 阵列式位移计顶部测点，再以二期面板顶部 SAA 阵列式位移计顶部测点为基准测得整个面板的挠度，以便整体分析混凝土面板的挠度变形。在这一阶段，面板底部因受坝前盖重和蓄水后水位上升影响，持续发生沉降变形，二期面板顶部受坝体自身沉降影响也在持续发生沉降变形。至 2020 年 5

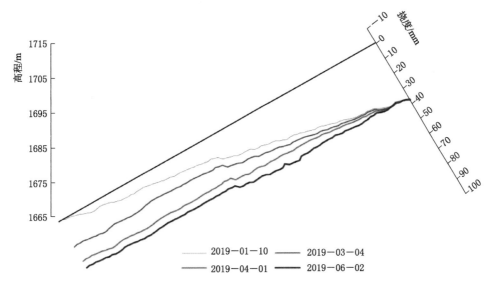

图 3.5.16 大坝面板挠度分布示意图（2019 年 1 月至 2019 年 6 月）

月，利用外观测得二期面板顶部自浇筑完成后累计沉降量为 44.7mm，利用 SAA 阵列式位移计推算的面板底部同期沉降量为 62.7mm，经数学计算得出面板顶部和底部的挠度值分别为 36mm、54mm。大坝一、二期面板挠度分布（2019 年 5 月至 2020 年 5 月）见图 3.5.17。

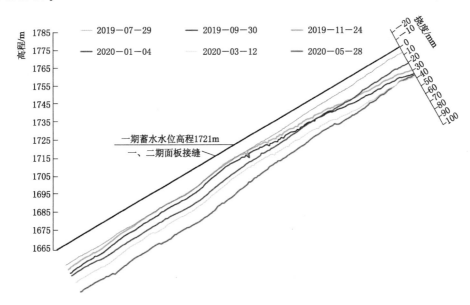

图 3.5.17 大坝一、二期面板挠度分布示意图（2019 年 5 月至 2020 年 5 月）

3. 连接板基础覆盖层沉降

鉴于阿尔塔什坝在原河床深厚覆盖层上筑坝，为解决趾板与面板的变形不协调，在防渗体系设计上将防渗墙布置在趾板上游 6m 处，趾板与防渗墙之间采用 2 块厚 1.5m 的钢筋混凝土板连接（即连接板）。在坝 0+475.00m 连接板的深厚覆盖层基础上布置了 2 套大量程位移计（间隔 3m），用以获得上游铺盖填筑及蓄水过程中的覆盖层沉降变形成果，评价连接板结构的安全性。

监测成果表明，连接板基础覆盖层的沉降压缩变形主要分为两个阶段：①2019 年 1—9 月坝前盖重的填筑过程中，实测覆盖层沉降压缩量分别为 20.5mm、16.7mm，变形速率与盖重填筑强度呈明显的正相关，沉降量过程线在盖重填筑完成后即趋于平缓；②2019 年 11 月至 2020 年 1 月水库第一阶段蓄水至高程 1721.00m 期间（库水位上升约 50m），ES01、ES02 实测覆盖层沉降压缩量分别为 8.1mm、5.9mm，变形速率与库水位上升速率呈明显的正相关，沉降量过程线在库水位稳定后即趋于平缓。连接板基础沉降量变化过程线见图 3.5.18。

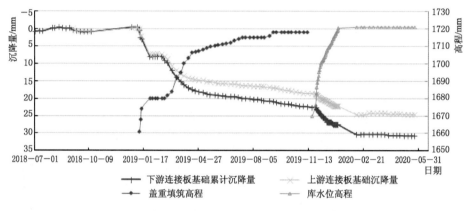

图 3.5.18　连接板基础沉降量变化过程线

3.5.2.5　小结

阿尔塔什水利枢纽工程初步设计阶段安全监测布置基本满足规范要求和工程需要，但考虑拦河坝最大坝高 164m、坝基上下游宽度 600 余米、坝顶长度 860m，体型属于超大型，建基面下覆盖层最大深度达 94m，在建设实施阶段针对工程特点进一步完善了设计内容，更为有效地发挥了安全监测的专业支撑作用。在本工程安全监测实施过程中，主要有以下几点体会：

（1）初步设计阶段的坝体内部变形监测仪器布设基本合理，但采用液压式沉降仪校核水管式沉降仪效果不佳，主要是液压式沉降仪由于其工作原理埋设在坝体内部时无法进行管路维护，长期运行过程中会导致管路内气泡无法排除，从而使得仪器测值无规律跳动，无法获得有效监测数据。水管式沉降仪采用双进水管式测头，相对于传统式的单进水管测头，基本能够实现数据相互校核，实测数据更为可靠，可在管线较长的情形下推广使用。

（2）由于大坝建基面高程为 1661.00～1664.00m，两个河床监测断面 1671.00m 高程布置的水管式沉降仪测得的沉降量，实际为高程 1671.00m 以下约 10m 厚的堆石体和覆盖层的沉降量之和，无法准确反映出覆盖层的沉降量，从而无法准确计算大坝填筑体的沉降。根据本工程连接板基础深厚覆盖层大量程位移计的实践效果，在今后类似的深厚覆盖

层监测中，可选用大量程位移计监测。

（3）连接板基础埋设的大量程位移计可较好地反映出覆盖层的沉降变形，但前期计算的沉降量远大于实测沉降量，在今后类似工程中可根据覆盖层情况适当选用量程略小的位移计进行监测，以提高监测精度。

（4）阵列式位移计应用于混凝土面板的挠度监测可获得大量连续、完整的监测数据，应用实践效果较好，能够可靠地反映混凝土面板的真实变形，且后期易于接入自动化、实现远程数据采集；但注意应在相应位置同步设置外观点，以为其提供数学计算基准数据，否则将无法有效解释混凝土面板的相对变形。

3.6 问题与讨论

3.6.1 对堆石体变形控制的认识

混凝土面板堆石坝的坝体变形量受多种因素影响，如坝体填料的密实度、河谷形状、坝基的地质条件、填筑方式及程序等。坝体变形量过大，对面板及周边缝等结构受力和变形不利，易引起防渗系统发生破坏而严重渗漏，危及大坝运行安全。

人们对于面板堆石坝的坝体变形规律和工程危害的认识经历了较为漫长的过程。早期的面板堆石坝大多为中低坝，由于坝体采用松散的抛填堆石而成，坝体变形难以控制，导致面板出现破坏，大坝严重渗漏。譬如采用抛填堆石修建的狄克斯河坝（坝高 84m）与盐泉坝（坝高 100m），面板曾发生破坏，并发生大量渗漏。直到薄层碾压技术的成功应用和大面积推广，混凝土面板堆石坝的运行状态得到了明显改善，使得建设更高的面板坝成为可能。郭诚谦、陈慧远在《土石坝》专著中指出："当坝的高度很大时，在水压力作用下，不可避免地要产生相当大的变形。在 10t 级振动碾作用压实功能下，混凝土面板堆石坝已达到了 160m 的高度，但要进一步增加坝高，如不采用新的技术措施，其变形量会达到使面板周边缝不能承受的程度。"此后修建的两座超过 160m 的高坝经验证明了他们的论断，1994 年建成的阿瓜密尔帕坝（坝高 187m）与 2000 年建成的天生桥一级坝（坝高 178m）都不同程度地出现了一些问题。阿瓜密尔帕坝由于主堆石区采用变形模量较高的砂砾石料，下游次堆石区采用建筑物的开挖料，前者的变形模量是后者的数倍，两者的变形不协调，导致运行期坝顶沿坝轴向开裂。天生桥一级坝由于次堆石区采用了软岩，施工期为了抢工期，坝体快速上升导致临时断面高差过大（上下游高差达 90m）、面板浇筑时坝体沉降间歇期短（坝体填筑完毕即浇筑面板混凝土）、面板顶部与临时坝体顶部的高差过小（最小 2m）、面板垂直缝之间为硬接触等，出现了垫层上游面开裂、面板脱空、面板严重裂缝以及挤压破坏等现象。

通过总结过往失败的教训和成功的经验，在洪家渡、紫坪铺、三板溪、水布垭、滩坑及董箐等 2000 年后建设的面板堆石坝工程中，均采用了堆石预沉降措施，来保证混凝土浇筑后的面板与坝体堆石之间不发生过大的不协调变形，防止面板产生结构性裂缝。堆石预沉降措施，即将填筑后的坝体堆石靠自身重量自然变形一段时间，使其大部分变形在此段时间完成，然后再进行面板混凝土的浇筑。表 3.6.1 统计了国内部分 150～200m 级面板堆石坝的坝体堆石预沉降时间。

表 3.6.1　　　　国内部分 150～200m 级面板堆石坝堆石预沉降措施汇总表

工程	预沉降时间/月	工程	预沉降时间/月
天生桥一级	分三期施工，无沉降时间控制	水布垭	一期：6 个月；二期：3 个月；三期：3 个月
洪家渡	一期：7 个月；二期：3 个月；三期：3 个月	滩坑	一期：2 个月；二期：3 个月
紫坪铺	一期：2 个月；二期：2 个月；三期：2 个月	董箐	一期：7 个月；二期：5 个月；三期：7 个月
吉林台一级	分三期施工，沉降时间为 4～8 个月	江坪河	一期：8 个月；二期：8 个月；三期：8 个月
三板溪	一期：6 个月；二期：6 个月；三期：5 个月		

另外，在水布垭混凝土面板堆石坝工程建设时，分析认为坝体填筑最优方式为均衡上升，此时面板变形和受力状态较好，面板垫层法向位移小，沿面板坡面变形分布均匀。而对于坝后高于坝前或坝前高于坝后的填筑方式，则不宜使用。故实际施工时，水布垭混凝土面板堆石坝工程采用的沉降控制措施为：坝体填筑均衡上升，面板施工前预留 3～6 个月的沉降期，当沉降速率小于 3～5mm/月时才能进行面板施工，分期面板的顶部高程宜低于堆石体（临时坝顶）20m 以上。

此后，在洪家渡面板堆石坝工程建设时，提出了坝体预沉降控制两项指标，即预沉降时间控制指标和预沉降速率控制指标。预沉降时间指标：每期面板施工前，面板下部堆石应有 3 个月以上的预沉降期。预沉降速率指标：每期面板施工前，面板下部堆石的沉降变形速率已趋于收敛，监测显示的沉降曲线已过拐点，趋于平缓，月沉降变形值不大于 5mm。另外，分期面板顶部超高填筑 2～5m。

对表 3.6.1 中所列面板堆石坝的运行状况进行统计可知，面板堆石坝运行情况总体良好，除天生桥一级大坝变形量较大（最大沉降量近 2%）外，其他工程的最大沉降量均控制在 1% 左右；渗漏量均控制在 100L/s 以内，详见表 3.6.2。

表 3.6.2　　　　国内部分 150～200m 级面板堆石坝运行状况统计表

序号	项　目	坝体最大垂直沉降/与坝高的比例/测值时间	面板裂缝数量/条	坝体渗漏量稳定值/(L/s)
1	天生桥一级	354cm/1.99%/2006 年 8 月	4537（面板挤压破坏）	80～140
2	洪家渡	135.6cm/0.76%/2007 年 12 月	33	7～20
3	紫坪铺	88.4cm/0.56%/2005 年 7 月	面板微挤压破坏	—
4	吉林台一级	—	—	220（最大值）
5	三板溪	175.1cm/0.96%/2006 年 8 月	116	62.6～131.2
6	水布垭	247.3cm/1.06%/2008 年 2 月	637	23.43～40
7	滩坑	71.5cm/0.5%/2008 年 1 月	226（一期面板）	—
8	董箐	165.4cm/1.1%/2008 年 12 月	—	—

随着混凝土面板堆石坝筑坝技术的不断发展，坝体变形控制方面的经验日益丰富，并开始写入了规程规范中，如《混凝土面板堆石坝设计规范》（DL/T 5016—2011）中对于坝体变形控制措施和监控指标做了相应的说明，规范的第8.1.3条"根据研究成果，高面板堆石坝面板脱空是伴随坝体分期填筑和面板的分期浇筑而发生的现象。产生面板脱空问题的主要原因是支撑面板的先期填筑堆石体在上部新填堆石体自重荷载的作用下产生新的压缩和水平变形。由于面板的刚度相对较大，面板不能同下方的堆石体协调变形，因而出现顶部脱开的情况。为减小面板脱空，采取加大分期浇筑面板的顶高程与浇筑平台的填筑高程之差是施工方面的有效手段。根据数值模拟计算分析结果，超高填筑的高差：高坝不宜小于10m～15m，中坝不宜小于5m～10m。"

该规范第13.1.1条"为控制堆石坝体变形和变形形态，应综合考虑分期施工的各种因素，进行合理规划，并增加浇筑平台与填筑高程的高差、配筋，选择有利的浇筑时间和环境，减少面板分期施工的次数等综合措施，可以将脱空产生的不利影响减至最小。面板混凝土分期浇筑后继续填筑是分期面板脱空的主要原因，故将必要时面板分期浇筑改为应尽量减少面板分期施工的次数。"

根据监测成果，面板堆石坝的变形大部分在施工期完成，后期变形与坝料压实密度、母岩特性等有关。有研究资料表明，坝体堆石体填筑后前期3个月内沉降变形速率最大且收敛较快（在没有后期填筑影响情况下），填筑过程及第一个月的沉降可完成总沉降变形的50%左右，第二个月可以完成总沉降变形的20%～25%，第三个月可完成总沉降变形的7%～8%，剩余的变形则在蓄水期及运行期经过较长时间完成。如天生桥一级大坝后期沉降约占总沉降量的10%～20%，水布垭大坝和洪家渡大坝则为10%左右。因此，面板施工时相应填筑分期的坝体应预留一定的沉降期（自然沉陷3个月以上），最好经历一个汛期，使面板浇筑时避开堆石体沉降的高峰期，以控制坝体和面板的变形协调，尽量减小面板的脱空率。水布垭大坝面板浇筑前预留沉降期为3～6个月，洪家渡大坝为3.7～7个月，三板溪大坝为3～8个月。为避开堆石体沉降的高峰期，设置预沉降期的时间长短，有工程提出了沉降速率收敛指标：每期面板施工前，面板下部堆石的沉降变形率已趋于收敛，即监测显示的沉降曲线已过拐点，趋于平缓，月沉降变形值不大于2～5mm。

采用预留沉降期，在堆石坝体变形速率减小后再浇筑面板混凝土，将使填筑强度的不均衡性增强，而采取上部超填加荷的方式可加快堆石沉降的收敛。故不强调面板混凝土的浇筑时间要等待多久，但应避开下部堆石体变形的高峰期，具体措施根据工程特点分析确定。

不难看出，该规范结合已有工程经验，对大坝堆石体不同阶段的变形规律进行了较为详细的说明，有利于工程技术人员在设计和施工时，可以从总体上判断坝体的变形是否合理。同时，该规范对面板混凝土浇筑前的坝体预留沉降期、变形发展趋势、月变形速率以及分期面板施工的坝体填筑超高提出了工程经验值，可为工程技术人员提供参考。

毋庸置疑，该规范的实行，为工程技术人员提供了极大的方便，使其能够简单、快速地对大坝坝体变形提出控制指标和工程措施。但是，人们往往容易忽视该规范中明确提到的"不强调面板混凝土的浇筑时间要等待多久，但应避开下部堆石体变形的高峰期，具体措施根据工程特点分析确定"，即避开堆石体变形高峰期才是选择面板施工时机的重点。在实际工程应用时，有些人容易死搬硬套，不经论证就提出类似于"沉降期不少于 6 个月，月沉降速率不大于 5mm"的规定，因为这样就是按照规范建议的最高标准执行的，肯定不会出错，即是为了满足规范要求，不是为了满足工程需要。这样就会出现当监测数据反映出坝体沉降曲线已过拐点且沉降趋于收敛、月速率低于 5mm，但是沉降期不足 6 个月，而不允许施工的现象，迫使面板施工推后而无形中压缩了面板混凝土浇筑的周期，施工时又为了避开高温和汛期，盲目抢进度，忽视浇筑、抹面、养护等细节，混凝土浇筑质量控制较差，导致后期面板出现裂缝。

因此，预留沉降期应结合工程实际动态调整，如近年来大面积推广的 GPS 智能碾压技术，已经可以精准控制摊铺厚度、碾压吨位、碾压遍数、行车速度等，能够及时快速发现漏碾、欠碾等现象，碾压质量得到了显著提高，对控制大坝坝体变形起到了积极作用。因此，实际工程中，基于"避开堆石体变形高峰期才是选择面板施工时机"的原则，可将"监测显示的沉降曲线已过拐点，趋于平缓，月沉降变形值不大于 2mm～5mm"作为首要控制指标，坝体预留沉降期作为辅助控制指标并合理调整。坝体超高则仍然按照 5～20m 的标准来控制。

3.6.2　引起面板裂缝的原因初探

引起面板裂缝的主要诱因包括以下几个方面。

1. 坝体变形

（1）坝址区地形地势。坝址左右岸不对称地形在坝体沉降过程中不利于坝体整体变形协调，易导致面板裂缝的产生。

（2）设计填筑标准。各种坝料设计填筑标准对坝体质量控制起主要作用，采取较高的压实设计指标，坝体变形沉降值较小，混凝土面板产生裂缝较少。

（3）坝体填筑分期。合理的坝体填筑分期是保证坝体施工质量的重要部分，也是防止面板开裂的关键环节之一。据统计，在分期进行面板混凝土浇筑时，面板顶部坝体填筑超高太少，可能引起裂缝；在下一期坝体填筑时，上一期面板下部坝料沉降未收敛，导致面板下部脱空，易出现裂缝。另外，部分面板堆石坝分期填筑到设计高程后，坝体预沉降时间较短，坝体变形未收敛，也会导致面板脱空及裂缝的产生。

（4）挤压边墙影响。由于挤压边墙位于垫层料和面板混凝土之间，作为一个需均匀受力的承载体，挤压边墙表面不平整，会对薄板结构面板产生影响。

2. 约束影响

混凝土面板是一个超大型的薄板结构，混凝土约束底面积尺寸远远大于板厚尺寸，对薄板混凝土沿厚度方向的约束影响十分突出。由于约束面的约束限制了混凝土的变形，而薄板混凝土温度沿板的高度产生拉应力的变化很快，从而使得薄板混凝土表面产生的裂缝很快向下延展，形成贯穿性裂缝。

3. 温度应力

（1）面板混凝土由于自身和环境的变化等因素要产生收缩变形，当面板收缩变形受到内、外约束的限制得不到满足时，在面板内产生拉应力，这种拉应力一旦超过混凝土的极

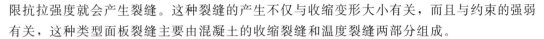

限抗拉强度就会产生裂缝。这种裂缝的产生不仅与收缩变形大小有关，而且与约束的强弱有关，这种类型面板裂缝主要由混凝土的收缩裂缝和温度裂缝两部分组成。

（2）面板的温度应力来自于内外温差和均匀温降两个方面。在温度骤降的情况下，若施工期不采取保温措施，即使是骤降温差仅为 5℃，温度应力仍会超过混凝土的允许应力，导致混凝土的开裂。

4. 施工

（1）浇筑时段，应避开高温季节浇筑。

（2）滑模提升速度。在一些工程实践中发现，当滑模提升相对较缓慢时，混凝土面板裂缝数量和规模明显较少。滑模上升速度宜控制在 2.0m/h 左右。

（3）振捣。混凝土振捣在面板混凝土施工中是重要工序，振捣质量对裂缝产生有较大的影响。过振会使混凝土产生离析，水泥浆和粗骨料分离，粉煤灰及胶凝材料上浮，混凝土表面强度明显降低，易产生表层裂缝；漏振则会造成混凝土表面气泡过多、蜂窝、狗洞等缺陷。

（4）收面。滑模提升后要及时收面，当滑模滑升速度慢、温度较高时，混凝土表面易出现"假凝"或接近半初凝状态，混凝土面与滑模间的摩擦系数增大，滑模滑升后易在混凝土表面形成裂纹。虽然这样形成的裂纹不会太深，但若养护不当易形成裂缝。

（5）现场加水。由于混凝土配合比设计在大风、高蒸发等气候特点时适应性不足，导致坍落度在现场损失严重，无法在溜槽内溜送，若施工人员私自加水，将改变混凝土水灰比，对裂缝控制不利。

通常，堆石体的变形和施工质量在工程建设过程中自始至终都是参建各方关注的重点，而且从堆石体变形控制手段来看，现有技术水平下的坝体变形基本是可以得到有效控制的；施工工艺水平也是在逐步走向精细化、智能化的，施工质量是可控的，而往往容易忽视约束应力、温度应力等因素对面板结构的影响。下面以某混凝土面板堆石坝为例，对面板裂缝原因进行分析。

该混凝土面板堆石坝最大坝高 154.0m，大坝上游面为 C30 钢筋混凝土面板，面板底部坡比为 1∶1.4，顶部坡比为 1∶1.406；面板厚度为 0.4～0.923m，平均厚度为 0.662m，布置双层双向钢筋。面板共分为 46 块：左、右岸受拉区分别为 22 块、18 块，分块宽度为 8m；河床受压区为 6 块，分块宽度为 12m。面板与垫层料之间设置梯形断面挤压边墙，上宽 100mm，下宽 660mm，高 400mm，外坡 1∶1.4，内坡垂直。趾板采用平趾板方式布置。2019 年 5 月 3 日，大坝一期面板高程 1220.00m 埋设的双向钢筋计组中顺坡向的 2 支钢筋计实测拉应力有明显增大趋势，后现场巡视发现在该高程附近有 1 条裂缝，监测单位将上述情况进行了反馈，后施工单位对一期面板进行全面检查，发现一期面板出现裂缝 49 条，裂缝宽度均小于 0.2mm，均属 A 类裂缝。裂缝主要分布在 8 块面板中，其中 47 条出现在 Ⅱ 序块面板，2 条出现在 Ⅰ 序块面板。

虽然一期面板裂缝均为表层的细微裂缝，但是裂缝分布呈现非常明显的规律性，即绝大部分发生在 Ⅱ 序施工的面板上，且沿横向贯通。为避免二期面板出现类似问题，有必要对面板裂缝成因进行深入分析。为此不仅对大坝监测设施进行了全面分析，而且进行了现场模拟试验，按比例复制面板模型，以此为基础分析面板 Ⅰ 序、Ⅱ 序在不同条件下裂缝的发生情况，判断大坝一期面板裂缝产生的原因，以便为二期面板施工时提供有效的应对措施。

面板试验区总共 5 块，分两序跳仓浇筑，单块宽度为 4.0m，垂直高度为 10.0m，斜长 14.87m，面板厚度为 0.8m（按坡比 1：1.1 计算），总体宽度为 20m。面板试验区间采用大坝面板压性缝布置型式，即填塞厚 12mm 的 L600 低发泡聚乙烯闭孔塑料板作为缝间材料。

2019 年 11 月 27 日一期面板试验区开始浇筑，采用 5t 自卸车运输至施工作业面，35t 汽车起重机配合 2.0m³ 吊罐吊装入仓，采用盖模浇筑法浇筑。2019 年 12 月 18 日一期面板试验混凝土全部浇筑完成。

通过分析大坝监测数据成果，并与试验块（无裂缝）监测成果进行对比发现：

1）一期面板混凝土开仓浇筑时的气温在 18.8～25℃（暂无混凝土入仓温度），浇筑期间个别时段气温达到过 28℃。混凝土浇筑后，水化热最大温升为 47.7～55.2℃，之后即开始下降，并逐渐与环境温度相当。而试验块浇筑期间的环境温度为 3～5℃，明显低于一期面板浇筑期间。试验块混凝土入仓温度比一期面板普遍低 10℃ 左右，最大相差 22℃。试验块混凝土浇筑后，水化热最大温度普遍比一期面板低 10℃，最大相差 19.2℃。综合试验块来看，混凝土水化热温升不仅受水泥用量的影响，同时入仓温度、环境温度对混凝土温度有明显影响。

因气温、入仓温度的差异，一期面板最大温升均比试验块高 10℃，最大相差 19.2℃。因此，一期面板混凝土绝热温升、内外温差及温降引起的干缩变形和温度应力对面板所产生的影响要比试验块显著，此为诱发面板开裂的原因之一。

2）一期面板裂缝部位的Ⅱ序混凝土主要为压应变，最大压应变为 -281.5$\mu\varepsilon$（最长面板，高程 1220.00m 处）；而试验块Ⅰ序浇筑的面板水平向主要呈微膨胀状态，最大拉应变为 53.1$\mu\varepsilon$，Ⅱ序浇筑的面板则均呈微压缩状态，最大压应变为 -29.4$\mu\varepsilon$。对比一期面板，比试验块压应变大得多。同部位钢筋计历史实测最大拉应力为 100.53MPa，钢筋拉应力主要表现为：顺坡向大于水平向、上层大于下层，靠近两岸的 MB18、MB33 上钢筋拉应力明显小于中部 MB26，中部、低高程的面板受到约束的影响比两岸、端部的大。

初步分析，添加防裂剂一定程度上增加了混凝土的膨胀，同时Ⅱ序在浇筑初期受到的约束条件比Ⅰ序复杂，其不仅受到底面约束，还一定程度上受到两侧约束，另外防裂剂的补偿收缩作用减弱了Ⅱ序块的收缩程度。局部强约束是诱发面板开裂的原因之一。

3）一期面板 MB26-Ⅰ共发现 14 条裂缝，有 9 条集中在高程 1206.00～1235.00m。面板在高程 1175.00～1208.00m 区间变形较小；高程 1208.00m 至顶部，表现为一定的上挠，历次最大上挠量为 11.9mm，仅占面板长度的 1/10000，因此上挠对结构产生裂缝影响有限。同时，布置的 6 组脱空计实测脱空变形 0.83～2.64mm，第三方检测成果亦显示面板未出现明显脱空现象。因此，面板挠曲变形和脱空不是引起其产生裂缝的原因。

4）一期面板浇筑前，面板以下坝体自然沉降期约 5.7 个月，面板下部堆石体月沉降量均小于 5mm，临时断面坝顶垫层料区的 5 个水准测点月沉降量均在 5mm 以内。在 3 月 7 日至 4 月 26 日面板浇筑期间，面板以下堆石体沉降 2 个月的最大增量为 8.20mm，同期，顶部高程垫层料沉降增量仅 0.27～2.28mm（中部最大）。恢复填筑后，至发现裂缝期间，面板以下堆石体沉降量未发生明显增大。大坝内部变形表现为坝轴线及其附近沉降量大于上下游侧，最大沉降位于 1/2 坝高附近，符合堆石坝的正常变形规律。因此，面板裂缝不应为堆石体沉降引起，否则裂缝不应绝大部分发生在Ⅱ序面板上，而Ⅰ序面板上基本无裂缝产生。

因此，在二期面板浇筑前，重新对混凝土配合比进行了优化，并要求在浇筑时，严格控制好入仓温度并加强养护。对于约束应力的问题，采取的措施包括严格控制挤压边墙的平整度，将浇筑顺序调整为由中部往两岸进行，面板钢筋在混凝土浇筑前与挤压边墙有效隔开（架立筋必须全部割除），调整防裂剂的用量等。根据上述措施，二期面板浇筑后，虽然也出现了类似一期面板的问题，但是裂缝数量仅 28 条，可见所采取的措施是有效的。

由于面板混凝土较薄，施工期温控及运行期温度监测都非必测项目，使得人们容易忽视温度应力的影响。但是，根据现有工程经验来看，仍应做好面板混凝土的温度监测工作，设计阶段应根据工程特点酌情考虑。

挤压边墙的技术已经较为成熟，该方法可加快施工进度，但是目前对于挤压边墙与面板之间共同作用的机理尚未研究透彻。工程中为减少挤压边墙与面板间的约束，有时在挤压边墙沿面板垂直缝处进行切槽处理，同时在挤压边墙上喷洒乳化沥青。对于约束的问题，现阶段仅是通过数值模拟进行仿真分析计算，但是对于约束的监测手段，目前尚未见有工程应用。因此，应对面板与挤压边墙之间约束的监测手段进行必要的研究。

3.6.3 现有监测手段的适用性分析

1. 堆石体内部变形

对于堆石体内部水平位移和沉降的监测，目前采用较多的方式为水平布置的引张线式水平位移计和水管式沉降仪、垂直布置的沉降测斜管，横梁式沉降仪和深式测点组已经很少应用。部分工程也成功应用阵列式位移计（SAA）来监测水平位移，采用水平布置的固定式测斜仪监测沉降，有些也在尝试使用管道机器人、压力式沉降仪等技术手段来监测坝体内部变形。

因引张线式水平位移计和水管式沉降仪的埋设安装与主体施工之间干扰较垂直埋设的沉降测斜管要小，而且相对来说保护简单，故最为常用。但是，由于水平分层布置在典型高程，各层之间的堆石体填筑期间的沉降量会丢失，实际测到的值会偏小。另外，相关规范中没有对其最佳使用的管路长度做出明显的规定，但是随着坝高的增加，大坝横向断面长度越来越长，引张线式水平位移计和水管式沉降仪沿线的坝体不均匀沉降会导致其管路发生偏移或曲折，管路的充水、排水、通气均会受到影响，使用过程中经常会遇到回水困难、观测稳定时间过长等问题。因此，有必要对引张线式水平位移计和水管式沉降仪的管路长度的最佳使用范围进行研究后明确，笔者认为，长度宜控制在300m 以内。

沉降测斜管虽然可以跟踪坝体填筑同步上升，减少沉降量丢失的情况，但是其与主体施工直接的干扰太大，保护很困难，实际使用的效果不甚理想。而且，测量非常繁琐，耗费人力和时间，不符合高效、智能的发展趋势。另外，其虽然可以测到施工期上游堆石体的变形情况，但是蓄水后即失效，无法对最受关注的蓄水及运行阶段坝前堆石体的变形进行监测，故起不到真正的作用。

管道机器人监测系统其实与光纤陀螺原理大同小异，其采用牵引机器人或者电动卷扬机的方式对测量机器人进行驱动，使测量小车可以在管道中来回移动，通过测量管道机器人在变形监测管道中移动的三维轨迹来获取监测管道的三维形状曲线，从而获取坝体变形。该系统受测量机器人的俯仰角测量精度影响，无法获取水平位移数据。笔者在某工程中全程参与了管道机器人的埋设安装和观测工作，从数据来看，其基本能够真实地反映管道在坝体内部的空间位置，计算的大坝沉降结果与水管式沉降仪的观测成果非常接近，因此具有一定的应用价值。

2. 面板挠度变形

目前，面板挠度变形监测应用较多的为电平器，但是效果不甚理想，因此相关规范也推荐了采用固定式测斜仪的方式进行挠度监测。除了相关规范提到的监测手段，挠度监测方法还有光纤陀螺仪、阵列式位移计、分布式光纤等，各类方法的优缺点在本书3.5.2节已有详细对比，此处不再赘述。在此，笔者根据自身实践经验，分享一下传统电平器法的一种新的埋设安装方式。

从国内首次引进电平器来监测面板挠度至今，普遍认为其应用效果不理想，主要问题是：铺盖回填及蓄水后，面板表面的电平器极易损坏失效，导致整条测线报废，无法拟合计算面板挠度；挠度曲线精度取决于测点疏密，要达到较好的效果，需要布置很多的测点，此时不仅经济性不佳且因每支仪器均有一根电缆，集中后成束电缆沿面板表面或内部布置均不易保护，还可能对面板有一定影响。为此，在某工程中沿面板坡向，首次采用暗埋方式将电平器安装在面板混凝土内部，避免了被填土铺盖和库水的直接作用，而且仅用2根电缆就将26支电平器串联在一起进行集中观测，铺盖回填后至2020年已经平稳运行了1年多。

第 4 章
水工隧洞监测

4.1 概述

水工隧洞是水利水电工程的重要组成部分，是在山体中或地下开挖、衬砌形成的过水隧洞。

按其功用分为：①引（输）水隧洞，引水或输水以供发电、灌溉或工业和生活之用；②泄水隧洞，包括导流洞、放空洞、泄洪洞、尾水隧洞、排沙隧洞等。近年来，根据地质条件、工程布置等要求，往往采取临时与永久结合或者一洞多用布置，如将施工期的导流洞改建为放空洞或泄洪隧洞。

按受压状态分为：①无压隧洞，水流不充满全洞，在水面上保持着与大气接触的自由水面；②有压隧洞，水流充满整个断面，使洞壁承受一定水压力。

水工隧洞一般包括进口建筑物、洞身和出口建筑物三个主要部分。

（1）进口建筑物。包括进水喇叭口、闸门及其控制建筑物、通气孔道、进口渐变段，作用是：①进水和控制水流；②保证水流平顺，避免空蚀现象；③尽量减少局部阻力，保证过水能力。

（2）洞身。隧洞的主体，其断面形式和尺寸取决于水流条件、施工技术情况和运用要求等。有压隧洞一般采用圆形断面，而无压隧洞则采用圆拱直墙、马蹄形。洞身一般要衬砌，用以防护岩面并减小洞壁粗糙，防止渗漏，承受围岩压力、内水压力及其他荷载。衬砌类型有：①不承载的护面结构；②混凝土、钢筋混凝土或喷锚支护的单层衬砌；③内层为压力钢管，外层为混凝土或钢筋混凝土，或由喷锚支护和现浇混凝土组合成的复合式衬砌。地质条件较好的隧洞，特别是无压隧洞，可以不作衬砌，但要采用光面爆破开挖，以达到岩面平整的要求。

（3）出口建筑物。其组成和功用按隧洞类型而定。用于引水发电的有压隧洞，其末端连接水电站的压力水管。通常还设置有调压室（井），当电站负荷急剧变化时，用以减轻有压隧洞和压力水管中的动压现象，改善水轮机的工作条件。泄水洞口一般设有消能建筑物，如出口设置扩散段以扩散水流，减小单宽流量，防止对出口渠道或河床的冲刷。水工隧洞典型断面见图 4.1.1。

隧洞结构形式决定了其承受的主要荷载有：①地应力、围岩压力；②外水压力；③有压隧洞在过水期间承受内水压力；④结构自重；⑤温度作用。另外还有运输车辆、施工机械和材料等的临时荷载以及爆破施工引起的震动等。

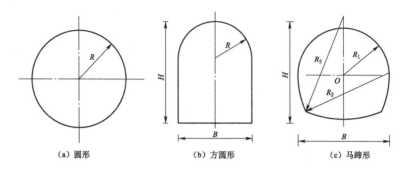

(a) 圆形　　　　　　　(b) 方圆形　　　　　　(c) 马蹄形

图 4.1.1　水工隧洞典型断面

4.2　水工隧洞监测设计

　　监测设计根据地质条件、工程布置、结构特点,结合具体施工过程中暴露的问题考虑,统筹安排。以施工期安全监测为主,永久与临时监测结合,并在施工及运行过程中进行动态调整和优化。

　　监测布置一般按断面设置,分为重点监测断面和辅助监测断面。重点监测断面宜设在采用新施工技术的洞段、通过不良地质和水文地质的洞段、隧洞线路通过的地表处有重要建筑的洞段,可布置相对全面的监测项目,以便多种监测效应量对比分析和综合评价;辅助监测断面一般仅针对性监测。

　　在水工隧洞建设过程中,监测的内容和项目主要以围岩变形与稳定监测、围岩应力监测、支护结构监测、水压力监测、渗流监测和围岩温度监测等为主,监测手段为传感器监测结合巡视检查,具体监测项目及主要仪器设备逐述于下。

　　1. 施工期围岩变形

　　通过施工期收敛监测,结合巡视检查,掌握施工掌子面附近的围岩稳定性、围岩构造、渗水情况,校核围岩分类。

　　使用声波仪,采用单孔法或跨孔法测量围岩波速分布,以确定围岩松动圈范围和岩体的完整性。

　　2. 围岩与结构变形

　　围岩与结构变形监测包括围岩变形(含地表沉降)、支护结构及接缝变形、灌浆过程中抬动监测及围岩与支护结构开合度监测等,主要监测传感器及设备有:收敛计、全站仪、水准仪、多点位移计、测缝计(围岩与衬砌混凝土之间、压力钢管与衬砌混凝土之间)。

　　3. 渗流

　　渗流监测包括围岩外水压力、内水压力,以及富含地下水区域的地下水位等。

4. 应力应变

应力应变监测包括围岩应力、应变，支护结构的应力、应变，围岩与支护及各种支护间的接触应力，主要监测传感器有：应变计、钢筋计、锚杆应力计、钢板应变计和锚索测力计等。

5. 其他专项监测

对于水流流态有一定要求的水工隧洞，按需设置水力学监测项目。为了详细掌握运行期水工隧洞的工作状态，近年来开始采用水下机器人为载体的水下检查与三维扫描建模技术。引水发电隧洞典型监测断面布置见图4.2.1；泄水隧洞典型监测断面布置见图4.2.2。

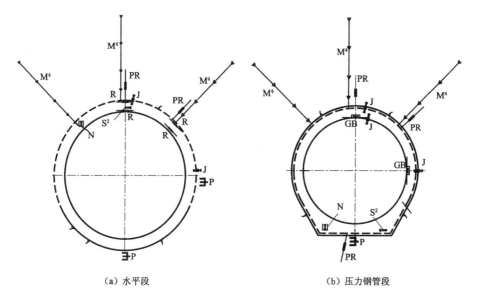

（a）水平段　　　　　　　　　　　（b）压力钢管段

图 4.2.1　引水发电隧洞典型监测断面布置图

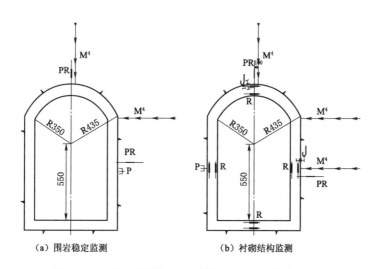

（a）围岩稳定监测　　　　　　　　　（b）衬砌结构监测

图 4.2.2　泄水隧洞典型监测断面布置图（单位：cm）

4.3　监测施工要点与关键技术

4.3.1　水工隧洞施工特点

目前国际上通常采用新奥地利隧道施工方法（New Austrian Tunneling Method，NATM）（以下简称"新奥法"）建设水工隧洞。

1. 新奥法施工特点

（1）及时性。新奥法施工采用喷锚支护为主要手段，可以最大限度地紧跟开挖作业面施工，利用开挖施工面的时空效应，以限制支护前的变形发展，阻止围岩进入松动的状态。在必要的情况下可以进行超前支护，加之喷射混凝土的早强和全面黏结性，保证了支护的及时性和有效性。

（2）封闭性。由于喷锚支护能及时施工，而且是全面密粘的支护，因此能及时有效地防止因水和风化作用造成围岩的破坏和剥落，制止膨胀岩体的潮解和膨胀，保护原有岩体强度。

（3）黏结性。喷锚支护同围岩能全面黏结，这种黏结作用可以产生三种效果：

1）联锁作用，即将被裂隙分割的岩块黏结在一起，若围岩的某块危岩活石发生滑移坠落，则引起临近岩块的连锁反应，相继丧失稳定，从而造成较大范围的冒顶或片帮。开巷后如能及时进行喷锚支护，喷锚支护的黏结力和抗剪强度可以抵抗围岩的局部破坏，防止个别危岩活石滑移和坠落，从而保持围岩的稳定性。

2）复合作用，即围岩与支护构成一个复合体（受力体系）共同支护围岩。喷锚支护可以提高围岩的稳定性和自身的支撑能力，同时与围岩形成一个共同工作的力学系统，具有把岩石荷载转化为岩石承载结构的作用，从根本上改变了支架消极承担的弱点。

3）增加作用。开巷后及时继进行喷锚支护，一方面，将围岩表面的凹凸不平处填平，消除因岩面不平引起的应力集中现象，避免过大的应力集中所造成的围岩破坏；另一方面，使巷道周边围岩处于双方向受力状态，提高了围岩的黏结力和内摩擦角，也就是提高了围岩的强度。

（4）柔性。喷锚支护属于柔性薄性支护，能够和围岩紧粘在一起共同作用，由于喷锚支护具有一定柔性，可以和围岩共同产生变形，在围岩中形成一定范围的非弹性变形区，并能有效控制允许围岩塑性区有适度的发展，使围岩的自承能力得以充分发挥。另外，喷锚支护在与围岩共同变形中受到压缩，对围岩产生越来越大的支护反力，能够抑制围岩产生过大变形，防止围岩发生松动破坏。

新奥法施工顺序一般为：开挖→一次支护→二次支护。开挖作业与一次支护作业交叉进行。一次支护作业包括一次喷射混凝土、锚杆、联网、立钢拱架、复喷混凝土等。

一次支护后，在围岩变形趋于稳定时，进行二次支护和封底，即永久性的支护，增强支护系统承载力，提高结构安全度。

2. 隧洞施工与运行过程中的主要安全问题

（1）围岩失稳。围岩地质结构如有缺陷，同时支护措施不恰当，可能会发生洞顶坍塌、块石掉落等情况；若防渗排水措施不力，库水渗入岩体，将抬高地下水位，增大隧洞衬砌的外水压力，对隧洞所在岸坡稳定不利。

（2）衬砌破坏。高水头有压隧洞因流速较高，一般用钢筋混凝土衬砌。衬砌的结构设计和混凝土设计应在查清围岩地质结构的基础上与它可能承受的荷载相适应。若产生裂缝或超过限裂要求，会使衬砌内水外渗，抬高岩体内的地下水位，加大渗透压力，严重影响隧洞围岩稳定。如果衬砌混凝土在强度、抗渗、抗冻、抗磨和抗侵蚀等方面达不到要求，会造成衬砌损坏。

（3）进出口边坡失稳。有压隧洞若向山体渗水，会抬高岩体内的地下水位，加大渗透压力，不利于边坡稳定。

（4）空蚀和磨损。高速水流通过隧洞进水口、转弯段、门槽等处容易发生空蚀和磨损，如混凝土在抗空蚀、抗磨损方面的性能差，都会导致隧洞损坏，威胁隧洞安全。

4.3.2 监测施工要点

4.3.2.1 围岩变形与稳定监测

围岩变形监测一般包括施工期收敛监测与内部变形监测，对于埋深小于 40m 的Ⅳ～Ⅴ类围岩，还应进行地面垂直位移监测。

1. 收敛监测

收敛断面宜布置在Ⅳ、Ⅴ类围岩处，每约 50～100m 布置 1 个收敛观测断面。水工隧洞一般有洞线较长、部分洞段围岩条件差、施工周期长等特点，在进洞初期即掌握围岩的变化规律对后期施工及安全有着极其重要的意义，因此，收敛监测应在洞室开挖后尽早实施，并尽可能接近掌子面，在洞口及施工支洞附近最先开挖施工的部位适当加密。根据隧洞断面面积，收敛测点布置有"5 点 7 线"式和"3 点 3 线"式，主监测断面采用"5 点 7 线"式，分别布置在顶拱、拱肩和两腰线部位；其余监测断面采用"3 点 3 线"式，分别布置在顶拱和两腰线部位。

2. 内部变形

围岩内部变形常用多点位移计进行监测，为了减少电缆工程量，将监测断面尽量选择在距施工支洞或洞口较近的位置。各测点间距根据围岩变形梯度、岩体结构、断层部位等确定，最深锚头应避开裂隙、断层，布置在完整岩石上。

3. 实施进度控制

为尽可能少地减少位移监测损失量，围岩变形监测的实施时段应尽可能地贴近掌子面，通常情况下，收敛变形监测应距离掌子面 1 个开挖循环进尺的范围内实施，内部变形监测宜在 1 倍开挖洞径内实施。

4.3.2.2 支护结构监测

1. 锚杆应力

锚杆应力计用于监测支护锚杆的轴向受力情况，其直接安装在支护锚杆上。一般情况下，锚杆的受力情况和围岩条件和支护时间有关，围岩条件越差，锚杆应力越大，围岩条件越好，锚杆应力越小；支护时间越迟，锚杆受到的拉力越小，支护时间越早，拉力越大。因此，通过对支护锚杆的应力监测，不仅可以了解支护锚杆的受力状况，而且可以通过对锚杆应力、围岩变形的分析来反馈支护锚杆设计参数，以及二期支护实施时段的合

177

理性。

锚杆监测布置一般与变形测点布置一致，在监测过程中，若发现锚杆应力超量程，应考虑补设，若超量程的锚杆数量较多，要考虑增加支护。锚杆应力计监测的是锚杆的轴向应力，需根据锚杆长度、围岩特性、地质结构等因数布置单点或多点锚杆应力计。一般锚杆长度在 4m 以下时，布置单点；4～8m 时布置 2～3 个点；8m 以上时布置 3～4 个点。

2. 锚索荷载

在隧洞个别块体结构段需要采用预应力锚索加固时，为了监测预应力锚固效果，可采用锚索测力计进行监测。为了保证监测值的准确性、真实性，监测锚索应为无黏结锚索，并在其他锚索施工之前安装监测锚索，以便监测支护过程中的应力变化。

3. 钢筋混凝土衬砌结构

对于钢筋混凝土衬砌结构宜与相应围岩变形一同设置监测断面，具体根据围岩地质条件、支护结构和地下水环境，采用钢筋计、测缝计等仪器，对衬砌结构钢筋应力、衬砌与围岩接缝变形进行监测，必要时进行混凝土应力应变监测，其测点宜按轴对称布置，围岩衬砌内的应变计、钢筋计一般应径向和切向方向布置。对于压力钢管段，还需对混凝土与钢板接缝、钢板应力等进行监测。

4. 实施进度控制

支护锚杆、锚索监测的实施时段应紧随支护施工进度进行，尽早投入正常监测，为后续施工提供监测反馈信息。衬砌混凝土、压力钢管监测紧随相应的建筑、安装工程进度进行。

4.3.2.3 渗流监测

1. 内水压力

水工隧洞衬砌承受的静内水压力即为该部位承受的水压力，在不需考虑动水压力、不研究水头损失的情况下，可以不在衬砌内设水压力监测仪器。

内水压力采用渗压计或测压管进行观测，一般只测量最大内水压力，布置在最大内水压力附近。为了研究水头损失，或负荷突变的附加水头压力，也可分段布置。

2. 外水压力

水工隧洞外水压力一般包括两部分：内水外渗形成的外水和山体内原有地下水。因大部分水工隧洞均采用限裂设计，在运行期内外水压基本平衡，隧洞衬砌承受的外水压力并不大，但在进行检修时，若隧洞放空速度过快，则会形成较大的外水压力，对结构极为不利，因此一般均需设置外水压力监测。

外水压力监测可根据隧洞沿线工程地质和水文地质情况，在洞线上布置水位观测孔进行观测，在主要断面布置渗压计进行对比观测，渗压计一般布置在洞顶、洞腰和洞底，要求不高的可只布置在洞底。

3. 渗透压力

有些高水压隧洞防渗结构的设计理念是通过灌浆加固周边围岩使其成为承载和防渗阻水的主要结构。监测目的是为了解围岩防渗阻水的效果，研究渗透压力分布情况。监测布置需根据隧洞沿线水文地质情况，选择一些具有代表性的监测断面，在围岩内钻孔埋设渗压计，钻孔深度至少深入围岩固结灌浆圈以外，可沿孔深布置 2～4 支渗压计。

4. 渗流量

隧洞的渗流量常用量水堰进行监测，监测点一般设在排水洞、自流排水孔或交通洞内。监测方法包括：①在排水孔口监测排水孔单孔渗流量；②在集水沟内设量水堰监测分区流量；③在集水井内设水位计间接监测总渗流量。

4.3.2.4 围岩温度监测

为了解围岩内部温度，分析温度对监测成果的影响，在不同类别、不同地形地质条件的洞段围岩内布置监测断面，由于大部分仪器都具有测温功能，围岩内已布置具有测温功能仪器的监测断面可不布设温度计。一般每个监测断面布置2～3组温度计，每组沿围岩不同深度埋设4～5支温度计，分别布置在管壁、混凝土、围岩表面及深部。

4.4 工程实例

4.4.1 工程概况

去学水电站位于金沙江二级支流硕曲河上，工程处于四川省甘孜藏族自治州得荣县境内。工程等别为二等，规模为大（2）型。

工程枢纽布置由沥青混凝土心墙堆石坝、右岸洞式溢洪道、右岸泄洪洞、左岸输水系统、左岸地下厂房等部分组成。

输水建筑物由进水口、引水隧洞、调压室、压力管道、尾水隧洞和尾水出口等建筑物组成，输水系统总长度为6516.11m。引水系统长为6348.39m，其中进水口段长50m，引水隧洞长5934.87m，压力管道主管长283.45m，岔管段长7.5m，1号引水支管长度为72.57m。进水口至调压室之间引水隧洞长5934.87m，底坡为4.97‰，其中钢筋混凝土衬砌段长度为552m，洞径为7.0m；其余采取锚喷支护，长度为5382.87m，洞径为8.0m。在S5＋984.87m处设一阻抗式调压室，布置于地下，开挖直径为14.6m，高度为98.2m，连接井底高程2263.00m（隧洞底板高程），调压室底板高程2278.00m，设5.0m×5.0m的引调通气洞与地面相通。

4.4.2 工程地质条件

输水线路区为深切峡谷地形，分水岭山顶高程4860.00～4974.00m，相对切割深度2600m以上。毛屋村以东峡谷岸坡多为60°以上，为峻坡陡崖；毛屋村至厂址段河谷相对开阔，岸坡相对较缓，为30°～60°陡坡地形，横向地形起伏变化大，局部形成50～100m悬崖峭壁。输水线路沿线地形总体起伏较大，斜坡陡崖相间出现。输水线路中段有一个深切的纽巴雪大沟，沟内有长年流水。

输水线路发育规模较大的断层有纽巴雪断层，规模较小的有10条，根据编录资料统计，裂隙有548条，结构面的优势方向为NW310°～350°，与洞轴线大角度相交，裂隙面多平直粗糙以微张为主，充填岩屑或泥质，一般以中等倾角裂隙为主。

输水隧洞区物理地质现象主要为风化卸荷，岩体强风化厚度一般为0～5m，弱风化厚度约为7～50m，局部薄层灰岩和板岩风化深度加大，另外断裂作用范围，风化深度亦有所加深。岩体卸荷主要表现为隧洞进水口段以及硕曲河岸坡表部岩体中卸荷裂隙发育，隧洞进口段卸荷岩体厚 25~50m，硕曲河岸坡表部卸荷岩体厚 15~35m。除进水口段以外，岩体卸荷对输水系统地下工程没有影响。

输水系统地下水类型属基岩裂隙水，地下水在裂隙间运移，主要接受大气降雨和雪山融水补给，向硕曲河排泄。隧洞沿线岩体透水性微弱，在灰岩条带部位，沿线隧洞高程以上和以下均有泉水出露。根据洞室开挖揭示，地下水主要储藏于灰岩和地层层间破碎带、断层带、裂隙发育部位。

4.4.3 隧洞监测布置

根据引水隧洞的地质条件和开挖揭露出围岩的特点，在引水隧洞 S0+186.00m、S1+200.00m、S2+510.00m、S5+700.00m 布置 4 个永久监测断面，以监测隧洞围岩体变形特点和衬砌结构的稳定性。

在 S0+186.00m 顶拱及右边墙布置 2 套四点式多点位移计、2 支测缝计、4 支钢筋计、2 支锚杆应力计、2 支渗压计；在 S1+200.00m 顶拱及右边墙布置 2 套四点式多点位移计、2 支锚杆应力计；在 S2+510.00m 顶拱及右边墙布置 2 套四点式多点位移计、2 支测缝计、4 支钢筋计、2 支锚杆应力计、2 支渗压计；在 S5+700.00m 顶拱及右边墙布置 2 套四点式多点位移计、2 支锚杆应力计。

引水隧洞共布置多点位移计 8 套、锚杆应力计 8 支、渗压计 4 支、测缝计 4 支、钢筋计 8 支。

在 2 号、3 号施工支洞洞口排水沟各布置一个量水堰。

开挖期在 S0+050.00m、S0+430.80m、S1+143.60m、S1+900.00m、S2+633.50m、S3+447.60m、S4+581.00m、S5+210.00m、S5+700.80m 各布置 1 个收敛监测断面，每个断面布置 5 个收敛测桩。去学大坝输水监测断面布置见图 4.4.1。

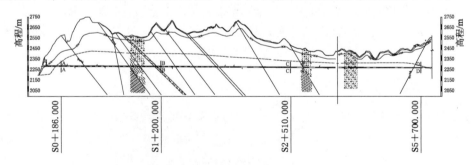

图 4.4.1 去学大坝输水监测断面布置示意图（单位：m）

4.4.4 充放水及蓄水监测成果

1. 变形监测

（1）围岩变形。两次充放水前后：围岩内部多点位移计各测点实测位移变化量在 0.2mm 之内，充放水对围岩内部变形基本无影响。蓄水前后：蓄水前围岩变形在 -0.30~0.79mm，蓄水后各测点最大位移测值为 -0.28~6.79mm，最大变幅为 6.40mm，绝大部分

（84％）测点蓄水后最大变幅在 1mm 以内，当前围岩累计变形为 −0.59～6.67mm。

2017 年 10 月 29 日，S0＋186.00m、S2＋510.00m、S5＋700.00m 三个监测断面多点位移计测值均有不同程度突变发生，其中 S0＋186.00m 断面顶拱测点 Msy－A－1 突变量为 1.99～2.06mm。初步分析为引水隧洞充水后，随着库水位的上升，引水洞围岩内水压力变大，引起围岩内部局部变位，累积到一定程度后引起多点位移计测值的突变，后期应继续加强监测。从监测成果及其变化过程来看，孔口位移与温度呈较好的负相关性，规律性比较强。

（2）混凝土与围岩接缝。两次充放水前后：衬砌混凝土与围岩接缝实测开合度变化量均在 0.2mm 之内，充放水对接缝开合基本无影响。蓄水前后：蓄水前衬砌混凝土与围岩接缝开合度为 0.44～1.57mm，蓄水后最大开合度为 0.46～1.63mm，最大变幅为 0.19mm。当前开合度为 0.46～1.60mm，测值稳定，未出现异常突变，衬砌与围岩结合良好。

2. 应力监测

（1）锚杆应力。两次充放水前后：支护锚杆实测应力变化在 0.26～5.99MPa，充放水对锚杆应力影响较小。蓄水前后：蓄水前历时围岩锚杆应力范围为 2.87～63.75MPa，蓄水后最大锚杆应力为 7.04～80.49MPa，最大变幅为 47.03MPa。各断面锚杆均处于受拉状态，应力测值为 0.07～76.46MPa，总体应力变化趋势相对稳定。引水隧洞 S2＋510.00m 断面锚杆应力测值过程线见图 4.4.2。

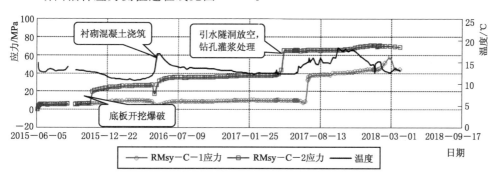

图 4.4.2　引水隧洞 S2＋510.00m 断面锚杆应力测值过程线

（2）钢筋应力。充放水前后：钢筋计测值变化量较小，未见异常，变化过程线平稳。蓄水前后：蓄水前衬砌混凝土钢筋累积应力在 −21.82～38.89MPa，蓄水后最大钢筋应力在 24.56～56.89MPa，最大变幅为 49.40MPa。目前衬砌混凝土结构钢筋普遍处于受拉状态，测值在 6.50～50.78MPa，钢筋应力状态已基本稳定。

3. 渗流监测

（1）衬砌渗压。两次充水全过程中，S0＋186.00m 断面、S2＋510.00m 断面渗压计实测渗压水位变化规律基本一致：充水前，基本处于无压或微水压状态；充水后，渗压水位逐步上升。第一次放空后，渗压水位逐步降低，并恢复至充水前状态。

两次充水全过程中，S0＋186.00m 断面、S2＋510.00m 断面渗压计实测渗压水位变化量主要表现为：第一次充水阶段，顶拱、边墙的渗压计实测最大渗压水位分别为 2307.96m、2304.97m、2309.95m、2306.28m，较充水前分别增大 8.16m、9.36m、

17.17m、17.56m，同期库水位为 2309.95m；第二次充水阶段，顶拱、边墙的渗压计实测最大渗压水位分别为 2318.03m、2312.73m、2317.43m、2316.46m，较充水前分别增大 18.28m、13.29m、27.95m、28.29m，同期库水位为 2318.10m。

根据渗压计监测数据，S0＋186.00m 断面、S2＋510.00m 断面渗压计实测渗压水位未与库水位上升（蓄水期间）呈正相关变化，均仅是在充放水期间有明显上升与下降过程，因此引起测点渗压水位变化的主要原因为充水过程中隧洞的内水外渗造成。引水隧洞 S2＋510.00m 顶拱渗压计充放水前后实测渗压水位特征值见表 4.4.1；引水隧洞 S2＋510.00m 边墙渗压计充放水前后实测渗压水位特征值见表 4.4.2；引水隧洞 S2＋510.00m 断面渗压计测值变化过程线见图 4.4.3。

表 4.4.1　　　　　　　　引水隧洞 S2＋510.00m 顶拱渗压计充
放水前后实测渗压水位特征值

首 次 充 放 水 期 间							
仪器编号	埋设部位	观测阶段	观测日期	渗压水位 /m	累计变化量 /m	同期库水位 /m	备注
Psy－C－1	引水隧洞 S2＋510.00m 顶拱，高程 2288.50m	充水前	2017 - 03 - 28	2290.18	0.00	2294.58	基准值
		充水期	2017 - 04 - 04	2290.21	0.04	2302.20	
			2017 - 04 - 09	2290.86	0.68	2305.50	
			2017 - 04 - 12	2303.06	12.88	2309.32	
		平压 保压	2017 - 04 - 13	2307.34	17.17	2309.95	最大值
			2017 - 04 - 14	2299.45	9.28	2309.98	
		放水期	2017 - 04 - 15	2296.05	5.87	2309.99	
			2017 - 04 - 17	2291.55	1.37	2309.88	
		放空后	2017 - 04 - 25	2288.95	-1.23	2309.50	
第 二 次 充 放 水 期 间							
仪器编号	埋设部位	观测阶段	观测日期	渗压水位 /m	累计变化量 /m	同期库水位 /m	备注
Psy－C－1	引水隧洞 S2＋510.00m 顶拱，高程 2288.50m	充水前	2017 - 05 - 30	2289.48	0.00	2317.30	基准值
		充水期	2017 - 06 - 01	2289.58	0.09	2317.80	
			2017 - 06 - 02	2290.09	0.60	2318.80	
			2017 - 06 - 03	2290.28	0.79	2320.10	
		平压保压	2017 - 06 - 04	2310.32	20.83	2319.30	
			2017 - 06 - 05	2314.22	24.74	2318.51	
			2017 - 06 - 06	2314.68	25.20	2318.10	
		放水期	2017 - 06 - 07	2316.50	27.02	2318.10	
			2017 - 06 - 08	2316.58	27.10	2318.30	
			2017 - 06 - 09	2317.39	27.90	2318.40	
			2017 - 06 - 10	2317.43	27.95	2318.60	最大值

表 4.4.2 　　　　　引水隧洞 S2＋510.00m 边墙渗压计充

放水前后实测渗压水位特征值

首 次 充 放 水 期 间							
仪器编号	埋设部位	观测阶段	观测日期	渗压水位/m	累计变化量/m	同期库水位/m	备注
Psy－C－2	引水隧洞S2＋510.00m右边墙，高程2284.00m	充水前	2017－03－28	2288.72	0.00	2294.58	基准值
		充水期	2017－04－04	2288.86	0.13	2302.20	
			2017－04－09	2289.98	1.25	2305.50	
			2017－04－11	2301.93	13.20	2307.92	
			2017－04－12	2301.93	13.21	2309.32	
		平压保压	2017－04－13	2306.28	17.56	2309.95	最大值
			2017－04－14	2297.74	9.01	2309.98	
		放水期	2017－04－15	2294.53	5.81	2309.99	
			2017－04－17	2289.21	0.48	2309.88	
		放空后	2017－04－25	2287.60	－1.12	2309.50	
第 二 次 充 放 水 期 间							
仪器编号	埋设部位	观测阶段	观测日期	渗压水位/m	累计变化量/m	同期库水位/m	备注
Psy－C－2	引水隧洞S2＋51.00m右边墙，高程2284.00m	充水前	2017－05－30	2288.17	0.00	2317.30	基准值
		充水期	2017－06－01	2288.20	0.02	2317.80	
			2017－06－02	2288.32	0.15	2318.80	
			2017－06－03	2288.48	0.31	2320.10	
		平压保压	2017－06－04	2310.60	22.42	2319.30	
			2017－06－05	2313.66	25.39	2318.51	
			2017－06－06	2313.96	25.79	2318.10	
		放水期	2017－06－07	2315.75	27.58	2318.10	
			2017－06－08	2314.60	26.43	2318.30	
			2017－06－09	2316.44	28.27	2318.40	
			2017－06－10	2316.46	28.29	2318.60	最大值

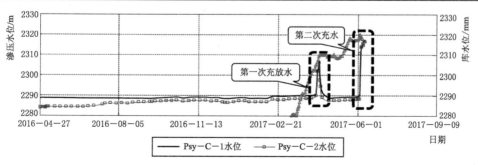

图 4.4.3 引水隧洞 S2＋510.00m 断面渗压计测值变化过程线

蓄水前后：蓄水前围岩渗压水位为高程2287.01～2299.80m，蓄水后最大渗压水位为高程2321.89～2327.48m，变幅在26.25～39.18m，同一断面变幅基本一致。第二阶段充水结束以来，渗压水位与库水位呈很好的正相关性，规律性较好。引水隧洞S0＋186.00m渗压计测值变化过程线见图4.4.4。

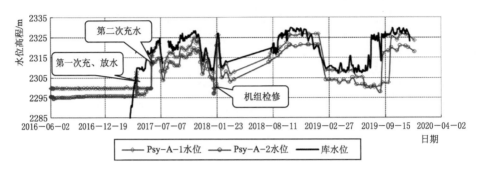

图4.4.4 引水隧洞S0＋186.00m渗压计测值变化过程线

（2）内水外渗现象。充水期间，对进水口边坡、各施工支洞及沿线开挖边坡和自然边坡等进行现场巡视检查，主要检查边坡坡面或护坡是否损坏，有无裂缝、剥落、隆起、塌坑、散浸和冒水等现象，有无滑动的迹象。

通过现场检查，发现边坡坡面有11处浸润、渗水、冒水点，详见图4.4.5。

图4.4.5 现场监测内水外渗现象

4.4.5 小结

（1）充放水期间，衬砌渗压计变化与充放水关联性较强，边坡发现11处漏水点，厂房渗漏量明显增加，但围岩变形、接缝开度、支护结构应力等变化均很小，说明洞室围岩透水性较强，现阶段对围岩变形影响不大。两次充水期间，引水隧洞A、C两个断面的渗压计变化明显。第二次充水期间，影响小于第一次。

（2）输水线路沿线的岩层以灰岩为主，断层、裂隙发育，规模较小的断层有 10 条，产状凌乱，结构面与洞线斜交，裂隙面多平直粗糙，以微张为主，岩层透水性较好。引水隧洞长 6348.39m，其中在进口段钢筋混凝土衬砌段长度为 552m，其余均为喷锚支护，因此隧洞支护结构透水性较强。

（3）引水隧洞仅布置 3 个监测断面，监测范围非常有限，不能确保掌握隧洞整体运行情况。运行期间应加强巡视检查，通过隧洞沿线山体边坡表面渗水变化情况，结合隧洞地质条件和布置情况，间接了解隧洞运行情况。必要时，在山体表面设置地面变形监测、地下水位孔等，补充隧洞内部监测设施的不足。

4.5 问题与讨论

4.5.1 长隧洞电缆牵引、仪器存活率问题

一般情况下，监测仪器电缆最长牵引距离不超过 5km。由于近年来隧洞洞线长度较长，监测断面与施工支洞、洞口之间的距离往往较远，导致仪器电缆牵引距离长，数据不稳定。因此，监测断面选择与布置时应尽量靠近施工支洞，尽量缩短监测断面与施工支洞的距离。

近年来，部分工程在长隧洞监测中采用光纤光栅式仪器，取代一部分常规监测仪器，取得了一定的效果，但还需要进一步验证。对于长隧洞监测，宜结合电子信息技术发展，引入先进的信号前置放大、中继、光纤传输等技术，提高长隧洞监测仪器的可靠性。

水工隧洞施工期较长，各施工面往往存在交叉作业，同时运行期仪器往往在有压、潮湿的环境中工作，对仪器存活率影响较大。在设计阶段，断面、仪器测点数量和部位时宜考虑一定的冗余量。

4.5.2 隧洞岩爆监测

岩爆是地下工程开挖过程中在高地应力条件下，硬脆性围岩因开挖卸荷导致洞壁应力分异，储存于岩体中的弹性应变能突然释放，因而产生爆裂松脱、剥落、弹射甚至抛掷现象的一种动力失稳地质灾害。岩爆对施工人员及设备的安全危害大，因此，有必要对高应力区水工隧洞进行岩爆监测。目前岩爆监测在水工隧洞中有一些应用，例如锦屏二级水电站对水工隧洞进行了岩爆监测。

目前岩爆监测的主流方法为微震法，又称亚声频探测法或声发射法。该方法能探测到岩石变形时发生的亚声频噪声（即微震），拾音器能将声波转化为电信号，根据拾音器检测到的微细破裂，确定异常高应力区的位置，再将各台地音探测器收到噪声信号的时间进行比较，从而确定该应力的传播方向，当岩石临近破坏之际，A－E（微震）噪声读数迅速增加，如果地音探测器平均噪声读数大于预定的目标，就意味着有岩爆来临。

目前部分微震监测系统具有如下特点：

（1）监控范围广，能直接确定岩体内部的破裂时间、位置和震级，突破了传统"点"监测技术的局部性、不连续性、劳动强度大等弊端，代表了岩体工程结构稳定性监测的发展方向。

（2）实现了监测的自动化、信息化和智能化，支持信息远程传输，监测仪器正朝高集成性、小体积、多通道、高灵敏度等方向发展。

（3）由于它采用接收地震波信息的方法，因此，其传感器可以布设在远离岩体易破坏的区域，更有利于保证监测系统的长期运行。

4.5.3　有压隧洞内水外渗现象

虽然迄今为止，已建水工隧洞未发生较大的安全事故问题，但经常出现衬砌混凝土开裂现象。无论是钢筋混凝土衬砌隧洞，还是无衬砌隧洞，在充放水过程中往往会发生内水外渗的情况，与此同时，由于按横断面布置的监测仪器分布范围很有限，监测仪器能够得到的监测资料不能充分反馈长隧洞沿洞线方向上衬砌与围岩渗压的分布情况，以及在内水压力作用下围岩变形的变化情况。

4.5.3.1　围岩承载与衬砌限裂

混凝土是透水介质，无论是内水外渗作用还是外水压力作用，水压力总是以"体积力"的形式作用于衬砌和围岩。围岩固结灌浆圈能承受较大的外水压力，加强围岩固结灌浆对衬砌抵抗内外水压均有效，对于较差岩体中的隧洞而言更为重要。

水工隧洞的围岩是承载水压力的主体，应将围岩和衬砌作为统一体来考虑，这已形成共识。在设计中应充分利用围岩的承载能力，并加强对围岩的固结灌浆。混凝土衬砌受温度应力影响较大，钢筋应力计算应考虑混凝土内外温差变化的影响，衬砌混凝土强度等级不宜过高。

从承载与防渗的角度来看，围岩是主体，衬砌仅起辅助作用。因此，相关规范要求的衬砌裂缝宽度限制为 0.2～0.3mm 没有必要。

围岩固结灌浆对水工隧洞是十分重要的，它提高围岩的整体性，降低围岩渗透系数，有利于提高隧洞的承载能力，防止出现渗透破坏。施工中务必做好固结灌浆与回填灌浆，灌后要进行细致检查，以确保回填灌浆到位，防止衬砌出现脱空现象。

4.5.3.2　值得思考的几个问题

1. 衬砌限裂设计的问题

现行水工隧洞结构设计未考虑内水外渗，过多地考虑衬砌混凝土限裂，与工程实际不相适应，且导致了浪费。设计时应综合考虑水工隧洞温度场、渗流场、应力场耦合作用有限元计算，优化隧洞结构设计，节约投资并提高工程可靠性。

2. 现行隧洞监测设计的不足

现行安全监测设计规范对于隧洞监测，按主要监测断面、次要监测断面设计，通常间隔数百米至几千米布置一个断面，布置范围非常有限。发生内水外渗时无法获取充足的监测资料，也就无法评估衬砌与围岩的运行情况。

3. 加强隧洞监测的建议

对于长引水隧洞，由于监测仪器传输电缆的限制，增加洞内监测断面有一定难度，可采用分布式光纤技术监测内水外渗的范围和变化情况。对于浅埋隧洞，可在山体表面设置地面变形监测、地下水位孔等，补充隧洞内部监测设施的不足。

第5章
厂房建筑物监测

5.1　概述

　　水电站厂房是水利水电工程主要建筑物之一，是将水能转换为电能的综合工程设施。厂房中安装水轮机、水轮发电机和各种辅助设备。通过能量转换，水轮发电机发出的电能，经变压器、开关站等输入电网送往用户。

　　由于水电站的开发方式、枢纽布置、水头、流量、装机容量、水轮发电机组形式等因素，以及水文、地质、地形等条件的不同，加上政治、经济、技术、生态及国防等因素的影响，厂房的布置方式也各不相同，所以厂房的类型有各种不同的划分方法。例如按机组工作特点可分为常规机组厂房、抽水蓄能机组厂房、贯流式机组厂房；按厂内机组的布置方式可分为立式（竖轴）机组厂房、卧式（横轴）机组厂房。最方便而常用的，是按厂房结构受力特点并结合其在工程枢纽中所在位置进行分类。

　　1. 地面厂房

　　根据厂房受力特点及位置的不同，地面厂房分为河床式厂房、坝后式厂房、坝内式厂房、岸边式厂房。

　　河床式厂房与整个进水建筑物连成一体，本身参与挡水，这种厂房具有挡水建筑物的作用，其级别与挡水建筑物相同。

　　坝后式厂房是将厂房建于挡水建筑物后，一般建在水头较高、河谷宽阔的水电站中，其本身不参与挡水。

　　坝内式厂房一般在河谷狭窄又不便建岸边厂房或地下厂房的地方，将厂房布置在混凝土坝、宽缝重力坝或拱坝的内腔，而在坝顶设溢洪道，称为坝内式厂房。

　　岸边式厂房建在与坝有一定距离的岸边，通过引水道将水流引入厂房。

　　2. 地下厂房

　　将厂房布置在地下山岩中，称为地下式厂房。按其在引水道的位置，又可分为首部式、尾部式和中部式。还有厂房部分机组段在地下，部分机组段在地面的半地下厂房；或厂房上游侧部分嵌入岩壁，下游侧露出地面的窑洞式半地下厂房；或厂房机组等主要设备布置在地下的竖井中，上部结构和副厂房等布置在地面的井式半地下厂房。

　　地下厂房是在山体中开挖形成的，可形成规模巨大的洞室群，其中主要洞室包括主厂房、主变室、调压室（或尾水闸门室）、通风洞、交通洞、母线洞、出线洞、排水廊道等，地下厂房普遍采用圆拱直墙式，调压室采用圆筒型。如白鹤滩水电站主厂房开挖尺寸为438m×34m×88.7m（长×宽×高）；溪洛渡水电站主厂房开挖尺寸为430.3m×28.4m×75.1m（长×宽×高）；叶巴滩水电站主厂房开挖尺寸为268m×28.5m×67.1m（长×宽×高）。

主洞室顶部岩体厚度一般要求不小于洞室开挖跨度的 2 倍。两洞室的间距不宜小于相邻洞室平均开挖宽度的 1.5 倍，对高地应力区，洞室间距不宜小于开挖宽度的 2.0 倍，也不宜小于相邻较高洞室边墙高度的 0.5 倍。洞室间距可根据间距与相邻洞室平均开挖跨度的比值（L/B）、间距与相邻最大洞室高度的比值（L/H）来判断，一般 L/B 在 1.0～2.0，约 70% 电站的值在 1.3～1.8，L/H 一般在 0.3～0.8 的范围内，大部分在 0.6～0.75。

随着水电开发和施工技术的进展，地下洞室群的数量、规模、地质条件和技术难度将不断超越，地下洞室群正朝着单机大容量、洞室大跨度、施工大规模和安全高要求的方向发展。其中，西南地区地下洞室群围岩表现出高地应力特征，围岩变形与破坏机理复杂，岩爆、变形、塌方、突水、地表沉陷等地质与工程灾害事故频发，严重影响工程施工组织，甚至可能造成重大经济损失。

（1）洞室群体系规模巨大，体系复杂。由于洞室群规模不断超越，"尺寸效应"带来的围岩稳定问题突出，可供工程类比的对象不足。为了适应地质地形条件而在结构上因地制宜，主体洞室与附属洞室一起形成了规模宏大、纵横交错的地下洞室群，结构体系复杂，相互作用效应突出。

（2）水文地质条件复杂。高山峡谷地区经历了地壳内外动力地质作用的剧烈交织与转化，强烈影响了河谷动力学演化过程，造成断层、层间挤压错动带和节理裂隙发育，地质条件复杂。地下水丰富，岩体裂隙结构的发育形成了西南地下洞室群工程复杂的地下水渗流裂隙通道，特别是岩溶地区，水文地质条件十分复杂，带来了地下洞室群工程施工与运行环境的特殊性，对围岩稳定安全控制影响大。

（3）施工组织困难。深埋条件下洞群施工有其特殊性，通道布置与开挖难度高，洞群体系复杂，施工组织困难。围岩松动受开挖程序与开挖方式影响大，工程作用效应复杂。高应力条件下围岩开挖卸荷力学行为复杂，时效特征明显，稳定控制难度大。受高地应力和复杂工程地质条件的制约，开挖大型地下厂房存在大变形的迹象，且变形时效特征明显，锚索超限现象突出，相关工程经验欠缺，给围岩稳定和地下厂房长期稳定性评价工作带来新的挑战。

5.2 厂房监测设计

5.2.1 地面厂房监测设计

河床式厂房与整个进水建筑物连成一体，本身参与挡水，其监测项目与混凝土坝类同，包括基础变形监测、基础渗压监测、坝体变形监测、接缝监测等，所用的监测方法也相同，本节不再赘述。

坝后式厂房、岸边厂房受力较简单，不受上游水推力及渗透压力影响，下游侧渗透压力决定于尾水位高低。因此，坝后式厂房、岸边厂房的监测项目一般包括基础变形监测、基础渗压监测（如有）；机组支撑结构监测与地下厂房相同，见5.2.2节。

基础变形监测主要监测在厂房上部结构及设备的压力下厂房基础的变形，一般采用多点位移计、基岩变位计进行监测，主要布置在机组下方；基础渗压监测主要监测在尾水作用下厂房的基础渗透压力。

如光照水电站为岸边式厂房，厂房区域地质构造属单斜地层，倾向下游，产状N60°～75°W、SW54°～68°。P1挤压破碎带由厂区通过，破碎带及其影响带宽8～15m。下游尾水位较高。在校核尾水位时下游水头（至尾水管底板）达48.43m，在四台机满发时下游水头（至尾水管底板）达26.71m。因此对主厂房仅进行变形与扬压力监测。①变形监测：采用多点位移计监测厂房基础的不均匀沉降，布置于1、2、4号机组底部，共布置多点位移计5套，深度为40～60m，测点数为5～6个。②扬压力监测：分别于2、4号机组中心横剖面上，沿上游至下游布置4个测点，共布置8个测点，采用坑埋法埋设渗压计进行监测，共8支渗压计。光照水电站岸边厂房基础变形及渗压监测布置见图5.2.1。

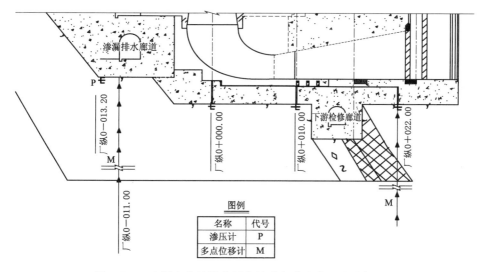

图5.2.1　光照水电站岸边厂房基础变形及渗压监测布置图

5.2.2　地下厂房监测设计

地下厂房属于大型地下洞室，且由主副厂房洞、主变洞、尾闸洞、母线洞、出线洞、进厂交通洞、通风洞、排水廊道等洞室组成地下洞室群，洞室之间纵横交错，应力集中，稳定问题突出。

围岩高压应力区主要分布在洞室拱座、边墙根部、母线洞及尾水洞等辅助洞室边墙根部，高拉应力区主要分布在洞室岔洞口、高边墙中部及台阶角部区域。围岩塑性区变形范围及深度较大区域基本也位于上述部位。

主要稳定问题：①结构面组合形成的不稳定块体，地下厂房各结构面在顶拱及边墙组合形成不稳定块体，形成沿1条或2条结构面的相对错动或张裂；②高边墙开挖卸荷松弛，厂房上下游高边墙中上部围岩松弛严重，边墙变形较大；③主厂房下游边墙大变形，受结构面影响，相邻洞室岩柱塑性区域容易贯通，岩柱变形较大。

地下厂房监测设计需在充分掌握围岩条件和工程特征的基础上，掌握洞室开挖顺序，并根据施工开挖顺序进行监测设计。监测系统应能全面监控工程的工作性状，对各种内外因素所引起的相互作用，都应统一考虑。观测仪器布置要合理，注意时空关系，控制关键部位。按监测目的，所选定的物理量应测其空间分布和随时间变化的全过程，即做到所监测的物理量沿一定方向或沿一定边界分布，同时尽量早地开始观测读数并保证数据连续性。

监测重点为主要洞室围岩变形、支护结构受力、洞周渗透压力、岩锚吊车梁的受力状态和洞室交叉口的变形及变形敏感区（如地质缺陷通过部位、洞室间岩柱较薄部位）等重点部位。

安全监测设计应尽量采用动态设计，随开挖支护工程的推进，可能出现未能预见的新问题，需要补充或修改监测设计，在监测点位分布、工作量和仪器、设备数量上设置一定的冗余量。在实际施工中，根据实际揭露的地质情况，对监测设计及时进行修改，适当调整部分监测方法和采用的仪器设备。

5.2.2.1 围岩变形监测

根据地质结构面在厂房顶拱及边墙出露情况，选择不利块体或薄弱部位布置典型监测断面，必要时在安装间布置1个典型监测断面，监测项目包括收敛变形监测、深部变形监测等。

因为洞室规模较大，收敛监测一般采用反光片，用全站仪进行观测，与其他水工隧洞不同的是，地下厂房采用分层开挖，对于收敛变形，每一层开挖都需要观测，直至厂房开挖完成变形收敛后。

深部变形监测一般采用多点位移计，在拱顶、拱座、边墙布置测点，每个断面测点数量根据厂房规模确定。多点位移计深度根据理论计算成果、工程经验，设置于变形影响范围以外，一般不小于1倍洞径。

根据地下厂房周边排水洞、平洞、锚固洞布置及施工情况，有条件的部位，可在主洞室开挖前从这些辅助洞室钻孔预埋仪器，以获得在主洞室开挖过程中岩体位移变化全过程监测数据。对于埋深不大的厂房，也可在厂房上方山体钻孔预埋仪器。

如长龙山抽水蓄能电站地下厂房，根据有限元复核计算成果及工程经验，确定地下厂房监测断面布置在1号机、3号机、5号机及安装间部位，每个断面在主厂房的顶拱、两侧拱座各布置1套四点式多点位移计，在上游侧边墙布置2套四点式多点位移计，在下游侧边墙布置1套四点式多点位移计和1套五点式多点位移计，以监测围岩变形；在主变洞顶拱和两侧拱肩各布置1套四点式多点位移计，在上游侧边墙布置1套五点式多点位移计，在下游侧边墙布置1套四点式多点位移计。长龙山主厂房、主变洞围岩变形监测布置见图5.2.2。

5.2.2.2 围岩支护结构受力监测

地下厂房开挖支护一般自上而下，分5～7层逐层下挖，围岩支护型式可采用柔性支护、刚性支护或组合支护。

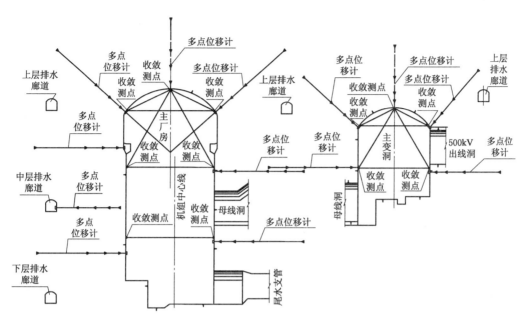

图 5.2.2　长龙山主厂房、主变洞围岩变形监测布置图

柔性支护包括喷混凝土、钢筋网喷混凝土、锚杆、钢拱肋、预应力锚索等一种或多种组合的支护。刚性支护包括钢筋混凝土衬砌、钢筋混凝土锚墩、钢筋混凝土置换等。复合支护是一次支护采用柔性支护、二次支护采用混凝土或钢筋混凝土结构。

实际工程一般以柔性支护为主、刚性支护为辅，系统支护为主、局部加强为辅。最常用的是钢筋网喷混凝土＋系统锚杆，对局部有地质缺陷的可用加长锚杆、锚索。因此，围岩支护结构受力监测主要是锚杆应力监测、锚索荷载监测。

为了检验支护锚杆的应力情况，布置锚杆应力计监测断面，断面布置基本与多点位移计相对应，相距 1.0m。根据支护形式不同，每支锚杆布置 2～3 个监测点。

对布置支护锚索的洞室，锚索荷载监测断面一般和变形监测断面结合布置，锚索监测点宜布置于围岩深部变形和锚杆支护应力监测点位邻近。也可根据现场情况在变形最大的部位随机布置。锚索测力计布置数量宜不低于总量的 5%，并根据地质情况适当调整，监测锚索应采用无黏结锚索。

如长龙山抽水蓄能电站地下厂房，围岩支护结构受力监测断面与围岩变形监测断面完全相同，锚杆应力计布置在多点位移计近侧，监测成果可相互印证。长龙山主厂房、主变洞围岩支护监测布置见图 5.2.3。

5.2.2.3　外水压力及渗漏量监测

地下水对围岩的溶解、溶蚀、冲刷、软化，或产生静水压力，或引起膨胀压力，改变岩石的物理力学性质，破坏岩体的完整性，降低岩石的强度，从而引起围岩变形破坏、失稳坍塌以及由地下水引起的隧道涌水。

为了降低地下水对围岩的不利影响，通常在地下厂房周边设计防渗排水系统。防渗排水系统包括厂外防渗和厂外排水。

厂外防渗：防渗帷幕与大坝连成一体，形成全封闭型式。一般在高压引水管进厂房一面布置防渗帷幕线，在下游水位较高时，下游侧也需布置防渗帷幕。

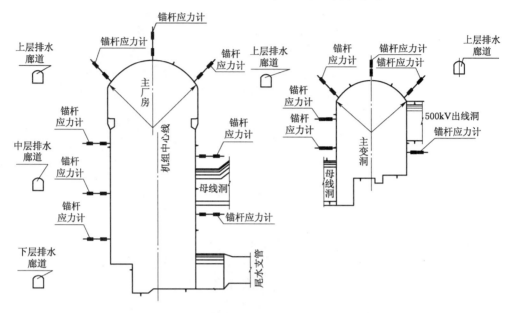

图 5.2.3   长龙山主厂房、主变洞围岩支护监测布置图

厂外排水：厂外排水包括厂外排水廊道和厂区山体地表排水。排水廊道一般呈全封闭型，在厂房顶部、腰部和底部高程设置三层或两层廊道，在排水廊道内布置排水孔幕。厂区山体排水主要是地表截水沟、排水沟等措施，以减少地表水的渗漏。

防渗排水可大大减少地下水对围岩的不利影响，减小作用于围岩支护结构上的渗透压力，改善厂房运行条件。因此，防渗排水系统的监测是地下厂房监测重点。

对覆盖层浅的洞室，可以从地表平行洞壁钻孔，埋设测压管或渗压计；对深埋洞室，可以从主洞内向围岩钻孔埋设渗压计；如果周围有排水洞、勘探平洞等，也可以利用这些洞室进行钻孔埋设。

对设有排水系统的，应根据排水系统布置及结构，在上、中、下层排水廊道排水沟、落水管及集水井布置渗流量监测点。对设有自流排水管的引水钢管段和蜗壳，可在其排水管出口或渗流汇集处设渗流量监测点。

如长龙山抽水蓄能电站地下厂房，在地下厂房排水廊道中布设测压管，断面选择与变形监测断面一致（1 号机、3 号机、5 号机及安装间位置），每个断面在上层排水廊道厂房上游侧帷幕后、厂房主变之间、主变与尾闸之间、尾闸下游侧帷幕前各布置 1 支渗压计，以监测排水效果。在厂房下层排水廊道的自流排水洞前布置 1 座量水堰，监测厂房总渗漏量；在厂房上游侧下层排水廊道和厂房侧各布置 1 座量水堰，分区监测下层排水廊道渗漏量。

5.2.2.4   岩壁吊车梁监测

根据岩壁吊车梁受力特点，监测重点为悬吊锚杆的受力、梁体与围岩的接缝变形、梁体结构的应力应变、梁底岩台的压应力和梁体及围岩的变形等。

监测断面的设置一般与厂房围岩监测断面一致，考虑到厂房下游侧布置有母线洞，挖空率较高，母线洞上方为不利位置，下游侧应重点监测母线洞位置。

悬吊锚杆的受力应重点监测受拉锚杆，可选择个别断面受压锚杆进行监测，每根锚杆上一般布置 3 个测点监测不同深度锚杆受力情况，最外面测点尽量布置在梁体与岩台接触位置，最能反映梁体受力时锚杆应力大小。梁体与围岩的接缝变形每个断面应布置 2 支测缝计，在垂直面、斜面各设置一个测点，监测梁体受力后垂直面、斜面的接缝变化情况。梁体结构的应力应变一般在梁体受力钢筋上布置钢筋计，监测梁体受力情况。梁底岩台的压应力应布置在岩台斜面上，监测梁体受力时对岩台的压应力。

长龙山抽水蓄能电站地下厂房岩壁吊车梁监测断面选择同围岩变形监测断面，共 4 个监测断面，考虑到母线洞位置为岩梁受力最不利位置，厂房 1 号机、3 号机岩梁监测断面调整在 1 号、3 号母线洞中心线上方，厂房下游侧 5 号机岩壁吊车梁监测断面布置在 5 号机组中心线进行比对。每个断面在上、下游侧岩壁吊车梁上部岩壁结合面上布置测缝计，同时在该部位的锚杆上布置三点式锚杆应力计。在牛腿下部受压部位布置压应力计。在 1 号机、5 号机岩壁吊车梁受压锚杆上布置两点式锚杆应力计。在上、下游侧岩壁吊车梁顶部受力钢筋上布置钢筋计。长龙山地下厂房岩壁吊车梁监测布置见图 5.2.4。

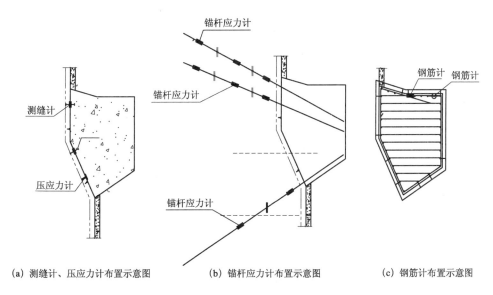

(a) 测缝计、压应力计布置示意图　　　(b) 锚杆应力计布置示意图　　　(c) 钢筋计布置示意图

图 5.2.4　长龙山地下厂房岩壁吊车梁监测布置图

5.2.2.5　机组支撑结构监测

随着特大型水电站的不断涌现，大流量、高水头和技术的进步使得水轮发电机组容量不断增大，发电机蜗壳的 HD 值（H 为水头，D 为蜗壳进口断面直径）也不断增大。蜗壳趋向巨型化发展。在建及将建的水电站机组容量越来越大，如溪洛渡水电站单机容量为770MW，向家坝水电站单机容量为 800MW，白鹤滩和乌东德水电站单机容量为1000MW，长龙山抽水蓄能电站地下厂房蜗壳的 HD 值高达 $4800\text{m}\times\text{m}$，为国际第一，蜗壳承受的内水压力高。因此，需要通过对流道（压力管道、蜗壳及过渡板等）应力、蜗壳

与混凝土间的相对变形、蜗壳外围混凝土及钢筋的应力应变等项目进行监测，结合蜗壳结构计算结果，分析机组运行性态和评价机组运行的安全情况。

监测断面一般选择蜗壳进口，然后隔一定角度选择一个断面，设置 3~4 个断面进行监测，对蜗壳不同结构形状、不同部位进行监测。

蜗壳钢板应力采用钢板应变计进行监测，在蜗壳表面沿环向和流向安装仪器，监测蜗壳环向和流向的应力变化，以此来监测蜗壳的安全稳定性。蜗壳与外围混凝土的缝隙值采用测缝计进行观测，在二期混凝土浇筑时安装仪器，通过监测蜗壳与外围混凝土缝隙的大小，可分析蜗壳与外围混凝土分担蜗壳内水压力的情况。外包混凝土应力采用应变计和无应力计进行监测，可监测外围混凝土的应力变化。钢筋受力采用钢筋计监测，一般将仪器布置在内层钢筋上，沿环向和流向两个方向布置，可监测外围混凝土内外层钢筋的应力变化。

5.3 监测施工要点与关键技术

5.3.1 地下厂房施工特点

地下厂房洞室群中的主要洞室包括主厂房、主变室和调压室（开关站或尾水闸门室），另外在主洞室周围还布置有交通洞、通风洞、排水洞等辅助施工洞，洞室断面大小不一，断面形状各异，多洞并列或纵横交错，相互贯通，空间形态较为复杂。

5.3.1.1 辅助施工洞

排水洞、交通洞、通风洞等辅助洞室一般在主厂房相应高程开挖前开始施工，根据地形、地质条件、地下厂房的位置及对外交通条件综合考虑布置。

交通洞一般采用水平运输方式，当受地形条件限制、布置水平交通洞有困难时，采用竖井运输方式。通常，水平交通运输洞垂直厂房纵轴线从主厂房下游侧进入安装间，也可从厂房端部平行于厂房纵轴线进入安装间。当交通洞较长、断面裕度较小时，在隧洞两侧的边墙上，每隔一段距离设置避让区域，以保证洞内车辆、行人安全。

引水压力管道末端阀门可布置在主厂房洞室内，也可布置在单独设立的阀门洞室内。国内已建电站的运行经验表明，还没有发生过引水管道阀体爆破事故，因此近代大多数地下厂房都将阀门放置于主厂房洞室内。

除专门设置的通风洞（井）外，交通洞（井）、出线洞（井）、无压尾水洞、防潮隔墙以及主厂房天棚吊顶上方空间等洞室兼做进风道或排风道。

出线洞包括低压母线洞和高压电缆洞，视厂内布置和出线方式可以是平洞、斜洞，也可布置成竖井。出线洞除满足电气设备的布置要求外，通常还可兼做通风或人员交通使用。

地下厂房洞室距水库较近时或地下水丰富地区，通常在洞室群外围设置防渗帷幕和排水洞，洞内设置排水孔。

5.3.1.2 主厂房

主厂房开挖支护一般自上而下，分为 5~7 层逐层下挖，围岩支护型式可采用柔性支护、刚性支护或组合支护。实际工程一般以柔性支护为主、刚性支护为辅，系统支护为主、局部加强为辅。最常用的是钢筋网喷混凝土＋系统锚杆，对局部有地质缺陷的采用加长锚杆、锚索。地下厂房的安装间一般都布置在主厂房洞室的一端。对于多机组电站或因厂房一端地质条件所限制时，可将安装间布置在机组之间。

地下厂房主要采用钻爆法分层分块开挖，在同一层表现为周期性的循环，开挖支护施工一般次序：从支洞进入设计开挖范围→开挖中导洞→两边扩挖→全断面掘进→喷锚支护跟进。

岩壁梁是在围岩稳定的前提下建造的，为保证围岩稳定而进行的喷锚支护在岩壁吊车梁施工前进行。岩壁吊车梁施工一般次序：岩梁锚杆→"鸡腿"混凝土→预应力锚杆、锚索。

混凝土施工一般自上而下分为 4～6 层施工。即尾水管层（可分两层）、蜗壳（水轮机）层（可分两层）、中间层、发电机层。

5.3.1.3 主变室和调压室

主变压器和开关站的布置根据地形、地质、洞室群规模和电气设计及运行、维护等综合比较选定，可布置在地下或地面。随着户内式高压配电装置的发展，地下厂房设计更多地考虑把主变压器和开关站都布置在地下单独的洞室内，使电站结构布置紧凑，减少电能损失。

主变压器布置在主厂房上游、下游，以及与主厂房垂直或斜交的主变洞室内，有的电站将主变压器布置在主洞室侧面开挖而成的壁龛内或交通洞的延伸段。一般来说，主变室分层开挖方式与主厂房相同。

5.3.2 监测施工关键技术控制

地下厂房主要采用钻爆法分层分块开挖，在同一断面表现为周期性的循环，因此，开挖爆破必然对相邻断面已埋设仪器及电缆构成威胁，损坏仪器及电缆，造成监测仪器完好率偏低，监测数据中断。因此，地下洞室监测施工时，要求监测仪器钻孔必须能充分容纳仪器，将仪器完全置于孔中，并封堵孔口；监测电缆牵引过程中，须紧跟开挖支护进度，在岩体表面混凝土施工完成前完成电缆牵引，将电缆置于喷混层内，避免爆破飞石损坏电缆；在喷混完成后，喷混表面用醒目标志标识仪器位置及电缆牵引路线，将仪器埋设位置及电缆牵引路线绘图，并通知相关方，避免后续造孔损坏仪器及电缆。地下洞室监测施工必须遵循"及时跟进、注重保护、明确标识"的工作原则。

施工环境和条件相对较差，作业空间狭小，工序交叉多、干扰大，通风散烟和地下排水困难，安全问题比较突出。特别对于多点位移计、锚杆应力计组，所需的组装、安装空间较大，受钻孔、支护出渣的影响大，需提前与施工单位协调场地。

地下厂房开挖尺寸已朝大型化趋势发展，如龙滩水电站地下厂房的开挖尺寸为398.9m×30.7m×77.3m（长×宽×高）；溪洛渡水电站主厂房的尺寸为 430.3m×28.4m×75.1m（长×宽×高）；向家坝水电站主厂房的尺寸为 255.4m×33.4m×85.5m（长×宽×高）。自上往下分层高度最大超过 10m 时，监测仪器安装需借助施工单位登高设施，需提前与施工单位协调。

5.3.2.1 预埋仪器

地下厂房为大型洞室群，开挖后围岩变形较大，安全问题突出，为监测厂房围岩全过程变形，在开挖前，会根据其周边排水洞、平洞、锚固洞布置及施工情况，有条件的部位，可在洞室开挖前从排水廊道向洞室钻孔预埋仪器，以获得在洞室开挖过程中岩体位移变化全过程信息。对于埋深不大的厂房，会在厂房上方山体钻孔预埋仪器。

预埋仪器一般在洞周的排水洞、探洞或厂房上方山体向厂房钻孔埋设仪器，常埋设多点位移计和测斜孔，钻孔应根据厂房开挖轮廓预留 1m 保护层，以免厂房开挖损坏仪器。

多点位移计埋设后以孔口为相对不动点，观测厂房岩体不同深度的变形。测斜孔一般埋设在厂房边墙旁，监测厂房边墙不同高程的位移分布，施工时应注意，孔口放样必须精确，严格控制钻孔角度，否则测斜孔有向厂房内偏斜的可能，厂房开挖时会损坏仪器；同时应标识仪器空间部位，避免系统支护钻孔时损坏。

厂房围岩变形主要随厂房下挖逐渐增大，特别是当前层及其下两层开挖时变形较大，因此，预埋仪器必须在开挖前完成并取得初值，在仪器埋设高程开挖及其下两层开挖时加密观测，完整取得每一层开挖对围岩变形的影响。

5.3.2.2 围岩监测仪器及电缆保护

厂房监测主要分围岩监测及结构监测，围岩监测仪器在开挖期安装，而相对一般水工隧洞而言，厂房开挖有其特殊性，在同一断面表现为周期性的循环爆破开挖，对已埋设仪器及电缆威胁相当大，如在下层开挖时损坏上层已埋设仪器，则无法监测围岩变形及支护受力。因此，对已埋设仪器及其电缆的保护至关重要。

围岩监测比较特殊的是多点位移计，一般在坝基或边坡安装时，将仪器基座露出，方便传感器损坏后更换，但在厂房监测中，如将仪器基座露出，爆破时会损坏仪器。因此，多点位移计造孔时，应将孔口 1m 范围扩孔至 170mm，能完全将仪器基座放入，并封住孔口，避免爆破飞石砸坏仪器。

对于仪器电缆保护，在其他建筑物，一般采用保护管穿管保护；但对于厂房而言，无论是钢管还是工程塑料管都无法在爆破下保证电缆安全，且厂房顶拱为弧形，开挖面平整度也不够，无法穿钢管保护。因此，对于厂房电缆的保护一般是将其置于钢筋网混凝土层内，需要土建单位及监测单位共同努力，监测单位需在开挖后及时埋设仪器，挂网喷混前完成仪器埋设及电缆走线，土建单位挂网喷混时将其盖住，且沿电缆走线位置，喷混厚度不小于 10cm。

5.3.2.3 岩壁吊车梁监测仪器

岩壁吊车梁的结构特点是将吊车轮轨荷载经悬吊锚杆和梁底岩石传递给洞壁围岩，监测项目主要是悬吊锚杆应力、梁体与围岩的接缝变形、梁体结构的应力应变、梁底岩台的压应力、梁体变形及围岩变形等。其施工次序在岩壁系统锚杆支护之后，同时伴随断面掘进、下层开挖施工，围岩变形较大，交叉施工问题突出，开挖爆破对结构与已埋设监测仪器有一定影响。紧跟岩壁梁施工进度，在岩体表面混凝土施工完成前完成电缆牵引，将电缆置于喷混层内，提高仪器完好率。

对于预应力锚杆、锚索施工，如有监测锚杆、锚索，应优先安装、张拉监测锚杆和锚索，可为后续锚固施工提供参考，同时可监测在边坡锚固施工过程中的应力变化情况。

5.3.2.4 机组支撑结构监测

机组支撑结构监测主要包括蜗壳、蜗壳支撑结构的钢筋混凝土、蜗壳与外围混凝土的接缝等部位的变形、应力应变监测，与混凝土坝内部结构监测相似，监测施工方法也相同，本节不再赘述。

5.4 工程实例

5.4.1 工程概况

长龙山抽水蓄能电站位于浙江省安吉县天荒坪镇境内，电站总装机容量为2100MW，为大（1）型一等工程。主要建筑物有：上、下水库大坝，下水库泄洪建筑物（包括溢洪道、导流泄放洞），输水发电建筑物（包括上、下水库进/出水口、输水道、地下厂房、主变洞、尾闸洞、母线洞、出线洞、地面开关站及500kV高压出线系统等）。

地下厂房位于输水线路的尾部，距上水库进/出水口约1600m，距下水库进/出水口约520m，厂房上覆岩体厚度约为450～500m。厂房轴线方向为N25°E，引水隧洞经过岔管分岔后以单机单管方式与厂房轴线成70°角进入主厂房。

地下厂房洞室群主要由主副厂房洞、主变洞、尾闸洞、母线洞、出线洞、进厂交通洞、通风兼安全洞、通风兼安全竖井、排水廊道、自流排水洞等洞室组成。

5.4.2 地质条件

地下厂房顶拱高程为169.10m，厂房轴线方向为N25°E，位于PDx1－1平洞下方约45m处，轴线投影位于PDx1平洞洞深约758m处。地下厂房尺寸为232.2m×24.5m×55.1m（长×宽×高）。

地下厂房所在山坡地面高程为500.00～675.00m，上覆岩体厚度约为450～500m，走向近南北，地形坡度为35°～45°，地表覆盖层浅薄，基岩大多裸露，以弱风化岩石为主。地下厂房围岩岩性为流纹质角砾熔结凝灰岩（J_3L^{1-1}）～流纹质含球泡熔结凝灰岩（J_3L^{1-4}），岩层流层理产状为N20°～35°WSW∠20°～35°，厂房中部主要有煌斑岩脉X（292）、X（279）通过，岩脉走向N40°～50°W，陡倾，岩脉宽度为0.6～1.3m，裂隙式接触，其中X（292）脉体较完整，宽度较大，其上盘面有小股状流水，流量达3L/min。

PDx1主洞相关地段及PDx1－1支洞内有挤压破碎带，规模小，宽度一般为5～10cm，局部地段宽度达60cm，以岩屑夹泥型为主，延伸长度短，局部有渗滴水现象，走向与厂房轴线交角大，对洞室稳定总体影响不大。

地下厂房顶拱岩体以较完整～完整为主，厂房中部完整性相对较差，根据PDx1主、支洞围岩分类结果，结合钻孔揭示的地质条件以及可能存在的不利结构面组合分析，地下厂房围岩类别为（以左端墙为起算点）：桩号0－90.00m以Ⅱ类为主，桩号90－170.00m以Ⅱ～Ⅲ类为主，桩号170－222.50m以Ⅱ类为主，顶拱、边墙的围岩类别基本相同。

主变洞平行布置于地下厂房下游,净间距为40m,开挖尺寸为234m×20m×22.5m(长×宽×高),顶拱高程为164.30m,底板高程为142.30m。主变洞工程地质条件整体与地下厂房相似。

5.4.3 监测设计

1. 监测项目

根据地下厂房围岩类别,有限元复核计算时采用3号机作为计算断面,结合施工次序(1号机先施工),并参考类似工程经验,确定地下厂房监测断面布置在1号机、3号机、5号机及安装间部位,监测断面的位置可根据开挖后地质条件变化情况进行适当调整。地下厂房监测的重点为围岩变形和支护受力监测,监测的重点部位为厂房边墙和岩壁吊车梁。

2. 围岩变形监测

在厂房洞室群的1号机、3号机、5号母线洞及安装场位置各布设一个监测断面。

1号机、3号机每个断面在主厂房的顶拱、两侧拱座各布置1套四点式多点位移计,在上游侧边墙布置3套四点式多点位移计,在下游侧边墙布置1套四点式多点位移计和1套五点式多点位移计,以监测围岩变形;在主变洞顶拱和两侧拱肩各布置1套四点式多点位移计,在上游侧边墙布置1套五点式多点位移计,在下游侧边墙布置1套四点式多点位移计。

5号母线洞断面在主厂房的顶拱、两侧拱座各布置1套四点式多点位移计,在上游侧边墙布置2套四点式多点位移计,在下游侧边墙布置1套四点式多点位移计和1套五点式多点位移计,以监测围岩变形;在主变洞顶拱和两侧拱肩各布置1套四点式多点位移计,在上游侧边墙布置1套五点式多点位移计,在下游侧边墙布置1套四点式多点位移计。

安装间监测断面在主厂房和主变洞顶拱、两侧拱座各布置1套四点式多点位移计,在主厂房上游侧和主变洞下游侧各布置1套四点式多点位移计,在主厂房下游侧和主变洞上游侧各布置1套四点式多点位移计。1号机、3号机上游侧中部施工时,利用中层排水廊道来预先钻孔埋设多点位移计,以获得完整的围岩变形过程,同时了解开挖进程对其的影响。

3. 围岩支护受力监测

围岩支护监测断面的选择同围岩变形监测,断面内的测点布置在顶拱、拱座及侧墙周边,测点与围岩变形测点一一对应,以便相互验证分析;此外,在主变洞上游侧增加1组两点式锚杆应力计。

4. 地下厂房洞室群渗流监测

在地下厂房排水廊道中布设测压管,断面选择与变形监测断面一致(1号机、3号机、5号机及安装间位置),每个断面在上层排水廊道厂房上游侧帷幕后、厂房主变之间、主变与尾闸之间、尾闸下游侧帷幕前各布置1支渗压计,以监测排水效果。

因为各层排水廊道之间落水孔均为系统布置,在充排水试验开始后,选择水量较大的15个落水孔单独采用容积法观测,观测频次同量水堰。

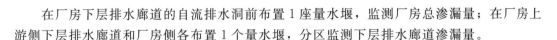

在厂房下层排水廊道的自流排水洞前布置 1 座量水堰，监测厂房总渗漏量；在厂房上游侧下层排水廊道和厂房侧各布置 1 个量水堰，分区监测下层排水廊道渗漏量。

5. 岩壁吊车梁结构受力监测

厂房岩壁吊车梁监测断面选择同围岩变形监测断面，在厂房的 1 号机、3 号机、5 号机及安装间位置各布设一个监测断面，共 4 个监测断面。考虑到母线洞位置为岩梁受力最不利位置，厂房 1 号机、3 号机岩梁监测断面下游调整在 1 号、3 号母线洞中心线上方，厂房下游侧 5 号机岩梁监测断面布置在 5 号机组中心线进行比对；每个断面在上、下游侧岩梁岩壁结合面上布置测缝计，上、下游侧岩梁顶部受力钢筋上布置钢筋计，同时在该部位的锚杆上布置三点式锚杆应力计。在牛腿下部受压部位布置压应力计。在 1 号机上游、3 号母线洞岩梁受压锚杆上布置两点式锚杆应力计。在 1 号机、5 号机岩梁监测断面，上、下游侧岩梁顶部受力钢筋上布置钢筋计。

6. 蜗壳监测

选择 1 号、3 号、5 号机组的蜗壳进行监测，每个蜗壳布置 4 个监测断面，每个断面布置钢板应力计 4 支、钢筋计 4 支、钢管缝隙计 3 支以监测蜗壳钢板的应力、钢筋应力及二期混凝土与蜗壳结合情况。

5.4.4 监测成果分析

1. 围岩变形

厂房洞室群围岩变形监测仪器主要为多点位移计。根据隧洞布置情况，在 1 号机、3 号机上游侧通过中层排水廊道布置 2 套超前多点位移计，监测主厂房边墙围岩随开挖的全过程变形，其余多点位移计均是随开挖逐步埋设，监测下部开挖的围岩变形过程，监控施工安全。

主厂房自 2017 年初中导洞开始施工，至 2019 年初基本完成开挖支护。

(1) 围岩变形量。截至 2019 年年底，顶拱变形 0.39~0.94mm，上游拱座变形 4.22~6.31mm，下游拱座变形 -0.18~1.09mm，上游边墙变形 0.82~45.63mm，下游边墙变形 2.19~13.34mm。

从变形量看，顶拱变形均在 1.0mm 以内，边墙除 0+51.00m 上游高程 138.60mm 变形 45.63mm，其余部位变形基本在 15mm 以内，总体上变形较小，在设计值范围内。主厂房岩体变形观测值与设计值对比见表 5.4.1。

表 5.4.1　　　　　　　主厂房岩体变形观测值与设计值对比

部位	实测最大值/mm	设计值/mm	备注
顶拱	0.94（厂右 0+165.00m）	10	
边墙	45.63（厂右 0+51.00m 上游高程 138.6m）； 13.34（除厂右 0+51.00m 上游高程 138.60m 外其他地方）	25~35	

(2) 变形规律分析。从岩体变形规律看，主厂房位移变化主要受开挖影响。顶拱部位在第一层开挖期间，受应力调整影响，变形逐步增大，为 1.0~2.0mm，随着厂房逐步下挖，挖空率增大，两侧岩体向内变形，顶拱收到挤压，岩体变形呈台阶状逐步变小，与厂

房下挖吻合，说明岩体质量较好，下挖期顶拱未继续下沉，岩体稳定性较好。

边墙部位随着厂房的逐步下挖，变形呈台阶状逐步增加，与开挖相关性较好，除 0＋51.00m 上游高程 138.60m 变形 45.63mm，其余部位变形基本在 15mm 以内，总体上变形较小，在设计值范围内。

从变形分布上看，拱顶及拱座变形相对较小，变形较大部位位于边墙中部，变形主要由结构面控制，符合一般规律。

（3）异常变形部位分析。厂右 0＋51.00m 上游边墙高程 138.60m 多点位移计在Ⅴa层、Ⅴb Ⅵa 层两次开挖过程中均发生突变，边墙变形分别增大 18.39mm、16.02mm，累计变形 45.36mm。根据主厂房开挖揭露地质情况，围岩主要为灰紫色含角砾熔结凝灰岩，微～新鲜状，上游边墙厂右 0＋051.00m 附近发育一条垂直厂轴线的煌斑岩脉，宽约 50～60cm，产状为 N50°W、NE∠85°，另外发育一组产状为 N25°E、NW∠60°的优势结构面，延伸较长，倾向厂内，开挖过程中下部局部（高程约 130.00m）沿边墙出现掉块，深度约 1m。由于开挖造成结构面张开，变形增大。越过结构面后，Ⅵa2 层开挖，测值变化不明显，目前变形已趋于稳定。厂房 0＋00.00m 上游边墙高程 153.00m 多点位移计 Mcf－0＋000－4 位移变化过程线见图 5.4.1；厂房 0＋110.00m 变形分布见图 5.4.2。

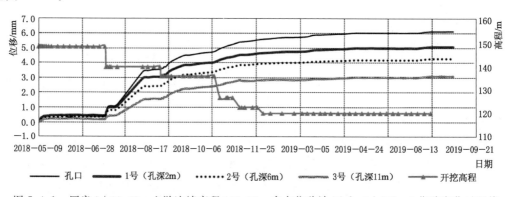

图 5.4.1 厂房 0＋00.00m 上游边墙高程 153.00m 多点位移计 Mcf－0＋000－4 位移变化过程线

2. 围岩应力

主厂房共安装两点式锚杆应力计 29 组，仪器位置分别距孔口 2m、6m。锚杆应力为 －14.76～433.44MPa（厂右 0＋000.00m 上游边墙高程 137.00m，已超量程）。

根据统计，应力超过 300MPa 的有 2 个测点，占 3.5%，小于 200MPa 的测点占 93%，与设计值基本相当。支护受力总体较小。

随着厂房开挖完成，锚杆应力变化渐趋稳定。主厂房锚杆应力统计见表 4.4.2；主厂房围岩应力变化过程线见图 5.4.3。

3. 岩壁吊车梁

壁吊车梁在厂右 0＋00.00m（上游）、0＋007.00m（下游）、0＋51.00m（上游）、厂右 0＋58.50m（下游）、厂右 0＋102.00m（上、下游）、厂右 0＋165.00m（上、下游）布置 8 个监测断面，共布置三点式锚杆应力计 16 组、两点式锚杆应力计 2 组、钢筋计 16 支、测缝计 16 支、压应力计 8 支。

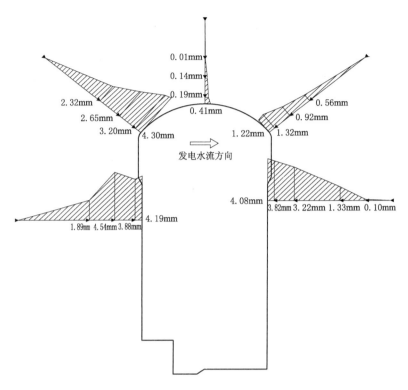

图 5.4.2　厂房 0+110.00m 变形分布图

表 5.4.2　　　　　　　　　　　　主厂房锚杆应力统计表

序 号	应力/MPa	测 点 数 量	占 比	设 计 值
1	>300	2	3.5%	
2	200~300	2	3.5%	
3	<200	54	93%	87%
4	最大应力	433.44		315

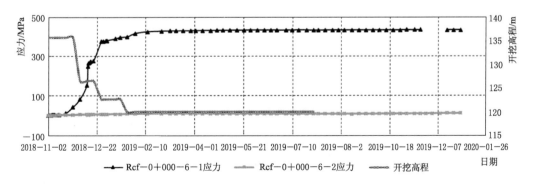

图 5.4.3　主厂房围岩应力变化过程线

（1）悬吊锚杆应力。悬吊锚杆应力介于 -1.47～417.58MPa（厂右 0+058.00m 下游，3 号母线洞上方）。2019 年 1 月初，位于厂右 0+058.00m（3 号母线洞上方）下游吊车梁的 A 型锚杆应力发生突变，2018 年 12 月 26 日至 2019 年 2 月 12 日期间，应力增大 357MPa（累计应力 399.10MPa），该部位加强支护后应力变化逐渐趋于平缓；至 2019 年 4 月 24 日，应力达到最大值 441.98MPa；之后应力开始缓慢收敛。

与设计值相比，悬吊锚杆应力较大，承担的岩体应力较多。岩壁梁荷载试验过程中，锚杆应力变化最大为 9.51MPa，满足设计要求。岩壁吊车梁锚杆应力统计见表 4.4.3；岩壁梁荷载试验锚杆应力监测成果统计见表 5.4.4；岩壁吊车梁厂右 0+007.00m 下游 A 型锚杆应力变化过程线见图 5.4.4。

表 5.4.3 　　　　　　　　　　　　　岩壁吊车梁锚杆应力统计表

序　号	应力/MPa	测点数量	占　比	设计值/MPa
1	>200	3	6%	
2	100～200	9	17%	
3	<100	40	77%	
4	最大应力	417.58		151.30

表 5.4.4 　　　　　　　　　　　　岩壁梁荷载试验锚杆应力监测成果统计表

工　况	锚杆应力变化/MPa				
	50%额定荷载	80%额定荷载	100%额定荷载	110%荷载	125%荷载（跨中）
实测变化量	3.00	9.51	9.36	8.96	5.00
设计指标	30	30	50	50	30

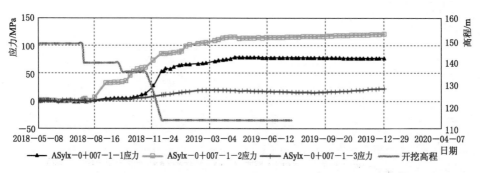

图 5.4.4　岩壁吊车梁厂右 0+007.00m 下游 A 型锚杆应力变化过程线

（2）梁体钢筋应力。下游厂右 0+058.00m 纵向钢筋应力为 169.08MPa，其他测点测值为 -40.12～5.89MPa，应力较小，呈微受压状态。Rylx-0+058-2（下游厂右 0+058 纵向钢筋）应力突变发生在 2018 年 6 月 9 日，应力增大 136MPa，可能由结构缝两侧变形不一致引起。

从钢筋应力发展过程看，混凝土浇筑后一个星期变化较大。厂上下游方向钢筋随温度降低压应力逐渐增大，温度稳定后，钢筋应力逐渐趋于稳定，受施工影响不大；厂纵向钢筋前期主要受温度影响，表现为先受拉再受压。

荷载试验过程中，在各级荷载下，梁体钢筋应力变化不明显，满足设计要求。

（3）岩壁梁压应力。岩壁压应力为 0.00～0.24MPa，岩壁压应力较小，无异常变化。

从压应力变化过程看，压应力主要受混凝土应变影响，岩壁梁混凝土温度稳定后，压应力逐渐收敛，变化较小。

荷载试验过程中，在各级荷载下，应力岩壁压应力变化不明显，满足设计要求。岩壁吊车梁 0+007.00m 下游压应力计应力变化过程线见图 5.4.5。

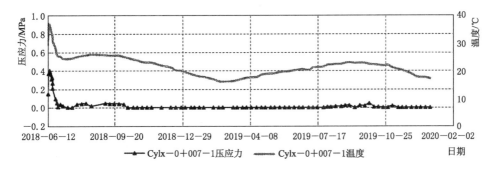

图 5.4.5 岩壁吊车梁 0+007.00m 下游压应力计应力变化过程线

（4）接缝变形。测缝计开合度为 −0.53～1.24mm，总体开合度较小，无异常变化。

从开合度发展过程看，垂直面的一支均表现为随温度降低逐渐张开，斜面上的测缝计部分随温度降低逐渐闭合，部分随温度降低逐渐张开，温度稳定后，开合度变化逐渐趋于稳定，厂房开挖对开合度变化影响不明显。

荷载试验过程中，在各级荷载下，接触缝开合度变化不明显，满足设计要求。

5.4.5 小结

主厂房岩体变形：顶拱在 1.0mm 以内；边墙除厂右 0+51.00m 上游边墙高程 138.60m 外，其余部位变形均在 15mm 以内；厂右 0+51.00m 上游边墙高程 138.60m 附近发育一条倾向厂内的结构面，Ⅴa 层、Ⅴb 层、Ⅵa 层开挖过程中发生突变，累计变形 45.63mm，变形过程与开挖相关性较好，变形主要由结构面控制，符合一般规律，岩体稳定性较好。

岩壁吊车梁悬吊锚杆 94% 应力在 200MPa 以内，200MPa 以上测点位于下游侧母线洞上方，主要受母线洞开挖影响。岩壁接缝、压应力、梁体钢筋应力均较小。

5.5 问题与讨论

在地下工程开挖施工过程中，围岩在开挖卸荷的影响下向内部收缩，产生围岩松动圈，同时围岩表面产生变形，收敛观测是施工过程中针对围岩表面变形的主要观测手段，对于掌握围岩变形起着重要作用，为保证开挖施工安全提供技术支持。

围岩收敛变形观测最常用的手段是用钢卷尺式收敛仪，人工测量两点之间的距离，受仪器磨损更换、人为操作的影响较大，且监测数据处理效率低。因此，需改进收敛观测技术，并采用快捷高效的数据分析方法，更加直接、清晰地表示出围岩变形量值和变形特征，为设计选择更加合理的支护方式及支护时机提供依据。

5.5.1　全站仪在收敛观测中的应用

采用全站仪结合反光膜片的方式进行测量，将工程施工监测所获取的各项监测数据导入计算机进行分析处理，并与类似工程的经验方法相结合，建立起必要的判断准则，快速地采用比较法、作图法、特征值统计法及数学模型法进行分析。

为了提高观测精度，宜采用固定测站的方式进行观测，这样可以使观测结果更加真实。固定测站可以采用在底板埋设锚杆的方式，锚杆端部用钢锯打上十字，以便仪器对中。锚杆周围可以采用砂等松散物填筑并标识，便于查找。

对全站仪观测数据的分析可以从以下几个方面进行：

（1）断面上任意两点之间的间距位移变化。通过分析任意两个测点方向的位移变化，可以直观地体现出隧洞变形位移大的区域，从而起到指导支护施工的作用。如位移变化速率超限，可及时发出安全预警信息。

（2）水平、垂直方向位移变化。水平方向的变形主要表现在隧洞半宽方向的变形，垂直方向的变形主要表现在高程方向上的变形。

（3）洞室沿线各点位移分布、变化过程。通过分析在洞室沿线不同监测断面上同一位置的变形量和变化过程，分析在洞线方向上位移分布情况，以及每个断面的位移变化趋势，分析各个监测断面的位移收敛情况。

相对于收敛尺来说，采用全站仪进行收敛观测施工干扰小、操作方便、受洞室尺寸影响小，精度同样满足观测需要，优点明显，但是，也有受爆破影响大的问题。

在实际观测中，有个别项目采用了专门加工的棱镜保护装置及电动除尘系统的方法，从应用场景上可有效解决爆破带来的振动、粉尘等影响，但受施工现场条件的制约，并未能达到预期。如何做好通信、电源等线路的牵引和保护，在对主体施工影响较小的情况下获取更长系列的收敛变形数据，需不断尝试。

5.5.2　巴塞特收敛测量系统

巴塞特收敛系统是美国工程界于20世纪90年代中期推出的隧道断面收敛自动量测系统，由收敛测量、数据采集与传输、数据处理等三部分组成。

安装巴塞特收敛系统时首先要在隧道内选定一个断面，在此断面内大致均匀地安装6~12个测点，在相邻2个观测点之间安装一组观测臂，各组观测臂通过铰相连，可形成闭环或开口环。当隧道断面产生变形时，各臂杆可以协调地在断面内转动，每根臂杆上装有一只倾角传感器，臂杆转动的倾角变化信息传入记录仪器。将传感器读数导入计算程序，即可转化为倾斜角度，根据长短臂倾斜角的变化计算固定点的位移值。

随着电子传感技术及生产工艺的不断提高，采用MEMS技术生产的阵列式柔性变形监测系统的测点间距可以做到更小，安装更便捷，数据采集与处理分析自动化程度更高，并已逐渐推广应用，使巴塞特收敛系统原理所取得的监测效果更好。

第6章
泄水与通航建筑物监测

6.1 泄水建筑物

6.1.1 概述

泄水建筑物是水利水电工程枢纽的重要组成部分，主要功能为宣泄规划库容所不能容纳的洪水，防止洪水漫溢坝顶，保证大坝安全；或按枢纽工程的功能要求下泄水流。泄水建筑物型式繁多，性能各异，但从其所在部位划分，主要包括坝身泄水建筑物和岸边泄水建筑物两大类。

对于混凝土坝及砌石坝，常采用坝顶溢流与坝身内不同高程处的泄水孔联合泄洪。对于狭谷高坝，可采用泄水建筑物与电站厂房联合布置的厂房顶溢流或厂前挑流，可采用岸边溢洪道和坝身泄水建筑物兼有的布置方式。

对于当地材料坝，往往采用岸边式泄水建筑物。可在一岸或两岸布置几处溢洪道或泄洪隧洞。泄洪隧洞与溢洪道配合起来，可满足各级水位下的运用要求。如条件许可，中小型土石坝也可采用坝下埋管式泄洪洞。

消能工是泄水建筑物的有机组成部分，担负着消散部分或大部分高速水流动能的任务。常用的消能方式分为底流、戽流、面流、旋流和挑流，相应的消能工类别为消力塘、挑流鼻坎、跌坎和戽斗，同时还应包含下游防冲设施等。

6.1.2 监测重点

泄水建筑物监测主要包括施工期监测、运行期监测、水力学专项监测。根据建筑物的类型、等级、地质条件、支护结构、工程阶段和经济承受能力，有针对性地选取合适的监测项目。

6.1.2.1 岸边式溢洪道

1. 结构特点

岸边式溢洪道一般包括引水渠、控制段、泄槽、消能防冲设施及出水渠等建筑物，可分为正槽溢洪道、侧槽溢洪道、井式溢洪道和虹吸式溢洪道等。溢洪道宣泄水流的特点是单宽流量大、流速高、能量集中。在实际工程中，正槽溢洪道应用比较广泛，其特点是溢流堰轴线与泄槽轴线正交，水流流向与泄槽轴线方向一致。本节仅讲述正槽溢洪道，其余类型可参考。

监测重点是控制段结构监测、泄槽底板和高边墙监测、出口消能段监测和高速水流水力学监测等。

2. 控制段结构监测

（1）变形。溢洪道控制段包括溢流堰及两侧连接建筑物，是控制溢洪道泄流能力的关键部位。溢洪道工作闸室在动、静荷载作用下的变形稳定关系到建筑物的安全运行。控制段变形监测主要为闸室基础变形监测和闸室顶部外部变形监测。闸室基础若为岩基，重点关注闸室的水平位移；若为土基，还应关注闸室底板基础的垂直位移。主要监测仪器设备和布置方法如下：

1）闸室水平位移的监测，可在闸墩顶部布置表面变形监测点，采用大地平面变形测量法，如条件允许可布置引张线。

2）工作闸室基础的垂直位移采用多点位移计监测，主要根据地质条件和受力情况针对性布置，一般布置在工作闸室中心线上。

3）工作闸室基础在脉动压力作用下底板与基岩之间可能发生张开，根据其结构特点和实际需要，可在底板与基础间、典型结构缝上布置测缝计。

4）溢洪道控制段不同部位混凝土结构出现的裂缝，可根据实际情况布置小量程的测缝计或裂缝计，监测裂缝的开合度变化情况。

（2）渗流。闸室基础渗透压力可通过埋设渗压计进行观测。渗透压力监测一般布置在顺水流方向的中心线上，测点数量及位置应根据建筑物的结构型式、基础帷幕排水形式和地质条件等因素确定，以能测出基底渗透压力的分布及其变化为原则。应至少在工作闸门室基础中部顺水流向设 1 个渗透压力监测断面，断面上的测点数量不少于 3 个。

（3）应力、应变及温度。工作闸室闸墩承受闸门的水推力，结构和受力条件均较复杂，需对闸墩结构应力进行监测。主要监测仪器设备和布置方法如下：

1）钢筋应力监测：据结构应力计算成果，在闸墩上选择典型外侧钢筋布置钢筋计，监测混凝土结构应力和钢筋受力情况。

2）对于弧形工作门，通常闸墩采用预应力锚索结构。应布置锚索测力计监测工作锚索的荷载大小和受力情况，一般至少选取一个中墩或边墩作监测对象，主锚索、次锚索都应布置测点。

3）混凝土应变与温度监测：对于结构块体尺寸较大的钢筋混凝土块，可选择典型部位布置少量钢筋计和温度计，监测钢筋应力和混凝土温度大小及变化情况。

3. 泄槽段监测

（1）变形。溢洪道泄槽段底板、边墙在动、静荷载作用下的变形稳定关系到建筑物的安全运行，应重点关注边墙侧向稳定问题和结构缝开合度。主要监测仪器设备和布置方法如下：

1）在泄槽边墙顶部顺水流向布置表面变形监测点，采用大地平面变形测量法监测边墙的水平位移。为方便实现自动化监测，必要时可采用引张线监测泄槽的水平位移。

2）泄槽底板在脉动压力作用下底板与基岩之间可能发生张开，可在底板与基岩、抗冲耐磨混凝土和普通混凝土层面间、典型结构缝上布置测缝计，以监测各块体间或基础与基岩之间接的开合度变化情况。

3）对于混凝土结构出现的裂缝，可根据实际情况布置小量程的测缝计或裂缝计。

（2）渗流。泄槽底板渗透压力可通过埋设渗压计的方法进行观测。一般布置在泄槽底板顺水流方向的中心线上，测点数量及位置应根据建筑物的结构型式、排水形式和地质条件等因素确定，以能监测底板渗透压力的分布及其变化为原则。

（3）应力、应变及温度。为了保护泄槽基础不受冲刷和岩石不受风化，防止高速水流钻入岩石缝隙，将岩石掀起，泄槽一般需设置锚杆或锚筋。一般选择典型部位锚杆布置锚杆应力计。对于结构块体尺寸较大的钢筋混凝土块，可选择典型部位布置钢筋计和温度计监测钢筋应力和混凝土温度变化情况。

4. 出口消能段监测

溢洪道出口消能段的结构监测项目参照本章 6.1.2.3 节的相关内容。

6.1.2.2　泄洪隧洞

1. 结构特点

泄洪隧洞一般包括进水塔、工作闸门、洞身段和出口消能段，以及隧洞进、出口边坡。

2. 进水塔结构监测

一般在建筑物顶部布置表面变形监测点，采用大地平面变形测量法监测进水塔的水平位移。

根据进水塔结构布置与计算分析成果，视需要进行针对性布置，采用钢筋计监测钢筋应力，采用测缝计监测结构分缝及塔体与岩体接缝，采用压应力计监测岩体和塔体之间压应力，在水位有可能快速升降的工况时，采用渗压计监测岩体和塔体之间渗透压力。

3. 工作闸室结构监测

工作闸室结构监测宜根据闸室结构特点、地质情况综合考虑。

因泄水洞工作闸门室上游段均为有压段，在泄水隧洞非运行期间，闸门底板承受较大的工作水头，可布置渗压计监测闸门室底板的渗透压力，布置压应力计监测底板与基岩接触面的压应力，布置钢筋计监测底板钢筋应力。

对于工作闸门室为外露的地表结构型式，其闸墩结构监测可参照一般闸墩结构。对于工作闸室为地下洞室时，围岩与支护结构的监测可参照地下洞室的围岩稳定和支护结构监测。闸墩的推力主要由围岩承担，通常不采用预应力结构，可在闸墩与围岩接触部位布置压应力计，监测闸墩传递到围岩的压应力大小。

4. 洞身段监测

洞身段监测宜设置集中监测断面，断面选择应结合施工方法考虑洞段时间空间关系，施工期与运行期相结合，围岩表面与深部相结合，使监测断面、测点形成一个系统，能控制整个洞身的关键部位。监测断面一般分为重点监测断面和辅助监测断面：重点监测断面可布置相对全面的监测项目，以便多种监测效应量对比分析和综合评价；辅助监测断面一般仅针对性地布置某项或几项监测项目，主要用于监测少量对指导施工或对洞身安全性评价具有重要意义的物理参数。主要监测项目和仪器类型如下：

（1）隧洞开挖施工期可根据地质条件、施工方法设置隧洞收敛监测，可采用收敛计、全站仪等仪器实施洞室收敛观测。

（2）围岩变形监测，可在围岩布置多点位移计监测围岩深部变形。

（3）渗流监测，可在围岩内部、围岩与衬砌之间布置渗压计，监测地下水位，以及可能存在的内水压力。

（4）接缝监测，可在围岩与衬砌之间、衬砌分期接缝之间布置测缝计，监测接缝开合度变化情况。

（5）应力、应变监测，可在重点断面布置钢筋计、应变计、温度计等监测衬砌钢筋混凝土的应力、应变与温度，根据地质情况在典型断面布置锚杆应力计监测支护锚杆应力。

5. 出口消能段监测

泄洪隧洞出口消能段的结构监测项目参照本章 6.1.2.3 节的相关内容。

6. 进、出口边坡监测

由于工程布置、结构特点和工程地质条件的影响，泄洪隧洞进、出口边坡关系到建筑物的安全运行，监测项目参照本书第 7 章的相关内容。

6.1.2.3　消能防冲建筑物

1. 结构特点

消能防冲建筑物是泄水建筑物的有机组成部分，担负着消散部分或大部分高速水流动能的任务。常用的消能方式分为底流、面流和挑流消能，其相应的消能防冲建筑物类别为消力池、消力坎、水垫塘、消力塘、挑流鼻坎、戽斗和跌坎等。

消能防冲建筑物安全监测需结合地质条件、结构特点和消能方式等因素布置相应的监测项目，安全监测重点是结构稳定监测、受力条件复杂部位（鼻坎、戽斗等）结构受力监测和水力学监测等。

2. 底流水跃消能工结构监测

当泄水建筑物泄放的集中急流沿平底或带斜坡的渠底流动时，如果遇到足够深度的缓流尾水顶托，会突然转变为缓流流态，称为水跃现象。水跃现象一方面是流态转变的过程，同时也是进行有效消能的过程，其相应的消能工为消力池。

水跃消能可适用于高、中、低水头，大、中、小流量的各类泄水建筑物，对地质条件要求较低，对尾水变幅的适应性较好。水跃消能也存在消力池的修建费用较高、护坦前部承受较高的流速、易于发生空蚀及磨损、动水作用力及脉动荷载问题较为突出等缺点。

根据水跃消能的特点，水跃消能工结构监测的重点为消力池的基础和底板的监测，对消力池中的辅助消能工（如墩、坎等）可根据需要设置必要的结构监测项目。

（1）变形监测。可在底板与基岩、抗冲耐磨混凝土和普通混凝土层面间、典型结构缝上布置测缝计，以监测各块体间或基础与基岩之间接缝的开合度变化情况。

（2）渗流监测。消力池底板渗透压力可通过埋设渗压计的方法进行观测。渗透压力监测一般布置在消力池底板顺水流方向的中心线上，测点数量及位置根据建筑物的结构型式、排水形式和地质条件等因素确定，以能测出基底渗透压力的分布及其变化为原则。

（3）应力、应变及温度。对于消力池中钢筋混凝土分缝较大的块体，可选择在典型部位布置少量钢筋计和温度计。若消力池底板进行衬砌，可选择在典型部位锚杆上布置锚杆应力计，监测底板锚杆或锚筋桩受力。

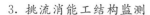

3. 挑流消能工结构监测

在泄水建筑物的末端设置挑流鼻坎,利用集中急流的动能,把水流向下游挑射。拱坝坝顶自由溢流跌入下游水垫塘内进行扩散消能的布置,通常也列入挑流消能方式。

挑流消能方式应用范围很广,但一定深度的局部冲刷坑常不可避免,要求尾水较深、下游河道地质条件较好,还需特别考虑下游局部冲刷不危及工程和岸坡稳定,同时对于水花飞溅及雾化影响也应给予重视。

挑流消能工的结构监测重点应为挑流鼻软、二道坝和水垫墙衬砌的结构监测,对导流墙、隔墙、折流墙、分流墩等可根据需要设置必要的结构监测项目。

(1) 变形。根据二道坝的规模和建筑物等级,可在坝顶布置表面变形监测点,用来监测施工期和运行过程检修期间的变形。根据二道坝基础地质条件,可选择合适部位在坝中布置多点位移计,监测坝基岩体内部变形情况。

水垫塘底板在脉动压力作用下底板与基岩之间可能发生张开。根据其结构特点和实际需要,可在底板与基岩、抗冲耐磨混凝土和普通混凝土层面间、典型结构缝上布置测缝计,以监测各块体间或基础与基岩之间接缝的开合度变化。

挑流消能工的混凝土结构出现的裂缝,可根据实际情况布置小量程的测缝计或裂缝计,监测裂缝的开合度变化。

可在挑流鼻坎与基础之间布置测缝计,监测挑流鼻坎和基础在不同工况下接缝开合情况。

(2) 渗流。根据二道坝地质条件和帷幕布置情况,可在地质条件较差部位的上、下游帷幕之间选择典型断面布置渗压计,有检查排水廊道的也可布置测压管,监测坝基扬压力分布情况。

水垫塘底板若衬砌,可在水垫塘底板基岩面布置渗压计,监测水垫塘底板渗透压力分布情况。渗透压力监测至少在水垫塘底板顺水流方向的中心线上选择一个断面,断面上的测点数量不应少于3个。基于水垫塘底板的结构破坏大多数都是脉动水压力渐进破坏所致,因水力学观测仅为短暂工况,故应加强上述部位的动水压力监测,渗压计宜具有动态测量功能。

根据二道坝和水垫塘排水廊道布置、水流流向等因素,分区布置量水堰,监测二道坝和水垫塘不同分区的渗流量。

(3) 应力、应变及温度。在二道坝典型断面布置温度计,监测混凝土温度及变化情况。对于水垫塘结构块体尺寸较大的钢筋混凝土块,可选择典型部位布置少量钢筋计和温度计,监测钢筋应力和混凝土温度变化情况。

若水垫塘底板进行衬砌,可选择在典型部位锚杆上布置锚杆应力计,监测底板锚杆或锚筋桩受力及其分布。

若挑流鼻坎、边墙采用预应力锚索结构加剧,应布置锚索测力计监测工作锚索的荷载大小和受力情况。

4. 面流消能工结构监测

在泄水建筑物的末端下方设置半径较大、挑角较大的反弧戽斗,射流水流以较大的曲率在挑离戽斗时,形成较高的浪涌和成串的波浪。戽斗及其下游一般有较长的导墙,并在导墙下游设置较长的护岸工程。

戽斗面流的流态对尾水位变动的影响较敏感，这种消能方式对河床地质条件的要求一般介于挑流消能和底流消能方式之间，但对岸坡稳定性则有较高的要求。

根据面流消能的特点，面流消能工的监测重点应为戽斗和跌坎的结构监测，主要应根据计算和模型试验成果，在戽斗和跌坎典型部位布置钢筋计、温度计等，监测钢筋应力和混凝土温度大小和变化情况。如面流流态容许漂浮物通过，应对坚硬物体易撞击部位设置适当的结构监测项目。

5. 隧洞内消能工结构监测

为解决目前高水头、大流量泄水隧洞泄洪功率过大、下游消能空间狭小、挑流消能雾化等问题，隧洞内消能工作为一种较为新型的消能结构，因其具有较好的消能效果和水力特性，同时在经济上较"龙抬头"泄水有一定优势，已成为国内导流洞改建为泄水洞的一种发展趋势。其常规布置方式为旋流竖井（垂直旋流，水流绕竖井轴旋转下泄）和水平旋流洞（水平旋流，水流经竖井进入泄水洞绕洞轴旋转下泄）。

根据其结构特点，水力学监测应是重点，结构监测的重点应是建筑物结构振动特性、洞室内钢筋混凝土应力、应变等。

对于竖井围岩与支护结构的监测可参照泄水洞的监测。除必要的结构安全监测外，需根据结构动力分析，设置强震动测点监测其结构动力反应。

6. 下游消能防冲设施监测

避免在泄水建筑物下游发生危害性或较严重的局部冲刷，是消能防冲设计中的一项重要内容。相应于不同的消能方式，下游的冲刷问题也有很大区别。水跃消力池是缓流冲刷，冲刷力一般很小；挑流消能是水下淹没扩散射流直接冲击，冲刷力很强；面流消能方式的冲刷力则介于上述两者之间。

当下游河床及岸坡的局部冲刷问题较为严重时，应当采取防冲工程措施。除常用的护坦、海漫、齿墙、防冲棺、管柱桩、护坡、丁坝、潜坝、顺坝、沉排等工程外，有时还要修建二道坝来塞高尾水位形成水垫塘，修建消能设施来降低波浪的高度等。

下游冲刷监测重点是冲刷区水下地形监测，冲刷区域地形测量的比例尺不宜小于 1∶500，基本等高距不宜大于 1m。对挑流雾化影响区的岸坡应加强雾化降雨量、地下水位和岸坡变形监测，其测点布置应结合雾化范围、地质情况等综合考虑。防冲工程措施可视需要布置针对性的结构监测。

6.1.3　董箐水电站岸边式溢洪道

6.1.3.1　溢洪道结构特点

董箐水电站是岸边开敞式溢洪道，布置在大坝左岸。分别由引水明渠段、控制段、泄槽段及消能工组成，溢洪道总长约 1.3km。控制段堰顶高程为 468.00m，共设 4 孔闸门，孔口尺寸为 13m×22m（宽×高），共用一扇平板检修闸门及弧形工作闸门。

1. 进口控制段

溢洪道堰面采用 WES 曲线实用堰，曲线方程 $y = 0.03292x^{1.85}$，堰体总长约 65m。闸孔采用 4 孔布置，闸前设置交通桥与上坝公路连通，墩尾设置压板兼检修通道，检修事故闸门为平板闸门，工作闸门为弧形闸门，孔口宽 13m，闸前最大水头为 22m。

通过计算所得闸墩应力分布情况，预应力锚索的配置主要在牛腿附近。锚索的布置呈扇形，分别设置主锚索、次锚索。单个中墩主锚索 300t 级预应力锚索 38 束，次锚索 200t 级预应力锚索 18 束。主锚索分为 6 排，靠近闸墩两侧 2 排，每排 7 束，中间 2 排，每排 5 束，皆平行于闸墩侧面成辐射状布置；次锚索分为 3 排，每排 6 束，垂直于分缝面作水平方向布置。

2. 泄槽段

泄槽段为矩形断面，底板纵坡为 7.5%，总长 588m。从桩号 0＋064.26～0＋264.26m 段为渐变段，从宽 66.7m 渐变至等宽段 50m，平面收缩角为 2.4°，该段结构为 C45HF 抗冲耐磨混凝土；0＋264.26～0＋652.26m 段为等宽泄槽，宽 50.0m，该段结构混凝土为 C30 常规混凝土。泄槽纵向设置两条变形缝，将泄槽纵向平分为三块，横向原则上每隔 24m 设置一道变形缝。泄槽底板厚度为 1m，系统布置抗抬锚杆 $\Phi28@1.5m\times1.5m$，入岩 5m；同时在每块底板周边布置一排 $\Phi28$ 插筋，间距 1.5m，入岩 5m，距底板边缘 0.5m。还对底板基础进行了固结灌浆处理，灌浆孔间排距 3m×3m，入岩 5m，梅花型布置。

泄槽结构防止空蚀破坏，设置了三道掺气，分别在桩号 0＋200.00m、0＋350.00m、0＋500.00m 位置，掺气坎高分别为 3m、2m、2.5m，掺气坎结构型式由水力学试验确定。

3. 消能工段

溢洪道消能工段轴线中心总长约 63m，两端设置深 5m 的齿墙。消能工体型为扭曲挑流式，左侧圆弧中心角 35°，右侧圆弧中心角 20°。消能工曲面及边墙表层厚 1m，为 C45HF 抗冲耐磨混凝土，底部设置厚 C25 垫层混凝土，厚 1.5m，中部为 C15 三级配混凝土。

消能工横向没有设置变形缝，沿中心纵向设置一条变形缝，缝内设置铜止水及硫化橡胶和环氧砂浆封口。

4. 消能防冲建筑物

消能防冲区位于坝坪沟内，布置方位约 N60°E，自冲沟向主河道发散状延伸，平面布置近似三角形状，起始段宽 27m，与主河道相接段底宽约 150m，总长近 500m。

根据消能防冲区水力学模型试验情况，在大泄量、下游高水位情况下，消能防冲区冲刷并不严重，冲坑较小，冲击力也不大，由于消能防冲区地质岩性以 T_2b^2 层砂岩与泥岩互层为主，不宜深度开挖形成高边坡，加上泄洪雾化的影响，带来边坡稳定问题。所以，消能防冲区采取浅层开挖、混凝土全断面护坡的结构处理型式。

6.1.3.2 溢洪道监测设计

为监测闸门在开启过程中闸门牛腿锥铰的应力变化，在左边墩、2 号中墩、右边墩弧形闸门锥铰拉锚钢筋上安装 12 支钢筋计。另外，在溢洪道闸墩预锚部位设 2000kN 级锚索测力计共 5 台、3000kN 级锚索测力计共 12 台。

为了监测溢洪道泄槽的变形情况，在溢洪道堰基 3 个掺气坎部位布设测缝计 6 支。

在溢洪道中心线上，从引渠段到泄槽消能工，共布设渗压计 7 支，以监测基底渗压分布情况。

为监测消能防冲建筑物下游侧边坡稳定，选择两个监测断面，共布设渗压计 4 支、三点式多点位移计 3 套。

6.1.3.3　溢洪道监测成果分析

1. 进口控制段结构监测

从钢筋计监测来看，闸墩钢筋应力主要受温度影响，当气温升高时，闸墩混凝土温度升高，混凝土膨胀，导致钢筋压应力增加，拉应力减少；当气温降低时，闸墩混凝土温度降低，混凝土收缩，导致钢筋压应力减小，拉应力增加。从钢筋计应力测值分布来看，有 8 支钢筋计表现为压应力，4 支表现为拉应力，最大应力为 $-139.06 \sim 104.20$ MPa。总体来看，闸墩钢筋应力没有出现异常测值，随温度的规律性变化也说明了闸墩基本无外荷载，闸墩比较稳定。

主锚索锁定吨位基本都大于设计荷载 3000kN，锁定时荷载损失率在 5% 以内，当前主锚索荷载在 $2702 \sim 3298.1$ kN，锁定后最大损失率达 12.1%，位于左边墩。次锚索锁定吨位均在设计荷载 2000kN 以上，锁定损失率最大为 4.4%，当前次锚索荷载在 $1875 \sim 2024.4$ kN，锁定后最大损失率为 8.9%，位于 2 号中墩次锚索。锚索施工期锁定荷载、损失率均在规范允许范围内，没有出现异常变化测值。

2. 底板接缝变形监测

在溢洪道三道横缝（0+65.00m、泄槽段 0+331.00m、0+651.00m）共布置 6 支测缝计，监测溢洪道堰基的接缝开合度变化情况。基本处于闭合或微张开状态，实测开合度在均在 0.5mm 以内，接缝没有明显的变形。

3. 底板渗压监测

引渠段和控制段主要受库水位影响，泄槽段基础渗压与库水位相关性不大，主要受地下水位变化影响。

2010 年 6 月 28 日，由于坝址处持续降雨，溢洪道控制段末端、泄槽段第一掺气坎基础下渗压计实测水头分别达到 9.91m、9.17m，在 6 月 30 日时，发现泄槽段底板有局部抬动变形。

经现场检查发现泄槽底部埋设的塑料盲材部分堵塞，导致底板排水结构部分失效。后经过复核计算，不考虑底板排水情况时，溢洪道底板抗浮水头约为 8m，故溢洪道底板抬动变形主要是由于底板渗压水头超过设计抗浮能力。

此后，为了处理底板变形，并防止再次发生此类情况，对溢洪道泄槽和消能工段采取以下处理措施：①底板和边墙增加排水孔，以便减少边坡地下水对溢洪道的影响，并增加溢洪道底板的排水能力；②在溢洪道左岸延长帷幕，减少左岸高边坡地下水对泄槽段底板的影响。溢洪道泄槽段局部抬动变形与基础渗压计监测情况见图 6.1.1。

4. 消能防冲建筑物

左岸边坡安装 3 套多点位移计，用于监测边坡内部变形。其中 1 套多点位移计产生了向临空面的相对位移，孔口累计最大位移为 8.57mm，变形主要发生在施工期，边坡施工结束以后测值变化较小；另 2 套多点位移计的实测位移可忽略不计。总体来看，消能防冲左岸边坡变形不大，位移速率较小，溢洪道泄洪时仪器测值无明显变化，边坡目前处于稳定状态。

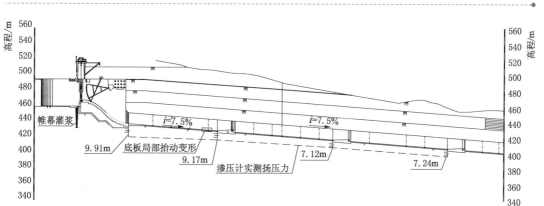

图 6.1.1 溢洪道泄槽段局部抬动变形与基础渗压计监测情况（2010 年 6 月 28 日）

底板基础渗压计实测水头与消力池积水深度吻合度较好，埋设于边坡的渗压计无渗透压力。可见，泄洪对边坡内部渗压影响不显著。

6.1.4 溪洛渡水垫塘动态位移监测

6.1.4.1 工程概况

溪洛渡拱坝坝高 282.5m，大坝壅水高度超过 230m。金沙江径流丰沛，峰高量大，设计洪水洪峰流量为 43700m³/s，校核洪水达 52300m³/s，泄洪功率是我国高拱坝中泄洪功率最大的二滩电站的 2.5 倍，堪称世界之最。国内外高坝泄洪功率见图 6.1.2。

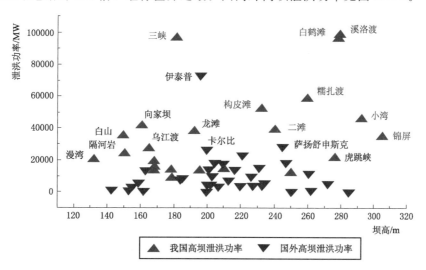

图 6.1.2 国内外高坝泄洪功率

对于这种大流量、高水头、窄河谷工程，其泄洪消能问题十分突出。目前，因泄洪消能引起的泄水建筑物破坏的事例屡见不鲜，据统计有近 1/3 水电站工程的泄水建筑物出现不同程度的破坏，有的破坏相当严重。对于坝身泄洪，其下游水垫塘防护结构的破坏是最常见形式。如苏联的萨扬水电站、美国的利贝水电站、印度的巴拉克水电站、墨西哥的 Malpaso 水电站，我国的五强溪水电站、安康水电站、鱼塘水电站、景洪水电站、三板溪水电站、寺坪水电站等的水垫塘防护结构都被严重破坏。溪洛渡水电站坝高，泄洪功率强大，因此泄洪建筑物安全问题更加突出。实施有效的安全监测、科学诊断，避免灾难性事故的发生是提高泄水建筑物安全性的主要途径之一。水垫（消力）塘防护结构的破坏见图 6.1.3。

图 6.1.3　水垫（消力）塘防护结构的破坏

目前对泄水建筑物的观测手段以水力学原型观测试验和静态安全监测为主，难以实现对泄水建筑物消能情况下的动态响应进行实时、动态和长期的观测。

（1）常规水力学原型观测试验主要是针对设计工况进行一次或两次原型观测试验，属于临时性的观测项目。没有实现对水力学要素进行实时、动态和长期的观测。

（2）常规安全监测泄水建筑物结构内安装的都是静态观测仪器，如多点位移计、测缝计、渗压计、锚杆应力计等。没有实现对泄水建筑物在泄洪消能情况下的动态响应进行实时、动态和长期的观测，无法对泄洪消能建筑物进行实时安全监测预警。

为了实现更有效的监控，监测单位在水垫塘底板和边坡布置低频振动传感器，进行防护结构流激振动响应动力测试；同时在底板上下层混凝土间布置光栅式测缝计、应变计，在泄洪时对底板上下层混凝土的动态位移进行实时监测，以便于开展高坝水垫塘防护结构的安全监控理论和方法研究。

鉴于上述原因，开展溪洛渡水电站水垫塘泄洪消能安全实时监控系统研究工作，对溪洛渡水垫塘在施工和运行的泄洪消能期间防护结构的安全运行具有重要的作用。

6.1.4.2　实时动态监测设计

水垫塘断面采用复式梯形断面，底宽 60.00m，中心线与拱坝中心线平行并向左岸偏移 5.0m，底板顶高程为 340.00m，底板厚 4m，边墙坡度在高程 360.00m 下部为 1∶1.2，高程 360.00m 至高程 385.00m 之间为 1∶1.0，高程 385.00m 以上边坡为 1∶0.75，高程 365.00 和 385.00m 处设有 5.0m 宽的马道。高程 385.00m 以下边墙厚 3.0m，以上边墙厚 2.0m。坝 0+0.00～0+197.00m 段水垫塘混凝土衬砌高程为 413.00m，坝 0+397.00～0+480.00m 段水垫塘高程为 412.00m，在 412.00m 平台设有 1m 高的导浪墙。

由于水垫塘底板混凝土分两层浇筑，根据类似工程经验，水垫塘底板上下层混凝土在泄洪期间可能存在脱空现象。为掌握水垫塘底板在泄洪时的工作状况，须在泄洪时对底板上下层混凝土的动态位移进行实时监测。

根据水垫塘泄洪消能模型试验成果，3 种典型工况（工况 1——孔口全开机组不过流；工况 2——孔口全开 1/2 机组过流；工况 3——表孔过流）的水舌落水区域均对称于水垫塘中心线，总体上水舌落点归槽良好，没有干砸马道现象发生。设计工况（工况 2）最大落水宽度为92m,校核工况(工况1)最大落水宽度为103m,二者均大于水垫塘底板宽度,两边虽有部分水舌落在斜坡边墙部位,但由于两侧水流较缓,且该部位的水深仍有50m左右,无较大冲击压力产生。

根据泄洪消能模型试验典型工况的水垫塘水舌落水区分布和水垫塘排水廊道布置情况,进行监测仪器布置设计。

重点监测深孔单独(是最常见的泄洪工况)泄洪冲击区的水垫塘底板动态响应,重点关注两层混凝土接缝处动态变化,形成安全监测的长效机制,指导长期动态监测预警。在水垫塘底板坝桩号 $0+101.00 \sim 0+365.00$m 间,水垫塘中心线两侧布置光栅式测缝计和光栅式应变计,其中光栅式测缝计30支、光栅式应变计8支。测缝计和应变计竖直安装,布置在上下层混凝土之间,平面上位于浇筑块中心位置。

6.1.4.3 监测数据分析

根据水垫塘泄洪消能模型试验成果,泄洪期间实行动态监测,初拟观测工况如下:①600m水位,孔口全开泄流;②600m水位,深孔全开泄流;③600m水位,表孔全开泄流;④580~595m水位,孔口全开泄流;⑤580~595m水位,深孔全开泄流;⑥565m水位,深孔全开泄流。

根据实际蓄水过程及泄洪情况,共取得3个工况观测数据,各工况具体数据见表6.1.1。

表 6.1.1 溪洛渡水垫塘泄洪振动典型工况参数表

工况	日 期	开 孔 情 况	上游水位/m	泄洪量/(m³/s)
1	2014-08-17	1个深孔	572.5	1295
2	2014-09-06	3个深孔	584.2	4260
3	2014-09-29	2个深孔	599.7	3080

水垫塘底板稳定,属于冲击射流下底板稳定问题。根据紊动射流理论,射流在发展过程中,射流宽度增大,流速减小。如图6.1.4所示,淹没冲击射流分为3个区域:Ⅰ区为自由射流区,Ⅱ区为冲击区,Ⅲ区为壁射区。自由射流区主流近似直线扩散。射流的冲击区是高速水流动能转变成动水冲击压力的主要区域,主流受到塘底的折冲,流速迅速降低,压力急剧扩大,对塘底产生巨大的冲击压力,此处动水压力出现最大值。壁射区是冲击区的压能转变成动能的高速水流扩散区,也可看作淹没水跃区,高速水流贴底壁射出并沿程扩散和迅速跃起,在塘内射流冲击区下游形成较大的表面漩涡区域。

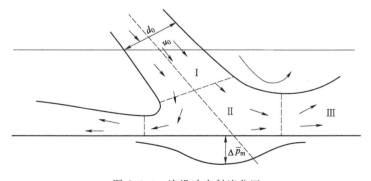

图 6.1.4 淹没冲击射流分区

冲击射流下，水垫塘防护结构的失稳破坏过程主要经历 3 个阶段，对应不同的破坏阶段，其与水流的耦合动力作用表现出不同的动位移响应特性：①止水完好时，底板与基岩固结良好，锚固钢筋基本不受力，板块在水动力荷载作用下，带动板块上表面水体做微幅振动，板块的动位移响应特性主要是线弹性的微幅振动；②在水垫塘内水射流的冲击和来流挟带砂石颗粒的碰撞下，造成板块间接缝处的止水部分或全部被破坏，由射流冲击区所产生的脉动压力通过破坏的止水缝隙被挤压入板块底面原生缝隙层中，并沿缝隙迅速传播开来，使板块受到强大的上举力，在长时间水射流的冲击和脉动压力作用下，板块底面缝隙层不断地被扩张和贯通，最终导致板块和基岩分割开来，这个过程发展比较缓慢，需要同时克服板块与基岩的固结和锚固钢筋的作用，板块动位移响应的非线性特征逐渐明显，其特征表现为高频小振幅与低频大振幅的混合振动，随着破坏进程的发展，低频大振幅振动的能量越来越大；③缝隙完全贯通、锚固钢筋屈服后，与基岩脱离的板块在水流脉动上举力作用下，其失稳出穴过程是一个变幅变频的随机振动过程，一般板块在座穴内振动的时间较长，而真正拔出的时间较短。

因此，底板失稳破坏绝大部分是由于底板板块的止水破坏、产生裂缝或者抽排设备工作不正常等情况下，水流的脉动压力沿止水缝隙传播至底板下表面缝隙中，产生巨大的脉动上举力引起底板的揭底破坏。底板止水完好，水流脉动压力无法传播至底板下表面，也就无法产生上举力破坏，因此，底板止水结构的完好与否直接关系到底板的运行安全。通过分析水垫塘地板动位移的相应特性，就可以识别出水垫塘地板的运行形态。

根据原型观测数据，工况 1 底板振动偏态系数介于 $-0.16 \sim 0.20$，峰度系数介于 $-0.45 \sim 0.55$，振幅比系数介于 $0.84 \sim 1.31$；工况 2 底板振动偏态系数介于 $-0.15 \sim 0.21$，峰度系数介于 $-0.36 \sim 0.28$，振幅比系数介于 $0.78 \sim 1.3$；工况 3 底板振动偏态系数介于 $-0.48 \sim 0.31$，峰度系数介于 $-0.26 \sim 0.79$，振幅比系数介于 $0.65 \sim 1.48$。

总体上，由各工况的振动统计参数可知，各测点的实测振动位移序列基本符合正态分布；其偏态系数为 $-0.48 \sim 0.31$，峰度系数为 $-0.45 \sim 0.79$，基本符合正态分布；其振幅比系数为 $0.65 \sim 1.48$，正向振幅与负向振幅差别不大，底板尚未受到明显的上举力。各工况测缝计振动特征统计见表 6.1.2；各工况应变计振动特征统计见表 6.1.3。

表 6.1.2　　　　　　　　　　各工况测缝计的振动特征

工 况		振动偏态系数	峰度系数	振幅比系数
工况 1	最大值	0.15	0.55	1.29
	最小值	-0.16	-0.45	0.84
工况 2	最大值	0.21	0.28	1.3
	最小值	-0.15	-0.18	0.78
工况 3	最大值	0.12	0.79	1.22
	最小值	-0.48	-0.26	0.65

表 6.1.3 各工况应变计的振动特征

工况		振动偏态系数	峰度系数	振幅比系数
工况 1	最大值	0.2	0.16	1.31
	最小值	−0.12	−0.19	0.88
工况 2	最大值	0.11	0.23	1.21
	最小值	−0.09	−0.36	0.83
工况 3	最大值	0.31	0.39	1.48
	最小值	−0.17	−0.26	0.82

根据水垫塘底板振动位移标准差的统计结果，位移标准差大部分在 $0\sim20\mu m$，水垫塘底板动态位移较大部位主要位于坝 $0+125.00\sim0+185.00m$，与射流冲击区域对应。底板振动位移的标准差直接反映在水流脉动压力作用下的振动响应剧烈程度，对底板的振动强弱状态具有很强的表征能力。因此，可以通过分析位移标准差的分布及变化特征来掌握底板在泄洪条件下的运行状态。坝 $0+131.00\sim0+167.00m$ 为水舌跌落区域，高速水流动能转变成压能，底板直接承受水舌跌落冲击，冲击荷载达到最大，位移标准差较大，最大标准差为 $25\mu m$，同时位于水舌中心的坝横 $0+002.00m$ 较坝横 $0-022.00m$ 大。位移标准差自冲击区向下游逐渐降低，至坝 $0+239.00\sim0+287.00m$，冲击区下游高速水流贴底壁射出并沿程扩散和迅速跃起，流速很大，水流内部涡体旋转速度非常快，水流发生高速紊动，动水压强脉动十分剧烈，脉动荷载较大，同时引起底板的振动，位移标准差增大。位移标准差呈现先增大、再减小、再增大、再减小的变化趋势。

各工况之间的相互对比，因观测时间不同，受泄洪洞泄洪振动的影响，原型观测测值振动强弱的变化规律并不明显。

6.1.4.4 小结

从原型观测数据的统计结果可以看出，沿水垫塘轴线，振动强弱的分布与泄洪水流的形态变化一致，坝 $0+131.00\sim0+167.00m$ 为水舌跌落区域，高速水流动能转变成压能，底板直接承受水舌跌落冲击，位移标准差较大，最大为 $25\mu m$，至坝 $0+239.00\sim0+287.00m$，淹没水跃向上翻滚，水流发生强烈脉动，引起水垫塘底板震动，这个区域底板振动较强烈。底板的振动与一般规律一致。

6.2 通航建筑物

在通航河渠上修筑水利枢纽时，为使船舶安全顺利通过拦河闸、坝等形成的水位集中落差，需要修建通航建筑物。通航建筑物包括船闸和升船机两大类。船闸是利用闸室中的水位升降将船舶浮送过坝，通航能力强，运输量大，安全可靠，运行费用低，应用较为广泛，特别是在低水头水利枢纽工程中。升船机是利用机械力将船舶升运过坝，耗水量少，一次提升高度大，运送船舶速度快，但其结构复杂，技术难度要求高，通常只有在高、中水头枢纽或建造船闸造价过高时采用。

6.2.1　结构特点及监测重点

6.2.1.1　船闸

　　船闸利用闸室中的水位升降将船舶浮送过坝，按其级数可分为单级船闸和多级船闸。单级船闸如葛洲坝巨型船闸；多级船闸如三峡双线五级船闸，是世界上级数最多、规模最大、水头最高和技术最复杂的多级船闸。按船闸的线数可分为单线船闸和多线船闸。按闸室的形式可分为广厢船闸、具有中间闸首的船闸、井式船闸。船闸由闸室、闸首、输水系统和引航道四部分组成。闸室是介于船闸上、下闸首及两侧边墙间供过坝船队临时停泊的场所，由闸墙及闸底板构成，通过闸门与上、下游引航道隔开。闸首既是挡水结构，又是闸室和引航道之间的连接结构，作用是将闸室与上下游引航道隔开，使闸室内维持上游或下游水位，以便船舶通过。输水系统作用是供闸室充水和泄水，使闸室水位能上升或下降至与上游或下游水位齐平。引航道是连接船闸闸首与航道间的一段航道，作用是保证船舶顺利进出船闸，并为等待通行的船舶提供临时停泊场所。

　　船闸工程特点及可能出现的工程安全问题主要有：山体开挖形成的船闸，两岸边坡变形较大或存在不稳定因素时，会影响船闸运行安全及通行船舶、人员安全；闸首在上下游水头和岸坡岩体变形联合作用下，可能产生顺水流方向水平位移及两侧边墩变形，导致闸门不能正常启闭；闸室段边墙多采用薄壁结构，受到侧向水头及岸坡变形挤压作用后，容易产生向闸室方向的倾斜变形导致边墙不稳；修建在土质基础上的船闸，上部承受结构荷载较大时，易产生过大的基础沉陷及不均匀沉降，影响船闸正常运行；在上游水头作用下，船闸闸底板扬压力过大会危及闸室稳定，此外高水头船闸还面临绕闸渗流等问题。因此，船闸监测的重点是船闸结构及两岸开挖边坡变形、绕闸渗流及扬压力、基础沉降等。

6.2.1.2　升船机

　　升船机是利用机械力将船舶升运过坝，按其布置方式及承船厢的运行路线可分为垂直升船机和斜面升船机两类。垂直升船机是承船厢沿垂直方向升降的升船机，主要有平衡重式、浮筒式和水压式；斜面升船机是承船厢沿斜坡轨道上下的升船机，有纵向斜面式和横向斜面式两种。升船机由承船厢、垂直支架或斜坡道、闸首、机械传动机构、事故装置和电气控制系统几大部分组成。承船厢用于装载船舶；垂直支架用于垂直升船机的支撑并起导向作用，斜坡道用于斜面升船机的运行轨道；闸首用于衔接承船厢与引航道，内设工作闸门及拉紧、密封装置。

　　升船机工程特点及可能出现的工程安全问题主要有：垂直升船机闸首及塔柱等是保证提升设备正常运行的基础，必须安全稳固可靠。闸首在上下游水位荷载作用下，可能产生结构变形或渗透变形；塔柱多为高耸薄壁筒体结构或薄壁型墙体结构，是支撑承船厢和平衡重的承重结构，受自重、温度、风力等因素影响结构发生变形。斜面升船机利用布设在天然地基上的斜坡道将船舶运送过坝，地基若产生不均匀沉降将对斜坡轨道的安全运行产生不利影响。因此，升船机监测的重点是闸首、塔柱变形稳定、基础沉降和基底渗透压力等。

6.2.2 监测设计

6.2.2.1 船闸

1. 变形监测

船闸变形监测项目包括水平位移、垂直位移、基岩变形及接缝开合度。

水平位移监测：大型船闸应进行水平位移监测，宜采用正、倒垂线和引张线相结合的方法。一般在上、下闸首部位"人"字形支撑体边墩布置垂线监测水平位移，左、右闸墙顶部水平位移一般采用引张线监测，引张线端点一般位于上闸首及闸室尾部（靠近下闸首处），以垂线测点作为工作基点结合布置，在引张线经过的结构块体上设置测点。监测成果可全面反映船闸闸首顶部、闸首基础、闸墙、闸室等关键部位水平位移的变化情况。一般船闸和不具备布置垂线测点的大型船闸，宜布设表面变形测点，采用交会法监测其水平位移。

垂直位移监测：船闸垂直位移宜采用精密水准法监测。水准测点布置在闸首结构块体顶部的四角、闸墙结构块体顶部中间位置、上下游引航道堤顶部位、船闸两岸结合部位。对设有基础廊道的大型船闸，宜在廊道内布设测点。

接缝监测：闸室与闸首结构块体之间、典型结构块体结构缝间可采用测缝计监测接缝开合度和错动情况。

基岩变形监测：地质条件较差时，船闸闸首和闸室底板基岩变形可采用多点位移计或基岩变形计进行监测，测点应根据工程地质情况，布置在有断层、裂隙、夹层的位置，并结合结构物上部荷载分布及不良地质发育情况有针对性地进行布置。

2. 应力、应变及温度监测

上、下闸首承担挡水任务，同时闸首内部设有闸门、启闭机、交通桥及其他辅助设备，受力条件和结构极为复杂，因此需对结构应力进行重点监测。根据结构应力的计算结果，一般选在闸门附近位置布置典型横向监测断面，在断面中下部、底部及应力复杂区域，布设钢筋计、应变计组和无应力计，用以监测混凝土应力和钢筋受力。对于大型船闸，混凝土块体结构尺寸较大，可在闸首、闸室布设监测断面，沿不同高程布置温度计，了解混凝土温度情况。

闸墙后需要进行回填时，在侧向土压力作用下可能导致闸室边墙向内侧倾斜，应在闸墙和填土接触面的中下部，布置土压力计监测墙背土压力分布情况。

衬砌式闸首及闸墙结构锚杆上，可在混凝土与基岩结合面位置布置锚杆测力计，监测锚杆受力情况。

3. 渗流渗压监测

为了解和掌握船闸防渗及排水效果，保证闸墙和闸室底板的安全稳定，需要对船闸建筑物及基础渗压进行监测。船闸基底扬压力一般通过测压管或渗压计进行观测。测点位置及数量布置应根据建筑物结构特点、工程地质条件和基础帷幕排水形式等因素综合确定，以满足观测基底扬压力分布特征及变化情况为原则。应至少在船闸中心线顺水流向布置一个纵向监测断面，测点选择在帷幕前后、排水孔处及地下轮廓线有代表性转折处。船闸左右两侧存在不对称承压水头作用时，应在垂直中心线顺水流方向设一个监测断面，测点选择在上闸首和闸室基础位置。

单独布置的高水头船闸在上游水头作用下，可采用测压管监测绕闸渗流情况，测点应布设在建筑物与两侧山体结合面附近位置。

对于基础及船闸混凝土渗漏量，一般在排水沟中设置量水堰观测总的渗漏量，采用容积法对排水孔单孔渗漏量进行观测。

4. 水位监测

船闸上、下游水位和闸室水位是工程控制运用和分析结构物工作状态的重要依据。一般通过水尺或自记水位计进行观测，测点应布置在水流平稳、受风浪影响较小的位置。

6.2.2.2　升船机

1. 变形监测

升船机变形监测项目包括水平位移、垂直位移、基岩变形、接缝开合度及斜坡道地基不均匀沉降等。

水平位移监测：升船机水平位移宜采用垂线法监测，也可采用交会法、GNSS 法观测。垂线一般布置在垂直升船机上闸首左、右边墩及承船厢室段塔柱筒体，以及斜面升船机上闸首或挡水结构上。垂线一般采用一线多测站式，单端长度不宜大于 50m，正、倒垂线结合布置时，宜在同一观测台上衔接。采用交会法、GNSS 法观测时，水平位移测点宜布置在承船厢室段塔柱筒体外墙及上闸首左右墩顶部。

垂直位移监测：升船机垂直位移宜采用精密水准、静力水准监测。精密水准点一般布置在上闸首基础廊道、上闸首左右墩顶部、承船厢室段底板、承船厢室段承重结构顶部等部位。静力水准点一般布设在升船机上闸首基础廊道内和承船厢室段承重结构顶部，并与精密水准点对应布设。

基岩变形监测：基础地质条件较差情况下，可在上闸首和承船厢室段布置多点位移计或基岩变形计进行监测。

接缝监测：升船机上闸首和承船厢闸室底板宜布置测缝计监测纵、横向接缝或宽槽缝开合度情况。

斜面升船机斜坡道地基不均匀沉降监测：根据工程地质条件及结构特点，顺轨道梁布置精密水准点、沉降计、多点位移计或基岩变形计。

2. 应力应变及温度监测

升船机闸首及承船厢室段承重结构受力条件复杂，需对结构应力进行重点监测。根据结构受力状态和结构应力计算成果，一般选在上闸垂直顺水流向布置 1～2 个监测断面，在承船厢室段承重结构上沿高程设置 2～4 个监测断面，在断面上有选择性地布置钢筋计、应变计、无应力计和锚索测力计，监测钢筋混凝土结构受力及锚索预应力变化情况。对于上闸首、承船厢室底板及承重结构等大体积混凝土结构，可布置温度计，了解温度对混凝土结构和塔柱应力的影响。

对于大、中型斜面升船机，应监测斜坡道上的轨道梁和板式基础结构应力，可在受力较大的部位布置钢筋计、应变计和无应力计进行监测。

3. 渗流渗压监测

升船机基底扬压力一般通过测压管或渗压计的方法进行观测。测点位置及数量布置应根据建筑物结构特点、工程地质条件和基础帷幕排水形式等因素综合确定，以满足观测基底扬压力分布特征及变化情况为原则。应至少在升船机中心线顺水流向布置一个纵向监测断面，测点选择在帷幕前后、排水孔轴线处及承船厢室底板处。升船机左右两侧存在不对称承压水头作用时，应在垂直中心线顺水流方向设一个监测断面，测点选择在上闸首和承船厢室底板基础位置。

基础渗漏量一般采用量水堰进行监测，排水孔渗漏量较小时可采用容积法进行观测。

4. 水位监测

升船机上下游水位一般通过水尺或水位计进行观测，测点应布置在水流平稳、受风浪影响较小的位置。

6.2.3 思林水电站升船机

6.2.3.1 工程概况

思林水电站垂直升船机布置于枢纽左岸，位于溢流坝段左侧的非溢流坝段上。升船机由上游引航道、过坝渠道、升船机本体段（包括上闸首和塔楼）、下闸首及下游引航道等主要部分组成，轴线方位 NW63°，全线总长 951.80m。

上游引航道位全长 338.4m，为向左侧单向扩宽型式。自上而下由停泊段、调顺段和导航段等组成。直线段引航道总长约 198m，在引航道左侧设有靠船墩，供船舶停靠等待用。其后为调顺段，总长约 88m，船舶在此调顺进入导航段。

过坝渠道位于左岸挡水坝段内，既是大坝挡水前沿的一部分，又是船舶进出升船机本体段的上游口门。渠道航槽宽 12m，底部高程为 428.00m，渠首设平板检修闸门一道，闸门孔口尺寸为 12m×21.27m，用于挡超过上游最高通航水位以上的洪水及在本体段内事故检修，闸门用坝顶门机启闭。

升船机本体段总长 73.1m，总宽 40m，总高 118.5m，底板高程为 355.00m，主机房平台高程为 452.00m。主体部分由主提升设备、平衡重系统、承船厢、混凝土塔柱及电力拖动与控制设备等组成。主提升设备设在混凝土塔柱顶部的机房内，通过 80 根钢丝绳提升船厢升降。船厢加水总重量与平衡重量相等，并在二者底部设有平衡链，构成完全封闭的平衡系统。

下闸首紧邻本体段布置，总长 34.9m，总宽 24m，航槽宽 12m，底部高程为 360.30m。在其上游端设有一道平板工作闸门，闸门孔口尺寸为 17m×14.3m，下游端设有一道检修闸门，闸门孔口尺寸为 12m×30.82m。在检修闸门顶上布置桥机轨道，利用桥机对检修闸门进行吊装。

下游引航道全长 441m，为向左侧单向扩宽型式。由下闸首开始依次布置有导航段、调顺段及停泊段，该三段直线布置，总长约 220m，底板高程为 360.00m。

由于引航道、升船机本段等通航建筑物的设置，使其左岸岸坡被开挖成长 951.80m、最高达 163.50m 的岩质边坡，边坡区主要为二叠、三叠系灰岩和少量黏土岩。通航建筑物所在河流岸坡走向 N60°W。上游引航道通过的地层为 P_2W 薄层、中厚层硅质灰岩、硅质岩夹泥页岩和 P_2C 中厚层灰岩；中间通航渠为 T_1y^1 泥页岩、T_1y^{2-1} 和 T_1y^{2-2} 薄～厚层灰岩、白云岩、白云质灰岩；升船机本体（塔楼）段为 T_1y^{2-2} 中厚～厚层灰岩、T_1y^{2-3-1}

薄～极薄层泥灰岩、灰岩夹泥页岩，下游引航道为 $T_1 y^{2-3-2}$ 薄～中厚层灰岩夹泥质灰岩、$T_1 y^3$ 紫红色泥岩、$T_1 yn^1$ 薄～中厚层灰岩、白云质灰岩和 $T_1 yn^{2-1}$ 盐溶角砾岩。下游引航道进口位于塘头向斜倒转轴部，引航道处在向斜倒转翼，为单斜构造。地层展布连续稳定，无断层切割。

6.2.3.2　监测布置

垂直升船机本体段工程的自然条件比较复杂，其工作性态和工作情况又随时都在变化，为确保工程质量和安全，在施工期和运行期均进行了监测设计。根据垂直升船机本体段设计特点，主要在本体段上闸首、塔楼段、下闸首部位布置 4 个监测断面来对垂直升船机本体段结构进行监测。选择监测的项目有：本体段水工建筑物监测，包括水位、渗流、变形等监测；本体段结构监测，包括结构及钢筋应力，闸室结构的温度场、裂缝和沉降缝监测等。

1. 变形监测

升船机塔楼段是通航建筑物的重要组成部分，根据调整布置，依据《船闸水工建筑物设计规范》（JTJ 307—2001），分别以上闸首、下闸首和本体段作为独立的整体，按荷载组合对结构进行抗滑、抗浮、抗倾稳定及基础应力计算。为了解建筑物在施工期和运行期的稳定和安全，对下闸首和本体段建筑物应进行变形监测。

根据计算结果，在升船机通航道边墙、上闸首段、下闸首段闸墙上分别布置表面监测墩，以监测升船机本体段垂直位移和水平位移；在塔楼中部采用正倒垂线联合对闸墙水平位移进行监测，同时采用固定式倾斜仪对闸墙挠度进行监测。

2. 结构应力、温度及接缝监测

分基础底板及上部结构（392m 以下及以上）进行闸墙的结构应力、温度及接缝监测。为了解混凝土闸墙由于本身水化热、水温、气温和太阳辐射引起闸墙内部温度分布和变化情况，以改进施工方法和采取必要温控措施。在闸室底板基础选择 A-A（航 0+107.00m）、B-B（航 0+137.00m）、下闸首段 C-C（航 0+162.00m）作为结构监控断面，采用应变计、无应力计、温度计、钢筋计对混凝土及钢筋应力、温度进行监测，在 B-B 断面基础垫层内和基础下钻孔（孔深 8.5m）埋设基岩温度计，以监测基础温度和混凝土垫层温度。

根据结构配筋情况采用不同直径的钢筋计，共布置三向应变计 2 组、无应力计 3 套、温度计 18 支、钢筋计 20 支，同时在上闸首与本体段接缝、本体段与下闸首接缝处布置测缝计对其开合度进行监测，共有测缝计 4 支。

3. 渗压监测

为防止发生不正常渗流而影响工程安全，对升船机本体段、下闸首段闸墙后、闸底渗流进行了监测。在本体段布置了 A-A（航 0+079.00m）、B-B（航 0+119.00m）、下闸首段 C-C（航 0+159.00m）断面，共有渗压计 7 支。

4. 水位监测

在闸室内外水面平稳的地方，设置水位尺，定期观测在灌泄水时的水位变化。在观测闸室内外水位的同时，还应监测引航道内水位，所以在通航渠道、塔楼部位、下闸首内边墙上分别布置水位尺，共设 3 个水位尺。

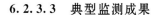
6.2.3.3 典型监测成果

1. 变形监测

正垂 PL6、PL7 各向位移受断电影响过程线不连续，但总体规律性较好，能反映相应部位的变形情况，测值变化不大，变形基本在 2mm 之内。

倾角计观测结果表明，通航建筑物闸墙上下游方向倾斜度均为 0，其中右边墙 CLTH2 左右岸方向倾斜度为 0，左边墙 CLTH1 左右岸方向自 2018 年 6 月 12 日起 2019 年 12 月底倾斜度为 0.04°，整体上无倾斜。

2. 结构应力、温度计接缝监测

（1）混凝土应变。混凝土应变主要受温度变化影响，高位高程应变计与温度变化的负相关关系比较明显。通航建筑物混凝土最大拉应变为 547.04$\mu\varepsilon$，发生在航 0+100.50m 断面高程 365.00m（S3TA-8）处；最大压应变为 311.39$\mu\varepsilon$，发生在航 0+162.00m 断面高程 361.00m（S3TC-3）处。

（2）无应力计。自生体积变形在混凝土浇筑初期变化较大，随着混凝土龄期增加，自生体积变形趋于稳定，测值与温度呈正相关性。至 2019 年 12 月底，混凝土自生体积变形均表现为压缩变形，压缩量为 74.14~342.48$\mu\varepsilon$。

（3）钢筋应力。升船机钢筋应力均呈明显的周期变化，温度升高，钢筋应力减小（向受压方向发展）；温度降低，钢筋应力增加（向受拉方向发展），符合钢筋应力变化的一般规律。钢筋计最大拉应力为 106.76MPa，出现在航 0+137.00m 断面高程 354.00m（RTB-2）处；最大压应力为 54.26MPa，出现在航 0+107.00m 断面高程 355.00m（RTA-7）处。

最大拉（压）应力均小于钢筋所能承受的强度。至 2019 年 12 月底，测值在 100MPa 内，大部分钢筋处于低应力状态，具有较大的安全裕度。

（4）混凝土温度。温度计在埋设初期，受混凝土浇筑水化热作用温度迅速升高，在 3~5d 内达到最高温度，最高温度为 68.1℃，出现在航 0+162.00m 断面高程 370.00m 的 TTC-4 测点。其后，随着水泥水化热的散发，测点温度逐渐下降至正常状态，受外界气温影响呈明显周期性变化，与环境温度基本上同步。至 2019 年 12 月底，各温度已趋于稳定，测值为 15.5~20.2℃，平均温度为 17.9℃。

（5）结构缝开合度。缝宽受温度影响较明显，与温度呈负相关性，高位高程缝宽大于底高程缝宽。最大缝宽为 7.62mm，发生在航 0+147.90m 断面高程 380.00m（JT-4）处，至 2019 年 12 月底，缝宽为 -1.22~5.62mm，测值变化稳定。

3. 渗压监测

通航建筑物底板渗透水位高程受库水位影响较明显，测值基本接近库水位，最大渗透水位高程为 373.06m，发生在航 0+159.00m 断面距航轴线 1m（PTC-1）处，至 2019 年 12 月底，水位高程为 367.05~369.03m，测值稳定，变幅较小。

6.2.3.4 小结

（1）左边墙倒垂 IP6 自 2017 年 7 月 9 日 X 向位移呈大幅度上下波动，Y 向位移无测值，其余垂线测点各向当前位移均在 2mm 内，边墙整体上无倾斜。

（2）混凝土自生体积变形均表现为压缩变形，最大压缩量为 342.48$\mu\varepsilon$。应变计主要表现压应变，与温度变化呈负相关。钢筋计应力与温度呈负相关性，至 2019 年 12 月底，测值在100MPa以内，小于钢筋抗拉强度允许值。混凝土温度受气温影响呈明显周期性变化，与环境温度基本上同步，至2019年12月底，测值为15.5～20.2℃。缝宽主要受温度影响，最大缝宽5.62mm，变化基本稳定。

（3）底板渗压水位高程受库水位影响较明显，测值基本接近库水位。

监测资料综合分析结果表明，建筑物横河向及顺河向水平位移较小，测值均小于结构计算值。混凝土内部温度、应力、应变、渗流满足设计要求；裂缝及本体段建筑物位移变形测值无异常。思林水电站通航建筑物各部位监测仪器测值基本收敛、稳定，能反映出通航建筑物的运行状态，目前通航建筑物运行状态良好。

第 7 章
边坡监测

7.1 概述

地壳表面一切侧向临空面并具有一定坡度和高度的地质体称为斜坡，有一定边界范围的斜坡称为边坡，地质历史过程中由自然营力形成的边坡称为自然边坡，由人类工程活动而形成的边坡称为工程边坡。从岩性上边坡可分为岩质边坡和土质边坡，岩质边坡稳定性主要取决于结构面的空间分布及其强度，土质边坡稳定性取决于土体强度。从高度上边坡又可分为低边坡、高边坡、特高边坡。

一般斜坡在自然界各种营力长期作用下处于自然平衡状态，当斜坡受到扰动时，坡体内的应力将释放或卸荷，并以变形的方式进行应力调整或重分布，以达到新的稳定状态。当坡体无法达到新的稳定状态时，将会产生失稳破坏（滑坡、塌滑、泥石流等）。一旦边坡失稳，将会对人类生命及财产造成极大的威胁和损失，所以非常有必要采取监测手段对不稳定边坡进行预警研究。

边坡的失稳破坏，都有一个从渐变到突变的发展过程，很少在破坏前不显示出即将破坏的各种征兆，如变形量超过控制指标、变形加剧、坡体裂缝增大等。这些征兆，有些很难凭人的直觉和观察发现，如果能安装必要的精密仪器对坡体的变形进行监测，则可能在出现变形破坏的征兆时捕捉到坡体稳定性的异常信息，并对这些信息进行分析研究，在坡体最终破坏前对其进行处理，或及时预报滑坡险情，避免人员和财产的损失，这就是工程边坡安全监测的基本原理。

长期以来，工程地质界、岩土力学界对边坡稳定性进行了大量的研究工作，但至今仍难以找到准确评价的理论和方法。比较有效地处理这类问题的方法，就是理论分析、专家群体经验知识和监测控制系统相结合的综合集成的理论和方法。可见，边坡监测与反馈分析是边坡工程中的一个重要环节。

7.2 边坡变形特征分析与预警

7.2.1 边坡的变形方式

边坡形成过程中，由于应力状态的变化，边坡岩土体产生不同方式、不同规模和不同程度的变形，并在一定条件下发展为破坏。边坡破坏系指边坡岩土体中已经形成贯通性破坏面时的变形。而在贯通性破坏面形成之前，边坡岩土体的变形与局部破裂，称为边坡变形。边坡中已有明显变形破裂迹象的岩土体，或已查明处于进展性变形的岩土体，称为变形体。被贯通性破坏面分割的边坡岩土体，可以多种运动方式失稳破坏，如滑落、崩落等。破坏后的滑落体（滑坡）或崩落体等被不同程度地解体，但在特定的自身或环境条件下，还可继续运动，演化或转化为其他运动方式，称为破坏后的继续运动。边坡变形、破坏和破坏后的继续运动，分别代表了边坡变形破坏的 3 个不同演化阶段。位移是判断坡体是否稳定的最直观的物理量，从边坡的变形看，可能存在 3 种变形方式：

（1）卸荷回弹。边坡开挖过程中，荷载不断减少，实际上是一个卸荷过程，坡体会向临空面方向发生伸长变形，即卸荷回弹。在此过程中也包含蠕变，但它是岩体中积存的内能做功所造成的，所以一旦失去约束那一部分内能释放完毕，这种变形即结束，这种变形大多在较短时间内完成。

（2）蠕变变形。坡体应力（以自重应力为主）长期作用下发生的一种缓慢而持续的变形，其变形随时间而增加，这种变形是累进性的。当边坡内应力超过岩体的长期强度后，坡体随蠕变的发展而不断松弛，初期会产生局部破裂，一般伴随一些表生破裂面，最终发展为整体失稳，此部分变形也称为时效变形。

（3）振动变形。在边坡开挖施工中，爆破作业是一个动力荷载，爆破振动对坡体的变形有明显影响，表现为变形随爆破过程呈台阶状增加。振动变形原则上是一个动力加载效应的结果，一般是瞬时完成的，但坡体变形是不可逆的，爆破振动可对坡体形成有害松动。

7.2.2 边坡的变形特征分析

1. 开挖卸荷位移特征

从位移过程看，开挖卸荷引起的变形也呈台阶状增加，每一个台阶对应一次开挖和应力调整过程，但应力调整不是瞬间完成的，故在开挖活动停止期间仍有少量的位移增加，但变形在开挖结束一段时间后停止。卸荷回弹是主要的力学过程。

开挖卸荷的影响与开挖强度及测点到开挖面的距离有关，距离越远卸荷的影响越小。故卸荷引起的变形一般在相同时段上部测点的位移小于下部测点，水平位移与孔深的关系为随孔深增加测点位移逐步递减。

卸荷与爆破引起的变形往往密不可分，但若测点已远离开挖面，下部开挖仍引起上部产生较大的台阶状位移，则可能包含较多的振动位移，也表明坡体可能存在位移异常。

2. 蠕变变形特征

从位移过程看，坡体变形在没有其他因素影响的情况下仍表现出随时间增加的趋势时，可判断坡体存在蠕变变形。蠕变变形与岩性关系密切，一般发生在软岩坡体，如果坡体存在沿软弱结构面的滑动，坡体的变形也表现出蠕变特征。蠕变的发展与地下水有关，地下水会软化岩体或地质弱面，水的影响大多以蠕变方式体现。

蠕变也是坡体调整应力的方式，若变形总量在可控范围内，只要不产生加速过程，坡

体仍会随时间延伸而最终趋于稳定。

3. 振动位移特征

从位移过程看，爆破作用是瞬间完成的，爆破振动引起的变形呈台阶状增加，每一个台阶对应一次大的爆破，一般情况下爆破活动停止期间没有位移增加。大的爆破可直接导致坡体失稳。爆破振动的影响与爆破强度和距离有关，距离越远爆破的影响越小。一次开挖爆破后若观测位移较大，则可能包含较多的振动位移。实测最大位移速率往往包含有振动位移，将引起坡体有害松动。

4. 受结构面控制的变形特征

根据位移-孔深关系曲线判断坡体变形是否受结构面控制，岩体是非均质的，应力调整往往集中在软弱部位，产生应变集中。

不受结构面控制的坡体变形表现出位移随深度递减的规律，开挖卸荷引起的位移及坡体蠕变符合这一特征。受结构面控制的坡体变形表现出部分测点同步整体移动的特点。坡体存在应变集中带，在变形达到一定程度后将产生裂缝，有裂缝时应结合坡体结构和位移孔深关系分析。

7.2.3 边坡的变形分析方法

1. 时间特性分析

位移过程分析：从位移时间过程线研究位移的发展过程与阶段，从位移总量与监控指标的比较判断安全裕度、预测后期位移的发展趋势等。

位移速率分析：研究位移速率分布、最大值、平均值及变化过程，根据位移速率的大小进一步确定边坡的变形阶段及趋势。

加速度：从速率分布可看出是否有明确的加速过程，研究加速度的大小与变化。

根据已得到的边坡变形过程资料，统计研究边坡的预警指标。

2. 空间特性分析

空间特性分析包括坡体上下部变形（同时段）差异分析、各部位（剖面）的差异分析、位移与孔深特性分析、位移矢量方向分析、变形与地质结构面的空间关系分析等。

通过空间特性的分析，可以从总体上划分边坡的变形区域及坡体移动的性质（牵引式、推移式），结合地质资料的分析确定边坡的变形破坏模式。

3. 影响因素分析

分析开挖爆破、支护、蠕变、地下水等影响。研究边坡变形的主要因素，确定边坡位移的性质，制定经济合理的治理方案，评价治理措施的有效性。

4. 综合比较分析

各种手段监测成果（含巡视与裂缝调查、其他物理量观测成果）的对比分析、相关分析、结合地质条件的研究，综合分析并给出稳定性结论及发展趋势预测。还可比较同时段各种物理量的差异与变化，研究其是否具有一致性及合理性。

以上分析方法对应监测图表类型主要为过程图、分布图、相关图、比较图。

7.2.4 边坡的安全预警

边坡开挖过程中产生位移是坡体应力调整的正常反应，但位移累进到一定程度后会对边坡整体稳定性构成威胁，故在施工过程中应根据监测信息及时调整支护设计以控制变形。信息反馈中的监测预警在工程施工中是必要的，需要在施工前建立必要的预警指标并确定必要的应急预案。边坡工程的预警应根据坡体地质条件与工程条件及变形发展过程的规律，确定预警指标体系并分级控制。不同边坡由于其地质与工程情况的差异，预警指标无统一标准，但可以通过研究和工程类比预先设定以指导施工。比如，在前期，一般采用工程类比判据，结合现场巡视结果进行预报。对于重要边坡，应建立起三维数值仿真模拟，确定其变形破坏模式、变形破坏的宏观形迹及其量级、破坏前征兆及其失效、破坏时位移速率及其阈值，建立边坡失稳综合预报判据和预报模型。利用监测数据对所建立的模型进行分析比较，不断完善，提高预测预报的准确性。

1. 预警常用指标

位移总量：特定坡体有承受变形的极限，特别是以锚索维持坡体稳定的体系。从位移总量看，岩质边坡的指标可能会小些，堆积体边坡可以在发生较大位移的情况下而不破坏。

位移速率：位移速率过大往往表明坡体稳定性异常，岩质边坡与堆积体边坡也有很大差异。

位移加速度：坡体失稳前有一个加速过程。

宏观变形破坏前兆：一般边坡失稳前均有宏观变形破坏特征，比如后缘拉裂缝、前缘鼓起、中部坡体裂缝、垮塌、弯曲、倾倒等迹象，且贯穿整个发展过程中。

渗透压力的大小：一般降雨增加了坡体自重，坡体内部渗压水头较高，同时孔隙水压力增大，大大减小了坡体抗剪强度，也是加速边坡变形的主要因素之一。

支护结构荷载：比如钢筋计、锚索计、锚杆计等突然增大或者缓慢增大均表明边坡正在变形，也是边坡变形破坏主要的预警指标。

其他综合指标：岩体声发射次数、安全系数和破坏概率（可靠度）、类比分析预报判据等均是预警的重要参考指标。

通常预警采用最广泛的是依据边坡位移大小来进行预报。预报用的位移，一般是取自边坡后缘拉裂缝的位移或滑动面的位移。因为边坡的稳定性受边坡本身的形态、边界条件、岩性、岩层产状、岩体构造、环境影响、荷载作用的影响，安全预报标准或允许临界（位移）值是很难确定的，要用一个位移允许值来适用于各种边坡更是不可能的。在有监测资料时，先前已经达到（发生）过且表现为相对稳定状态的位移（或速率）值，在条件没有明显变化情况下，一般可以作为随后（未来）允许达到的一种安全界限。上述采用位移的"先验法"得出允许临界值的方法同样可以用于渗压、抗滑桩或预应力锚索的荷载以及声发射等临界值的确定。

2. 预警分级

边坡的失稳破坏是从渐变到突变的发展过程，预警需要根据变形阶段、可能的危害程度与损失大小、时间的紧迫性及发生失稳破坏的概率等来分级。预警可以按四级确定，可用颜色表示。

Ⅳ级预警：蓝色预警，边坡的位移总量超过原设计估计值，边坡变形仍随时间增加，表明坡体变形处在异常的初期，破坏概率相对较小，灾害程度一般，仍有足够的时间采取补强加固措施来控制边坡的变形。

Ⅲ级预警：黄色预警，位移总量超标，位移速率较大，等速变形的前期，坡体变形明显异常，裂缝出现，破坏概率大于 25%，灾害程度较重，需加固。

Ⅱ级预警：橙色预警，位移总量进一步增大，裂缝发育明显，变形速率稳定，等速变形的后期，破坏概率大于 50%，灾害程度严重，目前的情形危险，需开展抢险加固。

Ⅰ级预警：红色预警，加速变形阶段前期，裂缝贯通，局部坍塌、后果非常严重、破坏概率大于 70%，情形危急，应开展应急抢险加固、撤退无关人员与设备等。

位移速率是预警的关键指标，是区别橙色预警与红色预警的主要标志。

7.2.5 边坡的监测信息反馈

边坡监测信息反馈的内容包括：根据监测成果评价边坡的安全现状；验证和评判边坡的设计方案（包括开挖方案和支护方案）；补充和完善设计与施工，修改设计和指导施工；反分析边坡的基本特性参数，检验与校核地质资料；检验支护效果；对运行工况的边坡稳定进行反馈研究，指导工程运行；积累科学资料、改进边坡设计方法等多个方面。为及时反馈监测信息，建立监测信息处理系统是非常必要的，应建立相应的数据库，对所有监测资料实施计算机管理。主要有以下几点方法。

1. 工程类比法

根据已有的边坡实例，选择在工程、地质等多方面有可比性的相似工程的监测数据，结合本工程的监测成果和地质条件，对坡体的稳定性做出评判。

2. 指标控制法

根据具体工程的地质条件、开挖与支护条件，建立 GMD 模型进行分析，确定边坡稳定性的定量控制指标，如允许变形总量、允许变形速率等。当然，控制指标的确定是非常困难的，但可以随工程进展逐步完善。

3. 综合评判法

结合地质分析、监测趋势分析、现场巡视观测成果、工程类比法及指标控制法等多方面信息，给出监测信息反馈及稳定性评判的结论。

当边坡变形过大、变形速率过快、周边环境出现沉降开裂等险情时应暂停施工，根据险情原因选用如下应急措施：

（1）坡脚被动区临时压重。

（2）坡顶主动区卸载，并严格控制卸载程序。

（3）做好临时排水、封面处理。

（4）采用临时支护结构加固。

（5）对险情段加强监测。

（6）依据反馈信息，开展勘察和设计资料复审，按施工的现状进行符合验算。

7.3　边坡监测系统设计

7.3.1　设计目的与原则

7.3.1.1　设计目的

（1）运用多种位移监测手段，掌握边坡的表面位移、深部位移、裂缝开合度的变化量及其变化速率（水平位移、垂直位移），确定边坡整体位移情况，位移是确定边坡稳定性的重要指标之一。

（2）掌握边坡内部地下水的分布情况，尤其是汛期坡体内渗压水头较高，基本处于饱和状态，降雨增加坡体自重，同时孔隙水压力增大，将会减小坡体的抗剪强度，渗压也是确定边坡稳定性的重要指标之一。

（3）对于有支护结构的边坡监测，还可以根据支护结构的应力、应变的变化情况，推断边坡的稳定性。

（4）综合边坡的位移、渗压、应力、应变情况，结合边坡区域内降雨量参数，分析边坡的变形发展趋势，预测边坡发生突变的可能，提出预防性措施，为边坡的支护结构参数调整提供科学和可靠的数据支撑，减少不必要的损失。

7.3.1.2　设计原则

1. 突出重点、全面兼顾

不同类型的边坡，变形特征不尽相同，不可能采取所有监测手段，所以需要找出主要反映性能的指标和影响因素，然后对其进行重点监测。在布点问题上，既要保证监测系统对整个边坡的覆盖，又要确保关键部位和敏感部位的监测需要，在重点部位优先布置监测点。

2. 及时有效、安全可靠

监测系统应及时采购、及时安装埋设、及时观测、及时整理分析监测资料和及时反馈监测信息，及时反映工程的需要和进度，有效地反馈边坡的变形情况，确保边坡安全。设备的安装和测量过程要安全，测量方法和监测仪器要可靠，整个监测系统建成后应具有较强的可靠性。

3. 简单高效、经济合理

监测系统要便于操作和分析，力求简单易行，仪器不易损坏，适用于长期观测，应充分利用现有设备，仪器在满足工程实际需要的前提下尽可能考虑造价的合理性，力争经济适用。

4. 多层次、多元化监测

边坡监测应以位移为主，辅以其他项目，多种仪器配合、补充，测点布置上充分利用有利的工程条件，项目设置合理，测点布置考虑周全，尽量避免或减少施工干扰，综合地表、地下测点或三维监测并用。

7.3.2　监测手段与方法

边坡的监测始于 20 世纪 60 年代，目前国内外边坡监测技术手段已发展至较高水平，由过去的人工皮尺地表量测等简易监测，发展到仪器仪表监测，现正逐步实现自动化、高精度的遥测系统，监测范围也由地表监测拓宽到地下监测、水下监测等，由位移监测拓宽到应力应变监测、相关动力因素和环境因素监测。总体来说，目前边坡常用监测手段主要有外观法、内观法、巡视观察法。

1. 外观法

外观法是以被观测物体表面的变形为观测对象的一种方法，其量程基本不受限制，能大范围覆盖坡体表面，测点具有可接触、可更换、便于维护等特点。其中精密大地测量技术最为成熟、精度较高，成果资料可靠，是最有效的外观方法，其成果可直接用于变形分析、稳定性评价和崩滑预报等。目前国内外常用的外观监测仪器主要有大地测量法、近景摄影法和GPS法三种，其监测仪器特点及适用范围见表7.3.1。

表7.3.1　　　　　　　　　　监测仪器特点及适用范围

方法	监测仪器	监测方法的特点	适用性评价
大地测量法	全站仪、水准仪等	精度高、速度快，自动化程度高，易操作，省人力，可跟踪自动连续观测，监测信息量大	适应于不同变形阶段的位移监测；适应于变形速率较大的边坡监测；受地形通视条件的限制，受气候条件影响较大
近景摄影法	摄像机等	监测信息量大，省人力，投入快，安全，但精度相对较低	适应于变形速率较大的边坡水平位移及危岩陡壁裂缝变化监测；受气候条件影响较大
GPS法	GPS接收机	精度高投入快，易操作，可全天候观测，不受地形通视条件限制；目前成本较高，发展前景可观	适应于边坡不同变形阶段的地表三维位移监测

2. 内观法

内观法是将仪器埋入岩土体内部，监测坡体在工程实施过程中的各种物理量的变化的方法，主要以位移、应力应变、渗压渗流作为主要的监测手段，具有精度高、规律性好、易保护、受外界干扰少、便于观测等特点，接入自动化后可实现连续性观测，监控其变化发展过程，尤其是可以确定滑动面位置和滑动方向，非常有利于分析坡体的变形破坏机理和有针对性地开展支护处理设计。目前常用的内观监测仪器、监测方法及适用范围见表7.3.2。

表7.3.2　　　　　　常用的内观监测仪器、监测方法及适用范围

方法	监测仪器	监测方法的特点	适用性评价
测斜	钻孔倾斜仪、多点倒垂仪、倾斜计等	精度高，效果好，可远距离测试，易保护，受外界因素干扰少，资料可靠；但测程有限，成本较高，投入慢	适应于边坡体变形初期，在钻孔、竖井内测定边坡体内不同深度的变形特征及滑带位置
内部测缝	多点位移计、井壁位移计、位错计等	精度较高，易保护，投入慢，成本高；仪器、传感器易受地下浸湿、锈蚀	适用于初期变形阶段，即小变形、低速率，监测竖井内多层堆积体之间相对位移，多受量程限制
重锤、沉降	坐标仪、极坐标盘、静力水准仪、水管倾斜仪	精度高，易保护，测读直观、可靠，电测方便，受潮湿、酸碱腐蚀影响大	适应于上部危岩体相对下部稳定岩体的下沉变化及软层或裂缝垂向收敛变化监测

续表

方法	监 测 仪 器	监 测 方 法 的 特 点	适 用 性 评 价
应力应变	应变计、钢筋计、温度计、锚索计、土压力计等	精度高，易保护，测读直观、可靠，使用方便，量测仪器便于携带	适用于边坡支护不同变形阶段应力应变变化量，成果资料可与变形监测相结合，分析边坡整体受力状态和稳定性
渗压渗流	渗压计、水位计、堰流计等	精度高，可连续观测，测读直观可靠	适用于边坡不同阶段监测，分析其与地下水、降雨量、崩滑体变形的联系，其监测成果可作基础资料使用

3. 巡视观察法

巡视观察法是用常规的地质路线调查方法，对崩塌、滑坡的迹象和与其有关的各种不稳定现象进行定期的观测、记录，具有简易、直观、动态、适应性好及实用性强的特点。适用于各种类型的滑坡、崩塌体、泥石流等地质灾害在各个发展阶段的监测。

巡视观察法是仪器监测工作的有效补充，可从宏观上发现坡体的稳定性异常信息，对更全面掌握坡体的变形特征很有帮助。但地质巡视只能观测坡体明显的异常现象，如较大的裂缝等，不可能观测到微小的坡体变形。从监测的角度出发，地质巡视只能作为补充而不能起主导作用。常用工具和方法为标记或埋桩、表面测缝计、收敛计、伸缩记录仪等，并以皮尺、罗盘、游标卡尺、照相机等工具作为辅助。

7.3.3　监测项目选择

边坡监测主要包括施工期监测、处置效果监测、动态长期监测。实际工作中常根据边坡的类型、等级、地质条件、支护结构、工程阶段和经济承受能力，有针对性地选取合适的监测项目。边坡一般的监测项目见表7.3.3。

表 7.3.3　　　　　边坡一般的监测项目

序号	监测项目	人 工 边 坡		天 然 边 坡		
		施工期	运行期	前期	治理期	治理后
1	大地测量水平位移	●	●	●	●	●
2	大地测量垂直位移	●	●	●	●	●
3	正、倒垂线	○	●	○	○	○
4	表面倾斜	●	○	●	○	○
5	地表裂缝	●	●	●	●	●
6	钻孔深部位移	●	●	●	●	●
7	爆破影响监测	●	●	●	●	●
8	渗流渗压监测	●	●	●	●	○
9	雨量监测	●	●	●	●	○
10	水位监测	●	●	●	●	●
11	松动范围监测	●	○	○	○	○
12	加固效果监测	●	●	○	●	●
13	巡视检查	●	●	●	●	●

注："●"表示必设项目，"○"表示选设项目。

（1）精密大地测量。对边坡及其不同阶段都可适用，大地测量法能控制较大的范围，且在临滑前有可能进行观测，不受量程限制。

（2）钻孔深部位移监测。对各类型边坡及不同阶段都可适用，可以及时发现滑动面，确定其位置并监视其变化、发展。

（3）正、倒垂线。一般用于重大人工边坡（花费较大）。

（4）表面倾斜监测。一般适合于边坡施工期和滑坡整治期监测，它有安装、观测、整理资料简便的优点，但缺点是测量范围小，受局部地质缺陷的因素影响大。

（5）地表裂缝。包括断层、裂隙、层面监测等，如裂缝开合和剪切、位错等，用于施工和整治期，对于重大的裂缝，运行期和整治后也应继续监测。

（6）爆破影响监测。其目的在于控制爆破规模、检验爆破效果、优化爆破工艺、减小爆破对边坡的影响，避免超挖和欠挖，确保施工期稳定和安全。

（7）渗流渗压监测。是边坡重要监测项目，水是边坡稳定的重要外因。

（8）雨量、水位监测。它与渗流渗压监测同是水的影响监测，水位的变化对于临滑的边坡影响较敏感，降雨也是引起水位上升的直接原因。

（9）松动范围监测。它是指测定出于爆破的动力作用、边坡开挖地应力释放引起的岩体扩容所导致的边坡表层的松动范围，可以作为锚杆、锚索等支护设计和岩体分层计算的科学依据。

（10）加固效果监测。只对采取了加固措施（锚杆、锚索、阻滑键、抗滑桩等）的工程抽样进行。

（11）巡视检查。对于边坡工程，不论是施工期还是运行期都是适用的，它是仪器监测必要和重要的补充。

对一般的工程边坡，可以多点位移计为主进行监测，受明确结构面控制时可考虑滑动测斜仪，应适当考虑对支护体和抗滑结构的监测，因支护结构的稳定也是边坡整体稳定的重要组成部分。锚索支护时宜按不低于总量的5%安装锚索测力计，抗滑桩加固时，应对桩身位移、受力进行观测。若发现坡体产生明显变形时可考虑外观法，重要的边坡应同时布置内观与外观监测仪器。为分析坡体变形及支护体受力调整的原因，应尽量搜集有关影响因素的定量数据，如降雨量、水位、开挖进尺、爆破震动等，必要时可适时开展渗压、渗流及爆破震动观测。

对一般的滑坡监测，在蠕变阶段可考虑布置钻孔测斜仪观测并辅以地下水观测，当变形明显时可采取外观法观测，治理工程中应考虑支护效果观测，并根据具体情况选择观测项目。一般不重要的边坡安排巡视检查即可。

7.3.4　监测仪器布置

（1）按断面集中布置。对边坡或滑坡的监测常按断面布置仪器，以便监测成果能结合地质资料进行分析研究，监测断面应选择地质条件较差、变形较大、可能产生变形破坏的部位。仪器应布置在坡体的不同部位、不同高程，以便对坡体的稳定性在空间上进行整体控制。一般情况下对规模较大的重要边坡应布置多个监测断面，但应有主次之分，主要监测断面的仪器数量适当增加，监测项目应多些，次要监测断面以变形监测为主，仪器数量可适当减少。

（2）仪器埋设部位、深度的确定和测点布置。变形观测仪器的埋设位置应选在岩体性能较差、预计变形较大的地方，这些部位可根据坡体的地质条件、地形条件和变形破坏模式经分析、计算后确定，应避免在变形可能不显著的地方安装仪器，如坡脚、两面坡的相互支撑部位等受空间效应影响的地方（沿特定界面的滑动除外）。支护体的受力监测应选择在受力最大、最复杂的滑动面附近，锚索监测应选择在坡体变形大、锚索预应力可能损失或增加的部位，测缝计可安装在断层、破碎带、裂隙或坡面上已经出现的裂缝部位。

（3）仪器观测的深度根据观测对象的具体变形模式和仪器埋设的意图确定，对滑坡或沿特定界面滑动的监测，观测深度应深入到滑面或稳定的岩层 5m 以下；对卸荷变形的监测，一般应超过强卸荷带 5～10m。

（4）测点的布置应根据坡体内部的变形梯度来考虑，一般边坡表面的变形最大，随深度增加变形梯度降低。测点布置时应随深度增加逐步加大测点间距。

（5）监测布置应考虑实施的可能性和施工、安装、观测的方便，避免或减少对主体工程施工的干扰，同时应将观测钻孔安排在合适位置，避免观测钻孔之间以及观测孔与锚索孔等在空间上交叉。开挖边坡的监测设施一般布置在马道上，便于施工、观测及运行维护。

（6）根据边坡地质条件、变形破坏模式、监测目的及上述项目选择与布置原则，确定边坡的监测布置，并将这些布置用工程图件表示出来。监测设计成果包括平面图、剖面图、仪器安装埋设详图、仪器及工程量一览表、主要的技术要求、说明，必要时应提供立面图、平切面图等。图件上应有地形、地质信息（如地层、岩性、结构面、其他地质界线、地下水等）及工程布置的信息等。仪器安装埋设的位置应明确（如提供桩号、高程或坐标值）。

7.3.5 监测仪器选型

监测仪器选型应根据监测项目来选择，而监测项目又要根据工程性质、工程阶段（施工期还是运行期）和加固方式（锚杆、锚索、抗滑桩、锚固洞及排水措施）来确定。具体应遵从以下原则：

（1）可靠、实用。边坡监测仪器首先要求准确、可靠、长期稳定，具有防水、防潮、抗雷电、防磁、绝缘等性能，能在温差较大的露天环境下工作且零点漂移小。

（2）具有工程所要求的精度、量程、直线性和重复性。精度和量程应根据边坡的岩性构造不同而异，如量测的是位移，对软弱、破碎的岩体，0.1～1.0mm 的精度一般可以满足要求，而对于坚硬完整的岩体，精度可能要求 0.01～0.1mm。后者的量程一般在 10～50mm 左右，而对于前者，可能要求 100mm，甚至更大。

（3）监测仪器要求结构、安装和操作简单，价格较便宜。因为施工期间，仪器受爆破、钻孔、出渣、运载机械等干扰，容易损坏。仪器太贵，工程负担不起，而对于永久监测的仪器则要求便于维修、更换和保护，仪器应牢靠。

（4）兼顾自动化监测的需要。对于要求自动化监测的仪器，应能满足实现自动化的要求，如测斜仪必须埋设固定式的，但为避免盲目性，宜在开始观测时采用活动式钻孔测斜仪，在发现滑动面并确定其位置后，再在滑动面上下布置固定式钻孔测斜仪探头，自动化仪器应备有人工测读接口。

（5）仪器类型宜尽量单一。对于同一个工程或建筑物，仪器类型应尽量少或单一，如都采用振弦式或电阻式等，以便二次仪表共用。

（6）综合比较。选择仪器要作综合分析比较，在保证可靠实用和满足其他基本要求的前提下，应进行成本与功能比较，尽量做到功能强、成本低。

7.3.6 资料整编分析

7.3.6.1 基础资料收集与整理

进行边坡监测系统设计时，需搜集相关基础资料，以免设计成果出现漏洞、失误、偏差等，主要包括以下几个方面。

1. 地质资料

应搜集工程的地质勘察报告，包括地形地貌、地质构造、地层岩性、水文地质条件、人类工程活动、地质平面图、剖面图、主要的钻孔柱状图等。监测设计时应分析研究地质资料，确定监测目的、应控制的范围及关键部位、深度，有针对性地布置仪器。

2. 边坡稳定性分析资料

应搜集边坡的稳定性分析报告，掌握岩土体的基本物理力学性质，初步了解坡体的变形破坏机理，预测坡体可能的变形范围、变形量级、稳定性影响因素，突出重点，有预见性地布置监测。

3. 工程布置资料

应包括工程形式、工程技术特征、工程规模、重要程度、使用年限、运行工况、几何形状、尺寸、边界条件等。

4. 施工组织设计资料

应包括边坡的开挖组织设计、开挖方式、支护型式、施工顺序、施工进度安排，以便监测设计时考虑实施的可行性，并尽量减少监测对主体工程的干扰。

5. 其他资料

应包括水文气象资料、运行工况、其他类似工程的监测资料等。

7.3.6.2 监测资料整理

1. 资料收集

包括观测数据的采集、人工巡视检查的实施和记录、其他相关资料收集三部分。主要包括以下内容：

（1）详细的观测数据记录、观测的环境说明，与观测同步的气象、水文等环境资料。

（2）监测仪器设备及安装的考证资料。

（3）监测仪器附近的施工资料。

（4）现场巡视检查资料。

（5）有关的工程类比资料、规程规范等。

2. 资料整理

（1）每次监测数据采集后，随即检查、检验原始记录的可靠性、正确性和完整性。如有漏测、误读（记）或异常，应及时补（复）测、确认或更正。原始监测数据检查、检验的主要内容如下：

1）作业方法是否符合规定。

2）监测仪器性能是否稳定、正常。

3）监测记录是否正确、完整、清晰。

4）各项检验结果是否在限差以内。

5）是否存在粗差。

6）是否存在系统误差。

（2）经检查、检验后，若判定监测数据不在限差以内或含有粗差，应立即重测；若判定监测数据含有较大的系统误差时，应分析原因，并设法减少或消除其影响。

7.3.6.3 监测资料整编分析

1. 常规分析方法

（1）定性的分析方法，如比较法、作图法、特征值统计法和测值因素分析法。

（2）定量的计算方法，如统计分析方法、有限元分析法、反分析方法。

（3）物理模型分析方法，如统计分析模型、确定性模型和混合型模型。

（4）专门性理论方法。

2. 编制相关图件

根据外观资料，编制水平位移矢量图、垂直位移矢量图、水平与垂直位移选加分析图、位移方向变化图、倾覆角随剖面高程变化图、位移历时曲线、速率历时曲线等。

根据多点位移计资料，编制位移分布图、位移与孔深关系曲线、位移历时曲线、位移速率历时曲线等。

根据地表倾斜观测资料，编制地面倾斜分布图、地面倾斜历时曲线等。

根据测斜仪观测资料，编制位移与深度关系曲线、变化值与深度关系曲线、位移历时曲线，以及滑面位错与时间关系、位移及速率与影响因子的相关分析图件等。

对临滑前的坡体编制燥声总量历时曲线、声发射分布图。

地表水、地下水监测，应编制地表水水位、流量历时曲线、地下水水位历时曲线、孔隙水压力历时曲线、泉流量历时曲线等。

某些边坡的变形受边坡开挖和爆破的影响明显，应搜集开挖与爆破资料，形成位移（速率）与爆破药量、质点振动速度等相关关系，研究位移与开挖台阶的关系等。

3. 监测成果综合分析

综合分析的对象包括对同一项目多个测点实测值的综合分析、对同一部位多种监测项目测值的综合分析、同一建筑物各个部位测值的综合分析、仪器定点测值和巡视检查资料的综合分析等。

综合分析以系统工程方法论为指导，定性分析与定量分析相结合，吸取现代科学技术的新思路、新理论，应用系统建模方法、系统诊断方法、层次分析法、突变理论、多目标决策法、模糊综合评判法、非定量数据的数量化理论、聚类分析、判别分析、灰色系统方法等，结合实测资料，做出综合判断。可以利用有限元分析的成果和取得的监测成果进行对比研究，并分析理论分析和实测值出现偏差的原因，从而为分析边坡的稳定情况做出正确判断。

7.4 工程实例

7.4.1 毛家河水电站厂房边坡

7.4.1.1 边坡工程概况

1. 地形地貌

厂房下游侧堆积体边坡位于毛家河水电站厂房下游侧斜坡地带，边坡区地形相对平缓，其上游侧为厂房，其下游侧为毛家河大陡壁。局部胶结较好的阶地冲积层多形成陡坎，覆盖层陡坎高差为 4～16m，陡坎下自然坡度为 28°～40°，陡坎上自然坡度为 20°～25°。堆积体中部源自毛家河村寨一带发育一小型崔家寨冲沟，位于厂房下游边墙附近，沟内四季流水，枯季流量为 0.5L/s。崔家寨冲沟至下游大陡壁一带地形较为宽缓，总体自然坡度为 21°，局部形成台阶，坡面为崩塌堆积体所覆盖。

厂房下游侧堆积体分布高程 1150.00～1350.00m，长约 700m，宽 150～500m，厚 10～45m，估算方量为 600 万 m³。该堆积体基座为河流 II 级阶地堆积层，台地后缘为后期崩塌覆盖的大块石、块碎石等。

2. 地层岩性

厂房下游侧堆积体边坡地表主要为第四系崩塌堆积体（Q^{col}）及残坡积层（Q^{edl}），下伏基岩主要为二叠系梁山组（P_1l）石英砂岩、泥页岩、泥灰岩、泥质灰岩夹劣质煤。堆积体边坡上游侧地层岩性为石炭系马平群（C_3mp）灰色、浅灰色中厚至厚层及少量薄层致密灰岩；堆积体边坡下游侧为二叠系栖霞茅口组（P_1q+m）深灰、灰黑色中厚层、厚层至块状灰岩、致密灰岩，含少量分布不均的白云质斑块及条带，偶具燧石结核。二叠系栖霞茅口组灰岩形成下游侧大陡壁。

3. 地质构造

边坡区岩层产状为 NE25°～29°。厂房下游侧边坡区岩层单斜，构造简单，无大断层通过。裂隙发育，主要有两组：一组近于平行河床；另一组近于垂直河床，倾角较陡。裂隙发育以 N35°～45°E，NW70°～80°为主。工程区地震动峰值加速度为 0.05g，相应的地震基本烈度为 VI 度，区域构造稳定性好。

4. 岩溶、水文地质条件

厂房下游侧堆积体边坡下卧基岩主要为非可溶性砂岩及泥页岩，属非岩溶化地层，岩溶不发育。茅口、栖霞组下部有梁山组石英砂岩及泥页岩限制岩溶地下水继续往深部运动，在其接触面上岩溶发育强烈，岩溶泉出露较多。

堆积体边坡下游侧大陡壁为灰岩，属强岩溶化透水层，岩溶发育，陡壁上有溶洞发育，但规模不大。堆积体上游侧下伏基岩为厚层块状灰岩，属强岩化透水层，岩溶发育，地表发育落水洞，下伏基岩有溶洞发育，以竖管状为主。

厂房下游侧堆积体边坡地下水主要为基岩裂隙水，其次为岩溶裂隙水，主要贮藏在灰岩溶隙及石英砂岩构造节理裂中，属弱富水地带，区内地下水补给来源主要为大气降水。场区处于地势相对较高地带，清水河为地表水及地下水的最终排泄基准面；另外，上覆土层较松散，孔隙较大，在上覆土层中存在少量上层潜水，雨季有一定的水量。

7.4.1.2　堆积体安全监测

1. 监测布置

（1）2011年8月18日在滑移区域高程1287.00～1198.00m范围内布设16个表面变形监测点进行监测；于2011年10月18日在高程1232.00～1177.00m间增加10个测点，累计26个表面变形监测点；于2011年11月10日在高程1274.00～1236.00m范围内增加侧向位移监测孔及地下水位监测各3个。

（2）2012年7月工程区遭遇连续强降雨，边坡在短时间内出现明显的下沉与滑移，局部测点被破坏，因测站山体出现掉石，前期观测测站点Ⅱ-20及后视Ⅱ-19位置观测人员安全难以保障，新建控制网点Ⅱ-20-1、Ⅱ-20-2对各测点进行观测，并恢复及新设置6个监测点，累计19测点对边坡进行全面监测。

（3）边坡出现大面积的滑移后，3个测斜孔（IN02、IN04、IN05）及地下水位监测（IHW-04、HW-05）均已被破坏，不能继续观测。

2013年5月17日，考虑到边坡治理效果验证，以及适应大变形能力要求，在滑坡区域重新造孔安装一套孔深为52m的柔性测斜系统（INSAA-1），并实现自动化监测功能。

（4）在枯水期观测频次按1次/周，遇特殊情况加密观测，并及时上报监测资料，各测点具体位置详见图7.4.1。

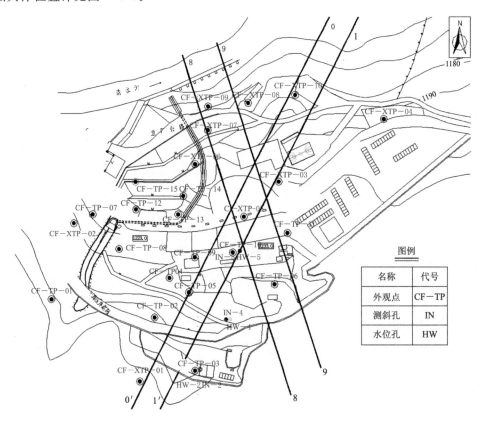

图7.4.1　毛家河厂房边坡监测布置图（单位：m）

2. 监测成果分析

（1）表面变形监测。

1）厂房下游堆积体在 2011 年 8 月 11 日开始出现较为明显的变形趋势，随着降雨量的减小，变形趋势逐渐减缓；至 2012 年 5 月 23 日前变形趋势较为缓慢，但随着降雨量的增多变形再次出现增大趋势，在 7 月出现连续强降雨后，边坡开始产生突变；2012 年 7 月 22 日，堆积体边坡从粗碎平台至河床区域开始出现较大变形，巡检中发现从调压井公路至河床区域出现明显的开裂、下沉崩塌现象，在进厂公路高程 1176.00m 平台出现大量的涌水。从监测资料看，在 2012 年 7 月 4—22 日间最大累计平面位移变化量为 1641.63mm，高程方向最大下沉 788.63mm，各测点平面累计位移及高程方向位移详细见表 7.4.1 和表 7.4.2。

表 7.4.1　　　　2012 年 7 月 4—22 日各测点平面累计位移变化量统计表　　　单位：mm

观 测 时 间	CF-XTP-01	CF-TP-01	CF-TP-02	CF-TP-03	CF-TP-04	CF-TP-05
2012-07-04	19.39	3.82	32.24	81.46	5.66	8.72
2012-07-22	7.72	16.88	36.60	874.98	9.75	34.19
变 化 量	−11.66	13.06	4.36	793.51	4.09	25.47
观 测 时 间	CF-TP-06	CF-TP-07	CF-TP-08	CF-TP-09	CF-TP-10	CF-TP-11
2012-07-04	4.12	15.53	13.27	88.30	63.83	1.99
2012-07-22	7.31	17.21	24.74	1209.75	1577.21	4.41
变 化 量	−11.43	−32.73	−38.00	−1298.05	−1641.03	−6.40
观 测 时 间	CF-TP-12	CF-TP-13	CF-TP-14	CF-TP-15	CF-XTP-02	CF-XTP-03
2012-07-04	2.66	7.25	45.46	7.08	6.16	15.88
2012-07-22	10.56	13.29	1196.88	11.13	3.07	1084.79
变 化 量	7.90	6.04	1151.42	4.05	−3.10	1068.90
观 测 时 间	CF-XTP-04	CF-XTP-05	CF-XTP-06	CF-XTP-07	CF-XTP-09	CF-XTP-10
2012-07-04	0.97	14.94	19.02	20.00	13.18	15.20
2012-07-22	0.87	0.00	1495.69	1568.09	1600.23	1256.77

表 7.4.2　　　　2012 年 7 月 4—22 日各测点高程累计位移变化量统计表　　　单位：mm

观 测 时 间	CF-XTP-01	CF-TP-01	CF-TP-02	CF-TP-03	CF-TP-04	CF-TP-05
2012-07-04	3.00	−9.92	3.61	64.80	1.33	2.86
2012-07-22	1.94	1.76	4.71	814.01	−0.62	4.68
变 化 量	−1.06	11.68	1.10	749.21	−1.95	1.82
观 测 时 间	CF-TP-06	CF-TP-07	CF-TP-08	CF-TP-09	CF-TP-10	CF-TP-11
2012-07-04	−2.45	−10.51	1.72	14.84	7.88	−3.27
2012-07-22	−0.87	−10.16	0.83	773.79	489.14	−1.38
变 化 量	3.32	20.68	−2.54	−788.63	−497.02	4.65

续表

观 测 时 间	CF-TP-12	CF-TP-13	CF-TP-14	CF-TP-15	CF-XTP-02	CF-XTP-03
2012-07-04	−5.87	3.69	27.32	−13.57	−4.83	5.99
2012-07-22	−4.37	1.51	808.09	−7.93	0.00	−404.91
变 化 量	1.50	−2.18	780.77	5.64	4.83	−410.91
观 测 时 间	CF-XTP-04	CF-XTP-05	CF-XTP-06	CF-XTP-07	CF-XTP-09	CF-XTP-10
2012-07-04	−2.01	13.00	−3.07	6.41	2.43	0.38
2012-07-22	−1.56	0.00	621.26	511.91	154.74	289.25
变 化 量	0.45	−13.00	624.34	505.50	152.31	288.88

2）2012年7月22日后，堆积体开始产生突变，出现大面积的整体滑移，砂石生产系统出现严重破坏，三局厂房营地出现严重损坏，进厂公路明显向河床方向滑移并挤占抗滑桩施工平台，坡面出现明显的滑移垮塌。局部测点因变形过大而损坏，对能观测的测点再次进行观测，平面位移变化最大测点在进厂公路区域高程1187.00m出现较大位移，其平面位移量增大7211mm，最大下沉2442.18mm，其余测点最大变形3.64mm，可能受局部较大变形影响，其变化量见表7.4.3。

表 7.4.3　　　　2012 年 7 月 27 日至 8 月 4 日平面累计位移变化量统计表　　　　单位：mm

观 测 时 间	CF-TP-02	CF-TP-04	CF-TP-07	CF-TP-08	CF-TP-11	CF-TP-12
2012-07-22	36.60	9.75	17.21	24.74	4.41	10.56
2012-07-27	36.90	8.86	17.98	24.72	3.01	11.50
2012-08-04	36.78	7.65	20.03	23.60	2.21	8.57
变 化 量	−0.12	−1.21	2.05	−1.12	−0.80	−2.92
观 测 时 间	CF-TP-13	CF-XTP-02	CF-XTP-04	CF-XTP-06	CF-XTP-07	CF-XTP-10
2012-07-22	13.29	3.07	0.87	1495.69	1568.09	1256.77
2012-07-27	15.62	4.34	1.69	11229.53	11323.53	9203.62
2012-08-04	19.26	3.02	2.75	18361.96	18534.78	9203.77
变 化 量	3.64	−1.32	1.05	7132.43	7211.25	0.15

3）2012年8月4日至9月22日，为了更为全面地了解边坡的变形规律，新建两个控制网点，同时新设立6测点，对边坡进行连续观测。期间，局部测点在强降雨后出现较为明显的变形，其最大累计位移变化量为42mm，各测点变化量见表7.4.4。

表 7.4.4　　　　2012 年 8 月 4 日至 9 月 22 日平面累计位移变化量统计表　　　　单位：mm

时　　间	CF-TP-02	CF-TP-04	CF-TP-07	CF-TP-08	CF-TP-11	CF-TP-12	备　注
2012-08-04	36.8	7.7	20.0	23.6	2.2	8.6	
2012-08-13	35.9	7.7	19.5	17.9	1.6	8.9	
2012-08-31	36.7	9.8	20.5	18.8	3.0	11.4	
2012-09-03	35.5	9.2	21.7	18.2	2.7	11.0	

续表

时 间	CF－TP－02	CF－TP－04	CF－TP－07	CF－TP－08	CF－TP－11	CF－TP－12	备 注
2012－09－14	34.2	10.1	21.7	20.8	4.0	11.3	
2012－09－22	33.0	9.7	21.4	18.2	4.4	10.8	
变 化 量	－3.8	2.0	1.3	－5.4	2.2	2.2	
时 间	CF－TP－13	CF－XTP－02	CF－XTP－04	CF－XTP－06	CF－XTP－10	CF－XTP－11	
2012－08－04	19.3	3.0	2.8	18362.0	9203.6	0.0	
2012－08－13	21.5	1.4	4.5	18369.9	9199.9	2.0	
2012－08－31	26.8	1.4	1.3	18375.4	9199.5	1.0	
2012－09－03	28.5	1.4	0.3	18376.0	9199.0	1.8	
2012－09－14	29.2	1.5	0.8	18376.9	9200.6	2.6	
2012－09－22	29.5	0.5	0.8	18378.0	9201.7	2.7	
变 化 量	10.2	－2.5	－1.9	16.0	－1.9	2.7	
时 间	CF－XTP－12	CF－XTP－13	CF－XTP－14	CF－XTP－15	CF－XTP－16		
2012－08－04	0.0	0.0	0.0	0.0	0.0		
2012－08－13	2.4	1.5	0.8	0.8	1.9		8月18日、8月28日及9月12日均出现强降雨过程
2012－08－31	0.3	1.3	1.9	3.1	29.0		
2012－09－03	1.6	1.2	1.7	1.2	32.7		
2012－09－14	1.9	1.1	1.9	0.7	39.0		
2012－09－22	2.3	1.0	1.4	1.0	42.0		
变 化 量	2.3	1.0	1.4	1.0	42.0		

4）从各测点变化规律看，堆积体在 2011 年 8 月 4 日及 2012 年 7 月 12 日连续的强降雨后逐渐开始产生突变，其最大累计位移量为 18.5m，高程最大下沉 6.7m，但在暴雨后，经过一段时间调整变形后，边坡变形逐渐减小，各测点位移变化过程见图 7.4.2。

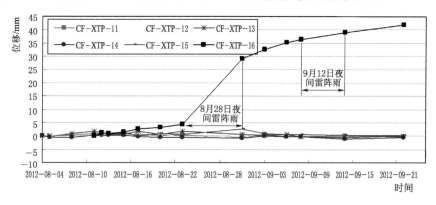

图 7.4.2 厂房边坡累计垂直位移变化过程线

（2）深部侧向位移。3 个测斜孔因变形较大，现均被破坏不能继续观测，从前期监测资料看，测斜孔 IN2（高程 1235.20m）在距离孔口 13.5m（高程 221.70m）位置出现滑移面，测斜孔 IN4（高程 1204.20m）在距离孔口 15m 位置（高程 1189.20m）出现滑移面，在测斜孔 IN5（高程 1236.60m）在距离孔口 20m 位置（高程 1216.60m）出现滑移面，从各测斜孔滑移面时间位移过程线看，从安装后均呈缓慢变形增大趋势，且从 5 月 23 日雨后，变形有增大趋势，整个变化过程详见图 7.4.3 和图 7.4.4。

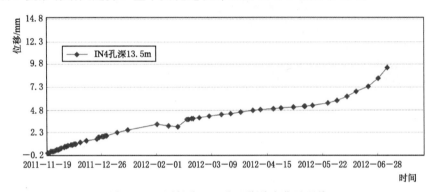

图 7.4.3　测斜孔 IN2 孔口位移变化过程线

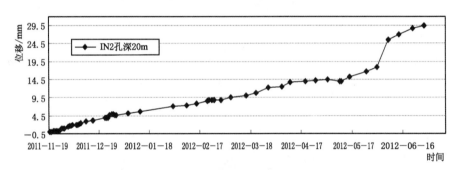

图 7.4.4　测斜孔 IN5 孔口位移变化过程线

2013 年 5 月 17 日考虑到边坡治理效果验证，以及适应大变形能力要求，在测斜孔 IN4 附近重新造孔安装一套孔深为 52m 的柔性测斜系统，并实现自动化监测功能。

从后期补装的柔性测斜系统（INSAA-1）2013 年 5 月 17 日至 2015 年 1 月 21 日监测成果表明，在 22m 深度仍出现了明显滑移面，其位错量近 25mm，后期趋于收敛稳定，其变化过程见图 7.4.5。

（3）地下水位。各孔地下水位在枯水期较为稳定，在 2012 年 5 月 9 日后随着降雨的影响，地下水位有逐渐增高趋势，至 2012 年 7 月 8 日地下水位比枯期水位最大增高 7.96m。HW4 从 2012 年 5 月 24 日后地下水位有下降趋势，可能因孔内变形致地下水位出现变化。

7.4.1.3　小结

（1）监测分析成果表明，堆积体发生滑坡的原因是多方面的，根据地表变形观测结合地质资料分析，中上部沿覆盖层与基岩接触带滑动，下部从覆盖层内部剪出，上部区域滑动方向为河床偏下游滑动，受前缘较厚且底界面较缓堆积体阻挡，中下部滑动趋势向河床方向偏转。

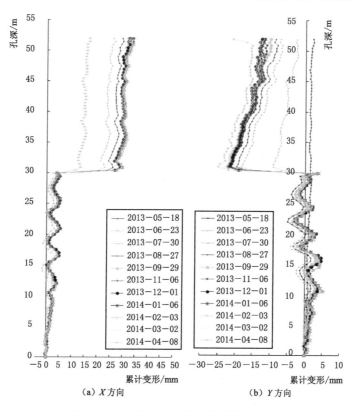

图 7.4.5　INSAA-1 位移-孔深关系曲线

（2）滑坡造成部分监测设施破坏，在堆积体治理过程中，结合坡面修整恢复并设置一定数量监测设施进行坡面监测，尤其需要恢复地下水位监测及内部位移监测。为确保监测资料连续性，表面变形监测恢复按"边坡整治完成一片恢复一片"的原则实施，堆积体治理过程中未破坏的表面观测点可继续进行监测并最终逐步替换为永久观测墩。

（3）堆积体在持续强降雨后，从高程 1271.00m 至河床区域在短时间内出现较大变形，最大水平位移量达 18.5m，最大垂直位移下沉 6.7m，从测点变形规律可以看出，该堆积体边坡出现整体滑移。

（4）从表面及深部位移变形规律可知，在厂坝路上部测点位移方向倾向下游位移，厂坝路下部至河床区域位移逐渐转至河床方向。

（5）从监测资料看，局部测点在强降雨后变形较为明显，但历时一段时间变形调整后，测点变形有逐渐减小趋势，截至 2012 年 7 月底，堆积体尚未趋于收敛。

（6）自 2011 年 8 月监测以来，根据监测资料分析，成功判断出该堆积体滑动面位置及变形规律，其变形主要受工程及降雨影响，为下一步堆积体的综合治理提供了可靠、有效的监测数据，同时对于指导下一步施工具有重要意义。

7.4.2　梨园水电站念生垦沟堆积体

7.4.2.1　边坡工程概况

念生垦沟堆积体位于梨园水电站右岸导流洞进口明渠右侧宽缓沟谷中，地势西北高、东南低，地貌属滇西纵谷山原区兰坪高山峡谷亚区地貌单元，山体切割强烈，地形零乱，山脉、水系和山间盆地均受构造控制，以冰蚀、侵蚀和剥蚀地貌为主。该堆积体分布高程1500.00～1700.00m，属冲积、洪积、坡积、冰碛和崩塌及滑坡堆积等混合成因的堆积体，呈长条形分布。在地形上，大致以高程1610.00m为界构成两级缓坡台地，前缘临江部位相对较陡，上、下游侧为基岩裸露的山脊斜坡地形，在谷内形成中间高、两边低的地形特征，两侧为冲沟（1号支沟、2号支沟），其中上游侧1号支沟冲蚀较深，枯季仍有少量流水或渗水。天然状态下堆积体表面植被茂密，经地表流水冲刷作用，除上、下游两侧外，堆积体内发育小规模的冲沟。勘探揭露堆积物厚度一般为30～60m，东西长约1200m，南北宽约900m，面积约108万m^2，总方量约1700万m^3。

堆积体下伏基岩主要为二迭系上统东坝组（P_2x）玄武质喷发岩，岩性较复杂，为一套多旋迴喷发的玄武岩系，岩性为灰、灰黑及紫灰色的玄武岩、杏仁状玄武岩、熔结凝灰岩、火山角砾熔岩，夹少量厚度为3～5mm的间断分布的凝灰岩条带，杏仁状玄武岩表部多为褐铁矿化、少量绿泥石化。堆积体范围内仅在1号冲沟高程约1565.00m处出露一泉水点，枯期流量约3L/s。区内含水层主要为基岩裂隙和第四系松散堆积物含水层。

施工开挖形成以中线公路为界可分为上、下两个区域，上部区域因开挖、堆渣等形成多个平台，前缘相对较陡；下部区域因公路、明渠开挖及堆渣等形成多个平台。

2008年7月，导流洞进口明渠及布置于堆积体区域的交通工程开始开挖。受导流洞进口明渠开挖切脚及外部施工扰动的影响，堆积体出现了变形滑动并逐步加剧，最大日变形量达440mm/d（2008年12月至2009年1月），最大平面滑移约28m，竖向位移约7m。堆积体大量土石方的下滑严重威胁导流洞进口的施工安全，影响大江截流的正常进度及大坝的正常施工。设计采取回填压脚、削坡减载、排水、抗滑桩和大量的预应力锚索等综合治理措施，分级、分期有效进行治理。于2009年3月至2012年2月近3年的Ⅰ～Ⅱ期综合治理，念生垦沟大型堆积滑坡体变形得到了有效控制。

7.4.2.2 堆积体变形特征及机理分析

1. 变形破坏过程

念生垦堆积体变形过程主要有以下几个阶段：

（1）施工前。堆积体除前缘临江部位受河流冲刷、淘蚀有小规模的坍塌外，其余部位无明显变形迹象，地形地貌完整，堆积体无明显变形迹象。

（2）局部变形至出现强烈变形。2008年6月初开始开挖导流洞进口明渠，发现局部裂缝，在堆积体前缘导流洞进口明渠开挖、后缘堆渣、连续降雨等因素作用下，从2008年9月开始，堆积体出现了大面积的变形和滑移现象，2008年12月底至2009年1月初，堆积体出现加速滑动。

（3）削坡减载和局部压脚，变形趋缓。2009年1月开始对念生垦堆积体中部存土场卸载，至2月下旬堆积体变形得到基本控制。

（4）变形再次启动，出现整体加速变形。2009年3月中旬，明渠下游段局部恢复施工，强烈变形区最大切深至69m，堆积体变形再次加速，并逐渐演变为整体性变形。

（5）综合治理措施实施，变形再次趋缓。2009年4月下旬，在采取压脚、卸载、排水、支挡等应急处理措施后，堆积体变形再次得到控制。

（6）明渠最终开挖，变形速率短期增加后趋稳。2009年12月底，导流洞进口明渠恢复开挖施工，并于2010年2月开挖至设计高程，堆积体变形经短期小幅增加后于2月底逐步减小趋稳。

（7）2010年7—9月主汛期，受降雨影响，堆积体中、上部变形速率小幅增长，增幅呈上大下小的特点，且导流洞进口明渠右侧前缘基本不动。

2. 变形破坏特征

2008年8月中旬首先在原1号承包商营地后部房屋基础开挖中发现有拉裂缝，9月初在水电一局营地前缘左侧山坡—中线公路已出现大量横向张裂缝，在勘测营地地面也见有裂缝，并造成墙体开裂。9月25日，水电一局拌和楼后边坡发现一条顺山坡大致呈弧形分布的裂缝，10月中旬，裂缝发育至沟顶部（堆积体后缘）进厂公路开挖部位。10月11日在导流洞进口明渠右侧开挖坡面上发现剪切裂缝。从发现上述裂缝开始，裂缝的变化较快，至12月中旬，原1号承包商营地处裂缝错台达30多厘米，水电一局营地内最大错台也超过30cm，公路中也有多处错台现象；水电一局营地前缘左侧山坡—中线公路、勘测营地地面等处裂缝延伸长度、宽度皆有增加之势。2008年10月23—31日堆积体加速下滑，强烈变形区水平位移速率最大约170mm/d。强烈变形区长800～900m，宽180～200m，厚30～60m，体积约为900万 m^3。

（1）堆积体强烈变形区。现场调查显示，当时裂缝已基本遍布堆积体，尤以堆积体金沙江上游导流洞进口明渠进口段至勘测营地为甚，为强烈变形区，裂缝发育分布具有如下特征：

1）强烈变形区后缘及裂缝。勘测营地附近斜坡裂缝发育密度（每2～5m发育1条，共发育10余条）和程度最高（发育3～4级正向错台与反向错台，错台高达3～4m，延伸长度达200余米，并形成拉陷槽），主滑区后缘裂缝从勘测营地西侧围墙以外（高程1655.00m附近）发育分布至勘测营地东侧围墙以内，并形成错台与反错台。

2）强烈变形区侧缘及裂缝。①强烈变形区南侧裂缝（金沙江上游侧）沿基覆界面发育，从勘测基地至金沙江边，基本贯通（连通率约75%），最大下错达1.2m。②强烈变形区北侧裂缝，勘测基地附近沿堆积体中部的冲沟集中发育，堆积体中部发育至中线公路交叉路口处（加油罐以北），前缘发育至导流洞进口明渠西侧进口段边坡陡缓交界处。总的来说，强烈变形区的北侧边界基本上沿着不同成因堆积层分界面发育（下游侧以冰水堆积为主，上游侧以冲积、崩积和残积的混合堆积层为主，大致沿冰水堆积物的上游顶面发育），基本贯通（连通率约60%），最大下错达0.8m。

3）强烈变形区前缘及裂缝。①导流洞进口明渠进口段内侧边坡平台上集中发育顺坡向裂缝10余条，每0.5～1m发育1条，延伸长度可达30～40m，张开度可达15～20cm。②同时在该裂缝集中发育区周边发育多条剪切或挤压滑裂面。③在导流洞明渠开挖过程中，以冰水堆积物为界，下游侧至今（开挖高程1500.00m）未发现剪出口；导流洞明渠开挖至高程1528.00m时，高程1533.00m发现剪出口，随着开挖的加深，在高程1516.00m、1513.00m等处又发现剪出口，从现状分析推断，上游侧最低剪切面应与现代河床基岩面相近。主滑体前缘沿江段已明显挤出，并出现多级下错台坎，时而伴随小崩塌。

4）强烈变形周边裂缝。①原 1 号施工单位营地台地：高程 1692.00m 和 1696.00m 两个台地在后缘沟心左侧发现一延伸长约 80m、宽度约 1～5cm 的裂缝，产生 30cm 左右的错台，在冲沟部位后挡墙已发生拉裂；场地中部在靠近沟心部位可见羽状裂缝，场地前缘也发现与前缘近平行的裂缝，场地内部挡墙也产生变形裂缝，从裂缝位置分析，主要集中于冲沟沟心及左侧形成的台地部位。②原 1 号施工单位营地的下游侧后缘高程 1700.00m 以上斜坡可见多条横向拉张裂缝。③堆积体下游侧冲沟（右耳），沿基覆界面在冲沟两侧可见纵向贯通裂缝，裂缝后缘至冲沟顶部（高程 1850.00m）。④堆积体上游侧冲沟（左耳），沿基覆界面在冲沟两侧可见断续裂缝，裂缝后缘至勘测便道（高程 1780.00m）。⑤堆积体下游侧斜坡带，沿表部覆盖层发育两处局部滑塌。⑥强烈变形区影响，堆积体下游侧前缘也已出现变形，但变形相对较弱。变形迹象主要表现在导流明渠内侧边坡顶部可见多条横向裂缝，明渠底部开始出现隆胀现象。

（2）卸载和局部压脚，变形趋缓。2008 年 11 月 13 日至 12 月 5 日主滑区水平位移速率持续增加（55mm/d→120mm/d）；2008 年 12 月 6 日至 2009 年 1 月 5 日加速下滑（120mm/d→440mm/d），念生垦堆积体变形开始加速。2009 年 1 月 2 日初步启动念生垦堆积体中部存土场卸载；2009 年 1 月 19 日启动念生垦堆积体下部存土场卸载；2009 年 1 月 28 日启动念生垦堆积体上部、下部卸载。至 2009 年 1 月底，卸载近 150 万～200 万 m^3，同时前缘局部小范围压脚。主滑区位移速率随卸载明显迅速减小（2008 年 12 月 29 日的 460mm/d→2009 年 1 月 12 日的 220mm/d→2009 年 1 月 22 日的 110～60mm/d→2009 年 2 月 11 日的 20mm/d→10mm/d 以下→1～5mm/d 波动）；弱变形区由于卸载，位移速率在小范围内波动，变形得到基本控制。

（3）变形再次启动加速，出现整体变形。2009 年 3 月中旬，应急治理措施还未见成效，明渠下游段局部恢复施工，开挖明渠底板和围堰基础部位；3 月底，明渠对应的主滑区部位最大切深至 69m（高程 1558.00～1489.60m，明渠中部底板齿槽和混凝土围堰）；4 月 14 日，1 号进水塔最大切深至 68m（高程 1558.00～1490.00m），堆积体变形再次启动加速，并由仅上游侧强烈变形演变为整体变形。

1）强烈变形区范围已经明确扩大至下游基覆界面，2 号进水塔部位及其右侧边坡滑裂分界明显，明渠左侧原开裂部位继续发展，呈整体加速变形特征。

2）前缘明渠底部抬升，至 2009 年 4 月 7 日，围堰附近总抬升 2.3m。

3）堆积体上游侧边界更加清晰。

4）水平位移速率持续增大，与明渠底部局部恢复开挖关联密切。

5）堆积体后缘右耳区域和沟两侧日均位移速率也开始反弹（10～30mm）。

6）后缘右耳区域的进厂公路 K0＋880.00～K1＋050.00m 区段上边坡出现一处明显开裂，两处已喷砂浆支护边坡开裂。

（4）综合治理措施实施变形再次趋缓。2009 年 4 月 19 日，经专家咨询，立即加强和组织实施了如下主要应急处置措施：

1）压脚。结合土石围堰施工，利用减载土石方将明渠回填至高程 1510.00m，适当碾压，围堰上游侧填到高程 1520.00m。

2）削坡减载。按设计要求对堆积体中下部进行减载。

3）排水洞。加快了1号、2号、3号排水洞开挖进度。

4）挡护。组织实施抗滑支挡工程。

5）加强监测预警工作，组织专业队伍实施系统规范的监测。

6）应急处理措施实施后堆积体变形速率于2009年4月底减缓至毫米级，变形再次得到基本控制，为抗滑支挡措施的实施创造了条件。2009年5—12月，在导流洞进口明渠尚未开挖至设计底板高程、石渣压脚的情况下，随着综合治理措施的进一步实施，堆积体变形速率逐步减小。即便在雨季和汛期，堆积体变形速率也没有出现特别显著的增长。

（5）明渠开挖至设计高程，堆积体变形速率短暂增加后趋稳。2009年12月中旬至2010年1月，导流洞进口明渠除进口有少部分挡水未挖外，其余部位均开挖至设计底板高程，受此影响，堆积体中下部表观位移速率、锚索荷载及抗滑桩钢筋应力等均发生明显增长，且呈现增长速率随高程增加逐步减小、上部位移速率无明显增长的特点。随着2月初开挖结束，以及导流洞进口明渠右侧一期抗滑桩上锚索逐步完成张拉，堆积体变形速率又逐步减小。随着二期治理措施的逐步实施完成，以及排水系统的持续作用，至6月底堆积体变形速率高程1690.00m以上部位在−0.08～0.25mm/d，中部高程1690.00～1545.00m在−0.19～0.20mm/d，下部高程1545.00m以下绝大多数表面变形速率为0mm/d，已稳定。2010年4月28日导流洞分流，导流洞进口明渠过水，未对念生垦堆积体的变形产生影响。

（6）汛期堆积体中上部变形速率小幅增加，汛末变缓，进入2010年7月，工程区出现明显降雨过程，地表排水系统汇水大幅增加，堆积体地下水位显著反弹，位于堆积体中后部的3″排水洞流量由汛前的约40L/min持续大幅增大，9月末一度达到330L/min，相应日排水量达475t，排水效果明显。受此影响，堆积体中上部变形速率小幅增加：高程1650.00m以上月平均最大日变形速率约为0.8～1.0mm/d，7—9月累计变形量约为50～90mm；高程1650.00～1545.00m月平均最大日变形速率为0.3～0.5mm/d，7—9月累计变形量约为30～50mm。高程1545.00m月平均最大变形速率均在0.3mm/d以下，导流洞进口明渠右侧绝大多数点未发生变形。总体来看，在汛期降雨入渗、地下水位反弹、堆积体饱水加重等不利条件下，堆积体变形呈现前缘稳定、由低往高变形速率小幅增加、汛末缓慢趋缓的特点。

3. 堆积体变形机理分析

（1）自然状态下堆积体成因。工程区域位于新生代强烈活动的青藏高原东缘，断裂构造十分发育，第四纪以来直至全新世活动强烈。强烈的构造运动造就了研究区北北西向横断山系，沟梁相间。金沙江河流深切，河谷整体上呈V形，两岸坡度一般为35°～45°；靠近河床多呈U形，库岸多呈陡崖（壁）地形，坡度为65°～85°，形成山高谷深的地貌景观。该区域地貌属滇西纵谷山原区兰坪高山峡谷亚区地貌单元，山体切割强烈，地形零乱，山脉、水系和山间盆地均受构造控制，以构造侵蚀、冰蚀和剥蚀地貌为主，形成了一系列具有混合成因（冲、洪、崩滑坡、残、冰水堆积）的大型堆积体。

堆积体分布地段早前为一较为宽缓的冲沟地形，冲沟总体上呈S70°～80°W走向，与工程区金沙江两岸发育的冲沟一致。后期由于地表水流的冲刷、侧蚀等携带周围山坡表部的坡积物及全强风化基岩等物质形成洪流，由于冲沟地形较开阔且平缓，并受前缘金沙江的阻挡，致使洪流流速大大减缓，携带的物质在沟口和沟内逐渐堆积，从堆积物前部颗粒偏细而后部碎块石等粗颗粒较多可反映出这类堆积的特点，加之两侧斜坡产生的崩塌堆积物混杂其间，经长期的循环往复和表生改造等形成如今的堆积体形态，堆积体内条带状的冰水堆积物可能为某一地质历史时期冰碛物顺流而下沉积而成。前端"喇叭口"可能与对岸下堆积体的推移使河流凸向右岸，金沙江在念生垦沟口形成回流，并有大量的细颗粒在沟口部位沉积，在导流洞明渠开挖前端，高程约 1513.00m 出现大面积河流相粉土及朽木，表明了该部位的沉积环境。

第四纪地壳急剧抬升，河流下切速度加快，区内河谷下切速率约为 0.5～0.6mm/年，河床物质在堆积体的前缘部位沉积，中后部堆积体则主要为崩塌、滑坡和坡残积等成因物质。从目前金沙江分布形态看，金沙江在堆积体分布地段凸向左岸，受下咱日堆积体影响，金沙江在堆积体分布区流向陡转，不断侵蚀右侧河岸，堆积体前缘受江水冲刷影响，不断坍塌形成较陡的临空面，使得右侧河岸不断后退，致使念生垦堆积体前缘临空，根据明渠施工开挖揭露，在堆积体内部发现有多层弧形剪切面分布，且面上具斜向或近水平向擦痕，说明堆积体在形成过程中或形成后前缘部分地段曾发生过多次滑移变形。后期在浅表生地质作用过程中逐渐演变成为现今的念生垦堆积体。综上，念生垦堆积体为综合成因的大型混合堆积体。

（2）施工后堆积体变形机理分析。现场调查和分析得出，堆积体变形产生的主要原因有如下几个方面：

1）导流明渠开挖、施工弃渣后缘堆载。一方面，明渠开挖主要位于堆积体前缘抗滑段，开挖导致抗滑力下降；另一方面，施工渣料和工程建设的堆载对堆积体稳定性也产生了一定的影响。影响堆积体稳定性的主要有如下几个地方：一处是在堆积体上部缓坡台地的前缘，堆渣高程约 1650.00m，方量 15 万 m³ 左右；一处在导流明渠进口内侧，堆渣方量 20 万～30 万 m³；另一处为导流明渠与隧洞进口附近内侧存放的洞渣料，方量约十余万方；还有位于堆积体后缘 1 号施工单位营地半挖半填台地和水电一局拌合平台处。

2）降雨和地下水作用。工程施工建设使原有地形地貌发生了大的改变，破坏了表部植被，加之没有形成系统的排、挡水措施，为雨水和施工、生活等废水的下渗提供了有利条件，同时工程区遭遇了多年不遇的持续降雨，降雨量大且集中，本身堆积体就处于三面环山的低凹地带，开挖、回填、堆载等形成的平台使得大量的雨水集中下渗，对土体有一定程度的恶化作用。目前明渠内侧开挖边坡中、下部可见集中的水流渗出，并形成多处积水洼地。

3）堆积体岩土体结构较松散。尤其是在堆积体前部，这类物质相比工程区广泛分布的祝拿垦沟堆积体、下咱日堆积体和观音岩堆积体的冰碛砾岩、冲积砂卵砾石，从成因及结构的密实度、力学强度等方面均相差较大，堆积体岩土体在地下水的作用下土体易于软化，力学强度大为降低。此外，该类物质渗透性弱，地表水大量下渗后由于排泄不畅，一段时间内将在坡体内形成水位壅高，反映出部分地段堆积体表面、开挖明渠边坡有渗水或集中大量流水，对土体产生严重影响，影响堆积体的稳定条件。

其中，念生垦堆积体的变形与导流明渠开挖具有较强的相关性：①2009年1月以前，随着主滑区（强烈变形区）变形增大，牵动堆积体后缘和侧缘局部斜坡，导致沿表部覆盖层出现多处滑塌；同时受主滑区滑动挤压，导流明渠中、下游侧顶部和底部的岩土体发生隆起变形。②2009年1月上旬，针对上述情况，采取了削方减载和简易排水措施，加之进入枯水季节，降雨量减少，坡体变形趋缓，由加速变形再次过渡至低速蠕滑变形。但是，堆积体的变形具有很强的时空性，在一定阶段和条件下，堆积体变形虽然较缓或甚至暂时稳定，并不能代表其已经稳定甚至安全了。随着条件的改变，如导流明渠继续开挖、降雨等，堆积体变形可能再次启动。③2009年3月中旬，应急治理工程还未见成效，明渠下游段局部恢复施工，主要开挖明渠底板和围堰基础部位；至3月底，明渠对应的主滑区部位最大切深至69m（明渠中部底板齿槽和混凝土围堰部位）；至4月14日，1号新进水塔部位最大切深至68m。2009年3月下旬，伴随导流明渠的进一步开挖，堆积体由仅上游侧的强烈变形演变为整体同步变形，再次启动加速。④念生垦堆积体再次启动加速后，现场立即实施了减载和排水。2009年4月19日，经专家咨询，采纳并立即加强和组织实施了如下主要应急处置措施：在卸载和排水洞不间断施工的同时，当在导流明渠内结合土石围堰施工，用卸载方量全断面回填至高程1510.00m左右时，监测资料显示，至2009年4月29日，堆积体变形逐渐趋缓，变形速率已减缓至毫米级，变形再次得到基本控制。⑤念生垦堆积体属推移式巨型土石混合体滑坡，受自然或人为活动影响，在自身重力和外部加载作用下沿下伏基岩面发生变形滑动。根据危岩体可能的破坏模式分析，其变形破坏机制为：危岩体的破坏以剪切（座滑）破坏模式为主，其次为局部崩塌、滑移破坏模式，整体倾倒破坏可能性较小。若发生座滑，下部支护结构（锚固洞、抗滑桩）受力将发生突变，支护结构布置的监测仪器将出现测值的变化，截至统计时间，支护结构上的监测仪器测值均已收敛，测值无异常，危岩体处于稳定状态。

7.4.2.3 堆积体安全监测

1. 监测系统布置

根据堆积体地质资料、变形破坏机制，结合治理方案综合考虑，采取重点布置，全面监控。从念生垦沟堆积体上缘至下缘导流明渠，分层分平台布设监测点，堆积体主要布设表面变形监测点、测斜孔、水位孔；抗滑桩桩顶布设表面变形监测点、锚索测力计；桩身布设钢筋计、测缝计、土压力计。

（1）表面变形监测点布置。从进场公路至导流明渠在不同的高程面分期分批共布设了77点，从2009年3月开始监测。主要监测点布设在念生垦沟堆积体右耳、左耳、1690.00m抗滑桩、连系梁及周边，高程1670.00m、1645.00m、1600.00m、1545.00m平台，导流明渠开挖边坡等涵盖了整个念生垦沟堆积体各部位。

（2）内部监测点布置。内部监测设施主要包括锚索测力计、测缝计、钢筋计、测斜孔、水位孔等，约有100支/个。在进场公路边坡、高程1600.00~1640.00m和高程1510.00~1530.00m边坡锚拉板上、导流洞进口右侧锚拉板上等分别布设数量不等的锚索测力计，在高程1690.00m抗滑桩上安装有测缝计与钢筋计，在高程1600.00m、1510.00m等抗滑桩上布设钢筋计与锚索测力计，在堆积体不同部位分别布置了若干个测斜孔、水位孔。

2. 监测成果分析

根据堆积体变形的不同阶段及监测实施主体的变化，考虑主要治理变形阶段和目前稳定状况，选取截至 2010 年年底念生垦堆积体监测资料分析，共分三个阶段：

（1）第一阶段监测资料分析。本监测时段为 2008 年 11 月 8 日至 2009 年 1 月 20 日。

第一期表面变形监测共有 16 个点，第一期监测应该有 20 个点，点号为 TP-01～TP-20，但其中的 TP-13、TP-14、TP-15 和 TP-16 4 个点都位于导流洞洞脸边坡上，当时洞脸边坡正处于松动滑移及对其卸载处理的时期内，要埋设并观测这 4 个点非常危险，所以没有埋设，因而第一期监测的测点实际上只有 16 个，各测点的位置及位移矢量见图 7.4.6。

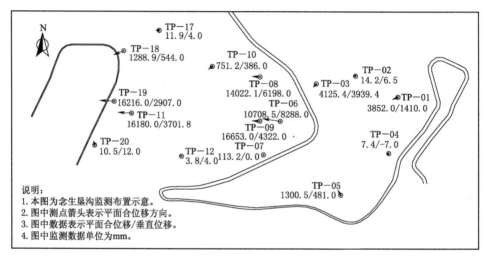

图 7.4.6　堆积体第一期监测点位移矢量图

从图中可以看出：监测点 TP-06、TP-08、TP-09、TP-11、TP-19 位移变化较大，最大水平位移为 TP-09 的 16.653m，最大垂直位移为 TP-06 的 8.288m。从位移变化方向看，位移量较大的监测点主要位移方向为 NW～NWW 或 SW～SWW，即向金沙江边位移，总体与念生垦堆积体的展布方向近一致。从观测时间上看，2008 年 11 月底之前呈等速变形，12 月初变形速率逐渐增大，进入加速变形，与导流明渠坡脚开挖和地下水变化有关。2009 年 1 月卸载以后位移速率明显下降，变形基本得到控制。

（2）第二阶段监测资料分析。本监测时段为 2009 年 4 月 3 日至 9 月 16 日。

第二期表面变形监测前后共有 18 个点，具体情况为：2009 年 4 月 3 日首次观测时有 9 个点，后重新埋设 TP21-TP24 4 个点，且重新起用第一期的 TP10、TP12、TP17、TP18、TP19 和钢筋临时监测 KG02；2009 年 4 月 13 日第六次观测又增加 TP25 和 TP26 两个点；2009 年 5 月 6 日第二十五次观测时又增加了导流明渠左侧"孤岛"开口线上的 TP27、TP28、TP29 3 个点，这 3 个点都是重新埋设的观测墩。根据工程管理部现场指定，2009 年 5 月 7 日第二十六次观测时又增加了念生垦堆积体右耳的 TP01、左耳的 TP02、TP03 3 个点，其中右耳的 TP01 为重新启用的第一期监测的观测墩，各测点的位置及位移矢量见图 7.4.7。

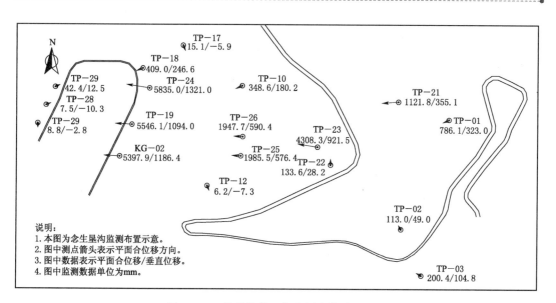

图 7.4.7 堆积体第二期监测点位移矢量图

从图中可以看出：监测点 TP19、TP21、TP23、TP24、TP25、TP26、KG02 前期位移变化较大，最大水平、垂直位移都出现在点 TP24 上，分别为 5.838m、1.322m；从位移变化方向看，位移量较大的监测点主要位移方向为 NW～NWW 或 SW～SWW，即向金沙江边位移，总体与念生垦堆积体的展布方向近一致；从观测时间上看，4 月受明渠恢复开挖影响变形速率非常快，5 月初采取回填压脚后速率开始趋缓，变形得到控制。

（3）第三阶段监测资料分析。自 2009 年 9 月，对念生垦堆积体进行了较全面的监测，包括表面变形、地下水位、深部变形、钢筋应力、锚索应力监测等。重点选取影响较大的三个方面分析。

1）表面变形监测。部分监测点被破坏，重新埋设，编号为 NSKTP01～NSKTP37，其中 NSKTP09、NSKTP19、NSKTP21、NSKTP23 未埋设，NSKTP20、NSKTP31、NSKTP32、NSTSKTP33 被破坏。2009 年 9 月 30 日在左右耳挖孔桩顶布置，编号为 NSKTP39～NSKTP46 的测点，2009 年 11 月 13 日在导流明渠右侧抗滑桩顶布置 3 个点，编号为 DLXZ-Z72-TP-01、DLXZZ06-TP-01、DLZX-Z17-TP-01。2009 年 12 月 1 日在 1600m 抗滑桩顶布置 4 个点，编号为 NSK-ZS4-TP-01、NSK-ZSI2-TP-01、NSK-ZS23-TP-01、NSK-ZS36-TP-01。2009 年 12 月 30 日在导流明渠右侧边坡及抗滑桩顶布置 4 个点，编号为 NSKTP54、NSKTP55、DLXZ-Z40-TP-01、DLXZ-Z28-TP-01。表面变形监测共有 48 个点，各测点的位移矢量见图 7.4.8。

从图中可以看出：①堆积体以水平位移为主，位移方向主要为顺坡向，最大水平位移为 412.1mm，位于堆积体前缘的高程 1532.94m；垂直位移量值较小，最大垂直位移为 145.6mm（堆积体右耳高程 1758.83m）。②2010 年 2 月，导流进口明渠完成开挖前，堆积体受下部开挖影响，最大位移速率一度达 10.12mm/d，位移分布为底部位移速率大、随高程增加位移速率递减的分布特征。导流进口明渠开挖完成后，在堆积体综合治理措施尤其是底部高程抗滑桩及锚索逐步施工后，位移速率大幅趋缓，整体位移得到有效控制。

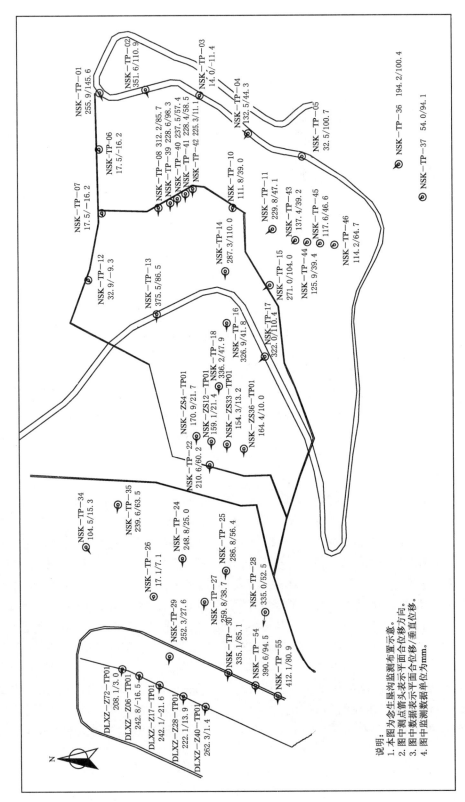

图 7.4.8 堆积体第三期监测点位移矢量图

③2010 年 4 月底，导流洞开始分流，堆积体在地下水位溢出点有所抬高的情况下，位移较小且稳步减小，基本不受分流影响，表明堆积体综合治理措施有效。④雨季前堆积体各部位无明显位移，2010 年 7 月中旬开始进入雨季，高程 1600.00m 以下位移基本不变，高程 1600.00m 以上（尤其是高程 1690.00m 以上）位移有所增加，但明显小于去年同期水平。由此表明，堆积体整体位移处于可控状态，高程 1600.00m 以下经受了雨季考验，位移稳定；高程 1690.00m 以上堆积体位移受降雨影响明显，表明堆积体上部排水及支护措施需进一步加强。

2）锚索应力监测。锚索应力监测包括高程 1510.00m 抗滑桩 8 台、高程 1510.00～1520.00m 锚拉板 5 台、高程 1520.00～1530.00m 锚拉板 11 台、高程 1600.00m 抗滑桩 4 台、高程 1600.00～1640.00m 锚拉板 8 台。①锚索锁定荷载后期变化率为 89%～165%，大部分锚索在导流明渠开挖之前处于衰减状态，之后荷载突增。②2010 年 2 月，导流进口明渠完成开挖前，堆积体受下部开挖影响发生了较大位移，锚索最大荷载增长速率达 67kN/d，锚索荷载变化过程与边坡变形过程基本同步。导流进口明渠开挖完成后，在堆积体综合治理措施尤其是底部高程抗滑桩及锚索逐步施工后，锚索荷载增长大幅趋缓，堆积体位移得到有效控制，可见堆积体综合治理措施效果显著。③2010 年 4 月底导流洞开始分流，在堆积体整体趋稳的情况下，锚索荷载无明显变化。④2010 年 7 月中旬开始进入雨季，进入雨季前锚索荷载无明显变化，进入雨季后高程 1600.00m 以下部位锚索荷载基本不受降雨影响，高程 1600.00～1640.00m 锚拉板应力略有增长，但较前期变化大幅减小。⑤目前绝大部分锚索实测荷载占设计吨位比例在 57%～98%，尚有一定安全储备。高程 1600.00m 抗滑桩及锚拉板有少量锚索测力计实测荷载达设计吨位的 106%～116%，说明该部位锚索承受的荷载较大，鉴于边坡变形仍未完全停止，该部位有必要加强锚固措施。

7.4.2.4 小结

（1）念生垦堆积体位于梨园水电站坝前右岸，规模巨大，其稳定性直接关系到导流洞进口明渠、永久进厂公路在施工和运行期的安全，并在施工过程中已发生变形滑移，需进行监测及工程治理。

（2）天然情况下，高程 1690.00m 以下堆积体平均坡度在 12°左右，堆积体厚 30～60m，由于岩土体结构较松散，底部全风化残积层岩性软弱，抗剪强度低，原始地形条件下堆积体整体稳定安全储备较小。受降雨和地下水壅高，以及导流洞进口明渠开挖和施工堆渣影响，堆积体于 2008 年 8 月底发生变形并不断发展，先后经历了 2008 年底加速变形→变形得到控制→2009 年 3 月再次变形加速→变形再次得到控制→2010 年 1 月明渠开挖，变形小幅增长→2010 年 2 月明渠开挖结束，变形逐步减小→2010 年 3—6 月随二期治理措施陆续完成，变形趋缓→2010 年 7—9 月汛期堆积体中上部蠕滑变形速率小幅增大但随即趋缓等变形过程。

（3）堆积体安全监测内、外观监测数据真实准确地反映了堆积体在综合整治、明渠开挖过程中、雨季各工况的变形规律，及时为设计提供了指导施工的依据。监测数据结果表明：念生垦堆积体综合整治，特别是增加导流明渠边坡二期抗滑桩措施是有效的，为业主及设计是否采取进一步的整治措施提供了依据。

（4）根据有关计算成果，结合堆积体监测资料分析，同时参考现行规范及类似工程经验，综合判断：当前念生垦堆积体整体处于稳定状态，变形已得到有效控制。工程治理效果良好，合理地确定了当前堆积体滑坡的稳定性，科学地预测了后期水库运行期的稳定性，对于经济、合理地制定下一步治理工程方案具有十分重要的意义。

7.4.3 黄家湾水电站厂房后边坡

7.4.3.1 边坡工程概况

黄家湾水利枢纽工程厂房后边坡蠕滑体在地貌上表现为圈椅状，场地北侧及东、西两侧地势较高，地形相对较陡，坡度为 30°～40°，北侧山顶高程为 1052.40m，南侧地势较低，地形开阔平缓，坡度为 10°～20°；上坝公路至厂房一带地表高程为 986.00～1020.00m，地形平缓，坡度为 5°～20°，总体呈一"长舌"形斜坡向河床延伸；后缘高程为 1030.00m，前缘高程为 992.00m，高差约为 38m；蠕滑体长约为 160m，宽约为 140m，厚度为 5～16m，平均厚度约为 12m，总方量约为 26.88 万 m³。岩性主要为灰褐色强风化砂岩、泥岩，岩体较为破碎，局部易产生掉块滑塌，且上覆第四系覆盖层。

第四系残坡积物一般厚 0～10.3m，杂填土厚 0～6m，主要为褐黄、黄色砂质黏土、黏土夹碎块石等，下伏基岩为砂泥岩，垂直强风化层厚 5～10.8m。由于覆盖层及强风化层的渗透性较好，其下伏的泥岩及弱风化层隔水性较好，冲沟地表水汇水，向斜构造汇水造成向斜核部地下水丰富，长期顺泥岩层面泥化，形成滑面。受降雨及工程活动影响，极易产生失稳现象。在厂房基础开挖后，边坡前方产生临空面，破坏了原山体平衡，加之降雨、后缘压重回填及管理房施工等综合作用，厂房边坡逐渐出现多处裂缝，产生失稳现象，形成蠕滑体。工程地质剖面分析见图 7.4.9。

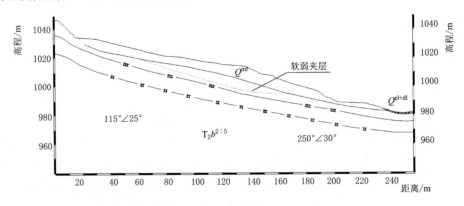

图 7.4.9 工程地质剖面分析图

7.4.3.2 边坡变形特征

2018 年 6 月 2 日，施工单位进行发电厂房的基础开挖工作；2018 年 6 月 13 日，发电厂房边坡上部业主营地宿舍楼圈梁出现局部开裂现象；2018 年 7 月 6 日，发现业主营地宿舍楼柱子有开裂现象，随后管理房基础多处出现裂缝；2018 年 7 月 18 日，发电厂房基础开挖至高程 994.00m 时，在厂房开挖边坡高程 1015.00m 马道内侧发现裂缝，2018 年 7 月 19 日，在边坡截水沟范围内也发现了裂缝；2018 年 7 月 20 日，对截流验收前的准备工作进行检查时，发现厂房边坡出现大范围开裂现象，且边坡上部在建的管理房南侧基础拉裂下沉，对该区域范围内的人员及设备安全产生极大的威胁。

截至 2018 年 8 月 7 日，厂房边坡蠕滑体一带主要发现 25 条裂缝，裂缝沿厂房边坡蠕滑体后缘一带纵横交错发育，长度为 3.8～37.9m，裂缝宽度为 5～498mm，裂缝走向大部分与主滑方向垂直，部分裂缝与主滑方向斜交。张裂缝与厂房边坡蠕滑体两侧羽状裂缝相连通，滑坡周界明显。

厂房边坡区域内存在厚度较大的杂填土及第四系残坡积层，强、弱风化分界带存在软弱夹层等构成了蠕动变形的内因，降雨、地下水活动、管理房的兴建及室外地坪的填方加重了厂房边坡蠕滑体的上部荷载，厂房边坡蠕滑体开挖切脚等是滑坡形成的外因。在内、外因素的共同作用下，业主营地一带土体的稳定受到破坏，沿岩土接触面及土体内的软弱带出现滑移，导致厂房边坡蠕滑体上排水沟出现剪断、开裂，在滑坡后缘产生垂直于主滑方向的拉张裂缝，在前部形成垂直于主滑方向的鼓张裂缝和呈放射状的扇状裂缝。根据厂房边坡后缘一带裂缝张开情况及坡脚地下水出露情况，推测沿覆盖层与基岩接触面向下滑动模式。厂房边坡蠕滑体主要裂缝分布位置见图 7.4.10。

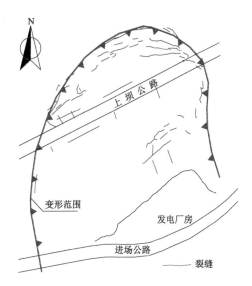

图 7.4.10　厂房边坡蠕滑体主要
裂缝分布位置图

7.4.3.3 堆积体安全监测

1. 监测布置

（1）临时监测。临时监测采取表面变形和裂缝开合度监测的组合方式。其中表面变形点选取变形较大、视野通视条件较好的部位，共布置 9 个测点，编号为 TP1～TP9，基准点布置于溢洪道左岸边坡顶部平台（LD11）、后视点布置于溢洪道右岸边坡（LD12），后期两个点可纳入溢洪道永久监测系统；裂缝点选取具有代表性的部位，共布置 26 个测点，编号为 L1～L26。临时监测点数量见表 7.4.5。

表 7.4.5　　　　　　　　　　临 时 监 测 点 数 量

序号	内　容	部　位	数量/个	备　注
1	基准点	溢洪道边坡	2	
2	表面变形监测点	坡体前缘、中部及后缘	9	
3	裂缝开合度监测点	坡体关键部位裂缝	26	

（2）永久监测。根据设计单位提供的厂房边坡专项治理报告，该部位监测内容主要包含变形、渗压、应力监测以及施工期的观测、巡查、设备维护、资料整编分析等。

1）变形监测。厂房边坡变形监测包括表面变形和内部变形监测，共布置 9 个表面变形点和 3 个测斜孔，分别采用全站仪边角交会法和测斜仪法进行观测，以监控整个厂房边坡位移变形和内部变形情况。

2）渗压监测。厂房边坡渗压监测采用渗压计结合测斜孔形式，在 5 号、15 号、25 号抗滑桩测斜孔内埋设 3 支渗压计，以监测地下水位变化对厂房边坡蠕滑体稳定性的影响。

3）应力监测。厂房边坡应力监测包括钢筋和锚索监测，在 5 号、15 号、25 号抗滑桩布置 9 支钢筋计；5 号、10 号、15 号、20 号、25 号抗滑桩布置 5 台锚索测力计，以及时了解钢筋、锚索应力变化情况，分析评价支护治理效果。厂房边坡蠕滑体永久监测设施平面布置见图 7.4.11。

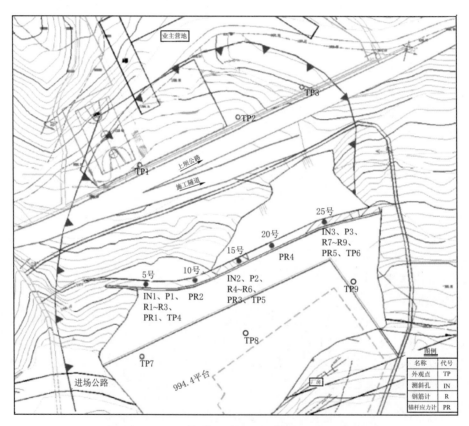

图 7.4.11　厂房边坡蠕滑体永久监测设施平面布置图

2. 监测成果分析

（1）变形监测。

1）裂缝监测。截至 2019 年 6 月 5 日，厂房后边坡临时测点裂缝宽度为 37.1～156.63mm，变化最大的 L25 测点已损坏（2018 年 8 月 10 日），损坏时累计水平位移为 723mm，累计沉降量为 490mm。临时测点裂缝经历了 I 缓慢变形、II 较快变形、III 加速变形、IV 缓慢变形—稳定四个阶段，具体情况见表 7.4.6，裂缝监测开合度变化过程线见图 7.4.12。

表 7.4.6 临时裂缝监测情况统计

序号	变形阶段	施工情况及变形特征	变形速率/(mm/d)	累计位移/mm	日 期	备注
Ⅰ	缓慢变形	第一期回填压脚:压脚之前变形较快,压脚之后变形速率迅速降低,后缘局部变化稍大,其余测点变化小于1.0mm/d	0.15~3.5	5.3~308	2018年7月22—27日	
Ⅱ	较快变形	期间经历多次降雨,后缘回填土经降雨入渗,加之上方建筑物压重,变形加快,此阶段坡体未出现整体变形,后缘产生少许新裂缝	0.5~18.5	3.8~498	2018年7月28日至8月6日	
Ⅲ	加速变形	此阶段雨水量偏多,回填土进一步固结沉降,在雨水及后缘压载体作用下,滑坡体迅速变形,后缘变化最明显,产生许多新裂缝,且迅速发展,前缘变形也开始增大,坡体处于整体加速变形状态	0.85~70.8	5.7~723	2018年8月7—11日	L25损坏
Ⅳ	缓慢变形—稳定	经过第二期前缘加载及后缘削坡减载,滑坡体变形速率迅速降低,此阶段前期变形速率已小于1.0mm/d,变形得到有效控制,但仍在缓慢变形,之后边坡监测数据平稳,基本未有变化	<0.1	37.1~157	2018年8月12日至2019年6月5日	之后裂缝点损坏

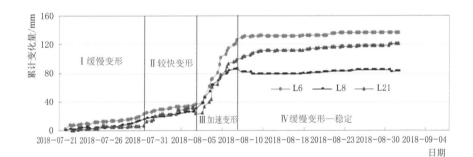

图 7.4.12 厂房边坡临时裂缝监测开合度变化过程线

2)表面变形监测。截至 2019 年 7 月 30 日,临时表面变形点水平合位移为 116.0~170.7mm,累计沉降为 -37.7~110.5mm,之后停止观测。2019 年 7 月 26 日启用永久表面变形监测,截至 2019 年 9 月 20 日,永久表面变形点累计水平合位移为 6.4~9.8mm,累计沉降为 3.1~7.7mm。临时表面变形点经历Ⅲ加速变形、Ⅳ缓慢变形—稳定、Ⅴ加速变形、Ⅵ缓慢变形四个阶段;永久表面变形经历Ⅵ缓慢变形、Ⅶ稳定两个阶段,具体情况见表 7.4.7,水平合位移变化过程线见图 7.4.13 和图 7.4.14。

表 7.4.7   表面变形监测情况统计

序号	变形阶段	施工情况及变形特征	变形速率 /(mm/d)	累计位移 /mm	日 期	备注
Ⅲ	加速变形	受降雨入渗及后缘压载体影响，滑坡体迅速变形，坡体中部及后缘变化最明显；前缘TP8、TP9两个测点向上抬升，表现为隆起，表明坡体整体沿滑动面加速向前滑动变形	5.8～39.6	11.6～78.9	2018 年 8 月 9—11 日	
Ⅳ	缓慢变形—稳定	经过第二期前缘加载及后缘削坡减载，滑坡体变形速率迅速降低，此阶段前期水平位移变形速率为 0.7～3.6mm/d，沉降变形速率为 -1.1～2.3mm/d，边坡变形得到有效控制，大致表现为向河道方向缓慢变形；之后监测数据趋于平缓	<0.01	71～102.5	2018 年 8 月 12 日至 2019 年 6 月 4 日	
Ⅴ	加速变形	受汛期持续强降雨及厂房边坡开挖影响，加上坡体中间部分锚索未张拉，部分截排水措施未完成，边坡向临空面变形趋势明显，主要表现为冠梁结构缝增大，且坡体中间变形大于两侧，此时左侧边坡前两排锚索基本施工完成，右侧边坡尚未开挖	0.8～1.3	106～152	2019 年 6 月 5 日至 7 月 17 日	
Ⅵ	缓慢变形	该阶段截排水措施和初期400kN坡体中部锚索张拉逐次完成，边坡变形趋势明显减缓，此阶段冠梁结构缝基本未有发育	<1.0	116～171	2019 年 7 月 18—30 日	临时点停用
				1.0～3.1	2019 年 7 月 26—31 日	永久点启用
Ⅶ	稳定	该阶段上部两排锚索按设计值100%逐级张拉完成，目前边坡监测数据已趋于稳定，变形速率已小于 0.1mm/d，边坡未有向临空面位移趋势	<0.1	6.4～9.8	2019 年 8 月 1 日至 9 月 20 日	

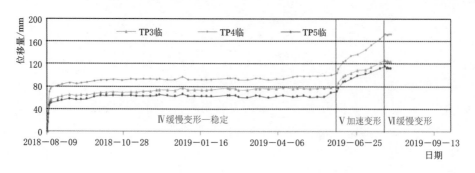

图 7.4.13 厂房边坡临时监测水平合位移变化过程线

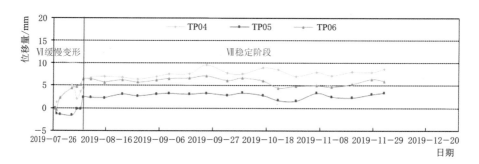

图 7.4.14　厂房边坡永久监测水平合位移变化过程线

3）测斜孔监测。测斜孔自 2019 年 5 月 31 日开始观测，截至 2019 年 9 月 20 日，测斜孔孔口累计合位移：IN1 孔为 21.16mm，IN2 孔为 101.53mm，IN3 孔为 9.75mm，经历了 Ⅴ 加速变形、Ⅵ 缓慢变形、Ⅶ 稳定三个阶段，由位移-孔深关系曲线可以看出，孔深 12m 以上坡体明显向临空面发生位移，该处位于基覆界面附近软弱夹层，且软弱夹层（滑动面）至坡表孔口段，变形量逐渐增大，可推测该坡体滑面在基覆界面附近。具体情况见表 7.4.8，位移-孔深关系曲线见图 7.4.15，孔口位移变化过程线见图 7.4.16。

表 7.4.8　　　　　　　　　　　表面变形监测情况统计

序号	变形阶段	施工情况及变形特征	变形速率 /(mm/d)	累计位移 /mm	日　　期	备注
Ⅴ	加速变形	受汛期持续强降雨及厂房边坡开挖（坡体中部和左侧边坡已开挖至 9m 左右，右侧边坡开挖较浅）影响，且部分截排水措施未完成，边坡向临空面变形趋势明显，最大孔倾斜率 1.1%，且坡体中部变形明显大于两侧，冠梁结构缝明显增大，左侧边坡前两排锚索基本施工完成，右侧边坡尚未开挖	0.2～2.3	7.5～110	2019 年 6 月 5 日至 7 月 17 日	
Ⅵ	缓慢变形	该阶段截排水措施和初期 400kN 坡体中部锚索张拉逐次完成，边坡变形趋势明显减缓，结构缝基本未有发育	<0.35	9.5～108	2019 年 7 月 18—31 日	
Ⅶ	稳定	该阶段锚索按设计值 100% 逐级张拉完成，前期变形速率已小于 0.1mm/d，近半月以来监测数据已趋于稳定，没有向临空面位移趋势	<0.1	9.8～102	2019 年 8 月 1 日至 9 月 20 日	

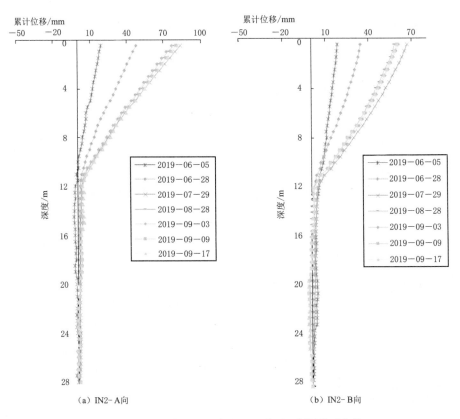

（a）IN2-A向 　　　　（b）IN2-B向

图 7.4.15　厂房边坡测斜孔 IN2 位移-孔深关系曲线

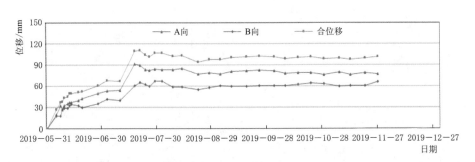

图 7.4.16　厂房边坡测斜孔 IN2 孔口位移变化过程线

（2）应力监测。

1）钢筋计。抗滑桩钢筋应力为 $-17.47\sim58.34\text{MPa}$，从钢筋受力情况来看，抗滑桩中部（即滑动面附近）钢筋受力较大，且在降雨及锚索张拉期间，抗滑桩部分钢筋应力有一定波动变化，但总体应力及其变化量均不是很大。

2）锚索应力计。目前抗滑桩锚索应力为 $716.84\sim1139.12\text{MPa}$，衰减率为 $-0.75\%\sim4.50\%$，从锚索受力情况来看，锁定后锚索受力稳定，变化量较小，衰减率较低，锚索受力情况较好，结合变形监测成果，表明锚索对约束边坡变形起到了作用。

（3）渗压监测。目前边坡渗压计水位为 $987.24\sim988.92\text{m}$，进入汛期以来，坡体内部渗压水头较高，基本处于饱和状态，降雨增加了坡体自重，同时孔隙水压力增大，大大减小了坡体抗剪强度，也是加速该边坡变形的主要因素之一。

7.4.3.4 数值模拟分析验证

结合蠕滑体及其附近的岩土地质结构，利用三维地质建模软件对厂房边坡蠕滑体结构进行概化，通过 ANSYS 进行网格划分，最后导入 FLAC3D 进行分析计算，构建数值计算模型，该计算模型不考虑临时应急处置措施（主要为减载及压脚），岩层结构包括第四系残坡积层、强风化泥岩、填方体、软弱夹层、弱风化砂岩及弱风化泥岩，模型长宽为 250m×200m，模型底界面高程为 960.00m，共划分 153425 个节点、864276 个单元。厂房边坡蠕滑体开挖后三维数值模型见图 7.4.17。

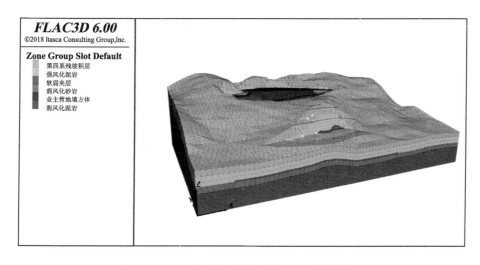

图 7.4.17　厂房边坡蠕滑体开挖后三维数值模型

通过物理力学试验和参数修正，利用强度折减法原理，通过对模型所布置监测点数据进行处理分析，坡体内形成贯通剪切带时，剪应变增量变化较大的区域位于软弱夹层分布区域，剪切带的后缘位于业主营地填方体的后缘位置，前缘剪出口位于压脚处的底部。坡体内剪应变增量及总位移云图如图 7.4.18～图 7.4.20 所示。

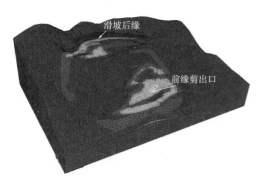

图 7.4.18　厂房边坡蠕滑体剪应变增量云图

图 7.4.19　厂房边坡蠕滑体剪应变
增量剖面云图（X=120）

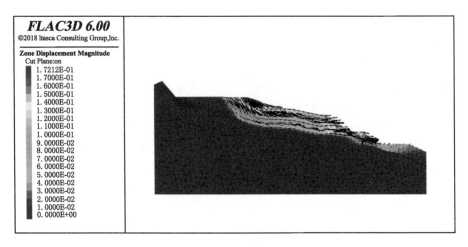

图 7.4.20 厂房边坡蠕滑体总位移分布剖面图（X＝120）

数值模拟成果显示，数值试验中位移较大的位置，与调查时发现张拉裂缝出现于业主营地平台的实际情况相符，与调查时发现的厂房边坡蠕滑体左、右两侧剪切裂缝发育的事实相符。且数值模拟试验显示，软弱夹层带剪应变最大。厂房边坡蠕滑体若不及时采取临时应急处置措施（主要为减载及压脚），厂房边坡蠕滑体变形破坏模式最有可能沿着软弱夹层边界滑动。从宏观巡查到坡体变形、应力应变监测，与数值模拟结果基本一致，采取相应支护措施后，边坡变形得到有效控制。

7.4.3.5 小结

（1）2018 年 6 月，受厂房基础开挖影响，边坡前缘产生临空面，迅速变形，形成滑坡体。坡体前缘经过第一期回填加载，变形速率迅速降低；后缘为回填土，经过多次降雨入渗坡体，以及上方建筑物压重，坡体沿滑动面加速变形。2018 年 8 月，经过第二期回填加载及清除后缘建筑物和回填土，前期坡体变形速率又迅速降低，但此时仍表现为向坡体前缘临空方向缓慢变形，之后监测数据逐渐趋于稳定。

（2）2019 年 6 月，受汛期持续强降雨及厂房边坡开挖（坡体中部和左侧边坡已开挖至 9m 左右，右侧边坡开挖较浅）影响，加之部分截排水措施未完成，坡体中部部分锚索尚未张拉完成，边坡向临空面变形趋势明显，且坡体中部变形明显大于两侧，冠梁结构缝有多处增大现象。截排水措施和初期锚索张拉基本完成后，边坡变形趋势明显减缓，之后变形速率小于 0.01mm/d。

（3）该滑坡体变形主要受工程活动、降雨入渗及工程地质条件影响，经后缘减载、前缘加载处理后，该滑坡体变形基本得到控制，但开挖支护过程中，受降雨及工程施工影响，边坡又出现较大变形，截排水及锚索等初期支护措施完成后，变形趋势明显减小，目前无向临空面位移趋势，监测数据已趋于稳定。

（4）通过对厂房边坡监测数据分析，分别对 2018 年 8 月 10 日（单日最大变形量：X 向为 34.4mm、Y 向为 31.4mm、Z 向为 24.5mm）和 2019 年 6 月 5 日（单日最大变形量：X 向为 19.7mm、Y 向为 18.2mm、Z 向为 4.1mm）两次边坡突然加剧变形做出成功预判，并通知各参建单位立即撤离，随后采取应急措施，成功避免了人员及设备安全事故的发生。

7.4.4 索风营水电站 Dr2 号危岩体

7.4.4.1 危岩体工程概况

Dr2 号危岩体位于坝址右坝肩上方的灰岩陡崖上，顶部高程为 1080.00m，底部高程为 900.00m，处于乌江期峡谷顶部。距右坝肩最近水平距离为 140m，分布高程 900.00～1085.00m。危岩体沿陡壁长约 160m，该危岩体下部外侧为Ⅲ号塌滑堆积体，底座为 T_1y^3 泥岩，Dr2 号危岩体是坝址区规模最大、危害严重的危岩体。高程 1070.00m 以上为 T_1m 灰岩地层形成的缓坡平台，地表有厚 0.5～1.5m 残坡积黏土夹碎石分布，地形坡度为 5°～10°；高程 960.00m 以下为崩塌堆积体形成的斜坡，地形坡度为 24°～40°；高程 960.00～1070.00m 为 T_1m 灰岩形成的陡壁，地形坡度大于 70°，局部形成倒悬坡。

区内分布地层主要为 T_1m 灰色薄层至中厚层灰岩、白云质灰岩，顶部有少量厚 0.5～1.5m 的残坡积黄色黏土夹碎石层分布，底部为九级滩（T_1y^3）灰绿色、紫红色泥岩夹泥灰岩及灰岩，形成危岩体基座，T_1y^3 泥岩因受上部荷载作用，岩体有一定压缩变形。

危岩体呈单斜构造，岩层产状 N75°～85°E，倾向南东，倾角为 12°～25°。上部 T_1m 地层岩层倾角一般为 12°～17°，下部 T_1y^3 地层岩层倾角相对较陡，岩层倾角一般为 15°～25°。危岩体内部未见断层分布，危岩体上游端有 f2 断层通过，经 PD54、PD55 平洞揭露，在危岩体底部 T_1y^3 地层内有多条倾向坡外的小压剪断裂分布，错距一般 0.5～0.6m，且以正断裂为主，显示座滑痕迹。危岩体内夹层较发育。在 T_1y^3 泥页岩地层中，经 PD55 平洞揭露，夹层一般厚 1～15cm，最大厚度可达 30cm，充填岩屑夹少量黏泥，岩屑成分为灰绿色泥岩，大部软化，局部泥化，强风化带内多含黄泥，连续性较好，形成危体底部可能滑移面。T_1y^3 顶和底界面处，因与硬岩接触，推测发育泥化夹层，厚度稍大，性质最差。另外在 T_1m^1 灰岩地层下部有少量厚 0.5～2.0cm 的夹层分布，连续性较好，充填炭质薄膜、岩屑及方解石，局部夹黄色黏泥。

对危岩体稳定影响较大的夹层有 4 条，具体如下。

J1：发育于 T_1y^3 底部，与 T_1y^{2-3} 接触。在前期的平洞中并未揭露，而在钻孔中也未取得岩芯，前期推测为泥化夹层。技施阶段在 Dr2 号施工支洞内揭露了该夹层，产状为 N88°E/SE∠24°，厚 20cm，成分为 2～20cm 厚紫红色泥质透镜体（已泥化）、灰白色泥岩（已泥化）及呈鳞片状的紫红色泥岩（明显发生过层间剪切位移），且有渗水现象，流量小于 0.01L/s。

J2：发育于 T_1y^3 中部，在 PD55 平洞内揭露。产状为 N82°E/SE∠23°，厚 15～30cm，充填物以灰绿色岩屑为主（多已软化），局部为少量黏土，潮湿、局部渗水。

J3：发育于 T_1y^3 顶部，与 T_1m^1 接触。前期及技施阶段无直观的揭露点，推测与 J1 类似，应为泥化夹层。

J4：发育于 T_1m^1 下部，出露于危岩体陡崖脚附近。产状为 N70°～90°E/SE∠10°～30°，宽 10～20cm，成分为泥质岩屑，较干燥。

Dr2 号危岩体上发育 7 条大型裂隙（L1～L7），根据危岩体内拉裂缝展布及延伸情况，将危岩体划分 5 部分，即 Dr2-1、Dr2-2、Dr2-3、Dr2-4、Dr2-5，分述如下：

Dr2-1：位于危岩体上游最外缘 Dr2-2 外侧，该处坡面呈倒悬地形，受 L7 切割形成倒三角体，该块体长 27m，宽 6m，分布高程 1030.00～1072.00m，体积约为 0.2 万 m^3。由于 L7 裂隙在陡壁上出现切脚现象，该块体的稳定性较差。

Dr2-2：位于危岩体下游侧最外缘，由拉裂缝 L2、L4、L6 与边坡面组成的柱状块体，体积为 5.8 万 m³。在高程 980.00～1000.00m 范围受风化剥蚀作用，产生崩塌，形成了负坡地形。高程 980.00m 以上部分，体积为 1.5 万 m³，地形上为上大下小，且下部大部悬空，稳定性较差；高程 980.00m 以下部分，体积为 4.3 万 m³，地形上为上小下大的柱状体，基座相对较宽大，天然状态下自稳。

Dr2-3：位于 Dr2-1 内侧，由拉裂缝 L3 与边坡面组成的倒三角块体，从 Tcj5、Tcj6 中揭露拉裂隙缝距陡壁边缘最大距离为 15m，往下游侧延伸至 Dr2-2，往上游侧与陡壁相交，平面上呈倒三角形分布，顶部最大长 60m，在高程 960.00m 处与陡壁成相交，高 120m，体积为 3.15 万 m³。该块体由于下部已出现切脚现象，其稳定性较差。

Dr2-4：位于 Dr2-3 内侧，以 L2 为后缘边界，为 L2 与 L3 之间的块体体积约为 11.08 万 m³。

Dr2-5：位于 Dr2-4 内侧，以 L1 为后缘边界，为 L1 与 L2 之间块体（位于 L2 与 L4 之间）体积为 34.3 万 m³。

Dr2 号危岩体的基座为 T_1y^3 九级滩泥岩，体积约为 24 万 m³。

通过上述分析，Dr2 号危岩体的灰岩体积约为 54.53 万 m³，计入 T_1y^3 九级滩泥岩后 Dr2 号危岩体的体积约为 78.5 万 m³。

Dr2 号危岩体分布高程为 880.00～1095.00m，最大高度为 215m 左右。危岩体裂隙分布见图 7.4.21。

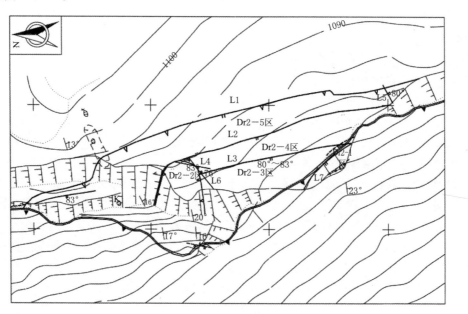

图 7.4.21 危岩体裂隙分布

7.4.4.2 危岩体可能的破坏模式

1. 倾倒破坏

Dr2 号危岩体高达 180m，最大宽仅 29～37m，内部发育多条长大拉裂缝，将危岩体切割成最大宽仅 15～20m 的薄片状块体,可能产生整体倾倒破坏。危岩体坐落于九级滩软岩(泥页岩)之上,岩体呈上硬下软分布,上部 T_1m^1 灰岩被陡倾节理切割形成近直立岩柱块体,岩体荷载基本全部作用于下部软岩上,存在一定压缩变形。受开挖、爆破及后缘外水压力影响,以及泥岩进一步风化,变形模量逐渐降低等影响,导致危岩体发生倾倒变形破坏,变形破坏模式示意图见图 7.4.22。

2. 局部崩塌

主要表现在 Dr2 号危岩体顶部陡崖边缘,如 Dr2-1 等局部块体,当危岩体产生一定变形,或因结构面参数降低时,都可能首先导致其产生局部崩塌(自由坠落或滚动)。由 L2、L4、L6 裂隙切割所形成的 Dr2-2 柱状体,在高程 980.00m 左右已形成负坡地形,随着岩体的进一步风化,将会使该凹槽部位进一步扩大,Dr2-2 危岩体上部块体悬空部位加大,后缘拉裂缝进一步扩展,从而导致局部崩塌。

3. 座滑(剪切)

上百米高的陡立岩柱重荷直接作用在下部软岩基座上,在重力或其他外荷载作用下,基座软岩已遭到不同程度的破坏,并形成断续的压碎剪切面,当基座岩体或结构面抗剪强度不够时,则可能发生剪切破坏。由于 Dr2 号危岩体底部 T_1y^3 地层内发育多条夹层,可能形成危岩体向外剪切滑出的外缘不利结构面,危岩体后缘拉裂面已基本贯通,危岩体荷载作用于 T_1y^3 软岩上,T_1y^3 泥岩强度低,危岩体可能沿泥岩内部某一不利结构面与前缘夹层及后缘拉裂面组合形成剪切滑移破坏,详见图 7.4.23。

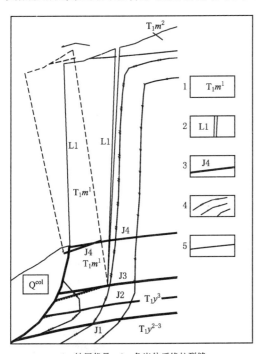

1—地层代号;2—危岩体后缘拉裂缝;
3—夹层;4—风化线;5—地层分界线

图 7.4.22 Dr2 号危岩体整体倾倒
破坏模式示意图

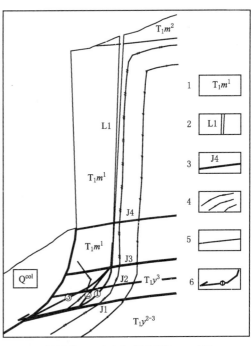

1—地层代号;2—危岩体后缘拉裂缝;3—夹层;
4—风化线;5—地层分界线;6—推测剪切滑移面

图 7.4.23 Dr2 号危岩体剪切破坏
(座滑)模式示意图

4. 滑移

主要表现为沿夹层的顺层滑动。由于危岩体岩层产状倾向上游（S），在近直立结构面（L1 或 L2）为侧向面切割上游分离形成的块体，将有沿层间夹层向坡外滑移的可能，需进行稳定性计算。Dr2 号危岩体沿夹层滑移破坏模式详见图 7.4.24。

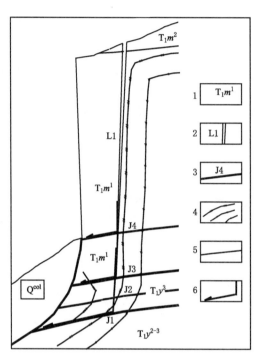

1—地层代号；2—危岩体后缘拉裂缝；3—夹层；
4—风化线；5—地层分界线；6—推测滑移面

图 7.4.24　Dr2 号危岩体沿夹层
滑移破坏模式示意图

一般情况下最大可能的滑动方向为顺岩层真倾向方向（即正南方向），偏移真倾向方向越大，其岩层视倾角越小，滑动的可能性越小。但受侧向约束情况下，实际发生滑移的方向与真倾角方向有一定夹角，略转向河床方向。

主要的滑移破坏模式有：沿 Dr2 号危岩体下部 T_1m^1 地层内夹层（J4）滑移、沿 T_1y^3 泥岩顶部夹层（J3）的滑移、沿 T_1y^3 泥岩底部夹层（J1）的滑移。

（1）沿 J4 夹层的滑移。由前所述，T_1m 地层岩层倾角较缓，倾角为 $12°\sim17°$。

（2）沿 J3 夹层的滑移。T_1m^1 与 T_1y^3 分界面岩层倾角最大不超过 $17°$。

（3）沿 J1 夹层的滑移。由于 T_1y^3 地层岩层倾角相对较陡，岩层倾角为 $15°\sim25°$。

根据前述 4 种破坏模式，并综合考虑危岩体所处地理位置分析认为，危岩体的破坏应以剪切（座滑）破坏模式为主，其次为局部崩塌、滑移破坏模式，整体倾倒破坏可能性较小，其理由如下：

1）对于倾倒破坏模式，必须有足够的倾覆力矩，并在下部泥岩有较大变形时，才有可能发生，其主要控制因素是泥岩的变形条件，当泥岩形成较小变形时，此时虽不能使危岩体产生整体倾倒，但可能使上部局部块体（如 Dr2－2 等）产生局部崩塌，故局部崩塌破坏的可能性较大。

2）不论是何种破坏模式，其临空面的大小是主要的影响因素，从危岩体目前的形状看，主要的临空面在近西向，即危岩体产生破坏方向应以 SWW 及 NWW 向为主，而该方向产生剪切（座滑）破坏的可能性最大，产生顺层滑动的可能性较小。

3）从危岩体外侧堆积物物质成分及分布情况分析，其堆积物主要为 T_1m^1 灰岩碎块石及少量大孤石，且分布在危岩体外侧周边斜坡地带。假如早期以顺层滑移破坏为主，则现今的堆积物就应以大孤石为主，并且应主要分布在靠上游侧的斜坡地带，故认为堆积物应为早期危岩体崩塌、座滑的堆积物，据此推测危岩体的破坏也应以座滑和崩塌破坏模式为主。

7.4.4.3　采取的治理措施

（1）对于由 L7 裂缝形成的三角形岩体（约 $2000m^3$）及有掉块的岩体，采取挂网喷锚支护。

（2）沿 L1 裂缝后缘山坡设置截水沟，防止地表水流入危岩体裂隙内；危岩体顶部采用混凝土封闭，防止地表水入渗。

（3）各条裂缝顶部采用混凝土进行封闭，并在混凝土地梁中设 47 根 1000kN 有黏结预应力锚索。

（4）对倒悬岩体以 C15 混凝土贴护支撑，5 条勘探平洞回填 C15 混凝土，可作为抗剪洞。

（5）L1、L2 裂缝采用水泥砂浆或浓浆低压灌注密实，回填一级配混凝土 C15。

（6）L1 外侧高程 1040.00～1060.00m 采用 160 根 2000kN 无黏结锚索和长锚杆加固处理 Dr2-2 区。L4、L6 裂缝和危岩体外缘形成的柱状岩体采用 16 根 2000kN 无黏结锚索和深长锚杆加固处理。从 Ⅲ 号堆积体高程 930.00m 作"之"字形爬梯上至高程 1060.00m 平台进行钻孔锚固。

（7）在危岩体下部 T_1y^3 泥页岩内布置一排 6 根 $\Phi7.0m$ 深度 60～80m 的深层抗滑桩，下部嵌入 T_1y^{2-3} 内，浇筑 C25 混凝土。开挖时，向内挖除 T_1y^3 风化岩体，以混凝土置换。

（8）在危岩体高程 930.00～940.00m 沿 J4 布置 8 条锚固洞，断面尺寸为 $5.0m\times4.0m$，回填 C20 混凝土。锚固洞向山内倾斜，从而保证回填混凝土密实。

（9）用钢筋混凝土将抗滑桩和锚固洞连接起来，并施加 24 根 2000kN 锚索，形成洞桩锚联合加固系统。

（10）在 Ⅲ 号堆积体高程 930.00m 平台对 T_1y^3 泥岩的裂纹进行水泥灌浆加固。灌浆后扫孔插入钢筋束，再灌浆封闭，提高承载能力。

（11）排水措施从上到下一共有 4 层：地表两道截排水沟（见上面第 2 项）；中下部高程 930.00～940.00m 设置一排 $\Phi76$ 排水孔，中层截水，仰角为 15°，深 30～40m，间距为 5m；锚固洞内设 $\Phi76$ 排水孔，仰角为 15°；抗滑桩内设 $\Phi76$ 排水孔，仰角为 15°，从下部施工交通洞引出，排除 J1、J2 夹层中的水。

（12）考虑到由 Dr2 号危岩体外部对 L1、L2 裂缝进行灌浆存在较大施工及工程风险，为探明 L1 裂隙是否完全贯通，2012 年 3 月，由下游侧高程 976.00m 沿 L1 裂隙开挖断面尺寸为 $2m\times2.5m$、长为 150m 的勘探平洞，在原 PD51 勘探平洞上方，L1 裂隙出露点下游，沿 L1 裂隙开挖追踪 L1 裂隙勘探洞。

7.4.4.4　危岩体安全监测

1. 监测布置

根据危岩体的地质、规模及加固处理情况，分别在危岩体顶部、上部崖面、底部抗滑桩、底部锚固洞以及中部追挖洞分别布置不同的监测仪器。

Dr2 号危岩体顶部共布置了 8 个表面观测墩、7 支单向裂缝计、5 组双向裂缝计、6 套多点位移计和 2 套锚索测力计。危岩体顶部监测布置见图 7.4.25。

Dr2 号危岩体上部崖面共有 4 套多点位移计和 16 锚索测力计。抗滑桩底部 A1、A4、A6 共布置 5 支土压力计、12 支钢筋计和 5 支温度计。中上部追挖洞 L1 裂隙上，布置有 4 组双向对标和 4 组双向裂缝计。底部锚固洞 3 号、4 号、5 号、7 号共布置有 5 支渗压计、5 支裂缝计和 60 支钢筋计。

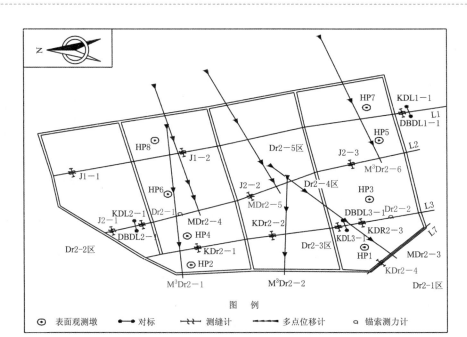

图 7.4.25 危岩体顶部监测布置图

2. 监测成果分析

(1) 危岩体顶部。

1) 变形。①表面观测墩左右岸向位移为 -5.95~4.42mm，上下游向位移为 -6.53~4.76mm，垂直位移为 -3.13~5.39mm；向左右岸向位移变幅为 2.05~6.96mm，位移值及变化量均较小。②多点位移计实测内部变形为 -1.52~2.69mm；变幅为 0.12~0.92mm。多点位移计 MDr2-1、MDr2-2、MDr2-3、MDr2-5、M3Dr2-6 测值已稳定。MDr2-4 虽在缓慢增长，但增长速率较小。多点位移计变化过程线见图 7.4.26。③单向裂缝计实测裂缝开合度为 -0.90~1.20mm；变幅为 0.21~0.82mm。KDr2-1、KDL1-1~KDL3-1 等 4 支裂缝计实测裂缝开合度均已稳定，KDr2-2（L3 上）实测开合度虽缓慢增大，但变化速率较小，年变化速率亦逐年减小。裂缝计开合度变化过程线见图 7.4.27。④对标实测裂隙开合度为 -1.54~1.98mm；变幅为 1.70~2.46mm。位移未见明显增大趋势，测值稳定。⑤双向裂缝计实测水平向开合度为 1.07~2.65mm，垂直向

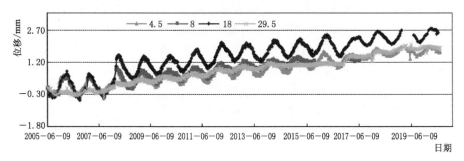

图 7.4.26 危岩体多点位移计变化过程线

剪切位移为 1.14~5.37mm；水平向开合度变幅为 0.41~1.11mm，垂直向剪切位移变幅为 0.44~1.35mm。各测点水平向开合度及垂直向剪切位移虽有增长趋势，但变化速率均很小。变化速率较大的 J1-1 所处断面崖面上的多点位移计 M-14 测值稳定，J1-1 测值不能作为判断危岩体顶部 L1 裂隙是否张开的唯一依据，测值仅供参考。

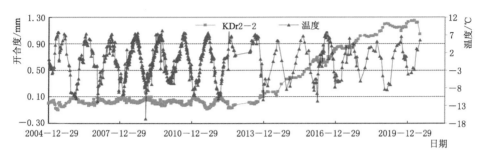

图 7.4.27 危岩体裂缝计开合度变化过程线

2) 应力。Dr2 危岩体顶部 3 套锚索测力计均失效，失效前锚索应力为设计值的 91%~110%。

(2) 上部崖面。

1) 变形。上部崖面内部变形较小，多点位移计实测上部崖面内部变形呈季节性周期变化。多点位移计实测危岩体上部崖面内部变形在 -0.61~1.58mm，变幅为 0.74~1.48mm。M4Dr2-15（45m）最深测点位移虽在缓慢增长，但变化速率较小，但最深点位于稳定山体上，不代表危岩体实际的位移。新增多点位移计变化过程线见图 7.4.28。

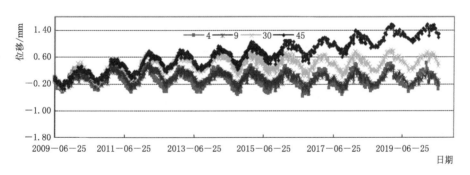

图 7.4.28 危岩体新增多点位移计变化过程线

2) 应力。锚索相对锁定吨位应力损失率为 -6.08%~5.69%，锚索应力为设计值的 94.3%~116%；2012 年后抗滑桩和锚固洞等加固措施的实施，大部分锚索应力逐渐平稳，增长不明显，靠近顶部的锚索 PR3-10 应力于 2014 年开始逐渐收敛，测值稳定。

(3) 抗滑桩。

1) 抗滑桩钢筋应力测值为 17.55~52.28MPa，低于钢筋抗拉强度设计值；钢筋应力变幅为 0.36~4.36MPa。各钢筋计测值处于稳定状态，整体呈受拉状态。

2) 土压力计测值为 -0.17~0.66MPa，土压力变幅为 0.11~0.17MPa。各土压力计测值均处于稳定状态。

3）各温度计测值均处于稳定状态。当前温度测值为 19.00～21.15℃。

（4）追挖洞。

1）对标实测裂隙开合度为－2.89～4.07mm，位移变幅为 0.84～3.93mm。

2）双向裂缝计实测水平向开合度为－0.47～0.15mm，垂直向剪切位移为－1.05～－0.14mm；水平向开合度变幅为 0.06～0.37mm，垂直向剪切位移变幅为 0.03～0.87mm。当前裂缝计测值均为负值，测值缓慢减小。

3）双向裂缝计所在位置均布置了对标，两种监测方法均显示靠近山体的 L1 裂缝开合度无趋势性变化。

（5）锚固洞。

1）地下水位高程为 926.50～937.50m，水头为 0～11.31m，水位变幅为 5.91～9.94m。危岩体支护措施实施后，排水通道不如施工期通畅，地下水位略有增长，地下水位主要受降雨量影响。

2）裂缝计测值为 0.03～2.37mm，开度变幅为 0.12～1.13mm。目前锚固洞裂缝计测值已收敛。

3）锚索测力计测值为 1305.76～1550.06kN，相对锁定吨位应力损失率为 0.04％～17.46％，锚索应力为设计值的 82.54％～99.96％。锚索测值呈季节性周期变化。当前锚索测力计峰值平稳，无明显增长趋势。

4）锚固洞钢筋应力测值为－7.35～107.66MPa，钢筋应力变幅为 0.89～13.28MPa。锚固洞钢筋应力测值稳定。

7.4.4.5 小结

（1）根据危岩体可能的破坏模式分析，危岩体的破坏以剪切（座滑）破坏模式为主，其次为局部崩塌、滑移破坏模式，整体倾倒破坏可能性较小。若发生座滑，下部支护结构（锚固洞、抗滑桩）受力将发生改变，支护结构上布置的监测仪器将出现测值的变化，用以反馈支护施工情况。

（2）Dr2 危岩体顶部及上部崖面实测危岩体向临空面最大位移为 2.56mm，上下游最大位移 3.80mm，最大沉降为 4.50mm，向上下游、左右岸最大矢量位移为 6.71mm；多点位移计实测危岩体顶部向临空面最大位移为 2.78mm；裂隙最大位移为 5.75mm，位移较小且已稳定。锚索应力相对稳定，且损失率较低。

（3）该部位抗滑桩钢筋计整体呈受拉状态，土压力计呈受压状态，测值均处于稳定状态且未超过设计值。追挖洞对标位移及双向裂缝计位移均处于较低水平，且数值稳定。锚固洞锚索测力计及渗压计均处于正常状态，未出现异常数据。

（4）综上所述，监测资料表明，Dr2 号危岩体变形和支护结构应力整体趋于稳定，Dr2 危岩体处于稳定状态。

7.4.5 鸡鸠溢洪道边坡

7.4.5.1 边坡工程概况

鸡鸠水库溢洪道右边坡设计开挖 72m，按坡高划分为高边坡。溢洪道右边坡轴线位于右坝肩外凸山体的斜坡段，山脊高程为 960.00～1000.00m。组成溢洪道底板及两边坡的地层岩性为 Pt3f2b-5～Pt3f2b-4 灰色、灰白色中厚层至厚层层纹状绢云母变质粉砂岩为主，局部夹少量薄层条纹状绢云变粉砂岩、粉砂绢云母板岩，属 BⅢ1～BⅢ2 类岩体，溢洪道布置区内岩体风化强烈，全风化、强风化带深 10～15m，向山下变浅。溢洪道通过区无断层发育，岩层产状为 N35°～60°W，SW∠14°～20°，受雷山复式向斜构造影响，坝址区内发育有小背斜和小向斜，向斜轴线与溢洪道纵轴线交角较大。经勘察，区内断层不发育，但近 NW 向裂隙和近 EW 向剪性裂隙较为发育。

经轴线上 ZK5、ZK11 号钻孔及坡面上坑槽探查明，溢洪道区表层覆盖层厚 8～10m，以褐黄色、灰色残积黏土夹碎石为主，下伏强风化带深 0～13m，下部为弱至微新岩体，单孔声波波速为 4800～4970m/s 左右，岩体完整性系数为 0.64～0.78，属较新鲜完整岩体，区内水文地质条件简单。

溢洪道右边坡底板开挖至高程 938.00m，泄槽出口段开挖至 933.60m 高程，而溢洪道地表山脊线高程为 965.00～990.00m。溢洪道建基面将置于弱至微基岩上，工程地质条件较好，地基承载力及抗滑稳定完全能满足设计要求。其存在的主要工程地质问题是开挖边坡的稳定问题。溢洪道右侧开挖边坡，除泄槽段坡高 40～65m 外，其余坡段高度一般为 20～30m。在边坡上部 8～13m 深度段为强风化，中下部开挖坡面岩体为弱～微风化，岩层产状大多与边坡构成斜向坡，对边坡整体稳定有利，边坡不存在整体滑移破坏模式，即整体稳定。但由于受小向斜影响，部分坡段上亦形成小范围或浅层顺向坡，在前述两组裂隙切割下，存在顺层滑落的可能，其余横向坡段及斜向坡段则主要以零星楔形块体破坏为主。由于边坡高，卸荷回弹及松弛问题突出，也存在局部段岩体随机倾倒的可能，在施工开挖时，应予高度重视，及时做好支护处理，并进行边坡变形监测。

7.4.5.2 边坡变形特征及原因分析

1. 边坡变形特征

鸡鸠水库溢洪道右边坡于 2014 年 7 月 22 日开挖。随着边坡开挖的进行，边坡的应力及稳定状态，随开挖深度与外界条件的改变而时刻发生变化，细微的变形及滑动难以观测、记录。但是，从边坡开挖以来，分别于 2014 年 8 月 27 日、9 月 16 日、10 月 21 日在边坡的覆盖层及强风化层发生了三次变形。

(1) 边坡第一次变形情况。溢洪道边坡于 2014 年 7 月 22 日开始在桩号约 0+60.00～0+135.00m 段开挖，至 8 月 27 日发生变形。2014 年 8 月 26 日，对边坡桩号 90.00～125.00m 坡段，从高程 968.00m 机械开挖至 965.00m。8 月 27 日，现场施工发现边坡已发生变形，后缘产生多条裂缝，最大下错约 30cm。8 月 29 日现场调查发现：坡面干燥，没有发现地下水，坡顶为养鱼稻田，在边坡变形前稻田装满水（8 月 29 日调查时田水已排除）；边坡的顶部产生多条拉裂缝，坡顶最长裂缝长约 65m，呈弧形，宽约 30cm，下错约 1m，前缘裂缝，变形体斜面上有长约 60m 的顺坡裂缝，变形体的后缘高程为 1001.00m，前缘高程约为 868.00m，变形范围为覆盖层及强风化层，变形体积约为 4000m³。变形迹象见图 7.4.29～图 7.4.32。

边坡变形后，施工单位对边坡布置了 4 个简易监测点（边坡后缘裂缝较大沉降处）。监测数据表明：边坡 2014 年 8 月 27 日开始变形滑动，其当日最大下错 40cm；到 9 月 2 日，边坡的变形下滑速度呈递减的趋势，趋于向暂时稳定状态发展。初步判断，边坡经蠕动变形转为暂时稳定，但是，边坡的稳定性裕度不大，外界稍有触发因素，边坡就有可能转变为运动状态，需采取相应治理措施。

图 7.4.29　8 月 27 日变形边坡全貌

图 7.4.30　8 月 27 日变形边坡后缘拉裂缝

图 7.4.31　8 月 27 日变形边坡前缘裂缝

图 7.4.32　8 月 27 日变形边坡竖向裂缝

（2）边坡第二次变形情况。溢洪道边坡于 2014 年 9 月 16 日（小雨）发生变形，在 0－23.00～0＋86.00m 段高程 980.00m 产生约 80m 长的弧形拉裂缝以及多条小拉裂缝，在 0－20.00～0＋20.00m 段高程 946.00～948.00m 的坡脚外的施工道产生剪切隆起，最高隆起约为 2m。边坡变形体体积初步估计约为 4.8 万 m^3。变形前后边坡没有地下水出现，降雨入渗仅限于土体表面。9 月 16 日边坡变形范围及坡脚鼓起现象见图 7.4.33。

该段边坡由于直立开挖而后部的坡面没有减载的条件下发生了变形。根据边坡的第二次变形迹象，该段的岩土体发生变形破坏，变形导致坡体开裂、破碎，结构发生了变化，难以保持稳定，需要采取相关的治理措施。

（3）边坡第三次变形情况。边坡于 2014 年 10 月 21 日在 9 月 16 日变形的基础上再一次发生变形，并且规模增大，变形范围为 0－25.00～0＋135.00m，高程为 940.00～1006.00m。10 月 20 日雷山县鸡鸠水库当地下中雨，持续至 10 月 21 日，之后转为小雨。在 0－25.00～0＋120.00m 段高程 1006.00m（开挖边坡坡顶）产生约 108m 长的拉裂缝以及多条小拉裂缝，11 月 5 日最大下错 6.239m。在 0－25.00～0＋50.00m 段高程 940.00～

（a）边坡变形范围

（b）坡脚鼓起现象

图 7.4.33 9 月 16 日边坡变形范围及坡脚鼓起现象

942.00m 产生剪切隆起，最高隆起约 0.5m。11 月 10 日开挖探槽发现冒水现象，变形体体积初步估计约为 16 万 m^3。变形迹象见图 7.4.34～图 7.4.37。

图 7.4.34 10 月 21 日边坡变形范围

图 7.4.35 边坡坡顶下游侧裂缝

图 7.4.36 边坡坡顶裂缝及下错

图 7.4.37 探槽中的冒水现象

边坡变形后，施工单位在边坡布置了 5 个变形监测点，根据边坡监测数据，2014 年 10 月 17 日至 11 月 5 日，边坡趋于向加速变形发展。初步判断，边坡处于加速变形阶段，若受外界不利条件的影响，边坡可能会转化滑坡，急需采取相应的治理措施。

（4）之后边坡变形现状。在边坡的顶部产生多条长大弧形拉裂缝，其中最长拉裂缝沿边坡桩号 1130m 高程 1007.00m 处向上游向下延伸，拉裂缝长约 108m，一般下错 1.0～4.0m，其中边坡顶部的下游侧下错严重，最大下错约 6.3m。边坡表层土体由于受到变形及施工的影响，极其破碎，地表水极易快速渗入。覆盖层及强风化层的力学参数为其残余强度，导致力学参数降低，稳定性也随之降低。此段时间由于进入少雨季节，坡体中前期入渗的地表水已缓慢排除，现在边坡以蠕动变形为主，表面产生缓慢沉降，但是没有整体移动的现象。

2. 边坡变形原因分析

（1）坡顶田水入渗。溢洪道边坡于 7 月 22 日开始从上往下采用机械逐级开挖，开挖最高高程为 1001.00m，至 8 月 27 日（历时 36 天），边坡已开挖至 865.00m，三级边坡接近开挖完成。在开挖过程中，边坡表面干燥，没有发现地下水。

由于开挖边坡顶部有几块当地农民用于养鱼的稻田，没有排除稻田的田水。在此一个多月的时间里，稻田里大量的田水缓慢地渗入边坡中。随着稻田水的渗入以及时间的推移，改变了边坡岩土体的物理性状及力学性质。边坡的稳定性方面表现为下滑力增大，抗滑力减小，边坡由自然稳定状态转变为极限平衡状态，再转变为不稳定状态，其外在表现为先产生肉眼不易观察的蠕动变形，再产生小裂缝，直至最后整体破坏滑动。边坡 2014 年 8 月 27 日在 0+60.00～0+135.00m 段发生变形，主要是受稻田田水入渗的影响。

（2）开挖方式的影响。边坡约 0−50.00～0+60.00m 段高程 990.00m 的居民不同意征田，不能施工。由于工程量大、工期紧，为了按时完工，8 月 25 日至 9 月 16 日，施工队在 0−50.00～0+60.00m 段高程 970.00～946.00m 的坡面采用机械开挖，但是在开挖坡面时从坡脚开挖，形成 15～24m 的临空面，且坡面陡峭，最陡处约 77°（远大于设计开挖的最大坡比 53°），且高程 970.00m 以上的坡面没有进行开挖减载。

这种开挖方式，坡脚的压脚岩土体被移除，而上部的重量没有减少，即边坡的抗变形滑动的力减小。边坡的应力在坡脚集中，边坡由自然稳定状态转变为极限平衡状态，再转变为不稳定状态，从而形成变形滑动破坏。

（3）支护措施滞后的影响。边坡的开挖，一方面会产生卸荷回弹，使边坡的岩土体松弛，不利于边坡的稳定；另一方面，随边坡的开挖，边坡的主应力也会随之调整。开挖边坡致使坡体内部最大主应力向近似平行于削坡面方向调整（向铅直方向变化），同时作用力增大，而近似垂直于削坡面的最小主应力减小，坡体中应力集中。随时间的推移，岩土体抗剪强度达到极限值，且逐渐转化为剪切破坏，岩土体渐进破坏，要求及时支护。但是，在施工过程中，由于种种原因，致使上述要求没有得到贯彻落实，致使边坡累进变形、形成裂缝、裂缝扩展加深，因地表水渗入，最终由沿潜在滑移面逐渐剪断岩体而发展为变形滑动。

该处强风化层为薄层～中厚层层纹状状绢云母变质粉砂岩为主，局部夹少量薄层条纹状绢云变质粉砂岩、粉砂绢云母板岩，覆盖层为黏土，岩土体为弱风化岩土体，短期边坡开挖在正常暴露，岩土体的物理力学参数变化不大。但是，其随时间的推移，风化作用加强，岩土体的力学参数有不同程度的减弱，特别是地表水沿裂缝灌入的影响，会对边坡的稳定性产生强烈、快速的恶化作用。

（4）地质结构的影响。

1）向斜轴线位置的变化。由于前期边坡覆盖层深厚以及植被发育，边坡段向斜轴线只能根据河边观测到向斜轴线的走势做推测，与实际情况有误差。

向斜轴部往往是地应力集中的地区，由于地应力集中，相对破碎，受风化影响较强，覆盖层及强风化层也相对较深。在相同条件下，覆盖层及强风化层较深，其稳定性也相对较差。

2）覆盖层及强风化层厚度问题。右岸坝肩、趾板及溢洪道区覆盖层实际开挖揭示为8～17.2m，较原设计加深2.2m；斜轴线高程998.00m地区强风化层实际开挖揭示为7～11.9m，较原设计加深1.9m，其稳定性相对也较弱。

3）降雨及防渗的影响。当地气候属于中亚热季风气候，暴雨频繁，雨量充沛。天然的岩土体由于结构密实，降雨很难深入岩土体内部，但是，鸡鸠水库溢洪道边坡岩土体由于受变形的影响，表层岩土体裂缝增多，降雨形成的地表水易快速的沿变形裂缝灌入边坡内部。再加上边坡前缘开挖扰动破坏了坡体水向下流动的细微管道，会使坡体内的水位会急剧上升，一方面，增加了边坡岩土体的重度以及形成静水压力和渗流压力，不利边坡的稳定；另一方面，加速岩土体的风化、饱和作用，降低了力学性质，使边坡稳定性恶化。

7.4.5.3 边坡安全监测

1. 监测布置

根据相关设计修改通知和溢洪道右侧边坡监测布置图（溢0+135.00～溢0+202.00m）布置监测仪器见表7.4.9。

表7.4.9　　　　　　　　　　　溢洪道边坡监测仪器统计表

序 号	仪器设备名称	单 位	设计数量	完 好 量	备 注
1	表面位移观测墩	个	21	21	
2	测斜孔	孔	5	0	
3	渗压计	支	2	2	
4	钢筋计	支	20	5	
5	锚索测力计	台	8	8	

（1）表面变形监测。在溢0+030.00m、溢0+060.00m、溢0+090.00m、溢0+120.00m设置4个监测断面，布置13个表面变形观测点，2015年9月至2016年4月安装。锚索支护区布置8个表面变形观测点，2016年11月安装。

（2）测斜孔与边坡渗压监测。在溢0+060.00m、溢0+105.00m、溢0+120.00m监测断面共布置5个测斜孔，从2015年12月开始观测，随着边坡变形增加和支护施工，2016年5月以后无法观测。在两个坡顶测斜孔（TP1-1和TP3-1位置附近）的孔底安装1支渗压计，监测边坡地下水位。

（3）钢筋应力监测。在高程1005.00m4号、8号、14号和18号抗滑桩中，每个桩体布置5支钢筋计，钢筋计埋设在山体侧，分别距桩顶1/4、1/3、1/2、2/3、3/4位置，共布置钢筋计20支。

（4）锚索监测。在溢0+135.02～溢0+198.89m，高程935.00m马道实施锚拉挡墙以恢复高程 950.00m 公路，锚索吨位为 150t，共 45 根，选择 3 台锚索布置 150t 级锚索测力计。对溢 0＋135.02～溢 0＋184.95m，高程 950.00m 以上边坡进行削坡减载及支护处理，高程 950.00～955.00m 采用锚挡墙支护，锚索吨位为 100t，共 25 根，选择 3 台锚索布置 100t 级锚索测力计。对溢 0＋184.95～溢 0＋202.19m，高程 950.00m 以上边坡进行框格锚索处理，锚索吨位为 100t，共布置 25 根，选择 2 台锚索布置 100t 级锚索测力计。

2. 监测成果分析

(1) 表面变形监测。

1) 位移发展阶段。①2015 年 9 月至 2016 年 5 月，发生在抗滑桩施工完成以后，直至完成高程 965.00～975.00m 边坡锚杆、钢轨桩及连系梁、贴坡混凝土挡墙施工，本阶段为位移快速增大过程。②2016 年 6—9 月，期间进行高程 965.00～950.00m 道路挡墙、贴坡混凝土施工，本阶段位移增速减小。③2016 年 9 月至 2019 年 4 月，即溢洪道边坡桩号 0＋0.00～0＋120.00m 支护施工全部完成以后，本阶段位移速率逐渐趋于收敛。

2) 表面变形规律。①边坡观测墩位移方向：垂直方向均有不同程度的沉降；水平方向以向左岸（临空面）方向位移为主，上下游方向以向下游位移为主，上下游位移量相对较小。②累计位移与安装部位和始测时间关系显著。高程 985.00～1013.00m 测点从 2015 年 9—11 月开始观测，坡面测点累计沉降为 314.5～712.9mm，水平位移为 295.5～2082.8mm，其中坡面测点位移显著大于抗滑桩联系板表面测点；高程 965.00m 及其以下从 2016 年 4 月以后开始观测，累计最大沉降为 50.5mm，累计最大临空面方向水平位移为 55.2mm。③空间分布上看，位移变化较大的范围相对集中，位移最大的观测墩埋设位置在高程 985.00～1013.00m，其中桩号溢 0＋60.00m、溢 0＋90.00m 两个断面的位移大于溢 0＋30.00m、溢 0＋120.00m。

3) 位移变化情况。①边坡顶部开挖线上方（高程 1013.00m）。截至 2019 年 4 月，观测墩 TP1－1 向左岸（临空面）累计位移为 295.5mm。2015 年 10 月至 2016 年 5 月，位移量为 226mm，位移速率为 32.3mm/月；2016 年 10 月至 2019 年 4 月，支护措施完成后位移速率逐渐变小，2017 年 12 月以后位移速率为 0.5mm/月。观测墩 TP1－1 上下游方向水平位移很小，从施工期至今变化不大。从过程线看，观测墩 TP1－1 的垂直位移、向临空面位移趋于收敛。②高程 1006.00m。截至 2019 年 4 月，边坡马道桩号 0＋90.00m、0＋60.00m 累计向临空面方向位移分别为 1052.9mm、695.8mm，累计沉降分别为 687.4mm、712.9mm。2015 年 9 月至 2016 年 5 月，水平位移为 943.1m、623.2mm，位移速率为 117.9mm/月、77.9mm/月；沉降值为 604.2mm、624.1mm，沉降速率为 75.5mm/月、78.0mm/月。2016 年 10 月至 2019 年 4 月，支护措施完成后位移速率逐渐变小，2017 年 12 月以后位移速率为 0.6～1.1mm/月。③高程 985.00m。截至 2019 年 4 月，0＋30.00～0＋120.00m 之间累计向临空面方向水平位移为 1042.6～2082.8mm，累计沉降为 217.8～655.1mm。2015 年 9 月至 2016 年 5 月，水平位移为 963.9～1988.4mm，平均位移速率为 120.5～248.6mm/月，沉降值为 204.2～627.0mm，沉降速率为 25.5～78.4mm/月；2016 年 10 月至 2019 年 4 月，支护措施完成后位移速率逐渐变小，2017 年 12 月以后位移速率为 0.5～1.1mm/月。从位移分布来看，桩号 0＋90.00～0＋60.00m 之间测点位移量和施工期位移速率大于上、下游侧，目前位移速率均减小至 1mm/月左右。

④高程 965.00m。截至 2019 年 4 月，向临空面位移 8.3～55.2mm，最大沉降量为 16.5mm，最大位移发生在桩号溢 0＋030.00m TP4－2，在 2016 年 9 月时累计位移为 28.9mm，在 2016 年 12 月时累计位移为 49.8mm，2017 年 12 月以后位移速率为－0.1～ 0.8mm/月，位移基本稳定。⑤下游侧锚索区。2016 年 11 月至 2017 年 12 月，高程 1001.00m 测点 TP7－1 向临空面水平位移 17.9mm，向下游方向位移 34.5mm，位移速率 为 1.2mm/月。累计沉降为 50.5mm，位移速率为 2.3mm/月，2017 年 12 月以后位移速 率为 1.1mm/月。高程 975.00～950.00m 测点向临空面水平位移为－2.4～9.6mm，位移速 率均小于 1mm/月，向下游位移为－2.4～20.2mm，2017 年 12 月以后最大位移速率为 1.3mm/月。累计沉降为 13～22.4mm，2017 年 12 月以后平均位移速率为 0.8～1.1mm/ 月。部分测点位移过程线见图 7.4.38～图 7.4.41。

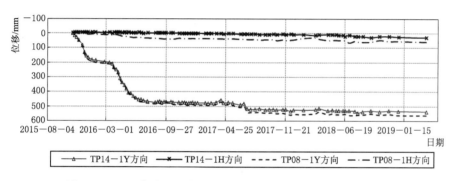

图 7.4.38　溢洪道边坡表面变形点 TP8、TP14 位移变化过程线

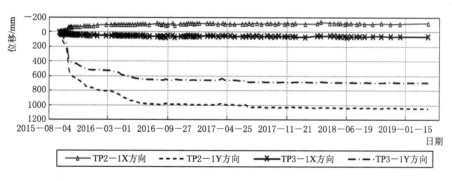

图 7.4.39　溢洪道边坡表面变形点 TP2、TP3 水平向位移变化过程线

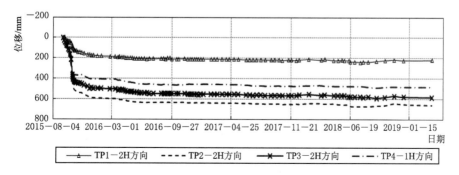

图 7.4.40　溢洪道边坡表面变形点 TP1～TP4 沉降变化过程线

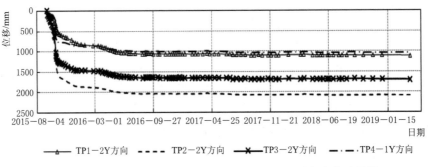

图 7.4.41　溢洪道边坡表面变形点 TP1～TP4 下游向变化过程线

（2）测斜孔。桩号溢 0+120.00m，测斜孔 IN1 孔深 18.5m 以下基本稳定，在孔深 18.5m 至孔口段有一定的滑移现象，至 2016 年 5 月顺坡向孔口累积位移为 12.2mm。桩号溢 0+090.00m，测斜孔 IN3，孔深 12.5m 以下基本稳定，在孔深 12.5m 至孔口段有一定的滑移现象。桩号溢 0+105.00m，测斜孔 IN5 孔口以下 18.5m 处为滑动面，据钻孔资料显示，该处正处于黏土与强风化之间，2016 年 3 月底该孔最大累计变形量为 A 方向 1.25mm、B 方向 5.35mm。2016 年 4 月再次观测时发现该孔已严重变形，不能观测。2016 年 5—7 月，测斜孔未见明显位移。测斜孔 IN1 孔深-位移关系曲线见图 7.4.42。

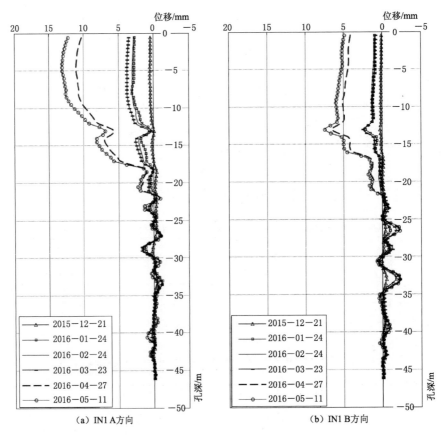

图 7.4.42　测斜孔 IN1 孔深-位移关系曲线

（3）边坡地下水位。从 2015 年 10 月至 2019 年 4 月，测斜孔内水位变化范围为 965～980m，最高水位低于测斜孔监测显示的滑动面高程 993.00m。两个断面渗压计水位变化趋势基本一致，变化过程与坝址区降雨量有一定相关性，水位关系曲线见图 7.4.43。

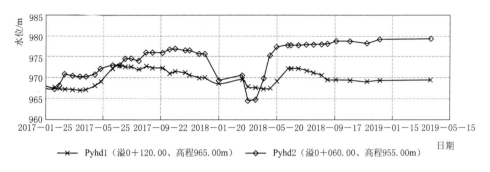

图 7.4.43　溢洪道边坡坡顶实测水位变化过程线

（4）抗滑桩钢筋应力。

1）钢筋计应力变化主要发生在施工期，主要变化时段为 2015 年 7—11 月，与边坡位移时段基本一致。

2）4 个抗滑桩应力分布基本一致，距桩顶 1/4、1/3 桩长的位置钢筋计表现为压应力或微受拉，距桩顶 1/2、2/3、3/4 桩长的位置的 12 支钢筋计中有 10 支表现为受拉，其中 6 支在 2015 年 12 月以前失效。

3）2016 年以来钢筋计应力变化较平缓，截至 2019 年 4 月，仅有 5 支可正常观测，位于桩体中、上部位，当前测值范围为 $-13.9 \sim -170.4$MPa，其中 18 号抗滑桩上部钢筋计压应力最大值为 -170.4MPa。

4）抗滑桩钢筋应力变化过程与高程 985.00m 边坡表面位移过程基本一致，目前钢筋应力基本稳定。部分钢筋计应力变化过程见图 7.4.44。

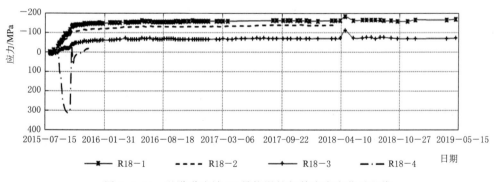

图 7.4.44　溢洪道边坡 18 号抗滑桩钢筋应力变化过程线

（5）锚索应力。从监测成果看，自安装后锚索测力计均有不同程度应力衰减，荷载损失率为 4.45%～13.48%，荷载损失不大。MS2、MS8 锚索安装后有 1% 左右的荷载波动，发生在 2016 年 8 月下旬至 9 月下旬，可能与边坡挡墙、贴坡混凝土施工有关。2016 年 10 月以后，锚索荷载变化基本呈缓慢衰减趋势。

7.4.5.4 小结

（1）鸡鸩溢洪道边坡变形主要受坡顶田水入渗、开挖方式及支护措施滞后、地质条件、降雨和防渗等因素作用，共同降低了坡体的稳定性，以致边坡失稳。

（2）施工期边坡变形、抗滑桩应力监测等均发生较大变化，主要发生在边坡开挖支护阶段。边坡位移最大的部位在高程 1006.00m 马道、高程 985.00m 马道，桩号 0+60.00～0+90.00m 区域位移最大。边坡支护施工完成以后，位移变化逐渐趋于稳定。

（3）边坡桩号 0+120.00m、0+60.00m 测斜孔底渗压计监测情况显示，边坡地下水位变化范围为 960～980m，最高水位低于测斜孔监测显示的滑面高程，孔内水位与坝址区降雨有一定相关性。

（4）下游锚索区锚索测力计均有不同程度应力衰减，荷载损失不大，同时该部位表面变形变化不大。施工期个别锚索安装后有 1% 左右的荷载波动，发生在 2016 年 8 月下旬至 9 月下旬，可能与边坡挡墙、贴坡混凝土施工有关。2017 年以后锚索荷载趋于稳定。

7.5 问题与讨论

7.5.1 关于边坡工程动态设计与边坡监测之间关系的认识

在《水电水利工程边坡设计规范》（DL/T 5353—2006）中提出，动态设计法是指根据边坡施工过程中的勘察资料，结合永久监测或临时监测系统反馈信息进行边坡稳定性符合计算和修整原设计的设计方法。《水利水电工程边坡设计规范》（SL 386—2007）对动态设计思想的表述是：应重视施工期地质和安全监测的反馈资料分析，结合实际情况的变化，修正设计；强调设计者重视施工期间的资料收集、分析，提高设计质量。同样，在其他有关边坡工程技术规范中，对动态设计法也有相应的解释、规定和强调，即充分利用施工期获得的信息完善和修正设计。

边坡工程所涉及的地质结构和岩土材料都是自然形成的，不能人为选定和控制，只能通过勘察查明。然而，现有勘察技术与手段尚难以完全查清边坡的复杂地质条件，施工中可能出现的地质问题难以准确预测。在边坡工程设计中，不可避免地存在许多不确定性因素，包括岩土结构与特性、地下渗流、地质作用、外部荷载等，以及计算模式与计算参数的不确定性。正是由于边坡工程设计条件的不确定性以及设计计算的非唯一性，更要注重施工过程中的信息收集，利用反馈信息不断校核和完善设计，即动态设计。实践表明，边坡工程动态设计不仅是边坡工程设计施工过程中应坚持的一种理念，而且是一种行之有效的方法。

然而，目前存在这样一个较为普遍的问题，从事边坡勘察、设计和计算的技术人员受经验或专业所限，对于监测的理解程度不一，而监测设计人员总是以勘察及计算成果为基础，以规范或类似项目经验为参考，缺乏动态设计的理念，对于施工期临时监测考虑不足，对监测设施的施工需具备的条件、施工过程以及施工完成后观测需具备的条件没有做到全盘考虑，造成了在边坡施工过程中最需要监测的时候，往往没有临时监测设施，或者仓促之间采用低精度、不合适的方法，难以获取合适的数据。

因此，要想实现真正的动态设计，必须将边坡监测划分为临时监测与永久监测两个部

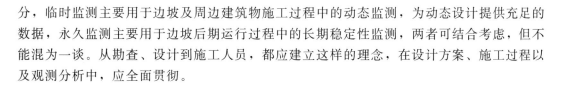

分，临时监测主要用于边坡及周边建筑物施工过程中的动态监测，为动态设计提供充足的数据，永久监测主要用于边坡后期运行过程中的长期稳定性监测，两者可结合考虑，但不能混为一谈。从勘查、设计到施工人员，都应建立这样的理念，在设计方案、施工过程以及观测分析中，应全面贯彻。

7.5.2 对边坡监测如何预警的认识与思考

边坡稳定问题一直是岩土工程界关注的焦点问题。随着国民经济的快速发展，人类的工程活动必然越来越频繁，规模也越来越大。因此，在进行边坡设计时需考虑影响边坡稳定性及其变化趋势的各种因素，同时对影响边坡稳定的这些因素采取不同的监测手段和方法，显得尤为重要。

边坡失稳是斜坡岩土体在重力以及其他外界因素（如降雨、地震、人类工程活动等）作用下，所表现出的一种变形破坏过程和现象。在斜坡发展演化过程中，重力及其他外力是驱使斜坡发生变形破坏的内在原因和根本动力。斜坡从出现变形到最终失稳破坏的整个过程中，伴随着滑动面的孕育与贯通，将会出现一系列的内部破裂和地表宏观变形迹象，在滑坡发生前可能还会出现一些临滑征兆。因此，滑坡监测工作无外乎应从驱动力、内部破裂、外在变形以及临滑前兆等几方面去开展，重点监测相关指标的量值及其动态变化情况。

在边坡失稳发生前有可能表现出一些临滑征兆，如变形急剧增加、坡面多处小崩塌、泉水变浑或流量明显变化、动物异常等。这些往往被作为群测群防预警和主动撤离的重要依据。同时，边坡失稳破坏过程中，坡体岩土体会因内部破裂而释放能力，内在可通过监测微震、声波、次声波等的强度和位置来揭示滑动面的发展演化过程。外在变形可通过全站仪、GNSS、裂缝计、钻孔倾斜仪等手段监测地表及坡体内部的相对和绝对位移，同时通过现场调查可查明不同阶段地表裂缝的空间发育分布情况和分期配套特征。

所以，在制定滑坡监测方案时，首先应通过现场调查和资料查阅，从地质的角度认清滑坡的基本特征、成因模式和机制、目前所处的变形阶段、关键影响因素等，在此基础上制定实用可行的监测方案。监测方案应突出针对性，不同规模、成因、变形阶段的滑坡，其监测手段和措施应有所区别，应重点监测反映滑坡稳定性和变形阶段的关键指标（如变形、地下水位）等，以及导致滑坡变形和影响其稳定性的关键因素（如降雨、地下水位和库水位变动等）。除专项调查和科研需求外，滑坡专业监测的主要目的肯定是为预警预报提供依据，因此，在制定监测方案时就应明确结合拟监测滑坡的实际情况所选取的预警指标和拟采用的预警模型和判据。

单体滑坡是造成我国重大人员伤亡和广泛社会影响的地质灾害事件，因此要高度重视其监测预警工作，并通过风险评估和排序确定重点监测预警对象，对高风险隐患点实施专业监测预警，通过工程治理、监测预警、避让搬迁等手段，消除高风险点的隐患，使整体风险大大降低。目前对于单体滑坡预警也存在不少问题，比如降雨型滑坡一般采用雨量阈值进行预警，而重力型滑坡则主要采用位移（变形）阈值进行预警。但大量滑坡监测结果表明，不同物质组成（土质、岩质、土岩混合等）、不同规模（从数立方米到数十亿立方米）、不同成因类型的滑坡，其变形阈值的差异非常大。一些滑坡发生前累计位移仅数厘米，而有些滑坡累计位移已达数十米仍未整体失稳破坏，表明不同滑坡并不存在统一的阈值，由此给阈值预警带来极大的困难。在滑坡监测预警实践中，不得已时就只能结合滑坡的实际情况粗略地估算一个阈值，更简单的做法是不管滑坡的类型和规模大小，设定统一的预警阈值。阈值预警法虽然在我国的防灾减灾工作中取得了显著成效，但随着监测点的不断增多，其较高的误报、漏报率可能会对人们生产生活造成干扰和负面影响，应研究和寻求新的滑坡预警方法。

若在滑坡体上同时布设了多个监测点，预警时究竟应以哪一个点的监测数据为依据？这是经常有人咨询的问题。事实上，大量滑坡监测结果表明，在滑坡变形初期，滑坡区各部位变形往往会"各自为政"，各监测点的位移矢量方向和大小差别明显，但一旦滑坡进入加速变形阶段，此时滑动面已基本贯通，地表边界裂缝也已贯通和圈闭，滑坡区便会以滑动块体形式整体滑动，变形也由原来的无序趋于有序，此时尽管各监测点的量值会有所差别，但其位移矢量方向将趋于一致，位移-时间曲线形态和趋势也会趋同，因此，此时滑坡区任何一点的监测数据均可作为预警依据，根据不同监测点的预警结果不会有太大的差别。当然，在实际工作中，最可靠的方式是选取多个代表性监测点进行综合预警，或选取变形最大的监测点作为主要预警依据。

近年来，国家和各省市都高度重视边坡监测预警工作，每年投入大量的经费用于实施边坡监测预警工程。若已实施专业监测的灾害点造成重大人员伤亡而未提前做出预警，将会追究相关责任。根据监测数据进行科学准确地提前预警，显得异常重要和必要。为此，专业监测人员必须学会如何分析监测数据，并根据监测结果判断滑坡的稳定性状况、所处的变形阶段以及危险性，尤其应在滑坡发生前应发出警示信息。对于具有很强突发性的滑坡，基于宏观变形规律的监测预警方法就无能为力了，应结合地下水位、雨量等指标的观测建立预警判据，同时还要研究滑坡的形成条件和成因机制，从源头上消除引发滑坡的外在因素，才能有效防范此类滑坡灾害。

7.5.3　自动化系统在边坡监测中的应用

目前，国内外边坡监测方法有宏观地质观测法、简易观测法、设站观测法、仪表观测法及自动监测。传统的边坡监测方法通常采用常规仪器人工现场采集数据，此种监测方式精度低、时效性差且劳动强度大，在恶劣天气条件下无法实施监测，监测人员的人身安全也无法保障，采用全自动化远程监测可避免上述问题。自动化监测系统内容丰富，可全天连续观测，自动采集、存储、打印观测值，并可远距离传输，省时省力，是当前和今后一个时期滑坡监测发展的另一个方向，适用于滑坡体变形处于速变或临滑状态时的中、短期监测及施工安全实时监测。

自动化监测系统由数据采集装置（GPS 站点、雨量计、裂缝计、水位计、测量机器人以及测斜仪）、数据处理中心、监控中心以及供电防雷设施等组成，该系统集成了测量机器人自动化监测技术、单基站 GNSS 实时差分技术、多传感器监测技术来采集边坡表面和深层变形数据，采集的数据经数据远程传输装置发送到数据处理中心的云端服务器，通过对 GNSS 数据进行解算、前端 Web 发布，监测人员就可以在远离边坡的监控中心进行远程实时监测，极大地提高了监测数据的管理、传输以及处理能力，实现了边坡监测的高度自动化和智能化。

第 8 章
专项监测

8.1 表面变形监测网

8.1.1 概述

变形监测网是在工程施工及运营期间为监测建筑工程对象的变形状况而建立的控制网，它包括基准网（由基准点和部分工作基点构成）和监测网（由部分基准点、工作基点和变形观测点构成）。基准网的作用在于为变形测量确定位置基准，而监测网的作用在于精确测定变形观测点相对于位置基准的变形量。与常规测量相比较，变形监测所要求的精度明显提高，因此对变形监测网的设计提出了特定要求，其设计方案对监测成果的质量具有决定性的作用。

8.1.2 水平位移监测网

8.1.2.1 水平位移监测网布设

1. 布设原则

水平位移监测网的布设应遵循以下原则：

（1）由于变形监测是以单纯测定监测体的变形量为目的，因此，采用独立坐标系统即可满足要求。

（2）由于变形监测区域面积一般较小，采用一次布网形式，其点位精度比较均匀，有利于保证监测网的布网精度。

（3）将狭长形建筑物的主轴线或其平行线纳入网内，是监测网布网的典型做法。

（4）大型工程布网时，应充分顾及网的精度、可靠性和灵敏度等指标的规定为新增内容，主要是基于大型工程监测精度要求较高、内容较多、监测周期较长的考虑。

2. 布设形式及要求

水平位移监测网可采用三角形网、导线网、GPS 网等形式，主要技术要求应符合表8.1.1 的规定。

3. 精度估算

为了让变形监测的精度等级（水平位移）（一等、二等、三等、四等）和工程控制网的精度等级（一等、二等、二等、四等）相匹配或相一致，仍然取 0.7″、1.0″、1.8″ 和 2.5″ 作为相应等级的测角精度序列，取 1/300000、1/200000、1/100000 和 1/80000 作为

表 8.1.1 水平位移监测网的主要技术要求

等级	相邻基准点的点位中误差/mm	平均边长/m	测角中误差/(")	测边相对中误差	水平角观测测回数	
					1"级仪器	2"级仪器
一等	1.5	≤300	0.7	≤1/300000	12	—
		≤200	1.0	≤1/200000	9	—
二等	3.0	≤400	1.0	≤1/200000	9	—
		≤200	1.8	≤1/100000	6	9
三等	6.0	≤450	1.8	≤1/100000	6	9
		≤350	2.5	≤1/800000	4	6
四等	12.0	≤600	2.5	≤1/800000	4	6

注：1. 水平位移监测网的相关指标是基于相应等级相邻基准点的点位中误差的要求确定的。
　　2. 具体作业时，也可根据监测项目的特点在满足相邻基准点的点位中误差要求前提下，进行专项设计。
　　3. GPS 水平位移监测网不受测角中误差和水平角观测测回数指标的限制。

相应等级的测边相对中误差精度序列，取 12、9、6、4 测回作为相应等级的测回数序列，取 1.5mm、3.0mm、6mm 和 12mm 作为相应等级的点位中误差的精度序列。

纵横向误差计算点位中误差的公式：

$$m_点 = L\sqrt{\left(\frac{m_\beta}{\rho}\right)^2 + \left(\frac{1}{T}\right)^2} \tag{8.1.1}$$

式中：L 为平均边长；m_β 为测角中误差；T 为边长中误差分母；ρ 为角度转化为弧度时用到的常数。

由此可推算出监测网相应等级的平均边长，见表 8.1.2。

表 8.1.2 水平位移监测网精度规格估算

等级	相邻基准点的点位中误差/mm	测角中误差/(")	测边相对中误差	平均边长计算值/m	平均边长取值/m
一等	1.5	0.7	≤1/300000	315	300
		1.0	≤1/200000	215	200
二等	3.0	1.0	≤1/200000	431	400
		1.8	≤1/100000	226	200
三等	6.0	1.8	≤1/100000	452	450
		2.5	≤1/800000	345	350
四等	12.0	2.5	≤1/800000	689	600

4. 可靠性评估

监控网应达到很高的精度，而且平差模型的建立及处理通常都是基于观测误差服从正态分布规律而进行的。如果观测成果的误差特性与平差模型所预期的有较大差异，则构建的平差模型不适宜处理获得的观测值，否则平差的结果将产生失真。

在精密的测量工作中，常会因为观测条件及外界环境的一些突变而使获得的观测值产生一些不服从于正态分布规律的误差，即粗差。因此，在变形监测数据处理中，对粗差的定位及剔除就显得特别重要，观测数据的粗差剔除后，进一步"净化"了监测量值，使平差模型与处理的观测量误差特性相一致，提高了平差结果的可靠性。

为保证监测网具有较良好的可靠性，在监测网的设计中必须引入可靠性准则。监测网的内部可靠性是指在一定的概率下能发现观测值的粗差下界值的能力。于是有

$$\nabla L_j = \frac{\delta_0 \sigma_{L_j}}{\sqrt{r_j}} \tag{8.1.2}$$

式中：∇L_j 为观测值粗差下界值；δ_0 为非中心参数，是显著水平 α 和检验功效 β 的函数，若 α、β 给定后可由正态分布表查得；σ_{L_j} 为观测量 L_j 的方差；r_j 为 L_j 的多余观测量。

由式（8.1.2）可知，若多余观测分量 r_j 越大，下界值就越小，则发现和排除粗差的能力就越强。

5. 灵敏度检验

监测网的灵敏度是指在给定的显著水平 α 和检验功效 β 下，通过统计检验所能发现的某一方向变形向量的下界值，如果能发现的变形量越小，则监测网的灵敏度就越高。

灵敏度检验通常用误差椭圆表示，它的含义是：位于该椭圆内的位移值均不能被发现，只有超出该椭圆范围的变形，在确定的显著水平和检验功效下才能被判定。

因此，在监测网设计中，要求灵敏度要好，通过检验就可以发现微小的变形量。而在安全监测网的应用中，通常更为关注某一点在特定方向上发现变形的能力，因此必须分析单点灵敏度问题。

6. 网点选埋

水平位移观测应设置位移基准点。基准点数对于特等和一等不应少于 4 个，对其他等级不应少于 3 个。平面基准点、工作基点标志的形式及埋设应符合下列规定：

（1）对特级、一级位移观测的平面基准点、工作基点，应建造具有强制对中装置的观测墩或埋设专门观测标石，强制对中装置的对中误差不应超过±0.1mm。

（2）照准标志应具有明显的几何中心或轴线，并应符合图像反差大、图案对称、相位差小和本身不变形等要求。根据点位不同情况，可选用重力平衡球式标、旋入式杆状标、直插式觇牌、屋顶标和墙上标等形式的标志。

（3）对用作平面基准点的深埋式标志、兼作高程基准的标石和标志、特殊土地区或有特殊要求的标石、标志及其埋设应另行设计。沉降监测点的布设应位于建（构）筑物体上。

7. 基准设计

（1）优化设计。在满足监测网的精度、可靠性、稳定性、灵敏度及经济等要求的前提下进行优化设计，确定监测网网型及观测方案。

（2）分层次布网。对于大型工程，由于变形范围大，水平位移监测网需要分层次布设。但各层次的观测精度可以不分级，以保证变形观测点的观测精度。各层次监测网的观测频率是不一样的，层次越高，观测周期越长。下一层次监测网起算点的稳定性由上一层

次监测网来检定。对于小型工程的变形监测网，则无需分层。

（3）满足监测工作要求。主要包括监测网网点之间的通视要求、监测标点，特别是起算点的稳定性要求及工程监测中的一些特殊要求。

8.1.2.2 数据处理

1. 坐标系统及起算基准选择

为使各控制点的精度一致，都采用一次布网，并采用独立坐标系统，例如大坝、桥梁等往往以它的轴线方向作为 x 轴，而 y 轴坐标的变化，即是它的侧向位移。在变形观测中要对基准点及工作基点进行稳定性观测，利用重复观测的结果进行分析，选用一个或一组相对来说最稳定的基准点作为变形观测的起算点。

2. 粗差检验

为保证施工测量的准确性和可靠性，需要再次对控制网进行复测，以检查各控制点的稳定状况。控制网平差采用经典最小二乘法进行，并采用数据探测法进行粗差检验，对监测网的多个方向观测值分别加上适当数值，然后根据残差的大小逐个剔除含有粗差的观测值。

数据探测法是由荷兰巴尔达教授提出，前提是一个平差系统只存在一个粗差，用统计假设检验检测并剔除粗差，已被广泛用于测量数据的处理中。这种方法也称为向后选择法，其优点是计算简便实用，但若存在多个粗差时，未顾及粗差之间的相关性，检验结果的可靠性受到一定的限制。

3. 网平差

常规工程测量平面控制网的观测值不外乎方向（或角度）和边长，根据观测值类型不同，控制网也相应地称为测角网、测边网、边角网（或导线网）。使用间接平差进行网平差，通常取待定点的平差坐标作为未知数，首先建立各方向和边长与待定点平差坐标之间的误差方程式，再按照间接平差的原理和步骤，由误差方程和观测值的权组成方程，求解各待定点的坐标平差值，并进行精度评定。

间接平差的函数模型是边角网误差方程式，可以表达为

$$\begin{pmatrix} V_1 \\ V_2 \end{pmatrix} = \begin{pmatrix} B_1 \\ B_2 \end{pmatrix} X - \begin{pmatrix} f_1 \\ f_2 \end{pmatrix} \tag{8.1.3}$$

简写为

$$\underset{n \cdot 1}{V} = \underset{n \cdot t}{B} \underset{t \cdot 1}{X} - \underset{n \cdot 1}{f} \tag{8.1.4}$$

式中：$\underset{n \cdot 1}{V}$ 为一个 n 行 1 列的观测值改正数矩阵（向量），n 为观测值数量；B 为 n 行 t 列的系数矩阵，n 为观测值数量，t 为必要观测值数量；$\underset{t \cdot 1}{X}$ 为一个 t 行 1 列的估值矩阵（向量）。在 $[P_r v_r v_r] + [P_s v_s v_s] = \min$ 的原则下进行整体平差（v_r 为方向观测值改正数，v_s 为边长观测值改正数），可以求得待定点的平差坐标，其表达式为

$$\underset{t \cdot 1}{X} = (B^T P B)^{-1} B^T P f \tag{8.1.5}$$

式中：P 为方向观测值权阵 P_r 和边长观测值权阵 P_s 组成的权矩阵。将由公式 $\underset{t \cdot 1}{X} = (B^T P B)^{-1} B^T P f$ 求得的 X 代入公式 $\underset{n \cdot 1}{V} = \underset{n \cdot t}{B} \underset{t \cdot 1}{X} - \underset{n \cdot 1}{f}$，即可求得方向值改正数 v_r 和边长改正数 v_s。

4. 精度评定

根据平差结果，可以进一步对边角网的精度进行评定。边角网的单位权中误差为

$$m_0 = \pm \sqrt{\frac{[P_r \upsilon_r \upsilon_r] + [P_s \upsilon_s \upsilon_s]}{n-t}} \tag{8.1.6}$$

根据未知数协因数阵 $Q_x = (B^{\mathrm{T}} P B)^{-1}$ 中的有关元素，可以评定监测网中的点位精度，网中任意一点的坐标中误差及点位中误差的计算公式为

$$
\begin{cases}
m_{x_i} = \pm m_0 \sqrt{Q_{x_i x_i}} \\
m_{y_i} = \pm m_0 \sqrt{Q_{y_i y_i}} \\
M_i = \pm \sqrt{m_{x_i}^2 + m_{y_i}^2}
\end{cases} \tag{8.1.7}
$$

如果要评定监测网中某条边的方位角精度或边长精度，首先要写出该边的方位角或边长的权函数式，计算它们的权倒数 $1/P_{a_{k_i}}$ 或 $1/P_{s_{k_i}}$，再分别按公式 $m_{a_{k_i}} = \pm m_0 \sqrt{\dfrac{1}{P_{a_{k_i}}}}$ 和公式 $m_{x_{k_i}} = \pm \sqrt{\dfrac{1}{p_{s_{k_i}}}}$ 计算方位角中误差或边长中误差。

由 $m_{a_{k_i}}$ 和 $m_{s_{k_i}}$ 还可以进一步求得 k、i 两点间的相对点位中误差，其计算公式为

$$M_{ki} = \pm \sqrt{m_{s_{k_i}}^2 + \left(\frac{m_{a_{ki}}}{e''} s_{k_i}\right)^2} \tag{8.1.8}$$

8.1.2.3 水平位移监测网复测及稳定性检验

复测周期应视基准点所在位置的稳定情况确定，当观测点变形测量成果出现异常，或当测区受到地震、洪水、爆破等外界因素影响时，应及时进行复测。有工作基点时，每期变形观测时均应将其与基准点进行联测，然后再对观测点进行观测。变形监测点的精度、观测仪器、观测方式均应达到相应等级的规范要求。

8.1.3 垂直位移监测网

8.1.3.1 垂直位移监测网布设

1. 布设原则

（1）垂直位移监测网的高程系统宜与国家高程系统一致。

（2）垂直位移监测网基准点不应少于3个，基准点可埋设在变形区外的基岩露头上、密实的砂卵石层或原状土层中，也可埋设在稳固建筑的墙上。

（3）垂直位移监测网可采用水准测量、电磁波测距三角高程测量、静力水准测量等方法。采用水准测量、电磁波测距三角高程测量时，应布设成闭合、附合或结点网。

2. 布设形式及要求

垂直位移监测基准网，应布设成环形网并采用水准测量方法观测。其主要技术要求应符合表8.1.3的规定。

表 8.1.3 <span></span> 垂直位移监测网的主要技术要求

等级	相邻基准点高差中误差/mm	每站高差中误差/mm	往返较差或环线闭合差/mm	检测已测高差较差/mm
一等	0.3	0.07	$0.15\sqrt{n}$	$0.2\sqrt{n}$
二等	0.5	0.15	$0.30\sqrt{n}$	$0.4\sqrt{n}$
三等	1.0	0.30	$0.60\sqrt{n}$	$0.8\sqrt{n}$
四等	2.0	0.70	$1.40\sqrt{n}$	$2.0\sqrt{n}$

3. 技术设计

整个监测期间，应固定监测仪器和监测人员，固定监测路线和测站，固定监测周期和相应时段。仪器设备的检验按国家有关规范执行，并送国家认可的计量检验中心检验，合格后可应用于观测。首次观测前后各对仪器进行一次全面检验。在监测过程中应注意：

（1）为了减少角误差的影响，水准测量规范对前后视距差和前后视距累积差都有明确的规定，测量中应遵照执行。

（2）严格控制前后视距差和前后视距累积差，可有效地减弱磁场和大气垂直折光的影响。

（3）水准测量规范对观测程序有明确的要求，往测时，奇数站的观测顺序为"后前前后"；偶数站的观测顺序为"前后后前"。返测时，奇、偶数站的观测顺序与往测偶、奇数站相同。

（4）标尺的每米真长偏差应在测前进行检验，当超过一定误差时应进行相应改正。

4. 网点选埋

基准点是垂直位移监测的最基本基准，其稳定性决定了变形监测的可靠性。基准点的埋设应符合下列规定：

（1）将标石埋设在变形区以外稳定的原状土层内，或将标志镶嵌在裸露基岩上。

（2）利用稳固的建（构）筑物，设立墙水准点。

（3）当受条件限制时，在变形区内也可埋设深层钢管标或双金属标。

（4）大型水工建筑物的基准点，可采用平洞标志。

（5）基准点的标石规格，可根据现场条件和工程需要进行选择。

5. 基准设计

水准基点是垂直位移监测的基准点，一般 3～4 个点构成一组，形成近似正三角形或正方形，为保证其坚固与稳定，应选埋在变形区以外的岩石上或深埋于原状土上，也可以选埋在稳固的建构筑物上。对通视条件较好或观测项目较少的工程，可不设工作基点，在基准点上直接测定变形观测点。

8.1.3.2　测量误差分析

精密水准测量受多种误差的影响，有的是偶然误差，有的是系统误差。

1. 水准仪和水准标尺的误差

（1）i 角误差的影响。水准仪虽然经过 i 角的检校，但仍存在剩余误差，当水准气泡居中时，视准轴仍不会严格水平，从而使水准标尺上的读数产生误差，且误差大小与视距成正比。

（2）交叉误差的影响。如果水准仪不存在 i 角，则在仪器的垂直轴严格垂直时，交叉误差的存在并不影响水准标尺上的读数，因为仪器在水平方向转动时，视准轴与水准轴在垂直面上的投影仍保持互相平行。但当仪器的垂直轴倾斜时，如与视准轴正交的方向倾斜一个角度，这时视准轴虽然仍在水平位置，但水准轴两端却产生倾斜，水准气泡将偏离居中位置，仪器在水平方向转动时，水准气泡将移动，当重新调整水准气泡居中进行观测时，视准轴就会偏离水平位置而倾斜，从而对水准标尺上的读数产生影响。为了减弱这种误差对水准测量成果的影响，应对圆水准器轴的正确性和交叉误差进行检校。

（3）水准标尺每米真长误差的影响。水准标尺每米真长误差对高差的影响是系统性的，影响量的大小不仅与标尺每米真长误差本身的大小有关，还与测段的高差大小有关。在精密水准测量作业中，应使用经过检验的水准标尺，当标尺存在每米真长误差时，应考虑对观测高差施加改正。

（4）一对水准标尺零点差的影响。两水准标尺的零点误差会对水准标尺上的读数产生影响。但在两相邻测站的观测高差之和中，这种误差的影响得到了抵消，因此在水准路线测量中，各测段的测站数目应安排成偶数，且在相邻测站上使两水准标尺轮流作为前视尺和后视尺。

2. 观测误差

精密水准测量的观测误差主要有水准器气泡居中的误差、水准标尺上分划的照准误差和读数误差，这些误差都是属于偶然性质的。由于精密水准仪有倾斜螺旋和符合水准器，并有光学测微装置，可以提高读数精度，同时用楔形丝照准水准标尺上的分划线，可以减小照准误差，因此，这些误差影响都可以有效地控制在很小的范围内。一般来说，在每个测站上，这些误差对基辅分划所得高差中数的影响不到 0.1mm。

3. 外界环境的影响

（1）温度变化对 i 角的影响。水准测量中，因大气温度的变化、阳光照射、地面辐射等外界因素的作用，仪器部件将产生不同程度的膨胀或收缩，引起视准轴与水准器轴相互关系发生变化，即 i 角发生变化。

减弱这种误差影响的主要措施是：观测开始前，取出仪器，使其与外界温度一致；观测过程中，包括迁站时，都要用测伞遮阳，避免阳光直射仪器；观测过程中，尽量减少手直接接触仪器的时间，以减少 i 角的变化；相邻测站采用相反的观测程序，使 i 角与时间成比例变化的那部分误差得到减弱；此外，测段的往测与返测分别在上午和下午进行，减弱与受热方向有关的 i 角变化的误差影响。

（2）大气垂直折光的影响。近地面大气层的密度存在梯度，光线通过不断按梯度变化的大气层时，会因大气折射使视线成为一条各点具有不同曲率的曲线，在垂直方向上产生弯曲，并且弯向密度较大一方。为了减弱大气垂直折光对观测高差的影响，应使前、后视距尽量相等，并使视线离地面有足够的高度，在坡度较大的水准路线上进行作业时，应适当缩短视距。

（3）仪器和标尺垂直位移的影响。仪器和标尺垂直位移的影响是一种系统性误差。它主要发生在迁站的过程中，由原来的前视尺转为后视尺而产生下沉，于是总使后视读数偏大，使得各测站的观测高差都偏大，但这种误差影响在往返测高差的均值中可以得到有效的抵偿，所以精密水准测量都要求进行往返测。在水准路线测量中，应尽量设法减少水准标尺的垂直位移。例如：立尺点应选在坚实的地方，水准标尺立于尺台后应等一会儿再进行观测，这样可以减少其垂直位移量及其对高差的影响。

8.1.3.3　跨河水准测量

相关规范规定，当一等、二等水准路线跨越江河、峡谷、湖泊、洼地等障碍物的视线长度在 100m 以内时，可用一般观测方法进行施测，但在测站上应变换一次仪器高度，两次观测的高差之差应不超过 1.5mm，取用两次观测的中数；若视线长度超过 100m，则应根据视线长度和仪器设备等情况，选用特殊的方法进行观测。

8.1.3.4　数据处理

1. 高程基准及起算基准选择

我国在全国范围内布设了大地测量高程控制网，采用水准测量方法进行观测，坐标及高程系统采用与施工测量控制网一致的系统，水准点的高程采用正常高系统，并且先后建立了"1956 年黄海高程系"（水准原点高程 72.289m）和"1985 年国家高程基准"（水准原点高程 72.260m）。凡采用局部水准原点求定的水准点高程，应在水准点成果表中注明，并说明局部高程基准的有关情况。

2. 粗差检验

监测网以稳定的水准点作为高程起算点，以测段距离的倒数定权，用间接平差法进行平差计算，然后按最小二乘法平差获得高差改正数，并用数据探测法进行粗差检验，再采用 Huber 权函数进行选权迭代平差，检验结果与数据探测法检验结果进行比较。

选权迭代法是一种目前应用较为广泛的抗差估计方法。它的基本思想是：通过连续降权和迭代计算，逐步地抵制异常数据的干扰。其计算过程在形式上与传统的最小二乘法相同，不同的是，在每次迭代计算完成后，必须根据新的观测值残差修正每一个观测值在下一步迭代计算中的权值。如果权函数和迭代初值选择得当，可逐步定位异常值，通过降低异常值所对应的权值，直至趋近于零，来降低或最终消除其对推值结果的影响。

根据权函数的不同，常用的选权迭代法包括 Huber 法、一次范数最小法、p 范数最小法以及丹麦法等。

3. 网平差

水准网只含有一种观测值，即高差，实测高差经过尺长、温度、水准面不平行等有关改正后，就可以用于平差计算。水准网按间接平差时，通常取待定点的高程作为未知数，首先建立各观测高差与待定点高程之间的误差方程式，再按照间接平差的原理和步骤，由误差方程和观测值的权组成未知数法方程，求解各待定点的高程。

水准网的间接平差模型为

$$\begin{cases} V = BX - f \\ V^{T}PV = \min \end{cases} \tag{8.1.9}$$

式中：V 为高差改正数；B 为误差方程组的系数阵；X 为待定点的高程；$-f = F(X^{0}) - L$，其中，$F(X^{0})$ 是由待定点近似高程计算的测段高差，L 为测段高差观测值；P 为高差观测值对应的权阵。

测段高差观测值所对应的权通常按照测站数或距离来确定，其计算公式为

$$p_i = \frac{C}{n_i} \text{或} p_i = \frac{C}{s_i} \tag{8.1.10}$$

式中：n_i 为测站数；s_i 为距离；C 为任意一个常数，通常取为 1。

在 $V^T PV = min$ 的原则下进行平差。可以求得待定点的平差高程，同时，可求得高差改正数 v。根据高差改正数可计算单位权中误差，计算公式为

$$m_0 = \pm\sqrt{\frac{[Pvv]}{n-t}} \tag{8.1.11}$$

式中：P 为高差对应的权；n 为高差观测总数；t 为高差必要观测数。假设水准网中待定点的总数为 j，当网中有已知点时，$t = j$；当网中没有已知点时，$t = j - 1$。

4. 精度评定

水准测量外业作业结束后，要评定其精度，每条水准路线按测段往返测高差不符值计算偶然中误差 M_Δ，M_Δ 按下列公式计算：

$$M_\Delta = \sqrt{\frac{1}{4n}\left(\frac{\Delta\Delta}{L}\right)} \tag{8.1.12}$$

式中：Δ 为测段往返高差不符值真误差，mm；L 为测段长，km；n 为测段数。

8.1.3.5 垂直位移监测网复测及稳定性检验

在复测过程中要根据实际情况而定，其稳定性会在很长一段时间内处于动态之中，外部变形监测网应半年复测一次。在施工前、施工过程中、施工后各进行一次复测，以后的复测周期视点位稳定情况而定，一般以一年一次为宜。当发生大单量施工爆破或其他危及监测网稳定的情况时，应及时复测。

监测网平差的起算点，必须是经过稳定性检验合格的点或点组。监测基准网点位稳定性的检验，可采用最小二乘测量平差的检验方法。复测的平差值与首次观测的平差值较差，在满足下式要求时，可认为点位稳定。

$$\Delta < 2\mu\sqrt{2Q} \tag{8.1.13}$$

式中：Δ 为平差值较差的限值；μ 为单位权中误差；Q 为权系数。

8.2 水力学监测

8.2.1 概述

建筑物中有水流流动就会产生水力学问题，尤其是高速水流，产生的水力学现象如空蚀与磨损、流激振动、不利流态、泄洪雾化、河床冲刷等可能会引起工程产生不同程度的破坏，直接关系到工程安全。为确保工程安全平稳运行，需要对过水建筑物过水时的水力学特性及其影响开展专项监测。过水建筑物包含各类泄水及消能建筑物（如表孔、中孔、底孔、溢洪道、泄洪洞、水垫塘、消力池、闸门等）、输水建筑物〔如压力管道、发电引（尾）水管道、输水明渠、输水隧洞、泵站等〕和通航建筑物（如引航道、船闸、升船机等）等。

水力学监测主要目的如下：

（1）监测水工建筑物过流时的工作状态，对过水建筑物进行安全评价，以便出现异常状况时可以及时发现问题，找出原因，采取有效措施，防止事故发生，保证过水建筑物自身和周边建筑物及下游河道安全运行，满足工程建设管理需要。在此基础上，还可以根据监测资料综合分析成果来改善工程运行方式，合理优化调度方案，提高运行效率，充分发挥工程经济效益。

（2）验证设计、科研方案及水工模型试验成果，提高设计、科研水平，促进新技术发展，为同等规模类似工程的设计和研究提供有价值的参考资料。

（3）配合模型试验开展水力学专项研究，研究缩尺水工模型试验难以模拟的特殊水力学现象，如空蚀、掺气、振动、雾化、磨损等。

美国是世界上较早开展水力学监测的国家，早在 20 世纪 30 年代初期，美国开始大规模水利工程建设，为验证水工模型试验研究成果，进行了大量原型观测工作。先后在大古力坝、诺里斯坝、邦内维尔坝、胡佛坝等工程上进行了水力学原型观测，项目主要包括脉动压力、泄流流态和泄流能力等。到了 30 年代后期，随着坝高不断增加，出现了高坝泄洪的高速水流等特殊水力学问题后，开始了对空蚀的观测。到了 50 年代，又在多个工程上逐步对流量系数、水流掺气、水头局部损失和沿程摩擦系数、闸门启闭力和闸门振动等项目进行了观测。

我国水力学原型观测的研究起步于 20 世纪 50 年代，随着当时国内水利水电工程建设的迅速发展，在建工程坝高及泄洪落差日益增加，泄水建筑物的流速也越来越高，一些重要水力学现象如空化与空蚀、掺气、振动、磨损及河床冲刷等问题难以通过水工模型试验来进行模拟，便逐步开始了对高坝泄水建筑物的水力学原型观测工作。

近些年来，国内开展过的一些具有代表性的原型观测项目有：二滩高拱坝水力学及流激振动原型观测、小浪底工程孔板泄洪洞水力学原型观测、三峡大坝泄洪建筑物水力学安全监测、长江三峡水利枢纽工程永久船闸原型观测、东风水电站水力学原型观测、东江水电站三孔滑雪式溢洪道水力学监测、隔河岩大坝消力池消能工原型观测、大朝山水电站宽尾墩阶梯式坝面泄洪水力学原型观测和公伯峡水电站旋流泄洪洞原型观测等。在这些原型观测工作中，取得了许多重要的研究资料与科技成果，推动了水力学监测理论科学研究不断向前发展，为我国水电能源开发建设积累了宝贵经验。例如二滩高拱坝水力学及流激振动原型观测结果成功验证了设计首创采用的坝身泄水水流空中对撞落入水垫塘的消能技术、小底坡低佛氏数的 U 形掺气坎等多项新技术，特别是泄洪雾化的定量观测成果，对当时我国在建和拟建的 300m 级高拱坝（小湾、溪洛渡、锦屏一级等）泄洪建筑物设计提供了非常重要的参考价值。又如小浪底工程孔板泄洪洞水力学原型观测结果表明了在国内外大型水利枢纽工程中首创采用的孔板泄洪洞模型试验可以很好地模拟原型的压力变化和分布实际情况，在空化特性的试验研究中考虑缩尺效应后能较好地预测原型的空化状态，对推广导流洞改建成永久泄洪洞、推广孔板消能形式具有重要的参考价值。

8.2.2 监测项目及方法

水力学原型监测项目种类较多，主要包括流态、水位及水面线、流量与流速、动水压强、通气孔风速、水流掺气、空化与空蚀、过流面磨损、振动、泄洪雾化降雨及坝下河床冲刷等。

水力学原型监测主要仪器设备有水尺、水位感应器、波高仪、测压管、脉动压力传感器、水听器、加速度计、风速仪、流速仪、雨量计、水下探测仪、摄像机、照相机和望远镜等。

1. 流态

流态观测是对过水建筑物过流时的水流形态进行观测，包括流态的平面或空间位置、范围、形态及相关参数等，一般需要同时观测水位。流态观测通常采用目测法，用文字描述或录像、照相进行记录；对流态观测要求较高的大型工程，可以采用地面同步摄影测量或工程测量等方法对流态进行定量测定。

2. 水位及水面线

水位监测是工程运行管理的重要指标，也是重点监测项目。水位包括过水建筑物上、下游水位和沿程水位，分为时均水位和瞬时水位。时均水位是某一时段内的平均水位，如建筑物上、下游水位；瞬时水位是某一时刻的水位，如船闸闸室、引航道水位。水位一般采用水尺、自记水位计和波高仪等进行测量，其中水尺是水位观测的最基本设施。

闸坝、溢洪道和明渠水面线可采用直角坐标网格法或水尺法进行观测，通过拍照或录像的方法记录，即可获取完整的水面线。明流泄洪洞内的水面线观测往往无法直接进行测读，可采用水尺及预涂粉浆法观测水位波动的最高水面线，也可以采用压力传感器通过电测的方法间接获得。挑流水舌轨迹线的水舌出射角、入射角及水舌厚度需要用经纬仪、全站仪等测量。消力池、消能区下游河道等部位的水位变化和波浪特性可通过波高仪获得。

3. 流速

流速包括断面表面流速、底部流速、平均流速和断面流速，可采用流速仪法、浮标法、超声波法、电波法及毕托管法进行观测。

流速仪包括旋杯式和旋桨式流速仪，常用于低流速的河道、渠道上。

在河道、泄槽及溢流坝下游流速较高，采用流速仪测速较为困难时，可采用浮标法测量流速，表面流速采用表面浮标，底部流速采用深水浮标，观测浮标的方法有目测法、照相法、录像法、摄影法等。

超声波法是利用超声波在流动水体和静止水体中传播速度不同的原理测量流速，常用于天然河道上的流速测量。测量时，将一对收发一体式超声波换能器分别安装在河道两岸，超声波传播通道与水流流向成一夹角，然后分别计算出超声波在顺流方向和逆流方向的传播时间，根据时间差便可计算出水流流速。

电波法测速是一种较为理想的非接触式测量方法，根据多普勒效应，向运动的水面发射电波，水面会将一部分电波反射回雷达天线，通过对反射波的分析，便可以确定水流速度，测速范围在 $0.5 \sim 16 \mathrm{m/s}$，距离为 $20 \sim 25 \mathrm{m}$。

毕托管测速法是通过毕托管测得的动水和静水压强差来计算流速，可以获得较精确的流速分布，动、静水压强可通过比压计或压力传感器观测得到。

4. 动水压强

动水压强分为时均压强与脉动压强。时均压强可采用测压管、精密压力表、脉动压力传感器进行测量，脉动压强应采用脉动压力传感器进行测量。脉动压力传感器既可测量时均压强，又可测量脉动压强，但对脉动压强精度有特殊要求时，二者应分开进行观测。

测压管由测头和导管两部分组成，测头应平整地安装在过流面上测点位置，导管与测头连接引出，采用比压计或压力表进行测量。脉动压力传感器一般安装在预先埋设在建筑物过流面上的底座内，通过预埋电缆线将测量信号传入观测站内，观测过程中通过计算机控制信号采集设备进行数据采集。

5. 通气孔风速

对设有通气管道或通气孔的过流建筑物，如泄水管道闸门、掺气槽坎及引水管道快速闸门下游的通气管道，应对通气效果进行观测。观测通气效果需要测量通气量，通气量根据通气管道测量断面内的风速计算得到，通气孔风速一般通过毕托管或风速仪进行测量。

6. 水流掺气

对设有掺气减蚀设施的泄水建筑物掺气效果应进行观测。目前国内外大多数工程中一般采用电阻法进行测量，即通过布置电阻掺气浓度传感器进行观测。电阻法工作原理是利用水和空气的导电率不同，水气混合后导电能力将随水中掺气量多少而异，通过测定掺气水流两电极间的水电阻和清水时两电极间的水电阻即可计算得到掺气浓度。其中，清水电阻测量十分关键，其测量结果是否准确直接关系到掺气浓度测量结果的真实性及可靠性，一般通过清水盒或在掺气水流上游的未掺气水流处布置传感器进行测量。

7. 空化与空蚀

空化监测的主要内容为空化噪声和分离区水流压强，一般采用水听器进行观测，测点布置在可能发生空化水流的空化源附近，如边界突变区、边壁曲率较大的区域等。空蚀监测的主要内容包括空蚀位置、空蚀坑形状及深度、剥蚀量，一般采用涂层法进行观测，观测范围包括空化源及下游区域。

8. 过流面磨损

对含沙量较大的河流上过流建筑物一般需要进行过流面磨损监测。观测的重点部位包括过水建筑物进口段、反弧段、弯道段、局部突变处及高速泄洪底板等。观测的主要内容为磨损部位、磨损表面形态特征（长度、宽度、平面特征）及磨损深度。观测方法与空蚀观测基本一致，可用目测、素描、照相、摄影、测量、拓模等来检查过流面磨损情况。部分工程也采用安装埋设磨蚀计来掌握不同时段过流面磨损程度。

9. 流激振动

对过流建筑物各类泄流结构（如坝体、溢洪道和泄水建筑物的导墙、边墙、底板、闸门、闸墩、溢流厂房、进水塔等）因高速水流压力脉动、漩涡激励及其他水动力荷载激发的结构振动应进行观测。观测内容包括建筑物结构的动力特性和振动响应，观测仪器有加速度计、应变计、压力传感器、位移传感器等。

10. 泄洪雾化

对大型挑流消能的高坝泄水建筑物，特别是采用泄流水舌空中对撞和其他使水流充分扩散消能的建筑物，泄洪时产生的雾化降雨现象会对工程及周围环境产生较大影响，应进行原型观测。对受泄洪雾化影响较大的下游近坝岸坡、交通公路、桥梁、厂房、开关站、生产生活区及周边重要建筑物应重点观测。通过雾化观测，可研究泄洪雾化对枢纽环境和建筑物的影响，研究因雾化引起的各种灾害的防治措施。

泄洪雾化的观测内容包括泄洪雾化影响范围、雾化降雨强度分布、相应的水力学条件（如上下游水位、泄洪流量）及气象条件（如风速、风向、空气湿度、气压等）。雾化影响范围一般采用目测法观测，并结合照相、摄影等方法进行记录。雾化降雨强度一般采用自记雨量计或自制雨量筒进行测量，自记雨量计多是采用气象测量中常用的虹吸式雨量计，可观测到的降雨强度在 240mm/h 以下。自制雨量筒的筒身大小可以根据可能的降雨强度确定，观测到的最大降雨强度可达到 2000mm/h 以上，适用于人员不便到达或较危险的区域。

11. 坝下河床冲刷

坝下河床局部冲刷是影响大坝安全稳定的重要因素，对挑流消能和重要的面流、底流消能工程应进行坝下河床冲刷监测，内容包括冲坑的位置与范围、最大冲坑深度、冲坑及堆丘形态。冲坑水上部分可直接采用目测和测量方法，并结合照相、摄影等进行记录。冲坑水下部分可采用测深杆、测深仪或多波速图像声纳进行检查。

8.2.3 仪器设备安装

水力学监测中常用到的脉动压力计和水听器安装埋设方法基本一致，即预埋底座、电缆与主体工程混凝土浇筑施工同期进行。传感器在过流建筑物过水前完成安装，安装埋设示意图见图 8.2.1。

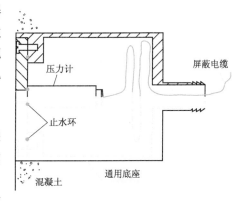

图 8.2.1　脉动压力计安装埋设示意图

1. 底座安装

（1）安装于混凝土壁面的底座过流面一般采用不锈钢结构，安装于钢结构上的底座与钢结构的材质相同。

（2）安装前需要仔细对每个底座进行严格检查。底座的过流面不平整度应在 2mm 以内，各焊缝必须焊接密实。

（3）对预埋电缆的绝缘、导通、气密等特性进行检查，底座内的电缆应留有一定长度，并标识测点编码，以备连接传感器使用。

（4）水力学底座宜与混凝土浇筑施工同期安装，在混凝土仓面钢筋绑扎及模板固定好后，采用全站仪、水准仪等按施工图放样，确定底座埋设位置。

（5）将底座安放到设计位置，底座过流面应紧贴模板表面，用钢筋支撑并固定牢固，以防混凝土浇筑振捣过程中底座位置发生偏离，影响传感器安装。

（6）底座盖板与混凝土表面须平顺结合，不平整的部位须磨平，处理坡度控制在 1/30 以内，盖板不能高出过流面，允许略低于过流面（≤2mm），底座轴向中心线应垂直于混凝土表面，其偏差应控制在 2°以内。

（7）水力学底座与电缆管（PVC 管）的连接处要包裹严密不得漏浆，以免混凝土砂浆及其他杂物进入底座。

2. 传感器安装

（1）为避免传感器损坏，一般在拆摸和混凝土面不平整度处理完成后进行安装，安装前须按国家计量检定有关规定进行检验。

（2）脉动压力计安装前用万用表测量各信号线间的输出电压值、预埋电缆线的芯线电阻值，测值正常后方可与电缆相连。电缆连接完成后用万用表测量传感器各信号线间的输出电压值是否正常。电缆连接完成后，在仪器丝口处缠上生胶带和防水胶，将仪器与盖板连接拧紧，将底座内筒吹干，垫上垫圈并在其四周及螺孔处涂上防水胶，最后用螺杆将盖板固定，然后在螺杆周围再涂上环氧树脂，以防水流冲击时松动。

（3）水听器在室内组装时先将前置放大器芯线与敏感元件芯线对接；在放大器输出端按要求接好直流电源和万用电表，然后轻击水听器的正面，观察是否有交变电压输出，以确定仪器是否正常；水听器内部连线应用热塑管和密封胶进行绝缘处理；水听器外壳安装面安装密封圈和密封胶；组装完毕后再进行一次仪器检查。现场仪器安装方式与脉动压力传感器安装相同。

（4）传感器与底座须可靠连接，且具可更换性；所装仪器须与底座过流面保持齐平，满足过流面对平整度的要求。

（5）安装埋设工作完成后，应作好调试检查、施工全过程的记录和测点引线编号等。

8.2.4 成果分析方法

8.2.4.1 随机信号的分析与处理方法简介

水工水力学中，有许多水流现象是随机的，水流的脉动压力、脉动流速、波浪、通气井风速等。在水力学原型观测中，把以上各水流现象看成是一个各态历经的平稳的随机过程，对它的数据处理采用各态历经的平稳随机数据处理方法进行。

经过 A/D 采样，抗混滤波及各种预处理后的离散数据，还需用各种不同的计算方法，包括 FFT 技术的应用，方能得到所需的特性参数，如数据分析要求的统计参数，相关函数和谱函数等。处理方法简述如下。

1. 基本统计参数的处理

（1）均值。对于离散化数据序列 $x_i (i=1,2,\cdots,N)$，其平均值为

$$\mu_x = \frac{1}{N}\sum_{i=1}^{N} x_i \tag{8.2.1}$$

计算均值没有计算方法上的困难，但当 N 很大时，可能会发生溢出，使计算出现误差。为此，可以利用逐个读入递推计算的方法来节省内存空间。

设当前读入的 x_i，则 $i-1$ 个数序列的平均值为

$$\mu_{x_{i-1}} = \frac{1}{i-1}\sum_{n=1}^{N} x_n$$

即

$$(i-1)\mu_{x_{i-1}} = \sum_{n=1}^{i-1} x_n \tag{8.2.2}$$

同样有

$$i \cdot \mu_{x_i} = \sum_{n=1}^{i} x_n = \sum_{n=1}^{i-1} x_n + x_i \tag{8.2.3}$$

将式（8.2.2）代入式（8.2.3）得

$$i \cdot \mu_{x_i} = (i-1)\mu_{x_{i-1}} + x_i$$

则
$$\mu_{x_i} = \frac{i-1}{i}\mu_{x_{i-1}} + \frac{1}{i}x_i \tag{8.2.4}$$

式（8.2.4）便是均值的递推式。

在计算均值时，由于有时会受到计算机字长的限制而引入较大的舍入误差。为此可以采用"移去均值算法"来提高精度，即在直接计算得到的均值基础上加一尾数，来提高结果的精度。

令
$$\mu_x = \bar{x} + \Delta \tag{8.2.5}$$

式中：$\bar{x}$ 为直接计算得到的均值；Δ 为 $\bar{x}$ 的误差补偿值。

则
$$\begin{aligned}
\Delta &= \mu_x - \bar{x} \\
&= \frac{1}{N}\sum_{i=1}^{N} x_i - \bar{x} \\
&= \frac{1}{N}\sum_{i=1}^{N} x_i - \frac{1}{N}N\bar{x} \\
&= \frac{1}{N}\sum_{i=1}^{N}(x_i - \bar{x})
\end{aligned} \tag{8.2.6}$$

（2）方差。数据列序 x_i 的方差为
$$s^2 = \frac{1}{N-1}\sum_{i=1}^{N}(x_i - \mu_x)^2 \tag{8.2.7}$$

当 N 甚大时，有
$$s^2 = \frac{1}{N}\sum_{i=1}^{N}(x_i - \mu_x)^2 \tag{8.2.8}$$

用上述两式直接计算方差，运算量较小，但由于有平方计算，更易于溢出而影响精度。为提高计算精度，计算方差更宜于应用递推计算法，其递推公式为
$$s_i^2 = \frac{i-1}{i}s^2_{i-1} + \frac{i-1}{i^2}(x_i - \mu_{x_{i-1}})^2 \tag{8.2.9}$$

计算 s_i^2 与计算 μ_{x_i} 值可交替进行；s_i^2 及 μ_{x_i} 的初值 s_0^2 及 μ_{x_0} 均从零开始。

（3）均方差值。数据列序 x_i 的均方差值 ψ_x^2 是均方根值（有效值）的平方。可用来表示随机数据的实际强度，其数学表达式为
$$\psi_x^2 = \frac{1}{N}\sum_{i=1}^{N} x_i^2 \tag{8.2.10}$$

由式（8.2.8）得
$$\begin{aligned}
s^2 &= \frac{1}{N}\sum_{i=1}^{N}(x_i^2 - 2x_i\mu_x + \mu_x^2) \\
&= \frac{1}{N}\sum_{i=1}^{N} x_i^2 - 2\mu_x\frac{1}{N}\sum_{i=1}^{N} x_i + \mu_x^2 \\
&= \psi_x^2 - 2\mu_x^2 + \mu_x^2 \\
&= \psi_x^2 - \mu_x^2
\end{aligned}$$

则
$$\psi_x{}^2 = s^2 + \mu_x{}^2 \qquad\qquad (8.2.11)$$

由式（8.2.11）可知，均方值既描述了均值，又描述了方差，即既反映了数据系列的重心，又反映了序列的分散情况。

（4）概率密度函数。对于一组经零均值化处理的平均数据 x_i，其概率密度函数可通过下式求得。在一窄区间出现数字 x 的概率密度可估计为

$$\hat{P}(x) = \frac{N_x}{NW} \qquad\qquad (8.2.12)$$

式中：W 为中心为 x 的窄区间的宽度；N_x 为在 $x \pm W/2$ 区间出现数据的个数；N 为数据序列总个数，即数据块容量。

若将 x_i 所在的整个范围分成一定的等间隔区间，分别求出其 $\hat{P}(x)$，一系列的 $\hat{P}(x)$ 值即为 x 的概率密度函数值，应该指出，做出的结果并不是唯一的，而与分成的区间数有关。

2. 相关函数

（1）自相关函数。计算离散化数字序列 x_i 的自相关函数有两种方法：

1）直接算法。自相关函数的直接算法，就是使数学式变换为离散化数值计算式来进行计算。自相关函数的数学表达式为

$$
\begin{aligned}
R_x(\tau) &= \lim_{T \to \infty} \frac{1}{2T} \int_{-T}^{T} x(t)x(t+\tau)\mathrm{d}t \\
&= \lim_{T \to \infty} \frac{1}{T} \int_{0}^{T} x(t)x(t+\tau)\mathrm{d}t
\end{aligned}
\qquad (8.2.13)
$$

设式中 $x(t)$ 经 A/D 采样所得数据序列为 $x_i(i=0,1,2,\cdots,N-1)$，即 $x(t)=x(i\Delta t)$；时延 τ 为 $r(\Delta t)$，$T=(N-1-r)\Delta t$，式（8.2.13）的离散式可写作：

$$R_r = R_x(r\Delta t) = \frac{1}{N-r} \sum_{i=0}^{N-1-r} x_i x_{i+r} \quad (r=0,1,2,\cdots,m;m<N) \qquad (8.2.14)$$

这种直接算法，每变动一次 r，要计算一组乘法及求和，计算量很大。

2）间接算法。先通过快速傅里叶变换算出自功率谱密度函数，再作傅里叶逆变化而获得自相关函数。

由于功率谱密度的直接计算很快，而傅里叶逆变换又是很快速的，因而相关函数的间接算法比直接算法要快得多。

但是，应该注意，由于逆变换是通过卷积的结果，由于卷积时的卷绕效应，计算出的相关函数呈循环函数形式：

$$R_x^F(r\Delta t) = \frac{N-r}{N} \{R_x(r\Delta t) + R_x[(N-1-r)\Delta t]\} \qquad (8.2.15)$$

式中包含了两项，后一项与前一项完全对称，前一项是真正的相关函数，后一项与前一项卷绕在一起，影响了相关函数值，必须施加去卷绕处理，方能得到相关函数。

为了去除卷绕，就要设法分开 $R_x(r\Delta t)$ 与 $R_x[(N-1-r)\Delta t]$ 这两部分，在计算时可以采用对原始数据加零值的办法，具体步骤如下：①采样得数据序列 $x_i,(i=0,1,2,\cdots,N-1)$；②对 x_i 的 N 个数据增加"零"值数据，成为 $2N$ 数据序列 $x_n(n=0,1,2,\cdots,2N-1)$，其中 x_0，x_1，$\cdots$，x_{N-1} 为原有数据，x_N，x_{N+1}，$\cdots$，x_{2N-1} 全为 0；③计算 x_n 的自功率

谱 $\widetilde{G}_k (k=0,1,2,\cdots 2N-1)$；④对 $\widetilde{G}_k$ 求傅里叶逆变换，得相关函数 $R_x^F(r\Delta t)$，见图 8.2.2；⑤乘以比例因子 $N/(N-r)$；⑥去掉后一半，即仅使用前一半图形或数据，即 为 $R_x(r\Delta t)$。

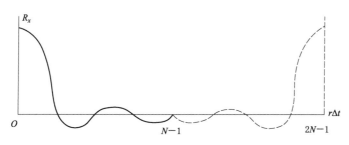

图 8.2.2　加一倍零值后的相关函数的卷绕现象

（2）互相关函数。与自相关函数一样，互相关函数也可以通过直接算法与间接算法 获得。

1）直接算法。设有原函数 $x(t)$ 与 $y(t)$，$y(t)$ 对于 $x(t)$ 的相关函数为

$$R_{xy}(\tau) = \lim_{\tau \to \infty} \frac{1}{2T} \int_{-T}^{T} x(t)y(t+\tau)\mathrm{d}t$$

$$= \lim_{\tau \to \infty} \frac{1}{T} \int_{0}^{T} x(t)y(t+\tau)\mathrm{d}t \tag{8.2.16}$$

对于离散数据 x_i 与 $y_i (i=1,2,\cdots,N-1)$，其 y_i 对于 x_i 的互相关函数可以用下式估计：

$$R_{xy}(r\Delta t) = \frac{1}{N-r} \sum_{i=0}^{N-1-r} x_i y_{i+r}$$

$$(r=0,1,2,\cdots,m; m<N) \tag{8.2.17}$$

同样的，x_i 对于 y_i 的互相关函数可以用下式估计；

$$R_{yx}(r\Delta t) = \frac{1}{N-r} \sum_{i=0}^{N-1-r} y_i x_{i+r} \tag{8.2.18}$$

这种直接算法同样存在着计算量很大的缺点。

2）间接算法。求相关函数的间接算法，是先通过快速傅里叶变换对 $x(t)$ 与 $y(t)$ 求 出其互功率谱密度函数，然后作傅里叶逆变换而获得互相关函数。同样的，亦需进行去卷 绕处理。

具体步骤如下：①对 $x(t)$ 及 $y(t)$ 分别并行采样，得 x_i 与 $y_i (i=0,1,2,\cdots,N-1)$，为了节约计算时间，可将 x_i、y_i 分别存入复数单元 z_i 的实部和虚部中，即 $z_i = x_i + jy_i$；②为消除卷绕的影响，分别对 x_i 与 y_i 的 N 个数据增加零值，成为两个 $2N$ 数据序 列，组成 $z_n = x_n + jy_n (n=0,1,2,\cdots,2N-1)$；③求 z_n 的傅里叶变换 z_r；④分别计算 X_r 与 Y_r，$X_r = \dfrac{Z_r + Z*_{N-r}}{2}$，$Y_r = \dfrac{Z_r - Z*_{N-r}}{2j}$；⑤计算互功率谱 $\widetilde{S}_{xy}$；⑥对 $\widetilde{S}_{xy}$ 求傅里叶 逆变换；⑦乘以比例因子 $N/(N-r)$；⑧取出前一半即得 R_{xy}。

应该指出，在计算自功率谱或互功率谱时，上述步骤均未考虑对截断的离散数据进行 窗口处理，而窗口处理时会引起方差减小。在作功率谱时应该除以一个补偿方差减小量的

比例因子 α_W 方能得到真正的功率谱。即

$$\widetilde{S}_x = \frac{1}{\alpha_W} \widetilde{S}_x \tag{8.2.19}$$

$$\widetilde{S}_{xy} = \frac{1}{\alpha_W} \widetilde{S}_{xy} \tag{8.2.20}$$

式中：$\widetilde{S}_x$、$\widetilde{S}_{xy}$ 分别为修正后的自功率谱与互功率谱；$\widetilde{S}_x$、$\widetilde{S}_{xy}$ 分别为由于加窗而计算得到的自功率谱与互功率谱；α_W 为窗补偿比例因子。

对于汉宁窗，$\alpha_{W\,HN} = 0.375$；对于汉明窗，$\alpha_{W\,HM} = 0.3974$；对于布拉克曼窗，$\alpha_{W\,B} = 0.3046$；对于余弦坡度窗，$\alpha_{W\,cos} = 0.875$。

3. 谱函数

(1) 自功率谱函数。与计算相关函数相似，计算功率谱也有直接算法与间接算法两种，如果直接计算功率谱可用于求相关函数的间接计算，如果是间接计算功率谱，必然要用相关函数，而此时相关函数只能是用间接算法求得。

1) 间接算法。由于功率谱是相关函数的傅里叶变换，其数学表达式为

$$S_x = \widetilde{S} \int_{-\infty}^{\infty} R_x(\tau) \mathrm{e}^{-j2xf\tau} \mathrm{d}\tau \tag{8.2.21}$$

式中：$R_x(\tau)$ 为 $x(t)$ 的自相关函数；τ 为相关函数的自变数时延。

若不计虚部时，

$$S_x = \int_{-\infty}^{\infty} R_x(\tau) \cos(2\pi f \tau) \mathrm{d}\tau \tag{8.2.22}$$

在离散化有限域处理时，

$$\begin{aligned} S_x &= \int_{-\tau_N}^{\tau_N} R_x(\tau) \cos(2\pi f \tau) \mathrm{d}\tau \\ &= 2\int_0^{\tau_N} R_x(\tau) \cos(2\pi f \tau) \mathrm{d}\tau \end{aligned} \tag{8.2.23}$$

式中：$\tau_N \tau$ 的最大值，$\tau_N = N\Delta\tau$。

若按采样定理，$f_c = \dfrac{f_s}{2} = \dfrac{1}{2\Delta t}$

又

$$2\pi f \tau = 2\pi f r \Delta t = \frac{\pi f r}{f_c}$$

则式 (8.2.23) 的离散式为

$$\begin{aligned} \widetilde{S}_x &= 2\sum_{r=0}^{N} R_r \cos\frac{\pi f r}{f_c} \Delta t \\ &= 2\left[R_0 + \sum_{r=1}^{N-1} R_r \cos\frac{\pi f_r}{f_c} + R_N \cos\frac{\pi N f}{f_c} \right] \Delta t \end{aligned} \tag{8.2.24}$$

式中：Δt 为采样的时间间隔；R_0 为时延为 0 时的自相关函数；$R_0 = R_x(0) = \dfrac{1}{N}\sum_{i=1}^{N}(x_i)(x_i) = \psi^2$；$R_r$ 为时延为 $r\Delta t$ 处的相关函数值；R_N 为最大时延时的自相关函数值；f_c 为截止频率。

对于因截断而产生的泄露，同样可以用加窗函数来加以补偿。

2）直接算法。设有采样获得的数据序列 x_i，其傅里叶变换为 $X_r(f)$。

信号的功率与其傅里叶变化之间有一定的关系，可通过下述推导获得。

设信号 $x_1(t)$ 与 $x_2(t)$ 的傅里叶变换分别为 $X_1(f)$ 与 $X_2(f)$，则

$$\int_{-\infty}^{\infty} x_1(t)x_2(t)\mathrm{d}t$$

$$= \int_{-\infty}^{\infty} x_1(t)\left[\int_{-\infty}^{\infty} x_2(f)\mathrm{e}^{j2xft}\mathrm{d}f\right]\mathrm{d}t$$

$$= \int_{-\infty}^{\infty} X_2(f)\mathrm{d}f\int_{-\infty}^{\infty} x_1(t)\mathrm{e}^{j2xft}\mathrm{d}t$$

$$= \int_{-\infty}^{\infty} X_2(f)\mathrm{d}f X_1(-f)$$

$$= \int_{-\infty}^{\infty} X_2(f)X_1^*(f)\mathrm{d}f \tag{8.2.25}$$

式中：$X_1^*(f)$ 为 $X_1(f)$ 的共轭。

对于自功率谱，即 $x_1(t) = x_2(t) = x(t)$ 的情况，此时 $x_1(f) = x_2(f) = x(f)$，则 $\int_{-\infty}^{\infty} |x(t)|^2 \mathrm{d}t$ 即代表 $x(t)$ 的总功率，式（8.2.25）即可变为

$$\int_{-\infty}^{\infty} |x(t)|^2 \mathrm{d}t$$

$$= \int_{-\infty}^{\infty} X(f) \cdot X^*(f)\mathrm{d}t$$

$$= \int_{-\infty}^{\infty} |X(f)|^2 \mathrm{d}t$$

$$= 2\int_{0}^{\infty} |X(f)|^2 \mathrm{d}t \tag{8.2.26}$$

在有限的时间区间 $0 \leqslant t \leqslant T$ 时，其功率谱为

$$S_x = \frac{2}{T}X(f)X^*(f) \tag{8.2.27}$$

或

$$S_x = \frac{2}{T}|X(f)|^2 \tag{8.2.28}$$

综上，自功率谱函数的计算步骤是：①对 $x(t)$ 采样得 x_i 数据序列（$i = 0$，1，2，…，$N-1$）；②截断数据序列或增加零值数据，使满足 $N = 2p$（p 为正整数），以便于进行 FFT 计算；③进行加窗函数处理；④进行 x_i 的傅里叶变换，算得 $X(f)$；⑤按式（8.2.27）或式（8.2.28）计算 S_x，此时 $T = N\Delta t$，Δt 为采样间隔时间；⑥计入窗函数因子，修正 S_x。即

$$S'x = \frac{1}{a_w}S_x$$

（2）互功率谱函数。

1）间接算法。先用直接算法求出互相关函数，然后进行傅里叶变换，即得互功率谱密度函数。如前所述，此法计算量甚大。

因有

$$S_{xy} = \int_{-\infty}^{\infty} R_{xy}(\tau) \mathrm{e}^{j2xf\tau} \mathrm{d}\tau \qquad (8.2.29)$$

式中：$R_{xy}(\tau)$ 为 $y(t)$ 对于 $x(t)$ 的互相关函数。

则不计虚部时有

$$S_{xy} = \int_{-\infty}^{\infty} R_{xy} \cos(2\pi f\tau) \mathrm{d}\tau \qquad (8.2.30)$$

在有限域为

$$S_{xy} = \int_{0}^{\tau_N} R_{xy}(\tau) \cos(2\pi f\tau) \mathrm{d}\tau \qquad (8.2.31)$$

其离散式为

$$\widetilde{S}_{xy} = 2 \left[R_{xy_0} + \sum_{r=1}^{N-1} R_{xyr} \cos\frac{\pi rf}{f_c} + R_{xyN} \cos\frac{\pi Nf}{f_c} \right] \Delta t \qquad (8.2.32)$$

2）直接算法。令 $x_1(t)=x(t)$，$x_2(t)=y(t)$，则式（8.2.25）即为

$$\int_{-\infty}^{\infty} x(t)y(t)\mathrm{d}t = \int_{-\infty}^{\infty} Y(f)X^*(f)\mathrm{d}f \qquad (8.2.33)$$

式中：$X^*(f)$ 为 $X(f)$ 的共轭；$X(f)$ 为 $x(t)$ 的傅里叶变换；$Y(f)$ 为 $y(t)$ 的傅里叶变换。

对应式（8.2.27）有

$$S_{xy} = \frac{2}{T} X^*(f)Y(f) \qquad (8.2.34)$$

考虑到无穷域，可得互谱的估计为

$$\widetilde{S}_{xy} = \lim_{T\to\infty} E[S_{xy}] = 2\lim_{T\to\infty} \frac{1}{T} E[X^*(f)Y(f)] \qquad (8.2.35)$$

式中：$E[\ ]$ 为 $[\ ]$ 中若干数值的数学期望。

计算步骤与自功率的计算大致相同，步骤为：①对 $x(t)$ 及 $y(t)$ 采样得 x_i 及 y_i；②截断数据序列或增加零值数据，使数据序列 x_i、y_i（$i=0,1,2,\cdots,N-1$）的数据个数 $N=2p$（p 为正整数）；③进行加窗处理；④计算 Z_r，Z_r 是 z_i 的傅里叶变换，这里 $z_i = x_i + jy_i$；⑤计算 X_r 及 Y_r，并得出共轭 X_r^*；⑥计算 S_{xy} 及 $\widetilde{S}_{xy}$；除以窗比例因子 α_w，得到互功率谱函数。

（3）频响函数。系统导纳（频响函数）涉及输入力的自功率 S_F、输出位移的自功率谱 S_x、输出对于输入的互谱 S_{Fx} 等三个成分，有了这三个谱便能方便地将频响函数计算出来。

对于一个常系数线性系统，频响函数又可表达为

$$H(f) = |H(f)| \mathrm{e}^{-j\phi(f)} \qquad (8.2.36)$$

式中：$|H(f)|$ 为系统增益因子。当输入为力 $F(t)$，输出为位移 $x(t)$ 时，有

$$|H(f)| = \left[\frac{S_x(f)}{S_F(f)}\right]^{\frac{1}{2}}$$

式中：$\phi(f)$ 为系统的相位因子。

若有
$$S_{Fx}(f) = C_{Fx}(f) + jQ_{Fx}(f)$$
$$= |S_{Fx}(f)| e^{-j\phi_{Fx}}(f) \tag{8.2.37}$$

式中：C_{Fx} 为实部，称之为共谱密度函数；Q_{Fx} 为虚部，称之为重谱密度函数。

则
$$\hat{H}(f) = \frac{\hat{S}_{Fx}(f)}{\hat{S}_F(f)} = \frac{|\hat{S}_{Fx}(f)|}{|\hat{S}_F(f)|} e^{-j\phi_{Fx}(f)} \tag{8.2.38}$$

可见，
$$|\hat{H}(f)| = \frac{|\hat{S}_{Fx}(f)|}{\hat{S}_F(f)} = \frac{C^2 + Q^2}{\hat{S}_F(f)} \tag{8.2.39}$$

$$\hat{\varphi} = \tan^{-1}\frac{Q}{C} \tag{8.2.40}$$

4. 相干函数

相干函数又称谱相关函数火凝聚系数，定义如下式：

$$\gamma_{xy}^2(f) = \frac{\hat{S}_y(f)}{S_y(f)} \tag{8.2.41}$$

式中：$\hat{S}_y(f)$ 为按理想常系数线性系统在输入 S_x 应得的理论响应；$S_y(f)$ 为混入噪声后的实际响应。

由于
$$H(f) = \frac{Y(f)}{X(f)}$$

式中：$Y(f)$、$X(f)$ 为输出 $y(t)$ 与输入 $x(f)$ 的傅里叶变换。

则
$$Y(f) = H(f)X(f)$$
$$Y^*(f) = H^*(f)X^*(f)$$

上述二式相乘得

$$\hat{S}_y(f) = |H(f)|^2 S_x(f) \tag{8.2.42}$$

又由于
$$H(f) = \frac{S_{xy}(f)}{S_x(f)}$$

则
$$|S_{xy}^{(f)}|^2 = |H(f)|^2 \cdot |S_x(f)|^2 \tag{8.2.43}$$

将式 (8.2.39) 代入式 (8.2.38) 得

$$\hat{S}_y(f) = \frac{|S_{xy}(f)|^2}{|S_x(f)|^2} S_x(f)$$
$$= \frac{|S_{xy}^{(f)}|^2}{S_x(f)} \tag{8.2.44}$$

将式 (8.2.44) 代入式 (8.2.41) 得

$$\gamma_{xy}^2(f) = \frac{|S_{xy}(f)|^2}{S_x(f)S_y(f)} \tag{8.2.45}$$

由式（8.2.45）可见，相干函数应由前述的三个谱成分计算，一般数据处理系统都在算出三谱后同时做出频响函数与相干函数。

8.2.4.2 流态

水流流态是描述水流运动状态特性与河势变化规律的重要因素，也是河流水文特征的重要部分。流态的特征通常用其位置、范围、形态及有关参数来描述。有些流态目前尚无一定的物理参数表示，一般用其形态来描述。水力学原型观测中一般以文字为主，配以图表及照片来进行描述。

8.2.4.3 水面线

（1）人工观测时，用观测时记录下的数据进行计算；电测法用观测时数据集中采集处理系统所采集储存的数据进行计算。

（2）列表给出各测点的平均水位、平均水面线及最高、最低波动值并分析原因，根据需要绘出沿程水面线图。

（3）将观测值与计算值进行比较，如有模型试验值，则应分析原型与模型的相似关系。

8.2.4.4 底流速

底流速测量采用毕托管原理，通过流速仪测量采集到的动水压强与静水压强之差，给出动水压力头 Δh，然后按下式计算出测点的时均流速：

$$V = \varphi \sqrt{2g\Delta h} \qquad (8.2.46)$$

式中：φ 为流速系数，流速仪为流线体型，可近似取 $\varphi \approx 1.0$。驻点的时均动水压力头 Δh 由装在流速仪上的差压传感变送器测得。其数据处理方法见 8.2.4.1 节，由计算机和分析软件完成。

将观测值与计算值进行比较，如有模型试验值，则分析原型与模型的相似关系。

8.2.4.5 动水压力（含时均压力和脉动压力）

1. 压力表观测时均动水压力

（1）压力表观测时，用观测时记录下的数据进行计算，计算公式为

$$p/\gamma_w = M - Z \qquad (8.2.47)$$

式中：p/γ_w 为测点的时均压力；M 为压力表读数；Z 为压力表中心与测点高程差。

由上式计算出来的时均压力值单位最后换算成 kPa。

（2）列表给出各测点的动水压力平均值及最高、最低波动值并分析原因，根据需要绘出沿程时均动水压力分布图。

（3）将观测值与计算值进行比较，如有模型试验值，则分析原型与模型的相似关系。

2. 脉动压力

用压力传感变送器及数据集中采集处理系统采集储存到的数据，其数据处理方法见 8.2.4.1 节，由计算机和分析软件完成。

用上述方法处理得出如下成果：脉动压力的均值和均方差、概率密度函数、自相关函数、功率谱密度函数；视需要还可取得：互相关函数、互功率谱密度函数、将观测值与计算值进行比较，如有模型试验值，则应分析原型与模型的相似关系。

8.2.4.6 空穴监听

由水听器、电压放大器及空穴信号集中采集处理系统所采集储存的数据可按以下方法进行数据处理计算和分析。

用空化噪声的频谱分析法来研究空化特性，通常采用的方法有两种，其一为选频法，其二为频谱能量积分法。

1. 选频法

选频法是用选择某些频率或频带（根据所研究流场的空化特性选择），对于每一个频率或频带，绘出空化噪声强度 N 同水流空化数 σ 的关系曲线。在该曲线上，空化噪声强度 N 开始突然增大的点所对应的空化数，就是该流场的初生空化数 σ_i。

图 8.2.3 是三角形突体的空化特性试验结果。噪声强度用水听器量测。选择三个频率（100kHz、200kHz、60kHz）进行不同空化状态的噪声测量，获得对应于三种频率的空化数 σ 与噪声强度 N 的关系曲线，如图 8.2.3 所示。研究表明，在 N-σ 曲线上，N 值突然增大点所对应的 σ 值，就是所研究流场的初生空化数 σ_i。由图 8.2.3 可见，三条 N-σ

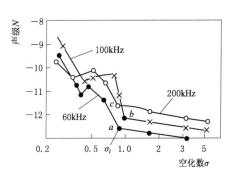

图 8.2.3 空化特性试验结果

曲线，分别在 a、b、c 三个点上，噪声强度 N 值开始突然增大，且三个点所对应的 σ 值基本上是一致的，故该处所对应的 σ 值即初生空化数 σ_i。

从以上结果可知，用选频法来判断空化的初生比较简单、明确。但此法存在以下几个问题：①要选择很多个频率（图 8.2.4 只选三个频率是不够的）分别量测不同空化状态的 N-σ 关系，这使试验量测工作量大为增加；②对于被选定的不同频率，所得到每一条 N-σ 曲线，不太可能均在同一位置上 N 值开始突然增加，这就给确定初生空化数 σ_i 的数值造成困难；③用 N-σ 曲线突然增大点所对应的 σ 值作为初生空化数 σ_i，由于以上两个原因，则可能不太正确。

2. 频谱能量积分法

频谱能量积分法是使流场处于不同的空化状态，测量出对应于不同 σ 值的空化噪声强度的振幅谱（傅氏谱）$F(f)$，见图 8.2.4。然后将每一条振幅谱分布曲线 $F(f)$，在某一频率范围 $[f_1, f_2]$ 内积分，得

$$A(\sigma) = \int_{f_1}^{f_2} F(f,\sigma)\mathrm{d}f \tag{8.2.48}$$

通常可得到 $A(\sigma)$-σ 关系曲线，如图 8.2.5 所示。随着空化数 σ 的减小，$A(\sigma)$ 值逐渐上升，至 K 点则 $A(\sigma)$ 值开始突然上升，则 K 点所对应的 σ 值即该系统的初生空化数 σ_i。随着空化的继续发展（σ 值继续减小），$A(\sigma)$ 值继续上升，至最大值 A_m 点。σ 值再进一步减小（空化再发展），则 $A(\sigma)$ 值逐渐下降。研究表明，如果对于不同的 σ 值，噪声强度傅氏谱 $F(f)$ 的分布趋势是相似的（图 8.2.5），且用以积分的频率范围 $[f_1, f_2]$ 相同时，则可用 $F(f)$ 求 $A(\sigma)$，否则宜用噪声强度的功率谱 $G(f)$ 来求 $A(\sigma)$。

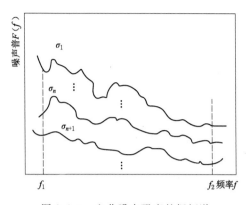

图 8.2.4 空化噪声强度的振幅谱

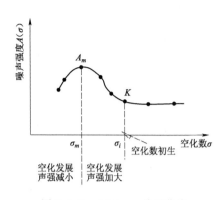

图 8.2.5 $A(\sigma)-\sigma$ 关系曲线

采用噪声强度谱积分法研究流线型边界及不平整突体的空化特性，获得 $A(\sigma)-\sigma$ 关系曲线，如图 8.2.6 所示。从图中可见，三条曲线的变化趋势基本上符合变化规律。图中 K_1、K_2、和 K_3 所对应的 σ 值即分别为 Ⅰ、Ⅱ、Ⅲ 曲线的初生空化数 σ_i。

由于该方法积分时包含了空化噪声的全部频率范围或相当宽的频带，而且经过积分，已把每一空化状态的噪声强度做了均化，从而避免了选频法的缺点，获得较好的结果。用噪声强度频谱能量积分法来研究水流空化特性是较为理想的方法。

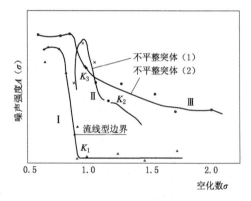

图 8.2.6 $A(\sigma)-\sigma$ 关系曲线

8.2.4.7 掺气浓度

1. 掺气浓度计算

水和空气是导电率截然不同的两种介质，水气混合后的导电能力随水中掺气量的多少而不同。根据麦克斯威尔（Maxwell）理论，气水两相流中的掺气浓度，可用置于水流中的传感器电极间的水电阻来表示，即

$$C=\frac{R_c-R_0}{R_c+\dfrac{R_0}{2}}\times100\% \tag{8.2.49}$$

式中：R_c 为挟气的水流电阻；R_0 为未挟气的水流电阻（即清水电阻）；C 为气水两相流中所含气体的体积百分比浓度。

据此测量和计算掺气浓度，称为电阻（式）法。

2. 掺气浓度测量

掺气浓度的测量是以一对标准面积及间距的电极，分别测量出清水电阻（R_0）和含气水流电阻（R_c），通过式（8.2.29）计算（电桥转换）掺气浓度值。模型中常用的极片为长 25mm、宽 6mm、净间距 6mm 的一对平行不锈钢电极。

由于各传感器电极加工精度的偏差，在使用前必须对所有传感器（含掺气测点、清水测点甚至备用测点）标定其相对电阻系数。

为消除测试过程中电极的极化，电阻式掺气仪一般采用交流源电桥。因此，测点至掺气仪间连线的电阻、电感和分布电容将对测值带来影响。当连线大于一定长度时，必须对测量值进行修正（既长线校正）。

在有长线影响的条件下，掺气仪测值（示值 C'）相当于测点端电阻（R）的有效值（R'_c）和掺气仪面板调零值（R'_0），经式（8.2.49）计算的相对掺气值。

8.2.4.8　通气井进气量

通气井进气量观测采用毕托管、风速差压传感变送器及数据集中采集处理系统进行，测量风速后再计算其通气量。

1. 气流速度的计算

气流速度可用下式计算：

$$v_a = \varphi \sqrt{2 \frac{\rho_w}{\rho_a} g \Delta H} \tag{8.2.50}$$

式中：v_a 为气流速度，m/s；φ 为毕托管的流速系数，一般取 $\varphi = 1.0$；g 为重力加速度，m/s^2；ρ_w 为水的密度，kg/m^3；ρ_a 为空气的密度，kg/m^3，$\rho_a = 0.4647 P_a / T$，P_a 为大气压力，mmHg，T 为空气的绝对温度，℃，$T = 273 + t$；t 为温度，℃；ΔH 为压差值，mH_2O。

2. 通气量的计算

计算通气量 Q_a，一般是先确定通气井（管）道的平均气流速度 v_a。对于进口对称的均直长管道，可只在通气井（管）轴线处安装一只毕托管，测出通气井（管）断面中心一点的最大风速 v_{max}，断面平均气流速度 v_a 可按下式计算：

$$v_a = k v_{a\,max} \tag{8.2.51}$$

式中：$k = 0.80 \sim 0.85$，一般取 $k = 0.84$。按式（8.2.51）计算的平均气流速度，测速断面前、后的管道长度必须大于 3 倍管径。

通气井（管）的通气量 Q_a 可按下式计算：

$$Q_a = A v_a \tag{8.2.52}$$

式中：A 为通气井（管）的断面面积。

8.2.4.9　空腔负压

空腔负压的数据采集及分析计算同脉动压力见"随机信号的分析与处理方法简介及动水压力（含时均压力和脉动压力）"小节。给出的主要成果如下：

（1）根据整理后的资料和计算成果，给出各级水位、闸门不同开度下各掺气空腔内的空腔负压值，并绘制空腔负压与闸门开度（e）的关系曲线图。

（2）根据实测各级水位、不同闸门开度的空腔负压资料，结合实测的掺气浓度、通气井进气量等进行分析，判断通气井的合理性。如有模型试验值，则应分析原型与模型的相似关系。

8.2.4.10　振动

用振动传感器、电荷放大器及数据集中采集处理系统所采集储存到的数据，其数据处理方法见"随机信号的分析与处理方法简介"小节，由计算机和分析软件完成。

用上述方法处理得出如下成果：振动时程曲线，振动位移及加速度的均值、均方差、最大值、最小值，自相关函数，功率谱密度函数，分析出原型固有频率。视需要还可取得：互相关函数；互功率谱密度函数；将观测值与计算值进行比较，如有模型试验值，则分析原型与模型的相似关系。

8.2.4.11 泄洪雾化

对人工雨量观测和用雾化降雨量传感变送器、数据集中采集处理系统同步实时采集到的数据，经计算后给出以下内容：

(1) 各测点坐标及降雨量、降雨强度。

(2) 根据降雨量及降雨强度，绘制雾化降雨暴雨区范围图。

(3) 雾化区风速及风向成果。

(4) 累计降雨量-时间过程曲线（对于电测部分）。

(5) 用立体摄影方法确定的泄洪水舌形态及其浓雾范围。

(6) 结合降雨量、降雨强度、自然气象、泄洪时的风向、风速、地形条件及泄洪流量等因素，确定泄洪时暴雨区的范围及其泄洪方式和枢纽布置的关系。

8.2.5 问题与讨论

通过常规的观测设备能够较好地满足普通水力学原型观测，但对高速水流水力特性的原型观测，仍然存在着观测的理论方法不够成熟、观测的技术设备还相对落后、观测手段单一等诸多的问题。同时，水力学原型观测的技术推广难、投资大，原型观测资料共享程度不够，在原型观测成果的分析方法和相关技术推广方面还存在着相当大的发展空间。进一步地改进观测仪器设备，加强开发智能化硬件和软件力度，进而实现监测和观测的自动化，同时在观测方法上也必须要有所创新。

随着河流梯级开发，统一调度充分发挥发电效益的目标实现，受实施条件限制，水力学原型观测工作只能择机，或选择性开展。

8.3 强震动监测

8.3.1 概述

我国是世界上地震活动性最强的国家之一，地震断裂带发育，地震活动频度高、强度大、分布广、震灾严重。据统计，我国有近半数的大坝位于强震地带，时刻面临着地震的威胁，尚待开发利用的水电资源中有80%位于高地震烈度的西南、西北地区，抗震形势严峻。

自20世纪60年代以来，我国地震活动进入了频发期，连续多次发生的强烈地震给国家、社会和人民的生命财产造成重大损失，特别是对水工建筑物的影响和破坏极其严重。1976年7月28日唐山7.8级大地震对全区内的水利工程均造成不同程度破坏，其中陡河水库遭到9级震害，主坝出现百余条横向裂缝，上、下游坡出现两条长达1700m纵向裂缝，最大缝宽80cm，坝面最大塌坑宽度达2.2m。2008年5月24日汶川8.0级大地震，造成全国近2500座水库出现坝体、混凝土护坡开裂、大坝渗漏等不同程度破坏，紫坪铺水库大坝堆石体产生明显震陷，面板周边缝出现较大位移，泄洪闸门不能正常启闭。

为监测天然地震和水库诱发地震时地面运动的全过程及在其作用下水工建筑物的地震反应，需要对建筑物布设强震仪监测台阵进行强震动反应监测。一旦发生强震，可通过预先布设在建筑物上的强震监测台阵，自动获取和记录加速度信息，获取地震时结构动态反应的第一手资料，掌握建筑物在地震作用下的结构反应特征，进行及时分析和快速评估震害等级，分析地震的破坏和影响，采取应急措施，达到减灾、防灾的目的。同时，强震记录还能为类似工程抗震设计地震动参数和地震烈度的评估提供资料。强震监测目前已成为大中型水电工程的常规监测项目。

世界强震监测最早开始于 20 世纪 20 年代，美国海岸与大地测量局在 1932 年率先研制出首台 VSCGS 标准型强震动加速度仪，并成功在次年 3 月加州长滩地震中记录到世界上第一个地震加速度。至 2017 年年底，世界上数十个多震国家都已建立起强震监测台网，其中美国有 6000 余台强震动监测加速度仪，日本有 3000 余台强震动监测加速度仪，均取得了大量强震动加速度记录数据。如在 1971 年美国 6.6 级圣费尔南多地震、1995 年本阪神 7.3 级地震中都有近百台强震仪同时记录到地震加速度，其中圣费尔南多地震记录到的最大峰值加速度达 $1.14g$。

我国水利水电工程领域强震动监测发展始于 20 世纪 60 年代，1962 年广东新丰江水库诱发 6.1 级强震造成混凝土大头坝上部高程 108.00m 处产生长达 82m 的水平贯穿裂缝，为研究裂缝产生机理，中国地震局工程力学研究所研制出我国首台多通道电流计式强震仪，并在新丰江水电站上建立国内首个试验性水工建筑物强震观测台阵，此后又相继在密云、官厅、丰满、丹江口、刘家峡等数十座大坝中建立起强震观测台阵。1992 年，第二代强震仪即数字磁带记式强震仪研制成功后，结合强震加速度记录处理分析程序的应用，使强震动观测发展进入到一个新的阶段，在三门峡、龙羊峡、李家峡和小浪底等多个工程上都建立起了强震安全监测系统。2000 年以来，随着科技飞速发展和计算机技术的广泛应用，数字固态存储式加速度强震仪研制成功，通过将强震动记录数据自动传输到计算机上进行处理，可以实现数据自动分析和建筑物震害评估，将强震安全监测推进到一个全新阶段，在二滩拱坝、三峡大坝等工程上建立了大坝数字强震动监测系统。60 多年来，我国水工建筑物强震动监测取得了长足的发展，获得了大量珍贵而丰硕的强震记录数据。

上述强震记录，在以下几个方面发挥了重大作用。

1. 监测地震作用下水工结构的安全性

过去对大坝的地震灾害评估往往是靠地震后对大坝进行巡视检查结合静态监测的数据，根据个人的经验进行判断。这样的缺点是：检查的是现象，没有定量标准；另外，个人的经验有限，难免发生判断错误。用大坝强震观测记录进行现场及时处理后做出大坝地震安全报警，无疑提高了科学性和准确性。

2. 推动抗震设计方法不断改进

最初，大坝抗震设计采用静力法，即人们认识到地面水平加速度运动是重要因素，估计了最大加速度值，把建筑物视为刚体，取地震力呈矩形分布。新丰江大头坝上部发生断裂和大坝强震记录表明，水工结构是弹性体。坝顶的最大加速度值比地面最大加速度值大6~8倍，从而否定了静力法，使抗震设计方法进入了以强震记录为基础，以反应谱理论为核心的动力分析法。随着强震记录的不断积累，现已进入全动力分析法。

3. 为抗震设计、加固、结构反应分析和抗震试验提供地震动输入

在抗震设计、结构反应分析和结构振动试验中，过去用高谐波作为振动模型，随着强震记录的不断积累，已可以选用近似场地条件的实际地震波输入。如建在基岩上的水工结构往往选用松潘地震波，建在深覆盖层上的水工结构选用天津地震波或美国的埃尔森特罗地震波作为输入地振动。在新丰江大坝等抗震加固设计和密云土坝的修复设计中都采用了当地的强震记录。

4. 为研究地震特性提供定量依据

强震加速度记录可以得到地震动的大小、频谱组成、持续时间长短等定量数据。大量的数据对比，可以看出场地软硬厚薄对反应谱形状有重要影响，通过反应谱来反映地震动的重要特性，这些已应用于抗震设计规范。

8.3.2 监测方法

强震动是地震和爆破等引起的场地或工程结构的强烈震动；强震动安全监测是用专门仪器记录强震动时工程结构和场地的地震反应，为评估水工建筑物安全性而进行的监测。

大坝强震监测是一项专业性很强的技术工作，其最终目的是回答地震发生后大坝结构的安全问题，它涉及对地震信号的采集、信号处理、波形分析及对大坝结构进行安全分析与评估等一系列技术工作。

与其他工程相比，大坝强震监测在内容和方式方法上也存在着很大的差别，主要原因是：对于铁路、道桥、隧洞、煤气和输油管线等重大生命线工程，一次强烈地震，可通过快速拉闸断电、关闭阀门等方式控制震后灾害的扩大，而水利工程的地震灾害具有以下特点：

（1）次生灾害影响范围大、成灾严重、难以快速修复和控制，是水利工程震害不同于其他工程的一个特点。

（2）隐蔽性的滞后灾害是水利工程震害不同于其他工程震害的另一特点。相对于破坏性大地震，中、小强度地震发生的频率很高，一次中、小强度的地震发生过后，大坝等结构在地震荷载的作用下可能发生局部裂隙或损伤，进而由于渗水导致结构破坏，因此引发的次生水患灾害将不亚于一次大地震的破坏。

因此，强震监测在研究水利工程结构的抗震安全、防震减灾以及坝址区域地震动输入机制方面越来越受到关注，加强水利工程强震监测的技术储备，深化水利工程结构的抗震研究已经成为共识。

8.3.2.1 监测项目

根据规范要求，在地震设计烈度为7度及以上的一级大坝、8度及以上的二级大坝，应设置结构反应台阵；设计烈度为8度及以上的1级、2级进水塔，渡槽，垂直升船机等主要水工建筑物，应设置结构反应台阵；设计烈度为7度及以上的其他重要水工建筑物，

经论证可设置结构反应台阵；设计烈度为 8 度及以上的 1 级水工建筑物，在蓄水前应设置场地效应台阵。强震动监测项目主要包括地震作用下建筑物的振幅、频率、振动速度和振动加速度，特别是振动加速度。对 1 级高土石坝可增加动孔隙水压力和动位移监测，对 1 级高混凝土坝可增加动水压力、动应变等物理量监测。

8.3.2.2 监测系统组成

强震动监测系统主要由加速度传感器、强震记录仪、计算机和传输线路四部分组成。监测仪器布置方式包括集中记录式和分散记录式。集中记录式是将加速度记录器集中布置在监测管理中心，见图 8.3.1；分散记录式是将加速度记录器分散在台站，监测管理中心只有计算机系统，见图 8.3.2。

图 8.3.1 集中记录式框图

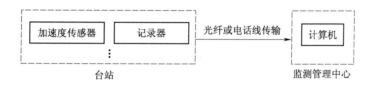

图 8.3.2 分散记录式框图

记录器集中布置主要优点：一是便于记录器连机运行，可采用同一时标，能够更精确地判断同一时刻的地震动相位；二是便于管理和检查。对于建筑物规模很大、传输电缆太长时，可采取分散记录式布置。由于电缆太长，电缆的电阻值加大，必将削弱向加速度记录器供直流电的电流和电缆传输的信号，根据以往经验，电缆长度以不超过 500m 为宜。

8.3.2.3 监测台阵布置

强震动安全监测台阵根据设计烈度、建筑物级别、结构类型和地形地质条件进行布置，台阵的类型包括结构反应台阵和场地效应台阵。测点的布置是依据水工建筑物的动力特性以及地震反应而做出的，测点布置的部位一般都是水工建筑物各阶振型的最大值、地震反应较大以及重要的动力特征部位。河谷自由场主要是反应地震动输入参数的情况。

结构反应台阵的规模根据建筑物级别确定，1 级建筑物不少于 18 通道，2 级建筑物不少于 12 通道。

（1）重力坝反应台阵在溢流坝段和非溢流坝段各选一个最高坝段或地质条件较为复杂的坝段进行布置。测点布置在坝顶、坝坡的变坡部位，以及坝基和河谷自由场处。传感器测量方向以水平顺河向为主，重要测点布置成水平顺河向、水平横河向、竖向三分量。

（2）拱坝反应台阵在拱冠梁从坝顶到坝基、拱圈 1/4 处布置测点；在坝肩、拱座部位、河谷自由场布置测点。传感器测量方向布成水平径向、水平切向和竖向三分量，次要测点传感器可简化成水平径向。

（3）土石坝反应台阵测点布置在最高坝断面或地质条件较为复杂的坝断面。测点布置在坝顶、坝坡的变坡部位，以及坝基和河谷自由场处，有条件时坝基布设深孔测点。对于坝线较长者，在坝顶增加测点。测点方向以水平顺河向为主，重要测点布成水平顺河向、水平横河向、竖向三分量。对土石坝的溢洪道布置测点。

（4）水闸反应台阵测点布置在地基、墩顶、机架桥、边坡顶，布成水平顺河向、水平横河向、竖向三分量，次要测点传感器可简化成水平横河向。

（5）进水塔反应台阵沿高程布置，即塔基、塔顶、塔高 2/3 处的附近，布置成水平顺河向、水平横河向、竖向三分量。

（6）垂直升船机反应台阵测点布置在塔柱和承船箱上。塔柱测点布置在塔基、塔顶及沿塔柱高度方向刚度有较大变化处。承船箱上测点布置成水平顺河向、水平横河向、竖向三分量。

（7）渡槽反应台阵测点布置在槽身顶部、槽身底部、支墩顶部、支墩底部。相邻槽墩底部布置三分量测点。

场地效应台阵的测点布置在河床覆盖层、基岩、坝址峡谷地形处，以及区域活动性断裂附近，按大地坐标的三分量进行布置。

8.3.2.4 仪器设备安装

强震加速度传感器和记录仪安装前应按相关规范要求进行检验和测试，在有相应检测资质的实验室超低频标准振动台上进行整机标定。强震监测设施安装埋设见图 8.3.3。

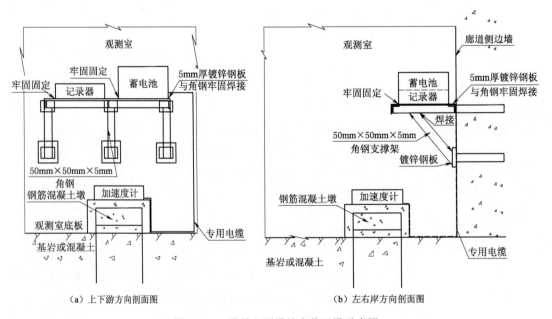

图 8.3.3 强震监测设施安装埋设示意图

1. 加速度传感器安装

（1）加速度传感器应固定安装在现浇的混凝土监测墩上，监测墩出露地面部分尺寸长、宽、高宜为 40cm×40cm×20cm，顶面应平整，墩体宜预留出导线穿入孔。

（2）观测墩应与观测对象紧密牢固连成一体，观测对象为建筑物或基岩时，在混凝土监测墩浇筑前，先将接触面凿平，并打孔预埋插筋，冲洗干净后用混凝土现浇，使监测墩与被测物牢固连成一体。在土石坝或土基上浇筑的观测墩，埋深度应大于 0.8m。

（3）定位加速度传感器方向，将传感器底板用环氧树脂或螺栓加以固定，并用不锈钢保护罩进行保护。

（4）传输电缆信号线应采用专用电缆，电缆信号线在 100m 内应无接头，在电缆信号线与记录器连接处宜设置接线盒，以方便检查，布线须远离高压线。

2. 强震记录仪安装

（1）强震记录仪安装在强震监测台站内，记录仪与加速度计接通后，确定加速度计的振动方向与加速度记录图上波形方位的对应关系，并保持相位一致。

（2）为消除多台加速度记录器的时差，可采取联机的运行方式，共同记录主机的绝对时间。

（3）根据环境振动的具体情况，选择 STA 与 LTA 比值触发、阈值触发、STA 与 LTA 差触发等触发模式。

3. 传输线路

加速度传感器通过多芯屏蔽电缆将信号传输到强震记录仪。电缆埋设时露天部分应穿入钢管加以保护，并采取接地保护措施，电缆不得设置在具有强电磁干扰设备的附近。

8.3.2.5 监测数据的分析处理

水工强震监测台站的直接成果是取得所有测点的加速度时程记录。要把强震记录应用于分析水工建筑物震害，评估其安全度，提出应急措施和工程措施，就必须对加速度记录进行处理分析。强震记录处理分析主要分为以下 3 个方面：

（1）常规应用分析。对地震加速度时间过程记录进行常规分析处理。首先，对强震加速度时间过程记录进行零漂校正、错点剔除等处理，统计其最大值；然后，对强震加速度时间过程记录分别进行一次、二次积分，求得速度和位移；最后，进行反应谱的计算和傅里叶谱分析。常规处理的目的主要是为了分析结构反应的频谱特点。

（2）结构反应分析。将校正处理过的基点或自由场的强震记录作为有限元模型的输入，通过有限元分析将计算结果与实际监测结果相比较，合理调整有限元模型。根据调整后的模型验算目前大坝抗震设计的合理性，必要时对大坝进行加固处理。

（3）震害快速预警分析。水工建筑物震害预警的依据是大坝由严重震害到溃决有滞后时间，如果在强震发生后能够快速判断水工结构的震害程度，便可以为采取应急预案争取到宝贵时间。震害快速预警的前提是数字强震仪与计算机网络结合，强震监测台站的数字强震仪在取得强震记录后，能够对记录进行智能分析并调用专家数据库内容，快速评估水工结构震害程度，并通过网络向各主管部门发出预警信息。目前，水工建筑物震害的快速评估方法还处于研究阶段，通过强震记录进行震害快速评估与预警也处于初步应用阶段。水工建筑物震害快速预警是未来水工建筑物强震监测工作必须拓展的重要功能。

8.3.3　问题与讨论

（1）大坝结构的强震监测、震后安全快速反应分析及大坝地震安全的网络信息化建设有待加强。

目前，多数流域水工结构强震安全监测台只是零星的"点"，国内水利工程地震监测台站数量少且分散，还远未形成"台网"的规模。已有的各水利工程地震监测台站信息资源管理分散，资料缺乏统一的规格和标准，利用率低，规模小，数据的完整性不够；设备落后，准确性不高，数据交换接口不规范；应用系统互联互通性差，台站分析人员水平参差不齐，监测数据的可靠性和分析质量不高，资料的实际利用价值发挥不够，缺乏一个中央管理分析系统供决策部门宏观调度。某种程度上大大削弱了水利工程抗震减灾工作解决实际工程问题的力度。

以前在抗震救灾中，对大坝的快速安全评估完全是根据宏观调查和静态监测的数据，如裂缝、沉陷、滑坡、渗漏等凭个人经验进行评估，并不知道地震运动的复杂过程，更不能获得定量数据。地震是突发的，持续时间很短，往往只有几十秒。为了能取得地震时地面和建筑物振动的第一手资料，必须在大坝建成时就在场地的自由场、大坝坝基、坝坡、坝顶及其坝肩等特征部位布置强震动加速度仪，平时要加强管理，始终保持待触发状态，一旦发生地震，便自动触发记录下地面运动的全过程和大坝结构反应特征。根据这些加速度记录数据，结合宏观调查，才能做出更科学的大坝安全评估。

（2）强震动监测的发展。计算机技术的突飞猛进极大地提高了大坝结构动力反应数值分析的速度，而电子技术和遥测传输通信技术的发展，使得对大坝震后安全分析的结果信息进行远程管理成为可能。一旦发生地震，自动的数字固态存储强震仪开启记录，并将地震信号遥传至分析中心的中央处理机，采用统计模型或数学模型实时处理，通过调用信息库中的信息进行比较、分析，评估大坝结构的性态和危险度，将评估结果提供给决策部门，以便发布命令，采取有效的应急措施。

大坝强震安全监测技术随着计算机技术、电子技术、通信及网络技术的发展，各种数学理论与方法逐步成熟与完善，已不仅仅是早期的对地震监测记录的获取和简单的谱分析技术了。它是一个包含对有关强震信息通过多种手段进行获取，并以此为切入点对大坝的抗震安全进行综合分析与评价，制定相关决策方案，最终实现计算机远程网络传输、决策及有关信息的查询及发布的一个庞大的管理与决策系统。它包括对原始数据的采集、录入及分析处理（其中包括对同一组数据采用不同方法进行处理），对结构进行不同形式和方法的抗震分析、结果的处理，基于 WEB 下的各数据库之间的协调与管理等多个子系统。整个系统的实现需要进行大量复杂的工作，技术难度较大，需要实现数据获取的自动化、数据处理及结构分析的模型化、分析评判的智能化、图表和结果输出的可视化、数据传输和管理的网络化。

建立水利工程领域的强震监测数字化网络与传输系统，建立一个水利工程强震监测信息互通、梯级管理、统一指挥调度的地震应急支持系统，是水利工程强震监测的发展方向。

8.4 水质及析出物分析

8.4.1 水质分析

8.4.1.1 水质分析规程、规范

水质分析依照《混凝土坝安全监测技术规范》（DL/T 5178—2016）和《水电工程地质勘察水质分析规程》（NB/T 35052—2015）进行，水样对混凝土的腐蚀性评价依据《水利水电工程地质勘察规范》（GB 50487—2008）进行，水样对地下水的影响评价依据《地表水环境质量标准》（GB 3838—2002）进行。

1. 水样对混凝土的腐蚀性评价

环境水是多种腐蚀性介质的复合溶液，在对混凝土产生腐蚀时各种离子相互影响、共同作用，但其中某些离子起着主要作用。表 8.4.1 是《水利水电工程地质勘察规范》（GB 50487—2008）中以一种起主要作用的离子作为腐蚀性的判别依据。环境水的腐蚀分类有多种方法，目前尚无统一标准，较常见的是按环境水的腐蚀介质特征将腐蚀性类型分为一般酸性型、碳酸型、重碳酸型、镁离子型、硫酸盐型五类。

在混凝土中含有大量的因水泥水化产生的氢氧化钙 $[Ca(OH)_2]$ 和水化铝酸钙等，当外部环境水中能与 $Ca(OH)_2$ 和水化铝酸钙等物质发生反应的化学成分含量达到一定浓度时，该环境水便对混凝土具有腐蚀性。

（1）一般酸性型腐蚀性。一般酸性型腐蚀是指当环境水呈酸性时（pH≤6.5），水中的 H^+ 含量已经达到了与 $Ca(OH)_2$ 反应的浓度而使混凝土中 $Ca(OH)_2$ 溶解，其反应方程式如下：

$$Ca(OH)_2 + 2H^+ = Ca^{2+} + H_2O$$

（2）碳酸型腐蚀性。天然水中含有的游离 CO_2 同时可以两种不同的形式存在，一种是以溶解气体分子的形式存在，和水作用形成碳酸，与水中的 HCO_3^- 建立下列的平衡关系：

$$CO_2 + H_2O \leftrightarrow H_2CO_3 \leftrightarrow HCO_3^- + H^+$$

另一种是侵蚀性 CO_2。当水中游离 CO_2 含量大于维持上式的平衡所需要的浓度时，多余的游离 CO_2（即侵蚀性 CO_2）会与环境中的固体碳酸盐发生反应，使固体碳酸盐溶解。

当环境水与混凝土接触时，水中的侵蚀性 CO_2 可与混凝土的碳化层（形成的 $CaCO_3$ 部分）发生反应，降低混凝土的抗渗能力，使混凝土中大量游离石灰 $[Ca(OH)_2]$ 被水带走，导致混凝土强度降低，甚至遭受破坏。具体反应方程式如下：

$$CO_2 + H_2O + CaCO_3 = Ca(HCO_3)_2$$

根据前述的 $CO_2 + H_2O \leftrightarrow H_2CO_3 \leftrightarrow HCO_3^- + H^+$ 平衡式可知：当环境水中的 HCO_3^- 含量降低时，平衡将向右移动，因而水中 H^+ 含量将随之升高。

重碳酸型腐蚀是指因环境水中的 HCO_3^- 含量低于一定浓度而导致水中 H^+ 含量升高到

315

与Ca(OH)$_2$发生反应的浓度，从而使混凝土中Ca(OH)$_2$溶解。其反应原理如下：

$$Ca(OH)_2 + 2H^+ = Ca^{2+} + H_2O$$

（3）镁离子型腐蚀性。混凝土内部是一种碱性环境，其中OH$^-$浓度较高。外部环境水渗入到混凝土内部时，水中的Mg^{2+}可与混凝土中的OH$^-$发生如下反应：

$$Mg^{2+} + 2OH^- = Mg(OH)_2 \downarrow$$

环境水的镁离子型腐蚀是指环境水中Mg^{2+}与混凝土中的OH$^-$发生化学反应形成体积膨胀的Mg(OH)$_2$沉淀的现象。当这种现象使混凝土内部的膨胀量超过了其本身可以承受的应力范围时，就会导致混凝土开裂、剥落、结构破坏。

（4）硫酸盐型腐蚀性。硫酸盐与水泥水化物Ca(OH)$_2$和水化铝酸钙发生化学反应，生成膨胀性的钙钒石，当这种膨胀应力超出混凝土本身可以承受的应力范围时便导致混凝土开裂、剥落。

表8.4.1　　　　　　　　　　　　环境水对混凝土腐蚀性判别标准

腐蚀性类型	腐蚀性判定依据	腐蚀程度	界限指标
一般腐蚀性	pH 值	无腐蚀	pH>6.5
		弱腐蚀	6.5≥pH>6.0
		中等腐蚀	6.0≥pH>5.5
		强腐蚀	pH≤5.5
碳酸型	侵蚀性 CO$_2$ 含量/(mg/L)	无腐蚀	CO$_2$<15
		弱腐蚀	15≤CO$_2$<30
		中等腐蚀	30≤CO$_2$<60
		强腐蚀	CO$_2$≥60
重碳酸型	HCO$_3^-$ 含量/(mmol/L)	无腐蚀	HCO$_3^-$>1.07
		弱腐蚀	1.07≥HCO$_3^-$>0.70
		中等腐蚀	HCO$_3^-$≤0.70
		强腐蚀	—
镁离子型	Mg^{2+} 含量/(mg/L)	无腐蚀	Mg^{2+}<1000
		弱腐蚀	1000≤Mg^{2+}<1500
		中等腐蚀	1500≤Mg^{2+}<2000
		强腐蚀	Mg^{2+}≥2000
硫酸盐型	SO$_4^{2-}$ 含量/(mg/L)	无腐蚀	SO$_4^{2-}$<250
		弱腐蚀	250≤SO$_4^{2-}$<400
		中等腐蚀	400≤SO$_4^{2-}$<500
		强腐性	SO$_4^{2-}$≥500

2. 水样对地下水的影响评价

地表水环境质量标准基本项目标准限值见表8.4.2。集中式生活饮用水地表水源地补充项目标准限值见表8.4.3。集中式生活饮用水地表水源地特定项目标准限值见表8.4.4。

水质评价如下：

（1）地表水环境质量评价应根据应实现的水域功能类别，选取相应类别标准，进行单因子评价，评价结果应说明水质达标情况，超标的应说明超标项目和超标倍数。

（2）丰、平、枯水期特征明显的水域，应分水期进行水质评价。

（3）集中式生活饮用水地表水源地水质评价的项目应包括表8.4.2中的基本项目、表8.4.3中的补充项目，以及由县级以上人民政府环境保护行政主管部门从表8.4.4中选择确定的特定项目。

地表水水域环境功能和保护目标，按功能高低依次划分为五类：

Ⅰ类：主要适用于源头水、国家自然保护区。

Ⅱ类：主要适用于集中式生活饮用水地表水源地一级保护区、珍稀水生生物栖息地、鱼虾类产卵场、仔稚幼鱼的索饵场等。

Ⅲ类：主要适用于集中式生活饮用水地表水源地二级保护区、鱼虾类越冬场、洄游通道、水产养殖区等渔业水域及游泳区。

Ⅳ类：主要适用于一般工业用水区及人体非直接接触的娱乐用水区。

Ⅴ类：主要适用于农业用水区及一般景观要求水域。

表 8.4.2　　　　　　　　　地表水环境质量标准基本项目标准限值　　　　　　单位：mg/L

序号	标准值分类项目		Ⅰ类	Ⅱ类	Ⅲ类	Ⅳ类	Ⅴ类
1	水温/℃		人为造成的环境水温变化应限制在：周平均最大温升小于等于1；周平均最大温降小于等于2				
2	pH值（无量纲）		6～9				
3	溶解氧	≥	饱和率90%（或7.5）	6	5	3	2
4	高锰酸盐指数	≤	2	4	6	10	15
5	化学需氧量（COD）	≤	15	15	20	30	40
6	五日生化需氧量（BOD_5）	≤	3	3	4	6	10
7	氨氮（NH_3-N）	≤	0.15	0.5	1	1.5	2
8	总磷（以P计）	≤	0.02（湖、库0.01）	0.1（湖、库0.025）	0.2（湖、库0.05）	0.3（湖、库0.1）	0.4（湖、库0.2）
9	总氮（湖、库，以N计）	≤	0.2	0.5	1	1.5	2
10	铜	≤	0.01	1	1	1	1
11	锌	≤	0.05	1	1	2	2
12	氟化物（以F计）	≤	1	1	1	1.5	1.5
13	硒	≤	0.01	0.01	0.01	0.02	0.02
14	砷	≤	0.05	0.05	0.05	0.1	0.1
15	汞	≤	0.00005	0.00005	0.0001	0.001	0.001
16	镉	≤	0.001	0.005	0.005	0.005	0.01

续表

序号	标准值分类项目		Ⅰ类	Ⅱ类	Ⅲ类	Ⅳ类	Ⅴ类
17	铬（六价）	≤	0.01	0.05	0.05	0.05	0.1
18	铅	≤	0.01	0.01	0.05	0.05	0.1
19	氰化物	≤	0.005	0.05	0.2	0.2	0.2
20	挥发酚	≤	0.002	0.002	0.005	0.01	0.1
21	石油类	≤	0.05	0.05	0.05	0.5	1
22	阴离子表面活性剂	≤	0.2	0.2	0.2	0.3	0.3
23	硫化物	≤	0.05	0.1	0.2	0.5	1
24	粪大肠菌群/(个/L)	≤	200	2000	10000	20000	40000

表 8.4.3   集中式生活饮用水地表水源地补充项目标准限值   单位：mg/L

序号	项　目	标准值	序号	项　目	标准值
1	硫酸盐（以 SO_4^{2-} ）	250	4	铁	0.3
2	氯化物（Cl^- 计）	250	5	锰	0.1
3	硝酸盐（以 N 计）	10			

表 8.4.4   集中式生活饮用水地表水源地特定项目标准限值   单位：mg/L

序号	项　目	标准值	序号	项　目	标准值
1	三氯甲烷	0.06	18	三氯乙醛	0.01
2	四氯化碳	0.002	19	苯	0.01
3	三溴甲烷	0.1	20	甲苯	0.7
4	二氯甲烷	0.02	21	乙苯	0.3
5	1，2-二氯乙烷	0.03	22	二甲苯①	0.5
6	环氧氯丙烷	0.02	23	异丙苯	0.25
7	氯乙烯	0.005	24	氯苯	0.3
8	1，1-二氯乙烯	0.03	25	1，2-二氯苯	1
9	1，2-二氯乙烯	0.05	26	1，4-二氯苯	0.3
10	三氯乙烯	0.07	27	三氯苯②	0.02
11	四氯乙烯	0.04	28	四氯苯③	0.02
12	氯丁二烯	0.002	29	六氯苯	0.05
13	六氯丁二烯	0.0006	30	硝基苯	0.017
14	苯乙烯	0.02	31	二硝基苯④	0.5
15	甲醛	0.9	32	2，4-二硝基甲苯	0.0003
16	乙醛	0.05	33	2，4，6-三硝基甲苯	0.5
17	丙烯醛	0.1	34	硝基氯苯⑤	0.05

续表

序号	项　目	标准值	序号	项　目	标准值
35	2，4-二硝基氯苯	0.5	58	乐果	0.08
36	2，4-二氯苯酚	0.093	59	敌敌畏	0.05
37	2，4，6-三氯苯酚	0.2	60	敌百虫	0.05
38	五氯酚	0.009	61	内吸磷	0.03
39	苯胺	0.1	62	百菌清	0.01
40	联苯胺	0.0002	63	甲萘威	0.05
41	丙烯酰胺	0.0005	64	溴氰菊酯	0.02
42	丙烯腈	0.1	65	阿特拉津	0.003
43	邻苯二甲酸二丁酯	0.003	66	苯并（a）芘	2.8×10^{-6}
44	邻苯二甲酸二（2-乙基己基）酯	0.008	67	甲基汞	1.0×10^{-6}
45	水合肼	0.01	68	多氯联苯⑥	2.0×10^{-5}
46	四乙基铅	0.0001	69	微囊藻毒素-LR	0.001
47	吡啶	0.2	70	黄磷	0.003
48	松节油	0.2	71	钼	0.07
49	苦味酸	0.5	72	钴	1
50	丁基黄原酸	0.005	73	铍	0.002
51	活性氯	0.01	74	硼	0.5
52	滴滴涕	0.001	75	锑	0.005
53	林丹	0.002	76	镍	0.02
54	环氧七氯	0.0002	77	钡	0.7
55	对硫磷	0.003	78	钒	0.05
56	甲基对硫磷	0.002	79	钛	0.1
57	马拉硫磷	0.05	80	铊	0.0001

8.4.1.2　枕头坝一级水电站水质分析

（1）现场取样。根据《水电工程地质勘察水质分析规程》（NB/T 35052—2015）结合枕头坝水电站现场情况，枕头坝一级水电站水样采集分 3 个断面：库水水样采集断面（包括支流沟水）、大坝廊道采集断面、大坝下游采集断面。大坝廊道水样采集分布见图 8.4.1。

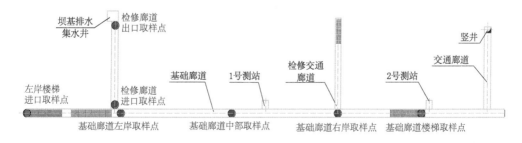

图 8.4.1　大坝廊道水样采集分布图

（2）水质分析成果。水质检验结果通过与水样采样点的试验结果进行对比分析，由水质分析成果可知：①枕头坝一级水电站9个库水水样（1～9号）试验结果基本一致，水样对混凝土结构腐蚀性等级均为微；②枕头坝一级水电站5个下游水样（14～18号）试验结果基本一致，水样对混凝土结构腐蚀性等级均为微。

8.4.2 析出物分析

8.4.2.1 析出物形成机理

无论是何种固体析出物，都有其物质成分的来源，析出物也就是在一定的物质条件基础，在一定的环境下产生的。要分析析出物的成因，首先就要了解坝基析出物的各项物质成分的可能来源。因此，蓄水条件下坝址区渗水析出物是一定地质、水文地质环境下液-固相系列间相互作用的产物，但不同部位、不同类型的析出物具有不同的物质来源以及形成机理。

1. 溶解-沉淀作用

坝址渗水析出物中的钙质即由此类作用所致。这类物质来源，主要考虑来自以下两个方面：①源于基础岩体中的碳酸盐类物质；②源于大坝混凝土及坝踵帷幕体中的水泥水化产物。

防渗帷幕与混凝土大坝同样处于高压流动水系统中，帷幕体系地下水渗流活跃。岩溶地区地质体溶隙规模较大，甚至发育岩溶管道或者岩溶孔洞，相应帷幕的形成将消耗较多的水泥用量，洞隙堵头甚至就是浇筑的混凝土，防渗帷幕地质薄弱环节水泥结石成分比重大，蓄水后上述区域仍然属于薄弱部位，地下水活动也比裂隙介质强烈得多。水泥石充填于岩体裂隙孔洞中，表面积大，更容易受渗流的影响。硅酸盐水泥熟料的主要矿物有硅酸三钙（$3CaO \cdot SiO_2$，简写为 C_3S）、硅酸二钙（$2CaO \cdot SiO_2$，简写为 C_2S）、铝酸三钙（$3CaO \cdot Al_2O_3$，简写为 C_3A）和铁铝酸四钙（$4CaO \cdot Al_2O_3 \cdot Fe_2O_3$，简写为 C_4AF）四种。前两者统称为硅酸盐矿物，占75%左右，其水化产物都是水化硅酸钙凝胶（$C-S-H$）和氢氧化钙 $[Ca(OH)_2]$，为水泥石的主要成分，氢氧化钙约占20%。

环境水对岩溶地区防渗帷幕水泥石中 $Ca(OH)_2$ 有更强的溶出型侵蚀作用。环境水通过防渗帷幕，帷幕体水泥石中 $Ca(OH)_2$ 被溶解，生成 OH^-，反应过程为 $Ca(OH)_2 \rightarrow Ca^{2+} + 2OH^-$，水质开始朝碱性化方向发展。地下水中普遍存在的 HCO^{3-} 与 OH^- 反应，生成 CO_3^{2-} 和水，在碱性环境中，较少量的 CO_3^{2-} 不发生沉淀，反应过程为 $HCO_3^- + OH^- \rightarrow CO_3^{2-} + H_2O$。根据理论计算，在 pH 为 10.5 时，$HCO_3^{2-}$ 基本不占优势，帷幕体中的溶液将主要为 CO_3^{2-} 和 OH^-，帷幕体水泥石中 $Ca(OH)_2$ 继续溶解，并被渗流带出防渗帷幕体，并渗滤出来。这一过程的连续进行，使裂隙内石灰浓度逐渐降低，并将逐步引起水化硅酸钙、水化铝酸钙等的分解，于是水泥石的结构受到破坏，帷幕体抗渗性和强度将不断降低，从而进一步加剧防渗帷幕的衰减和老化。

根据以往对岩溶地区水电站的相关研究，认为碳酸盐类基岩对水工建筑廊道中形成钙质析出物贡献不大；含 HCO_3^- 离子水流经帷幕体，与溶出型侵蚀产生的 OH^- 离子反应生成 CO_3^{2-}，但是不易发生沉淀，而是在碱性水环境中一直溶解携带出来，该反应产生了少量的同位素分馏；携带 $Ca(OH)_2$ 的溶液渗漏出来使得坝基或者廊道内水流 pH 值偏高，水体强碱化，渗水在渗径中溶解帷幕中的水泥水化产物 $Ca(OH)_2$，在排泄口与溶于渗水中的大气 CO_2 反应生成主成分以 $CaCO_3$ 为主的白色钙质析出物，在长时间累积下沉淀，其反应过程为 $Ca^{2+}+2OH^-+CO_2 \rightarrow CaCO_3 \downarrow + H_2O$。

受防渗帷幕及水工建筑溶出型侵蚀的影响，岩溶地区坝址地下水一般有碱性化的趋势。根据流经混凝土或水泥结石的路径和接触时间长短，碱性化程度不一，pH 大者可超过 12，并直接检出大量的 OH^-、CO_3^{2-} 和 Ca^{2+} 离子，HCO_3^- 离子消失。

如果环境水是流动水，溶解的 $Ca(OH)_2$ 被带走，溶液中的石灰浓度总是低于极限石灰浓度，$Ca(OH)_2$ 将不断被溶解。特别是混凝土不够密实或有缝隙时，在压力水作用下，$Ca(OH)_2$ 将渗滤出来，溶解作用更为严重。含混凝土和水泥材料的水库大坝、洞室、防渗帷幕等结构和设施的溶出型侵蚀是渗流水溶解并带走水泥石中的 $Ca(OH)_2$，降低了水泥石中的 Ca^{2+} 离子浓度，并导致水泥水化产物中 Ca^{2+} 离子和其他离子的溶出。这种水泥石的溶蚀现象，使混凝土或地质加固体强度和抗渗性降低。

2. 还原-氧化-絮凝作用

坝基渗水析出物中的铁、锰质即由此类作用所致。关于其物质来源，除与工程材料（如排水孔中的钢管或结构钢筋等）有关外，也有可能来自岩体中。此类物质尽管在一般岩石中含量不高，但由于构造应力的作用，可相对富集于岩体结构面中，一定条件下可成为区内褐色析出物的物质来源。

蓄水条件下，坝址地下水系统是向着还原环境演变的，因而有利于岩体结构面中的铁、锰质发生淋滤分解作用，而以低价的离子或以低价的游离氧化物进入水溶液中，并随之运移。当地下水流出排水孔口或直接源于岩体结构面而处于氧化环境时，水中的低价离子变成高价离子，低价氧化物（胶粒）变成高价难溶的氢氧化物（凝胶）进而以肉眼可见的析出物出现。与形成褐色析出物相关的反应过程可归纳为

$$Fe_2^+ \rightarrow Fe_3^+ + e$$
$$Fe_3^+ + 3H_2O \rightarrow Fe(OH)_3 + 3H^+$$
$$4Fe(OH)_2 + 2H_2O + O_2 \rightarrow 4Fe(OH)_3$$
$$2Fe(OH)_3 \rightarrow Fe_2O_3 \cdot 3H_2O \downarrow$$

3. 水岩软化作用

坝址区岩性为薄层至厚层白云岩、灰质白云岩、白云质灰岩、角砾状白云岩、角砾状灰岩及灰岩，建基面揭露出 T_1d^{3-2} 厚层夹中厚层灰岩的顶部分布有厚约 1.5m 的薄层～极薄层的灰岩、泥灰岩夹泥页岩（为原生软弱夹层），部分灰岩在遇水后物理强度和变形参数降低，当排水孔孔底在该处附近时，部分岩石软化、泥化后沿排水管的渗压水进入廊道后再次沉淀下来，从而造成部分析出物带有原岩的颜色。

4. 其他

除了上述作用，坝基析出物还可能存在其他的成因，如地质薄弱体（软弱夹层、断层破碎带等）部位局部细小颗粒在渗流作用下带出等。此类作用的发生，多以化学作用为先导，如环境水首先与地质薄弱体中充填物的胶结物（往往具有一定的溶解性）发生溶蚀作用，而使得作为充填物的颗粒间的连接力逐渐减弱乃至丧失，从而导致地下水系统内局部渗透变形的发生，并为排泄区（或点）析出物的形成提供物质来源，随机出现如软化、泥

化的固体析出物。

8.4.2.2 坝基析出物对大坝安全潜在影响评价

从坝基析出物来源、成因等方面进行考虑，其对大坝安全潜在的影响主要有三点：一是对岩体渗透稳定性的影响；二是对基础帷幕体防渗时效的影响；三是对坝体耐久性的影响。

1. 对岩体渗透稳定性的影响

坝基的析出物系地下水的物理-化学双重作用所致，某些情形下可视之为相邻的地质薄弱体发生了软化、泥化，且其中的某些组分（如铝硅酸盐组分）发生了迁移的标志，在一定阶段对岩体的渗透稳定性会产生相对明显的不利影响。对于化学成因者，其量的变化一般是相对稳定的；而对于非典型化学成因者，则可能呈现增多的趋势。因此建议在后期工作中，可对同一孔位析出物量于不同时段进行测定，据此反映其随时间的变化，从而进一步量化水岩作用对析出物影响。

2. 对基础帷幕体防渗时效的影响

基于大坝建于可溶灰岩之上，且坝体和灌浆材料均为水泥，帷幕采用以粉煤灰及木钙为外加剂的水泥灌浆，库水具有溶蚀作用，且库水为坝基地下水的重要来源，从而使溶解-沉淀作用成为渗流场内液-固相间发生物质转移的方式之一。从当前的检测结果中可以看出，固体析出物中 S 的含量并不高，推断水岩作用对帷幕的影响不大，后期可结合对帷幕前后地下水析钙量进行检测估算，从而进一步确定幕后地下水中源于基础帷幕体的析钙量占上述坝段形成基础帷幕体所用的水泥中 CaO 总量的百分比，并以此来推求帷幕体防渗失效的年限。

3. 对坝体耐久性的影响

坝体不同颜色的渗水析出物对于坝体结构的耐久性具有不同的影响程度。常态混凝土坝体表面的"流白浆"现象多为扩散渗透作用所致，故在相当一段时间内还不足以明显影响到坝体结构的耐久性。但在碾压混凝土坝的相对不密实部位（如在具有较好连通性的毛细孔位、施工不密实造成的不密实部位以及其他缝、隙等部位），因渗流相对通畅，而以较快的渗漏方式进行，以致碱度降低快，一定阶段可能出现褐色或黑色析出物。因此，后两类析出物对于相应部位坝体结构的耐久性具有相对显著的影响。

8.4.2.3 某工程坝基廊道排水孔析出物分析

1. 坝址区基本地质条件

（1）河谷地貌。坝址区范围包括久场断层至下游犀牛潭近 400m 峡谷河段上，河水流向为 N76°W。枯期河水高程为 626.6m，水深 3～5m，河水面宽 35～45m，主流线靠右岸；汛期河水位约 637.5m，洪枯水位变幅近 11m，属岩溶中高山及侵蚀中低山混合地貌。左岸坡顶高程为 1100.00m，右岸高程为 1080.00m，相对高差约为 480m，河流两岸阶地不明显。河谷断面为 U 形。仅局部于久场断裂带地形上形成冲沟或缓坡地形，坡度为 20°～40°。右岸最高陡壁顶高程为 890.00m；左岸最高陡壁顶高程为 800.00m。

坝址区河床纵向高程为 622.00～625.00m，无大的跌坎和纵向深槽存在。

（2）地层岩性。坝址区出露三叠系下统浅海至滨海相地层，岩性为薄层至厚层白云岩、灰质白云岩、白云质灰岩、角砾状白云岩、角砾状灰岩及灰岩，两岸基岩多裸露。第

四系主要分布于河床和峡谷出口两岸坡低高程大冶组地层分布区。

（3）地质构造。南北向构造及华夏系、扭动构造为库区的主干构造，对库区地层走向及两岸山形走势起控制作用。库区自西向东分布有鱼粮河背斜、F5 断层、久长断裂带（F2、F3）、平寨复向斜、上苹果断裂带、下黄孔断裂等主要构造。

（4）坝基工程地质条件。大坝为碾压混凝土重力坝，坝顶高程为 724.00m，最大坝高为 124m，坝顶全长 107.41m，共分 4 个坝段：1 号坝段为左岸非溢流坝段；2 号、3 号坝段为溢流坝段（包括泄洪表孔）；4 号坝段为右岸非溢流坝段。

1）左岸非溢流坝段。左岸非溢流坝段最低坝底高程为 615.00m，坝基开挖深度为 15～25m，建基岩体为安顺组第一段角砾状白云岩，第二段厚层块状白云岩、灰质白云岩，第三段中厚层～厚层灰质白云岩、白云质灰岩，大冶组第三段第三层角砾状灰岩、第三段第二层中厚层～厚层灰岩（顶部为 1.5m 厚的极薄层灰岩夹泥页岩），高程 630.00m 以下主要为微风化，高程 630.00～724.00m 为弱风化下亚带。岩层产状为 N10°～20°E、NW∠32°～35°。该段坝基开挖揭露 f9、f10 断层。f9 断层自高程 615.00m（桩号坝纵 0＋013.00m）沿坝基面斜向上游延伸至高程 724.00m，断层产状为 N25°～35°E、SE∠80°～85°，破碎带宽 1～10cm；f10 断层自高程 615.00m（桩号坝纵 0－09.50m）沿坝基面斜向上游延伸至高程 620.00m 后伸出坝基外，断层产状为 N10°～20°W、SW∠45°～60°，破碎带宽 10～70cm。f9、f10 断层带多为方解石及钙质胶结，胶结较好，坝基揭露夹层 1 条，厚 1.5m，为大冶组第三段第二层顶部极薄层灰岩夹泥页岩。坝基岩溶不发育。总体上看，坝基长大裂隙弱发育，裂隙间距多大于 2m，建基面开挖成形较好；除了 f9 断层附近风化槽外，岩体较完整；坝基岩体 T_1a^3、T_1a^2 地层结构类型为厚层结构及次块状结构，岩质类型为中硬岩，为Ⅲ2B 类；T_1a^1、T_1d^{3-3} 地层结构类型为次块状结构，微风化岩体岩质类型为中硬岩，属Ⅲ2B 类，弱风化岩体岩质类型为软质岩，属ⅣC 类。

该坝段上游开挖边坡为岩质斜向坡，边坡地层岩性主要为安顺组白云岩和白云质灰岩，岩层产状为 N17°W、NE∠32°。f10 断层自坡面高程 615.00～640.00m 段横穿而过，边坡卸荷裂隙发育，岩体较破碎，局部稳定性较差。

2）溢流坝段。溢流坝段分为 2 号、3 号坝段，最低坝基高程为 600.00m，河床开挖深度约为 25.0m。坝基岩体主要为安顺组第一段角砾状白云岩，大冶组第三段第三层角砾状灰岩、第三段第二层中厚层～厚层灰岩（顶部为 1.5m 厚的极薄层灰岩夹泥页岩）。建基岩体以微风化为主，左岸 600.00～615.00m，f9 与 f10 相交部位（坝轴线下游 10～25m）为弱风化岩体，岩层产状为 N10°～20°W、NE∠30°～35°。其中，桩号坝纵 0＋065.00～0＋087.80m 靠左侧地层为大冶组第三段第二层中厚层～厚层灰岩（顶部为 1.5m 厚的极薄层灰岩夹泥页岩），其余部位为安顺组第一段角砾状白云岩及大冶组第三段第三层角砾状灰岩。

坝基开挖揭露断层有 f9、f10 断层穿切，其中 f10 断层过集水井时破碎带宽 0.3～1.0m。坝纵 0－009.3～坝纵 0＋050.00m 裂隙弱发育，主要为 N30°～45°E、N30°～45°E 及 N70°～80°W 三组，裂面多陡倾。总体上看，坝基岩溶不发育，除局部沿断层带有溶孔及沿裂隙溶蚀外，其余地段未见溶洞，溶缝等岩溶现象。

坝基施工开挖时，上游齿槽及下游齿槽沿裂隙出现渗水现象，流量小于 0.05L/s，还揭露 1 条软弱夹层，厚约 1.5m，为极薄层灰岩、泥灰岩夹泥页岩。

坝基岩体 f9、f10 断层相交部位即左岸高程 600.00～615.00m、坝轴线下游 8～20m 为弱风化岩体，岩体破碎，完整性差，属ⅣC 岩体类；坝基其余地段岩体主要呈微风化，岩体较完整，为次块状结构及层状结构，为中硬岩、属Ⅲ1B 岩体类。

3）右岸非溢流坝段。右岸非溢流坝段最低坝底高程为 606.50m，坝基开挖深度约为 4.0～15.0m。

坝基及边坡开挖岩体为安顺组第一段角砾状白云岩，第二段厚层块状白云岩、灰质白云岩，第三段中厚层～厚层灰质白云岩、白云质灰岩，高程 630.00m 以下主要为微风化岩体，高程 630.00m 以上为弱风化岩体，岩层产状为 N10°～20°W、NE∠30°～35°。

坝基开挖揭露断层主要为 f9、f10 断层，高程 675.00m 以下坝基裂隙弱发育，间距多大于 2m，高程 675.00m 以上裂隙发育。

高程 675.00m 以上主要为弱风化上亚带岩体，完整性差，为Ⅳ2B 类；高程 675.00m 以下坝基岩体较完整，T_1a^3、T_1a^2 地层坝基岩体结构类型为厚层结构及次块大多为中硬岩，属Ⅲ2B 类；T_1a^1 地层岩体结构类型为次块状结构，微风化岩体岩为中硬岩，属Ⅲ2B 类，弱风化岩体为软质岩，属ⅣC 类。

2. 岩溶水文地质

（1）岩溶形态。坝址区可溶岩地层主要为大冶组第三段第一、二层（T_1d^{3-1}、T_1d^{3-2}）中厚、厚层灰岩，其次为安顺组第二、三段（T_1a^2、T_1a^3）厚层块状、中厚层白云岩、白云质灰岩、灰质白云岩及安顺组第一段（T_1a^1）、大冶组第三段第三层（T_1d^{3-3}）角砾状白云岩、角砾状灰岩地层，坝址区岩溶形态主要以溶洞、溶缝及溶隙为主，地表见沿断层及裂隙发育溶沟、溶槽。据溶洞统计，溶洞主要发育在安顺组第二、三段（T_1a^3、T_1a^2）及大冶组第三段第一层（T_1d^{3-1}）地层中，安顺组第一段（T_1a^1）地层中发育较少。

（2）坝址区岩溶发育特点。

1）岩溶发育属中等程度。岸坡洼地较少，但仍见有落水洞发育。

2）岩溶发育的形态、规模及层位和分布高程具有左、右岸对称性的特点，钻孔揭露，左、右岸稍大规模的溶洞主要发育在高程 700.00m 以上。

3）与岩溶水文网演化过程相适应，坝址区岩溶发育具有明显的成层性，河谷两岸溶洞的发育高程，与河流阶地高程基本相对应。高程 700.00～720.00m 左右的溶洞与Ⅳ级阶地对应，此高程岩溶相对较发育。

4）岩溶发育对河谷排泄基准面具有较明显的适应性。工程区更新世以来地壳强烈隆升，为了适应急速下降的排泄基准面，岩溶管道往往向河流倾斜发育或竖直发育，水平溶洞较短。

5）河床岩溶发育微弱。根据河心钻孔超声波 CT 图像及孔内录像图显示，河床基岩面以下未见大型溶洞发育，坝址一带的大型岩溶泉水多发育在Ⅰ级阶地后缘或相当于Ⅰ级阶地高程。

（3）透水岩组划分及其透水性能。坝址区主要含水透水岩组为安顺组（T_1a^3、T_1a^2、T_1a^1）、大冶组第三段（T_1d^{3-3}、T_1d^{3-2}、T_1d^{3-1}），位于相对隔水和隔水的大冶组第一段（T_1d^1）及大隆组（P_2d）地层上部，分布于清水河两岸。

1）大冶组第三段第一、二层（T_1d^{3-2}、T_1d^{3-1}）管道、溶隙型强透水岩组，总厚75.6m。虽然坝址未见大溶洞及岩溶管道水，但据库区地质调查，多数大溶洞及岩溶管道水多发育此两层。但河床岩体透水率却不大，多为1～2Lu，除表层溶蚀带外，鲜有超过3Lu者。ZK6号钻孔在高程548.50m以下岩体透水率甚至小于1Lu。

2）安顺组第二、三段（T_1a^3、T_1a^2）管道、溶隙型较强透水岩组，总厚大于106m。据地表调查及平洞、钻孔揭露，坝址区溶洞主要发育在此两地层中，岩体透水率相对较大，为1.27～4.5Lu。在河床高程575.00m以上，岩体透水率大于3Lu，以下岩体透水率较小。该岩组主要岩性为白云岩，总体上岩溶发育程度较大冶组灰岩地层低，其在坝址岩溶较大冶组发育，主要是因为其覆盖于大冶组地层之上，受风化、卸荷及构造等因系影响，且接受地表水的直接补给，故岩溶化程度相对较高。但坝址区于该组地层中未见发育泉水。

3）安顺组第一段（T_1a^1）、大冶组第三段第三层（T_1d^{3-3}）裂隙、溶隙型中等透水岩组，总厚52.6m。平洞及钻孔中未见大的溶洞，地表未见泉水出露，平洞中多见沿裂隙滴水渗水，雨季PD10号平洞沿裂隙出水。岩体透水率小，在左、右岸及河床有明显的差别，河床透水率为1.89～2.78Lu，左右岸透水率相对较小。

4）大冶组第二段第二、三层（T_1d^{2-3}、T_1d^{2-2}）总厚66.1m。岩体透水率小，均小于2Lu。大冶组第二段第一层（T_1d^{2-1}）地层岩性为薄层、极薄层灰岩与泥页岩互层，其中泥页岩总厚约10.5m，占该层总层度的27.5%；薄层、极薄层灰岩厚27.5m，占该层厚度的62.5%。该段地层为互层状结构，隔水性能良好的泥页岩将灰岩多层夹峙，限制了可溶岩的岩溶发育程度，未见有强烈溶蚀现象。在坝址区未见泉水出露，在PD23平洞中位于40m及105m处的T_1d^{2-2}、T_1d^{2-3}地层中见出水，前者沿裂隙，流量0.05L/s，后者沿f7断层带，流量0.1L/s。后期交通洞开挖后，于T_1d^{2-3}、T_1d^{2-2}地层中沿层面及裂隙面、断层面于地下水位以下见较多滴水、渗水、线状流水现象。而厂房后坡PD21平洞揭露T_1d^{2-1}地层含泥量较高，未见岩溶发育，未见有明显的地下水活动现象。

（4）隔水岩组的空间展布及其隔水性。坝址区相对隔水岩组主要有大冶组第一段（T_1d^1）及大隆组（P_2d）地层，出露于坝址下游沿陡壁脚呈条带状分布，岩层倾上游偏右岸，坝轴线上未出露。大冶组第一段（T_1d^1）及大隆组（P_2d）地层在坝址区一带除断层切错外，均连续展布，前者为泥页岩，厚10m；后者为灰色薄层至中厚层硅质岩夹灰黄色页岩，厚约4m。该地层与上覆厚约38m的T_1d^1地层联合，成为坝址区较可靠的隔水边界。

3. 坝基排水孔析出物采集

为了详细了解坝基排水孔析出物状况，本次采用现场调查、取样、成分检测及资料分析等方法。为了查清析出物的来源，对坝体廊道（高程616.00m）的排水孔析出物共取样12份，其中大坝基础廊道（高程603.00m）8份，坝体廊道（高程616.00m）4份。在现场调查时了解到大坝基础廊道（高程603.00m）内排水孔共计44个，排水孔孔径为150mm，部分排水孔被析出物填满，但仍能排水；坝体廊道（高程616.00m）排水孔共计40个，排水孔孔径为150mm，部分排水孔被析出物填满，但仍能排水。部分排水孔固体析出物照片见图 8.4.2。

（a）高程603.00m廊道6号坝基排水孔

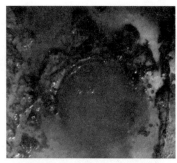
（b）高程603.00m廊道14号坝基排水孔

（c）高程603.00m廊道20号坝基排水孔

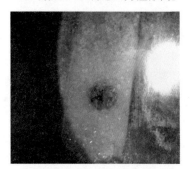
（d）高程603.00m廊道22号坝基排水孔

图 8.4.2　部分排水孔固体析出物照片

4. 坝基析出物的成因分析

（1）析出物基本特征。现场调查结果显示，坝基析出物中白色者分布最普遍，灰白色者次之，灰色、褐色者较少；另还有部分杂色分布，但相对不普遍。另外，结晶状固体物一般呈白色或灰白色，泥状固体物有白色、灰白色、褐色，粉状物呈白色，砂状物呈灰、灰白色或其他杂色。

析出物按照分布特征可以分为两类：一类源于坝基，一类源自坝体。前者出现于坝踵帷幕体后排水孔口，或直接形成于岩体结构面表面；后者则出现于坝体表面。根据现场调查，坝基析出物多出露于河床坝段部位，此现象与该部位幕后排水孔的孔口高程较低而普遍处于溢流状态有关，如大坝基础廊道（高程 603.00m）的 6 号、14 号、20 号、22 号、27 号、28 号、29 号、43 号排水孔；而坝体廊道（高程 616.00m）排水孔析出物则主要来自于坝体。

对于碾压混凝土坝，坝体析出物一般较常态混凝土坝复杂，既可出现类似于常态混凝土坝的析钙现象，也可能出现其他颜色的析出物，如褐色及黑色等。后一类析出物的分布多与坝体结构潜在的缺陷造成结构材料裸露（如原生的施工层面以及次生的裂缝等）或工程材料（如排水孔中的钢管等）发生化学变化相关。

（2）析出物组成状况。排水孔固体析出物检测交由具有相关检测资质的实验室完成，相关检测结果见表 8.4.5。

表 8.4.5　　　　　　　　　排水孔固体析出物样品检测结果统计表　　　　　　　%

成分	6号(603廊道)	14号(603廊道)	20号(603廊道)	22号(603廊道)	27号(603廊道)	28号(603廊道)	29号(603廊道)	43号(603廊道)	23号(616廊道)	24号(616廊道)	30号(616廊道)	33号(616廊道)
Na_2O	0.02	0.03	0.02	0.03	0.03	0.01	0.02	0.02	0.02	0.02	0.01	0.02
MgO	1.1	5.6	2.1	3.1	1.4	1.8	1.2	1.6	1.3	1.2	4.3	4.9
Al_2O_3	1.1	0.94	1.1	1.5	0.33	0.63	0.2	0.6	0.36	0.44	1.3	1.4
SiO_2	2.9	7.2	2.2	4.5	0.59	1.8	0.37	1.7	0.86	1.4	3.1	3.9
P_2O_5	0.1	0.04	0.03	0.02	0.01	0.01	0.01	0.05	0.07	0.03	0.04	0.05
SO_3	0.49	0.91	0.28	0.46	0.12	0.29	0.12	0.33	0.21	0.26	0.18	0.19
Cl	0.01	0.01	0.01	—	—	0.01	—	0.02	—	0.01	0.02	0.01
K_2O	0.21	0.14	0.08	0.09	0.03	0.04	0.02	0.05	0.03	0.04	0.06	0.09
BaO	0.07	—	0.07	—	0.13	0.10	0.13	0.08	0.07	0.08	0.04	—
As_2O_3	0.007	0.087	0.002	0.031	—	0.014	—	0.012	—	0.010	—	0.005
Cr_2O_3	0.01	0.02	0.02	0.01	—	0.02	—	0.04	0.02	0.02	0.03	0.02
CaO	51	42	51	48	53	52	54	52	53	53	48	46
TiO_2	0.26	0.10	0.10	0.11	—	0.05	0.01	0.13	0.22	0.08	0.07	0.06
MnO	0.12	0.18	0.04	0.07	0.01	0.03	0.01	0.13	0.22	0.08	0.07	0.06
Fe_2O_3	0.96	3.2	0.62	1.5	0.15	0.80	0.11	0.86	0.38	0.69	1.0	1.1
NiO	0.004	0.004	0.004	0.005	—	—	—	0.002	0.004	—	0.003	0.004
CuO	0.004	0.002	—	—	—	0.003	—	—	—	—	0.004	0.004
ZnO	0.007	0.003	—	0.003	—	0.007	—	0.007	0.005	0.006	0.004	0.008
SrO	0.12	0.08	0.28	0.21	0.36	0.28	0.34	0.24	0.24	0.34	0.12	0.16

注：表中数值表示占比。

从表 8.4.5 中可以看出，所采集的析出物中 CaO 均最高，其次为 MgO、Al_2O_3、SiO_2、Fe_2O_3 等相关氧化物。结合本次检测的结果，同时对以往其他大坝坝基析出物试样的无机化学成分进行分析，得出以下结论：

1）不同颜色的析出物具有不同的主化学成分。其中，红褐色者以 Fe_2O_3 为主；黑色者以 MnO 为主；白色者则以 CaO 为主，且烧失量大。后者烧失量大表明含有较多的碳酸盐类物质，即 CO_3^{2-} 离子在燃烧过程中以 CO_2 气体逸出所致。

2）不同坝址但颜色相同的析出物之间，其主化学成分虽相同但其含量存在差异。本次化验结果中，坝基析出物中含有如 Si、Al、Na、K、P、Mg、Ti、Cu、As、Cr、Ni 等元素，但各孔间物质组成比例相近，各孔析出物中 CaO 含量均最高。

5. 结论

碳酸盐类基岩对水工建筑廊道中形成钙质析出物贡献不大，析出物主要是帷幕或水工建筑物的水泥结石溶出型侵蚀。白色析出物为坝体及帷幕体中的水泥水化产物；褐色析出物一般由析出物中的铁、锰质作用所致，关于其物质来源，除与工程材料（如排水孔中的

第 8 章 专 项 监 测

钢管或结构钢筋等）有关外，也有可能来自岩体中。

8.5 环境量监测

8.5.1 内涵及意义

通过对监测资料进行分析，从中提取正确的信息，了解大坝的运行规律，揭示可能存在的问题，解释其工作性态并进行客观评价是监控大坝安全的重要手段，也是发展坝工技术的有效途径。为了实现上述目的，监测资料分析时必须做到与运行环境相结合。

然而，在监测资料整理分析中，却普遍存在忽略对环境量的分析，没有对上下游水位、降雨量、气温、施工干扰等环境因素进行分析，不知道外部环境的变化特征和规律，也导致在分析效应量时缺少相应的相关分析。某些工程甚至连必要的环境量监测设施也没有。

水利水电工程中环境量监测主要包括挡水建筑物上下游的水位监测、库区水温监测、坝址处气温监测、降雨量监测、冰压力及淤积冲刷监测等，对于一些有特殊要求的水利水电工程，还会涉及大气压监测、湿度及风速监测等。

环境量监测在水利水电工程中运用较为普遍。无论是混凝土重力坝、混凝土拱坝、混凝土重力拱坝，还是面板堆石坝、心墙土石坝等，基本上都会有环境量监测项目。换言之，环境量监测与具体的水利水电工程类别没有很强的关联性，具有一定的独立性，只是在不同地区的水利水电工程的环境量监测中各有所侧重而已。

8.5.2 主要监测项目

环境量监测的主要监测项目有水位监测、库水温监测、气温监测、降水量监测、淤积和冲刷监测等。

8.5.2.1 水位监测

水位监测一般和水情测报系统相结合，如水情测报系统已设置上下游水位监测，可不必重复布置，所需要的上下游水位监测数据自水情测报系统提取。

水位观测站必须在蓄水前完成，监测设施应设置在水流平稳，受风浪、泄水和抽水影响较小，便于设备安装和监测的岸坡稳固地点或永久建筑物上，能代表上游、下游平稳水位，并能满足工程管理和监测资料分析需要的地方。

常用的库水位监测设施为具有自动化数据采集功能的水位计，配合人工水尺，进行对比、相互校核。

水位计可采用浮子式、压阻式、超声波式、雷达式、电子水尺式、跟踪式、激光式等。人工水尺在水利水电工程中以搪瓷水尺和红白相间的磁性漆水尺最为常见。

库水位监测设施在每年至少应进行一次校测，一般是在汛前，当对水尺零点有疑问时，也应进行校测。

8.5.2.2 库水温监测

库水温监测布置宜与库水位监测设施、重点监测坝段等统筹考虑，选择相对合适的监

· 328 ·

测部位和断面。

库水温测点一般是在正常蓄水位以下，每隔一定的间距进行布置。当然，正常蓄水位以上部位在必要时也可以进行布设。

低坝宜在正常蓄水位以下 20cm、1/2 水深处及库底各布置 1 个测点，在可能淤积层上方也可布置 1 个测点。

中、高坝从正常蓄水位到死水位以下 10cm 处的范围内，每隔 3～5m 宜布置 1 个测点，死水位以下 10cm 往下每隔 10～15m 布置 1 个测点，必要时正常蓄水位以上也可适当布置测点。

当高拱坝下游水位较深时，应设置下游水温监测项目。

常用的库水温监测仪器为深水温度计、半导体温度计和电阻温度计等进行监测。

8.5.2.3 气温监测

气温是空气冷热程度的物理量，是影响大坝工作状态的主要因素之一，特别是对于没有进行混凝土内部温度观测的大坝，气温是进行监测资料分析时必不可少的自变量。

气温测点处应设置气象观测专用的百叶箱，箱体离地面 1.5m，箱内可布置各类可接入自动化系统的直读式温度计或自记温度计。

8.5.2.4 降水量监测

降水量可能会影响大坝的绕坝渗流监测成果，是进行渗流分析的依据之一，宜结合环境量监测的整体布置，选择四周空旷、平坦，避开局部地形、地物影响的地方，进行坝址区的降水量监测。

常用的降水量监测仪器有自记雨量计、遥测雨量计或自动测报雨量计等。

如水情测报系统在坝址附近已布置有降雨量监测设施，可不必重复布置，所需要的监测数据自水情测报系统提取。

8.5.2.5 淤积和冲刷监测

1. 坝前淤积监测

水利水电工程的淤积监测主要是对库区的泥沙淤积情况进行监测，这项工作对于泥沙含量高的河流显得尤为重要。当然，对于运行时间较长的水利水电工程，即使泥沙含量不高，定期进行库区淤积监测，了解泥沙压力的大小和范围及有效库容变化，同样也是很有必要的。

淤积监测一般是通过坝前设置若干监测断面，蓄水前取得初始值，蓄水后进行库区水下地形的测量来实现。通过定期测量，对比不同时期库区水下地形的演变，进而了解库区的淤积情况，为泥沙压力计算和复核库容计算提供依据。

监测布置：为监测泥沙压力的大小及范围，一般可在坝前设置监测断面；若是为监测库区淤积情况，则应从坝前至入库口均匀布置若干监测断面，断面方向一般与主河道基本垂直，在河道拐弯处，布置成辐射状。

2. 下游冲刷监测

水利水电工程冲刷监测主要是针对坝趾下游河道，在经历多次泄洪（包括坝体泄洪、溢洪道泄洪和隧洞泄洪等）过程后河床冲刷情况的监测，对于挡水建筑物的稳定性分析及下游河道边坡稳定性分析具有重要意义。

冲刷监测一般是通过对下游河道断面的测量来实现的。通过定期进行河道断面测量，了解不同时期河床断面的变化情况，为坝趾地形地质条件提供依据，进而为挡水建筑物的稳定性复核提供基础资料。

监测布置：在下游冲刷区，至少应设置 3 个监测断面。

3. 监测手段

淤积和冲刷监测的方式主要有水下摄像、地形测量或断面测量法等。

测量方法：根据设计确定的测深横断面，水下地形每隔 10～15m 施测一点，且不少于 5 点，纵断面水下地形每 20m 左右施测一点，与横断面位置重合。测深点平面定位可采用 RTKGPS 实时差分定位法，水深测量与水位观测配合进行，采用回声测深仪或测深锤进行测量工作。水深 5m 以内，流速小于 1.0m/s 的水域，采用测深锤进行水深测量；水深大于 5m，流速较大的水域，采用回声测深仪进行水深测量。测深点的高程（测深）中误差应小于 0.2m；自坝前深泓点高程起，按平均断面法每隔 1m 高程计算库容量；观测水位对应的泥沙淤积量是通过前后两次测得同一水位对应的库容差求得，通过实测库容与相应水位的设计库容对比，即可求得泥沙淤积与冲刷量。

8.5.2.6　冰压力

冰压力分静冰压力、动冰压力，北方严寒地区，冰冻现象极为严重，冰层温升产生热膨胀及冰冻产生体积膨胀引起的冰压力不可忽视，是水工建筑物的重要荷载。为了准确计算冰压力，自 20 世纪 70 年代开始，我国北方进行过大量的冰压力观测与调查，并提出冰压力计算方法。

结冰前，在冰面以下 20～50cm 处，每 20～40cm 设置 1 个压力传感器，并在旁边相同深度设置 1 支温度计，进行静冰压力及冰温监测，同时监测的项目还有气温和冰厚。

消冰前根据变化趋势，对预设在大坝上游坝面的压力传感器进行动冰压力监测，同时监测的项目还有冰情、风力、风向。

8.5.2.7　大气压力

当大坝安全监测仪器或参数与大气压力相关时，应设大气压力观测。

大气压力测点应设置在受大气压力影响的观测仪器附近，且应与其同步观测。

8.5.3　小结

环境量监测作为水利水电工程中的必设项目，有其独特的重要性，是大坝安全监测的重要组成部分。尤其对于大中型水利水电工程，多年调节水库，水库蓄水后，库水温度场分布的改变使得其与原河流的水温有较大差异。温度不仅对大坝尤其是大体积混凝土结构内部的应力应变影响大，而且对下游河道生态环境尤其是生态敏感区的环境影响也是很显著。

拦河坝建成后，改变了原来河流的水沙输送平衡，造成库区淤积，从而减小水库的有效库容，时间一长，将降低水库运行标准，甚至废弃。对于黄河等泥沙含量高的河流，淤积影响尤为明显。冲刷影响对于高水头泄流的水利水电工程尤为显著，冲刷河床，改变了原有的河床地形，严重者危及水工建筑物的稳定性。

总而言之，环境量监测量作为大坝安全性态分析的重要因子，对于保障水利水电工程安全可靠运行具有不可替代的作用。

第 9 章
监测自动化及信息管理系统

9.1 概述

9.1.1 发展历程

大坝安全监测自动化系统是利用电子计算机和传感技术以及信息搜集处理技术，实现大坝观测数据自动采集处理和分析计算，对大坝性态正常与否做出初步判断和分级报警的观测系统，是集工程建筑、传感器、测试仪表、微电子、计算机、自动化和通信技术为一体的系统工程。

我国的安全监测自动化研制工作基本与国外同期起步，20 世纪 70 年代末，开始进行自动化的研制，经过努力，安全监测自动化研制取得了一定成就，首先在东江、参窝等 5 座大坝上建立了不同类型的自动化监测系统，实现了内部观测自动化，积累了经验。

进入 20 世纪 90 年代，得益于大坝安全主管部门对监测自动化事业的支持和推动，大坝管理单位对自动化监测的需求，我国大坝安全监测自动化得到快速发展，特别是随着现代科技的进步，电子器件成本下降，自动化采集装置经历了一个从集中式、混合式到分布式的发展过程，自动化系统的稳定性、可靠性和可扩展性进一步提高。大坝安全监测管理和分析软件的研究也得到了很大的发展。借助计算技术的进步，针对大坝监测资料的特点，研究了各种资料分析的模型方法，统计模型、确定性模型和混合模型得到了广泛的应用，取得了很多分析成果；引进了一些新的模型方法如主成分分析、岭回归、分布模型、灰色模型等，探讨了大坝安全监控指标的理论和方法，并以龙羊峡大坝为试点，研制了大坝安全监测的专家系统。

进入 21 世纪，大坝安全监测自动化日臻成熟，自动化采集装置向模块化、智能化发展，现场网络除通用的 RS-485 总线外，基于 TCP/IP 协议，采用光纤、移动运营商网络等通信介质的以太网加速了自动化监测系统的信息流通，扩展了自动化监测系统的监控范围和传输距离，配合光纤网络实现了远距离、高速传输的大坝安全监控，适应不同环境的需求。自动化采集可靠性的提高，促进了在线监控的发展。利用监控模型、特征极值、监控指标等评判准则来及时发现异常测值，并通过离线综合分析，检测出与结构安全有关的异常测点。同时，结合与其相关的测点信息，对异常测点所在部位的结构安全状况进行综合评估已成为可能。利用综合推理机及数据库、模型库、知识库、图形库的"一机四库"

决策支持系统也开展了研究和工程应用。

一个成功的安全监测自动化系统必须具备 3 个基本条件：一是符合安全要求的、合理的安全监测设计；二是性能良好、经久耐用的仪器设备；三是精通业务、忠于职守的监测人员。首先要结合工程的具体特点，制定合理的设计方案。要求设计者不仅要了解工程结构特点及工程建成后的运行特点，还要了解仪器性能和使用要求，合理科学地安置仪器设备，使得工程安全监测系统能真正起到确保工程正常运行的作用。仪器设备的可靠性和长期稳定性是自动化系统成败的关键，因系统是长期工作在恶劣环境下，要求故障率低、结构简单、传动件少、元器件需严格筛选。先进的仪器设备离不开优良素质的技术人员去运行和管理，他们不仅要有仪器和计算机软硬件的专业技能，还应具备对安全监测工作的敬业精神，这是自动化运作的可靠保证。

9.1.2　系统组成

监测自动化系统包括监测仪器、数据采集装置、采集计算机、数据采集软件、电源及通信线路、监测信息处理计算机及外部设备、监测信息管理系统软件等软硬件。

1．监测仪器系统

该系统由分布在各个建筑物的监测仪器组成，包括环境量监测仪器、变形监测仪器、渗压及渗流监测仪器、应力应变及温度监测仪器等。

该系统的特点是监测仪器分散，相互之间各自独立，基本不存在联系，但从监测点的布置来看却是系统整体的有机联系体。系统中成千上万个测点测量到的信息之间有着密切的相关关系，这种关系的实质表征了水工建筑物的安全因素。

接入自动化系统的监测仪器应以建筑物的强度、刚度、稳定等对安全起控制性作用的关键断面、控制断面的测点为主，并考虑其他不利条件、结构物特别复杂等不利因素。自动化系统的最终规模，应根据工程环境、建筑物规模、特点及技术经济条件等因素综合考虑。

2．监测数据自动采集系统

该系统的主要装置是测控单元，它在计算机网络支持下通过自动化采集和 A/D 转换对现场模拟信号或数字信号进行采集、装换和存储，并通过计算机网络系统进行传输。

3．计算机网络系统

该部分包括计算机系统及内外通信网络系统，该系统可以是单个监测站，也可分为中心站和监测分站，站中配有计算机及其附属设备，计算机配置专用的采集及通信管理软件，其主要功能是计算机与测控单元之间形成双向通信，上传存储数据、指令下达以及进行物理量计算等。

4．安全监测信息管理系统

该系统主要功能是对所有观测数据、文件、设计和施工资料以数据库为基础进行管理、整编及综合分析，形成各种通用报表，并对结构物的安全状态进行初步分析和报警，并与相关系统进行数据交换、共享和信息发布。

9.1.3　采集形式

经过多年的研制、开发、应用，安全监测自动系统的机构模式已形成了三种基本型

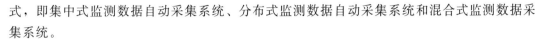

式，即集中式监测数据自动采集系统、分布式监测数据自动采集系统和混合式监测数据采集系统。

1. 集中式监测数据自动采集系统

集中式监测数据自动采集系统是将监测仪器安装在现场的切换单元或直接连接到安放在监测主机附近的自动采集装置的一端进行集中观测。日本于20世纪70年代在梓川的三座拱坝上安装了集中式结构的数据采集自动化系统。意大利于20世纪70年代后期在ChoLas坝上安装了集中式监测数据自动采集系统。集中式监测数据自动采集系统的成功应用除了限于当时的技术发展水平外，也由于这些国家的许多大坝规模一般较小，仪器测点数量在一二百点以内，仪器布置相对集中，采集装置集中设置在坝内廊道，信号传输距离不远。因此，集中式监测数据自动采集系统不失为一种经济实用的系统。

集中式监测数据自动采集系统的结构简单，系统重复部件少，高技术设备都集中在机房内，工作环境好，便于管理。但系统共用一台自动采集装置，一旦自动采集装置发生故障，所连接的监测仪器都无法测量，会造成整个系统瘫痪，系统风险过于集中。此外，由于控制电缆和信号电缆都较长，所传输的又都是模拟信号，极易受到外界干扰。因此，集中式监测系统存在可靠性不高、测值准确性差、测量时间长、专用电缆用量大、不易扩展等不足。

2. 分布式监测数据自动采集系统

分布式监测数据自动采集系统由自动化监测仪器、数据自动采集单元和监测主机组成。其中数据自动采集单元布设在现场，各类自动化监测仪器通过专用电缆就近接入采集单元，由采集单元按照采集程序进行数据采集、A/D转换、存储并通过数据通信网络发送至监控中心主机做深入分析和处理。

对于监测范围广、测点数量多、工程规模巨大的工程，如有主、副坝以及总厂、分厂的水利水电枢纽等，宜采用二级管理方案。根据枢纽结构特点，以建筑物或工程为基本单元，将枢纽划分为若干监测子系统，由各子系统再组成上一级管理网络，并对各子系统现场网络进行管理。美国从1982年起在FlamingGeogo等四座拱坝上均安装了分布式数据采集与监测系统，取得了成功的应用。虽然由于布置的采集装置较多导致系统成本较高，但随着电子技术的成熟和大规模生产，电子元器件的成本大幅度下降，其性价比得到很大提高。近年来，分布式系统以其优良的性能在国内外众多的工程中获得迅速的推广应用。国外产品以美国Geomation公司的2300系统、Sinco公司的IDA系统以及意大利ISMES研究所的GPDAS系统为代表，国内具有代表性的系统主要有：南瑞集团公司的DAMS型智能分布式监测数据采集系统、南京水利水文自动化研究所的DG型分布式安全监测数据采集系统、北京木联能工程科技有限公司的LN1018Ⅱ型分布式数据采集系统、基康仪器（北京）有限公司的BGK-MICRO分布式监测数据自动采集系统、南自厂FWC2010数据采集系统等。

分布式监测数据自动采集系统与集中式监测数据自动采集系统相比，优点如下：

（1）可靠性高。因采集单元分散，若发生故障，只影响这台采集单元上所接入的自动化监测仪器，不会使整个系统停止测量，系统的风险分散，可靠性增加。

（2）抗干扰能力强。分布式监测数据自动采集系统的数据通信网络上传输的是数字信号，不同于集中式数据自动采集系统专用电缆上传输的模拟信号，不受外界干扰。

（3）采集时间短。由于分布式监测数据自动采集系统由多台采集单元同时进行数据采集，系统数据采集速度比集中式单台采集单元快，采集时间短。

（4）便于系统扩展。增加采集单元并进行相应系统配置后，就可在不影响系统正常运行情况下将更多的自动化监测仪器接入，便于分期分步实施。

3. 混合式监测数据自动采集系统

混合式监测数据自动采集系统是介于集中式和分布式之间的一种采集方式，又称集散式监测数据自动采集系统。它具有分布式布置的外形，而采用集中方式进行采集。设置在仪器附件的遥控转换箱类似简单数据采集装置，汇集其周围的仪器信号，但不具有数据采集装置的 A/D 转换和数据暂存功能，故其机构比数据采集装置简单。转换箱仅是将仪器的模拟信号汇集于一条总线之中，然后传到监控室进行集中采集和 A/D 转换，再将数据输入计算机进行存储和处理。这种采集方式的出现是基于 20 世代 80 年代国际微电子技术水平和系统成本的角度考虑的。意大利曾在 Ridracoli 坝上安装了此种混合式系统。我国的科研院所在解决了模拟量长距离传输的技术难题后，系统的成本比分布式降低许多，且又比集中式有更好的运行效率和可靠性。此种结构的监测系统在国内的新丰江、富春江、三门峡等多个工程中获得推广应用。

混合式装换箱结构简单、维修方便、系统造价低，但系统风险大，测值准确性低。

20 世纪 70 年代中期及以前，采集系统为集中式的采集系统，以后的系统逐渐发展为分布式采集系统。目前实际应用的大坝安全监测数据采集系统大多数为分布式数据采集系统。

现代科技的发展使分布式采集方式的技术经济指标远优于集中式和混合式采集方式，分布式采集方式已基本上取代了集中式和混合式采集方式。分布式采集系统是一种概念明确、有广泛适用性的数据采集方式。设备厂家的分布式采集系统产品可能各具特色，并冠以"智能型""开放型"或其他表明产品特色的形容词。

9.1.4　系统功能

目前国内外安全监测自动化系统一般都具有以下 9 个方面的功能。

1. 采集功能

采集功能包括对各类传感器的数据采集功能和信号越限报警功能。采集系统的运行方式如下：

（1）中央控制方式（应答式）。由后方监控管理中心监控主机（工控机）或联网计算机命令所有数据采集装置同时巡测或指定单台单点测量（选测），测量完毕将数据存于计算机中。

（2）自动控制方式（自报式）。由各台数据采集装置自动按设定时间进行巡测、储存，并将所测数据按监控主机的要求送到后方监控管理中心的监控主机。

监测数据的采集方式分为：常规巡测、检查巡测、定时巡测、常规选测、检查选测、人工测量等。

2. 显示功能

显示建筑物及监测系统的总貌，以及各监测子系统概貌、监测布置图、数据过程曲线、监控图、报警状态显示窗口等。

3. 操作功能

操作功能包括在现场监控主机或管理计算机上实现监视操作、输入/输出、显示打印、报告测值状态、调用历史数据、评估运行状态；根据程序执行状态或系统工作状况发出相应的声响；整个系统的运行管理（包括系统调度、过程信息文件的形成、进库、通信等一系列管理功能，调度各级显示画面及修改相应的参数等）；进行系统配置、测试、维护等。

4. 数据检验功能

监测站和数据采集单元应具有数据检验功能，具体如下：

（1）测值自校。在数据采集单元内具有自校设备，以保证测量精确度。

（2）超差自检。可以输入并储存检验标准，对每一监测仪器的每次测值自动进行检验，超过检验标准的数据能自动加以标记，显示报警信息以及通过网络进行信息发布。

5. 数据通信功能

此功能包括现场级和管理级的数据通信，现场级通信为测控单元之间或数据采集装置与监控管理中心监控主机之间的双向数据通信；管理级通信为监控管理中心内部及其同上级主管部门计算机之间的双向数据通信。

6. 数据管理功能

经换算的数据自动存入数据库，可供浏览、插入、删除、查询及转存等，并具有绘制过程线、分布线、相关线和进行一定分析处理的能力。

7. 综合信息管理功能

可实现在线监测、大坝工作性态的离线分析、预测预报、图表制作、数据库管理及安全评估等。

8. 硬件自检功能

系统具有硬件自检功能，能在管理主机上显示故障部位及类型，为及时维修提供方便。

9. 人工接口功能

自动化监测系统具备与便携式检测仪表的接口，能够使用便携式检测仪表采集监测数据，并录入监测信息管理系统，可防止资料中断。

9.2 数据采集系统

9.2.1 大坝安全监测数据采集系统的发展

大坝安全监测在我国的发展主要经历了三个阶段。

第一阶段从 20 世纪 50 年代到 70 年代，那时观测项目不全，仪器设备简陋，60 年代后，新安江、丹江口、刘家峡等水电厂的相继投产，我国大坝安全监测技术开始得到发展，基本上大中型混凝土坝、土石坝都设置了数据采集系统，当时主要为人工采集，监测的项目主要有水位、变形、压力、渗流、温度等。

第二阶段从 80 年代到 90 年代，我国大坝监测取得了长足的进步，不仅成立了专门的管理机构，建立了相关法律法规，还投入了大量的人力物力。80 年代我国发布了《水库工程管理通则》（SLJ 702—81），水利部、能源部先后成立了大坝安全监测中心，并出现了专业的技术人员。1989 年制定颁发了《混凝土坝安全监测技术规范（试行）》（SDJ 336—1989），1991 年国务院颁发了《水库大坝安全管理条例》等法规，极大地推动了大坝安全监测技术的发展。同时，渗流方面的人工观测逐渐被遥测技术取代；应力、温度方面主要采用的是差动电阻式仪器，采用 5 芯电缆连接方法及恒流源激励，大大提高了观测精度；变形监测仪器方面出现了垂线、真空激光准直系统、静力水准仪、引张线遥测坐标仪器等新仪器；对水工建筑物的监测从坝体及坝基浅层扩展到坝基深处、坝肩等。我国大坝安全监测技术的总体水平有了质的飞跃。

第三阶段从 90 年代初至今，我国大坝安全监测技术取得了更快的发展。2001 年 6 月，水利部发布了《大坝安全自动监测系统设备基本技术条件》（SL 268—2001），这是行业第一个标准，给大坝数据采集系统确定了规范和要求，使得大坝安全监测数据采集有章可循、有理可依，并逐步走上了标准化、规范化的道路。目前，国内自动化仪器制造的水平渐趋成熟，能够生产品种齐全的大坝监测设备，变形、应力、渗流等项目的监测进入成熟阶段。监测管理软件方面，众多科研单位和工程单位纷纷合作开发基于 Windows 环境、形象直观、操作方便、工作强大的自动化采集系统，实现了数据稳定、可靠的在线采集。先进的仪器设备如虚拟仪器、智能仪器及国际上一些自动化系统进一步得到推广和应用。目前，在有些大坝中，正在实现流域级的大坝安全监测管理系统，现代网络技术、数据库技术、软件技术、图形图像技术等高新技术在其实现过程中显现了不可替代的优势。

数据采集的主要任务是及时、准确、完整地采集工程建设、运行各个阶段中监测对象的效应量、环境量及其他与安全状态相关的数据。及时性、准确性、完整性是数据采集工作的三个要素。

数据采集系统是指能对传感器自动进行信号测量、转换、处理、存储，并能实现双向数据通信的装置。测控单元主要由采集模块、A/D 转换模块、防雷模块、电源模块、蓄电池、通信接口及机箱等部件组成。

安全监测自动化系统中数据采集装置数量及布置部位，应根据工程具体情况，结合所选采集装置的要求决定。应以采集装置性能好、管理方便、性价比高为原则，对采集装置性能、数量和布置位置进行优选。

9.2.2　主要技术指标及要求

（1）通道数：标准配置 8～32 个通道，含 1～2 个数据采集智能模块。

（2）采样对象：差动电阻式、振弦式及 RS‐485 输出智能传感器等。

（3）测量方式：定时、单检、巡检、选测，可任设测点群，部分模块支持外部信号触发、内部运算测量。

（4）定时间隔：1 分钟至 99 天。

（5）采样时间：（1～5s）/点。

（6）存储容量：300 测次。

（7）工作环境：温度 -25～+60℃，湿度小于等于 95%。

（8）平均无故障时间（MTBF）：20000h。

（9）系统防雷电感应：1500W。通过 GB/T 17626.3—2006 射频电磁场辐射抗扰度试验及 GB/T 17626.5—2008 浪涌（冲击）抗扰度试验，兼容电源避雷器和信号避雷器。

（10）系统自诊断功能：对采集模块数据存储器、程序存储器、实时时钟电路、供电状态、测量电路以及传感器线路状态等进行自检和报警。

（11）通信方式。有线方式：双绞线。光纤：单模或多模。无线：包括 GSM、GPRS、CDMA 等公用无线集群网络。因特网（TCP/IP 协议）：可通过串行网关接入因特网，实现多台主计算机、多通信路径操作。

9.2.3 模块类型及特性

9.2.3.1 振弦式仪器数据采集模块

（1）测点容量：16 支仪器，含温度。

（2）测量范围：频率为 400～5000kHz，温度为 -20～+80℃。

（3）测量精度：频率小于等于 0.2Hz，温度小于等于 0.5℃。

（4）分辨力：频率为 0.1Hz，温度为 0.1℃。

（5）测量时间及周期：测量时间为（1～5s）/通道，测量周期为 1 分钟至 99 天。

（6）通信接口及速率：通信接口为 EIA-485，传输距离为 1.2km，通过中继可延伸至 3km，可选光纤、无线和公用电话网通信方式，通信速率为 1200～9600bps（可选）。

（7）测量方式：自动且带人工比测接口。

（8）数据存储容量：不小于 100 测次。

（9）环境温度：工作温度为 -10～+50℃（-25～+60℃可选）。

9.2.3.2 差阻式仪器数据采集模块

（1）测点容量：16 支差阻式传感器。

（2）测量范围：电阻和为 40.02～120.02Ω；电阻比为 0.8000～1.2000。

（3）测量精度：电阻和为 0.02Ω，电阻比为 0.0002。

（4）分辨力：电阻和为 0.01Ω，电阻比为 0.0001。

（5）测量时间及周期：测量时间为（1～5s）/通道，测量周期为 1 分钟至 99 天。

（6）通信接口及速率：通信接口为 EIA-485，传输距离为 1.2km，通过中继可延伸至 3km，可选光纤、无线和公用电话网通信方式，通信速率为 1200～9600bps（可选）。

（7）测量方式：自动且带人工比测接口。

（8）数据存储容量：不小于 100 测次。

（9）环境温度：工作温度为 -10～+50℃（-25～+60℃可选）。

9.2.3.3 智能式仪器数据采集模块

（1）测点容量：8 支智能式仪器。

（2）测量范围：取决于传感器。

（3）测量精度：取决于传感器。

（4）分辨力：取决于传感器。

（5）测量时间及周期：测量时间为（1～5s）/通道，测量周期为 1 分钟至 99 天。

（6）通信接口及速率：通信接口为 EIA - 485，传输距离为 1.2km，通过中继可延伸至 3km，可选光纤、无线和公用电话网通信方式。

（7）通信速率：1200～9600bps（可选）。

（8）数据存储容量：不小于 100 测次。

（9）测量方式：自动且带人工比测接口。

（10）环境温度：工作温度为－10～＋50℃（－25～＋60℃可选）。

9.2.3.4　环境量采集模块

环境量传感器数据采集模块主要技术指标取决于所采用的传感器类型。

9.2.4　功能特点

目前，国内使用的数据采集装置及结构各不相同，基本有两种型式：第一种型式是数据采集装置中每个模块均有独立的 CPU 时钟、通信功能，每个测量单元可接 1～3 个模块，每个模块只能接一种型式的传感器，近几年随着技术发展，通过通道复用技术，模块也能接入不同型式的传感器；第二种型式是数据采集装置中有一个主模块，该模块具备智能装置，是采集装置的核心设备，其余模块为扩展模块，与其配套使用，一般 1 个测量单元可接 5 个模块，某些国外产品可接 1～15 个模块。

9.3　系统网络及通信

9.3.1　系统网络设计

水利水电工程安全监测自动化系统分布面广、监测点多，集数据采集、分析和评价于一体，通常以水工枢纽建筑物为监测对象。系统网络要特别注意系统的先进性、实用性、开放性、可扩展性、可靠性、可维护性和经济性。整个系统一般可分为监测中心站、监测管理站、监测站三级结构。系统网络可根据数据采集装置的布置，规划监测站的数量布局，监测站与相关的数据采集装置组成相对独立的网络系统，这样有利于安全监测自动化分阶段实施。

自动化系统网络可以根据现场实际情况采用多种方式构建，监测站内部可采用 EIA - RS - 232C、EIA - RS - 485/422 - A、CANbus、TCP/IP 以及其他国际标准构建现场通信网络；监测站与监测管理站、中心站之间可采用局域网连接。监测自动化系统应具备与系统外局域网或广域网连接的接口。

通信网络可根据需要采用双绞线、电话线、无线和光纤等通信介质。

9.3.2　网络拓扑结构

网络拓扑结构是指连接网络设备的物理线缆的铺设形式，常见的有星型、环型、总线型和树型结构。

总线型就是一根主干线连接多个节点而形成的网络结构。在总线型网络结构中，网络信息都是通过主干线传输到各个节点的。总线型结构的特点主要在于它的简单灵活、构建方便、性能优良。其主要的缺点在于总干线将对整个网络起决定作用，主干线的故障将引起整个网络瘫痪。总线型结构见图 9.3.1。

星型结构主要是指一个中央节点周围连接着许多节点而组成的网络结构，其中中央节点上必须安装一个核心交换机。所有的网络信息都是通过中央节点进行通信的，周围的节点将信息传输给中央节点，中央节点将所接收的信息进行处理加工从而传输给其他的节点。星型网络拓扑结构的主要特点在于建网简单、结构易构、便于管理等。而它的缺点主要表现为中央节点负担繁重，不利于扩充线路的利用效率。星型结构见图 9.3.2。

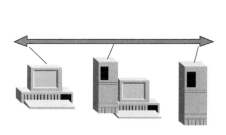

图 9.3.1 总线型结构

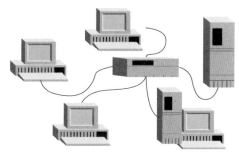

图 9.3.2 星型结构

环型结构主要是各个节点之间进行首尾连接，一个节点连接着一个节点而形成一个环路。在环型网络拓扑结构中，网络信息的传输都是沿着一个方向进行的，是单向的，并且，在每一个节点中，都需要装设一个中继器，用来收发信息和对信息的扩大读取。环形网络拓扑结构的主要特点在于它的建网简单、结构易构、便于管理。而它的缺点主要表现为节点过多，传输效率不高，不便于扩充。环型结构见图 9.3.3。

网型结构是最复杂的网络形式，它是指网络中任何一个节点都会连接着两条或者两条以上线路，从而保持跟两个或者更多的节点相连。网型拓扑结构各个节点跟许多条线路连接着，其可靠性和稳定性都比较强，比较适用于广域网。同时由于其结构和联网比较复杂，构建此网络所花费的成本也是比较大的。网型结构见图 9.3.4。

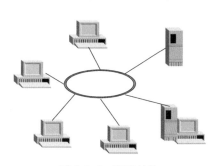

图 9.3.3 环型结构

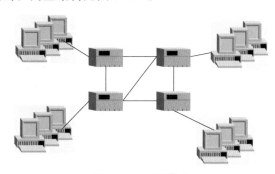

图 9.3.4 网型结构

9.3.3　通信介质

通信介质主要由双绞线、同轴电缆、光缆和无线通信等，应根据工程具体情况选用。

9.3.3.1　双绞线

双绞线由一对铜线螺旋绕制而成，分为非屏蔽双绞线和屏蔽双绞线。双绞线具有构造简单、传输速率低、传输误码率低、投资费用低廉（屏蔽双绞线抗干扰能力较强）等优点，但传输损耗大，且随着频率升高，传输距离增加，将产生误码现象。另外，不能对电磁波产生屏蔽，容易混入外部杂音。双绞线主要用于 100kHz 以下或数字信号 10Mbit/s 以下的信号传输或低速局域网计算机之间的连线。传输距离与所支持的网络接口有关，如 RS - 485 为 1200m，大于该距离会导致传输误码率增高，需增加中继器将传输信号放大或降低传输速率以保证信号正确传输。

9.3.3.2　同轴电缆

同轴电缆的频带要比双绞线宽得多，具有传输速率快、传输误码率低的特点，它的外部金属能屏蔽中心导体的电磁波，抗干扰能力强，传输距离远。因此，一般高频信号的传输和长距离的传输都使用同轴电缆，但电缆及配件投资费用较高。

9.3.3.3　光缆

光缆与双绞线和同轴电缆相比较，具有无可比拟的低损耗、传输频带宽、容量大、传输距离远、无电磁感应、不漏话且抗雷击等优良性能。近年来光缆是现场环线或总线理想的通信介质。但从模块信号到光缆以及光缆信号至计算机均需配有光电转换器。

9.3.3.4　无线信道

无线信道是指利用电波传输信号。无线电技术的原理是导体中电流强弱的改变会产生无线电波，利用这一现象，通过调制可将信息加载于无线电波之上，当电波通过空间传播到达收信端，电波引起的电磁场变化又会在导体中产生电流，通过解调将信息从电流变化中提取出来，就达到了信息传递的目的。无线电波从天线发射，不同的频率其天线的形状和尺寸各不相同，并且无线电波传播方式也多种多样，主要传播方式有地面波、直射波和电离层反射波。无线传输时需增加发送、接收机天线设备。目前国内常用的无线通信方式除了电台方式之外，还有利用海事卫星、VSAT 卫星、全球通卫星、北斗卫星、公用通信网（GSM、GPRS、CDMA）等方式进行无线通信。

9.4　系统防雷及接地

9.4.1　系统防雷

对水利水电工程安全监测自动化系统造成危害的雷击主要有直击雷和雷电电磁脉冲（LEMP）两种形式。

9.4.1.1　直击雷的形式及防护

雷电直接击中地面物体为直击雷，产生的雷击破坏性很大。但是，直击雷基本上只会击中室外露天安装的设备，不会击中室内安装的仪器。然而，如果直击雷击中室外线路

（如电源线、信号线），高压冲击波形成的过电压将沿此线路传播而侵入室内，所有与之连接的电器设备都会受到这个传导过电压的波及，破坏程度可能十分严重。

直击雷的防护是一种外部防雷，主要有合理地进行系统设计和技术防雷两种防护方法。

1. 防雷系统设计

（1）在进行自动化系统设计时，应尽可能将传感器、数据采集装置和计算机等紧凑布置，尽量减少系统分布范围。

（2）对于较远的连接，必要时应采用无线或光纤通信及太阳能蓄电池供电等措施。

（3）应将系统尽可能布置在具有屏蔽效果的观测室或廊道内，观测室尽可能不要设置在山头、开阔地带等易遭受雷击的地方，并按防雷标准设计。

（4）电缆布设时应避免产生环路和尽量采用屏蔽双绞线电缆，同时应选择耐压、抗老化水平高的电缆，在坝外要采用镀锌管埋入式敷设，并尽可能减少镀锌管连接点的接触电阻。

（5）在仪器选型时，尽量选择耐压水平高、传输数字（或频率）信号的仪器，如振弦式仪器，尽量不要选择传输模拟信号的仪器，必要时可选择光纤传感器。

（6）无线发送的信号馈线，应选择合理路径，避免沿山顶山脊走线，避开高大孤树，设置独立避雷针引下网。

2. 技术防雷

外部技术防雷保护系统主要有避雷针（接闪器）、避雷带（网）和接地系统。

（1）避雷针。避雷针通常是一根垂直安装在高处的金属针（棒），又称接闪器。避雷针是一个系统，它由避雷针、引下线、接地线、接地体组成。避雷针用引下线接到接地线，接地线与接地体连接。彼此之间必须是用很好的低电阻连接。接地体埋在地下，接地电阻很小，一般要求小于10Ω，监测管理中心站要求更小。设计、安装良好的避雷针可以很好地保护一定范围内的设备免遭直接雷击。

（2）避雷带（网）。避雷带是敷设在防护建筑物上部的金属带和金属网。通常采用镀锌圆钢，用多根引下线按最短距离通道接地体，以减少引下线的电感量，采用避雷带的好处是可以扩大避雷保护范围，其次是雷电袭击时可避免二次反击。

（3）接地系统。接地系统又称接地装置或接地地网，由各种型式的金属接地体埋入地下组成。接地电阻、接地体布设以及接地体间距、长度和深度都有相应的要求。防直击雷的首要任务就是接地系统设计，尽量减少接地电阻，使雷击瞬间能及时把巨大的雷电流泄放到大地，防止雷电波被引入地时，产生二次反击。

9.4.1.2 雷电电磁脉冲

雷电电磁脉冲是一种感应电流，它伴随雷击而发生，故又称感应雷。感应雷的波形和直击雷的波形相似，感应雷的能量远小于直击雷。但作为监测自动化系统硬件的数据采集单元和计算机等均采用大规模集成电路构成，其耐压不过几十伏，因此安全监测自动化系统很容易遭受感应雷雷击。并且，感应雷虽然没有直击雷威力大，但其分布范围广，有时在1km以外的空中闪电也能损坏计算机，故对安全监测自动化系统而言，雷电电磁脉冲的危害性更大。

产生雷电电磁脉冲的情况：①当建筑物附近雷击或空中闪电时会产生强大电磁脉冲辐

射，此电磁脉冲辐射会传导和耦合到金属导线及构件上，使其带上高电压，再沿导线传播到各处；②当云层积累静电荷时，会在下方导体上感应集中大量的相反静电荷，雷击发生后，云层中电荷消失，这些导体上的感应静电荷会发生浪涌泄放传播到各处。

雷电电磁脉冲防护是一种内部防雷。雷电感应过电压是微电子设备的主要伤害，同时，在技术上用一般建筑物和一般电气设备的防雷装置、防雷经验，已很难满足对建筑物内微电子设备的防护要求，因此需要采用全方位的防护。

(1) 电源防雷。系统电源防雷是防雷的重点，因为利用市电作为电源时，很容易从遍布各地相互联通的交流电网上引入各种雷电影响，对监测自动化系统造成危害的雷电有 95% 来自电源感应雷，监测管理中心站的电源防雷可采用多级避雷器，主要有三相并联式电源避雷器、隔离变压器、稳压电源、单相并联式电源避雷器、单相串联式电源避雷器等组成。

计算机工作电源供电，必须采用多级避雷器。机房的电源柜的高低压侧应有独立的阀型避雷器，进阀要采用钢管保护埋地。

(2) 室外线路防雷。室外线路包括室外电源电缆、室外信号线和室外通信线，它们容易遭受感应雷入侵。

1) 穿管埋设保护。穿管埋设首先将室外线路穿入具有一定直径的热镀锌铁管，再固定埋设在地下。穿管埋地后，金属管起到了很好的屏蔽和分流接地作用，室外线的防雷效果最佳。

2) 架空室外线的防护。当不允许埋地铺设时，有时室外线只能架空布设。这时要将室外线穿入金属管或金属软管内，或者采用屏蔽线，另外再采取防雷措施，例如在高出室外线 1m 以上架设避雷线，避雷线两端和中途要多次接地。屏蔽线也要接地。

室外线长度在数米以内时可以不作防雷保护。

3) 信号线端口隔离。信号线外部防护比较麻烦，也不能完全防护好，因此，在采取外部防雷保护的同时，宜采用一些端口隔离保护措施。

端口隔离的原理是将电信号用导线直接连接改为经光电隔离后的连接。应用时在所有的信号线上分别装有光电器件，电信号进过光电装换后，装换为遥测设备接收的电信号实现光电隔离。经过光电隔离后，雷电感应信号和各种干扰信号不会进入遥测设备，隔离效果明显。较强电流和过电压也不会进入和损坏遥测设备，但会损坏光电隔离电路，这时需要经过维修才能恢复。

对于互联网路之间的通信线，需要采取防止高低电位反击的隔离措施，如变压器隔离法、光电隔离法等。

4) 通信线路的防雷。通信线路采用避雷器防雷，避雷器安装在遥测装置内，常用的避雷器有各种放电管、压敏电阻、TVS 管。通信线路的防雷要求较高，除了满足避雷要求外，还必须保证通信传输的各项技术要求达到原定指标。因此，选择防雷器件时要考虑其电容、残压、通过电流的容量、响应速度等指标。

5) 等电位连接。等电位连接是内部防雷的重要措施。研究表明，对避免因雷电袭击产生的过电压二次反击，优化接地系统比降低接地电阻更为重要。等电位连接是用连接导线或电压保护器将防雷空间内的所有有源设备外壳、管道、金属构件、防雷装置、建筑地网、电源零线、外引导线屏蔽层等连接在一起，构成等电位环形接地网，形成均压等电

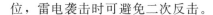

位,雷电袭击时可避免二次反击。

9.4.2 系统接地

将电路、单元与充作信号电位公共参考点的一个等位点或等位面实现低阻抗连接,称为接地。一个系统涉及许多接地点,它对系统的工作性能有极大的影响。良好的接地处理有利于抑制干扰信号和稳定系统的工作状态,接地处理不当则导致系统不能正常工作,甚至根本不能工作。

接地的目的通常有两个:一个为了安全,即安全接地;二是为了给系统提供一个基准电位,并给高频干扰提供低阻通路,即工作接地。前一系统的基准电位必须是大地电位,后一系统的基准电位可以是大地电位,也可以不是。通常把接地面视作电位处处为零的等位体,并以此为基准测量信号电压。但是,无论何种接地方式,公共接地地面(或公共地线)都有一定的阻抗(包括电阻和感抗),当有电流流过时,地线上要产生电压降,加上地线还可能与其他引线构成环路,从而成为干扰的因素。常用的接地方式如下:

(1)安全接地:设备金属外壳的接地,即将电气设备的金属外壳与大地之间用良好的金属连接,接地电阻越小越好。

(2)工作接地:信号回路接于基准导体或基准电位点。

(3)屏蔽接地:电缆等屏蔽层的接地。

9.5 监测信息管理系统

采用自动测量装置代替人工读数实现大坝监测数据的自动采集,只是完成大坝安全监测工作的一部分。进一步利用电子计算机对监测数据进行处理,以便根据计算成果判断大坝性态是否正常,这才是大坝安全监测的最终目标。所谓大坝安全的在线监控,就是在不脱机情况下连续实现监测数据自动采集、自动处理和显示大坝安全状况,采取有效措施保障大坝安全。

由此可见,实现大坝安全在线监控是大坝安全监测系统自动化的重要一环,有了这个环节,才能及时、有效发挥监测系统的作用。

9.5.1 发展历程

我国大坝安全监测信息管理系统的研制开发工作始于 20 世纪 80 年代,随着信息管理系统(Management Information System,MIS)、决策支持系统(Decision-moking Support System,DSS)开发的基本理论方法以及大坝监测技术的不断发展,该类系统的开发也有了较大的进展。许多新的实用技术或新的理论方法不断地被引进或吸收。例如:在综合分析评价中采用神经网络方法和数据仓库、数据挖掘的理论方法对监测信息进行处理分析,利用 Internet 技术进行大坝监测信息的通信管理等,这些研究和应用极大地提高我国大坝安全监测信息处理的技术水平。

在安全监控方面,利用监控模型、监控指标、特征极值等评判准则来及时发现异常测值,并通过离线综合分析,分析判断与结构安全有关的异常测点。同时,结合与其相关的测点信息，对异常测点所在部位的结构安全状况进行综合评估。

国内在监测信息管理系统开发应用具有代表性的有：

（1）国家能源局大坝安全监察中心的大坝安全在线（远程）信息管理系统、工程安全监控与监测信息管理系统。

（2）南京南瑞集团公司的 DSIMS 大坝安全监测信息管理系统。

（3）中国水利水电科学研究院的小浪底水利枢纽工程安全监测系统。

（4）南京水利科学研究院的土石坝安全管理系统。

（5）河海大学的大坝安全综合评价专家系统、在线安全监控及反馈分析系统、大坝群安全监测系统。

（6）南京水文自动化研究所的 DG 型分布式数据采集系统、DSIM 大坝安全信息管理系统。

（7）基康公司的 BGKLogger. net 大坝安全监测信息管理系统

从目前的现状看，大型水电开发流域管理公司、水利枢纽建设公司都有其各自的内部信息系统，其中主要解决了管理流程中的基本功能，但对于工程安全监测中专业的技术管理层面而言，大多信息系统不具备相应的管理功能，在数字流域、智慧工程的大框架和指导思路下，各设计院、施工局、科研机构、设备商都在研究工程安全监测软件平台，以顺应时代和科技发展。

随着国内计算机软件技术、微电子技术、传感器技术的不断发展，各行各业都在加快信息化建设步伐，工程安全监测也在从传统的人工监测向自动化、智能化监测方向发展，监测软件系统经历的阶段有：监测数据管理系统、监测数据分析系统、专家决策系统、综合评价系统。

监测数据管理系统：实现监测数据存储统一管理，包含监测数据增加、删除、修改、搜索、浏览、自动绘制数据变化过程线等简单的数据管理功能，为工程技术人员提供数据管理工具。

监测数据分析系统：在监测数据管理系统的基础上实现监测数据录入（人工录入、Excel 文件导入、自动化采集、服务接口输入等）、计算、分析、输出（导出到 Excel、Word，服务接口输出），通过矢量动画、三维 GIS、BIM 等先进技术直观、便捷地展现监测成果，为工程技术人员提供高效的监测数据分析辅助工具，为管理人员提供直观的监测成果展现功能。

专家决策系统：在监测数据分析系统的基础上增加知识库、专家库，采用推理机、神经网络等技术实现专家决策功能。

综合评价系统：在专家决策系统的基础上，采用大数据、人工智能等前沿技术实现工程安全综合评价，达到评价结果确定性，且可解释、追溯。

9.5.2　总体要求

监测信息管理系统应是一套网络化、通用化、功能完善、使用便捷、技术先进，能兼容不同外部数据源，能应用到工程项目全生命周期的安全监测，能实现监测数据管理、计算分析、动态展示和成果输出一体化的工程安全监测云平台，以提高工作效率，有效降低生产成本，为监测技术人员、项目管理人员、业主等不同角色在工程安全监测的全生命周

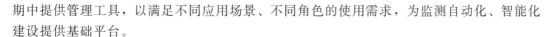

期中提供管理工具，以满足不同应用场景、不同角色的使用需求，为监测自动化、智能化建设提供基础平台。

9.5.2.1 功能要求

监测信息管理系统应由桌面应用程序（以下简称"PC端"）、网站（以下简称"Web端"）、移动APP（以下简称"APP端"）组成。各终端系统侧重点不同，以供不同人群在不同场景中实现网络化多项目管理，实现随时随地进行工程安全监测工作。

系统应实现数据和账户统一，实现在PC、Web、APP终端间无缝衔接。

系统应实现监测仪器管理、监测数据管理、分析计算、成果展现、监测报告自动生成、监测文档管理、巡视检查、预警预报等功能。

系统能够用于工程安全监测过程中实现监测数据分析、管理、展现，以及监测工作日常管理。通过PC端、Web端、APP端，实现网络化多项目管理，为监测技术人员、项目管理人员、业主等不同角色在工程安全监测的全生命周期中提供管理工具，以满足不同应用场景、不同角色的使用需求。

9.5.2.2 设计原则

（1）完整性：应包含所有自动采集和人工采集的监测数据、仪器安装埋设信息、巡视检查记录，以及相关的水文、地质、水工结构等工程信息资源。

（2）实用性：界面友好，方便操作，满足用户的各类需要。如用户可以自定义报表、图表模板样式根据需要定义各测点的监控指标；各类分析图表、报表可以直接打印，也可以保存和直接批量输出为Word文档或Excel文件；可以自定义计算的模型和因子，可以选择单个测点或者多个测点同时进行分析计算，计算结果可以保存在服务器，也可以输出为Excel文件等。

（3）及时性：监测仪器设备的安装、埋设及监测数据应及时采集，并录入监测软件系统，系统应对关键或重要测点的监测数据进行在线监控，监控得到的异常信息可以列表查询，也可以直接在过程线图上突出显示，并可以自动通过短信的方式及时发送给相关的管理人员。

9.5.3 软件架构

目前大型软件系统均采用三层架构，前后端分离，各司其职，互不影响。采用三层架构易于将复杂系统简单化，逐个突破；前后端可并行开发，缩短系统开发周期；适用于多终端、跨平台运行。数据层负责数据存储、分发管理；服务层负责为多终端提供统一服务接口，实现业务逻辑和数据交互统一协调控制；应用层根据实际运行平台以及业务需求各自独立运行，通过服务层获取业务逻辑和数据交互。软件系统三层架构见图9.5.1。

9.5.3.1 数据层

数据层是监测信息管理系统的基础层，负责数据统一存储和管理，是否完善直接影响应用层的最终成果。数据层数据包含结构化数据和非结构化数据。将安全监测过程中的Office文件（Word、Excel、PowerPoint）、PDF文件、图片文件、音频文件、视频文件等不合适在数据库中存储的文件数据统一归类为非结构化数据，其余数据为结

图9.5.1 软件系统三层架构

构化数据，数据层数据组成见图 9.5.2。

图 9.5.2　数据层数据组成

采用分布式文件系统存储、索引、管理非结构化数据。将非结构化数据的文件内容存储在分布式文件系统的数据服务器中；将非结构化数据的文件名作为结构化数据，并与分布式文件系统的名字服务器建立映射关系存储在数据库中，实现所有数据的存储。

将结构化数据以基础信息、安全监测基本信息、安全监测数据、系统管理数据等分类建库，每种类型数据库中根据实际要求建立数据库表，采用主流、高性能的 Microsoft SQL Server、Oracle、MySQL 作为数据库管理系统。

1. 结构化数据

结构化数据建库时应以《混凝土坝安全监测资料整编规程》（DL/T 5209—2005）、《大坝安全监测数据库表结构及标识符标准》（DL/T 1321—2014）等规程规范作为参考，宜采用第三范式进行数据库建设。小型、并发要求不高的监测信息管理系统可采用 MySQL 数据库管理系统，（开源、成本低）；中大型、并发要求高的监测信息管理系统宜采用 Microsoft SQL Server、Oracle 数据库管理系统（商业级、成本高）。

2. 非结构化数据

中小型监测信息管理系统的非结构化数据采用操作系统自带的文件管理系统即可，大型监测信息管理系统宜采用分布式管理系统。

分布式文件系统（Distributed File System）可以有效解决数据的存储和管理难题：将固定于某个地点的某个文件系统，扩展到任意多个地点/多个文件系统，众多的节点组成一个文件系统网络。每个节点可以分布在不同的地点，通过网络进行节点间的通信和数据传输。在使用分布式文件系统时，无需关心数据是存储在哪个节点上、或者是从哪个节点中获取的，只需要像使用本地文件系统一样管理和存储文件系统中的数据。目前主流的分布式文件存储系统有 HDFS、FastDFS、TFS、MFS、GlusterFS 等，各自适用于不同的领域，它们都不是系统级的分布式文件系统，而是应用级的分布式文件存储服务。

9.5.3.2　服务层

服务层是监测信息管理系统的核心层，是否完善，直接影响各终端实际应用。服务层应包含数据存储服务、计算分析服务、业务逻辑服务、数据采集服务、对外服务接口等。服务层设计时可采用基于 HTTP 协议的 WebAPI，可有效实现运行平台无关性以及开发语言、平台无关性。

数据存储服务：提供统一的数据增加、删除、修改、搜索服务，屏蔽数据库管理系统、文件分布式管理系统的差异性。

计算分析服务：提供统一的数据计算分析服务，如原始测值转换为实际物理量计算（电阻值转温度、频率转位移量等）。

业务逻辑服务：提供统一的业务逻辑控制服务，如数据校验逻辑、数据审核逻辑、权限控制等。

数据采集服务：提供统一的数据采集服务，快速接入数据，如采集监测站自动采集装置采集的数据，提取数据库数据，从接口获取数据（如国家气象数据接口）。

对外服务接口：对外提供统一的数据服务接口，实现数据共享。

9.5.3.3　应用层

为工程安全监测提供监测仪器管理、监测数据管理、分析计算、成果展现、监测报告自动生成、监测文档管理、巡视检查、预警预报，以及监测工作日常管理等功能。通过 PC、Web、APP 等多种终端，实现网络化多项目管理，为监测技术人员、项目管理人员、业主等不同角色在工程安全监测的全生命周期中提供管理工具，以满足不同应用场景、不同角色的使用需求。

9.5.4　系统组成

目前软件系统主流采用 1 套后端服务多个终端的方式开发和部署，以满足不同应用场景、不同角色、随时、随地使用需求。但考虑到监测信息管理系统实际使用环境比较偏远，网络环境较差，施工期甚至没有网络，因此监测信息管理系统宜采用 1 个主服务中心、N 个分服务中心、3 个终端的方式开发和部署。

各终端根据实际网络环境在主服务中心、分服务中心之间自动切换，满足各终端正常使用。主服务中心、分服务中心之间在网络通畅时自动同步数据。

主服务中心为 PC、Web、APP 提服务外，还需协调各分服务中心（如协调各分服务中心数据同步、一致性，提供程序更新服务等）。

分服务中心为 PC、Web、APP 提服务外，还需与主服务中心协同工作（如数据同步、程序更新等）。

PC、Web、APP 为监测技术人员、项目管理人员、业主等不同角色在工程安全监测的全生命周期中提供管理工具，随时随地开展工作。系统组成见图 9.5.3。

9.5.5　开发平台

目前主流应用程序采用 Java、C♯语言开发，以下以 C♯语言为例介绍开发平台。

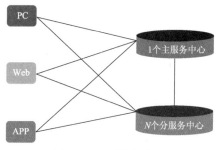

图 9.5.3　系统组成

（1）采用 C/S、B/S 混合结构开发。

（2）主服务中心、分服务中心：开发采用 .NET Core 跨平台框架，可运行于 Windows、Linux/Unix、MacOS 操作系统；数据库采用 Microsoft SQL Server 2016 数据库管理系统；前后端分离，采用 WebAPI 为各终端提供服务，开发语言采用 C♯。

（3）PC 端：采用 Microsoft Visual Studio 作为 IDE，使用 .NET Core 3.0 及以上版本，开发语言采用 C♯。

（4）Web 端：采用 Microsoft Visual Studio 作为 IDE，使用 ASP.NET Core 3.0 及以上版本，开发语言采用 C♯；页面采用 HTML5，能在主流浏览器上正常浏览；使用成熟的前端组件，如 Extjs、Vue、Jquery 等。

（5）APP 端：采用 Microsoft Visual Studio 作为 IDE，采用 xamarin 进行混合开发，数据存储采用 SQLite，可运行于 IOS、Android 两主流操作系统。

9.5.6　系统功能

9.5.6.1　总体功能

监测信息管理系统应提供系统设置、工程配置、监测数据管理、分析计算、成果展现、文档管理、巡视检查、预警预报，以及监测工作日常管理等功能。通过 PC、Web、APP 等多种终端，实现网络化多项目管理，为监测技术人员、项目管理人员、业主等不同角色在工程安全监测的全生命周期中提供管理工具，以满足不同应用场景、不同角色的使用需求。监测信息管理系统功能见图 9.5.4。

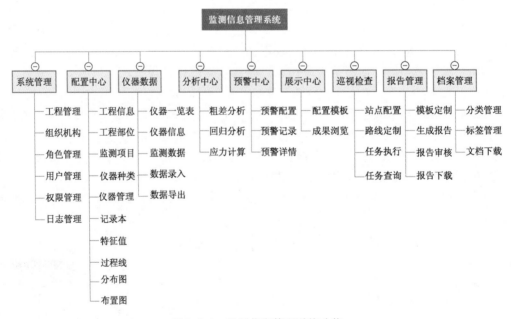

图 9.5.4　监测信息管理系统功能

9.5.6.2　Web 端功能

Web 端由于不需要单独安装软件，使用便捷，是日常工作中常用的终端，应涵盖完成功能。Web 端功能见图 9.5.5。

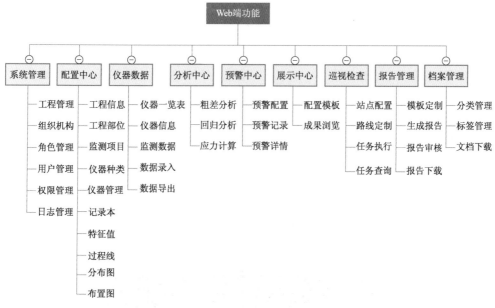

图 9.5.5　Web 端功能

9.5.6.3　PC 端功能

PC 端运行稳定，不受浏览器版本影响，运行速度快，工程技术人员常用，也应涵盖完善功能，PC 端与 Web 端的 UI、操作逻辑应尽可能保持一致，减少学习和维护成本。PC 端功能见图 9.5.6。

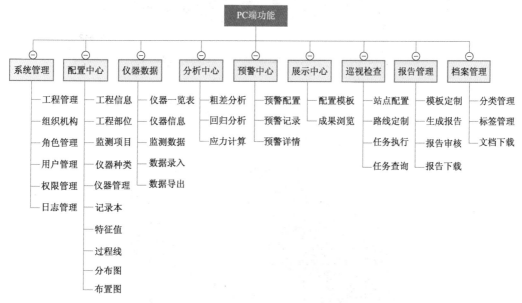

图 9.5.6　PC 端功能

9.5.6.4　APP 端功能

APP 端受屏幕尺寸、硬件性能影响，仅适合浏览数据成果、数据录入、巡视检查等简单功能。APP 端功能见图 9.5.7。

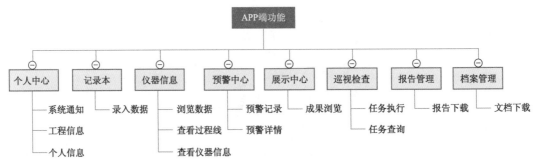

图 9.5.7　APP 端功能

9.5.6.5　效果图

Web、PC 端首页界面效果图见图 9.5.8；Web、PC 端工程管理界面效果图见图 9.5.9；APP 端界面效果图见图 9.5.10；过程线效果图见图 9.5.11；分布图效果图见图 9.5.12；温度场效果图见图 9.5.13；工程动画效果图见图 9.5.14。

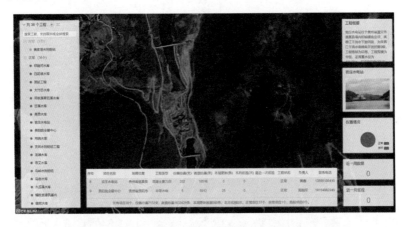

图 9.5.8　Web、PC 端首页界面效果图

图 9.5.9　Web、PC 端工程管理界面效果图

图 9.5.10　APP 端界面效果图

图 9.5.11　过程线效果图

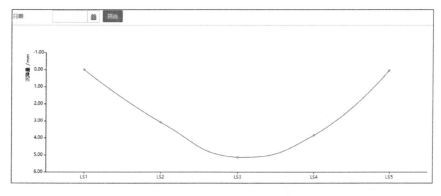

图 9.5.12　分布图效果图

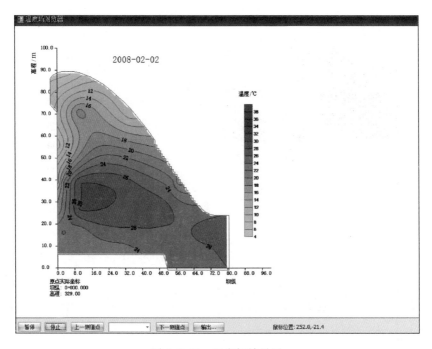

图 9.5.13　温度场效果图

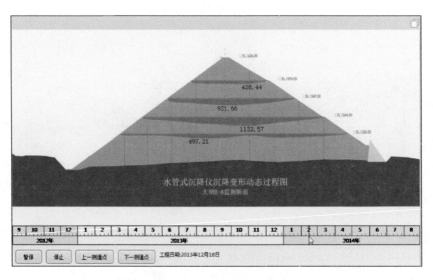

图 9.5.14　工程动画效果图

9.6　系统维护及考核

9.6.1　系统产品验收

安全监测自动化系统各项设备及软件的验收应分两步进行：

（1）出厂验收。各项设备和软件在出厂时进行验收（进口产品可在到达工程现场时进行）。

（2）现场验收。在现场安装调试后，交付运行前进行验收。

无论出厂验收和现场验收均应由业主单位、监理单位和实施单位（或生产厂商）组成的验收小组负责进行。

在试运行之前，由实施单位（或生产厂家）分期对运行人员进行技术培训。培训工作必须在运行之前完成，培训人员应经考核合格，取得上岗证书。培训后，进入试运行期，试运行对自动化系统的各种功能和性能进行全面测试，核对各种技术指标，对系统做出初步评价，并提出试运行报告。

9.6.2　系统运行维护

根据《大坝安全监测自动化技术规范》（DL/T 5211—2019）的系统运行维护要求：

（1）系统的监测频次：试运行期 1 次/天，常规监测不少于 1 次/周，非常时期可加密观测。

（2）所有原始实测数据必须全部输入数据库。

（3）监测数据至少每 3 个月作 1 次备份。

（4）宜每半年对自动化系统的部分或全部测点进行 1 次人工比测。

（5）运行单位应针对本工程特点制定监测自动化系统运行管理规程。

（6）每 3 个月对主要自动化监测设施进行 1 次巡视检查，汛期应进行 1 次全面检查。

（7）每 1 个月校正 1 次系统时钟。

（8）系统应配置足够的备品备件。

9.6.3　系统考核

9.6.3.1　定性考核

（1）具有较好的长期稳定性。

（2）具有良好的防雷、防潮、防锈和防小动物侵入等性能。

（3）具有抗振、抗电磁干扰等性能。

（4）具有系统可扩展性。

（5）具有数据掉电保护性能。

（6）具有电源自动转换和蓄电池自动充电性能。

（7）硬件维护便捷。

（8）软件运行稳定。

（9）软件开发和用户界面规范。

（10）软件使用便捷。

（11）接入到数据采集装置上的数据线等接口应方便现场检修或更换。

（12）数据采集装置的机箱应有足够的空间，方便现场检查和维护。

（13）采集的数据能反映监测对象的变化规律，具有良好的连续性、周期性，无系统性偏移。

（14）与对应时间的人工读数比较，变化规律基本一致，变幅相近。

9.6.3.2 定量考核

（1）有效数据缺失率不大于 3‰。数据缺失率是指在考核期内未能测得的有效数据个数与应测得的数据个数之比。错误测值或超过一定误差范围的测值均属无效数据。对于因监测仪器损坏且无法修复或更换而造成的数据缺失，以及系统受到不可抗力及非系统本身原因造成的数据缺失，不计入应测数据个数。统计时计数时段长度可根据大坝实际监测需要取 1 天、2 天或 1 周，最长不得超过 1 周。

$$FR = \frac{NF_i}{NM_i} \times 100\% \qquad (9.6.1)$$

式中：NF_i 为缺失数据个数；NM_i 为应测得的数据个数。

（2）采集装置年平均无故障工作时间 $MTBF$ 不小于 6300h。故障是指采集装置不能正常工作，造成所控制的单个或多个测点测值异常或停测。

$$MTBF = \frac{\sum\limits_{i=1}^{n} \dfrac{t_i}{r_i}}{n} \qquad (9.6.2)$$

式中：t_i 为考核期内，第 i 个测点或采集单元的正常工作时数；r_i 为考核期内，第 i 个测点或采集单元出现的故障次数，当第 i 个测点或采集单元在考核期内未发生故障时，取 $r_i = 1$；n 为系统内测点或采集单元总数。

（3）采集装置平均维修时间 $MTTR$ 不大于 2h。

可靠性系指产品（设备）在规定条件下和规定时间内，完成规定功能的能力。对监测自动化系统的可靠性考核还有一个"平均维修时间（$MTTR$）"考核指标。

平均维修时间（Mean Time to Repair，$MTTR$），定义为产品修复时间的平均值，即修复时间的数学期望值。对监测自动化系统，平均维修时间 $MTTR$ 是指采集装置由故障状态转为工作状态时修理时间的平均值。

$$MTTR = \frac{\sum\limits_{i=1}^{n} t_i}{n} \qquad (9.6.3)$$

式中：t_i 为考核期内，第 i 次修复时间；n 为修复次数。

（4）比测指标。自动化系统采集数据与同时同条件人工测读数据差值 δ 保持基本稳定，无趋势性变化，两者差值 δ 应不大于两倍均方差。

设某一时刻的自动化测值为 x_{zi}，人工测值为 x_{ri}，则两者差值为

$$\delta = |x_{zi} - x_{ri}|$$

两者差值的方差 σ 为

$$\sigma = \sqrt{(\sigma_z^2 + \sigma_r^2)} \qquad (9.6.4)$$

$$\delta \leqslant 2\sigma \qquad (9.6.5)$$

式中：σ_z 为自动化测量精度；σ_r 为人工测量精度。

（5）短期测值稳定性。自动化系统短期测值稳定性考核主要通过短时间内的重复性测试，根据重复测量结果的中误差来评价。

根据大坝的结构和运行特点，假定在较短时间内库水位、气温、水温等环境量基本不变，则相关监测值也应基本不变。通过自动化系统在短时间内连续测读 n 次（如 $n=15$ 次），读数分别为 x_1，x_2，$\cdots$，x_n，由 n 次读数计算其中误差，根据中误差评价读数精度及测值稳定性。n 次实测数据算术平均值为

$$\overline{x} = \frac{\sum_{i=1}^{n} x_i}{n} \tag{9.6.6}$$

对短时间内重复测试的数据，用贝塞尔公式计算出短期重复测试中误差 σ_m，作为采集装置的测读精度，评价是否达到厂家的标称技术指标。

$$\sigma_m = \sqrt{\frac{\sum_{i=1}^{n} (x_i - \overline{x})^2}{n-1}} \tag{9.6.7}$$

9.7 工程实例

9.7.1 枕头坝一级水电站安全监测自动化系统

9.7.1.1 工程概况

枕头坝一级水电站位于大渡河中下游河段四川省乐山市金口河区，为大渡河干流水电梯级规划的第十九个梯级。电站采用堤坝式开发，正常蓄水位为 624m，最大坝高为 86.5m，电站装机容量为 720MW，多年平均发电量为 32.90 亿 kW·h，正常蓄水位以下库容为 0.435 亿 m³，水库总库容为 0.469 亿 m³。开发任务为发电，兼顾下游用水。

工程枢纽建筑物由挡水建筑物、泄水建筑物、引水建筑物、发电厂房建筑物及鱼道组成。工程属二等大（2）型工程，挡水建筑物、泄水建筑物、引水发电建筑物等主要建筑物为 2 级建筑物，相应水工建筑物结构安全级别为 Ⅱ 级；次要建筑物为 3 级建筑物，相应水工建筑物结构安全级别为 Ⅱ 级。挡水建筑物、泄水建筑物及引水发电建筑物、河床式厂房等均按 100 年一遇（$P=1\%$）洪水设计、1000 年一遇（$P=0.1\%$）洪水校核；下游消能防冲建筑物的设计防洪标准为 50 年一遇（$P=2\%$）。

根据《水工建筑物抗震设计规范》（DL 5073—2000），枕头坝一级水电站工程抗震设防类别为乙类，设计烈度采用基准期 50 年超越概率 10%，基岩水平峰值加速度采用 106cm/s²，设计烈度为 7 度。

9.7.1.2 监测设施布置

电站枢纽主要建筑物由大坝（包括左右岸非溢流坝段、河床厂房坝段、泄洪闸坝段和消力池等部位）及枢纽区建筑物相关边坡等组成。监测设计结合工程的等级、规模、地形地质条件和建筑物特点，布置了相应监测仪器设备，覆盖了枢纽区的主要水工建筑物及基础和工程近坝边坡（含堆积体）。主要监测项目和内容如下：

（1）变形监测，包括表面变形监测、深部变形监测。

（2）应力应变及温度监测，包括支护结构应力、结构应力应变、混凝土温度监测。

（3）渗流渗压监测，包括坝基及坝体渗透压力监测、绕坝渗流监测及边坡地下水位监测、坝体坝基渗流量监测。

（4）强震监测，包括地震反应、抗震措施监测等。

（5）环境量监测，包括上下游水位、气温、降水量及库水温监测等。

（6）水力学原型监测，包括水流态、水面线、动水压力、流量、流速、振动监测等。

（7）巡视检查，包括日常巡视检查、年度巡视检查、特别巡视检查等。

（8）安全监测自动化系统。

总计布置监测仪器 565（支）套，共计 649 个测点。

9.7.1.3　系统设计及结构

枕头坝一级水电站接入自动化系统的枢纽建筑物监测共有仪器 204 套（234 个测点），坝区边坡部分仪器 110 套（242 个测点），共计仪器 314 套（476 个测点）。

自动化系统测点选择：闸坝重点考虑变形、应力应变和渗流监测项目；左坝肩及下游 1 号堆积体边坡、右岸导流明渠边坡以深部变形及应力应变监测项目为主。

大坝及引水发电坝体坝基变形测点、缝面变形测点、应力应变测点、渗流渗压测点、地震监测系统、真空激光准直系统和自动气象站系统均纳入自动化系统中。包含钢板计、钢筋计、渗压计、静力水准仪、测缝计、裂缝计、堰流计、基岩变位计和垂线坐标仪等仪器。

左坝肩及下游 1 号堆积体边坡应力应变测点、变形测点、渗流渗压测点均纳入自动化系统中。包含锚索应力计、多点位移计、土压力计、钢筋计和渗压计等仪器。

右岸导流明渠边坡应力应变测点、变形测点均纳入自动化系统中。包含锚索应力计、多点位移计等仪器。

工程监测自动化系统采用分布式、多级连接的网络结构形式，其安全监测自动化系统按 3 级设置，即现场监测站、监测管理站和监测中心站。共设置现场监测站 3 个，其中在高程 601.00m 廊道内设 A 测站，左、右岸灌浆平洞内各设 B 测站、C 测站，右岸下游强震自由点观测房设 D 测站。监测管理站布置于副厂房 5 楼库坝中心办公室内，监测中心站设置在业主永久营地。

系统测站内部数据采集箱之间采用 RS485 通信，测站之间采用光缆通信，现场测站通过光缆将信号传至监测管理站后通过串口服务器转换成 TCP/IP 通信连接到采集计算机，监测管理站和监测中心站通过已有综合数据网进行通信。枕头坝一级水电站监测自动化系统网络结构形式见图 9.7.1。

其中，外观变形监测自动化系统采用 GNSS＋测量机器人双系统进行监测，两种测量方式相互校对，互为补充。坝顶 GNSS 设备与边坡 GNSS 设备采用不同型号参数的设备，既满足监测精度需要又节省投资。

9.7.1.4　小结

安全监测自动化系统是对安全监测系统的一次系统性提升，结合在工程安全监测自动化设计及实施过程中遇到的问题及解决方案，简要总结以下几个方面：

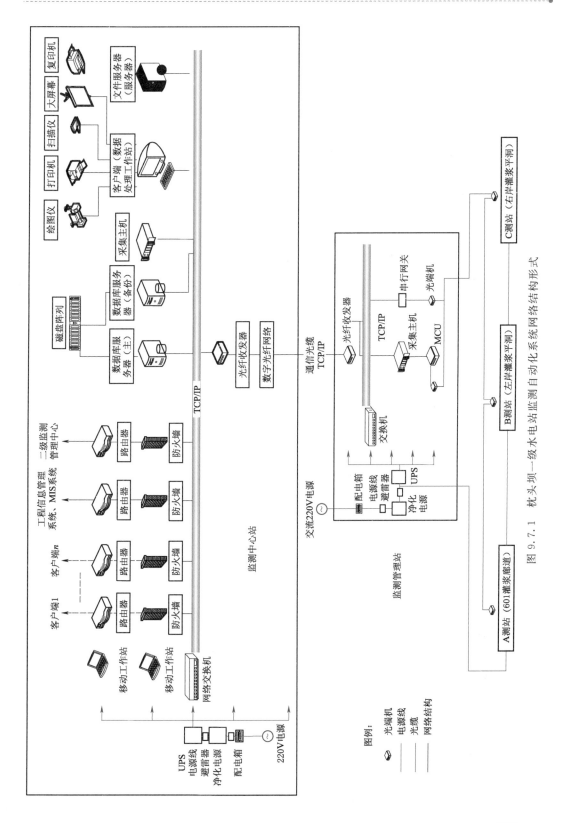

图 9.7.1 枕头坝一级水电站监测自动化系统网络结构形式

（1）系统兼容性问题。监测自动化系统不仅要在工程层面兼容、协调（如外观变形监测系统的接入，以及强震系统、环境量监测系统、真空激光准直系统的接入等），还应考虑与所在流域中心及国家能源部门大坝安全监察中心的接口问题，力争一次到位，避免后期频繁改造升级。

（2）监测系统鉴定的重要性。在监测仪器接入自动化系统前，对整个监测系统进行鉴定和评价尤为重要。系统鉴定是整个监测系统现状的摸排，可筛分出运行不稳定的部分仪器设备，在接入前进行可能的改造或更换，保证接入自动化系统的仪器设备质量，提升自动化系统数据的可靠性。

（3）自动化系统设计、实施的时效性。以往的安全监测自动化设计及实施，大部分是在主体安全监测工程施工接近尾声时开始进行，此时，整个监测工程已基本成型，部分仪器在主体监测工程设计时可能会忽略后期自动化的需要，增加后期自动化改造的难度，安全监测工程的整体投资也随之增加。因此，建议监测自动化系统与主体安全监测工程同步设计、同步施工。

（4）与工程智能化、智慧化的契合。目前大中型水利水电工程都在提倡并实施智能化、智慧化，安全监测自动化系统作为其中一个子系统，应进一步加强自身的一体化、智能化，更好地契合整个工程的智能化和智慧化。

9.7.2　梨园水电站安全监测虚拟现实系统

9.7.2.1　项目概况

为提升梨园水电站安全监测技术含量，加快安全监测数据分析整理工作，为大坝稳定及工程安全性评价提供直观依据，并为蓄水安全鉴定、竣工验收以及运行期提供应用系统，中国电建贵阳院依托梨园水电站安全监测工作，结合测绘、地质、水工等相关设计成果，利用最新的计算机软件开发技术以及虚拟现实技术，完成了具有综合应用价值的"梨园水电站安全监测虚拟现实系统"，该系统主要提供给建设方和安全监测实施单位日常管理工作应用，也可跨越设计、施工、运营各阶段使用。系统基于最新计算机技术开发，具有良好的可扩展性和系统兼容性。

9.7.2.2　系统设计及实施方案

1. 三维仿真设计

（1）仿真需求。使用三维虚拟现实技术，能够更加直观、便捷、灵活反映整个工程面貌，以及监测设备布置情况、监测数据图形、图表及动态变化过程。

（2）场景建模。收集梨园水电站工程相应图纸，依据设计图在三维制作软件中建立与工程实际完工后准确的三维模型，其中包括：①地形地貌外观的建模，依据测量地形图中带高程属性的等高线，导入 3DMax 软件中生成原始地形面，并控制面片数，材质贴图，拆分和拼接；②坝体建模；③引水边坡建模；④厂房发电系统建模；⑤道路桥梁建模；⑥河流建模。

（3）场景中的仪器布设。根据监测布置图纸中监测设备的坐标信息，将设备布置到三维场景中，由于监测设备结构复杂，若 1∶1 建模，会使整个场景变得杂乱，不易操作，计算机性能开销也大；且在实际工程安全监测工作中，也只需明确监测设备位置即可，因此在三维场景中显示监测设备形状结构无实际意义，使用热点模型代替监测设备。

根据监测设备坐标信息在三维场景中建立热点模型，且热点模型名称对应监测设备设计编号，用于用户在场景选择监测设备时获取设备信息。

通过捕获用户点击或框选热点模型事件，提取已选择监测设备设计编号集合，通过设计编号从数据库读取监测设备详细信息，通过列表显示。信息列表中通过下拉列表方式提供监测设备参数、监测数据、数据过程线显示切换选项，以及预警值设置、数据回归分析。

（4）场景浏览。

1）通过 VRP 三维仿真平台提供的场景操作接口，在三维仿真界面中布设旋转、缩放、平移、框选切换按钮，方便用户在场景中操作。

2）场景范围较大，在场景中浏览特定工程部位，需要通过多次平移、旋转、缩放才能到达，操作效率低，通过为各工程部位配置相机，利用相机视口切换实现工程部位快速定位。在三维仿真界面中为各工程部位布设切换按钮，切换按钮名称为工程部位名称。

2. 大坝沉降设计

（1）总体设计方案。场景由三维模型组成，三维模型由三角形面组成（即组成一个体），面由三个顶点组成；顶点坐标位置发生变化会使面的方向、位置发生改变，面方向、位置发生改变会使体发生变化。因此场景中通过改变顶点位置以实现大坝沉降。

将监测设备布置的剖面在大坝三维模型中用一个平面模型表示，模型中的顶点坐标对应监测设备布置的坐标，顶点位置变化表示监测设备位置变化，通过监测设备测值驱动顶点位置变化，剖面上所有监测设备相同观测时间的一次测值（即一个测次）同时驱动对应顶点的位置变化，形成该剖面一次整体变形，将所有测次在时间序列上以特定时间间隔连续驱动顶点变化，即可实现三维变形动画。

（2）大坝沉降模型制作。大坝沉降监测由水管式沉降仪和电磁沉降环组成，分别布置在 A-A、B-B、C-C 三个纵剖面和一个横剖面上。因此大坝沉降模型由坝体模型、三个纵向平面模型和一个横向平面模型组成即可。为了在场景中能清晰表现坝体内部各监测剖面的沉降变形情况，省略坝体内部结构，仅对坝体表面建模，形成一个坝壳，纵向平面模型和横向平面模型置于坝壳模型内部，并将坝壳模型设置为半透明，以便于观察坝体内部沉降变形。

（3）监测布置图设计。模块建立在矢量图形组件和大量测值数据的基础上，提供给用户一个实时根据数据库内容变化制作动画演示的功能。采用可视化设计的方式，设计器和浏览器使用同一套方式实现。

（4）工程动画设计。模块建立在矢量图形组件和大量测值数据的基础上，提供给用户一个实时根据数据库内容变化制作动画演示的功能。

采用可视化设计的方式，设计器和浏览器使用同一套方式实现。

9.7.2.3 主要技术成果

1. 工程场景三维仿真

将三维虚拟现实技术应用到工程安全监测领域，使得更加直观、便捷地展现工程全貌及监测布置，提供平移、缩放、旋转场景，通过在场景中点击或框选监测设备，可查看其布置信息、设备参数、监测数据、数据变化过程线。三维仿真软件界面见图 9.7.2。

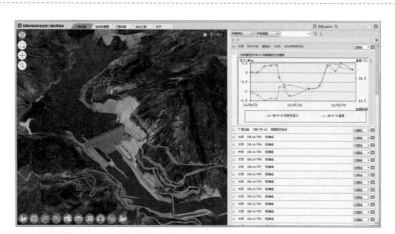

图 9.7.2　三维仿真软件界面

查看监测设备数据及变化过程线，见图 9.7.3。

图 9.7.3　监测设备数据及变化过程线图

通过监测实测数据驱动坝体变形，形成大坝沉降动画，直观反映大坝动态沉降情况，见图 9.7.4。

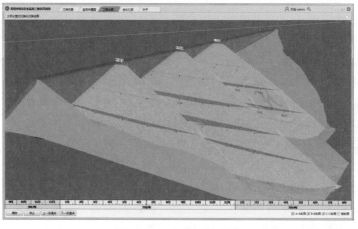

图 9.7.4　大坝沉降动画

通过时间轴可查看任意时间点的大坝沉降变化情况，可通过平移、旋转、绽放，从任意角度观察大坝沉降，见图 9.7.5。

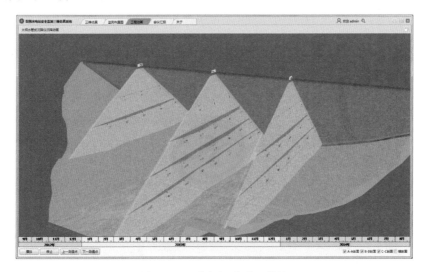

图 9.7.5　大坝沉降动画旋转

2. 监测信息管理

包含 2074 个监测仪器，可按工程部位、仪器类型、设计编号进行搜索。提供设备参数、监测数据显示及编辑。显示监测数据时会将超限数据进行标识。

3. 监测资料整编分析

通过统计模型回归分析，以及各类仪器图形对比分析，初步给出整编分析结果。

4. 分级预警设置

依托工程设计单位提出的监控指标体系，将实测数据进行比对，分级进行预警设置。

5. 会议汇报制作模块

为各关键阶段的监测汇报，提供快速整编分析结论及汇报制作功能，包含监测数据过程线图、测值动态变化过程动画、极值统计表。

9.7.2.4　小结

梨园水电站安全监测虚拟现实系统应用三维设计手段和虚拟现实技术，形成直观可视化监测成果展示和管理系统，较好地解决了水电工程监测工作中所遇到的各类问题：

（1）系统提供了三维可视化整合方案，并将监测设备以测点方式植入，各测点可灵活编辑，与数据库中相关数据有效联动，形成了仿真场景中监测数据分析和管理功能，可大大加速安全性评价所需的时间周期，解决了工程技术人员需频繁和大量查阅图纸、报告、监测数据、过程曲线等繁琐的工作。

（2）通过自主研发的矢量化图形控件，从点、线、面、体四个层面，动态展现了监测数据历时变化过程，并在系统中可实现同类仪器、不同部位，以及不同种类、同一部位等测值的规律性比较，为快速评价工程部位安全性态提供了便捷工具。

（3）本套技术可快速移植到其他水电工程以及工民建、桥梁、市政、道路等领域，并可拓宽到流域管理或工程群集管理方面，具有较高的实用价值。

（4）系统融合了水电工程安全监测、计算机软件开发、三维设计、虚拟现实等多个专业或技术门类，是其深度交互的综合应用性成果。该项目的基本开发思路可作为企业信息化建设过程中一个典型的成功案例，其基本结构为其他应用性项目的开发提供了一套可行的技术路线。

（5）模型和数据来源于工程实际，贴合设计文件，考虑建造过程中的设计修改和调整，具有很强的针对性。

（6）直观便捷的监测专业成果展示及灵活的操作功能，大幅提升了监测资料和数据的可读性，准确、新颖的表达方式为传统会议增添了活力，系统的建成既是设计院传统设计产业价值链的延伸，也是建设单位信息化建设工作的有效成果，其成果意义除了虚拟展示、展现外，更多体现在工程各阶段相关单位的实用价值上。

（7）本项目成果是工程数字化仿真应用的又一成功案例，是虚拟现实、软件开发技术与传统行业深度融合的产品，实现了监测工程数字化资产管理、数字化移交。在设计施工一体化、移动互联技术、工程全生命周期管理等方面也做出了有益的探索。

（8）虚拟现实技术的 3I 特性、高度交互性以及良好的用户体验，是传统工程建设行业可以借鉴的新兴技术，不单在监测专业、电站建设期间应用，而是具有更广阔的应用空间，任何需要直观便捷、可视化、交互管理的相应工作均可应用该技术手段得以很好地实现。

第 10 章
新仪器、新技术的应用

进入 21 世纪以来，一批大、中型水利水电工程相继开工建设，这些工程面临的地质环境条件越来越复杂，建设难度和风险越来越高，工程安全的新问题、新任务和新要求也随之而来。一些常规监测技术和仪器已很难满足要求，伴随着科技发展和工程技术的进步，新的监测技术和仪器被不断研发和尝试应用，如阵列式位移计、声发射、光纤监测、地基 SAR 等。这些新仪器、新技术的出现，为顺利开展监测工作提供了可靠的技术支撑，极大地减少的安全监测人员的工作强度，推动了安全监测施工、实施和最终分析的科学、高效发展。

10.1 光纤传感监测技术

10.1.1 发展历程

光纤（Optical Fiber）是光导纤维的简称，20 世纪后半叶，光纤及光纤通信技术的发展是信息革命的重要标志之一。光纤作为光波的传输媒介，在通信领域中主要用于信息交换。但光纤本身属于一种物理媒介，许多因素都可以改变它的几何参数（如尺寸、形状）和光学参数（如折射率、模式）。与力求减少外部影响的光通信应用不同，光纤传感反而是故意增强和测量这些外部因素对光纤的影响。

光纤传感器是通过发送光纤脉冲将信息从一个地方传送到另一个地方的方法。光形成电磁载波，被调制以携带信息。当需要高带宽、长距离或抗电磁干扰的信号传输环境时，光纤要优于电缆。许多电信公司使用光纤传输电话信号、互联网通信和有线电视信号。

1976 年，Vali 和 Shorthill 首次报道并通过实验验证了光纤陀螺原理，他们使用多匝光纤环路来增强转动探测的灵敏度。经过三十多年的发展，光纤陀螺在研究方面取得了较大进展，一些中低精度的光纤陀螺也已经实现了产业化，并在需要高惯性导航系统的飞机、舰船、导弹等多个领域内应用。

1978 年，加拿大渥太华通信研究中心的 Hill 等在实验室进行光纤非线性效应研究时，采用驻波法刻写出了世界上第一根光纤光栅——光纤布拉格光栅。光纤光栅传感技术具有噪声低、调制信号稳定、测量准确性高以及抗干扰能力强等自身特有的优点。

2012 年，分布式光纤传感技术得到高速发展，基于布里渊散射的光纤分布式传感技术，将连续的探测光和脉冲的泵浦光分别从光纤的两端注入，两束光的频差等于布里渊频移，当受到温度影响时，布里渊频移将发生改变，通过测量光强变化可获取温度值。此技术测量精度高，能进行长距离测量，受到广泛关注与研究。

光纤传感器和传统传感器相比具有很多特点，即灵敏度高、结构简单、体积小、耐腐蚀、电绝缘性好、光路可弯曲等。它一面市就受到重视，随着光纤传感技术的不断成熟，光纤传感器的种类也不断增加，因此，光纤传感技术逐渐在大坝监测领域掀起新的技术革命并得到广泛应用。

10.1.2　工作原理

1. 光纤传光原理

根据几何光学理论，当光线以某一较小的入射角 θ_1，由折射率较大的光密物质射向折射率较小的光疏物质时，根据光的折射定律，一部分入射光以折射角 θ_2 折射入光疏物质，其余部分以 θ_1 角度反射回光密物质。利用光的全反射原理，只要使射入光纤端面的光线与光轴的夹角小于一定值，使得光纤中的光线发生全反射时，则光线射不出光纤的纤芯（纤芯折射率大于包层折射率）。

光线在纤芯和包层的界面上不断地发生全反射，经过若干次的全反射，光就能从光纤的一端以光速传播到另一端，这就是光纤导光的基本原理。

2. 光纤传感器的原理

光纤传感器用于将被测量的信息转变为可测的光信号，其基本结构由光源、敏感元件、光纤和光检测器及信号处理系统组成。光纤传感器具有信息调制和解调功能。被测量对光纤传感器中光波参量进行调制的部位称为调制区，光检测器及信号处理部分称为解调区。当光源所发出的光耦合进光纤，经光纤进入调制区后，在调制区内受被测量影响，其光学性质发生改变（如光的强度、频率、波长、相位、偏振态等发生改变），成为被调制的信号光。经过光纤传输到光检测器，光检测器接收进来的光信号并进行光电转换，输出电信号。最后，信号处理系统对电信号进行处理得出被测量的相关参数，也就是解调。光纤传感器原理如图 10.1.1 所示。

图 10.1.1　光纤传感器原理图

10.1.3　光纤传感器的分类

1. 按光纤在传感器中的作用分类

根据光纤在传感器中的作用，光纤传感器可以分为功能型光纤传感器、传光型光纤传感器和拾光型光纤传感器。

（1）功能型光纤传感器。功能型光纤传感器亦称作全光纤型光纤传感器，光源耦合的发射光纤和光探测器耦合的接收光纤是一根连续光纤，具有"传"和"感"两种功能，被测参量通过直接改变光纤的某些传输特征变量对光波实施调制。此类传感器结构紧凑、灵敏度高，但是需要用到特殊的光纤及先进的传感技术，比如光纤陀螺仪、光纤水听器等。

（2）传光型光纤传感器。传光型光纤传感器的光纤仅仅起到传导光波的作用，其调制区在光纤之外，发射光纤与接收光纤不具有连续性，其原理为光照射在外加的调制装置（敏感元件）上受被测量调制。这类传感器的优点是结构简单、成本低、容易实现，但灵敏度要低于功能型光纤传感器。目前已商用化的光纤传感器大多属于传光型光纤传感器。

（3）拾光型光纤传感器。拾光型光纤传感器利用光纤作为探头，接收由被测对象辐射的光或者被其反射、散射的光并传输到光检测器，经过信号处理得出被测参量。光纤激光多普勒测速仪就是典型的拾光型光纤传感器。早在 19 世纪 80 年代，光纤激光多普勒测速仪就被应用在动物的脉动血流速度的实时测量上。后来，Tajikawa 等研制了一种新型的光纤激光多普勒测速传感器。它所能够测量的流体的浊度比以往所测流体都要高至少 5倍，实现了不透明流体局部速度的测量。此外，多普勒测速仪还被应用于列车的速度测量等。反射式光纤温度传感器亦是拾光型光纤传感器的代表之一。夏娟等以氧化锌（ZnO）薄膜为敏感材料制作的反射式光纤温度传感器在室温至 500℃ 范围内的温度曲线线性拟合度在 99.3% 以上，其理论测温范围为 10~1000K。

2. **按光波调制方式分类**

根据被外界信号调制的光波物理特征参量的变化情况，光纤传感器可分为强度调制型光纤传感器、相位调制型光纤传感器、频率调制型光纤传感器、波长调制型光纤传感器以及偏振态调制型光纤传感器等 5 种。

（1）强度调制型光纤传感器。强度调制是光纤传感中相对简单且使用广泛的调制方法，其基本原理为：被测量对光纤中传输光进行调制使光强发生改变，然后通过检测光强的变化（即解调）实现对待测参量的测量。

强度调制型光纤传感器大多基于反射式强度调制。这类传感器结构简单、成本低、容易实现，但容易受光源强度波动的影响。强度调制型光纤传感器开发应用较早，近年来的研究也在不断突破创新。2017 年，Huang 等首次提出一种基于反射式 Lyot 滤波器的光纤扭转传感器。

（2）频率调制型光纤传感器。光频率调制是指被测量对光纤中传输光的频率进行调制，通过频率偏移来检测出被测参量。目前，频率调制型光纤传感器大多用于测量位移和速度。Jesse Zheng 曾报道了一种实用的反射式光纤位移传感器。该传感器基于频率调制原理，其在 $1000\mu m$ 测量范围内的精确度为 $0.02\mu m$。王天宇等对频率调制多普勒全场测速试验系统进行了改进，利用电荷耦合器件（Charge Coupled Device，CCD）相机进行信号采集。测试结果表明，所开发系统速度测量误差不超过 2m/s。

（3）波长调制型光纤传感器。被测量的信号通过选频、滤波等方式来改变传输光的波长，这类调制方式称为光波长调制。传统的光波长调制光纤传感器有基于游标效应的级联光纤 Fabry-Perot 干涉仪温度传感器。虽然该传感器的测温范围小（20~25℃），但其巨大的灵敏度使其能够满足某些特殊要求，如一些需要精确温度控制的科学仪器。光源和频谱分析器的性能极大影响了光纤波长探测技术。近年来迅速发展起来的光纤光栅传感器，则拓展了功能型光波长调制传感器的应用范围。

（4）相位调制型光纤传感器。相位调制型光纤传感器的基本原理是：在被测参量对敏感元件的作用下，敏感元件的折射率或者传播常数发生变化，导致传输光的相位发生改变，再用干涉仪检测这种相位变化得出被测参量。此类感器具有高灵敏度、快响应、动态测量范围大等优点，但是对光源和检测系统的精密度要求高。

比较典型的相位调制型光纤传感器有 Mach - Zehnder 干涉仪型、Sagnac 干涉仪型和 Michlson 干涉仪型等。基于 Mach - Zehnder 干涉的液体温度传感器在液体温度为 26～90℃时，传感器相应灵敏度为 42.6pm/℃，线性度为 0.994。

（5）偏振态调制型光纤传感器。偏振态调制光纤传感器不受光源强度影响、结构简单、灵敏度高。利用法拉第效应的电流传感器是其主要应用领域之一，杜召杰和王辉林曾利用法拉第效应设计了偏振调制型光纤智能电流传感器，实现了电流的数字化、智能化实时测量。此外，还有基于 Pockels 效应的电压传感器，可直接测量高电位电极与无电容分压器的接地电极之间的电场强度，在 8～12kV 电压范围内具有良好的线性关系。基于光弹效应的压力传感器能实现相对精确的压力测量，平均相对误差降低到 3.61%。Boufenar 等研究了一种基于高双折射率的光纤温度传感器，温度灵敏度系数可达 $7.51×10^{-6}$ 数量级，与其他基于双折射光子晶体光纤温度传感器相比，具有较高的灵敏度。Ayyanar 等报道了一种基于高双折射光子晶体光纤的静水压传感器，其灵敏度可以随着光纤长度的增大而提高，检测范围较宽。

3. 按目标分布情况分类

根据检测目标的分布情况，传感器可分为点式光纤传感器、准分布式光纤传感器和分布式光纤传感器。

（1）点式光纤传感器。点式光纤传感器只能对某一点上的物理量进行感应，光纤上仅连接一个尺寸极小的敏感元件，一般为传光型光纤传感器。这类传感器的优缺点明显，检测性能较高，却无法对待测物体进行多点分布检测。

（2）准分布式光纤传感器。准分布式光纤传感器可对目标同时进行多点检测，光纤上连接多个点式光纤传感器。典型的准分布式光纤传感器应用案例有光纤水听器列阵和光纤光栅阵列传感器。准分布式光纤传感器的优点是能够进行同时多点传感，是光纤传感的一个重要发展趋势。然而，目前的准分布式光纤传感器能够同时传感的点位数量是有限的。

（3）分布式光纤传感器。分布式光纤传感器整根光纤都属于敏感元件，光纤既是传感器，又是传输信号的介质，适用于检测结构的应变分布。例如应用于土木工程中的大型结构，可以快速、无损地测量结构的位移、内部或表面应力等重要参数。根据沿着光纤的光波参量分布，同时获取传感光纤区域内随时间和空间变化的待测量分布信息，可实现大范围、长距离、长时间的连续传感。目前主要的分布式光纤传感器类型主要有 Fabry - Perot 干涉型光纤传感器、光纤布拉格光栅传感器以及 Mach - Zehnder 干涉型光纤传感器等。工程应用中，分布式光纤传感技术可以连续不间断地动态监测目标物的受力变化情况，监测结果准确度高、抗干扰能力强。但是，该技术依旧存在一些问题，比如：分布式解调设备造价高昂，目前国内调节器多依靠进口；关于传感技术的相关理论的规范缺乏，没有一套合理且标准的评价体系为检测结果提供理论支撑。

10.1.4　技术特点

与传统的传感器不同，光纤优良的物理化学、机械以及传输性能，使光纤传感器具有一系列独特的优点。

（1）灵敏度高。由于光是一种波长极短的电磁波，通过光的相位便得到其光学长度。

（2）抗电磁干扰、电绝缘、耐腐蚀、本质安全。由于光纤传感器是利用光波传输信息，而光纤是电绝缘、耐腐蚀的传输媒质，同时安全可靠。

（3）测量速度快。光的传播速度快且能传送二维信息，因此可用于高速测量。

（4）信息容量大。被测信号以光波为载体，而光的频率极高，所容纳的频带很宽，且同一根光纤可以传输多路信号。

（5）适用于恶劣环境。光纤是一种电介质，耐高压、耐腐蚀、抗电磁干扰，可用于其他传感器无法适应的恶劣环境中。

此外，光纤传感器还具有质量轻、体积小、可弯曲、测量对象广泛、复用性好、成本低等特点。

10.1.5　应用前景

10.1.5.1　信号传输优势

通过几十年的努力，我国在监测技术和监控理论、监测仪器和自动化技术、监测管理和信息化技术等方面都有迅猛发展。就大坝安全监测仪器和自动化技术而言，随着传感器技术、计算机技术和微电子技术、通信技术日新月异的发展，我国大坝安全监测仪器和自动化水平有了量变到质变的飞跃，监测自动化技术也渐趋成熟。

长期以来，大坝安全监测仪器都是转化为电信号测量并通过电缆传输，这种模式应用在大坝安全监测中具有自身很难克服的某些致命弱点，如长期在高水压、恶劣环境中工作，造成绝缘下降，并导致仪器失效；传输距离长、信号衰减；抗电磁干扰能力较差，在雷击和强电磁干扰环境中很难正常工作，严重时会导致传感器失效。

从克服传统模式的缺陷看，在大坝安全监测领域采用光纤传感技术是非常理想的选择，因为它是以光波为载体、光纤为传媒，感知和传输外部被测物理量的新型传感技术，不受仪器和电缆绝缘影响，在电磁绝缘性能方面具有传统系统不可比拟的优势，且传输距离长，除此以外，光纤传感系统在高灵敏度、高速测量、高信息量、宜于分布式组网等方面均有明显优势，因此，光纤传感技术逐渐在大坝监测领域掀起新的技术革命并得到广泛应用。

如在引大济湟等长调水工程中，为了适应信号长距离传输需要，永久监测仪器选用了新型光纤光栅传感器。

且光纤光栅传感器具有可以串联或并联的特点，通过尾纤的串联或并联，可实现传感器的串联或并联。具有两端尾纤的传感器，如钢筋计、应变计、无应计、测缝计、锚杆应力计等通过尾纤连接进行串联；具有一端尾纤的传感器，如渗压计通过耦合器进行并联。串联或并联后的传感器，两端尾纤均可与主干传输光缆对应编号的光纤熔接接入采集设备，既可实现监测信号的冗余采集，又可满足工程监测需要，减少主干光缆光纤芯数和光纤光栅解调仪采集通道数。相比传统的监测仪器，每支仪器都需要电缆，经济性更好。

10.1.5.2　分布式监测

传统的安全监测仪器均是点监测，在实际工程中，通过将监测仪器埋设于具有代表性位置，监测点的位移、应变、温度等，通过若干点的监测成果评估水工建筑物工作性态。

因此，传统监测仪器局限性明显，而分布式光纤传感器，可以突破传统监测仪器的局限性，实现线、面的监测。

如在我国实施大坝混凝土温度监测开始，都是采用分散型点式的铜电阻式温度计，用专用水工电缆电信号输出进行观测，通过埋设若干温度计监测，再插值计算坝体内温度场，显然是有缺陷的，这样很难根据大坝混凝土实际的温度场进行施工进度和温度控制措施的实时调整。而分布式光纤测温技术集传感与传输于一体，可实现远距离测量与监控，它最大的优点是：①分布式光纤温度监测系统是采用高标准传输通信，用多模光纤作为温度传感器和信息传递的介质，这就减少了传感器的数量和连接电缆的数量，对混凝土施工干扰较小；②不仅可监测温度的变化，还可监测不同方向的温度分布；③用光纤作为温度传感器，可每 25cm 长度为一个温度感应单元，测量到的温度数据是不间断、多点的连续分布，能够反映实时的大坝混凝土温度场，可及时根据温度场指导大坝的混凝土施工；④光纤本身具有一定的抗拉、抗压的能力，利于混凝土的快速施工，同时即使在光纤发生断裂的情况下，监测机也会立即启动其预警装置，并从双端测量方式自动转换为单端测量方式，以确保其测量数据的连贯性。

另外，常规的边坡监测均是通过布置表面变形测点、多点位移计、锚杆应力计、锚索测力计等监测点的变形及应力，通过典型位置的变形、支护受力判断边坡安全性。而分布式光纤监测仪器时刻实现边坡的分布式、自动化、高精度、远程监测，如可以在边坡表面布设传感光纤，间隔一定距离将光纤（光缆）固定在边坡土体表面以下一定深度位置，或直接附着在岩体表面，使其跟岩土体的变形协调一致，并将通过各固定节点的传感光纤相互连接构成监测网，用以监测边坡表层岩土体的变形。锚杆是边坡锚固工程常见的结构形式，常规的锚杆受力监测是根据锚杆长度埋设一个或多个传感器，这种方法只能监测锚杆个别点的应力，无法监测到锚杆全长的轴向应力、锚杆与黏结材料之间的剪应力沿锚杆体分布规律，如果沿锚杆布设传感光纤，并将多根锚杆上铺设的传感光纤通过光缆串接在一起，这样，只需在一端测量就可以实现多根锚杆的同时监测，得到锚杆沿轴线方向任意一点上的应变信息，并由锚杆上各点的应变值计算出相应点的轴力及剪应力。

除了监测温度场、应力场、位移场外，分布式光纤还能用于渗流场监测。埋设于多孔介质中的加热光纤通过对本身温度的分布式测量，从而实现对多孔介质中渗流的监测，它的基本理论依据是：在渗流发生的位置，光纤和多孔介质之间热量的传递项多了与水之间的热传递和热对流项，从而导致与非渗流处的温差的出现，即水介质的出现导致光纤热量损失增加，流速越大，损失的热量愈多，渗流处的光纤温度就越低。于是，通过监测系统所测量的温度分布图，经过理论分析，从而实现对渗流的位置和流速的判断与计算，在水布垭水电站，为监视面板堆石坝周边缝的运行情况，沿周边缝布设了准分布式光纤光栅测温系统，沿大坝周边缝每 100m 为一段，构成一个测量单元，水布垭大坝周边渗漏监测范围 1200m 共划分成 10 个测量单元，在每单元内放置 50～80 个光纤光栅温度传感器，每个间距为 1.5～3m。

总之，分布式光纤可以用于监测温度场、应力场、位移场及渗流场等，解决传统监测仪器只能单点监测、测点少、成果不直观、造价高的局面，如俄罗斯萨扬·舒申斯克重力拱坝，内部仪器埋设达 2500 多支，竟未测出坝基长达 486m 的水平缝，直至该缝向坝内

延伸 20 余米引起廊道漏水时才被发觉。

10.1.5.3 光纤陀螺在大坝监测中的应用

光纤陀螺仪是一种基于光学 Sagnac 干涉效应的新型角速度测量装置,将光纤陀螺仪测量装置沿被测曲面运动,能连续记录其运动角速度,可测得该装置的运动轨迹。

高面板堆石坝中混凝土面板的挠度变形是大坝运行安全的重要特征值,到目前为止,还没有一种传统的测量装置能连续地记录其变形轨迹,通常采用固定式测斜仪、活动式测斜仪、单点测斜仪等,仅适用于小变形测量,若变形过大将导致探头无法通过测管而使测量失效,使用寿命有限,往往以点式监测为主,间隔距离较长,精度不高,个别仪器失效就会影响整体计算。因此,对于高混凝土面板堆石坝,常规观测仪器对面板挠度的监测显得无能为力。

近年来,随着科学技术的不断发展,光纤陀螺技术从军用走向民用,开始服务于大坝监测领域。蔡德所等于 2003 年与中国航天科技集团上海光纤中心合作,将光纤陀螺首次用于思安江水电站面板堆石坝挠度监测,取得了重大成果。光纤陀螺系统具有造价低、连续分布式监测、使用寿命长等优点,具有重要的工程应用价值,至今已成功应用于多个大型面板堆石坝工程,为大坝运行提供了可靠的数据资料。

光纤陀螺系统是一种连续性分布式变形观测技术,主要由光纤陀螺仪、加速度计、电路板、数据记录仪等器件组成,由特制小车为载体,依靠动力牵引系统在监测管道中运行,通过测量得到运行管道的变形值间接反映出面板挠度的变形值。

光纤陀螺仪分为干涉型和谐振型两种,目前投入实际应用的光纤陀螺均为干涉型。干涉型光纤陀螺是利用 Sagnac 效应在 Sagnac 干涉仪中实现高精度旋转测量的装置。Sagnac 效应指的是同一光路中沿两相反方向传输的光的传播光程差与其旋转角速度的关系,以 Sagnac 效应为基础的 Sagnac 干涉仪测量相位差来决定旋转角速度。通过增加辅助设施,如行走管道和牵引设备等,使光纤陀螺仪在面板挠曲平面或堆石体上以均匀速度运行,则对面板挠度或堆石体沉降的测量就可以转化为光纤陀螺仪在任一时刻的角速度的测量。

光纤陀螺仪测量混凝土面板堆石坝挠度的理论依据为:混凝土面板浇筑后在理想情况下为一斜平面,光纤陀螺从坝顶匀速运动至坝底,只有平动,无转动;由于水库蓄水产生巨大水压力加之面板堆石坝结构,混凝土面板沉降变形引起自身挠度变化,此时当光纤陀螺在管道内匀速运动时(转轴方向平行于管道而与运动方向垂直),面板挠度影响运动中的光纤陀螺,使其产生一转动分量,转动大小与陀螺匀速运动速度和挠度量成正比。基于此,光纤陀螺在管道中匀速运动的过程可记录面板的挠度变化,利用一定的数学模型即可计算出挠度值。

与传统的监测仪器相比,光纤陀螺仪具有诸多独特优势:

(1)灵敏度高,频响特性好,由于其自噪声很低,因此可检测到的最小信号比传统检测仪器要高 2~3 个数量级。

(2)动态范围大,既可以探测弱信号,也可以探测强信号。

(3)抗电磁干扰与信号串扰能力强,因其信号传感与传输均以光为载体,几百兆赫以下的电磁干扰影响非常小,各通道信号串扰也很小。

(4)采用频分、波分及时分等技术进行多路复用,光纤传输损耗小,适于远距离传输。

(5)信号传感与传输一体化,光纤水密性要求低,且耐高温、抗腐蚀、不怕撞击,系统可靠性高。

（6）该系统的探测缆及传输缆皆为光缆，没有旋转部件和摩擦部件，重量轻、体积小，系统容易收放，工程应用条件低。

光纤陀螺作为一种新的监测技术不仅克服了传统监测仪器寿命短、施工干扰大以及点式测量的缺点，解决了传统测斜仪监测高坝面板挠度变形精度较低的问题，同时能够不断改造升级监测设备，从算法和硬件等方面提高测量的精度。经过多年的研发，光纤陀螺技术在原基础上有了大量的改进，主要表现在：

1）光纤陀螺仪。随着光纤传感技术进步，陀螺仪本身的性能更为良好。在此基础上，研制了一种适用于大坝变形监测的低动态、高精度、小体积的光纤陀螺。

2）测量管道。对原系统普通钢管采取内外热镀锌防锈措施，延长使用寿命；优化波纹管接头结构及内部涂层料及连接技术，提高测量管道整体柔韧性，同时使小车载体更加平滑地运动，管道的变形更加贴近实际坝体变形。

3）牵引装置。载体小车通过卷扬机牵引制动，卷扬机转速一定，但钢丝绳盘起的直径会不断增大，线速度会有所变化。为消除该误差，牵引装置增加了加速度计，与陀螺仪同步配套使用，结合加速度测值进行修正计算。

4）计算方法。通过小波分析对光纤陀螺进行滤波降噪，抑制陀螺振动及漂移误差，取载体的最优测量值，提高了计算精度。

光纤陀螺监测系统由于其属于分布式监测以及测量精度高等优点在高面板堆石坝如水布垭面板堆石坝（233m）、猴子岩面板堆石坝（223.5m）和江坪河面板堆石坝（219m）中均有成功应用，为大坝在建设期和运行期的安全性评估提供了可靠的监测资料。水布垭水利枢纽工程中光纤陀螺系统的成功应用，验证了光纤陀螺系统监测信息量大，能够真实反映监测断面的变化过程。从监测成果来看，监测结果比较稳定，设备的长期性和稳定性较好，监测资料比较连续。光纤陀螺监测系统在水布垭水利枢纽工程的成功应用，不但解决了高面板堆石坝面板挠度监测的难题，而且对高面板堆石坝沉降和挠度的监测仪器的改进和革新提出了新的研究方向。

工程应用表明，用光纤陀螺系统监测面板堆石坝变形能够较好地反映面板堆石坝的真实运行情况，为大坝的安全评价提供可靠依据。随着光纤陀螺技术的发展、陀螺管道材料的改进，光纤陀螺技术用于面板挠度监测将得到进一步发展。

10.2　阵列式位移计监测技术

10.2.1　发展历程

阵列式位移计（Shape Acceleration Array，SAA）又称柔性测斜仪，是基于 MEMS 加速度计开发而来的一种新型准分布式变形监测系统，与传统的变形监测传感器相比，它采用二轴或三轴 MEMS 加速度传感器，可以获得被测目标的准连续变形信息。该技术具有自动实时采集、集成度高、大量程、高精度、高灵敏性、高稳定性和高 3D 空间分辨率等特点，自问世以来，因其方便、经济、安全、数字化等诸多优点受到许多研究人员的青睐，被广泛应用在边坡滑动、隧道变形、路基沉降、桥梁挠度、大坝位移等结构物的变形监测中。SAA技术十几年前便在国外水电站大坝变形监测、结构变形监测、隧道掘进过程变形监测、振动台试验等得到了应用。2004年，Abdoun等在加利福尼亚州与加州交通局合作，将SAA系统（传感器埋深达100m）用于某桥台边坡的变形和加速度数据测量中，并对比了传统监测仪器的测试结果；2006年，Abdoun等在日本国立防灾科学技术研究所振动台上运用SAA获得了良好的加速度和位移测试效果；2011年，Birch等为防止边坡失稳，在大型边坡工程中安装SAA，监测边坡倾角和位移变形；Rollins等通过对比分析阵列式位移计加速度传感器和传统的测斜装置的测试结果，验证了阵列式位移计监测设备的优势。

近几年国内将该技术逐步被应用到铁路、公路、大坝、边坡、基坑等结构的变形监测中，如毛家河水电站厂房后堆积体、大华桥水电站的沧江桥滑坡体、两河口大坝、双江口地下厂房等。大华桥水电站的沧江桥滑坡体阵列式位移计成功应用，证明了阵列式位移计监测数据稳定性较好，设备适应环境及大变形的能力较强，验证了阵列式位移计在滑坡体深部变形监测中的应用价值。两河口水电站大坝的应用情况结果表明仪器监测成果连续可靠，较好地反映了砾石土心墙坝沿坝轴线沉降分布及变化规律，印证了高砾石土心墙坝采用接触黏土或者高塑性黏土来协调大坝心墙变形的作用，填补了国内高土石坝心墙沿坝轴线沉降分布及变化规律的盲区，对类似工程具有很好的借鉴意义。阵列式位移计SAA应用实例详见表10.2.1。

表 10.2.1 阵列式位移计 SAA 应用实例

序号	国家	工 程 名 称	监 测 内 容
1	加拿大	新不伦瑞克大坝	混凝土开裂引起的结构变形
2	秘鲁	安塔米纳大坝	大坝内部变形
3	美国	田纳西州奇克莫加大坝	混凝土结构变形
4	荷兰	科恩隧道	隧道掘进过程变形
5	德国	莱茵河大坝	涡轮机井施工
6	瑞士	瓜亚塔卡大坝	水电大坝变形
7	日本	振动台试验	加速度、位移测试
8	美国	加利福尼亚州的高速公路沿线边坡	深层水平位移
9	中国	威红铁路鲁木山隧道进口路堑边坡	深层水平位移
10	中国	云南蛮金公路边坡滑坡	深层水平位移
11	中国	哈尔滨—大连高速铁路路基冻胀变形监测铁路	路基冻融变形
12	中国	国贸三期基坑	围护结构变形
13	中国	海床沉积位移随暴风变化研究	海床沉积变形
14	中国	大华桥水电站的沧江桥滑坡体	深层水平位移
15	中国	毛家河水电站厂房后堆积体	堆积体内部变形
16	中国	两河口水电站大坝	心墙沉降
17	中国	双江口 28.3m 大跨度地下厂房	洞室收敛
18	中国	乌东德水电站旱谷田危岩体	深层水平位移

10.2.2　工作原理

柔性测斜仪（SAA）是一种可以被放置在一个钻孔或嵌入结构内的变形监测传感器。它由三段连续轴、微电子机械系统（MEMS）加速度计组成。每段轴有一个已知的长度。通过检测各部分的重力场，各段轴之间的弯曲角度便可以计算出来。利用计算得到的弯曲角度和已知各段轴长度，SAA 的变形便可以完全确定出来。当垂直安装时，SAA 可以用来确定三维变形；水平安装时，SAA 可以用来确定二维变形。当 SAA 安装与顶点角度达到 60°时，便可以确定三维变形。

SAA 传感器为微机电加速度式（EMES），每段转角测量标称精度为±0.5°‰，按每段长度 30cm 和 50cm 计，则每段变形测量精度分别为 0.0262mm、0.0436mm；全长变形精度为±1.5mm/32m；防水等级为 100m，使用温度为 0～70℃；动态取样速率为 70～100Hz。

SAA 通常安装在聚氯乙烯管道中，然后将管道放在孔内并进行灌浆，任何变形都能够通过测量 SAA 的形状变化准确得到。SAA 可以重复使用，传感器精度可以达到毫米级，关节能够弯曲 90°，故能承受较大的变形。同时，可以将测量数据无线发送到服务器进行自动化处理，获得远程数据的实时分析。阵列式位移计见图 10.2.1；阵列式位移计组成见图 10.2.2；阵列式位移计监测原理见图 10.2.3。

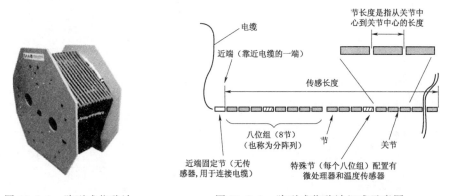

图 10.2.1　阵列式位移计　　　　图 10.2.2　阵列式位移计组成示意图

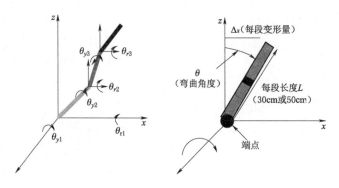

图 10.2.3　阵列式位移计监测原理示意图

10.2.3 工艺流程

1. 竖向安装

竖向安装的柔性测斜仪技术要求同测斜管。竖向安装的柔性测斜仪施工工艺流程见图 10.2.4。关键技术控制及措施为：①安装柔性测斜仪穿保护管时，应避免其出现扭曲，当缠或放 SAA 时，要使用卷轴架；②其他关键技术控制参照测斜仪进行即可。

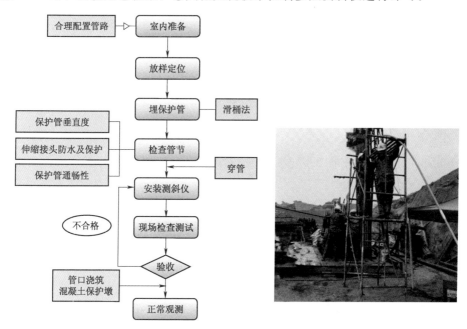

图 10.2.4　柔性测斜仪（垂直）埋设安装施工工艺流程图

2. 水平安装

（1）当坝体填筑高程超过仪器安装埋设高程 120cm 时，在填筑面开挖沟槽。

（2）整平沟槽基床带，控制其不平整度小于 5mm。

（3）将柔性测斜仪连同保护管一起放入槽内。

（4）采用剔除 5cm 以上粒径的原填筑料回填沟槽，均匀人工夯实，夯实后的压实密度应与原坝料相同。超过位移计顶面 120cm 以上才能进行坝体正常填筑碾压。

10.2.4 技术特点

与传统变形监测仪器对比，阵列式位移计（SAA）具备以下独特优点：

（1）具有实时、连续、高精度、大量程、高稳定性和高 3D 空间分辨率等优点。

（2）性价比高，使用寿命长，可回收多次进行重复监测。

（3）可以测量 2D 及 3D 加速度场和位移场，用户能够全面直观地观测到被测目标在受荷过程中的变形及内力变化规律。

（4）是一种灵活的 3D 测量系统，在仪器出厂前经过严密校准和完全密封，无需进行现场装配和校准，也不需要其他的引导或固定，安装简单便捷，可直接放置在一个钻孔或嵌入结构内进行变形监测。

（5）抗干扰能力及信号稳定性强，可以采用无线信号传输技术，从而克服线路导致的采集时滞问题。

（6）有着很高的测量频率，能够做到自动化实时测量，满足滑坡监测预警预报的要求。

（7）信息量大，每节标准节都是一个独立传感器，可以进行实时监测，数据采集的频率高，所以信息量很大。

（8）应用范围广，即可用于边坡滑动、隧道变形、大坝位移、路基沉降、桥梁挠度等变形监测，也可用于动态下的位移、加速度、温度等的测量。

（9）耐腐蚀性、耐久性优于传统传感器，适宜在恶劣试验条件和环境下使用。

10.2.5　应用前景

1. 在超高土石坝中的应用

近年来中国水电技术发展迅速，我国土石坝已提升至 300m 级，但有关土石坝安全监测技术的应用及发展明显滞后于土石坝筑坝技术的发展。目前，国内外通常沿用水管式沉降仪或液压沉降计测量土石坝内部垂直位移，采用引张线式位移计或活动式测斜孔测量坝内水平位移。对 300m 级土石坝，其监测管路过长，已达到安全监测所用材料和技术工艺的极限，实际使用中出现了诸多技术难题。

为了突破传统监测的局限性，已有多个工程尝试使用柔性测斜仪监测土石坝水平位移及沉降。去学水电站采用柔性测斜仪监测堆石区水平位移，两河口水电站在 2641m 高程心墙两岸布置柔性测斜仪监测心墙沉降，鉴于工程应用效果较好，双江口水电站拟布置柔性测斜仪，以监测心墙水平位移、垂直位移及上游堆石体垂直位移。

由于柔性测斜仪在高土石坝中尚处于探索性应用阶段，可根据试验研究结果再确定是否能在大坝工程中全面应用，其施工工艺和保护措施等均有待进一步研究。

2. 在面板挠度变形监测中的应用

混凝土面板是面板堆石坝的防渗结构，其后的整个堆石体均是为了保证面板能正常工作，一旦面板发生变形破坏，对下游威胁巨大。到目前为止，还没有一种传统的测量装置能连续地记录面板变形轨迹，通常采用固定式测斜仪、活动式测斜仪、单点测斜仪等，仅适用于小变形测量，若变形过大将导致探头无法通过测管而使测量失效，使用寿命有限，往往以点式监测为主，间隔距离较长，精度不高，个别仪器失效就会影响整体计算。因此，对于高混凝土面板堆石坝，常规观测仪器对面板挠度的监测显得无能为力。新型监测手段有光纤陀螺仪，但是陀螺仪造价昂贵，动态监测中易产生漂移影响精度。

因此，逐渐有工程引入柔性测斜仪监测面板挠度变形，目前，已在新疆阿尔塔什面板堆石坝中有实际应用，其变形监测成果与坝体填筑及蓄水相关性较好，具有推广价值。但柔性测斜仪在面板挠度监测中应用较少，需不断总结经验。

3. 在边坡变形监测中的应用

边坡深部位移监测最常用的是钻孔测斜仪，可以用来确定滑坡体滑动的大概位置、方向及滑动距离，但其精度不高、适应变形能力较差，因此，近年来不断有工程尝试利用柔

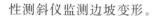

性测斜仪监测边坡变形。

　　大华桥水电站在沧江桥滑坡体、大华滑坡体均布置有柔性测斜仪，应用效果表明，柔性测斜仪适应变形能力强、量程大，相比于传统测斜管具备更高的精度，数据的相对误差较小。云南蛮金公路边坡利用柔性测斜仪监测滑坡体深部位移，通过柔性测斜仪与传统的测斜仪在滑坡监测中的应用对比可知，柔性测斜仪具有监测精度高、量程大、数据量大、稳定性高、易于实现远程监测等优越性，满足滑坡临滑预警预报的要求。毛家河水电站厂房后堆积体、乌东德水电站旱谷田危岩体等工程也使用柔性测斜仪监测边坡变形。

4. 隧道收敛变形监测

　　目前隧道的收敛变形监测主要采用收敛计、全站仪等进行人工观测，该方法观测任务重、监测频率高、效率低，无法实现监测工作的多指标、全天候、实时化。

　　由于柔性测斜仪不仅可以钻孔埋设于结构内，还可以镶嵌与结构表面，已有铁路隧道应用柔性测斜仪监测收敛变形，对隧道变形进行在线自动监测，构建隧道结构变形预警系统，解决隧道变形无法精确和及时监测的技术难题，为隧道结构安全的监测提供自动化手段。而且柔性测斜仪拆卸轻便，可重复利用。

　　此外，柔性测斜仪还可用于海洋工程钢管桩基础位移监测等。

　　目前，国内已有部分公司研制推广柔性测斜仪，相信随着技术的不断发展、国产化的提高，设备造价越来越低，加之柔性测斜仪本身的技术优势，柔性测斜仪的应用会越来越广泛。

10.3　地基 SAR 监测技术

10.3.1　发展历程

　　地基合成孔径雷达（Ground – Based Synthetic Aperture Radar，GB – SAR）技术是近十多年发展起来的地面主动微波遥感技术，可实现非接触、高精度、大范围、远距离的变形监测，在变形监测领域具有重要意义。该技术是将干涉变形监测技术从空基转化到地基，不受自然条件限制，对目标区域进行全天候、全天时、大范围、远距离的侦查监视，为变形监测领域带来一次新的技术革命。

　　合成孔径雷达系统采用地基重轨干涉 SAR 技术实现高精度形变测量，通过高精度位移台带动雷达往复运动实现合成孔径成像，再通过对同名点不同时相图像进行相位干涉处理，提取出相位变化信息，实现边坡表面微小形变的高精度测量，该技术成功综合了合成孔径雷达成像原理与电磁波干涉技术，利用传感器的系统参数、姿态参数和轨道之间的几何关系等精确测量地表某一点的空间位置及微小变化，可以探测毫米级甚至亚毫米级的地表形变，可用于山体滑坡、大坝坝体、重大建筑设施的变形监测、预警、稳定性评估、结构测试、挠度监测等。GB – SAR 变形监测技术早期主要应用于滑坡等自然灾害的监测，并取得了一系列有益的结果。利用地基 SAR 系统对意大利 Tessina 滑坡进行监测试验。通过与已有传统光学测量结果相比较，其控制点最大误差不超过 3mm，GB – SAR 技术的监测性能得以验证。澳大利亚某滑坡 SAR 系统与 GPS 数据相比较，证明该技术应用于快速形变体的优越性。地基 SAR 系统已广泛应用于突发性滑坡的救援工作当中，如浙江丽水山体滑坡灾害应急救援、广东深圳光明新区渣土受纳场滑坡事故应急救援、四川茂县特大滑坡灾害应急救援、贵州毕节纳雍山体崩塌灾害应急救援和两次金沙江山体滑坡堰塞湖风险监测应急救援中，以其非接触远程自动化的卓越监测性能，有效地对二次灾害进行了预警，极大地保障了救援人员的生命安全。

21 世纪初以来，GB-SAR 技术开始广泛应用于大坝、露天矿、桥梁、高速铁路、电力设施等基础设施的变形监测中，如大华桥水电站边坡、小湾水电站大坝、边坡。近几年来，利用 GB-SAR 技术研究冰川运动的研究也逐渐增多，该技术为测量高分辨率冰川发生的相对位移提供了一种可靠的工具。GB-SAR 技术除了较高的时空采样能力之外，还能够远距离监测极小的位移，如比萨斜塔、乔托钟楼等世界著名遗迹的监测中都用到了 GB-SAR 技术，为文物保护提供了一种无损、远程、高精度的监测方式，GB-SAR 技术在文物保护监测中具有广泛的应用潜力。

10.3.2　工作原理

合成孔径雷达（SAR）是一种基于微波传感器的雷达。合成孔径原理是利用一个小的真实天线的连续运动来等效合成一个虚拟的长天线，从而在雷达的运动方向（方位向）上获得一个较大的等效天线孔径，进而提高方位向分辨率。地基雷达干涉测量采用合成孔径雷达和进步频率连续波等技术，对目标物体进行有间隔的重复观测，以获取目标区域的高空间分辨率的雷达影像。在地基 SAR 变形监测中，干涉测量技术通过对两张雷达图像进行比较，然后从一张测量的相位图像中减去另一张图像的相位值，从而得到观测目标的形变相位。地基雷达干涉测量的原理见图 10.3.1。

系统由雷达处理单元、线性扫描装置、操作及分析软件、高分辨率干涉雷达、天线、电源供应系统、UPS、电缆及其他辅助件组成完整可工作系统。使用数据记录单元内安装的现场采集分析和数据后处理软件，可以现场对被测目标进行监测，并可以对雷达数据进行实时处理、分析、解释，并得出位移形变结果。

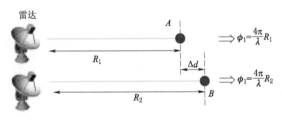

图 10.3.1　地基雷达干涉测量的原理

10.3.3　技术特点

与传统监测仪器相比，GB-SAR 变形监测技术具备以下优势：

（1）遥测距离远，无需在目标区域安装传感器，测量精度达 0.1mm。

（2）对波束覆盖范围内的区域同时监测（可达数平方公里），与 GPS、全站仪等相比具有连续的空间覆盖。

（3）全天时、全天候工作，在所有天气（如下雨、刮风、大雾等）条件下都能够提供连续的数据采集。

（4）监测实时性高，通过解析单个像素的信息，可以得到局部的位移量，全自动 24h 连续监测，可遥控测量，无需操作人员在现场守候。

（5）具备独立的三维地形扫描功能，可以利用雷达配备的增高台，形成高程差，对现场进行扫描，绘制三维地形。

（6）具备监测结果三维实时显示功能，系统可利用自身生成的 DEM 或外部导入的 DEM 作为背景底图。

（7）设备运输和安装简单方便，操作自动化程度高，控制和处理软件功能强大。

虽然国内目前有关 GB-SAR 变形监测技术的研究还处于初期探索阶段，但其潜在的应用价值已受到国内学者的广泛关注，并取得了显著进展。它可以精确量化监测目标的形变，并已在基础设施、自然灾害、露天矿、冰川运动、文物保护等领域取得成功应用，但是还有很多不足之处，如大气相位校正、相位解缠、设备和仪器精度及精度评定等。相信随着理论和设备的研究进展，GB-SAR 变形监测技术将在我国取得广泛应用。

10.3.4 应用前景

GB-SAR 按数据采集模式可分为连续监测模式（C-GB SAR）和非连续监测模式（D-GB SAR）。连续监测模式为最常用的数据采集方法，该方法将设备固定到同一个位置，设置一个时间间隔（如每隔几分钟）后自动获取数据。非连续监测模式根据监测对象的实际形变情况，人为设定一个合理的监测周期进行定点观测，如每周、每月或每年，从而减轻变形监测的人力、物力成本，难点为每隔一段时间安装仪器之后获取的影像之间需重新配准，对仪器安装的精度要求较高。相比而言，C-GB SAR 更适合对目标进行短期快速的实时监测，如形变量级为 mm/d 或 m/d 的形变对象，该模式对滑坡等突发性灾害的应急救援特别有益，可有效预警二次灾害发生；D-GBSAR 则可以监测缓慢变化的对象。

1. 基础设施变形监测

自从 1999 年提出 GB-SAR 是一种基于合成孔径雷达技术的地面遥感成像系统，GB-SAR 技术便开始广泛应用于大坝、桥梁、高速铁路、电力设施等基础设施的变形监测。通过实际应用与试验，尽管 GB-SAR 技术在基础设施的变形监测中取得了较好的应用效果，但是 GB-SAR 技术在监测过程中易受大气影响。连续监测模式下的配准问题后续还需深入研究。

2. 滑坡灾害监测

GB-SAR 变形监测技术早期主要应用于滑坡等自然灾害的监测，并取得了一系列有益的结果。利用地基 SAR 系统对意大利 Tessina 滑坡进行监测试验，并与已有传统光学测量结果相比较，其控制点最大误差不超过 3mm，GB-SAR 技术的监测性能得以验证。

目前已有研究将三维激光扫描数据和 GB-SAR 数据融合在滑坡监测中的应用，实现了监测区域形变量的可视化表达。

地基 SAR 系统已广泛应用于突发性滑坡的救援工作当中，以其非接触远程自动化的卓越监测性能，有效地对二次灾害进行了预警，极大地保障了救援人员的生命安全。然而，因滑坡区域及其形成机理的复杂性，后续还需研究多维度、多传感器的监测模式，以更好地预测滑坡变形的发生。

3. 露天矿变形监测

地基合成孔径雷达技术已成功应用于露天矿变形的监测，在该领域得到广泛的应用，为露天矿斜坡预警提供了一个有效的早期预警工具。不足之处是获取数据易受不均匀大气、失相干等因素的影响。目前，GB-SAR 技术主要着眼于矿区形变监测和预警，且系统仅能获取二维形变图，对于如何获取矿区三维形变图和深度分析变形机理等问题仍需进行深入研究。

4. 雪崩和冰川运动监测

由于微波对冰/雪面有一定的穿透能力，传统的星载 SAR 已用于绘制积雪图，以及模拟和预测融雪径流等，展现了合成孔径雷达技术在雪、冰动态监测中巨大的潜力。马提尼克通过地基 SAR 试验监测了降雪变化对雪崩的影响，在约一年的时间里成功监测近 100 次自然雪崩、5 次人为引发的雪崩，充分展示了 GB-SAR 技术对微小形变的灵敏度。

5. 文物保护监测

GB-SAR 技术除了较高的时空采样能力之外，还能够远距离监测极小的位移。塔尔奇提出将 GB-SAR 技术应用于历史建筑文物的变形监测，为文物保护提供了一种无损、远程、高精度的监测方式。GB-SAR 技术在文物保护监测中具有广泛的应用潜力。如何在实际监测中融合三维激光扫描仪的点云数据对历史文物进行深度形变分析，将是一个棘手的问题，也将是未来该技术在该领域研究的热点。

10.4　声发射监测技术

10.4.1　发展历程

材料或结构受力发生变形或断裂时，局域活性源能量快速释放发出瞬态弹性波的物理现象称为声发射（Acoustic Emission，AE），也称为应力波发射。声发射是材料内部由于不均匀的应力分布所导致的由不稳定的高能态向稳定的低能态过渡时产生的应力松弛过程，过渡形式有快速相变、塑性变形、裂纹形成、扩展至断裂。材料在应力作用下发生变形或断裂，是结构失效的重要机制，这种直接与变形或断裂机制有关的源，称为声发射源。各种材料的声发射频率范围很宽，从次声频、声频到超声频，因材料不同差异很大，信号幅度变化范围也很大，可从数 Hz 到数 MHz。大多数的材料声发射信号强度很小，人耳无法直接听到，需要借助灵敏的仪器才能检测出来。声发射检测技术（Acoustic Emission Testing，AET）就是利用仪器监测、记录和分析声发射信号，并利用声发射信号推断声发射源和材料内部变化的技术，属于动态无损检测技术。

声发射技术的发展已有几十年的历史，在国内外均受到普遍重视，近年来许多科学家和工程技术人员致力于声发射技术的研究工作。国外早期主要将该技术用于金属矿山、煤矿及隧道工程的安全性问题，后来随着技术的完善发展迅速，研究应用扩大到边坡稳定和岩爆监测与预报、岩石破裂机理研究、地震序列研究、地应力测试等方面，且对于深埋地下工程（如高放废物地质处置等）的围岩损伤变形及破坏特征的监测也具有广泛的前景。对岩土工程中诸多与破坏有关的问题而言，人们所关心的不仅是峰值强度，破裂前兆信息和破裂后承载能力同样是人们所关心的重要问题。而要研究诸如岩爆、岩体塌方、冒顶、片帮等岩土工程灾害问题的破裂前兆规律并进行失稳预报，必须采用有效的现场监测方法，声发射是目前应用最广泛的、非常重要的现场监测技术手段之一。

目前，声发射技术已在水库坝岸、山体边坡、矿山边坡、铁路和公路边坡、地质灾害上得到广泛应用。

10.4.2 工作原理

声发射监测系统由传感器（换能器）、低噪信号放大器、衰减器、主放大器、声发射率计数器、总数计数器和数模转换器等部件组成，总体而言分为传感器、放大器和分析系统三大部分。声发射源收到外部环境激励后产生弹性波，通过内部介质传播到材料表面，引起可以用声发射传感器探测的表面细微机械振动，布置在材料表面的声发射传感器利用压电效应原理，将材料的机械振动转换为电信号。由于声发射弹性波在传播过程中会有一定的衰减，需要借助放大器放大之后才能输入采集系统，通过信号线传输、信号调理和分析记录，最终由声发射检测系统给出材料缺陷评价。声发射技术原理见图10.4.1。

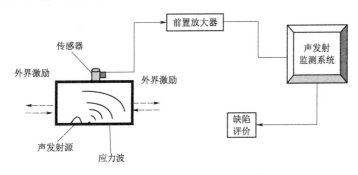

图 10.4.1 声发射技术原理示意图

10.4.3 技术特点

声发射技术是一种无损检测技术，与其他无损检测技术相比，具有以下优点：

（1）能实现实时连续检测。它能实时发现和监测水工结构缺陷的发生、发展和破坏过程，并可提供缺陷随时间、荷载、温度等变化而变化的实时、连续的信息，并据此对缺陷的受破坏程度、结构的完整性以及预期寿命做出评价。

（2）能对结构或构件的整体进行检测并确定缺陷的具体位置。通过在结构或构件的适当位置布置一定数量的固定的传感器，再通过声发射仪接收从传感器传递来的信号，就可以掌握被检测对象中声发射源的一切活动信息。由时差定位技术还可确定缺陷的具体位置，这是其他无损检验技术所不具备的功能。

（3）高精度和灵敏性。严格来讲，材料在裂纹萌生时的塑性钝化阶段就伴随着声发射信号的产生。如果传感器和仪器设置较好，它可以发现非常小的裂纹萌生和扩展过程。

（4）能对不同材料的性能和状态变化过程以及工艺过程进行检测，对材料在变化过程中应力应变状态的变化提供分析依据。

（5）检测效果不受缺陷所处位置和方向的影响。对声发射技术来说，缺陷所处位置和方向并不重要。

（6）对结构或构件的几何形状不敏感，适检测各种复杂形状的结构或构件。

10.4.4　应用前景

声发射技术作为一种被动监测手段，可以实时监测材料内部的破裂，对结构失稳进行有效预警，因此，被越来越多地用于边坡、地下工程、混凝土损伤等的监测与研究中。

1. 混凝土损伤监测

黄世强等通过研究混凝土芯样试件在不同压力条件下产生的声发射计数和声信号强度，以及重复荷载作用下的凯塞效应，了解混凝土材料的声发射特性，为研究混凝土材料的损伤规律、断裂机理提供基础资料，试验表明，混凝土材料在损伤和破裂过程中将发出高频声信号，通过实时监测大坝混凝土的声发射信号，动态监测大坝混凝土裂缝的形成、扩展过程不失为一种可行的方法。

2. 岩体监测

声发射技术是物探检测技术中比较重要的一类检测技术，可用于边坡、地下工程岩体损伤探测，将声发射技术应用于边坡、地下工程安全监测方面，是近年来的一个研究方向。

在三峡工程双线五级船闸高边坡监测中，为解决传统监测仪器只有局部监测信息、早期预警能力不足的缺陷，利用声发射技术监测边坡岩体稳定状态，声发射监测技术可以捕捉到岩体内部产生的微弱信号，采用连续跟踪监测就能够获得岩体产生裂隙之前边坡岩体稳定信息，为指导边坡及时加回争取宝贵时间，其主要优点反映在以下几个方面：

（1）早期预警。声发射技术可以监测到岩体失稳前期所产生的用传统监测法无法监测到的微弱信号，因此，声发射技术具有早期预警能力。

（2）应源定位。这是声发射技术的最大优点。失稳岩体本身所产生的微震信号，通过信号处理分析可精确确定边坡失稳的具体空间位置。

（3）区域性监测。声发射可对由换能器阵所包围的整个区域进行稳定监测。

（4）连续瞬时自动遥测。

（5）能量估算和追踪监测。连续监测能对边坡岩体失稳的整个过程的时空变化进行跟踪监测并估算失稳规模。

三峡双线五级船闸高边坡岩体声发射技术成功做到了对高边坡的实时整体全面监测、对施工期岩体失稳进行预报、对岩体支护效果进行评价，应用效果较好，是水电工程安全监测方面的一次突破，为声发射技术在水电工程安全监测方面的开展应用有很好的借鉴作用。

10.5　微芯传感监测技术

10.5.1　工作原理

微芯传感系列是一款基于安全失稳预警理论模型及主动态势感知传感技术研发的新型监测设备，以微功耗、高灵敏度、耐用性强的无线态势感知传感器（MEMS 芯片式）和太阳能自供电系统为主要部件组成的产品，主要监测物理量为倾角、震动，采集其静力学、动力学及运动学指标，可通过不同环境的现场大量数据总结出来的算法计算出工程安全监测领域中的倾角、倾向、震动、位移等数据的变化，实现主动感知、高频采集、无线传输、实时响应、精准预警，它可应用于滑坡、危岩体、边坡、土石坝、脚手架、基坑监测等方面。

其传感器本身是由加速度传感器和倾角计构成的，在有蜂窝网络的地方可内置遥测终端机，将监测数据实时传送至云平台；在无蜂窝网络的地方需要构建 LoRa 无线网关，一个无线网关可接入数千个遥测终端。

微芯系列智能传感由微芯桩、微芯方、微芯串、微芯链、微芯球、微芯云等硬件设备和智能物联网平台构成。

1. 微芯桩

微芯桩是高敏感无线态势感知传感器，以 100 Hz 的采样频率采集被测对象的倾角、倾向、冲击加速度、振动频率、瞬间位移等参数，计算分析安全度及其变化，确定结构失稳的关键预警指标及阈值。微芯桩具有体积小、易安装、可重复使用的特点，内置的电源系统确保传感器连续工作 5 年以上，适用于城市滑坡、危岩体、高陡边坡、土石坝、围墙、脚手架、土质边坡等环境。

2. 微芯方

微芯方是在微芯桩基础上，为适应短期工程项目及快速安装目的而设计的低成本版本，采用电池供电，一般工作寿命 1 年左右，适用于边界栅栏监测、危岩坠落监测、风塔结构监测等。

3. 微芯串

微芯串基于微芯桩基本原理，将传感部分独立成串，形成高精度、低成本的多点监测网络。微芯串同样具有 100 Hz 高频采样能力，同时具有无限延展、柔性灵活等特点，用于线状及面状要素监测，例如构筑物及岩土体的串点式振动、位移及非均匀变形监测预警。

4. 微芯链

微芯链与微芯串类似，采用单点 800 Hz 超高频进行岩土体及构筑物线性分布位移（形变）监测，适用于柔性钻孔测斜监测、柔性洞室收敛监测、柔性水平沉降监测、柔性分布式不均匀沉降监测等。

5. 微芯球

微芯球采用微芯桩外包裹柔性皮质球，具有抗摔、抗震的特性，主要针对人工埋设困难区域或灾后救灾现场等高危区域，采用无人机投掷微芯球到指定位置进行实时监测，避免二次灾害的发生。

6. 微芯云

微芯云基于物联网平台和专业安全监测预警系统，融合 4G/5G 移动技术、数据库同步、身份认证及 Web Service 等多种移动通信、信息处理和计算机网络的前沿技术，集传感数据采集、数据查询与分析、现场巡检记录上报、项目和设备管理于一体，提供精细化的监测预警服务。

10.5.2　应用前景

微芯传感系列适用于地质灾害、工程安全、景区安全、水利工程、电力工程、矿业安全等应用领域。以大渡河猴子岩电站开顶滑坡体中微芯桩技术为例，介绍微芯桩技术的应用。

开顶滑坡体位于大渡河猴子岩水电站库区，鉴于传统监测手段已无法满足当前的监测需要及安全管理要求，且无法保障监测人员的自身安全，猴子岩水电站采用微芯桩监测技术进行实时监测预警。

该监测系统由微芯桩、一杆式采集测站等硬件部分和 iSafety 云平台、手机客户端等软件部分构成，微芯桩内置低功耗、高灵敏度、耐用性强的无线态势感知传感器，可定时或按阈值触发采集空间形变、相对形变、振动等信息，实现 24h 实时在线监测被测目标的细微变化。微芯桩将采集到的数据通过 485 通信信号无线传输至一杆式采集测站，一杆式采集测站再将接收到的信号通过 GPRS 无线传输至 iSafety 云平台，iSafety 云平台对采集的数据进行分析、处理，最终将有关数据及安全预警等信息传输至移动终端。微芯桩监测系统及信息传输流程见图 10.5.1。

图 10.5.1　微芯桩监测系统及信息传输流程图

开顶滑坡体岸坡岩体受层面及裂隙结构面控制并切割，表部岩体风化、卸荷严重，部分岩体松弛脱离母岩，零散分布于滑坡体浅表，大小不等，稳定性差，最大的孤石体积约为 525m³。鉴于传统监测手段（如观测墩、测斜孔）已无法满足当前监测需要及安全管理要求，且无法保障监测人员的自身安全，开顶滑坡体采用了微芯桩监测技术。根据现场实际情况，在滑坡体现场共布置 14 个微芯桩监测点和 1 个微芯桩测站，对滑坡体实现全覆盖，实时进行监测。开顶滑坡体微芯桩监测于 2018 年 1 月底投入使用，截至 2019 年 10 月 14 日，微芯桩实时监测预警系统主动发出黄色预警提示累计 1900 余次、红色预警提示累计 650 余次，为滑坡区域的管制通行及滑坡体应急处治提供了强有力的技术保障。

微芯桩监测预警系统可以有效解决滑坡体浅表孤石监测难、预警预报不准的问题，能准确地反映滑坡体浅表孤石的变形情况，极大地提升我国对地质灾害的防治水平，减少因地质灾害造成的人员伤害及财产损失，为滑坡区域的管制通行及应急处治提供了技术保障。

10.6 管道机器人监测系统

管道机器人监测系统是一种直接测量的方法，由管道系统、管道机器人及其测量系统、信息传输系统和外部监控系统组成。其原理为：施工过程中在坝体内部布设能够与坝体断面长度相同的专用监测管路，作为测量机器人的行进通道。将经过专门设计的变形测量机器人送入管道内，由其按设置的程序在管道内自动行进，并利用携带的各种测量设备，自动监测管路沿程各测点垂直和水平方向的变形信息，同时将采集的所有数据传送给外部监控计算机；经对采集数据进行处理分析，可得出大坝内部各监测部位测点的变形值。管道机器人工作原理见图 10.6.1。

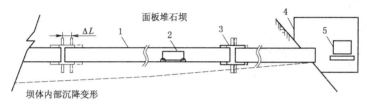

1—保护管；2—管道机器人；3—接头；4—观测房；5—外部控制系统

图 10.6.1 管道机器人工作原理示意图

管道机器人系统采用倾角方法测量及计算堆石坝内部沉降。管道机器人携带高精度倾角传感器进入监测管道，根据设置的间隔距离 L 沿测点 1、测点 2、……的顺序测量各个测点的倾角 θ_i，再根据相邻两测点间隔距离便可计算出堆石坝内部的各测点沉降 $S_i = \sum \Delta H_i = \sum L \times \sin\theta_i$。面板堆石坝坝体内部堆石体产生水平位移时，监测管路及其活动接头跟随堆石体位移，管道机器人进入管道内部，用相应仪器按行进顺序逐个测量各测点接头的位移 ΔL，即可计算出大坝内部各测点位置的水平位移。坝体内部沉降变形测量方法见图 10.6.2。

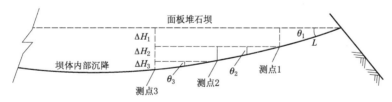

图 10.6.2 坝体内部沉降变形测量方法示意图

与传统坝体内部变形观测方法相比，管道机器人系统具备以下主要功能特点：

（1）能够测量 1000m 以上超长监测管路变形，监测管路结构简单，测点数量和位置不受限制。

（2）使用高精度仪器直接测量坝体内部变形。

（3）全方位数据采集，包括位置、距离、速度、方向、温度、垂直位移及水平位移等数据。

（4）实时信息传输及数据保存，实时数据处理和分析。

　　南京水利科学研究院与中国电建集团昆明勘测设计研究院有限公司联合开发了高面板堆石坝内部变形观测机器人系统，主要包括机器人、管道、测量和保护系统。机器人多种工作臂可以选择更换，包括全景摄像头、清障工作臂、测量臂，自带动力和自行走；测量系统可监测大坝水平位移和沉降，测量数据自动存储和读取；轨道系统包括轨道长度测量和计数装置，机器人和测量系统行走精密轨道；保护系统为适用于面板堆石坝堆石体内的管道保护结构型式和保护材料。管道机器人实物及装配横剖面见图 10.6.3。

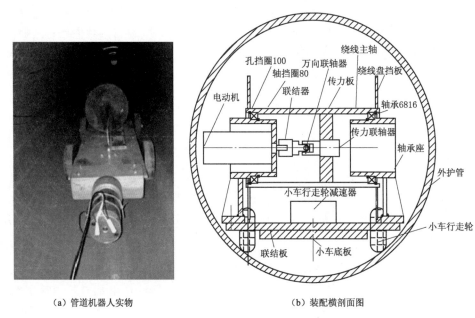

（a）管道机器人实物　　　　　　（b）装配横剖面图

图 10.6.3　管道机器人实物及装配横剖面图

　　利用管道机器人技术监测高面板堆石坝内部变形的测量方法从原理上改进了传统的面板堆石坝内部变形测量方法，由于监测管路中没有设置水管和引张线，管道长度可达到 1000m 以上，测量机器人可在管路中自由行进，可测量任意设定位置的变形情况，测点数量不受限制，故其也可称为分布式测量系统，可满足 200～300m 级高面板堆石坝内部变形监测的需要。与传统的坝体内部变形观测方法引张线式和水管式比，管道机器人监测系统设备简化、操作简单、成本低、效率高。如推广该项技术成果，可以有效取代目前常用的测量方法，同时可提高测量精度和效率，也降低了成本，具有广阔的应用前景。

10.7　监测技术前景

10.7.1　现有技术的不断深化

　　现有法律法规、规程规范的颁布实施对监测设计、施工、运行管理等方面起到了积极的指导和推动作用。随着一大批工程的完建和投入运行，从社会公共安全的角度考虑，相应的规章制度建设将会顺应时代的发展不断完善与更新，各方将更加重视大坝安全监测工作，对安全监测各项工作和从业人员的专业技术水平的要求将会越来越高。

随着设计理念的逐步成熟，大坝安全监测设计必将覆盖工程各阶段的主要任务和问题，要能够充分反映各建筑物全生命周期内的工作状态。这就要求设计的深度和广度逐步拓宽，过程中寻求科学合理的手段不断优化监测方案，在保证安全的前提下，以最少的投入获得最大的效果，充分发挥安全监测的作用。

在分析大坝安全状况时，将更多地重视微观观测和分析，包括应变、材料和结构的老化等，而不仅仅局限在变形和渗漏量这些宏观量的分析。同时，综合监测、设计、施工、运行全部资料，重视运用地质雷达、电阻率电磁剖面仪、超声波检测仪、水下电视探测仪等现场检测手段，结合巡视检查信息、化学成分及物化性质分析信息、结构数值分析、色谱与频谱分析信息、图像分析信息，对大坝运行性态进行综合评价。

10.7.2 监测仪器的智能化革新

随着科学技术的不断发展，安全监测仪器必将实现小型化、智能化、高集成化、高可靠性。具备无线自组网功能的智能仪器将是未来安全监测仪器的主要发展方向，微型智能无线传感器网络技术的发展将为实现对分布广泛、区域辽阔的数量庞大的各类无线数据采集终端进行高效管理提供了解决途径。在微型智能无线传感器网络技术的动态管理下，每安装 1 支监测仪器，就可以通过无线自组网方式及时自动添加、自动上线运行，实现即时施工、即时监测的理想目标。这一改变未来如果实现，将是对现有监测设计、施工等各个方面工作的全面革新。

因此，监测专业要不断更新知识库，及时准确掌握国内外监测新技术、新成果的发展动向，并适时推广应用。要加强与国内外知名仪器厂家沟通，积极在安全监测自动化市场、数据展示与分析、流域综合监测、BIM 应用等方面寻求深入合作机会，整合各方优势资源，做到优势互补。

10.7.3 综合自动化系统建立

目前，大坝运行管理单位通常同时存在多个自动化系统，包括安全监测、水情监测、闸门监控、厂区视频监控等。未来，应将上述系统统一到综合自动化管理系统，以利于管理，提高工作效率，减少人力资源投入。

10.7.4 监测智慧时代的到来

目前我国大坝安全监测信息化建设工作稳步进行，但是多数是以单座大坝为监控对象，建立小型局域网的"孤岛式"监测系统，不符合现代信息化的真实要求。未来，应建立统一的按流域管理的大型数据汇集平台，并逐步实现跨平台、跨系统、跨流域和跨行业的大型数据平台的信息融合，为相应的技术监督管理部门实现实时高效的在线监控提供强有力的技术支持。随着物联网技术、MEMS 技术、无线传感器技术、云计算技术和大数据技术等为代表的新兴技术不断发展，必将推动大坝安全监测技术进入智慧时代。

第 11 章
运行期监测

11.1 概述

在水利水电行业，一般认为，大坝在完成首次蓄水，在经历一段时间（有些规范认为是三年）的初期运行或初蓄期，就进入了运行期；也有人认为机组全部投产发电即标志着从建设转为了运行，或者枢纽工程专项验收完成即是建设期的结束、运行期的开始；本书认为，从大坝及周边建筑物运行的角度出发，只要坝前水位雍高至可以判断大坝达到设计既定目标的高度，并完整经历了一个主汛期，就可认为大坝进入了运行期。因此，在大坝全生命周期中，运行期所占的时间最长。

水利工程由于其自身的特殊性，一旦失事，灾害影响范围广、成灾严重，次生灾害大，因此，水利工程越来越强调全生命周期监测，不同于其他工程，只是短期、临时性监测。《水电站大坝运行安全监督管理规定》（国家发展和改革委员会第 23 号令）规定应对大坝进行长期、经常性监测及巡视检查，确保大坝运行安全；大坝中心对大坝安全状况进行定期检查，评定大坝等级；大坝运行实行安全注册登记制度，在规定期限内不申请办理安全注册登记的大坝，不得投入运行。

由于运行期占大坝全生命周期的时间最长，运行期的大坝安全监测是一个长期、经常性的工作，《水电站大坝安全监测工作管理办法》（国能发安全〔2017〕61 号）对大坝安全监测运行管理提出具体要求。随着监测系统运行时间的不断增加，仪器不可避免的出现故障、失效，对于埋入式仪器已不可更换，但对于可更换仪器，当监测系统在系统功能、性能指标、监测项目、设备精度及运行稳定性等方面不能满足大坝运行安全要求时，应当对其进行更新改造，这也是全生命周期监测的一项重要工作内容。

11.2 大坝注册及定检

11.2.1 大坝安全注册

1. 大坝安全注册的由来

水电站大坝安全注册登记是政府对水电站大坝安全进行监管的重要手段，国务院 1991 年颁布的《水库大坝安全管理条例》中明确规定大坝应当按期进行注册登记。2015 年 4 月 1 日，国家发展和改革委员会在原国家电力监管委员会颁布的《水电站大坝运行安全管理规定》的基础上修订颁布了《水电站大坝运行安全监督管理规定》（以下简称《规定》），《规定》对办理注册登记大坝的范围、注册种类、申报时间、办理程序、不注册登记的后果做出了明确规定，随即国家能源局（国家发展和改革委员会下属机构）根据《规定》于 2015 年 5 月 6 日制定了《水电站大坝安全注册登记监督管理办法》，该办法对规范大坝安全注册工作做了更为详细的补充和说明。根据国家能源局大坝中心的数据，截至 2020 年 8 月，共注册大坝 550 座。

2. 大坝安全注册的作用

大坝安全注册登记工作始于 20 世纪 90 年代，近 20 年来的实践证明，通过大坝安全注册登记，可有效督促电力企业落实大坝安全主体责任，重视和加强大坝安全管理工作，调整优化大坝安全管理机构，建立健全大坝安全技术规程和管理制度，充实大坝安全管理专业人员，改进日常检查和监测工作，规范大坝安全档案管理，全方位促进电力企业提高大坝安全管理水平。由此可知，安全监测日常检查、数据处理及档案管理是大坝安全注册中关注的重点。2014 年国务院审改办已将水电站大坝安全注册登记列为行政许可项目。

3. 注册登记的范围

电力行业水电站大坝运行安全监管由国家能源局负责。根据《规定》第三条"本规定适用于以发电为主、总装机容量 5 万 kW 及以上的大、中型水电站大坝"，应当按《规定》办理大坝安全注册登记的是开发功能以发电为主，并且总装机容量在 5 万 kW 及以上的大、中型水电站大坝。对于总装机容量小于 5 万 kW 的小型水电站大坝，按水利部、国家工商总局、国家安监总局、原电监会 2009 年联合印发的《关于加强小水电站安全监管工作的通知》（水电〔2009〕585 号），小型水电站大坝宜向当地水行政主管部门申报注册。电力企业也可在所在地派出机构和大坝中心参照本《规定》办理注册登记。

4. 注册登记的等级和条件

（1）注册等级。大坝安全注册登记等级分为甲、乙、丙三级：①通过竣工安全鉴定或者安全等级评定为正常坝的，根据管理实绩考核结果，颁发甲级注册登记证或者乙级注册登记证；②安全等级评定为病坝的，管理实绩考核结果满足要求的，颁发丙级注册登记证；③安全等级评定为险坝的，在完成除险加固后颁发相应注册登记证。根据国家能源局大坝中心的数据，注册大坝的 550 座中，甲级大坝 505 座，乙级大坝 45 座。

大坝中心会对具备取得注册登记证条件的大坝，结合大坝安全状况和管理水平颁发相应等级的注册登记证，其中甲级安全注册登记证书有效期为五年，乙级和丙级安全注册登记证书有效期为三年。

（2）注册登记的条件。《水电站大坝运行安全监督管理规定》规定了大坝安全注册登记等级主要依据大坝的安全状况及管理实绩：

1）大坝安全管理实绩考核评价在 80 分以上的正常坝，安全注册登记等级为甲级。

2）大坝安全管理实绩考核评价在 60 分以上、不满 80 分的正常坝，安全注册登记等级为乙级。

3）大坝安全管理实绩考核评价在 60 分以下的病坝，安全注册登记等级为丙级。

大坝安全管理实绩由大坝中心现场检查评定，主要考核评价内容包括：①贯彻执行大坝安全法律法规和标准规范情况；②大坝安全制度规程建设和执行情况；③大坝安全工作人员素质和能力；④防汛、应急管理、大坝安全信息报送情况；⑤大坝安全检查、监测情况；⑥大坝安全资料及档案管理情况；⑦大坝维护、隐患处理及缺陷处理、整改落实及安全经费保障情况。

5. 安全注册的程序

新建大坝安全注册登记程序包括注册登记备案、登记申请、材料审查、现场检查、专家评审、注册决定、颁发证书等环节。

（1）注册登记备案。新建大坝通过蓄水安全鉴定后，首次注册时大坝运行单位须将工程蓄水安全鉴定报告、蓄水验收鉴定书以及有关安全管理情况报大坝中心备案。

（2）登记申请。对于已蓄水运行的未注册登记的大坝，由运行单位向大坝中心书面提出安全注册登记申请。该环节由运行单位与大坝中心取得联系后，大坝中心给运行单位分配资料并提交唯一账号，运行单位管理人员根据提供的账号登录注册站点并提交安全注册登记申请书、企业执照、新建水电站工程竣工安全鉴定报告等资料。

（3）材料审查。大坝中心收到材料符合要求的，对申报材料进行审查，对不符合要求的提出补正意见。

（4）现场检查。注册申请材料审查通过后，大坝中心组织检查组赴现场进行大坝安全现状、管理资料等的实绩考核，检查组由大坝中心选派的相关专业人员组成，一般为3～7人。

现场检查完成后，检查组就现场检查的结果进行打分统计并将打分情况通报运行管理单位及相关配合单位，与会人员对检查结果有异议的可向检查组专家反映。

（5）专家评审。大坝中心对各大坝的现场检查和管理实绩考核结果进行审核，提出注册登记意见，并报国家能源局批准。

（6）注册决定。大坝中心将注册检查意见报送国家能源局电力安全监管司，电力安全监管司认为大坝符合安全注册登记要求的，以国家能源局的名义做出大坝安全注册决定。

（7）颁发证书。大坝中心在大坝安全登记决定做出后向运行单位颁发大坝安全注册登记证。

6. 安全监测配合

大坝安全注册过程中备案、申请等工作程序均由运行单位进行，那安全监测单位需要做什么呢？安全监测作为大坝安全注册时进行检查的一个重要项目，主要是配合大坝运行单位做好迎检和资料备查工作，相关工作内容主要在安全注册程序的登记备案阶段、申请阶段、现场检查阶段完成。

（1）登记备案阶段。登记备案阶段主要由运行单位结合《水电站新建发电机组进入商业运营大坝备案登记细则》的相关要求，完成大坝的备案登记。但登记备案细则中要求"对于新投入运行的大坝，电力企业应当自申报大坝登记个案或申请大坝安全注册登记之日起开始报送监测、运行安全等相关信息"，因此，在运行单位完成大坝备案登记后，安全监测单位需配合运行单位完成安全监测信息的报送，撰写大坝运行安全信息化建设监测系统自查报告，报告内容主要包括大坝概况、大坝安全日常巡查情况、监测系统存在问题、运行维护情况（如完成网络报送另须提供信息系统运行情况）、各部位监测项目及测点信息、环境量监测、主要测点的基础资料、监测图纸以及每月的监测数据等，报告的内容见图 11.2.1。同时，针对监测部分的报送内容，大坝中心会给相应的报送信息模板，在对大坝监测测点熟悉的基础上，只要按照信息模板将监测仪器分部位分项目进行统计报送即可。

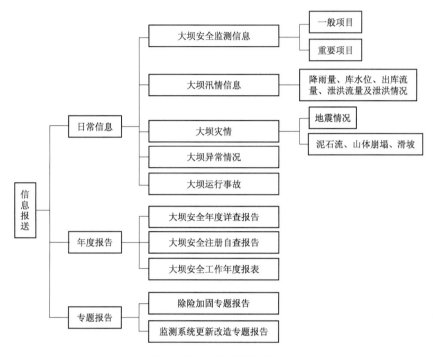

图 11.2.1 报送信息内容

（2）申请阶段。进入申请阶段，专家组会进行现场检查，安全监测配合工作也主要在这个阶段完成，需要监测单位对以往监测资料进行补充和完善，并及时对监测仪器设备进行全面检查和维护。表 11.2.1 为检查组进行现场检查时关于监测部分的评分项，归纳起来有以下几个方面的要求：

1）信息报送。信息报送在大坝登记备案完成就已经开始，每月的报送监测数据频次须满足规范要求，报送的数据须经过校核确认无误，如有异常需进行备注。

2）观测记录。每月巡视检查记录、数据采集观测记录等均完整且有记录人签字，巡检、观测频次满足规范要求，如量水堰是否按要求进行人工比测；扬压力测压管孔口水阀须关闭，避免渗水造成数据失真等。

3）资料分析。以往的异常数据是否及时处理，如垂线观测数据是否进行衔接；量水堰受施工用水影响汇入量水堰，渗流量失真是否及时处理；真空激光数据是否及时进行校核；静力水准数据是否及时进行校核等。

4）监测报告。监测报告类别及数量均满足规范要求，如月度巡视检查报告、汛前巡视检查报告、特殊情况巡视及观测报告、月报、年报等；报告内容是否齐全；报告结论是否正确；监测报告内引用的规范须是最新的；报告中是否注意区分粗差与异常数据；异常

大坝安全注册登记管理实绩考核评价标准评分表（监测部分）

表11.2.1

序号	检查内容项目	标准分	检查评分说明	检查方法	评分标准
1	按规定开展大坝安全信息化建设和大坝安全监测信息报送	2	全面、及时	调取大坝安全远程管理系统上报信息，检查报送项目及报送时间是否满足《信息报送办法》要求	未开展大坝安全信息化建设或从未报送监测信息不得分；应报送项目缺项报告1～1.5分；报送不及时扣1分（扣分可叠加）
2	正常开展水工建筑物安全日常巡查	3	缺陷的三要素	查阅水工建筑物巡查记录，重点检查巡查人员素质、检查路线、重要的缺陷是否向上汇报，提出处理建议	无记录或明显后补不得分；未按规程规定频次执行的扣1分、非水工专业人员开展的扣1分，检查部位不全、检查重点不突出、检查路线随意或检查记录不合理扣1分；检查记录过于简单扣1分（扣分可叠加）
3	按要求开展大坝安全监测	8			
3.1	按监测规范要求开展日常监测（含巡视检查）	2	频次少于规范；巡查发现异常情况不报告	查阅监测记录本、年度整编成果，调取大坝安全远程管理系统上报信息，检查是否按监测规范要求开展日常监测	未开展日常监测不得分；必测项目监测频次过少扣0.5分、监测作业不规范扣0.5分、粗差未量测扣0.5分（扣分可叠加）
3.2	日常监测成果及时整理和处理	2	异常测值不剔除；不合理（土石坝垂直变形向上量大）	调取检查近一个月的监测成果、检查是否及时进行物理量计算和初步评判、粗差异常测值和处理值是否及时发现和处理重测	未及时计算扣0.5～1分；粗差及异常信息扣分；未及时发现和处理扣0.5～1分、已有信息系统的扣录入数据人数扣0.5～1分（扣分可叠加）
3.3	监测资料的年度整编	2		查阅年度整编成果，重点对照编规程，检查整编成果的内容完整性、分析合理性和图表格式规范性	无整编成果不得分；内容遗漏严重扣1分；分析不合理扣1分、图或表不规范扣1分、完成时间滞后扣0.5分（扣分可叠加）
3.4	监测设施的完备性和可靠性	2	量水堰下游被淤堵但不疏通，影响测值	查阅年度整编成果，调取大坝安全远程管理系统上报信息，评价监测设施是否满足大坝安全管理需要	重要监测设施未设置不得分；大坝安全评价所需的两大项（变形、渗流）监测设施的完备性和可靠性（包括二次仪表是否及时送检、校测）差，单项不满足要求扣1分
3.5	按要求开展年度详查	2	存在"没做详查、按照巡查成果汇总报告的问题"	查阅年度检查详查报告或年度总结报告，重点检查报告内容是否完整	无报告不得分；检查项目明显遗漏或报告内容不完整扣0.5～1.5分

数据的处理和评判；计算表格是否规范；同种观测类别不同观测手段的观测数据符合性，若不符合须有充分的理由，等等。其中应特别注意在报告中引用的规范，因报告编写人常因引用较早的报告模板使得部分月份报告中的引用错误没能及时发现，报告审核人可与报告编写人及时沟通，要求在已经修订的报告基础上整理下一次的报告。

5）观测规程。安全监测规程也是检查组关注的重点，其中安全监测的观测方法、数据处理等需确认与实际情况一致，若观测方法与实际不同，须有充分的理由说明现有观测方法满足规范要求，如××坝顶表面变形观测实际采用极坐标法进行观测，但观测规程是结合设计阶段的要求采用视准线法，因此需说明采用极坐标法是否满足规范要求。

6）资料整编。历年监测资料是否及时进行了整编；年度资料整编报告是否有巡视检查、环境量、外观测量等数据；外观测量是否与过程线的形式表达；引用的规范是否最新等。

7）监测仪器维护。对监测仪器进行全面检查和维护，如保持观测房内干燥、整洁并留存维护记录；垂线坐标仪进行刷漆保护；正倒垂线的拉力是否满足要求，是否需增加变压油；观测电缆走线规整；二次仪表是否按时进行年检，并留有原始检定资料；量水堰定期清理污泥及堰板上的水垢等。

在大坝蓄水安全鉴定中，专家对安全监测提出的整改意见，监测单位也需配合运行单位及时进行完善。

（3）现场检查阶段。检查组的检查分两个部分：一是现场巡检；二是资料检查。

1）现场巡检。检查组会在现场巡检过程中记录所见的相关问题，监测单位人员在陪同巡检的过程中需就专家提出的相关监测问题进行解答，如测压管的观测步骤、正倒垂的定期维护周期、静力水准工作情况、真空激光正常工作时间、外观基点校核情况等。

2）资料检查。资料检查时，检查组会对监测资料整体的完整性、系统性进行较为详细的检查；在对具体的报告进行检查时，检查组主要针对报告的正确性、规范性进行检查。经过前期的准备，监测资料整体的完整性、系统性应该具备，检查组针对具体报告中数据的处理、表格的处理、异常数据的分析、规范的引用等方面进行检查时会就相关问题与监测人员进行询问。

11.2.2　大坝定期检查

11.2.2.1　定期检查的重要性

水电站大坝属于国家重大基础设施，其运行安全事关上下游人民生命财产安全、生态环境安全、经济安全和社会稳定，乃至国家安全。我国政府历来高度重视大坝安全。《水库大坝安全管理条例》第二十二条规定："大坝主管部门应当建立大坝定期安全检查、鉴定制度"。《水电站大坝运行安全监督管理规定》（2015年4月1日，国家发展改革委第23号令）第十九条规定："大坝中心应当定期检查大坝安全状况，评定大坝安全等级"。

定期检查是对运行水电站大坝及其附属设备定期进行的全面检查和评价，发现和诊断大坝存在的缺陷和隐患，提出补强加固或改善措施，推动补强加固工作，提高大坝本质安全。

11.2.2.2　定期检查情况

大坝投运后受到洪水、地震、极端天气等自然因素的影响，其承受的荷载是动态的。随着运行条件和自然环境的长期影响，筑坝材料及其地基会老化、劣化。因此，大坝的安全度是一个动态变化且持续降低的过程，持续不断地进行定期检查并采取补强加固措施，才能确保大坝安全运行。

自 1987 年开展水电站大坝定期检查以来，历时 30 余年完成 4 轮定期检查工作，共计 700 余座坝次。

通过定期检查，摸清了大坝的安全状况，查明了一些工程缺陷、隐患和重大疑难问题，查出了病、险坝 19 座，提出了"必须处理和建议处理的问题"超过 3000 条，促进了大坝除险加固和隐患治理工作，提高了大坝的安全度，有力保障了水电站大坝没有发生垮坝等重大事故。

目前大坝定检已开展第 5 轮，定检规划共安排了 400 座大坝，自 2017 年开始启动，到 2022 年年底前全部启动，计划 2023 年年底前完成规划中的水电站大坝安全定检工作。

11.2.2.3　定期检查的内容

水电站大坝定期检查是指定期对已运行大坝的结构安全性和运行状态进行的全面检查和安全评价。大坝定检范围：挡水建筑物、泄水及消能建筑物、输水及通航建筑物的挡水结构、近坝库岸及工程边坡、上述建筑物与结构的闸门及启闭机、安全监测设施等，水电站的引水发电建筑物、通航建筑物及其附属设施可参照执行。

大坝定检一般每五年进行一次。首次定检后，定检间隔可以根据大坝安全风险情况动态调整，但不得少于三年或者超过十年。

大坝首次定检应当在工程竣工安全鉴定完成五年期满前一年内启动；工程完建后五年内不能完成竣工安全鉴定的，应当在期满后六个月内启动首次大坝定检。

11.2.2.4　定期检查要求

定检工作应当在上次定检（或安全鉴定）的基础上，按照"系统排查、突出重点、全面评价"的原则，从大坝防洪、抗震、坝基、坝体结构（包括应力、稳定、渗流安全等）、泄洪消能设施、金属结构设备、近坝库岸和工程边坡等方面进行全面排查；以风险辨识、发现安全隐患及时防范为目标，主要以上次定检（或安全鉴定）后大坝的运行状况和监测成果为基础，综合专项检查成果、运行性态、后果危害性，评定大坝安全等级；并明确指出影响大坝安全的重点部位和薄弱环节，有针对性地提出可操作的意见和建议。

大坝安全评价内容、评价依据、评价方法和评价标准等技术要求，按照《水电站大坝运行安全评价导则》（DL/T 5313—2014）的有关规定执行。

定检专家组针对大坝具体情况，从以下方面选择确定必要的专项检查项目，提出检查内容和技术要求：①地质复查；②大坝的防洪能力复核；③结构复核或者试验研究；④水力学问题复核或试验研究；⑤渗流复核；⑥施工质量复查；⑦泄洪闸门和启闭设备检测和复核；⑧大坝安全监测系统鉴定和评价；⑨大坝安全监测资料分析；⑩结构老化检测和评价；⑪需要专项检查和研究的其他问题。

对经过多次定期检查的大坝，上述①～⑦项在上次定期检查时已查清，且上次定期检查以来主要影响因素无不利变化，可以不再进行专项检查。

专家组根据大坝实际运行情况，通过现场调研、查阅工程资料、专项检查评审和集中讨论等方式，根据《水电站大坝运行安全监督管理规定》和《水电站大坝运行安全评价导则》（DL/T 5313—2014），对大坝的结构性态和安全状况进行综合分析，全面评价大坝安全状况。提出大坝定检报告。

大坝定检报告包括：①工程概况；②历次大坝定检（或竣工安全鉴定、枢纽工程专项验收）意见落实情况；③本次大坝定检工作情况；④大坝设计、施工质量评价（仅对首次大坝定检）；⑤大坝运行和检查情况；⑥专项检查（研究）成果；⑦大坝安全评价及大坝安全等级评定意见；⑧存在问题和处理意见；⑨运行中应当重点关注的部位和问题。

11.2.2.5 定期检查中安全监测作用

《水电站大坝安全定期检查监督管理办法》第二条明确：安全监测设施属于大坝定检范围。第十二条明确：《大坝安全监测系统鉴定和评价》和《大坝安全监测资料分析》属于专项检查项目。《水电站大坝运行安全评价导则》（DL/T 5313—2014）中明确：水电站大坝运行安全评价应以大坝的运行状况和监测成果为基础。因此，安全监测在大坝定期检查中非常重要，并需编写监测系统评价报告、监测资料分析报告。

1. 监测系统评价报告

监测系统综合评价方法见11.3节，监测系统评价报告编写内容及要求如下：

（1）工程概况：工程特性、地质条件、各建筑物布置及结构特点。

（2）监测项目及布置：按建筑物，分述各建筑物现有监测项目、监测设施布置及其测点编号、监测方法、监测频次，附各监测设施布置图表。

（3）评价依据、方法、标准：根据工程具体情况，叙述监测系统评价的依据、具体方法和相关标准。

（4）现场检查和测试：按建筑物，分述各监测设施现场检查、测试和计算分析成果。

（5）监测设施可靠性评价：按建筑物，分述各监测设施工作状态是否正常，测值是否可信，能否作为工程安全评价的依据。

（6）监测系统完备性评价：根据现场检查情况，结合各监测设施可靠性评价结论，评价现有监测系统的完备性，能否满足工程安全监控的要求。

（7）存在问题与建议：对现有监测设施报废、停测封存、继续监测，或需恢复、增设等提出意见和建议；对改进监测工作等提出意见和建议。

2. 监测资料分析报告

监测资料分析报告编写内容及要求如下：

（1）工程概况：工程特性、地质条件、各建筑物布置及结构特点。

（2）监测项目及布置：按建筑物，分述各建筑物现有监测项目、监测设施布置及其编号、测点基本资料，附各监测设施布置图表。

（3）监测工作情况：各项目监测方法、监测频次、测值正负号定义、监测资料年度整编情况等。

（4）分析依据、内容和要求：叙述监测资料分析的依据、内容和相关技术要求；说明分析的时段以及有关资料情况。

（5）环境量分析：对库水位、下游水位、气温、降雨量、水温等环境量进行分析，统计其特征值，并与历史值和设计值比较。

（6）监测物理量分析：在对所有监测项目的监测资料可靠性进行判断的基础上，进行定性、定量分析，注重监测特征值在建筑物的空间分布，与水文地质条件、环境量和结构的关系，突出趋势性和异常现象诊断。按建筑物，对变形、渗流、应力、应变等监测物理量及主要影响因素，用多种方法进行综合分析，提出定性、定量和变化规律及相关性成果，并对异常现象做出成因解释，评价各建筑物的运行性态。选择主要监测量提出安全预警指标，进行测值预报。

（7）重点监控项目：根据结构特点、监测设施和资料分析成果，结合监测信息管理工作的要求，提出重点监控部位、监控项目和监控测点，并对监控测点提出安全警戒值，以指导大坝运行。

（8）结论与建议：对各建筑物的运行性态进行评价；针对异常现象提出改进或处理意见；对现有的监测设施、监测方法等提出改进意见和建议。

11.3 监测系统综合评价

11.3.1 监测系统评价的意义

众所周知，安全监测系统是监控大坝运行性态、及时发现安全隐患的重要设施，是大坝安全管理的耳目，其获取的有关信息数据是评价大坝运行性态的重要依据之一。顾名思义，作为耳目的安全监测系统在大坝安全管理中有着极其重要的地位，为保证其"耳听八方""明察秋毫"，获取全面、准确、可靠的监测信息数据，宜在大坝安全等级评价前对监测系统的可靠性、完备性、运行管理情况进行综合评价。

国家能源局 2015 年发布《水电站大坝安全定期检查监督管理办法》，对安全监测系统评价做了详细的要求，第十二条指出"专家组应当针对大坝具体情况，从以下方面选择确定必要的专项检查项目，提出检查内容和技术要求：……（八）大坝安全监测系统鉴定和评价"。《水电站大坝运行安全评价导则》（DL/T 5313—2014）中明确水电站大坝运行安全评价应以大坝的运行状况和监测成果为基础，并明确监测系统评价内容、依据、要求。

11.3.2 监测系统评价的内容

监测系统评价包括监测方案评价、监测设施评价、监测自动化系统评价、监测管理评价。

11.3.2.1 监测方案评价

监测方案的优劣是监测系统能否发挥预定效果的前提，需结合大坝的结构特点，评价现有监测系统是否满足工程安全监控的要求，对现有监测系统是否需要增设监测项目等提出意见和建议。

监测方案评价着重评价监测项目的完整性和规范性、监测布置的合理性、监测仪器的可靠性、耐久性和适应性、监测频次及巡视检查。

（1）监测项目应全面、完整，满足规程规范要求，并与工程特点结合良好。

（2）测点布置合理，监测方法合适，能全面、正确地反映建筑物实际工作状况。

（3）监测仪器的量程、精度、工作环境等各项技术参数满足工程需要，仪器可靠性强、耐久性好，具有很强的适应性。

（4）监测频次满足规程规范要求，并结合工程基本资料，针对不同建筑物在不同时段和条件下的观测频次有具体明确的要求。

（5）巡视检查制度完善，明确了巡视检查频次、巡视检查路线、重点检查内容、巡视检查方法、巡视检查记录、巡视检查报告编写及提交，与工程实际情况结合良好。

这里的监测频次、巡视检查是设计阶段提出的技术要求，而实际执行效果尚需在监测管理中进行评价。

常见的水工建筑物安全监测方案评价如下。

1. 重力坝监测方案评价标准

（1）监测项目包括坝体位移、坝基扬压力、渗流量、库水位、下游水位、气温、降水量。对于典型坝段、结构或坝基地质条件复杂坝段以及运行中需重点关注的坝段，根据实际情况设置相应的监测项目。

（2）每个坝段宜在坝顶布置位移测点；对于坝高100m以上的大坝，同时考虑坝身、坝基的位移监测。

（3）每个坝段宜布置扬压力监测点；当有坝体、坝基廊道时，应设置渗流量监测设施，且坝体和坝基渗流量分区量测。对于渗流量较大的排水孔，应进行单孔量测。

（4）高坝或两岸地质条件复杂的大坝，两岸帷幕后沿流线方向应布置绕坝渗流监测孔，孔深深入建坝前的原地下水位线以下。

（5）根据实际情况、结构特点，在坝体及结构孔洞等部位布置相应的应力、应变等监测设施。

2. 拱坝监测方案评价标准

（1）监测项目包括坝体和拱座位移、坝基和拱座扬压力（渗透压力）、渗流量、坝体温度、库水位、下游水位、水温、气温、降水量。

（2）拱坝的拱冠、左1/4拱、右1/4拱、拱座，以及坝体结构或坝基地质条件复杂或运行中需重点关注的部位，根据实际情况设置相应的监测项目。

（3）当有坝体、坝基廊道时，应设置渗流量监测设施，且坝体和坝基渗流量分区量测。对于渗流量较大的排水孔，应进行单孔量测。中厚和厚拱坝应设置坝基扬压力或拱座渗透压力监测设施。

（4）根据地质条件及存在的主要地质缺陷，两岸及拱座部位应有针对性地布置地下水位监测孔，且孔深深入建坝前的原地下水位线以下。

（5）根据实际情况和结构特点，坝体及结构孔洞等部位布置相应的应力、应变等监测设施。

3. 碾压式土石坝监测方案评价标准

（1）监测项目包括坝体垂直和水平位移、渗流量、库水位、下游水位、气温、降水量。面板堆石坝除上述外，还包括面板压应变、周边缝和垂直缝变形、坝基渗透压力监测。均质土坝和心墙土石坝除上述外，还包括坝体浸润线监测。

（2）根据实际情况，在最大坝高处、地形突变处、地质条件复杂处、坝内埋管处、不同结构特性连接处、运行中需重点关注的部位设置相应的监测设施。

（3）坝脚原则上应布置渗流量监测设施。当坝体及坝基渗流水低于地面或透水层或深厚覆盖层地基时，在坝下游河床中设测压管，通过监测地下水变化情况间接判断渗流情况或计算渗流量。

（4）高坝或两岸工程地质条件复杂的土石坝，在两岸帷幕后沿流线方向应布置绕坝渗流监测孔，孔深深入建坝前的原地下水位线以下。

（5）对 200m 级的高面板堆石坝，除在周边缝、垂直拉性缝布置测缝计外，还应在河床中部垂直压性缝的中上部布置单向测缝计，并在缝面布置压应力监测仪器。

4．工程边坡监测方案评价标准

（1）工程边坡设置以变形监测为主的整体稳定性监测项目，并同时考虑边坡深部变形、地下水位和降水量监测。

（2）采用预应力锚索（杆）等加固措施的边坡，设置预应力锚索（杆）应力监测项目。

11.3.2.2　监测设施评价

监测设施是指监测仪器（如埋设在大坝内或表面的传感器及其数据传输电缆）及有关配套装置（如正垂装置、倒垂装置、引张线装置、真空激光准直装置、静力水准装置、测压管、量水堰、测斜孔、观测墩、人工测量仪表等）、监测数据自动采集系统（如分布式网络、现场测控单元及中央控制设备等）、数据处理分析公式和工具（如监测物理量计算公式、数据处理分析计算软件、管理软件等）。

监测设施评价着重评价监测设施的可靠性，包括工作状态评价、历史测值评价，对象是各监测设施的"单体"，主要是指其监测成果能否反映大坝运行的实际变化情况。影响监测成果可靠性的主要因素包括监测设施（包括部分监测项目工作基点的校测设施）的工作状态及其监测方法、监测过程的精度控制和由原始监测数据（或读数）换算成监测物理量的计算公式、计算参数选择等。因此，监测设施可靠性评价主要是针对现有的各类监测项目，应通过监测方法、监测精度及其相应的监测物理量计算公式、历史数据和现场检查等方法对各监测设施工作状态进行评价，对现有监测设施报废、停测封存、继续监测等提出意见和建议。

1．工作状态评价

单测点监测设施的工作状态评价包括振弦式仪器、差阻式仪器、正倒垂线、变形监测控制网、引张线、静力水准系统、水管式沉降仪、引张线式水平位移计、测压管、量水堰、视准线、水位计、雨量计、双金属标等，评价标准依据相应规范执行。

工作状态评价方法主要通过现场检查和测试，检查各监测设施的工作环境、监测方法，查阅、复核监测物理量计算公式。针对不同的监测设施，现场检查、测试方法有所不同，重点是要识别、掌握被评价或测试的监测设施的工作原理、结构特点和组成，以及评价其工作状态正常与否的有关支撑数据等，监测设施可靠性评价的精华、难点、重点就在于此。

常用监测设施现场检查和测试内容：

（1）对差动电阻式监测仪器的现场检查、测试内容按电力行业标准《差动电阻式监测仪器鉴定技术规程》（DL/T 1254—2013）的要求进行。

（2）对钢弦式监测仪器的现场检查、测试内容按电力行业标准《钢弦式监测仪器鉴定技术规程》（DL/T 1271—2013）的要求进行。

（3）对正垂装置，现场检查、测试内容主要包括：护管及有效孔径（该项也可查阅施工资料代替）、重锤、阻尼油桶、线体、测点工况的检查，以及为检验垂线的安装质量和抗干扰性能的线体复位差及稳定性测试等；复核位移计算公式，关注与倒垂线以及不同高程测点位移的叠加；对拱坝还应关注所测的两个位移方向是否代表径向和切向。

（4）对倒垂装置，现场检查、测试内容主要包括：护管及有效孔径（该项也可查阅施工资料代替）、浮桶内浮体组安装情况（浮子是否水平、连接杆是否垂直、浮子是否位于浮桶中心及是否处于自由状态、浮子没入情况）、浮桶用油及油位、线体、测点工况的检查，以及为检验垂线的安装质量和抗干扰性能的线体复位差及稳定性测试等；复核位移计算公式；对拱坝还应关注所测的两个位移方向是否代表径向和切向。

（5）对引张线装置，现场检查、测试内容主要包括：固定端装置、测线、测点装置、测读仪器、浮托装置、保护管及支架、加力端装置等工况的检查，以及线体试验（也称"三角形试验"）和为检验引张线的安装质量及抗干扰性能的复位差测试等；复核位移计算公式，关注与校核基点（如倒垂线或垂线组或平面监测控制网点）位移的叠加。

（6）对静力水准装置，现场检查、测试内容主要包括：钵体、连通管的检查，以及为检验连通管的连通性测试等，采用双金属标作为校核基点的，还应对其进行测试；复核位移计算公式，关注与校核基点（如水准基准点或双金属标）位移的叠加。

（7）对测压管（包括地下水位监测孔）装置，现场检查、测试内容主要包括：孔口装置（含压力表）的检查以及测压管灵敏度测试，当采用渗压计监测管内水位时，还应采用电测水位计或压力表进行比测，必要时测定渗压计的安装高程等；复核管内水位计算公式，关注计算公式中管口高程、压力表安装高程、渗压计安装高程的准确性。

（8）对量水堰装置，现场检查、测试内容主要包括：堰型、堰板、堰槽及测针检查，以及必要时采用容积法的对比测试等；复核流量计算公式，关注量水堰的型式（常用的有三角形量水堰、梯形量水堰、矩形量水堰）及其计算公式变化，有的大坝采用底角为 90°或 60°或 30°，其流量计算公式是不同的。

（9）对测斜孔装置，现场检查、测试内容主要包括：孔口装置的检查以及必要时对测斜管的扭转程度进行测试等。

（10）对监测数据自动采集系统应按《大坝安全监测自动化技术规范》（DL/T 5211）及《大坝安全监测自动化系统实用化要求及验收规程》（DL/T 5272）的要求，可选取一定比例的现场测控单元和模块进行读数稳定性、准确性的现场测试；另外，还应对监测自动化系统的数据处理分析计算、管理软件等的功能、准确性进行测试。

2. 历史测值评价

历史测值评价采用物理量测值评价和仪器测读值评价相结合的方法，以物理量测值评价为主。当工程物理量测值难以判断时，可对仪器测读值分析评价。

物理量测值评价方法以测值过程线图分析为主，可结合相关性图、空间分布图、特征值分析等方法。仪器测读值宜根据仪器工作输出及测读值变化情况判定数据可靠性。

历史测值评价主要通过测值合理性及规律性分析的方法进行评价，可靠仪器应数据变化合理，过程线呈规律性变化，无明显系统误差或虽有系统误差但能够排除仪器自身的问题。

11.3.2.3 监测自动化系统评价

监测自动化系统评价包括数据采集系统评价、监测信息管理系统评价和运行维护评价。

数据采集系统评价包括人工比测指标、平均无故障工作时间、平均维修时间、有效数据缺失率、短期测值稳定性共 5 个评价要素。

监测信息管理系统评价主要通过检查软件、现场测试、与使用人员沟通等方式，检查系统是否具有在线监测、监测物理量特征值统计、图表制作功能、数据库管理、网络通信、安全加密、人工监测数据录入、监测信息发送等功能，检查系统是否具备易用性，是否有可扩展性。

运行维护评价主要通过现场访谈、查阅资料等方式，检查自动化系统运行管理规程、自动化系统监测频次、数据备份频次、人工比测频次、系统时钟校正频次、自动化监测设施巡查维护频次、是否配置备品备件等内容。评价标准如下：

(1) 运行单位结合工程的实际情况，编制监测自动化系统运行管理规程，并严格执行。

(2) 自动化系统监测频次：试运行期 1 次/天，常规监测频次不少于 1 次/周，非常时期按规范规定加密观测。

(3) 监测数据每 3 个月作 1 次备份。

(4) 每半年进行 1 次人工比测。

(5) 每月对自动化监测设施进行 1 次巡视检查，汛前和汛后进行 1 次全面检查、维护。

(6) 每 1 个月校正 1 次系统时钟。

(7) 配置足够的备品备件。

11.3.2.4 监测管理评价

可靠的监测系统能否发挥预期作用，达到工程安全监控的要求，最终都在监测人员的执行上。因此，监测管理评价对于监测系统至关重要。

监测管理评价的目的在于判断责任单位是否能够按照国家相关法规与技术规范的要求将监测设施的作用和功效发挥出来，真正起到监测的作用。

监测管理评价分为管理制度评价、人员评价、管理成效评价三个部分。

1. 管理制度评价

运行单位及监测单位应制定运行阶段监测工作管理制度，主要内容应包括：岗位设置及职责，观测方法，观测频次，观测资料的整理和整编，观测设备的检定、使用和维护，巡视检查，资料报送要求。

管理制度制定后应正式签发，并要求相关人员熟练掌握。

应根据国家及行业相关法规与技术规范的更新情况，及时修订相关内容。

2. 人员评价

开展日常观测的技术人员，应经过专业培训，持有监测相关岗位证书，具备必要的水工专业知识，了解大坝结构特点及其运行特性，熟悉监测设施的布置及监测仪器设备的基本功能，掌握监测资料整编和分析方法。

管理人员应熟悉国家相关法规及行业技术规范，掌握工程基础数据和基本特性，了解

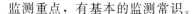
监测重点，有基本的监测常识。

管理和技术人员的数量应根据工程规模和工作需要配置。一般情况，中小型工程的技术人员不宜少于 2 人，大型工程不宜少于 4 人。

3. 管理成效评价

管理成效评价主要从仪器检定、观测、资料整编与分析、巡视检查、运行维护等 5 个方面进行检查，评价管理制度的落实情况。

用于观测的二次仪表应按检定周期送经授权的计量检定机构进行检定，检定结果合格才能用于日常观测，否则观测数据无效。

运行期观测应固定人员和设备，开展正常观测和资料分析整编，加强对初蓄期暴露问题的观测和检查。

监测资料应及时整编与分析；日常资料整编与分析应在每次观测后随即进行，年度资料整编与分析应按规定时间完成；初步分析应能判断趋势性和异常数据，发现异常情况应及时进行综合分析。

巡视检查次数、内容、方法应按规定落实，并有相应的巡视检查记录；巡视检查记录应能反映检查部位出现的异常情况及变化情况，并配有必要的文字说明、图表、照片、录像；应将巡视检查中发现的问题与上次或历次检查结果对比分析，同监测数据结合分析，并及时报送。

运行维护评价应检查监测设施按照《大坝安全监测系统运行维护规程》（DL/T 1558）的维护情况，保证监测设施处于良好的工作环境中，开展经常性检查，出现锈蚀、溶解、淤积、氧化等现象及时处理，发生故障及时排除，并做好相应记录。

11.3.2.5 综合评价

根据分项评价成果，按照综合评价的原则和定级标准，确定系统级别。提出监测系统更新、改造、改进或报废的意见或建议。

11.3.3 董箐大坝监测系统综合评价

11.3.3.1 工程及监测系统概况

董箐水电站枢纽工程规模为二等大（2）型，挡水、泄水建筑物为 1 级建筑物，放空洞、引水系统、厂房等主要建筑物为 2 级，次要建筑物为 3 级，临时建筑物为 4 级。工程按 500 年一遇洪水设计，设计洪水位为 490.70m，下泄流量为 11478m^3/s；按 5000 年一遇洪水校核，校核洪水位为 493.08m，下泄流量为 13330m^3/s。

工程枢纽由钢筋混凝土面板堆石坝、左岸开敞式溢洪道、右岸放空洞、右岸地面式引水发电系统、右岸斜面升船机（预留）及左、右岸导流洞等建筑物组成。

钢筋混凝土面板堆石坝坝轴线位于洗鸭沟下游 380m 处，轴线方位 N74°11'48"E，与河流大致正交。面板堆石坝坝顶高程为 494.50m，坝顶长为 678.63m，最大坝高为 150m。上游坝坡为 1:1.40，下游综合坝坡为 1:1.50。

开敞式溢洪道布置在左岸，引渠底板高程为 460.00m，堰顶高程为 468.00m，堰顶为 4 孔出流，孔口尺寸为 13m×22m（宽×高），泄槽收缩段宽 67～50m，其后接泄槽等宽段宽 50m，长 680m，纵坡 $i=7.5\%$，出口采用挑流消能，将天然的坝坪沟扩挖处理后作为消能防冲区。最大泄量为 $13347m^3/s$，最大流速为 $37.64m/s$，挑距为 $135m$。

放空洞布置在右岸，离坝肩约 $115m$，由进口段、无压洞身段以及出口消能工段组成。放空洞全长约 $951m$，进口底板高程为 $430.00m$，隧洞洞身段为城门洞型无压流，纵坡 $i=3.58\%$，断面尺寸为 $6m \times 9m$（宽×高），出口采用挑流消能。

引水系统位于右岸，采用单管单机供水，共 4 条引水道。进水口底板高程为 $455.00m$，引水隧洞平均长约 $273m$，内径为 $9.0m$，压力钢管段平均长约 $326m$，在筒形阀附近通过渐变段，内径由 $7.0m$ 渐变为 $6.3m$。

岸边式地面厂房位于面板堆石坝下游右岸坝脚附近，厂房轴线方位 $N23°E$，由主机间、安装间、副厂房、升压开关站等组成。厂房总长 $137.0m$、宽 $25.5m$、高 $81.3m$，机组安装高程为 $359.60m$。

监测工程范围为董箐水电站所有枢纽建筑物，包括大坝安全监测工程、边坡安全监测工程、泄水建筑物安全监测工程、引水发电建筑物安全监测工程、导流洞堵头段结构监测工程、枢纽建筑物变形监测控制网、建筑物表面变形监测工程及光纤陀螺仪监测面板变形等。安全监测工程涉及的建筑物及监测内容如下：

（1）大坝安全监测工程，包括大坝变形、渗流渗压及帷幕、压力（应力）监测工程。

主要仪器设备有：水平位移计、水管式沉降仪、测缝计、电平器、渗压计、堰流计、土压力计、应变计、无应力计、钢筋计、温度计等及其相应的读数仪、配套电缆及监测仪器设备的附属设备。还有光纤陀螺仪监测面板变形项目。

（2）边坡安全监测工程，包括大坝左右坝肩边坡、溢洪道边坡、厂房边坡、进水口边坡、2 号导流洞出口边坡、右岸变电站后边坡、放空洞进（出）口边坡、1 号导流洞塌方段处理开挖边坡监测工程。

主要仪器设备有：多点位移计、测斜仪、锚索测力计等及其相应的读数仪、配套电缆及监测仪器设备的附属设备。

（3）泄水建筑物安全监测工程，包括溢洪道结构、放空洞洞室开挖及结构、消能防冲建筑物、溢洪道水力学通用基座埋设及电缆牵引等监测工程。

主要仪器设备有：多点位移计、测缝计、收敛计、渗压计、锚索测力计、基岩应变计、锚杆测力计、钢筋计、水力学观测通用基座等及其相应的读数仪、配套电缆及监测仪器设备的附属设备。

（4）引水发电建筑物安全监测工程，包括引水系统洞室开挖及结构、引水系统进水口温度及发电厂房结构监测工程。

主要仪器设备有：多点位移计、测缝计、收敛计、渗压计、锚杆测力计、钢筋计、应变计、无应力计、钢板应力计、温度计等及其相应的读数仪、配套电缆及监测仪器设备的附属设备。

（5）导流洞及堵头段结构监测工程。

主要仪器设备有：渗压计、测缝计、钢筋计、温度计等及其相应的读数仪、配套电缆及监测仪器设备的附属设备。

（6）枢纽建筑物变形监测控制网及建筑物表面变形监测工程。

枢纽建筑物变形监测控制网，包括建网及年度复测。建筑物表面变形监测工程，包括

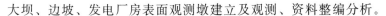

大坝、边坡、发电厂房表面观测墩建立及观测、资料整编分析。

11.3.3.2　现场工作简述

选择董箐水电站作为验证系统评价的工程之一，以模拟完成大坝安全定检为目的，在2014年分两次开展了现场测试工作。

11.3.3.3　系统综合评价

1. 指标体系确定

以定检为目的，选择监测方案、监测设施和管理等3个一级指标，自动化系统由于没有建立，因此，不需要选择。

董箐大坝监测系统较为复杂，从建筑物的角度来看，有大坝、溢洪道、放空洞、引水系统、地面厂房、导流洞堵头、边坡等7个部位，如果完全按照建筑物来分，则指标体系过于庞大，不利于权重系数确定，计算也较为复杂，根据监测设施的复杂程度和监测目的，可以将其归为大坝、泄水建筑物、边坡、其他等4个二级指标。

其中，大坝分为变形、渗流、应力应变等3个三级指标，泄水建筑物分为变形、结构应力、渗流渗压等3个三级指标，边坡分为变形、支护应力等2个三级指标，其他主要是指导流洞堵头和地面厂房，分为接缝变形、渗流、应力应变等3个三级指标。而大坝的变形分成了水平位移、垂直位移、面板挠度、接缝变形和控制网等5个四级指标，渗流分成了坝基渗透压力、坝体渗流、帷幕及绕坝渗流和渗漏量等4个四级指标，应力应变分为温度、混凝土应力应变、堆石体应力、趾板应力应变等4个四级指标。由此构成的评价体系见表11.3.1。

表11.3.1　　　　　　　　董箐大坝监测系统评价指标体系表

一 级	二 级	三 级	四 级	对 应 仪 器
监测方案				
监测设施	大坝	变形	水平位移	引张线式水平位移计
			垂直位移	水管式沉降仪
			面板挠度	电平器
			接缝变形	测缝计、脱空计
			控制网	平面及高程控制网
		渗流	坝基渗透压力	渗压计
			坝体渗流	渗压计
			帷幕及绕坝渗流	渗压计
			渗漏量	量水堰
		应力应变	温度	温度计
			混凝土应力应变	应变计（组）、无应力计、钢筋计
			堆石体应力	土压力计
			趾板应力应变	温度计、测缝计、无应力计

续表

一级	二级	三级	四级	对 应 仪 器
监测设施	泄水建筑物	变形		多点位移计、测缝计
		结构应力		钢筋计、应变计、钢板计、锚杆应力计
		渗流渗压		渗压计
	边坡	变形		多点位移计、测斜孔
		支护应力		锚索测力计
	其他	接缝变形		测缝计
		渗流		渗压计、量水堰
		应力应变		钢筋计、钢板计、锚杆应力计、温度计
运行管理				

2. 权重系数确定

使用专家赋权法和层次分析法分别计算权重系数。

(1) 专家赋权法。一级指标权重：$\omega=\{$方案：监测设施：管理$\}=\{\omega1:\omega2:\omega3\}=\{0.1:0.7:0.2\}$。

二级指标权重：$\omega2=\{$大坝：泄水建筑物：边坡：其他$\}=\{\omega21:\omega22:\omega23:\omega24\}=\{0.6:0.2:0.1:0.1\}$。

三级指标权重：$\omega21=\{$变形：渗流：应力应变$\}=\{\omega211:\omega212:\omega213\}=\{0.4:0.4:0.2\}$。

$\omega22=\{$变形：结构应力：渗流渗压$\}=\{\omega221:\omega222:\omega223\}=\{0.3:0.3:0.4\}$。

$\omega23=\{$变形：支护应力$\}=\{\omega231:\omega232\}=\{0.6:0.4\}$。

$\omega24=\{$接缝变形：渗流：应力应变$\}=\{\omega221:\omega222:\omega223\}=\{0.4:0.4:0.2\}$。

四级指标权重：$\omega211=\{$水平位移：垂直位移：面板挠度：接缝变形：控制网$\}=\{0.1:0.2:0.3:0.3:0.1\}$。

四级指标权重：$\omega212=\{$坝基渗透压力：坝体渗流：帷幕及绕坝渗流：渗漏量$\}=\{0.3:0.15:0.15:0.4\}$。

四级指标权重：$\omega213=\{$温度：混凝土应力应变：堆石体应力：趾板应力应变$\}=\{0.2:0.4:0.2:0.2\}$。

(2) 层次分析法。判断矩阵见表11.3.2～表11.3.10。

表 11.3.2 一 级 指 标 判 断 矩 阵

监 测 系 统	监 测 方 案 评 价	监 测 设 施 评 价	监 测 管 理 评 价
监测方案评价	1	1/9	1/2
监测设施评价	9	1	7
监测管理评价	2	1/7	1

表 11.3.3　　　　　　　　　　　　　二 级 指 标 判 断 矩 阵

监 测 设 施	大　坝	泄 水 建 筑 物	边　坡	其　他
大　坝	1	5	7	7
泄 水 建 筑 物	1/5	1	2	2
边　坡	1/7	1/2	1	1
其　他	1/7	1/2	1	1

表 11.3.4　　　　　　　　　　　　　三 级 指 标 判 断 矩 阵

大　坝	变 形 监 测	渗 流 监 测	应 力 应 变 监 测
变 形 监 测	1	1	3
渗 流 监 测	1	1	3
应 力 应 变 监 测	1/3	1/3	1

表 11.3.5　　　　　　　　　　　　　三 级 指 标 判 断 矩 阵

泄 水 建 筑 物	变 形 监 测	结 构 应 力	渗 流 渗 压
变 形 监 测	1	1	0.5
结 构 应 力	1	1	0.5
渗 流 渗 压	2	2	1

表 11.3.6　　　　　　　　　　　　　三 级 指 标 判 断 矩 阵

边　坡	变 形 监 测	支 护 应 力
变 形 监 测	1	2
支 护 应 力	0.5	1

表 11.3.7　　　　　　　　　　　　　三 级 指 标 判 断 矩 阵

其　他	接 缝 监 测	渗 流 监 测	应 力 应 变 监 测
接 缝 监 测	1	1	3
渗 流 监 测	1	1	3
应 力 应 变 监 测	1/3	1/3	1

表 11.3.8　　　　　　　　　　　　　变 形 监 测 判 断 矩 阵

大坝变形	水 平 位 移	垂 直 位 移	面 板 挠 度	接 缝 变 形	控 制 网
水 平 位 移	1	1/2	1/3	1/3	1
垂 直 位 移	2	1	1/2	1/2	2
面 板 挠 度	3	2	1	1	3
接 缝 变 形	3	2	1	1	3
控 制 网	1	1/2	1/3	1/3	1

表 11.3.9 渗 流 监 测 判 断 矩 阵

大坝变形	坝基渗透压力	坝体渗流	绕坝渗流	渗 漏 量
坝基渗透压力	1	2	2	1/2
坝体渗流	1/2	1	1	1/3
绕坝渗流	1/2	1	1	1/3
渗漏量	2	3	3	1

表 11.3.10 应 力 应 变 监 测 判 断 矩 阵

大坝应力应变	温度监测	混凝土应变监测	堆石体应力	趾板应力应变
温度监测	1	1/2	1	1
混凝土应变监测	2	1	2	2
堆石体应力	1	1/2	1	1
趾板应力应变	1	1/2	1	1

各指标权重如下：

一级指标权重：ω＝｛方案：监测设施：管理｝＝｛$\omega1$：$\omega2$：$\omega3$｝＝｛0.08：0.79：0.13｝。

二级指标权重：$\omega2$＝｛大坝：泄水建筑物：边坡：其他｝＝｛$\omega21$：$\omega22$：$\omega23$：$\omega24$｝＝｛0.67：0.16：0.09：0.09｝。

三级指标权重：$\omega21$＝｛变形：渗流：应力应变｝＝｛$\omega211$：$\omega212$：$\omega213$｝＝｛0.43：0.43：0.14｝。

$\omega22$＝｛变形：结构应力：渗流渗压｝＝｛$\omega221$：$\omega222$：$\omega223$｝＝｛0.25：0.25：0.5｝。

$\omega23$＝｛变形：支护应力｝＝｛$\omega231$：$\omega232$｝＝｛0.67：0.33｝。

$\omega24$＝｛接缝变形：渗流：应力应变｝＝｛$\omega221$：$\omega222$：$\omega223$｝＝｛0.43：0.43：0.14｝。

四级指标权重：$\omega211$＝｛水平位移：垂直位移：面板挠度：接缝变形：控制网｝＝｛0.1：0.18：0.31：0.31：0.1｝。

四级指标权重：$\omega212$＝｛坝基渗透压力：坝体渗流：帷幕及绕坝渗流：渗漏量｝＝｛0.26：0.14：0.14：0.46｝。

四级指标权重：$\omega213$＝｛温度：混凝土应力应变：堆石体应力：趾板应力应变｝＝｛0.2：0.4：0.2：0.2｝；各底层指标总权重见表11.3.11。

表 11.3.11 底 层 指 标 总 权 重

指标	设 计	水平位移	垂直位移	面板挠度	接缝变形	控制网	坝基渗透压力	坝体渗流
权重	0.08	0.02	0.04	0.07	0.07	0.02	0.06	0.03

指标	帷幕及绕坝渗流	渗漏量	温度	混凝土应力应变	堆石体应力	趾板应力应变	变形	结构应力
权重	0.03	0.10	0.02	0.03	0.02	0.02	0.03	0.03

指标	渗流渗压	变形	支护应力	接缝变形	渗流	应力应变	管理	
权重	0.06	0.05	0.02	0.03	0.03	0.01	0.13	

（3）单因素评判，建立模糊关系矩阵。根据现场测试及评判结果，建立模糊关系矩阵：

$$R_1 = [0.8 \quad 0.2 \quad 0 \quad 0]$$

$$R_{211} = \begin{bmatrix} 0 & 0 & 0 & 1 \\ 0 & 0 & 0 & 1 \\ 0.4 & 0 & 0 & 0.6 \\ 0.72 & 0 & 0 & 0.28 \\ 0 & 1 & 0 & 0 \end{bmatrix}$$

$$R_{212} = \begin{bmatrix} 0.85 & 0 & 0 & 0.15 \\ 0.75 & 0 & 0 & 0.25 \\ 0.44 & 0.12 & 0.3 & 0.14 \\ 0 & 0 & 1 & 0 \end{bmatrix}$$

$$R_{213} = \begin{bmatrix} 0.66 & 0 & 0 & 0.34 \\ 0.58 & 0 & 0.12 & 0.3 \\ 0.9 & 0 & 0 & 0.1 \\ 0.55 & 0 & 0.3 & 0.15 \end{bmatrix}$$

$$R_{22} = \begin{bmatrix} 0.44 & 0.18 & 0 & 0.38 \\ 0.72 & 0 & 0 & 0.28 \\ 0.86 & 0 & 0.14 & 0 \end{bmatrix}$$

$$R_{23} = \begin{bmatrix} 0.48 & 0 & 0.52 & 0 \\ 0.5 & 0 & 0.35 & 0.15 \end{bmatrix}$$

$$R_{24} = \begin{bmatrix} 0.86 & 0 & 0 & 0.14 \\ 0.6 & 0 & 0 & 0.4 \\ 0.75 & 0 & 0.1 & 0.15 \end{bmatrix}$$

$$R_3 = [0.4 \quad 0.4 \quad 0.2 \quad 0]$$

（4）综合评价。

1）专家赋权法评价结果。根据专家赋权法确定的权重系数，逐级递阶综合评价结果如下。

大坝变形模糊评价结果为 $V = (0.336, 0.1, 0, 0.564)$。

大坝渗流模糊评价结果为 $V = (0.4335, 0.018, 0.445, 0.1035)$。

大坝应力应变模糊评价结果为 $V = (0.654, 0, 0.108, 0.238)$。

大坝模糊评价结果为 $V = (0.4386, 0.0472, 0.1996, 0.3144)$。

泄水建筑物模糊评价结果为 $V = (0.692, 0.054, 0.056, 0.198)$。

边坡模糊评价结果为 $V = (0.488, 0, 0.452, 0.06)$。

其他模糊评价结果为 $V = (0.734, 0, 0.02, 0.246)$。

监测设施模糊评价结果为 $V = (0.5238, 0.0391, 0.1782, 0.2588)$。

系统最终评价结果为 $V = (0.5267, 0.1274, 0.1647, 0.1812)$。

为了方便说明监测系统的评判结论，充分利用综合评判提供的信息，根据评判等级划

分评分区间 $V=\{V1，V2，V3，V4\}=\{$优良，合格，较差，异常$\}=\{[1，0.8]，(0.8，0.6]，(0.6，0.4]，(0.4，0]\}$，取各级评分中间值，得到总评分为

$$(0.5267，0.1274，0.1647，0.1812) \cdot \begin{pmatrix} 0.9 \\ 0.7 \\ 0.5 \\ 0.2 \end{pmatrix}=0.6818$$

由此，可以得到监测系统的评价结果介于合格和较差之间，且属于较差的隶属度大于合格的隶属度，需要对其进行常规改进（小修）。

2）层次分析法评价结果。系统最终评价结果为：$V=(0.5057，0.1000，0.1889，0.2058)$。为了方便说明监测系统的评判结论，充分利用综合评判提供的信息，根据评判等级划分评分区间，$V=\{V1，V2，V3，V4\}=\{$优良，合格，较差，异常$\}=\{[1，0.8]，(0.8，0.6]，(0.6，0.4]，(0.4，0]\}$，取各级评分中间值，得到总评分为 0.6605。

11.3.3.4 小结

（1）董箐大坝作为土石坝的代表，其指标体系、权重等也可以作为以后类似工程评价的参考。

（2）对于大坝的变形，特别是内部变形，董箐大坝并没有赋予较高的权重，是因为运行期土石坝的关注点和施工期是不同的，因此，评价目的才是选择指标体系、权重等开展评价活动的关键。

（3）两种方法确定的权重评价得出在 0.6 左右，有差异但很小，可以接受。需要对其进行常规改进（小修），大坝水管式沉降仪、引张线式水平位移计基本上全部无法工作，需要全部维修改造一致。

11.4 监测系统改造设计

11.4.1 概述

安全监测系统更新改造是水库大坝除险加固工程的一项重要内容，它贯穿于工程建设及运行管理全过程，安全监测系统更新改造成功与否与工程安全运行息息相关。目前，我国大多数水库大坝布置了安全监测设施，主要监测项目有变形、渗流和应力监测等。由于历史及经济原因，加上管理不到位及对安全监测认知不足，我国水库大坝安全监测管理仍存在许多问题，主要表现在以下几个方面：

（1）监测项目缺失或不全。部分水库大坝安全监测项目不满足《土石坝安全监测技术规范》（SL 551—2012）及《混凝土坝安全监测技术规范》（DL/T 5178—2016）等规范要求，许多水库尤其是中、小型水库安全监测项目不全甚至缺失，不能正常监视工程的运行状况。

（2）仪器布置不合理。如视准线未设置工作基点或视准线长度超过 500m 又未设置中间工作基点，致使视准线无法工作，又如仪器没有布置在典型断面或工程薄弱部位。

（3）监测设施陈旧，损毁严重，监测手段落后，许多监测设施已经或面临淘汰，不能

满足现代化监测技术的需要；由于缺少资金维护及设备的自然老化等，许多安全监测设施破损严重，设施陈旧，如外观设施被破坏，测压管灵敏度不满足要求等，许多传统监测手段已经落后，如测压管水位仍采用测绳测量等，已不能满足正常观测工作的需要。

（4）缺少现代化信息管理。目前很多水库安全监测仍采用传统的人工观测、数据手工输入、资料由传统纸质形式保管等方式进行，随着科技进步和现代化管理水平的提高，传统数据采集及发布方式已远不能满足现代化管理的需要。自动化数据采集与系统信息化管理已成为安全监测现代化管理的标志。

（5）缺少专业管理人员。目前我国很多水库大坝缺少安全监测专业管理人员，只能做简单的观测和巡视，不能对资料进行系统整理与分析，无法对观测资料进行评价，不能对工程的运行状况做出准确判断，水库的效益不能充分发挥。

（6）重视程度不够，安全监测是工程运行的"耳目"，事关工程本身及下游人民的生命财产安全，一旦出事，将会造成巨大损失，其重要性不言而喻。在实际运行过程中，由于认知的差别，安全监测还未引起相关单位及人员的重视，人员和经费经常不到位，没有专业培训，设备设施无法维护，缺少相应的管理制度，安全监测远不能达到指导水库大坝安全运行、规范水库大坝安全管理目的。

大坝安全监测系统的更新改造设计应满足监测规范要求，并综合考虑工程的实际情况。监测点的布置，既要保证监测点的位置具有代表性，又要体现其特殊性。大坝安全监测更新改造具体原则如下：①充分利用原有的观测设施，新增设施力求少而精；②监测项目应重点突出，应能了解改造对象在改造处理后的性态及变化规律，建立大坝安全监测模型、水库管理系统及设备自动控制系统；③项目设置应有针对性，应根据大坝存在的问题和具体部位有针对性地设置监测项目；④设计应以信息监测、采集、处理、传输以及设备控制为重要目标；⑤监测仪器设备应精确可靠、稳定耐久、经济实用；⑥利用现代化信息技术，通过大坝自动化监测系统建设，提高管理水平，加快水库现代化建设。大坝安全监测自动化系统建设原则是以需求为导向，实行长远目标与近期目标相结合，统筹规划、分期实施、急用先建、逐步推进。

进行监测系统改造设计遵循以下步骤：

（1）资料收集。需要收集工程基本资料、原监测设计方案、监测仪器历史数据及运行维护资料等。

（2）进行监测系统现状分析与评价。原监测设计方案评价，包括监测项目的完整性和规范性，监测仪器布置的合理性，监测仪器的可靠性、耐久性和适应性，监测频次及巡视检查。

监测设施评价：通过现场检查与测试、历史数据评价，着重评价监测设施的可靠性。

监测管理评价：主要评价制度、人员及执行效果。

通过详细评价：提出系统存在的问题。

（3）监测系统改造设计。根据系统评价结果，针对监测系统现状，进行监测系统改造设计，应遵循以下原则：

1）完整性。系统、科学、合理地规划，结合工程的实际情况进行细致、周密地设计，按照规范要求，补充和完善必要的和主要的监测项目，使现有的安全监测系统建设成为一个完整的安全监测系统。

2）针对性。应针对工程运行中暴露的缺陷、工程重点部位进行重点监测，对同一项目可选择多种手段监测，相互校核，具有一定的冗余。

3）先进性。选用的监测仪器应考虑技术的发展，选择先进可靠的监测仪器。

4）有效性。根据长期监测成果，选择合适的监测仪器及监测方法，使监测仪器的量程、精度与被测物理量相匹配，监测方法合适。

5）实用性。根据现场环境选择适宜的监测仪器，如潮湿廊道内可选择振弦式静力水准仪，相较 CCD 等类型仪器而言，对环境适应性较好。监测系统改造设计流程见图 11.4.1。

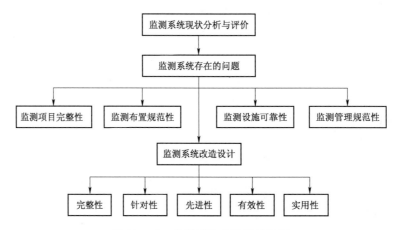

图 11.4.1　监测系统改造设计流程

11.4.2　柘林水电站监测系统改造设计

11.4.2.1　工程概况

柘林水电站位于江西省永修县修河干流中游末端，坝址控制面积 9340km²，水库总库容为 79.2 亿 m³，为多年调节水库。总装机容量为 420MW。枢纽工程由主坝、副坝（三座）、溢洪道（两座）、泄空洞、发电引水系统（两套）、灌溉隧洞和通航建筑物等组成。

工程于 1958 年动工兴建，1962 年停工缓建，1970 年复工，1972 年 8 月第一台机组发电，1975 年四台机组全部投产发电，1985 年工程竣工验收，投入正常蓄水运行。

扩建工程由国家发展计划委员会于 1999 年 12 月正式批复开工建设，由厂房、引水明渠、进水口、引水隧洞等组成，2 台 120MW 机组分别于 2001 年 12 月和 2002 年 5 月并网发电。

11.4.2.2　监测自动化系统概况

柘林大坝监测自动化系统包括两大部分：大坝监测数据自动采集系统和大坝安全信息管理系统。现有大坝监测数据自动采集系统是采用南京水利水文自动化研究所生产的 DG—2000 型分布式大坝监测系统。大坝安全信息管理系统采用大坝安全监察中心开发的大坝安全监测资料整编软件。自动化监测系统于 2004 年投入运行。

大坝安全信息管理软件可以自动导入自动化监测数据并进行数据处理。此外，主、副坝区手工观测资料也均在该系统中录入、计算和整编。该系统具有仪器管理、水工监督、巡视检查管理以及数据上报等功能。

整个自动化监测系统由数据采集机、服务器和工作机组成小型局域网，再通过交换机与电厂 MIS 系统相连实现柘林—九江两地数据互通。同时利用专门网关将实时数据上传到大坝中心数据库中。

本次改造涉及的主要范围是：主坝区（包括主坝、第一溢洪道、B 厂引水渠及后山坡等）渗流及内观监测自动化的改造设计。

工作内容有：对已纳入自动化系统的仪器进行可靠性分析，对原自动系统进行评价；结合新增测点，针对现有问题，提出自动化改造方案；编制施工图设计文件。

11.4.2.3 监测自动化系统综合评价

1. 监测设计评价

根据相关规范界定，柘林水电站属一等大（1）型工程，主坝最大坝高为 63.50m，属 1 级建筑物。设计结合工程的实际和扩建工程的需要，选择了相应的监测项目和监测方法，在施工及运行阶段取得了大量的数据，能够真实反映工程运行状态，发挥了应有的作用。虽然对照现行规范，主坝缺少两个监测项目。但是，目前增加界面位移、界面压应力的监测并不可行，因此，可以认为目前柘林大坝运行的监测项目是全面的，参见表 11.4.1。

表 11.4.1　　　　　　　　　　监 测 项 目 对 比 表

对比项目	坝体表面垂直位移	坝体表面水平位移	堆石体内部垂直位移	堆石体内部水平位移	防渗体变形	界面位移	渗流量	坝体渗透压力	坝基渗透压力	防渗体渗透压力	绕坝渗流	界面压应力	防渗体应力应变及温度	环境量
规范规定 1 级心墙堆石坝	应测	应测	应测	应测	应测	应测	应测	应测	应测	应测	应测	应测	应测	应测
小于 70m 的 1 级坝	应测	应测	可选	可选	应测	应测	应测	应测	应测	应测	应测	应测	可选	应测
柘林主坝目前的监测项目	有	有	无	无	无	无	有	有	有	有	有	无	无	有

2. 监测仪器评价

对监测仪器的评价一般应该包括现场调查、现场测试和历史观测数据评价等三部分工作。

现场检查、现场测试和历史观测数据评价结果表明：

（1）已接入自动化的内部埋入式仪器电缆已全部接入观测房，主坝内区域有专人值守看护，暴露在外部的测点均做了合适的保护和标识。

（2）测压管虽然大部分工作正常，但是均已使用超过 10 年，超过仪器使用年限，建议更换。

（3）56 支差阻式仪器已失效多年，部分锚索测力计已失效，不具备更换条件，建议封存。

（4）多点位移计与土位移计，外部的保护罩得到了较好的保护，具备更换条件，建议更换。

3．自动化系统评价

自动化系统 2008—2014 年平均无故障工作时间为 1323～3680h，远小于规范规定的 6300h；2012 年和 2013 年缺失率分别为 4.51%、4.89%，均大于规范规定的 3%；监测信息管理系统并没有结合本工程的实际情况开发，只能进行简单的资料整编，不能对监测数据进行分析；上述 3 个重要的考核指标均不符合规范规定，不满足运行需要。自动化系统平均无故障工作时间统计见表 11.4.2。

表 11.4.2　　　　　　　　自动化系统平均无故障工作时间统计表

年度	自动化设备故障次数	测点故障次数	信息管理系统故障次数	平均无故障工作时间/h
2008	14	6	1	2635
2009	7	20	0	2750
2010	21	21	0	3101
2011	18	19	1	3497
2012	17	7	1	3626
2013	27	8	1	1323
2014	20	9	0	3680

11.4.2.4　系统改造的必要性

柘林水电站大坝监测自动化系统投运十多年来，为柘林电厂大坝安全度汛、电厂经济运行提供了准确可靠的数据基础，发挥了应有的作用。但是随着使用年限的增加，系统逐渐暴露出越来越多的问题与不足：

（1）原系统建成数年后，因测量控制单元故障、电路板锈蚀、通信光缆多处断裂等问题，系统故障频发，基本失去自动化监测功能，所有监测内容均以人工观测为主，工作量大，观测周期长，数据后处理繁琐，尤其在特殊工况下更是无法及时完成动态观测。

（2）系统建设初期采用环形网络拓扑结构，网络扩充不便，灵活性不高，在实际运行过程中出现了较多问题，为系统安全运行带来很大隐患。

（3）部分测站的多点位移计出现损坏或精度降低等情况，严重影响了系统的稳定性与可靠性。

（4）信息管理系统不能对监测数据进行分析，以致生成的数据没有分析结果、新增的观测点不能录入到系统中、无法增加人工导入数据的测点等问题，给日常维护与管理带来很大不便。

（5）中心站网络设施简单，自动化程度低，应用功能不完善或存在缺失，安全性较差。

为了彻底解决原系统存在的诸多问题，高效、集中地进行数据采集和数据处理，对其进行改造，建立一套功能齐全、稳定可靠、使用方便的大坝安全监测自动化系统是非常必要的。

11.4.2.5　系统改造设计

1. 完善系统的监测项目

在对原有监测仪器设备进行评估分析后，已损坏且不可更换设备不再接入自动化系统；可更换的设备已达到使用年限进行更换后接入系统；电厂后期新增的监测项目接入自动化系统，实现工程监测设备的全覆盖。

经过现场调研、资料查阅、历史数据考证，结合设计技术规范书的描述，对已接入和待接入自动化系统的内观仪器进行可靠性分析和评价。

图 11.4.2　主坝测压管管口外观

（1）第一溢洪道、F7 断层、主坝、绕坝渗流、厂房后边坡堆积体等部位的 112 个测压管虽然大部分工作正常，但是均已使用超过 10 年，超过仪器使用年限，建议更换，需更换渗压计 107 支。主坝测压管管口外观见图 11.4.2。

（2）主坝心墙内部仪器分别接入 1～4 号观测房 16 支、15 支、12 支和 13 支，在 2012 年和 2013 年收集到的资料整编报告中未见任何数据，这些仪器已失效多年，因此建议这 56 支差阻式仪器报废。

（3）在引水渠边坡、进水口边坡以及厂房边坡布置了 25 套差阻式土位移计，目前仅 6 支基本正常，现场查看土位移计布置在边坡表面裂缝处，用于监测裂缝开合度，传感器可以更换，鉴于边坡稳定对工程安全至关重要，且 6 支基本正常的仪器也已使用了近 13 年，超过仪器使用年限，因此，建议更换 25 支差阻式土位移计传感器。

（4）引水渠边坡 4 台锚索测力计、厂房后边坡 7 台锚索测力计均已失效，由于仪器不具备更换条件，建议报废。

（5）引水系统 4 套压力盒、9 支应变计、3 支渗压计均已失效，且不具备更换条件，建议报废。

（6）接入自动化系统的 19 支差阻式钢筋计已有 9 支失效，10 支进行过程线评价不合格，由于该仪器不具备更换条件，且现存的 10 支仪器测值不可靠，不应接入自动化系统，建议封存。

（7）厂房后边坡 6 套差动变压器式多点位移计已全部无测值，经现场查看发现，传感器外部的保护罩得到了较好的保护，具备更换条件，建议更换 22 支差动变压器式多点位移计传感器。厂房后边坡土位移计外观见图 11.4.3；多点位移计传感器保护罩外观见图 11.4.4。

图 11.4.3　厂房后边坡土位移计外观　　　图 11.4.4　多点位移传感器保护罩外观

2. 更新数据采集装置（Data Acquisition Unit，DAU）

现有大坝监测数据自动采集系统由分布在主坝区的监测仪器（273 支）、测控装置、中央控制装置和配套电缆及数据采集软件等构成。这 273 个测点根据不同类型仪器分别采用相应电缆依次接入测控装置。测控装置共有 17 台，共配置了 23 块测量模块，分别安装在 9 个观测房里。该系统于 2004 年投入运行，已运行 11 年，数据采集装置已达到系统正常使用年限，技术落后、损坏频繁、可靠性低，产品已经更新换代。

原 DAU 配置参数落后，无法满足要求。本次改造更换后的 DAU 具有良好的人机交互性；支持传感器类型齐全；提供丰富的控制命令，可实现多种测量控制方式；同时，提供人工观测数据接口，可快速完成人工比测工作，并且采用模块化设计，方便将来故障时快速维护。

3. 监测自动化采集、信息管理软件升级

经调查，现有大坝安全信息管理系统的 C/S 体系系统采用 Visual C＋＋作为本系统主要的开发工具，B/S 体系（Web 信息查询）系统采用 ASP 结合 Active X 进行开发，系统具备的模块和实现的功能有监测数据自动转入、监测资料管理、监测数据查询、图标曲线制作、数据报表制作、建模分析、系统管理和 Web 方式查询等 8 项，从开发时（2003年）监测行业内的认识和计算机软件的水平来讲，已基本达到了电厂的需求。但是，在长达数十年的使用过程中，发现存在以下问题：

（1）监测信息管理系统并没有结合工程的实际情况开发，只能进行简单的资料整编，不能对监测数据进行分析，以致生成的数据没有分析结果，不能直接得出大坝的结构性态。

（2）软件不能正常转入降雨量等环境量资料（从水情自动化系统中自动读取，该系统于 2014 年初已改造）；新增的观测点（如测斜孔）不能录入到系统中；改造后的位移标点基值不能调整等。

（3）在系统中，无法增加人工导入（录入）数据的测点，当某一测点观测方法或观测仪器发生变更时，系统不能对这些测点数据进行分析处理。

针对原采集、信息管理系统存在的问题，开发一套完整的大坝安全数据采集、信息管理软件，满足日常运行需要，并针对性的具备水情数据自动获取、网络报送以及两地联合管理等功能，系统拥有实时完成观测数据的整编计算及在线检测、自动触发复测等保证观测数据准确性及时效性的功能。

4. 优化通信组网方案

现有安全监测自动化系统采用了环形网络拓扑结构，其优点是实时性较好、路径固定、无路由选择问题、某个节点发生故障时可以自动旁路；但其缺点也比较明显：网络扩充不便、灵活性不高。从 2008—2014 年的自动化运行来看，该结构在实际运行过程中出现了较多问题。

针对原系统采集网络通信干扰大、稳定性差、运行速度慢的特点，根据柘林水电站现有自动化监测系统的布置情况和现有监测仪器损坏情况，采取将目前 1～4 号观测房内的 64 支渗压计，连同进水闸新增的 5 个渗流监测点，共计 64 支渗压计牵引至 2 号观测房集中配置相应的采集装置，然后从 0 号、2 号、5 号、6 号、7 号和 8 号观测房共 6 个测站单独牵引光缆至监测管理站，形成一个星型拓扑结构，系统组网图见图 11.4.5。

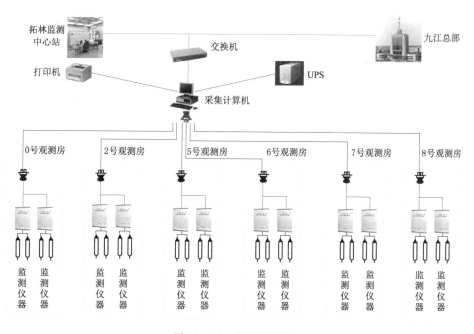

图 11.4.5　系统组网图

11.4.2.6　小结

据柘林电厂的实际情况，经充分的调研和论证，提出合理可行的设计方案，主要内容包括增加后期新增监测项目，对原有监测系统进行综合评价，优化了网路结构，使系统具备完善的应用管理功能，有效地提高工作效率，进一步减轻人工观测的劳动强度。

11.5　监测设施运行及维护

仪器埋设完成并经历较长时间运行后，由于监测仪器设备本身有一定的寿命，以及难以预料的人为损坏或无意识破坏，监测仪器设备及电缆难免发生损坏。工程运行管理单位应按照相关规范的要求开展安全监测系统运行及维护工作，确保监测项目的完备性、监测系统的可靠性、监测方法的合理性，注意日常管理和维护，为大坝的运行及安全状态评价提供可靠的数据资料。

11.5.1 监测设施的日常保护措施

运行期应采取多种措施做好仪器保护工作，尽量避免人为原因以及自然原因造成的仪器损坏现象，如电缆盗割、孔口破坏、监测管（孔）淤积等。

11.5.1.1 对人为破坏的防护

有意识的破坏主要是人为破坏，如电缆被盗割和观测站、观测房被撬等，减少这类损失的主要方法如下：

（1）按照相关规范与仪器使用说明的要求，对仪器设施采取保护措施，如安装保护罩、修建混凝土墩等，外露部分采取合适的防盗措施，以防遭到盗窃破坏。

（2）尽量将仪器电缆尽量埋入地下、结构物内部。

（3）观测站修建以牢固、简洁、便于现场作业为宜，主要采用难以转卖、无法再生的材料制作，并采取防盗措施，遭到破坏的可能性相对较小。

（4）进行经常性的巡视检查，一旦发现偷盗现象，立即报告保卫部门进行追查。

11.5.1.2 对非人为原因破坏的防护

由于监测仪器、电缆等往往埋设在结构物内部，或者在人迹罕至的野外，工程建筑物施工作业、外部自然条件的改变等可能导致仪器设施损坏，预防措施如下：

（1）监测运行管理单位应建立完善的仪器设备台账，主要包括：监测仪器布置、仪器类型、技术参数、电缆走向，说明防护范围及相关注意事项。

（2）当现场施工可能损坏监测仪器时，在电缆走线方向设醒目标志，电缆钢管涂上颜色，以与脚手架相区别，避免被无意破坏。

（3）对各施工区域落实专人负责工程联系，提出仪器和电缆保护的建议方案，同期加强仪器设备的维护工作。经常性地对现场进行巡视检查，了解主体施工进度，并与相关各方进行协调。

（4）对于建筑物平面位移观测，必须保证基点、测点之间的通视条件。在改变建筑物布置格局（如加高或新增建筑物）且施工范围附近有外部变形观测基点、测点时，需评估施工对外部变形观测的影响，必要时适当调整施工方案或调整外部变形监测点的位置。

（5）对于边坡、洞室等部位的钻孔式监测仪器，一般需在孔口修建具有防盗、排水、防泥沙淤积措施的混凝土保护墩。

11.5.2 监测设施设备管理与维护措施

11.5.2.1 一般原则

（1）按监测系统的特点，从环境、安全、防护、外观和功能等方面，按规定的程序和内容进行检查与维护。监测系统维护满足全面保障和恢复系统正常运行要求。

（2）监测设施管理人员应熟悉水工建筑物的结构和运行特性，熟悉相关监测项目和仪器的布置情况、监测仪器设备使用方法、相应规范和操作规程、质量控制要素，具有相应的专业技能并经培训合格。

（3）监测系统每年至少进行一次全面的维护工作。

（4）日常配备足够的备品、备件，发现问题及时对监测仪器设备进行维修更换，监测人员无法处理时，尽快联系厂家协助解决。

（5）建立监测仪器设备台账、精密测量仪器卡、仪器档案等制度，设置专库存放，由专人负责保养及维护。

（6）各种仪器均不可受压、受冻、受潮或受高温，精密测量仪器需防日晒、雨淋、碰撞震动。监测仪器设备运输时应采用妥善的包装箱，测量仪器的电池应按说明书要求进行充放电维护及保管。

（7）对自动化监测系统，应定期对测点、监测站、监测管理站、监测管理中心站的仪器设备和电源、通信装置等进行检查，按设备周期进行维护和更换。

（8）做好各监测项目的检查、使用、保养、维修、鉴定等记录。对监测系统检查和维护中发现的问题，建立完善的报告制度和处理流程。

11.5.2.2 变形监测设施

1. 变形控制网和外部观测设施

（1）基点、观测墩、测点应有可靠的保护装置，必要时应由专人看管或修建防护设施。

（2）重要的基点、标点可按国家有关规定委托所在地机关、单位或个人保管，每年汛前应进行一次检查，发现标盘和测点损坏，影响对准和观测精度的，应及时更换。

（3）每次观测时对观测墩、观测通道和观测视线通畅情况进行检查，发现问题及时处理，保证观测墩基础无积水，水准测点内无杂物。

（4）每年汛前和汛后对所有观测通道进行一次全面维护，主要包括：观测通道及两侧的植物清查、简单人工开挖、路面平整和回填等。

（5）每年汛后对所有观测墩和水准点进行一次全面的维护，对设计编号或警示文字标示不清、粉刷层脱落的观测墩和水准点重新喷绘和粉刷。

（6）发现观测墩或水准点损坏，应立即上报监理人，并及时进行修复。

2. 激光准直系统

（1）真空泵冷却循环水。真空泵冷却系统主要包括储水箱、回水箱、潜水泵、水位浮子开关等，宜每2个月补一次水，每6个月换一次水。储水箱应保持清洁，水质清澈，水位不得低于30cm，维护时应排除箱内所有陈水，充分擦拭后注入新水；回水箱应保持清洁，盖好上盖防止进入杂物，维护时应擦拭内面，清除杂物。内部设备特别是水位浮子的位置不可改变；潜水泵应保持进水清洁，工作时完全进入水中，维护时擦拭表面；水位浮子应保持表面清洁，维护时擦拭表面，但不可以改变现有的箱内长度、中间沙锤的位置。应特别注意，维护时应切断电源，以免发生意外。

（2）真空泵油。真空泵油宜6个月更换一次。将废油全部放出并注入少量新油，用手转动皮带轮几转，使新油将泵内部清洗干净，再放出，最后灌入新油，灌入新油位应在红色警戒线附近。

（3）发射端、接收端电暖器及除湿机。对于这些设备，每 3 个月应维护一次。电暖器应按季节使用，温度设定不可设为连续加热，不用时应断下电源并妥善保管，维护时应擦拭表面污垢；除湿机应全天 24h 供电，上盖必须处于打开位置。维护时擦拭表面污垢。

（4）发射端和接收端的观测室。观测室宜每半个月维护一次，应保持室内清洁，温度在 −5～40℃，湿度在 85％以下；冬季应特别注意室内的保温，北方寒冷地区应为大门加装保温门帘。

（5）仪器传动部件。仪器传动部件应定期维护，用绸布擦拭仪器外壳，为仪器的导轨、精密滚珠丝杠加注适量润滑油。旋转测微手轮时，以手感均匀舒适为宜。如感觉异常，不可用力扭转，以免损坏精密滚珠丝杠。

3．垂线系统

（1）保持观测房和测点环境的整洁，及时更换破损的观测房门、防风和挡水装置、警示标志等，防止雨水或污水流入垂线孔或正、倒垂线的油桶内。

（2）使用光学垂线坐标仪时，定期检查仪器零位，如零位有变化需送厂家维修，并对测值进行改正。采用瞄准仪时，检查游标卡尺是否松动、卡滞，打开保护罩检查瞄准针的完好性。

（3）日常检查倒垂浮桶、正垂阻尼油桶有无漏油现象、油面是否正常；宜每 2～5 年进行一次换油工作。

（4）每月进行一次定期检查和维护。检查内容包括：垂线通过区域是否有异物阻挡、阻尼桶（或浮桶）的液体是否干净、是否存在漏液、液位是否合适、垂线是否存在锈蚀等异常状态、顶部遮水罩完好情况。维护内容包括：检查异常情况处理、清扫人工读数盘和垂线坐标仪表面灰尘、倒垂孔钙质析出物清理等。

（5）正垂线体悬挂点固线卡应定期抹黄油或滴注机油。

（6）定期对测点的金属部件进行防锈处理。

（7）不应使用腐蚀性强（如 84 消毒液）的物质擦拭观测设备，可用有机溶剂（如酒精、汽油等），但不得用有机溶剂擦拭设备带油漆的部位。

（8）每年进行全面检测。检验线体浮力或拉力是否符合标准荷载要求，浮力不合标准的按计算要求加注或抽取变压器油，拉力不合标准的按计算要求增加或减少重锤，若因过载致使不锈钢丝疲劳损坏的应更换不锈钢丝。

（9）垂线坐标仪出现故障后，及时进行检查，必要时对垂线坐标仪进行更换。

（10）如垂线线体断裂，需重新布设垂线。新垂线线体直径、长度、拉力、浮力等参数必须满足原设计要求。

（11）垂线线体及坐标仪更换，更换垂线线体及垂线坐标仪后，进行重新现场率定，并对相应计算公式进行修改。

4．引张线系统

（1）日常检查引张线线体自由情况、防风效果，及时处理不良状况。液体黏稠度过大时应及时更换，液位不足应及时补充，液位的高度以线体高于钢板尺 0.3～3mm 为准。自动化监测时至少应每月检查一次。

（2）测点读数尺尺面应定期进行检查，保持清洁。读数尺位置应在有效范围内。

（3）引张线端点的线锤连接装置、固线卡应定期滴注适量机油。

（4）采用两端固定方式的引张线，应定期检查线体张紧度，发生松弛时应加重张拉并重新进行固定。

（5）定期检查引张线保护管是否有弯曲、锈蚀等现象，严禁在保护管上堆放或悬挂重物。

（6）引张线保护管、测点保护箱每年进行一次全面的除锈刷漆维护工作，保证设备完好。

5. 静力水准

（1）日常检查容器的外观是否完好，有无漏液等现象；检查容器内的液位，确保浮子处于自由状态；检查管路是否密封，是否存在漏液或气泡留存等现象，发现异常及时维护。

（2）静力水准装置应使用蒸馏水，加水高度和首次值齐平，管路中不得有气泡。

（3）定期进行抬升试验，检查静力水准装置的准确性、灵敏度和复位情况等。

6. 单（双）金属标

（1）金属标点应加以保护，测点处应保持清洁。

（2）定期对金属标金属部件进行防锈处理，保证设备完好。

7. 水管式沉降仪

（1）定期检查管路是否通畅。定期向储水桶内补充水，应满足防腐、防冻等使用要求。

（2）测量管口需采取封闭措施，防止杂物进入。定期清洗管路，排除杂质，减少藻类滋生。

（3）定期向测头充水排气。应控制进水流量，避免测头内积水位上升、溢出的水进入通气管。如果通气管堵塞，可向管内抽气或抽水。

（4）为防止管路液体结冰，应根据当地气候条件，在必要时选用适当的防冻液。

（5）定期对接入自动化系统的传感器进行检查标定，检查和维护电磁阀门以及阀门继电器等充水设备。

8. 引张线式水平位移计

（1）定期检查测量台架和挂重台架的连接装置是否松动，检查线体工作状态是否正常，清洁测尺尺面，传动装置定期涂抹黄油。

（2）定期对观测房内的测量台架和挂重台架的金属构建部分进行防锈处理。

（3）对自动化设备应定期检查电机、行程开关、限位开关、传递装置及加载装置等，对异常情况应及时处理。

9. 测斜管及测斜仪

（1）日常应检查活动式测斜仪的导轮是否转动灵活、扭簧是否有力、密封圈是否完好、输出是否正常。

（2）日常检查管口周边是否存在明显的变形等现象，清理测斜管周围的杂草，检查孔口保护盖是否完好。

（3）采用活动式测斜仪时，应定期检查测斜管内导槽是否通畅、深度是否满足测量要求。

10. 竖直传高仪

(1) 丈量竖直高差的标准铟瓦带尺应按中国计量科学研究院检验规定进行检定。

(2) 在进行竖直高差观测时应先将带尺悬挂于观测位置晾至 20min 以上。

(3) 严禁碰损带尺，严防带尺在观测过程中滑落。

(4) 在进行高差差分观测时应注意将承力螺杆松开，使传递丝处于受力状态；观测完毕应将承力螺杆顶住加力重锤，减轻传递丝受力。

(5) 注意对加力架的转动轴和读数放大装置转动轴的防尘、抗锈保护。

(6) 注意经常给设备及其保护网装置表面上防锈油。

11. GPS 设备

(1) GPS 设备应在常温、干燥、通风、阴凉的环境中存放，以防止设备长时间不使用时被腐蚀，从而影响 GPS 的定位精度和使用寿命。

(2) 在使用 GPS 接收机及其附件时应小心，轻拿轻放，勿磕勿碰，确保仪器使用安全。

(3) 作业结束后，应及时擦净接收机上的水汽和尘埃，并装箱。

(4) 在雨雪天使用 GPS 接收机时，应及时清理仪器表面的水、雪，以防流入仪器内部，腐蚀内部结构，影响使用寿命；回到室内后应及时用干净的软布将仪器及箱子内的水分擦净，并放在阴凉、通风的地方晾干。

(5) 雷电发生时应关闭电源，停止观测，防止损坏仪器。

(6) 在 GPS 接收机内的数据输出完成后，应及时拔出连接数据线，以防止数据线长期在电脑上通电，使其内部结构老化，影响使用寿命。

11.5.2.3 渗流监测设施

1. 测压管

(1) 日常检查孔口装置和压力表是否完好，发现锈蚀、损坏、周边渗漏现象应及时处理，孔口应盖好。

(2) 野外观测孔应加强孔口保护，测点处必须有明显警示标志。

(3) 若测压管管口部位有渗流水进入，则应及时进行防渗处理，即沿管口四周开凿嵌入式止水带，回填防水砂浆。

(4) 压力表不归零、量程不足等原因导致不能正常监测时，应及时更换压力表；压力表每年检定一次，不合格压力表严禁使用。

(5) 定期对测压管的灵敏性进行检查。管内淤积高度宜每 2～5 年检查一次，当淤积高度超过透水管长度的 1/3 时，应进行清淤。

(6) 孔口装置应每 2～3 年应进行一次除锈、刷漆，以防孔口装置锈蚀漏水。

2. 量水堰

(1) 定期检查量水堰上、下游侧是否存在淤积，当发现漂浮物或淤积时，应及时清理，确保测量精度。

(2) 严禁岸坡与坝外排水直接流入量水堰，造成量水堰测值失真。

(3) 严禁含水泥、泥沙等施工废水进入量水堰，造成量水堰淤积。

(4) 定期检查和清除量水堰仪浮筒以及进水口的污物。

（5）渗流量长期过大或过小，导致无法正常观测时，应更换测量方式或堰型，或对堰槽进行改造，满足实际流量的监测要求。

（6）仪器外置部分可加装保护罩，避免人或机械的直接碰撞而损坏仪器。堰板及钢尺出现变形时，应立即更换。

11.5.2.4　应力应变及温度监测设施

（1）日常检查仪器设备外露部分的工作状况及电缆标识，详细记录仪表异常、设备故障、电缆状况、工作环境变化等情况。

（2）定期对电缆线头进行维护，除去氧化层，确保接触良好。

（3）根据相关技术标准，定期对传感器的测试误差、短期稳定性、绝缘度等进行检测鉴定，对不合格的仪器，按相关程序报批后，进行停测、封存、报废处理，或进行修复。

11.5.3　仪器仪表维护措施

11.5.3.1　二次仪表

安全监测测量仪表结构型式基本相同，包括钢弦式、差动电阻式、电感式调频式、压阻式、电容式、电位器式等仪器测量仪表，因此仪表的维护方法大体相同。注重日常维护，可以使仪表达到最好的使用效果和最佳的可靠性，日常维护包括以下内容：

（1）仪表的机壳和面板宜采用沾了肥皂水的软抹布定期清洁，不要使用其他类型的清洁溶剂，同时要防止水等液体进入仪器内部。

（2）防止水等液体进入读数仪面板上各插座端子内，勿将任何类型的碎屑沾到面板上。

（3）使用时应防止仪器落地或与硬物碰撞；当仪表提示"电池欠压"时，应采用配套的充电设备对仪表实施充电。

（4）在潮湿环境中，测量完毕应立即将上盖合上扣紧，以防潮湿空气进入仪器内部。若仪器内部已受潮，读数不稳定，可关掉电源开关，把整个仪器置入低于50％的干燥箱内干燥6h以恢复稳定。

（5）仪表应在通风干燥的室内存放。

（6）若仪表长期不用，应打开后盖，取出蓄电池，将电充足后单独保存，3～6个月充电一次，并检查仪表是否正常。

（7）为保证测量精度，应每年将仪表送具备资质的单位检验一次。

11.5.3.2　测量仪器

1. 全站仪

（1）仪器箱内应保持干燥，应防潮防水并及时更换干燥剂。仪器必须放置在专门架上或固定位置。

（2）仪器长期不用时，应在一个月左右定期取出通尺防霉并通电驱潮，以保持仪器良好的工作状态。

（3）开箱取出全站仪前，要看准仪器在箱内放置的方式和位置，装卸仪器时，必须握住提手，将仪器从仪器箱取出或装入仪器箱时，应握住仪器提手和底座，不可握住显示单元的下部。切不可拿仪器的镜筒，否则会影响内部固定部件，从而降低仪器的精度，应握住仪器的基座部分，或双手握住望远镜支架的下部。仪器用毕，先盖上物镜罩，并擦去表面的灰尘。装箱时各部位要放置妥当，合上箱盖时应无障碍。

（4）在太阳光照射下进行观测时，应使用遮阳伞，并带上遮阳罩，以免影响观测精度。在杂乱环境下测量，仪器要有专人守护。

（5）仪器任何部分发生故障，不应勉强使用，应立即检修，否则会加剧仪器的损坏程度。

（6）光学元件应保持清洁，如沾染灰沙必须用毛刷或柔软的擦镜纸擦掉。禁止用手指触碰仪器的任何光学元件表面。清洁仪器透镜表面时，应先用干净的毛刷扫去灰尘，再用干净的无线棉布沾酒精由透镜中心向外一圈圈地轻轻擦拭，除去仪器箱上的灰尘时切不可用任何稀释剂或汽油，而应用干净的软布沾中性洗涤剂擦洗。

（7）在潮湿环境中工作时，作业结束后应用软布擦干仪器表面的水分及灰尘后装箱，回到室内应立即开箱取出仪器放于干燥处，彻底晾干后再装回箱内。

（8）冬天室内、室外温差较大时，仪器搬出室外或搬入室内，应隔一段时间后才能开箱。

（9）电源打开期间不要将电池取出，因为此时存储数据可能会丢失，必须在电源关闭后再装入或取出电池。

（10）可充电池可以反复充电使用，但是如果在电池还存有剩余电量的状态下充电，则会缩短电池的工作时间。

（11）不要连续进行充电或放电，否则会损坏电池和充电器。如有必要进行充电或放电，则应在停止充电约 30min 后再使用充电器。超过规定的充电时间会缩短电池的使用寿命，应尽量避免。

（12）电池剩余容量显示级别与当前的测量模式有关，在角度测量的模式下，电池剩余容量够用，并不能够保证电池在距离测量模式下也能用，因为距离测量模式耗电高于角度测量模式，当从角度模式转换为距离模式时，由于电池容量不足，不时会中止测距。

（13）长时间不使用全站仪时，应定期（3 个月左右）将电池取出进行充放电。

2. 水准仪

（1）清洁水准仪的镜头和反射器时，不能使用粗糙不干净的布和较硬的纸，建议使用抗静电镜头纸、棉花块或者镜头刷清洁仪器。

（2）如果在潮湿的天气中使用水准仪，使用后应将水准仪放入室内后从仪器箱中取出自然晾干；如果镜头上有水滴，让水分自然蒸发即可。

（3）施测时，应避免阳光直射，否则将影响测量精度。

（4）转动部分发生阻滞不灵的情况，应立即检查原因，在原因未弄清之前切勿过重用力扭转转板，以防损坏水准仪结构或扣件。

（5）出现影响观测的灰尘时，可用软毛刷轻轻拂去，也可用专用擦镜布或丝绒软巾揩擦，切勿用手指接触镜片。

（6）施测完毕后，应将各部分揩擦干净，特别要妥善擦干水汽；装入仪器箱内的水准仪和脚架均应收藏在干燥通风、无酸性和腐蚀性挥发物的房间内。

（7）水准仪在被雨水淋湿后，切勿开机使用，应用干净软布擦拭干后放在通风处存放一段时间。

（8）当仪器发生现场不能解决的故障时，应到具有相应资质的维修站点进行维修。

（9）每年到具有相应资质的检测单位进行一次校准，以保证仪器的精度。

11.5.3.3 其他仪表

1. 收敛计

（1）应经常对仪器进行定期保养，使其清洁。为防腐蚀，应定期给钢尺涂油并擦拭干净。

（2）任何时候都应避免在地面上拖拉钢尺，避免钢尺扭结和受到交通工具的碾压。当收回钢尺的时候，用清洁的软布擦拭钢尺除去污物和水分。

（3）禁止润滑张力套筒的螺丝。仪器出厂前已经使用了高质量的润滑剂，如果再用其他类润滑剂会稀释原有润滑效果，同时会带进一些灰尘或脏物。

（4）更换卷尺后，新卷尺最可能引起数据零漂，而且由此产生的漂移不能通过量测检测或调节挂钩克服，因为卷尺中的尺孔并不处在完全相同的位置，可以通过测读稳定参考测点来比较新旧读数，以此算出零漂值。

（5）若仪器暴露于尘土或潮湿环境中使用后，在当天工作结束时，应该用软布将仪器擦拭干净，尤其是滑动杆部分。

（6）保存仪器时应使滑动杆缩回，读数仪的显示在3~5mm。

（7）每年到具有相应资质的检测单位进行一次校准，以保证仪器的精度。

2. 测斜仪

（1）完成测量时，擦干探头上的水和其他杂质，并盖好保护盖。如果需要，用清水冲洗或用实验室清洁剂刷洗并擦干。

（2）保持接头干净，如有必要用棉花团沾酒精轻轻擦拭，注意尽量少用酒精，不要采用喷射润滑剂清洁接头或用电动接触清洁器清洁接头的方式，这些产品中的溶剂将会腐蚀接头内的氯丁橡胶。

（3）倾斜仪放回后，从控制电缆、探头和读数仪上拿下保护盖，让接头在空气中自然风干后再盖上保护盖。

（4）探头的保管。探头、控制电缆和读数仪都应放在干燥的地方。长时间储藏，探头应垂直放置。

（5）测轮润滑。定期润滑测轮，喷少量的润滑剂或者滴少量的油在轮轴的两侧，检查轮子使其光滑转动。

（6）O形圈保护。定期清洗和润滑测斜仪探头末端接头上的O形圈。

（7）清洁电缆。必要时用清水清洗电缆或用实验室用清洁剂涮洗电缆。不要用溶剂清洁电缆。电缆的末端浸入水中之前确保盖好保护盖。不要将电缆接头浸入水中。

3. 电测水位计

（1）每次测量完毕后，应立即关闭电源开关。

（2）测量后必须将探头及钢尺电缆等擦拭干净，并把钢尺电缆整齐地缠绕在绕线盘上，然后放置于箱柜内。

（3）探头工作时要求密封，禁止拆卸，以免损坏。

（4）发现探头有故障时，应及时送修。

（5）钢尺电缆切忌弯折，特别是靠近探头端部，以免损坏和断裂。

（6）探头应轻拿轻放，切忌剧烈震动。

11.5.4 仪器设备常见故障处理

11.5.4.1 传感器故障

1. 差动电阻式仪器

（1）仪器读数异常时，应检查绝缘电阻和芯线电阻，判断电缆芯线状态。

（2）仪器电缆发生开路或短路故障时，可根据具体情况，将五芯接法改为四芯、三芯或温度计方式继续观测，改接后应重取基准值，保持数据衔接。

2. 钢弦式仪器

（1）频率无读数时，可测试电缆芯线间的电阻值，判断是否存在短路或短路故障。

1）若电阻值非常大（数千欧以上），说明电缆断路或线圈损坏，应先排查电缆是否存在断裂。

2）若电阻值非常低（100Ω 以下），说明电缆短路，应检查接头是否碰线、电缆绝缘层是否受损。

3）若电阻值正常，说明为仪器钢弦故障。

（2）频率读数异常。可按以下步骤检查原因。

1）测量档位选择有误。仪器出厂一般都标有频率读数范围，测量时需选择相应的激振档位。

2）仪器测值超量程。

3）信号干扰。检查仪器及信号传输线路附近是否有马达、发电机、交流动力电缆等干扰源，可将信号电缆屏蔽线接地以改善信号质量。

4）绝缘度降低。由于电缆绝缘处理不当或电缆老化、受损，导致电缆进水。

3. 电容式仪器

（1）传感器引线故障。通常表现为测值异常，应重新进行焊接或更换电缆。

（2）绝缘度降低。由于电缆接头绝缘处理不当或电缆老化、受损，导致电缆进水，应重新进行防水绝缘处理或更换电缆。

（3）极板上有附着物（水、污物等）。应清理附着物。

（4）仪器超量程。调整仪器的安装位置并做好记录，调整相应计算参数。

4. 标准量式仪器

（1）传感器无输出信号。检查传感器供电电压是否正常、电缆是否完好。

（2）传感器输出信号超出正常范围，按下列步骤检查处理。

1）检查仪器安装位置，确认仪器在量程范围工作。当超量程时，调整仪器的安装位置并做好记录，调整相应计算参数。

2）检查传感器供电电压是否正常、电缆是否完好。

3）检查传感器自身工作是否正常。可采用备用仪器进行对比测量，确认传感器损坏。

5.光电式（CCD）仪器

（1）无光源。在测量状态下检查仪器供电、光路，若供电正常、光路无遮挡，则应返厂维修。

（2）多个阴影。检查光学部件是否有异物附着或光路有遮挡，应及时清除。

（3）无阴影。检查监测装置是否故障，如引张线、垂线钢丝是否断裂。

（4）CCD故障。当上述三种故障可能皆排除后，测量仍然异常，则可能是CCD检测部件故障，检测部件故障时应返厂维修。

11.5.4.2 测量仪表故障

（1）无法开机。一般原因是仪表电池缺电，应按照说明书要求进行充电，如果无法充电或充电后仍无法开机，则可能为内部电路故障。

（2）测量时间短，充满电开机后很快会自动关机。一般原因是电池老化或故障，应及时更换电池；如果为内置铅酸蓄电池，即便不使用也应按要求每3个月充满一次电。

（3）读数异常，按下列步骤检查处理。

1）应先检查传感器接线是否正确，根据各种仪表的接线方式，按照说明书指示正确接线。

2）选择正确的测量档位，选择不同的激励信号或输出信号范围，应根据传感器的说明书要求进行正确选档。

3）排除以上两种原因，连接已确认正常的传感器时读数异常，一般为仪表内部电路故障，应咨询厂家或返厂维修。

11.5.4.3 数据采集装置故障

1.一般故障判断方法

（1）不连机（通信出错）。顺序检查以下项目：电源、网线、地址设置、采集模块。

（2）连机正常但出现测量数据出错。顺序检查以下项目：通道模式设置、仪器接线、仪器的接线端子、采集模块、激励电源及相应的接线。

（3）单台数据采集装置故障。先排除该台数据采集装置的电源故障，再对该装置单台联机测试，排除通信故障；多台或全部数据采集装置故障，先排除数据采集装置的电源故障，再排除通信故障，然后单台联机测试。

2.电源故障

（1）发生以下情况，应及时请专业人员检查，采取措施恢复供电正常。

1）电源线路短路或断路。

2）漏电保护开关导致的跳闸。

3）火线漏电导致电压下降，引起监测装置不能正常工作。

（2）蓄电池电压低于正常工作电压可能导致监测装置不能正常工作，应及时更换蓄电池。

3.电源模块故障

（1）无输出电压。断开负载，再检测输出电压，检查是否由于负载短路而导致输出保护动作；用万用表检测输入端电压是否正常。

（2）输出电压异常。一般为电源模块内部电路故障，电源模块常见输入电压为AC220V，输出直流为6～12V。

（3）市电掉电后无输出。蓄电池故障或电量已耗尽，应更换电池或充电。

11.5.4.4 数据采集模块

（1）无法建立通信。检查输入电源是否正常、模块地址设置是否正确。

（2）测值异常。检查参数设置，应根据模块说明书正确设置相关测量参数，若设置无误，则可能是模块自身故障。

（3）存储异常、定时测量数据不保存。检查数据测量次数是否已经超过存储容量，应及时将模块内存储的数据上传至计算机，释放存储空间。

（4）时钟异常。一般情况下可尝试重新校准时钟，若校准不成功，则为模块时钟电路故障。

11.5.4.5 计算机及软件故障

（1）计算机及配套设备发生故障时，应按照产品说明书的要求进行检查和处理，检查、拆装、送检等之前，应注意对数据进行备份。

（2）计算机网络发生故障时，应进行以下检查和处理。

1）检查网线连接是否脱落或松动，线缆是否断路。

2）检查网络供电设备。

3）对计算机、交换机及其他网络设备进行重新启动，存在硬件故障时，及时进行修理或更换。

（3）计算机软件发生故障时，应进行以下检查和处理。

1）计算机操作系统存在异常时，应对操作系统进行修复或重新安装，重新安装前应对数据库及软件程序进行备份。

2）系统配置正常但软件无法正常启动时，应检查程序文件是否完整，可用备份程序进行替换，或对软件进行重新安装或升级。

3）软件不能正常连接时，检查系统配置文件是否被改动，检查是否为计算机防火墙设置问题。

4）软件工作正常但计算结果有误时，检查软件系统内计算参数等信息是否正确。

11.5.4.6 通信系统故障

（1）软件设置。检查软件系统内设置和硬件系统设置是否匹配，如端口号是否对应等。

（2）电源。检查所有数据采集装置及信号转换装置电源是否正常，如有异常，按系统说明进行恢复。

（3）信号干扰。检查是否存在干扰源导致通信故障，采取措施屏蔽干扰源恢复通信正常。

（4）通信转换装置。从计算机设备处开始检查，对通信线路上信号转换设备逐个进行判断，对不能正常工作的装置应及时替换或修复；采用光纤通信时，注意检查光纤与光电信号转换装置连接处是否正常。

（5）接线和线缆。

1）检查线缆连接处是否按系统设备说明进行连接，检查连接是否脱落或松动。

2）双绞线通信时，采用万用表测量通信线缆芯线是否断路或短路，存在问题时应及时进行接续或更换。

11.6 问题与讨论

11.6.1 运行期大坝观测房潮湿问题

水利水电工程与其他工程相比，最大的特点就是水，大坝受到的最重要的荷载静水压力、动水压力、扬压力、冰压力、浪压力等都来源于水，最可能出现的工程安全问题坝基、坝肩抗滑稳定、渗透破坏等都是由于水的作用。

安全监测系统在长期运行过程中，面临的最大问题——潮湿也是源于水，由于大坝观测房基本处于水下环境中，渗水是观测房潮湿的一个原因，另外大坝内部温度较低，与外界空气流通不畅，当外界温度升高时，大坝廊道内就会出现冷凝结露，在实际工程中，观测房内监测设备表面结露形成水滴是很常见的现象，虽说大部分监测设备可在95%的湿度环境中运行，但监测设备上一旦结露就会对其运行造成影响，甚至失效。

经过在不同工程中的实际运行总结，对观测房潮湿问题的对策如下。

1. 监测仪器方面

对于埋入式仪器而言，只要做好接头与电缆头的密封，使潮气无法进入电缆内，就不会对仪器运行造成影响；潮湿主要影响自动化设备、CCD式等电气设备，一旦设备内结露，就会影响其电路，造成设备失效。

因此，近年来，已有厂家针对潮湿问题，研制密封式设备，如全密封CCD仪器，将CCD元件置于全密封罐内，防止潮气侵入，在电气元件上结露。

2. 观测房与潮气隔离

根据工程布置，将观测房与潮气隔离。工程实践中发现，潮气主要自两岸灌浆平洞侵入，可修建隔墙，将观测房与廊道隔开，形成独立空间，防止潮气侵入，尽量避免将设备直接暴露在廊道内。

3. 观测房内加装除湿机

将观测房与潮气隔开后，在观测房内加装除湿机，降低观测房内湿度，提高温度，只要设备表面不结露，就不会影响设备运行状态。

4. 设备长期运行

监测设备一直处于运行状态，对潮气的防备能力较强，一旦出现断电，特别是长时间断电，潮气侵入设备，造成设备失效，很多工程出现过，静力水准系统、垂线坐标仪断电重新启动后，设备失效，无法观测。

要保证设备一直处于运行状态，需要在大坝内设置可靠的电源，很多工程只注重厂房内的电源，对大坝电源、照明都不注重，容量低、稳定性差，经常短路、跳闸，无法为监测设备的正常运行提供保障。因此，对各电站业主来说，需要加强大坝内供电、照明系统的运行维护，保证监测设备的稳定运行及巡视检查的开展。

5. 新型防水技术的应用

随着科技的发展，部分工程将现代科技应用到防水防潮中，如光照水电站为解决观测房潮湿问题，应用多脉冲电渗透防水技术（Multi Pulse Sequencing，MPS）。

多脉冲电渗透防水系统也称多脉冲电渗透主动防渗除湿技术，它是根据液体的电渗透原理，在结构墙体内侧渗水表面安装正极，在墙体的外侧土壤或水中（迎水面或潮湿一侧）安装负极。采用一系列正、负脉冲电流形成的低压电磁场，将结构（如混凝土、砖石结构）内毛细管中的水分子电离，并将其引向墙体的外侧，即安装负极的一侧，从而阻止了水分子侵入结构内，并能够抵抗 600m 以上高压水的侵入。只要 MPS 系统连续工作，水分子就朝向负极方向移动，使墙体长期保持干燥状态。详细内容见 2.5.1.6 节。

11.6.2　对运行期监测工作的思考

目前国内运行期安全监测的现状：①运行管理单位往往只注重电力生产运行，对安全监测、水工维护的认识不足，只是为了满足法律法规、上级单位的要求而做安全监测，不够重视；②由于经费、人力资源的问题，监测单位对运行期监测的投入也不足，人员能力参差不齐。

运行期监测普遍存在以下问题：①安全监测系统得不到有效的维护，无法正常运行；②采集到的数据质量无法保证；③巡视检查流于形式；④资料分析价值不高。

提高运行期监测的水平，确保大坝安全运行，需要以下各方参与者共同努力。

（1）运行管理单位。运行管理单位作为大坝的责任主体，肯定比其他单位更希望大坝能够安全、稳定地运行下去。因此，他们结合自己的特点和需要，在大坝安全监测方面，做了很多有效的工作。例如：大唐国际发电股份有限公司从水工技术监督的角度分级管理，单独委托技术监控管理服务单位，加强对外委单位的监督考核，是一种值得学习的模式；国家电力投资集团有限公司成立大坝中心，作为专业化监督和技术支持单位，组建专委会、专家库和工作网，以监控管理系统为支撑，对包括安全监测的全部工作进行管理，履行大坝运行全过程安全管理职责，管理理念先进，体系完善，值得推广。

从监测工作的特点来说，无论是自行管理，还是外委，建议运行单位都要建立一个以现场监测工人为基础、资料分析工程师为骨干、多专业大坝安全专家为支撑的技术团队，并设立考核、监督和约束机制，以 PDCA 的管理模式为导向，不断提高大坝安全管理水平。

（2）外委单位。作为外委单位，面对越来越低的合同价格，越来越高的成本，能够做的是什么呢？

1）通过自身的努力，发挥监测的作用和价值，来改变整个行业的认识。

贵阳院负责的一个中型水电站运行期安全监测，某年溢洪道汛期泄流后，底板混凝土冲蚀严重，汛后加固后，第二年又出现了同样的问题，监测工程师通过对底板仅有的 4 支渗压计和 6 套锚杆应力计历史数据进行分析，找到了根本原因，甲方据此调整了处理方案（较之前的方案节约 500 万元）。到目前工程安全运行，没有出现过类似问题。经历此事后，甲方对大坝安全监测的态度和认识发生了根本性扭转，以前每年都在想着怎么压缩运行期安全监测的支出，现在不光不压缩，还主动增加费用，对监测设施进行改造。

监测工作做好了，通过数据分析，为运行单位节约成本或提高效益，监测的价值得到了体现，就会改变运行单位的认识，费用就不会降低，就会吸引更多优秀的人才，监测工作就会做得更好，这就是一种良性循环。

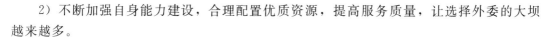

  2）不断加强自身能力建设，合理配置优质资源，提高服务质量，让选择外委的大坝越来越多。

  这一点必须要强调一下，目前很多从事大坝监测外委的单位都同时在做水电站施工期监测，由于施工期需要紧密结合主体进度，又有监理时刻在监督，所以，很多单位都会把优秀的管理人员和技术工人优先安排到施工项目中。对于运行项目，经常会派遣一些不那么得力的人，甚至是刚毕业的学生，所以，才会出现很多问题。如果长期这样做，那么，选择外委的大坝可能会越来越少。对于外委单位来说，将会失去一片可以长期维系的市场。

  3）持续满足甲方更多的需求，而不仅限于合同约定。

  对于外委单位派驻现场的负责人来说，除了组织好日常观测和资料报送以外，还应该全面熟悉国家能源局及相关政府机构出台的各类法律法规，掌握相应的技术规范，并认真阅读竣工安全鉴定、竣工验收、历次专家检查、注册及定检等关键节点的报告，对大坝存在的问题或缺陷熟记于心，对运行单位本年度的各项工作有一定的了解，主动沟通，及时提供甲方与大坝监测相关的所有需求，无论是否属于合同约定。

  （3）行业监管机构。目前很多行业都取消资质许可，改为行业自律。大坝安全监测虽市场规模不大、从业单位不多，但仍鱼龙混杂，技术水平差异较大，很多中小型水电站在外委时以低价为选择标准。外委单位以低于成本价拿到项目后，为获得利润、节约成本，使用没有经验的工人，有些甚至连全站仪都不会操作，交出来的成果达不到要求，严重影响了行业的发展。

  鉴于此，建议相关行业监督机构建立健全从事大坝安全监测工作单位的监督考核机制，对于严重违反行业技术标准或不履行合同职责的单位定期公开通报，形成全国范围的信用管理体系。

  （4）仪器设备厂商。大坝安全监测对监测仪器的需求是长期的，即使是进入运行期，也需要对设备经常性地维护和定期地改造。因此，设备厂商应该对大坝监测有较强的信心，虽然运行期的需求量没有施工期大，但长期的需求必定会带来稳定的现金流。

  建议设备商一方面加大对新产品的开发和新技术的追求，将技术革新作为市场竞争的主要手段；另一方面建立快速的售后服务体系，能够提供差异化服务。

  （5）设计单位。大坝设计单位拥有整个工程的勘测设计资料和熟悉各个专业的技术人才，有着其他单位不可替代的优势。但是，随着各设计单位在后水电时代的转型升级，很多熟悉工程的人员陆续转岗，优势将会逐渐消失。

  因此，建议设计单位可通过建立知识管理系统、总结技术优势等方式将工程的经验固化，也可与运行单位一起组建大坝安全专家库，定期对大坝进行回访，一方面保持和发挥自身的作用，另一方面做好技术的传承和缺陷修补、加固市场的铺垫。

第 12 章
总结与展望

12.1　安全监测的特征与本质

12.1.1　安全监测的定义

1977 年出版的《水工建筑物观测工作手册》中提出，水工建筑物观测工作是通过各种仪器设备和工具，对正在施工和投入运用的水工建筑物进行经常的、系统的观察和测量。

在 1989 年储海宁编著的《混凝土坝内部观测技术》中提出，观测工作是指运用观测仪器和观测设备定期地系统地测量水工建筑物、岸坡和地基以及所在环境的各种有关结构性态的物理量，然后对这些物理量的观测资料进行整理、计算和分析研究得出一定结论的全过程。

1997 年李珍照编著的《大坝安全监测》中明确，大坝安全监测是指通过仪器观测和巡视检查对大坝坝体、坝基、近坝岸坡及坝周围环境所做的测量及观察。

2007 年华锡生、田林亚编著的《安全监测原理与方法》中提出，安全监测是一门在工程建设或自然资源保护及灾害的防治中，分析及预测研究对象的变形规律、对异常情况进行判断及成因的分析，从而提出相应的有效补救措施，以防止危及安全事故发生的理论及应用技术科学。

2007 年王德厚主编的《水利水电工程安全监测理论与实践》中强调，安全监测从服务工程安全管理出发，明确以监视建筑物安全为宗旨，兼顾检验设计及其他需求，形成了一套全新的设计理论和方法。

2012 年张秀丽、杨泽艳编著的《水工设计手册》第 11 卷《水工安全监测》首次将安全监测原理概括为：通过仪器监测和现场巡视检查的方法，全面捕捉水工建筑物施工期和运行期的性态反映，分析评判建筑物的安全性状及其发展趋势。

2018 年赵二峰编著的《大坝安全的监测数据分析理论和评估方法》再次强调，大坝安全监测的原理，在于建筑物对荷载和环境量变化有固有的响应，这些响应可以量化为位移、应力应变、渗流量等物理量的变化，通过研制特定的监测仪器和设备捕捉这些变化信息，与设计中的理论分析计算成果进行对比，从而评估和判断建筑物当前的工作状态，达到监控建筑物安全的目的。

由此可见，在不同的时间、从不同的角度对于安全监测的理解和定义是不同的，不仅是字面上的变化，更重要的是体现了工程技术人员通过不断的实践和总结，对安全监测的目的、意义、原理逐渐深化，直至趋近本质。

本书认为：大坝及周边建筑物的监测是非常重要的，但厂房、水工隧洞、泄水及过坝建筑物，以及枢纽区和库区边坡等水工程的安全同样不容忽视，由此推及到道路与桥梁、岩土工程、建筑工程等所有的土木工程均存在危险及风险。因此，工程安全监测可以定义为：从可行性研究阶段到工程进入长期运行直至废除或重建期间，相关的组织机构为达到准确而有效的了解、分析及评价工程安全的目的而开展的技术工作。其内涵在于及时判断"物的不安全状态"，其外延表现在：工程的寿命即为安全监测工作的时间；参建各方的利益和需求有差异，但目标一致；各阶段工作内容不同，但目的明确。

12.1.2 安全监测的特点

12.1.2.1 参与者的特点

一般来说，在安全监测整个周期中，参与者主要有建设方、设计方、监理方、仪器生产厂家、运行管理单位、行业或上级主管部门等单位，由于各方的职责、利益、需求等各不相同，因此，其影响或大或小、或正面或负面。在此，重点分析建设方、设计方、仪器生产厂家及运行管理单位4个参与者。

1. 建设方

（1）建设单位主要管理人员对安全监测重要性的认识决定了安全监测系统的建设水平，无论是单独招标，还是打包进入主体标段，建设方对于施工、监理、仪器生产厂家的监督管理对系统起到了决定性的作用。

（2）建设方如果在施工或邻近竣工阶段就启动监测自动化建设，会降低运行期人力成本，提高观测效率。

（3）对于建设和运行一体的项目，在施工阶段对后期运行的重视程度较高。

（4）遗憾的是，目前大部分项目管理人员的技术水平及对监测的重视均不够，一方面有我国水电建设速度较快，人员素质提升不够的因素；另一方面和社会现状、企业性质、管理制度等因素有关。

2. 设计方

（1）设计方是指对整个工程进行勘察、设计的单位，监测仅是其工作的一部分。

（2）应该说，设计单位对于监测的理解、偏好以及技术传承各有千秋。例如：有些设计院喜欢保守设计，有些追求新技术，还有些倾向于希望用简洁的方法、规范下限的数量来实现监测的目的。

（3）设计方案确定后，一般不会有较大的变化，但部分工程可以做到动态设计。

3. 仪器生产厂家

（1）仪器生产厂家大多为追求利润，营销阶段多宣传其设备的优点，待采购安装完成出现问题时，又找各种理由推诿，造成仪器长期不能正常工作。

（2）不可更换的仪器失效后，很难弥补，因此，对于这部分仪器的厂家选择时，应多调查其设备使用寿命、在其他工程的完好情况等。

（3）对于可更换仪器，应以生产厂家的售后服务能力、态度及服务网络等为主要指标。

4．运行管理单位

（1）从运行管理单位的角度来看，大部分电厂都存在着"重电、轻机、不管水"的倾向，这与电厂本身的作用息息相关，但是，水工建筑物是电厂运行的基础，更是电站生存的根本，皮之不存，毛将焉附。

（2）另外，从目前存在的管理模式来看，大部分流域公司都在本部建立了库坝中心、集控中心或监测中心，也意识到了水工运行管理的重要性，但是，对中心的职能和定位却各不一样，总体而言，尚未充分发挥其作用，造成监测管理普遍不够规范。

5．行业监管部门

（1）依据相关政策和历史原因，电力口的水电站进入正式运行后，受国家能源局大坝安全中心管理，大坝中心负责大坝的注册、定检以及评价等工作，各方面工作相对较为规范，并针对很多技术细节制订了切实可行的规范、规程。

（2）水利工程仍由相应级别的水行政主管部门负责运行管理，大型水库由水利部或流域机构管理，中型水库由省级水利部门管理，小型水库由地市级进行管理，另外，水利部也设立了大坝安全中心，负责水库安全运行的技术指导和监督。

（3）据调研，省一级没有相应的监管部门，有些虽然设立了相应的机构，但并没有赋予其相应的权力，自然也没有履行对应的职责。

12.1.2.2　组成要素的特点

监测系统的组成要素有：仪器、人、建筑物、自然环境、社会环境。与参与者的角度不同的是，系统的组成要素是其客观的属性。

1．仪器

安全监测就是通过仪器获取数据，来判断工程的安全，因此，仪器是系统最重要的一部分。但是，仪器也是比较脆弱的，丹江口水库于 1974 年完建，至 2000 年，内部埋入式仪器已全部失效，其仪器寿命不超过 30 年。即使随着设备制造工艺、生产技术的进步，埋入式仪器的寿命也没有较大的提高，这一方面与仪器本身的工作原理有关系，另一方面是由于其长期处于高水压、潮湿、高应力等复杂的工作状态，是无法解决的问题。

2．人

这里的人，和参与者有相似之处，但更多的是不同。从系统组成要素的角度来看，所有的参与者，都是系统的组成部分——人。

人有其共性，都是围绕着安全监测系统的建设、运行、管理整个环节来开展相应的工作的，都在争取各自的利益。

人也有区别，有些为监测系统的完好发挥积极的正面作用，有些却相反，专业技术水平有高有低，责任心有好有差。

3．建筑物

这里建筑物，说的是安装有监测设施或者人能够观察到的建筑物及其周围辅助设施，主要有挡水建筑物、泄水建筑物、引水建筑物、发电厂房、近坝边坡以及其他影响工程安全的设施。

水工建筑物一般寿命很长，例如：云南石龙坝水电站建于 1912 年，目前仍在使用中，

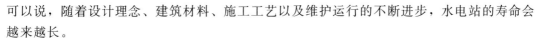

可以说，随着设计理念、建筑材料、施工工艺以及维护运行的不断进步，水电站的寿命会越来越长。

于是，科研人员开始研究，大坝的寿命有多长，其服役期有多少年，并通过很多方法得出了一些成果，但并没有形成统一的有足够信服力的计算模型或结论。

人们不得不通过持续的监测，来判断大坝的健康状态，评价其当前是否能够正常工作，或许这才是唯一可靠的办法。

4. 自然环境

大坝一旦建成，其所处的外部自然条件也就无法改变了。自然环境对安全监测系统的影响较大，如潮湿、多雨、强雷电、炎热、极寒等，这种影响反映到仪器上，则是无法工作、无法采集数据或者采集到的数据失真等。

自然环境的特殊性，使得参与者不得不去考虑，哪种自然条件是最好的呢？温度、湿度都在合理的范围内，无极端气候出现，这些当然是最好的，但是这也只有在实验室里才可能出现。实际上，从河流形成发展的历史来看，只有在中下游流域的平原区域，才可能出现相对理想的自然气候环境，而建造水电站的地方，基本上没有完全理想的条件。

5. 社会环境

暴露在外部的监测设施，很容易被人为损坏，甚至被偷盗，这种现象即使是在封闭管理的水电站也会出现。监测设施人为损坏的程度和频次取决于所在地区经济发展和社会文明情况。

12.1.2.3　不同时间段的特点

1. 可行性研究阶段

可研阶段是全周期的开始，设计单位起到重要的作用，但往往可研阶段以建筑物设计为主，监测设计处于次要位置。设计人员除了严格按照规范选定监测项目、布设监测仪器外，还应考虑工程实际情况，对特殊建筑物的监测做针对性的设计，同时，考虑到施工及运行期仪器可能存在一定数量的损耗，不宜选择规范规定的最小数量和最少项目，可对重点部位的重点项目适当增加仪器。另外，对于中型以上水库，应将监测自动化系统设计包含在内。

在可研审查阶段，对审查单位提出的增加断面和仪器的要求应予以接受，对审查单位提出的减少项目或仪器的要求应适时解释，说明设计意图及目的，避免在招标和施工阶段出现没有考虑全面的现象。

2. 招标阶段

一般情况下，工程进入招标阶段，基本由建设单位负责组织，通常有以下几种形式：监测工程包含在主体施工标中；监测单独招标；设备采购、仪器埋设及施工期观测分开招标；将监测项目划分为几个标；或者上述 4 种形式的组合。

需要说明的是，安全监测工程不同于一般的施工标，它是设备采购标、设备安装标、施工标以及技术咨询服务的综合体。

由于监测工程总体造价在整个建安费用中比例很小，故不论采用哪种方式，建设单位应当清楚地认识到，在监测标段中不仅仅是简单的仪器埋设，更不是纯粹的设备采购，最低价中标的单位往往技术服务能力及资源投入不足，而由此造成的损失只能由工程本身来承担。

实践表明，以不合理的低价赢得标的承包商，最终自食苦果。无论是设计院、事业单位，还是施工局、科研院所，都要秉承"与自己竞争，与同行合作"的理念，专心提高技术能力和服务水平，营造良好的氛围，为监测行业树立良好的口碑。

3. 施工阶段

在施工阶段，监测工程基本上没有独立的工作面，大部分都随主体的进度而逐步开展，而监测设施的实施质量直接决定了仪器设备的完好率，因此，监测施工单位应当对仪器设备的采购、检验、率定、安装、保护及观测等各个环节的质量严格控制。

同时，监理单位应当配备有经验的监理工程师，按照《大坝安全监测系统施工监理规范》（DL/T 5385）的要求，对监测工程实施质量进行全程有效的监控。

建设单位在施工阶段的重视程度对监测工程的完好性也有很大的影响。设计单位根据现场施工情况，对监测布置做出及时的调整或补充，能够弥补可研或招标阶段的不足。

总之，施工阶段需要参建各方通力配合。

4. 首次蓄水期

首次蓄水阶段由于要经历安全鉴定、蓄水验收等程序，基本上能将监测作为重点检查项目之一，此时，在前期及施工过程中存在的问题，已经能够逐步暴露出来了。

相关规定要求，蓄水验收应具备的条件有：监测工程施工基本完成并投入正常运行，并已测得初始值和施工期观测值。

个别工程对其理解不够，在蓄水验收前，所有仪器均取得了初始值，但蓄水后，就没有再继续观测了，结果，首次蓄水过程中最重要的监测数据没有记录，造成的损失已无法弥补。

实际上，首次蓄水对大坝和监测系统都是一次重要考验，根据多个工程经验，在首次蓄水期间，管理单位要特别组织，做出详细监测计划，参建各方分工协作，严格按照规范或设计的要求进行观测，对观测资料应及时进行整编分析，保证取得完整的首次蓄水监测资料。

5. 运行期

根据水利部对全国近 3000 座水库大坝安全监测情况进行的调查分析，在日常监测、设施技术、维护维修、更新改造等方面，特大型和大型水库较好，中型水库 50% 以上存在不同的问题，而小型水库大多没有建立相对完整的监测系统。

由此，中小型水库的运行管理单位应当引起重视，采用打包管理、打包设计和委托有资质的单位承担相应的日常监测以及承担监测系统工程运行维护是小型水库安全监测可供考虑的思路，通过技术人员培训、交接运行、自行实施等方法主动承担也是可行的。

12.1.3　安全监测的本质

1. 安全的需求

国务院发布的《水库大坝安全管理条例》第一条就是，"为加强水库大坝安全管理，保障人民生命财产和社会主义建设的安全，根据《中华人民共和国水法》，制定本条例。"第十九条提出，"大坝管理单位必须按照有关技术标准，对大坝进行安全监测和检查；对监测资料应当及时整理分析，随时掌握大坝运行状况。发现异常现象和不安全因素时，大坝管理单位应当立即报告大坝主管部门，及时采取措施。"

水利水电工程的安全不仅影响其自身能否正常运用，更重要的是关系到下游人民生命财产的安全和国家建设的发展。所有水工程均沿河而建，下游人口稠密，有重要的城市、广阔的农村、铁路公路交通干线，一旦失事，将造成毁灭性的打击。据统计，1954—2005年的 52 年中，国内溃坝事故共 3486 起，其中大型水库 2 起，中型水库 123 起，小型水库 3361 起，特别是 1975 年河南板桥、石漫滩水库的溃坝，造成 24 万人死亡；即使到了 20 世纪 90 年代以后，从 1991 年到 2003 年，平均每年依旧有近 20 座水库溃坝。由此可知，水工程的安全比其他工程对公共事业的安全有着更为重要的影响。

目前国内外均采用对大坝进行长期监测的方法实时监控、预警，国家相关法规条例已明确要求做好大坝运行监测工作。

根据中国大坝建设的过程，以及原型观测、安全监测、安全监控的发展历史，对照需求层次理论，可以判断，随着中国经济发展和工程建设的不断完善，人民群众最底层的基本需求已解决或满足，进而高层次的安全需求已经充分显现，对工程进行安全监测是国家、社会、人民的安全需求，这是安全监测的本质特征之一。

2. 社会分工的产物

亚当·斯密在经济学专著《国民财富的性质和原因的研究》（简称《国富论》）中指出，劳动分工是国民财富增进的源泉，有了分工，劳动者的技巧因业专而日进，分工带来的专业化导致技术进步，技术进步产生薪酬递增，而进一步的分工依靠于市场范围的扩大。同时，分工有三种：一是企业内分工；二是企业间分工，即企业间劳动和生产的专业化；三是产业分工或社会分工。

按此理论来回顾一下安全监测的发展，自 20 世纪 50 年代，随着国内水电站的建设，部分科研机构开始引进、学习国外监测技术，研制差动电阻式仪器，开展了应变计组资料分析，并出版了《混凝土坝的内部观测》，举办了多个培训班，开始在部分大坝中埋设监测仪器，在此阶段，逐渐有人学习、学会了仪器的生产、埋设和数据的简单分析，有了劳动分工的基础。

自 20 世纪 80 年代以来，随着水利水电工程的恢复建设，在设计、施工、科研等单位，已出现了专门从事原型观测、水工观测、安全监测的技术人员，但大多还集中在少量的有相关业务机构，大多数单位设立了专门的监测部门，监测的仪器研发、设计、施工和数据分析方法也得到了深入的发展。

进入 21 世纪后，随着"西电东送"以及水利工程的大规模建设，从事安全监测的人员规模逐渐扩大。仪器研发及生产分工更加细致，已出现只设计生产特定类型仪器的民营公司。设计单位的监测设计人员规模不断扩大，变形控制网、强震、水力学等专项监测不断推进。监测施工已作为一个独立的标的由建设单位公开招标，更多的民营机构进入这个行业。运行单位由于短期无法培养更有经验的监测人员，部分采用外委的方式开展运行监测。高校、科研机构开展安全监控数据分析、数值计算、风险评估的理论及人员也不断扩大，涉及仪器、设计、施工、运行的标准日益完善，形成了庞大的标准体系。水利部、国家能源局也设立了专门的监测中心。

由于社会分工和水利工程市场范围扩大双重的影响，使得安全监测的分工越来越细，而监测人员的技术水平不断提高，促进了监测技术的持续进步。因此，社会分工理论是安全监测的又一本质特征。

综上，安全监测本质是在人类安全需求的驱动下，在市场规模持续扩大的前提下，行业及社会分工细化的一个土木工程领域技术性产物。

12.2　现状及面临的形势

12.2.1　水工程安全监测的现状

1. 仪器设备

（1）目前，国内已建、在建的大中型水利水电工程以常规仪器为主要监测手段。

（2）新的仪器不断研制，并得到了一些应用，如大坝 CT 技术、GPS 变形测量系统、分布式光纤测温系统、光纤光栅仪器、柔性测斜仪、微芯桩、管道机器人等。

（3）进口仪器价格昂贵，但质量可靠，长期稳定性好，适用于大型工程或一般工程重点部位；国内大型仪器厂家都有各自的专长，但不注重技术开发和设备更新。

2. 设计

（1）监测设计水平不断提高，大多数工程的安全监测设计，重点突出、项目全面，仪器选型和布置合理，监测方法可靠，能够监控主要水工建筑物的运行状况。

（2）大部分设计院均有专门的监测设计室或专业的设计人员，设计成果能够满足工程需要，随着水电建设的逐步完成，部分设计单位留存的有经验的监测专业设计人员已数量不多。少数设计院没有专业的监测设计人员，往往照搬其他工程，造成设计方案不能完全达到预期。如某大坝设置了变形监测控制网，但是没有在坝体上设置变形工作点。

（3）少数设计人员对仪器了解不够，经常出现仪器的型号、量程等不属于厂家产品系列而又没有特殊说明的现象；部分设计人员片面追求新技术，喜欢使用新型监测仪器，而部分人员较为保守，只使用成熟的监测方法，两者均不可取。

3. 施工

（1）近十年来，随着光照大坝、溪洛渡大坝、锦屏一级大坝、长河大坝等大型或巨型工程监测系统的成功建立，中国监测工程的施工已达到了较高的水平，监测项目部也由原来的小组管理逐步提升至项目管理的高度，质量、进度、成本等管理要素已纳入监测项目管理的范畴。

（2）施工队伍技术水平、技术人员经验和态度参差不齐，即使是专业的设计院，也严重缺乏有经验的专业人员和技术骨干，这就造成很多工程仪器安装埋设质量低，完好率得不到保证，观测资料长期积压，没有及时处理分析和评价。

（3）大多数业主对安全监测的重要性认识不够。往往是在工程前期忽略对监测仪器的保护，蓄水后又急切希望能够通过有限的完好仪器获得足够多的监测数据。

（4）安全监测工程投资普遍偏低，挫伤了承包商的积极性，严重影响到安全监测工程质量及其效益目标的实现。

4. 观测及自动化

（1）大部分工程在可研阶段已为自动化的实施做了考虑，并在仪器选型和测站布置等方面为监测自动化做足准备。

（2）近期已建工程大多在工程竣工后两年左右开始实施监测自动化，20世纪90年代前建设的工程大多也进行了自动化改造。总体来讲，前期设计准备充足的工程，自动化程度均较高。未实施自动的监测项目由人工进行观测。

（3）自动化采集及数据分析软件研制开发趋于成熟，很多厂家为自动化系统研制了专门的软件，但软件普遍存在通用性不强、分析成果不易识别等问题。

5. 资料分析和理论研究

（1）施工期监测资料的分析主要以定性分析为主，大多工程的监测资料能为主体工程的施工提供及时准确的数据。

（2）大多数工程的监测资料分析报告局限于监测数据的罗列，未能提高至工程整体安全的高度，结合工程设计、地质、计算成果等进行全面综合的评价。

（3）已经形成了较为系统的安全监控的理论。基于现代数学理论的新型监控模型不断开发，例如：模糊数学监控模型、灰色理论监控模型、人工神经网络监控模型，以及突变、混沌、分形等非线性动力监控模型等，这些模型为实现大坝安全监控的多元化开辟了新的途径，但还没有取得突破性进展，仍处于理论研究阶段，没有达到实用的程度。

12.2.2　存在的问题

1. 安全监测系统得不到有效的维护，无法正常运行

安全监测系统是指在施工期埋设的各类传感器、监测装置和相应的数据采集设备，以及为了完成数据采集而配置的软件系统。

由于仪器设备自身的寿命远小于大坝的寿命，因此，在大坝整个运行期，各类仪器将会陆续失效，需要运行单位每年或定期维护。而现状是，埋入式仪器不可更换，不可避免的失效，可更换仪器或装置受经费、人员技术水平、管理能力等因素的影响，得不到有效的维护，造成存在缺陷却依然采集正常数据，特别是变形、渗流等观测设施。

这种现象几乎在所有的大坝中都存在，是一个普遍的问题。而安全监测系统是大坝安全监测工作的基础，这更是一个需要高度重视的问题。

2. 采集到的数据质量无法保证

使用自动化采集的数据，由于不同厂家的采集装置、采集软件等技术水平不一，出现采集到的部分数据明显偏离实际值，需人工观测核实。

未实现自动化的以及需人工采集的数据，受观测频次能否严格执行、现场工作人员认真程度、数据录入及计算是否有误、外界影响能否准确记录等环节或主观因素的制约，数据质量更无法保证。

由于监测数据时间性很强，基本无法追溯，对于这类问题，只能靠资料分析时进行数据检查和甄别，一定程度上降低了数据的价值。

3. 巡视检查流于形式

据调查，特大型水库大坝巡视检查比较到位，部分大中型及多数小型大坝未按要求开

展或基本未开展巡视检查。

究其原因，大部分从业人员没有理解巡视检查的作用和意义，认为仪器监测就是安全监测，所以，不论是填一些检查表，还是拍一下照片，甚至使用新的水工点检系统，大都是走过场。

只有在大坝某部位有异常数据需要分析、建筑物某处有不正常现象需要查找原因时才会发现，原来曾经做的巡视检查的各类记录和表格，在需要的时候都用不上。

4. 资料分析价值不高

对于观测资料的整理和分析是安全监测工作的最重要环节，也是最能体现监测的作用和价值的地方。

目前，在资料整理分析方面，普遍存在以下问题：分析方法简单，基本只绘制过程线；分析内容不全，对相关影响因素认识不到位；分析深度不足，脱离工程实际，只以数据统计、模型计算为主，没有从结构的运行机理出发；反馈不及时，只按合同或规范定期分析，没有在发现异常时及时分析反馈。

因为资料分析问题多，不能从监测数据中挖掘更多的价值，所以，监测工作的价值得不到认可。

12.2.3 原因分析

1. 对监测的认识不足

很多建设及运行管理单位的领导或技术干部都以主体工程为主，他们大多数认为现阶段大坝的设计水平高，建设条件好，施工质量受控，经历了首次蓄水，进入运行期后肯定是安全的，就算不监测也不会垮。目前持这种观点和观念的人很多，而且预计在未来的很长一段时间都不会有大的改变。

所以，虽然国内几乎所有的大坝都在做监测，但其根本原因是中国法律法规的要求、上级单位的强制，以及相关行业管理制度和手段的约束。如果没有这些配套，可能大多数中小型工程甚至部分大型工程都不会去做监测，部分水电开发程度不高的国家就有这种现象。

如果建设或运行单位认为监测并不是他们需要做，而只是国家要求做，就会对监测工作不重视，就不会配备足够的费用，费用低了，就不会吸引更多优秀的人才，也不会得到较好的外委单位的服务，监测工作就会越做越差，监测的价值无法体现出来，就会让运行单位进一步印证自己的判断，更加不重视，陷入一种恶性循环。

类似的认识在很多设计或监测施工单位中也比较多，绝大多数监测从业人员及其后方管理层都认为监测就是去装个仪器、测个数据、出个报告，并没有什么技术含量，也不能给单位带来更多的收益，所以，配置的资源往往都比较落后。

应该说，正是由于上述认识的偏差和不足，使得目前大坝安全监测陷于低质、低效益、认可度不高的困境，亟须改进。

2. 人员能力参差不齐

目前监测工作存在的四方面问题，都和人的能力有关。监测仪器的运行维护需要现场作业人员有一定的仪器仪表基础知识，懂得仪器的原理和常见故障，有较强的动手能力，能够判断问题并及时解决；日常观测要求操作人员有一定的测绘知识，并能够做一些基本的计算，具备判别数据是否异常的能力；巡视检查需要实操人员有一定的水工、地质等专业背景，并对建筑物可能会出现的问题有一定的预见能力；资料分析更是一种综合能力的体现，没有受过水利水电工程相关专业培训、并经历过类似工程监测实践的人员，想要较好地完成综合分析，难度比较大。

能够同时具备上述四种能力的人寥寥无几。通过经常性的培训、交流，组建由熟练技术工人和经验丰富的资料分析工程师组成的专业团队是可行的。

3. 监测手段单一，技术水平总体落后

从 21 世纪初开始进行大规模水电开发以来，安全监测所使用的大部分仪器仪表几乎没有明显的改进和更新，虽然一些新产品、新技术通过一些大型工程在不断尝试，但对于监测技术的提升作用有限。目前存在的主要问题有：

（1）由于仪器设备的价格依然没有降低，为在有限的建设投资内完成要求，监测设计只能继续选择性地布置，关键部位的仪器失效后无法弥补。

（2）由于仪器仍以单点或多测点的形式组成，造成数据分析时空间上未覆盖的区域只能以一定的数学模型来推算。

（3）由于大多仪器仍需被动激励，而非主动输出，使得采集频次不得不以规范的形式做出强制要求，即使是自动化采集也很难做到真正意义的实时采集。

当然，上述问题可能并非短时间内可以解决，也受制于其他基础行业的革新，但新技术、新手段的滞后，客观上影响了监测的效果。

12.2.4 面临的形势

（1）重大工程和基础设施建设将会持续一定的时间。

水利水电工程、交通与桥梁、岩土工程、建筑工程等重大工程或基础设施建设将会根据国家的规划，从现在至 2050 年左右，持续有 20～30 年的建设期，到那时，中国将进入美国等发达国家在 20 世纪 60、70 年代已转入的工程运维阶段，开展全面的运行维护或修补、加固等零星工程，不再有大范围、大规模的建设。

工程安全监测作为安全需求驱动的技术性产物，将会与工程建设市场规模同步变化。

（2）智能建造、智慧工程需要安全监测作为重要支撑。

智能建造已经在"十三五"期间少量项目开展应用，并可能在"十四五"期间大力推广，而智慧工地、智慧工程也将不断发展，工程安全监测属于其统筹范围，将会作为一个子项或辅助功能同步发展。

（3）新仪器、新技术将会不断出现，甚至会出现颠覆性的监测手段。

目前采用的监测方法和手段，仍是通过点、线的方式布置传感器，连续性地获取数据，与某一个参考值对比分析，判断工程安全。

受云计算、大数据、物联网、移动互联网、人工智能等信息技术的驱动，以及光纤传感、MERMS 传感器、图像识别、工业机器人 3D 视觉系统等新兴技术的发展和应用，很可能会出现一种颠覆传统监测思维和路径的新型方法，会以极低的成本、同样甚至更高的精度、更大量的数据、更智能的算法，快速地判断工程安全。

（4）设计思路陷入僵局，施工质量无法保证，数据的价值得不到挖掘，监测流于形式。

受路径依赖、惯性思维及经验主义限制，特别是技术规范越来越庞大，监测设计人员将可能失去思考的能力，照葫芦画瓢，依据规范画图，无法以创新的思路去开展监测设计。而监测施工随着技术门槛越来越低，竞争者为保生存，要么节约成本，要么降低质量，使用假、差、残次产品或材料，追求短期利益，使施工质量无法保证。在上述两个环节都缺失品控的时候，观测数据很难反映工程真实的状态，数据的价值也得不到挖掘和发挥，长此以往，所谓的监测，就是一种行政的命令、心理的安慰和无效的投资了。

12.3 发展及展望

本书从混凝土坝、土石坝、水工隧洞、厂房建筑物、泄水与通航建筑物、边坡、专项、监测自动化及信息管理系统、新仪器、运行期等十个方面系统总结了安全监测的设计、施工及运行等关键技术，并以相应的实例予以阐述。这些实践与总结，是随着水利水电工程建设规模的持续扩大，经过多个工程的检验与应用后总结出来的。在这个过程中，安全监测技术做出了应有的贡献，发挥了相应的作用，得到了健康的发展和长足的进步。

工程安全监测既有重大工程和基础设施建设的美好市场空间，也有智能建造、智慧工程的良好前景，但更有质量失控、涸泽而渔的风险。倘若大家都只追求短期利益，不去获取长远的利益和价值，就会损害社会利益，使监测变成了一种可有可无、流于形式的工作，其市场规模也会急剧缩小，陷入恶性循环。

技术虽无法决定一时的市场，但绝不能脱离市场。因此，不管未来如何发展，第一要务一定是持续不断地加强各个环节的质量控制，最大程度地发挥监测的作用和价值。

第二，要鼓励基层技术人员，不断地学习新知识，落实新仪器的应用，加强对数据的分析和研究，不受经验限制，摆脱路径依赖，发现新规律，为工程建设发挥更大的作用。

第三，几十年来对于大坝的监测和研究已趋于成熟，应加强对输水隧洞、溢洪道、厂房等水工建筑物的监测和分析，加强对岩土体的监测和分析。

第四，水利水电工程的安全监测相对于其他行业来说，已经较为系统和全面，值得尾矿库、地质灾害、桥梁和建筑市政等行业借鉴和参考。

第五，未来对监测人员的要求将会是既要擅长监测技术，也要精通地质、结构、仪器仪表、计算机等传统专业，还要掌握 BIM、GIS、VR、三维建模、高等语言程序设计等技术，更要熟悉图像识别、深度学习、机器学习、智能传感等新兴技术的原理。

新型监测技术人员同时掌握多种技术，既是社会分工的进一步细化，也是产品或服务得到最大价值的唯一方法。他们持续学习，融会贯通，促进监测技术的再次跨越式进步，提出颠覆传统监测的新方法，应用在水利水电工程及其他土木工程上，为智能建造、智慧工程提供全新的手段，为建成富强民主文明和谐美丽的社会主义现代化强国贡献自己的力量。

参 考 文 献

［1］ DL/T 5259—2010 土石坝安全监测技术规范［S］．北京：中国电力出版社，2011．
［2］ SL 551—2012 土石坝安全监测技术规范［S］．北京：中国水利水电出版社，2012．
［3］ SL 601—2013 混凝土坝安全监测技术规范［S］．北京：中国水利水电出版社，2013．
［4］ DL/T 5178—2016 混凝土坝安全监测技术规范［S］．北京：中国电力出版社，2016．
［5］ 李珍照．大坝安全监测［M］．北京：中国电力出版社，1997．
［6］ 王德厚，李端有，等．水利水电工程安全监测理论与实践［M］．武汉：长江出版社，2007．
［7］ 吴世勇，陈建康，邓建辉．水电工程安全监测与管理［M］．北京：中国水利水电出版社，2009．
［8］ 何金平．大坝安全监测理论与应用［M］．北京：中国水利水电出版社，2010．
［9］ 张秀丽，杨泽艳．水工设计手册（第2版）第11卷 水工安全监测［M］．北京：中国水利水电出版社，2011．
［10］ 殷世华．岩土工程安全监测手册（第三版）［M］．北京：中国水利水电出版社，2013．
［11］ 唐崇钊，陈灿明，黄卫兰．水工建筑物安全监测分析［M］．南京：东南大学出版社，2015．
［12］ 吴顺川，金爱兵，刘洋．边坡工程［M］．北京：冶金工业出版社，2017．
［13］ 赵二峰．大坝安全的监测数据分析理论和评估方法［M］．南京：河海大学出版社，2018．
［14］ 隋海波，施斌，张丹，等．边坡工程分布式光纤监测技术研究［J］．岩石力学与工程学报，2008，27（S2）：3725-3731．
［15］ 董文文，朱鸿鹄，孙义杰，等．边坡变形监测技术现状及新进展［J］．工程地质学报，2016，24（6）：1088-1095．
［16］ 武明鑫，江汇，张楚汉．高混凝土坝蓄水河谷-库坝变形规律［J］．水力发电学报，2019（8）：1-14．
［17］ 许强．对滑坡监测预警相关问题的认识与思考［J］．工程地质学报，2020，28（2）：360-374．
［18］ 郭诚谦，陈慧远．土石坝［M］．北京：水利电力出版社，1992．